Autodesk 3ds Max 2018 标准教材 I

王琦　主编　　　火星时代教育　编著

人民邮电出版社
北京

图书在版编目（CIP）数据

Autodesk 3ds Max 2018标准教材. I / 王琦主编 ；
火星时代教育编著. -- 北京 : 人民邮电出版社, 2021.7
ISBN 978-7-115-54786-6

Ⅰ. ①A… Ⅱ. ①王… ②火… Ⅲ. ①三维动画软件－
教材 Ⅳ. ①TP391.414

中国版本图书馆CIP数据核字(2021)第018987号

内 容 提 要

本书是 Autodesk 官方认证的标准教材。本书在编写过程中注重实际操作技能的培养，采用理论和案例相结合的方式，由浅入深地讲解了使用 3ds Max 软件进行三维动画制作的操作方法及流程，其中包括 3ds Max 的基本操作、建模、材质、灯光、摄影机和渲染等三维创作的基础知识，以及基础动画技术、粒子系统和动力学系统等。

本套 Autodesk 授权培训中心（ATC）认证教材由 Autodesk 公司与火星时代联合编写，集权威性、标准性、实用性和实践性于一体。本书由国内动画界教育专家王琦任主编，由业内具有多年教育和创作经验的专业人士倾力打造。本书内容丰富翔实，语言生动，是学习三维动画创作不可多得的教材。

本书附带学习资源，内容包括书中案例用到的场景文件和贴图文件，以及在线教学视频。读者可以通过在线方式获取这些资源，具体方法请参看本书前言。

本书可作为高等院校三维设计相关专业的教材，也可作为 3ds Max 爱好者的自学用书。

◆ 主　　编　王　琦
编　　著　火星时代教育
责任编辑　张丹丹
责任印制　马振武

◆ 人民邮电出版社出版发行　　北京市丰台区成寿寺路 11 号
邮编　100164　　电子邮件　315@ptpress.com.cn
网址　https://www.ptpress.com.cn
北京市艺辉印刷有限公司印刷

◆ 开本：787×1092　1/16
印张：22
字数：553 千字　　2021 年 7 月第 1 版
印数：1 – 2 000 册　　2021 年 7 月北京第 1 次印刷

定价：89.90 元

读者服务热线：(010)81055410　印装质量热线：(010)81055316
反盗版热线：(010)81055315
广告经营许可证：京东市监广登字 20170147 号

前言

本书为 Autodesk 授权培训中心（ATC）的标准教材之一，完全依照标准教学大纲进行编写。与《Autodesk 3ds Max 2018 标准教材Ⅱ》相比，本书从 3ds Max 的基础操作功能讲起，详细介绍了各个基础功能模块的使用方法。无论对于立志进入三维创作领域的初学者，还是徘徊在初级应用、无法继续提高的业内人员，本书都将起到极大的帮助作用。

每章结构

【知识重点】说明本章的知识重点及学习要求。

【要点详解】对本章讲解的功能模块进行整体分析，并且对重要参数进行介绍。

【应用案例】以案例的形式引导读者进行学习并巩固各种功能和参数的使用技巧。

【本章小结】对本章的学习内容进行归纳总结。

【参考习题】以习题的方式对学习成果进行测试。

每章主要内容

【第 1 章　3ds Max 基础知识】讲解关于 3ds Max 软件及其应用领域的一些基础知识，还介绍了软件界面、系统设置、基本操作，以及常用工具的使用方法。

【第 2 章　3ds Max 建模技术】讲解使用 3ds Max 软件创建三维模型的各种方法和技巧，其中包括系统内置基本模型的创建、使用各种修改器对模型进行修改和编辑的技巧，以及常用的多边形建模工具的使用方法。灵活掌握这些制作方法，可以创建出任何形态的三维模型。

【第 3 章　3ds Max 材质技术】讲解为三维模型指定材质的各种方法，其中包括材质编辑器的使用方法、各种材质和贴图的用法，以及使用贴图坐标为物体指定正确贴图材质的方法。灵活掌握本章内容，将有助于创建具有真实感的三维场景。

【第 4 章　3ds Max 灯光技术】讲解 3ds Max 中各种灯光的使用方法，其中包括标准灯光及各种参数的作用、各种阴影类型之间的区别、天光的应用，以及光度学灯光和光域网文件的应用技巧。

【第 5 章　3ds Max 摄影机】讲解在 3ds Max 中创建摄影机的方法，其中包括视野及镜头焦距的调节、对视图进行近距或远距剪切，以及使用虚拟摄影机模拟真实镜头中类似于运动模糊、景深等效果的方法。

【**第 6 章　3ds Max 渲染技术**】讲解 3ds Max 中基本渲染器的使用方法，其中包括渲染器面板的使用方法及参数调节，还详细介绍了光跟踪器和光能传递两种高级渲染引擎的使用技巧。

【**第 7 章　3ds Max 环境和效果**】讲解 3ds Max 中内置的各种环境特效的使用方法，熟练掌握这些特效可以使作品锦上添花。

【**第 8 章　3ds Max 基础动画技术**】讲解为物体创建动画的各种方法，其中包括关键点及动画属性的设置、使用各种修改器为物体设置动画的方法，以及使用轨迹视图对动画进行编辑的各种技巧。

【**第 9 章　3ds Max 粒子系统**】讲解 3ds Max 中各种基本粒子的使用方法，其中包括创建粒子系统及参数的调节、粒子外形及材质的调节，以及将粒子系统和空间扭曲物体进行绑定以制作高级粒子动画的各种技巧。

【**第 10 章　3ds Max MassFX 动力学系统**】讲解 MassFX 系统的基本动力学概念和参数设置，以及在场景中创建各种力学对象、模拟真实的旋转与碰撞动画的基本流程。

火星时代具有多年 CG 类图书写作经验，全书以精心设计的案例详细讲解了 3ds Max 的各种基础功能模块的使用方法，凝聚了众多业内教师的心血。读者在阅读本书时，不要受各种晦涩参数的困扰，只需跟着书中的案例进行练习，便可掌握 3ds Max 这款大型三维软件。

学习资源

本书附带学习资源，内容包括书中案例用到的场景文件和贴图文件，以及可在线观看的教学视频。扫描下方或者封底的“资源获取”二维码，关注“数艺设”的微信公众号，即可得到资源获取方法。如需资源获取技术支持，请致函 szys@ptpress.com.cn。

资源获取

目录

第1章 3ds Max基础知识

第2章 3ds Max建模技术

第 3 章 3ds Max 材质技术

第 4 章 3ds Max 灯光技术

第 5 章 3ds Max 摄影机

第 9 章 3ds Max 粒子系统

第 10 章 3ds Max MassFX 动力学系统

第 1 章 3ds Max 基础知识

1.1 知识重点

本章介绍 3ds Max 软件的基础知识，其中包括软件的应用领域、界面元素和各功能区的作用、视图显示控制及常用工具的使用方法等，并且对三维场景的变换操作和坐标系统进行详细讲解。

- 了解软件的应用领域。
- 掌握 3ds Max 的界面布局及各功能区的作用，熟练掌握命令面板中各组件的功能。
- 熟练掌握视图的操作方法。
- 熟悉各种坐标系统的原理和使用方法，以及熟练使用变换工具对物体进行操作。
- 熟练掌握各种常用工具的使用方法。

1.2 要点详解

1.2.1 3ds Max 软件介绍

3ds Max 是目前 PC 上使用较为广泛的三维动画软件，它的前身是运行在 DOS 平台上的 3D Studio。3D Studio 是昔日 DOS 平台上风光无限的三维动画软件，它可以使 PC 用户很方便地制作三维动画，而在此之前，三维动画制作是高端工作站的“专利”。20 世纪 90 年代初，3D Studio 在国内得到了很好的推广，它的版本一直升级到了 4.0 版。此后随着 DOS 系统向 Windows 系统的过渡，3D Studio 也发生了质的变化，全新改写了代码。1996 年 4 月，新的 3D Studio MAX 1.0 诞生了。3D Studio MAX 与其说是 3D Studio 版本的升级换代，倒不如说是一个全新软件，它只保留了一些 3D Studio 的影子，并且加入了全新的历史堆栈功能。一年后，重新改写代码，推出了 3D Studio MAX 2.0。这个版本在原有基础上进行了上千处的改进，加入了 Raytrace 光线跟踪材质、NURBS 曲面建模等先进功能。此后的 2.5 版又对 2.0 版做了近 500 处的改进，使 3D Studio MAX 2.5 成了十分稳定和流行的版本。3D Studio 原本是 Autodesk 公司的产品，到了 3D Studio MAX 时代，变成了 Autodesk 子公司 Kinetix 的专属产品，并一直持续到 3D Studio MAX 3.1 版。3D Studio MAX 3.1 版的很多功能得到了革新和增强。从 4.0 版开始，其开发公司变成了 Discreet。

在后来的开发中，3ds Max不断补充和完善着自身功能，除了加入了mental ray渲染器、reactor动力学、Particle Flow 粒子流、Hair & Fur 毛发和 Cloth 布料等重要模块外，还支持专业级别的贴图烘焙、法线贴图制作及 UV 展开操作。到了 3ds Max 9.0 时，它已经成了一款功能全面、操作简单、性能稳定且应用广泛的大型三维创作软件。为了发挥硬件和软件系统资源的速度优势，3ds Max 还分别推出了适用于 32 位和 64 位操作系统的两个版本。

到了 3ds Max 的第 10 个版本时，Autodesk 公司开始以软件发布的下一个年号作为版本名称，并于 2007 年推出了 3ds Max 2008，从此进入了一个新的软件发展时代。自 2009 版开始，3ds Max 被分割成两个产品线：一个是用于游戏及影视制作的 3ds Max，另一个是用于建筑及工业设计的 3ds Max Design。3ds Max Design 版中包含了 3ds Max 除 SDK 外的所有功能，并且提供了完整的曝光照明分析系统，这使 3ds Max 的应用范围更具有针对性，便于用户选择适合自己的产品。

面对周围同类产品的竞争，3ds Max 以广大的中低层次用户作为主要销售对象，不断提升自身的功能，逐步向高端层次发展，为使用者提供更好的高性价比产品，由此牢牢占据了大部分的中低端市场份额。在游戏开发、广告制作、建筑效果图和漫游动画的市场中，3ds Max 占据了主流地位，尤其是那些前赴后继的插件开发者把 3ds Max 打造得近乎完美。当然，3ds Max 本身功能的提升，以及其发展过程中每次对于优秀插件的整合，也使它成了 PC 上使用广泛的三维动画软件之一。

相比 Maya 和 Softimage 等高端软件而言，3ds Max 更容易掌握，操作方式也更简单，学习的资源相对来说也更多，所以比其他软件更容易上手。

1.2.2 3ds Max 2018 新功能介绍

2017 年春天，在我们大部分人还没有更新到 3ds Max 2017 的时候，Autodesk 公司发布了 3ds Max 2018。下面将带领读者一起来揭开 3ds Max 2018 的面纱，看看 3ds Max 2018 到底增加了哪些新功能。

3ds Max 2018 软件提供了高效的新工具、更快的操作性能以及简化的工作流，可帮助美工人员和设计师在使用当今苛刻的娱乐和可视化设计项目所需的复杂高分辨率资源时提高整体的工作效率。

1. 用户界面新特性

改进了 MCG 类型解析器，不再需要添加额外的节点来提供有关 MCG 类型系统的提示，如图 1.001 所示。

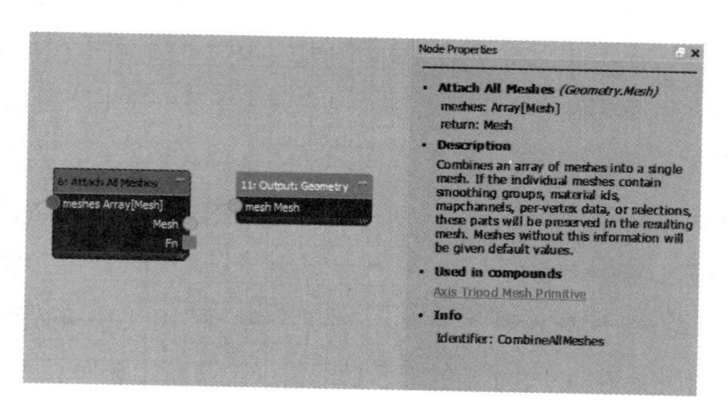

图 1.001

- 全新的界面设计。3ds Max 2018 用户界面使用流线型新图标实现了全新设计，这些图标与以前版本有足够的相似之处。
- 版式经过优化，具有更简洁的外观，类似 Maya 的扁平化。
- 用户界面的一个重大改进是可识别高分辨率，无论屏幕多大皆可。3ds Max 正确应用了 Windows 显示比例，可以使界面以最佳方式显示在高分辨率显示器和笔记本电脑上。
- 启动界面也发生了变化，如图 1.002 所示。

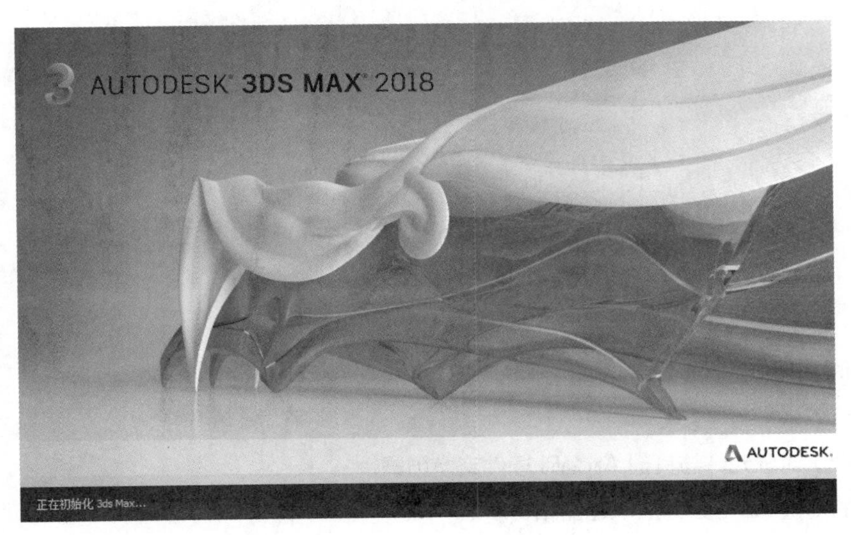

图 1.002

2. 用户界面的改进

改进的用户界面增加了时间轴拖曳功能，如图 1.003 所示。

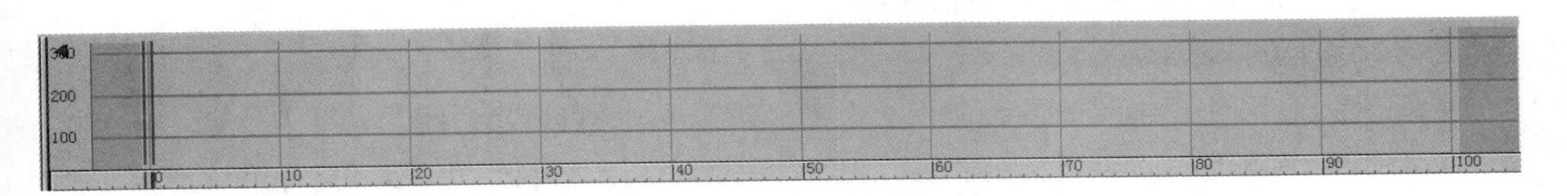

图 1.003

- 时间轴允许拖曳。
- 菜单支持拖曳并卸下。
- 可更快速地切换工作区。
- 主工具栏支持模块化定制。

3. 全新 Arnold 版本

全新 Arnold 版本如图 1.004 所示。

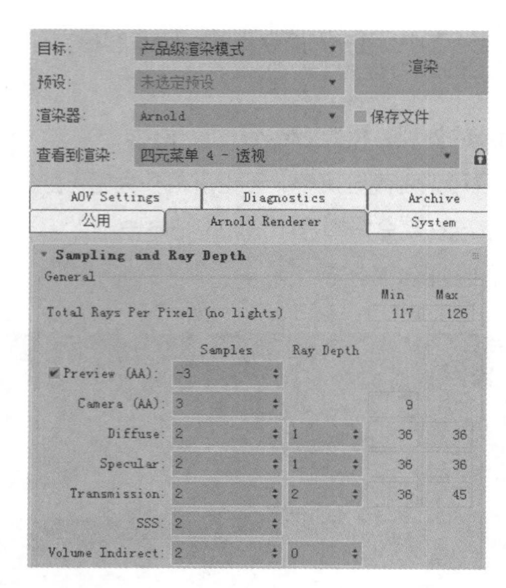

图 1.004

- 支持 OpenVDB 的体积效果。
- 可添加大气效果。
- 程序（代理）对象允许与其他 Arnold 插件交换场景。
- 具有广泛的内置 Arnold 专业明暗器和材质。
- 支持为 Windows 和 Arnold 5 编译的第三方明暗器。
- 借助单独的环境和背景功能简化了基于图像的照明工作流。
- Arnold 属性修改器控制每个对象渲染时的效果和选项。
- 合成和后期处理的任意输出变量（AOV）支持。
- 可添加景深、运动模糊和摄影机快门效果。
- 增加新的 VR 摄影机。
- 新的易于使用的分层标准曲面与 Disney 兼容，将替换 Arnold 标准着色器。
- 新的黑色素驱动的标准头发明暗器提供了更加简单的参数和艺术控制，可以实现更加自然的效果。
- 支持光度学灯光，可以轻松与 Revit 协同操作。完全支持 3ds Max 物理材质和旧贴图。
- 一体式 Arnold 灯光支持带纹理的区域灯光、网格灯光、天顶灯光和平行光源。
- 针对四边形灯光和天顶灯光提供了新的入口模式，可以改善室内场景采样。
- 针对四边形灯光和聚光灯提供了新的圆度和软边选项。
- 场景转换器预设和脚本可以升级旧场景。

4. 混合贴图

相比需要复杂 UV 贴图的传统方法，混合贴图可以通过更简单的方式将贴图投影到对象上。如果想要在一个或多个对象中应用长方体贴图，以便从所有侧面对其进行贴图，如应用泥土和污垢等细节，那么混合贴图是非常理想的选择，如图 1.005 所示。

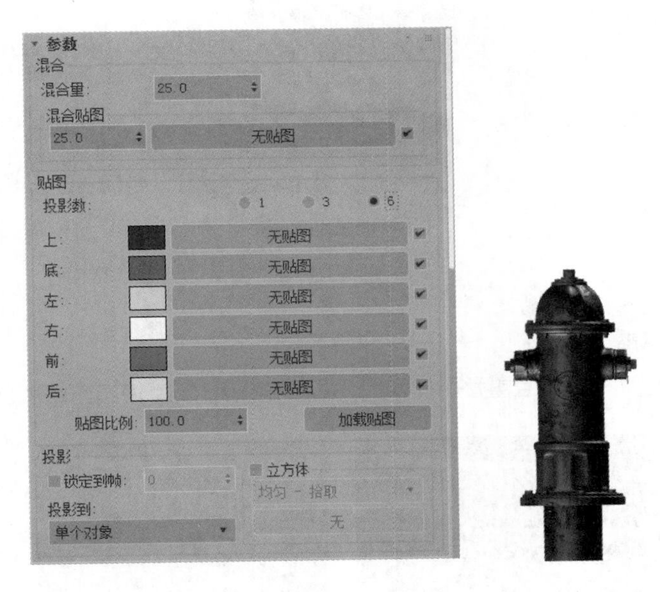

图 1.005

5. 运动路径

运动路径用于预览已设置动画对象的路径。可以使用变换工具直接在视图中调整运动路径，并将运动路径转换为样条线，或将样条线转换为运动路径，如图 1.006 所示。

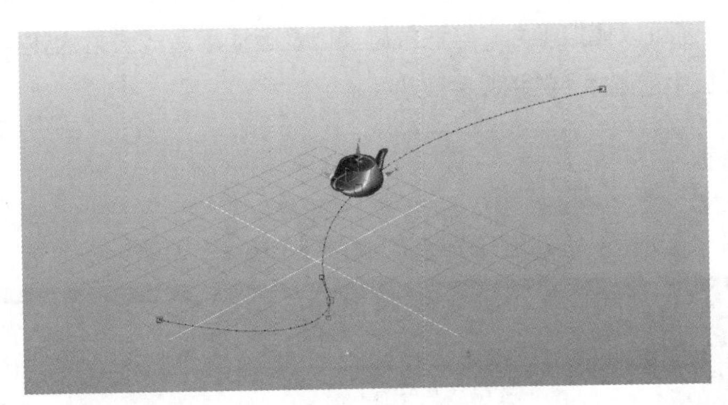

图 1.006

6. 样条线新增功能

以下新增的样条线功能在 3ds Max 2018 的 Service Pack 2 升级包中。

（1）徒手样条线

使用鼠标或其他定点设备在视图中徒手创建样条线，可以将样条线仅绘制在场景中选定的对象上，如图 1.007 所示。

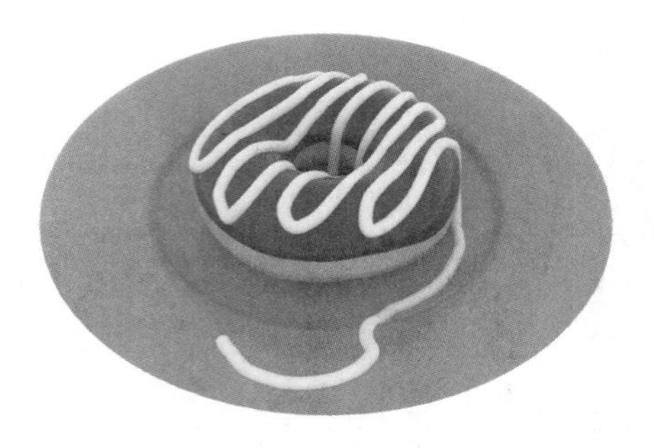

图 1.007

（2）样条线重叠修改器

样条线重叠修改器可自动检测相互重叠的样条线，并调整相交部分，使其自动拱起避让，如图 1.008 所示。

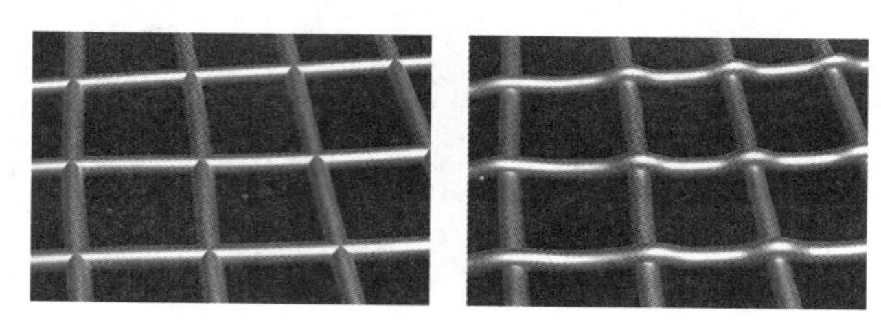

图 1.008

7. 流体

3ds Max 2018 加入了流体功能，该功能在 Service Pack 3 升级包中。它可以模拟水、油、蜂蜜和熔岩等液体的物理属性，还可以模拟重力、与对象碰撞以及运动场造成破裂的效果，如图 1.009 所示。图 1.010 所示为［创建］面板中［流体］的相关参数选项。

图 1.009

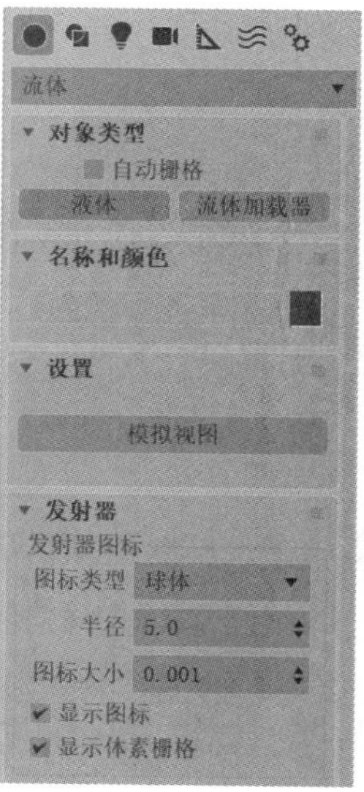

图 1.010

1.2.3 3ds Max 应用领域分析

随着 3ds Max 版本的不断更新，其功能越来越完善，从而更能满足用户可视化设计、游戏开发、卡通片、电影电视特效等各个设计领域的应用，为各领域日新月异的制作需求提供了强有力的支持。下面就目前 3ds Max 的几个重要应用领域进行简单介绍，以便大家能够更充分地了解 3ds Max 这款强大的软件。

1. 建筑可视化

建筑可视化包括室内效果图、建筑表现图及建筑动画。3ds Max 中提供的建模、动画、灯光、渲染等工具可以让我们轻松地完成这些具有挑战性的项目设计。尤其是与 3ds Max 配套的一系列 GI 渲染器，如 V-Ray、FinalRender、Brazil、Maxwell 等，更是极大地促进了建筑可视化领域的发展。此外，Autodesk 公司在 AutoCAD 的基础上，为建筑可视化领域开发了 Revit 等功能非常强劲的软件包，与 3ds Max 配套使用，为其在建筑可视化领域的领先地位进一步增光添彩，如图 1.011 所示。

目前，可视化效果图设计已经产业化，国内出现了很多具有相当规模的设计制作公司。可以说，国内的建筑可视化领域的水准在世界上也是较高的。3ds Max 在这一应用领域已经占据了非常重要的地位。

2. 电影电视特效

随着数字特效在电影中越来越广泛的运用，各类三维软件在影视特效方面都得到了长足的应用和发展。3ds Max 简便易用的各项工具、直观高效的渲染引擎，特别是和 Discreet Flame、Inferno 等电影特效软件方便快捷的交互系统，促使许多电影制作公司（比较著名的有 Digital Dimension、The Orphanage、Frantic Films 等）在特效制作方面广泛使用 3ds Max。很多耳熟能详的经典影片，如《后天》《功夫》《防弹武僧》《天空上尉》《明日世界》《罪恶之城》中都有使用 3ds Max 制作的特效场景，如图 1.012 所示。

图 1.011

图 1.012

3. 虚拟现实及游戏开发

随着设计与娱乐行业对交互性内容的强烈需求，原有的静帧或者动画的方式已经不能满足用户日益增长的需要了，由此逐渐催生了虚拟现实这个行业。我们平常所接触的游戏，也可以被认为是虚拟现实的一个子集。3ds Max 具有方便快捷的灯光和渲染工具、准确而易用的烘焙工具，以及二次开发的便利性，对不同游戏平台及 3D 显示引擎提供良好的兼容性，因此一直是虚拟现实行业的首选工具。国内外的虚拟现实开发与制作平台一般都拥有完善的与 3ds Max 对接的接口，3ds Max 在这个行业占据着重要的地位，如图 1.013 所示。

3ds Max 软件是较具生产力的动画制作系统，广泛应用于游戏资源的创建和编辑任务，其开发商也不断探求创新路线来支持游戏发展领域的用户。尤其是在网络游戏产业飞速发展的今天，3ds Max 为网络游戏开发商实现高生产力提供了可靠的保障。3ds Max 与游戏引擎的出色结合能力，极大地满足了游戏开发商们的众多要求，使设计师们可以充分发挥自己的创造潜能，集中精力来创作更受欢迎的艺术作品。一批国际顶级的游戏厂商均选择了 3ds Max，如 Blizzard、BioWare、Ubisoft、Digital Extremes、NCsoft 等，3ds Max 在这个市场中拥有较高的份额，如图 1.014 所示。

图 1.013

图 1.014

4. 片头及栏目包装

在媒介激烈竞争、信息过剩的时代，品牌概念已经成为电视栏目非常重要的因素，而电视包装是提升电视品牌形象的有效手段。从制作角度来讲，电视包装通常会涉及三维软件、后期特效软件、音频处理软件、后期编辑软件等。在电视包装中经常会使用的三维软件一般有 3ds Max、Maya、Cinema 4D、Softimage 等。由于目前 3ds Max 自身的强大功能和众多特效插件的支持，在制作金属、玻璃、文字、光线、粒子等电视包装常用效果方面更加得心应手，同时也和许多常用的后期软件（如 After Effects 等）有良好的文件接口，所以许多著名的制作公司（如 Animal Logic、REZN8、Blur Studio 等）通常都将 3ds Max 作为主要的三维制作软件，并以众多优异的佳作赢得了业界的普遍认可，如图 1.015 所示。

图 1.015

5. 影视广告

用三维和后期特效软件参与制作，以取得更加绚丽多彩的效果，是当今影视广告领域的一大趋势。对产品、形象广告来讲，如今制作公司已经不仅仅局限于实拍的效果表现，而是更多地通过实拍与三维相结合，进行一定的后期特效处理，以求获得更好的表现力，甚至全三维的广告也日益增多，如图 1.016 所示。

图 1.016

3ds Max 拥有完善的建模、纹理制作、动画制作、渲染等功能，能够帮助创作人员轻松地制作出各类精彩的影视广告与动画作品，并通过与常用后期软件的良好结合，使整个制作流程更加畅通，这些都奠定了 3ds Max 在当今影视广告制作领域的地位。

6. 卡通片

3ds Max 包含两套完整的对各个角色设置动画的独立子系统（即 CAT 和 Character Studio），以及一个独立的群组模拟填充系统。CAT 和 Character Studio 均提供可高度自定义的内置、现成角色绑定，可采用 Physique 或蒙皮修改器对角色绑定应用蒙皮，两套系统均与诸多运动捕捉文件格式兼容。每套系统都具有其独到之处，且功能强大，但两者之间也存在明显区别。图 1.017 所示为使用 3ds Max 制作的卡通动画。

7. 工业设计可视化

随着社会的发展，各种生活需求的扩张，以及人们对产品精密度、视觉效果需求的提升，工业设计已经逐步成为一个成熟的应用领域。早些时候，人们更多地使用 Rhino、Alias Studio 等软件专门从事工业设计工作。随着 3ds Max 在建模工具、格式兼容性、渲染效果及其他性能方面的不断提升，一些著名的公司也开始使用 3ds Max 作为其主要的工业设计工具，并且取得了很多优秀的成果。例如，法拉利公司使用 3ds Max 来进行新款跑车的外形设计工作，如图 1.018 所示。3ds Max 日益强大的功能无疑可以出色地承担起工业设计可视化的任务。

8. 多媒体内容创作

近年来，手机游戏产业发展速度迅猛，已成为 IT 产业中增长较快的部分之一。无论是从 5G 发展还是个人娱乐化趋势来看，手机游戏市场都将会是各个运营及开发商争抢的奶酪。新版本的 3ds Max 中提供了导出为“JSR-184（*.M3G）”格式的输出选项，这意味着直接使用 3ds Max 将 3D 功能添加到手机应用程序中已成为可能。我们可以非常方便地将场景导入支持 JSR-184 标准的移动设备中，这为手机游戏开发人员提供了更加快捷的途径，如图 1.019 所示。

图 1.017

图 1.018

图 1.019

1.2.4 相关知识和基本概念

1. 屏幕布局和各功能区介绍

在 3ds Max 2018 中，可以通过执行［自定义 > 自定义 UI 与默认设置切换器］命令，在弹出的窗口中选择软件自带的其他 UI 类型；或者通过执行［自定义 > 加载自定义用户界面方案］命令，进入 3ds Max 安装目录中的“UI”文件夹中，选择适合自己的用户界面。

3ds Max 2018 的默认屏幕布局简洁大方、分类明确，便于应用，主要分为用户账户菜单、工作区选择器、菜单栏、主工具栏、功能区、场景资源管理器、视口布局、命令面板、视口、MAXScript 迷你侦听器，以及状态行和提示行等，如图 1.020 所示。下面介绍 3ds Max 中各个功能区的主要功能。

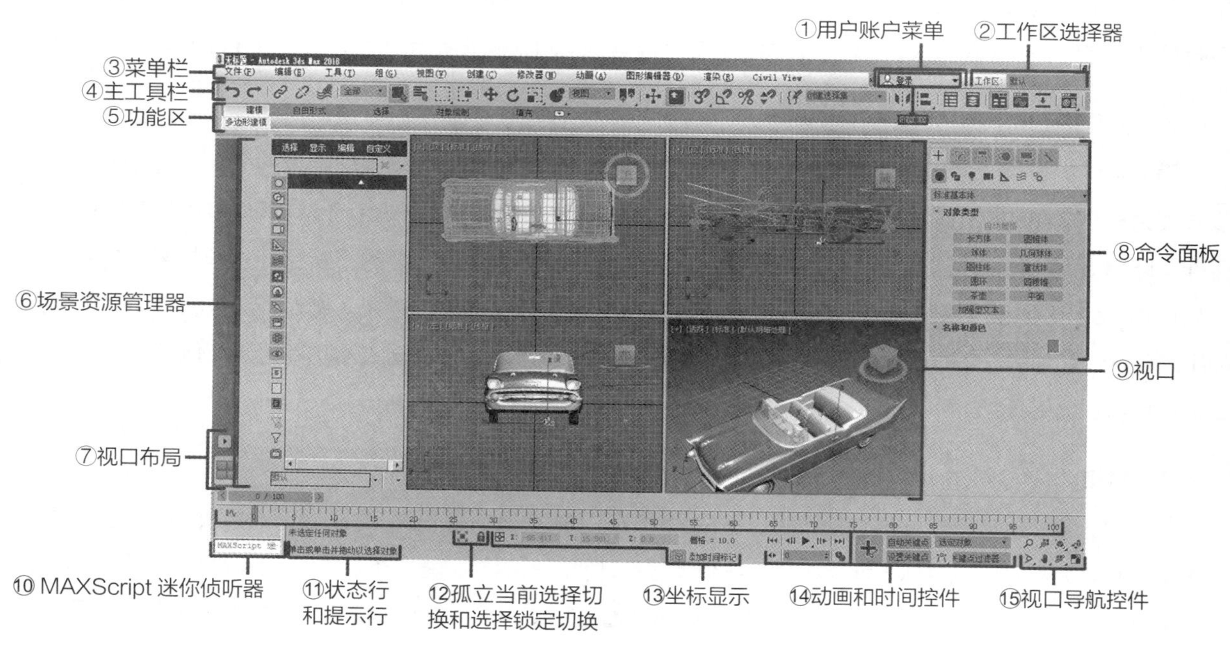

图 1.020

① 用户账户菜单：登录到 Autodesk Account 来管理许可或订购 Autodesk 产品。试用版会显示剩余的可用天数。

② 工作区选择器：使用［工作区］功能可以设置工作区的界面。它可以还原工具栏、菜单、视图布局预设等默认布局。

③ 菜单栏：位于主窗口的标题栏下面。每个菜单的标题表明了该菜单中命令的用途。

④ 主工具栏：通过主工具栏可以快速访问 3ds Max 中用于执行常见任务的工具和对话框。

⑤ 功能区：采用工具栏形式，可以按照水平或垂直方向停靠，也可以按照垂直方向浮动。

⑥ 场景资源管理器：提供了一个无模式对话框，可用于查看、排序、过滤和选择对象，还可用于重命名、删除、隐藏和冻结对象，创建和修改对象层次，以及编辑对象属性。

⑦ 视口布局：提供了一个特殊的选项栏，用于在不同视口布局之间快速切换。例如，用户可能具有一个四视图布局，并可以进行视图缩放，以实现一个可同时从不同角度反映场景整体的视图及若干个反映不同场景部分的特写视图。这种通过一次单击即可激活其中任一视图的功能，可大大提高工作效率。

⑧ 命令面板：由 6 个用户界面面板组成，使用这些面板可以访问 3ds Max 的大多数建模功能，以及一些动画功能、显示选择和其他工具。每次只有一个面板可见。要显示不同的面板，单击“命令”面板顶部的选项卡即可。

⑨ 视口：可以通过更改常规配置来设置自定义视口布局、视口渲染、显示性能以及对象的显示方式。

⑩ MAXScript 迷你侦听器：它是 MAXScript 侦听器窗口内容的一个单行视图。

提示

单击位于状态行和提示行左边的标记栏，并将其拖曳到右边以显示［MAXScript 迷你侦听器］。

［MAXScript 侦听器］窗口分为两个窗格：一个为粉红色，另一个为白色。粉红色的窗格是“宏录制器”窗格。启用“宏录制器”时，录制下来的所有内容都将显示在粉红色窗格中。“迷你侦听器”中的粉红色行表明该条目是进入“宏录制器”窗格的最新条目。

白色窗格是“脚本”窗口，可以在这里创建脚本。在侦听器白色区域中输入的最后一行将显示在迷你侦听器的白色区域中，可使用箭头键在“迷你侦听器”中滚动显示。

可以直接在“迷你侦听器”的白色区域中进行输入，命令将在视口中执行。

用鼠标右键单击“迷你侦听器”中的任意一行，可以打开浮动［MAXScript 侦听器］窗口，窗口中将显示最近记录下的 20 条命令列表，可以选择其中的任何一条，按下 Enter 键执行。

⑪ 状态行和提示行：状态行显示选定对象的类型和数量。状态行位于屏幕的底部，在提示行的上面。

⑫ 孤立当前选择切换和选择锁定切换：状态栏中的［孤立当前选择切换］将在启用或禁用“孤立”间切换。使用［选择锁定切换］可启用或禁用选择锁定。锁定选择可防止在复杂场景中意外选择其他内容。

⑬ 坐标显示：该区域显示光标的位置或变换的状态，并且可以输入新的变换值。

⑭ 动画和时间控件：动画控件（以及用于在视口中进行动画播放的时间控件）位于程序窗口底部的状态栏和视口导航控件之间。

⑮ 视口导航控件：状态栏的右侧是可以控制视口显示和导航的按钮。一些按钮可以针对摄影机和灯光视口进行设置。

提示

所有视口类型的导航弹出按钮的状态保存在初始化文件的［性能］部分。

2. 硬件和系统配置

使用 3ds Max 2018 进行三维建模编辑操作，计算机系统要满足基本的性能要求。安装所需的基本硬件和系统配置如下。

- 64 位的 Microsoft Windows 7（SP1）、Windows 8、Windows 8.1 和 Windows 10 Professional 操作系统。
- 安装最新版本的 Web 浏览器，如 Google Chrome、Microsoft Internet Explorer，以访问需要联机补充的内容。
- 64 位、主频 2GHz 以上的 Intel 或 AMD 多核处理器。
- 支持 OpenGL 的显卡，建议使用 128bit、显存 2GB 以上的显卡。
- 至少 4GB 的系统内存，建议使用 8GB 或更大的系统内存。
- 至少 6GB 的可用磁盘空间，建议使用 1TB 及以上的大容量硬盘。

3. 单位及其设置

3ds Max 中提供了两种单位：通用单位和标准单位，如［英尺］、［英寸］或［米］，也可以创建自定义的单位。执行菜单中的［自定义 > 单位设置］命令，在弹出的［单位设置］对话框中进行相应的设置，如图 1.021 所示。

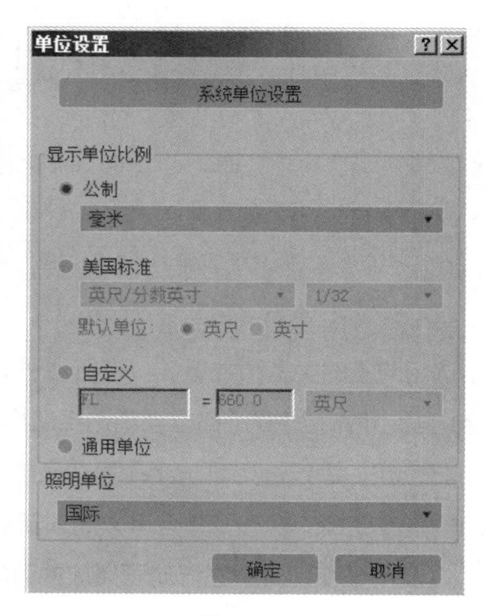

图 1.021

4．插件的使用和管理

3ds Max 的插件非常多，这些插件对于 3ds Max 来说是十分重要的补充，它们扩充了 3ds Max 的功能，使 3ds Max 的功能更为强大。但是，这么多种类繁杂的插件也给 3ds Max 在插件管理上带来了麻烦。如何有效地管理这些插件变得十分重要，在插件的使用上需要注意以下问题。

（1）插件的版本

很多插件厂商一般都是针对 3ds Max 的各个版本进行插件开发的，所以在选择插件时要与 3ds Max 的版本相对应。由于有些版本在升级时没有改动内核，所以插件不兼容。例如，在 3ds Max 2010 中使用的插件不可以在 3ds Max 2011 中使用。

（2）插件的安装

3ds Max 的插件一般都是由不同的公司开发的，为 3ds Max 开发插件的主要公司有：Digimation（绝大多数 3ds Max 插件的代理和开发商，代表插件有 Darwin、Shag Hair、Lighting 等）、Cebas（代表插件有 Thinking Particles、finalRender）、Chaosgroup（代表插件有 V-Ray、Phoenix）、Afterworks（代表插件有 AfterBurn、DreamScape、Fume FX）等。由于开发公司不同，所以安装的过程也不相同，但主要文件放置的目录是基本相同的，一般放在 3ds Max 根目录的 plugins 目录下；还有特殊的，如 Cebas 公司的插件一般放在 3ds Max 根目录的 Cebas 目录下。如果是自动安装型，在安装过程中指明 3ds Max 的安装目录即可；如果是手动安装型，只要将文件复制到相应目录下即可。

（3）插件的类型

3ds Max 的插件有多种类型，一般类型不同，扩展名也不同，在 3ds Max 中出现的位置也不同。一般情况下，根据其扩展名就可以查找所需的插件（见表 1.001）。

表 1.001 插件的类型

扩展名	含 义
.DLO	位于［创建］面板，可创建新型对象
.DLM	位于［修改］面板，属于新的修改命令
.DLT	位于［材质编辑器］，属于特殊材质或贴图
.KLR	属于渲染插件，在 3ds Max 的［渲染］面板中指定，或者在环境编辑器中，属于特殊大气效果
.DLE	位于［文件 > 导出］子菜单中，可定义新的输出格式
.DLI	位于［文件 > 导入］子菜单中，可定义新的输入格式
.DLU	位于［工具］面板，属于特殊用途
.FLT	位于［视频合成器］中，属于特效滤镜

（4）插件的加载

每安装一个插件，都会占用一部分系统资源，因此在 3ds Max 中提供了插件的选择加载控制，可以有效地控制各插件的使用。

执行［自定义＞插件管理器］命令，打开［插件管理器］窗口，如图 1.022 所示。

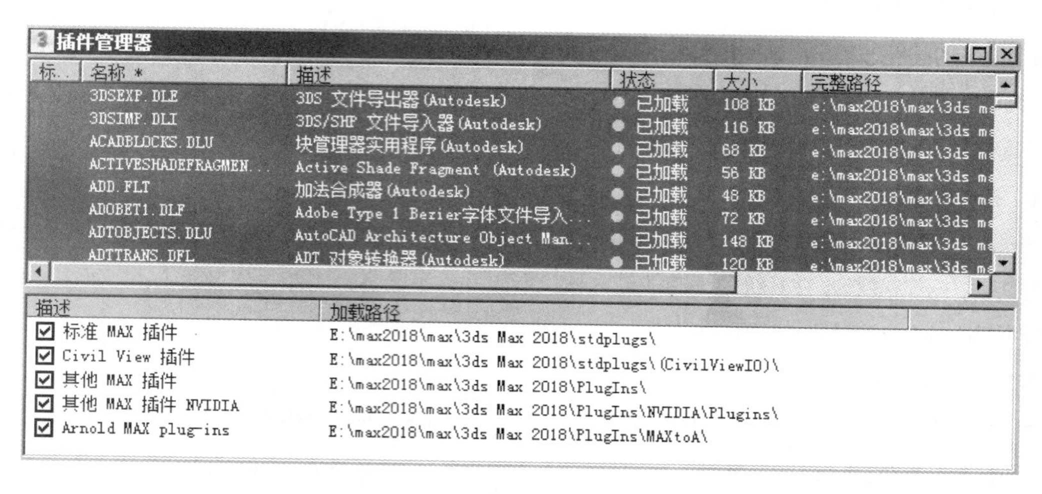

图 1.022

［插件管理器］窗口中列出了当前所有的 3ds Max 内部和外部插件，［已加载］表明当前插件为调用状态，后面标有内存使用数值；［已延迟］表明该插件为未调用状态，不占用内存。

要想对插件的使用进行开关控制，在插件上单击鼠标右键，并在快捷菜单中选择相应的命令即可。

5. 获取帮助

3ds Max 的［帮助］菜单提供了各种帮助信息，以便我们能更好地学习 3ds Max。下面就其中几个比较重要的部分来讲解，如图 1.023 所示。

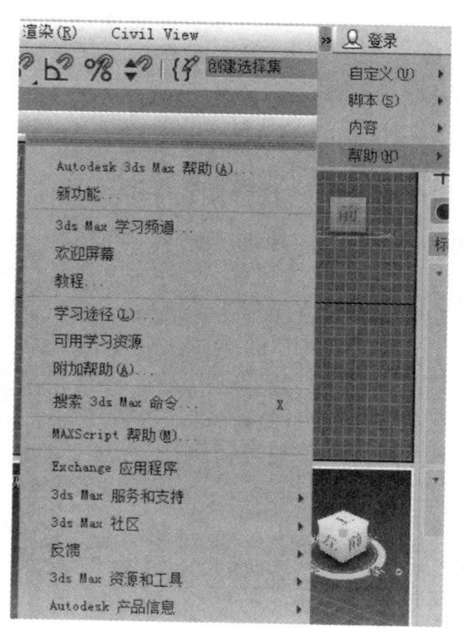

图 1.023

［Autodesk 3ds Max 帮助］包含了 3ds Max 2018 中全部命令功能的中文解释，可以通过［目录］

方式方便地进行查询，也可以通过［索引］方式查询不理解的术语。对于要查找的命令，可以进入［搜索］选项卡中进行搜索。3ds Max 2018 版的帮助文档为 HTML 格式，默认情况下需要通过 Autodesk 官方网站在线调用和观看，而不是放置在软件内部，这样便于官方定期补充和更新帮助内容，如图 1.024（左）所示。如果想通过本地硬盘来查看帮助内容，可以执行［自定义 > 首选项］命令，在首选项设置的［帮助］选项卡中下载帮助的安装文件，然后将其安装到指定目录中，如图 1.024（右）所示。

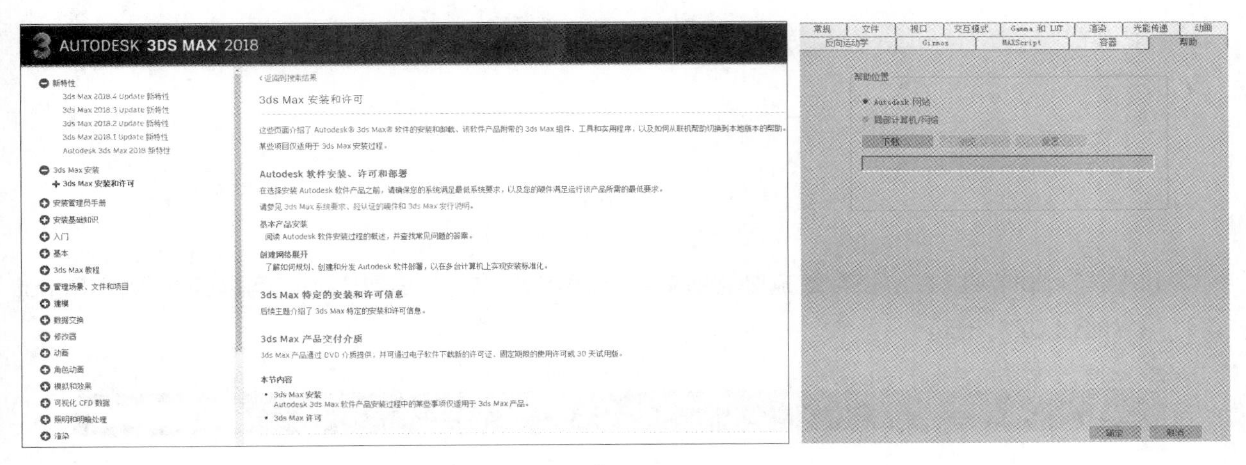

图 1.024

［欢迎屏幕］可以在每次启动软件时显示一个基本技能影片面板，其中提供了 3ds Max 2018 中一些基本功能和操作的教学视频，此外还可以通过该窗口新建场景、打开最近的文档或查看网络教程，如图 1.025 所示。

图 1.025

［教程］提供了大量 3ds Max 2018 的教学范例，由浅入深、分门别类地进行讲解，是学习 3ds Max 的必备入门教材。与帮助文档一样，该教程为在线 HTML 格式文件，用户也可以到 Autodesk 公司的官方网站下载教程文件和教程场景，如图 1.026 所示。

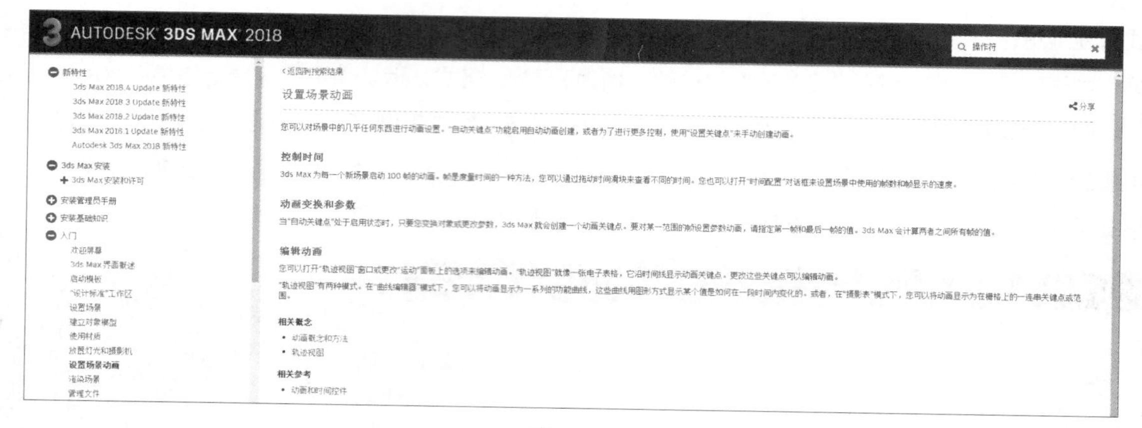

图 1.026

[MAXScript 帮助] 是非常详细的脚本帮助文件。如果在使用脚本时遇到了问题，可以查阅 [MAXScript 帮助]，如图 1.027 所示。

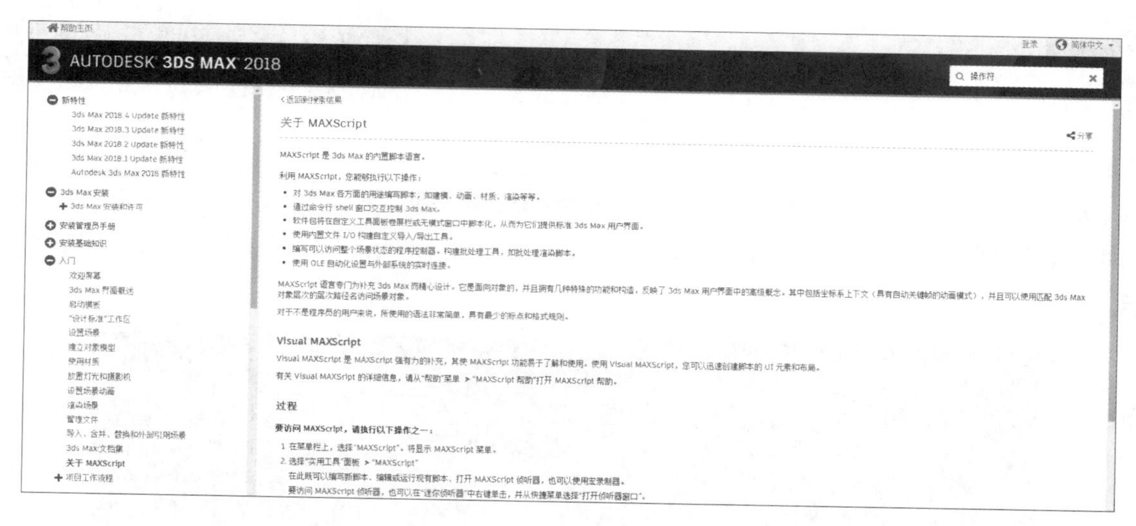

图 1.027

[关于 3ds Max] 显示了 3ds Max 2018 的版本、开发商等信息，如图 1.028 所示。

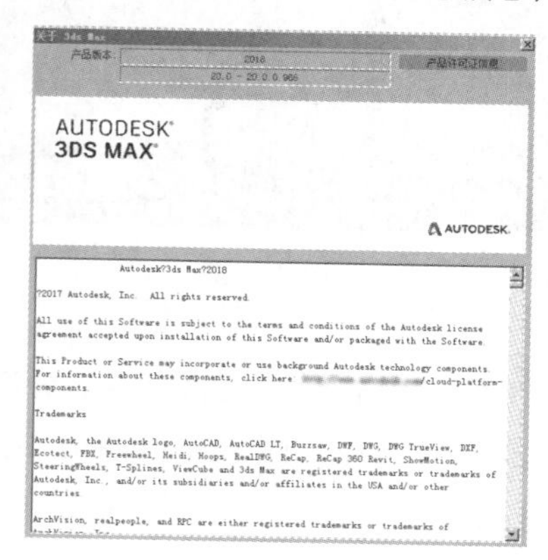

图 1.028

1.2.5 视图操作

1. 常用视图类型

在 3ds Max 中，视图的种类有很多，可以分为标准视图、摄影机视图、灯光视图、栅格视图、图解视图、实时渲染视图和扩展视图等，它们的作用与内容各不相同。本小节中只简单介绍标准视图。

标准视图主要用于视图中的编辑操作，分为正视图、透视图和正交视图，通常的造型编辑工作都是在这些视图中完成的。

正视图是 6 个正方向的投影视图，包括 [顶视图]、[底视图]、[前视图]、[后视图]、[左视图] 和 [右视图]，它们两两相对，通过键盘上的快捷键可以迅速进行切换，一般都是以首字母作为相应视图的快捷键，但没有 [右视图] 和 [后视图] 的快捷键。

● T= 顶视图 ● B= 底视图 ● L= 左视图 ● F= 前视图 ● P= 透视图 ● C= 摄影机视图 ● U= 正交视图

另外，[正交视图] 和 [透视图] 具有灵活的可变性，可以观察三维形态的对象结构。它们的区别：[正交视图] 不产生透视，是一种正交视图，其中的对象不会发生透视形变，视图工具与其他正视图相同；而 [透视图] 具有透视变形能力，类似一种广义的摄影机视图，特点是可以通过变换角度对对象进行环游观察，在摄影机创建前就能获得透视效果。

对于 [透视图]，它的透视角度也是可以调节的，通过视野工具 ▷. 来完成。在视图控制工具上单击鼠标右键进入 [视口配置] 对话框，在 [视觉样式外观 > 透视用户视图] 项目内有一个 [视野] 设置，默认值为 45，是近似人眼的一个镜头值。如果想恢复初始设置，可以在该项目内修改还原。

当前工作的视图会被黄色外框包围，在 3ds Max 中对当前视图操作的结果会同时显示在其余 3 个视图中，这有利于互动的调节控制。对于当前视图的激活方式，3ds Max 激活即操作，也就是说激活的同时进行相应命令的操作。如果只想激活而不想操作，那么选择视图左上角的视口标签菜单或用鼠标右键单击即可。

一般的工作方式是在 3 个正视图中完成模型的调整，获得准确的数据，然后通过透视图来对模型进行立体效果的观察。

2. 视口标签菜单

每个视口的左上角有 3 个标签，单击每个标签可以弹出一些视口设置选项，它们被称为视口标签菜单，并分成了 [常规视口标签菜单]、[观察点视口标签菜单] 和 [明暗处理视口标签菜单]，如图 1.029 所示。

常规视口标签菜单

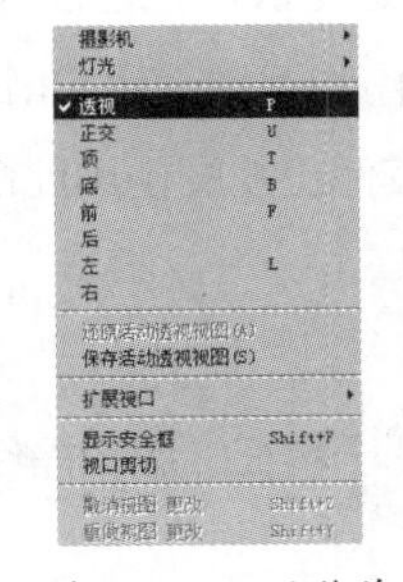

观察点视口标签菜单

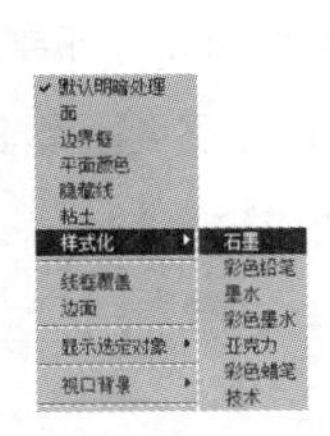

明暗处理视口标签菜单

图 1.029

常规视口标签菜单：在视口左上角以一个“+”作为菜单标识，该菜单中包括对视口的总体操作和激活选项，如禁用视口、最大化视口、栅格显示切换等，还可以通过它来控制 ViewCube 和 SteeringWheels、创建动画预览和进行 xView 检查测试，此外还可以打开［视口配置］对话框，对视口显示进行详细的设置。

观察点视口标签菜单：该菜单主要用于更改视口的显示角度或内容，如更换显示类型、打开轨迹视图、切换到摄影机视图等。

明暗处理视口标签菜单：该菜单用于选择对象在视口中的显示方式。如果采用 Direct3D 驱动显示方式，那么可以选择切换平滑、线框、边面等显示模式；如果采用 Nitrous 驱动方式，那么可以选择切换真实、明暗处理、一致的色彩等视口显示模式。此外，还包括样式化的特殊显示，如石墨、彩色铅笔、墨水等。

3. 视口操作方法

3ds Max 界面的右下角有 8 个按钮，它们是当前视图的控制工具。在不同的视图种类中，这些控制工具也会有所不同，其中比较常用的有以下 7 个。

（1）［缩放］按钮

单击该按钮，在任意视图中拖曳鼠标，可以对视图进行推拉缩放的显示，使用 Ctrl+Alt+ 鼠标中键也可执行这个命令。

（2）［缩放区域］按钮

单击该按钮，可以对视图进行区域放大（在正视图中）。在任意正视图中拉出一个矩形框，以框住物体，物体会放大至视图满屏。该命令一般不在透视图中使用。

（3）［最大化显示］按钮

单击该按钮，场景中的所有物体将以最大化的方式全部显示在当前视图中。

（4）［最大化显示选定对象］按钮

单击该按钮，可以将所选择的物体以最大化的方式显示在激活的视图中，该功能有利于在复杂场景中寻找并编辑单个物体。

（5）［平移］按钮

单击该按钮，可进行平移操作。在任意视图中拖曳鼠标，可以移动观察视图，其快捷方式是直接按住三键鼠标的中键在视图中平移。

（6）［环绕］按钮

单击该按钮，可以在正交视图和透视图中进行操作，这时当前视图中会出现一个黄色的圈，可以在圈内、圈外或圈上的 4 个顶点上拖曳鼠标来改变视角，也可以使用 Ctrl+R 组合键或者 Alt+ 鼠标中键来执行该命令。该命令主要用于透视图的角度调节。如果对其他正视图使用此命令，则正视图会自动转换为正交视图。若想恢复成原来的正视图，按 Shift+Z 组合键即可。

（7）［最大化视口切换］按钮

单击该按钮，当前视图会满屏显示，这有利于精细的编辑操作。再次单击该按钮，可返回原来的状态。另外，还可以使用 Alt+W 组合键来执行此操作。

4. 显示栅格

它表示是否显示代表坐标平面的栅格，快捷键是 G。也可以单击视图左上角的“ + ”，在弹出的［常规视口标签菜单］中开启或关闭。

5. 显示视口背景

执行该命令的方法是在视图左上角的［明暗处理视口标签菜单］标识上单击，在弹出的菜单中选择［视口背景］，然后根据需要选择合适的背景。

在当前视图中可以显示图像背景，不同的视图可以有不同的背景。这里图像背景的概念与环境中图像背景的概念不同，它在最后渲染时不会显示出效果，主要作用是作为当前三维制作的参照图。

背景可以是一张图像，也可以是一系列连续的动画图像。静帧背景多用来作为影印画的底图，可以沿着它的轮廓描制出精确的图形和三维模型，也可以用于合成对位；动画图像多用于三维视频动态合成，作为三维对象运动的参照背景或调节动作时的参照背景，不同的关键点会显示不同的动画画面背景。

关于背景图的具体设置，可以执行［视图 > 视口背景 > 配置视口背景］命令，弹出［视口配置］对话框，对话框的［背景］选项卡中提供了相关参数，如图 1.030 所示，下面就其中几个重要的参数进行讲解。

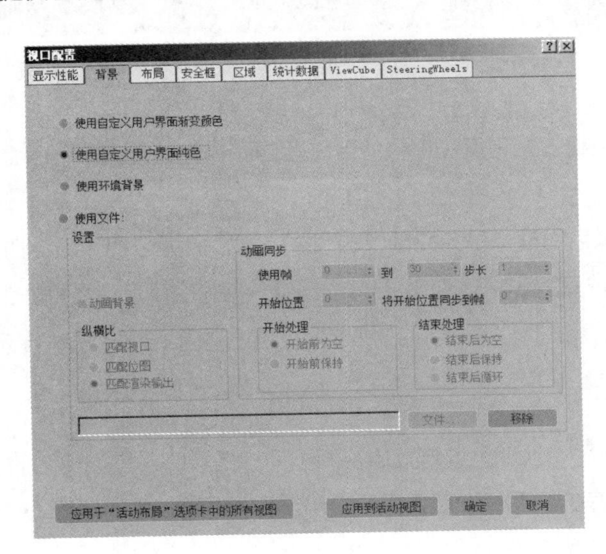

图 1.030

使用环境背景：如果已经设置了环境背景，该选项可以控制在当前视图中直接显示环境背景。

动画背景：打开动画背景设置，如果背景是动画文件，拨动时间滑块到相应的帧，背景也会转变到相应的动画帧。

匹配视口：改变背景图像的长宽比例，以符合当前视图的长宽比例。

匹配位图：不改变背景图像的长宽比例，一般用于描线的背景。

6. 显示安全框

安全框的作用是提示制作的有效范围，按 Shift+F 组合键可打开安全框。安全框的设置在［视口配置］对话框中进行，它主要有 3 个线框范围，分别为不同的颜色，默认的大小比例一般是为专业的电视输出设置的，除非有特别需要，否则不必进行更改，如图 1.031 所示。

图 1.031

活动区域：外面的黄色线框，是真正渲染的区域范围，作为使用 Photoshop 等平面处理软件时有效的外边界。

动作安全区：中间的绿色线框，是电视输出的警戒范围。因为电视输出会切除一部分，所以在制作用于电视播出的动画时不能以最外框为边界，而是要多留出这一部分空间，以中框作为边界进行定位。

标题安全区：内部的橙色线框，是文字的警戒范围。对于文字标版动画，提示文字不要超出这个范围。

7. 禁用视口

使当前视图暂时失去作用，外观上仍与其他视图相同，但这时对其他视图的任何操作都不会影响当前视图，被禁用的视图在其左上角的视图标识后紧跟已禁用字样。对于复杂的场景，禁用视图可以避免刷新屏幕，可加快显示速度，它的快捷键为 D。

8. ［视口配置］对话框

在［视口配置］对话框中可以对视图中的显示内容进行详细的设置，如设置显示性能、背景、布局、安全框、区域、统计数据，以及 ViewCube 和 SteeringWheels。

在 3ds Max 2018 中，［视口配置］不仅可以通过菜单命令调用，还可以在屏幕右下角的视图控制区上单击鼠标右键，或者在视图左上角的“ + ”标志上单击，在弹出的［常规视口标签菜单］中选择［配置视口］

选项。[视口配置] 对话框如图 1.032 所示。

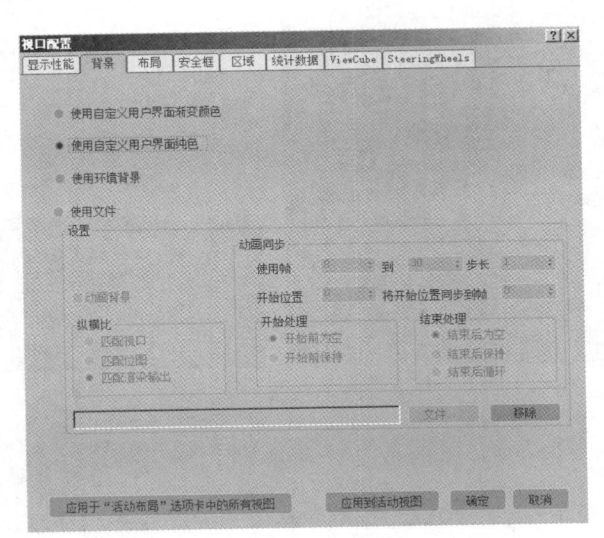

图 1.032

[显示性能] 选项卡是 Nitrous 驱动程序的设置项目，用于调整复杂场景的视口刷新速度。

[背景] 在当前视图中可以显示图像背景，不同的视图可以有不同的背景，其主要作用是作为当前三维制作的参照图。

[布局] 选项卡用来设置 3ds Max 的屏幕布局划分，在任意视图上单击鼠标左键，在弹出的菜单中可以指定视图类型。

[安全框] 选项卡用来控制渲染导出视图的纵横比。如果要将动画渲染并输出视频，那么图像的边缘会有一部分被切除，安全框中的绿色线框就是控制视频裁切的边界，最外围的黄色线框用于将背景图像与场景对齐。

[区域] 选项卡用于设置放大区域和子区域的范围选择框的尺寸，虚拟视口参数是针对 OpenGL 显示驱动进行设置的，可以建立一个虚拟的视图标准。

[统计数据] 设置跟踪场景中的面数，按键盘上的 7 键可以在活动视口中显示统计。

[ViewCube] [SteeringWheels] 这两项在 3ds Max 中很少使用，这里不作讲解。

9. 默认照明

系统提供两种默认的照明模式：一种是一灯照明，另一种是两灯照明。一灯照明的灯光保持和当前摄影机锁定，永远提供正方向上的照明；两灯照明包括用于主光照明的 [主灯光] 和用于辅光照明的 [辅助灯光]，主光放置在左前方，辅光放置在右后方。对这两种默认照明的指定，可以在 [添加默认灯光到场景] 对话框中实现，在这里可以选择添加默认照明灯光的种类及缩放距离，单击 [确定] 按钮后，便可将默认的照明方式转换为灯光对象，接着就可以对场景中的灯光对象进行设置了，如图 1.033 所示。

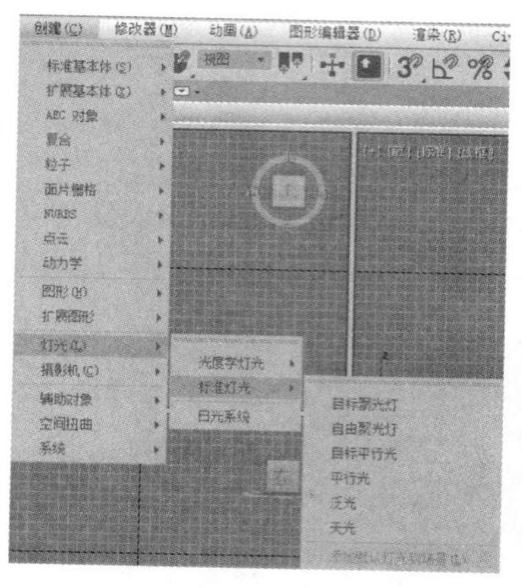

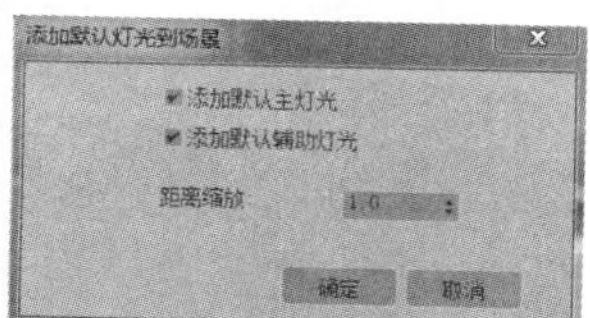

图 1.033

提示

在[默认照明]参数组中选择了不同的方式后，不要切换视图，否则无法执行[添加默认灯光到场景]命令。

1.2.6 文件管理

1. 打开文件和保存文件操作

在菜单栏中执行［文件 > 打开］命令，可以打开 3ds Max 的场景文件。如果需要打开的场景文件在指定的路径没有所需的位图文件，则会弹出一个缺少外部文件的对话框。在这个对话框中，可以对位图的路径重新指定，也可忽略该位图，直接打开场景文件。执行［文件 > 另存为］命令，可以用一个新的文件名称来保存当前场景，以便不改动旧的场景文件；执行［文件］中的［另存为 > 保存副本为］命令，可以将当前场景另存为其他文件名，而不更改当前正在使用的场景文件名称，此命令可以用来创建当前场景的快照；执行［文件 > 保存选定对象］命令，可以有效地挑选出有使用价值的部分，重新归类保存，以便加以利用。打开文件和保存文件操作所打开的对话框如图 1.034 所示。

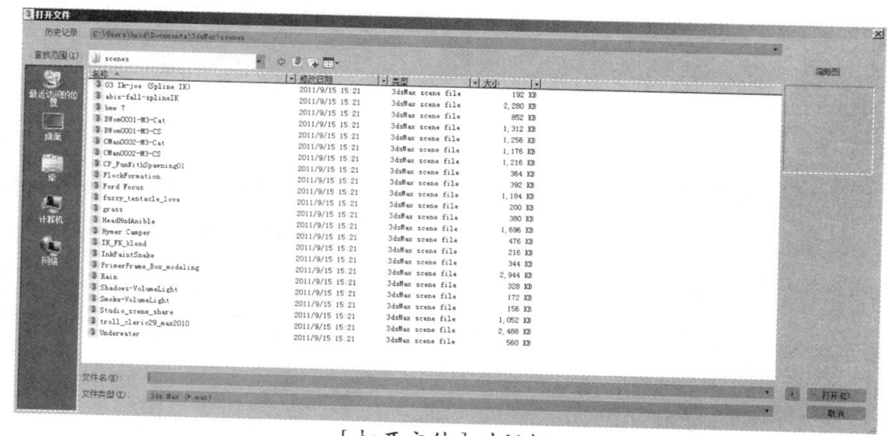

［打开文件］对话框

图 1.034

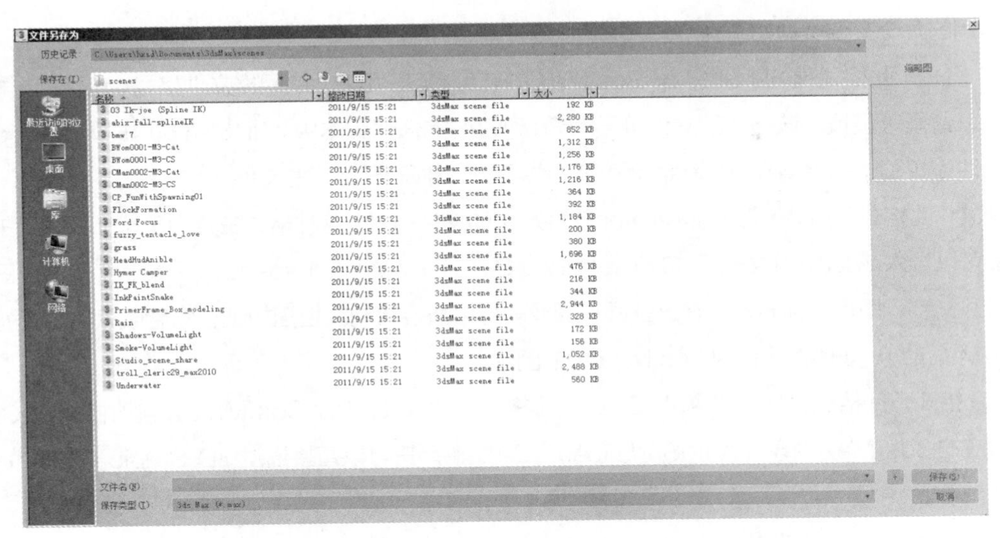

［文件另存为］对话框

图 1.034（续）

2. 常用导入文件和导出文件类型

（1）导入文件类型

执行［文件 > 导入 > 导入］命令，在打开的［选择要导入的文件］对话框中可以导入或合并不属于 3ds Max 标准格式的场景文件，如图 1.035 所示。在文件类型中，允许直接输入 DWG、DXF、PRJ、3DS、STL、IGES、AI、SHP、VRML、DEM、FBX、LW、OBJ、STL、XML、FLT、SAT、SKP 等文件格式；如果选择［所有格式］选项，则可以看到全部类型的文件。

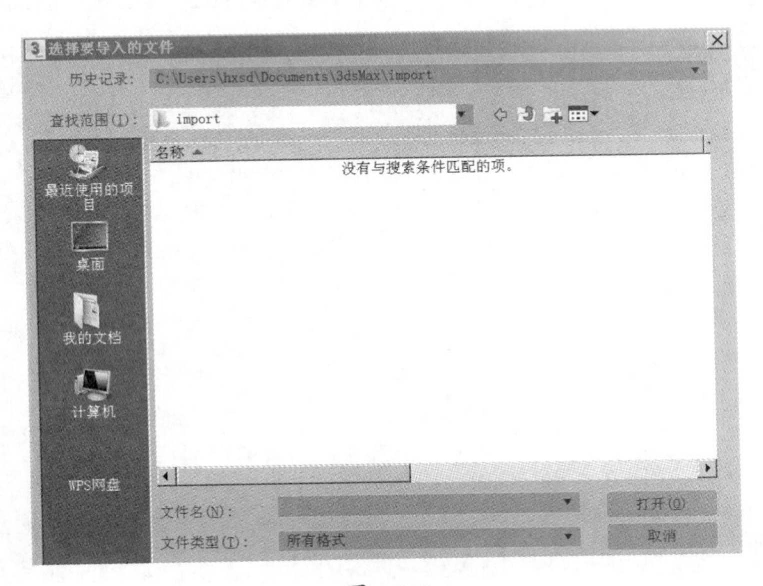

图 1.035

比较常用的几个文件类型如下。

● 3DS 格式：此格式是 3D Studio（3ds Max 的前身 DOS 版本）的网格文件格式，包括摄影机、灯光、材质、贴图、背景等设置。该格式的文件可导入 3ds Max 的任何版本中。3DS 格式已成为工业标准，其他三维设计软件（如 LightWave，Truespace 等）也可以输出 3DS 格式的文件。

● AI 格式：此格式是由 Adobe Illustrator 软件产生的文件格式。这种格式主要用于从外部输入矢量图形，许多软件都可以导入或导出这种格式，如 Freehand、CorelDRAW、Photoshop、Painter 等图形图像软件。对于一些特殊文字、图形、标志等，在这些图形图像软件中直接绘制或扫描加工，然后以 AI 格式输出到 3ds Max 中，输入后的 AI 图形将转化为 3ds Max 中的图形。

● DWG 格式：此格式是标准的 AutoCAD 绘图格式。导入文件后，3ds Max 会自动将 AutoCAD 的对象转化为对应的 3ds Max 对象。AutoSurf 或 AutoCAD 的用户可以直接通过 3D Studio OUT 命令将机械造型导入 3ds Max 中。

● HTR 格式：这种运动捕捉文件格式可以代替 BVH 格式。虽然 BVH 格式存储了运动捕捉的信息，包含角色的骨骼和肢体关节的旋转数据，但是 HTR 格式的文件在数据类型和排序方面更加灵活，而且它还有一个完备的姿态描述规范，该描述规范包括指定转动和变化的起始点。

● IGES 格式：此格式可以用于 NURBS 对象的导入和导出操作。IGES 格式为 3ds Max 与其他三维软件交换信息提供了很好的接口，但并不是所有的 3ds Max 模型都支持这种格式的转换，如动画和材质数据就不支持这种格式。

● OBJ 格式：此格式是一种 3D 模型文件，不包含动画、材质特性、贴图路径、动力学、粒子等信息。它主要支持多边形模型，支持 3 个点以上的面，支持法线和贴图坐标，不支持有孔的多边形面。

（2）导出文件类型

执行［文件 > 导出 > 导出］命令，可以将 3ds Max 的当前场景导出为其他的文件格式，如图 1.036 所示。

图 1.036

在文件类型中，允许直接输出 3DS、AI、ASE、IGS、Lightscape、STL、DXF、DWG、VRML、FBX、LW、OBJ、ASE、M3G、FLT、SAT 等文件格式。导出的文件类型很多都与导入的文件类型一致，这里就不赘述了。

3. 合并和替换

（1）合并

执行［文件 > 导入 > 合并］命令，可以将其他 3ds Max 场景文件中的对象合并到当前文件中。

如果有些场景在打开的过程中或在制作和渲染时发生了故障（例如，一打开某个面板，3ds Max 就崩溃），可以借助［合并］命令来解决。方法是创建一个全新的场景，使用［合并］命令将原来场景中的所有内容都合并进来，这样可以解决很多复杂的问题。

需要注意的是，［合并］命令无法合并对环境所做的设置，如燃烧效果、雾效等，但它们可以在［环境和效果］窗口中单独进行合并，如图 1.037 所示。

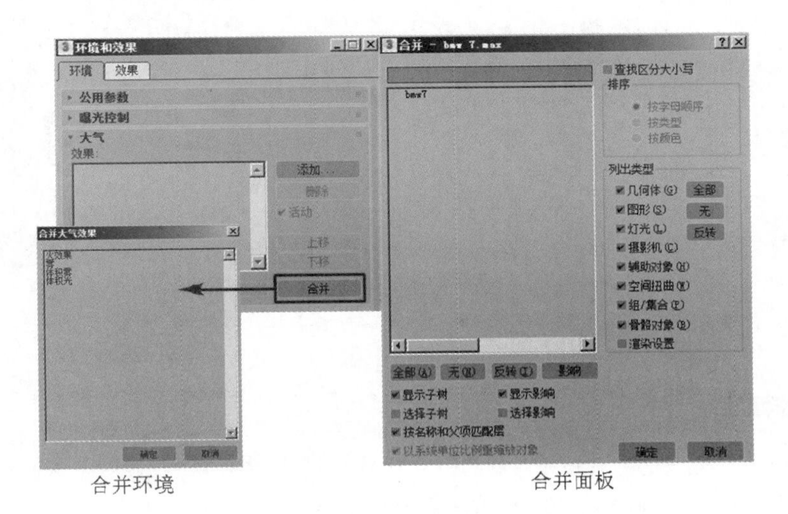

合并环境　　　　合并面板

图 1.037

（2）替换

执行［文件 > 导入 > 替换］命令，可以将新文件中与当前场景重名的对象进行替换，即用新文件中的对象去替换当前场景中的对象，一般用于［几何体］的替换。这样可以用结构简单的几何体去研究运动效果，以提高制作效率，定型后再将复杂结构的几何体替换进来，渲染成最终的动画。

在替换几何体时，它的［修改器堆栈］也将进行替换，但其他特性（如变换、空间扭曲、层次、材质等）将不进行替换。如果想全部替换，则可以使用［合并］命令。

如果当前场景中的对象有相应的［实例］复制对象，则将一同进行替换；如果相同的名字有两个以上的对象，则将全部替换成新的对象。

4. 场景的摘要信息

执行［文件>属性>摘要信息］命令，可以显示当前场景的状态统计信息，包括各类型对象数目、网格对象参数、内存使用情况及一些渲染信息，如图 1.038 所示。

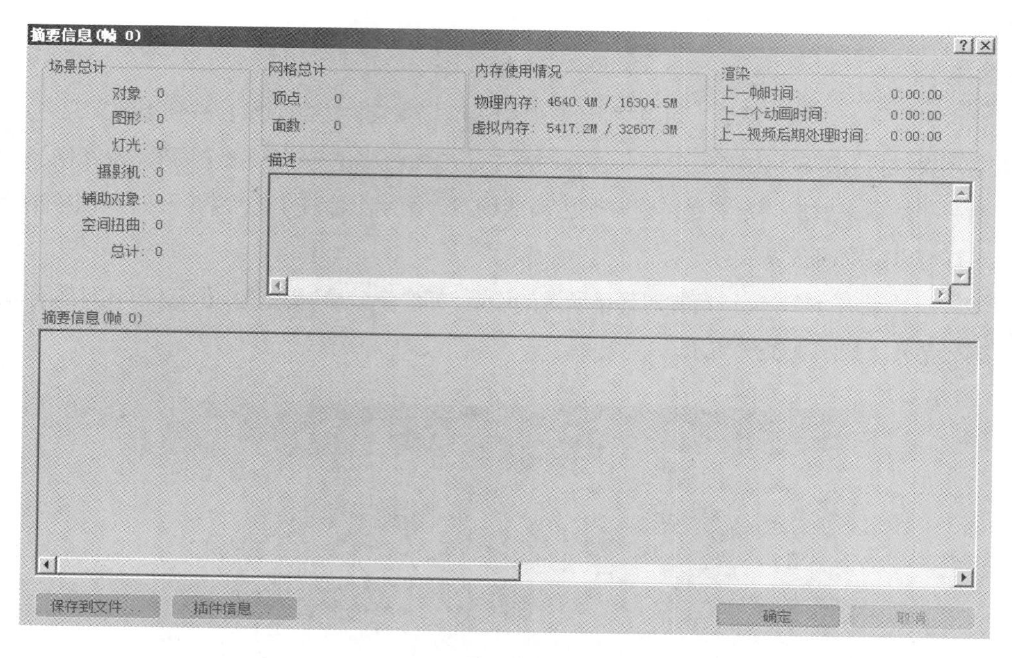

图 1.038

5. 发送到其他程序

在 3ds Max 中，执行［文件>发送到］命令，可以将当前场景发送到 Autodesk 公司生产的其他媒体软件中进行编辑，如 MotionBuilder、Softimage 或 Mudbox。

1.2.7 命令面板的基本知识

1. 命令面板的六大模块

屏幕的右侧部分就是 3ds Max 的命令面板区域，这里是 3ds Max 的主要工作区域，也是它的核心部分，很多操作都在这里完成，大多数的工具和命令也都放置在这里，以用于模型的创建和编辑修改。

命令面板最上方有 6 个按钮，可以切换到 6 个基本命令面板，每个命令面板下为各自的命令选项，有些仍有命令分支。在进入 3ds Max 时，系统内定为［创建］面板。

+［创建］面板：包含所有对象创建工具，如图 1.039 所示。［创建］面板是 3ds Max 中命令级数最多的面板，它的下面还有 7 个子按钮，分别是［几何体］、［图形］、［灯光］、［摄影机］、［辅助对象］、［空间扭曲］和［系统］。（后面会有具体讲解。）

［修改］面板：包含修改器和编辑工具，如图 1.040（左）所示。对已创建的模型进行修改和编辑时，则需要单击［修改］按钮，打开［修改］面板，它会显示出当前被选择物体的名称和颜色，以及该物体基本的物体属性。在［修改器列表］中还分门别类地列出了所有可用于当前选择的修改命令，选择相应的属性后即可对当前模型进行修改和编辑操作。

［层次］面板：包含链接和反向运动学及继承命令，如图 1.040（右）所示。使用该命令面板，通过链接可以在物体间建立父子关系，并提供正向运动和反向运动的双向控制功能，使物体的动作表现更生动、自然。

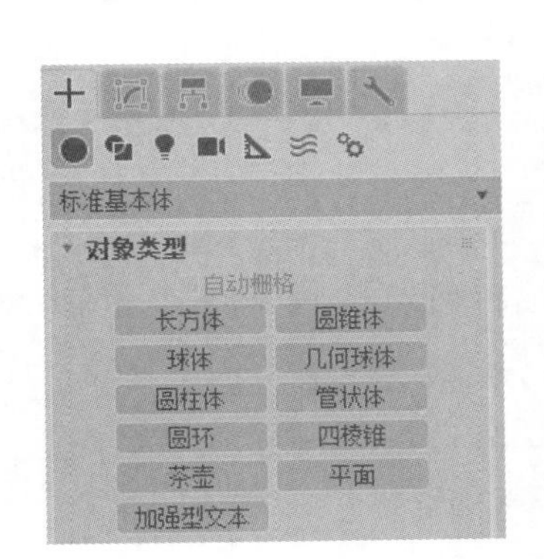

图 1.039

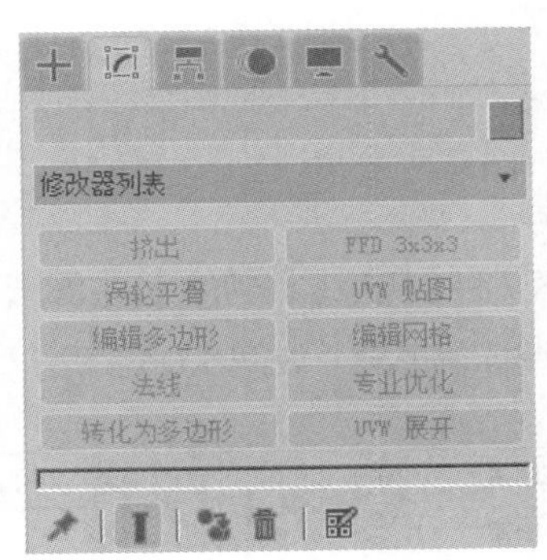

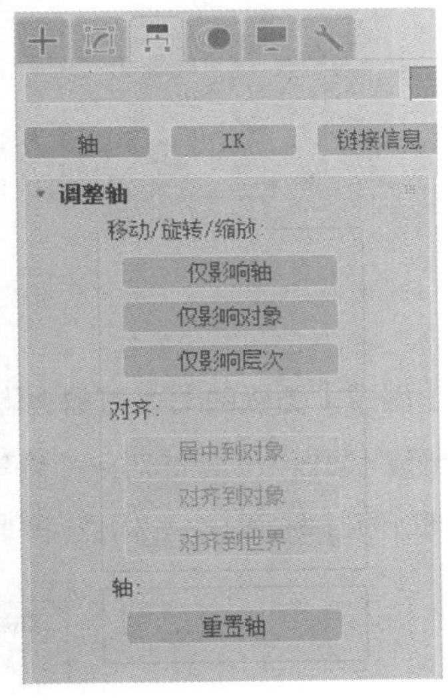

图 1.040

［运动］面板：包含动画控制器和轨迹等命令，如图 1.041（左）所示。它通过物体的运动轨迹对物体进行有效的控制，使用时一般配合［运动路径］操作。使用这个命令功能还可以获得变换的动画关键帧数值，如位移、旋转和比例缩放等，这些数值可以细微地控制和刻画动作的表现。

［显示］面板：包含对象的显示、冻结等控制选项，如图 1.041（中）所示。该命令面板控制着场景中所有几何体、图形、灯光、摄影机、辅助对象等的显示或隐藏状态。通过该面板的一些设置，不仅可以方便在视图区的操作，还可以加快画面显示速度。需要注意的是，如果选中了该面板中的选项，则表示已启用隐藏控制，即视图中会隐藏相应的选项。

［工具］面板：包含其他一些有用的工具，如测量、MAXScript、Flight Studio 等，如图 1.041（右）所示。此面板提供了很多外部的程序，可用于完成一些特殊的操作，此外很多独立运行的插件和 3ds Max 的脚本程序在该面板中也有相应的选项。

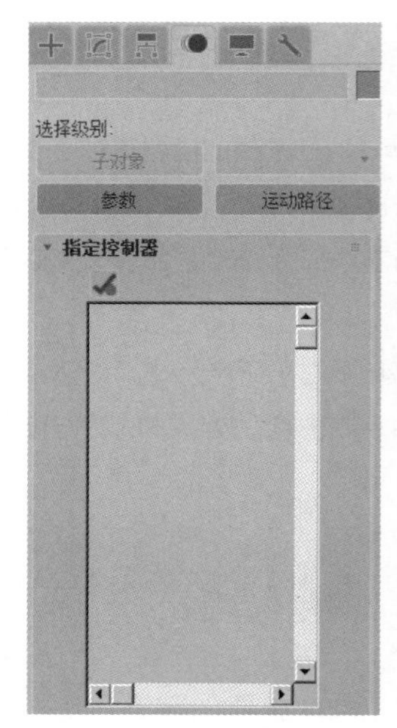

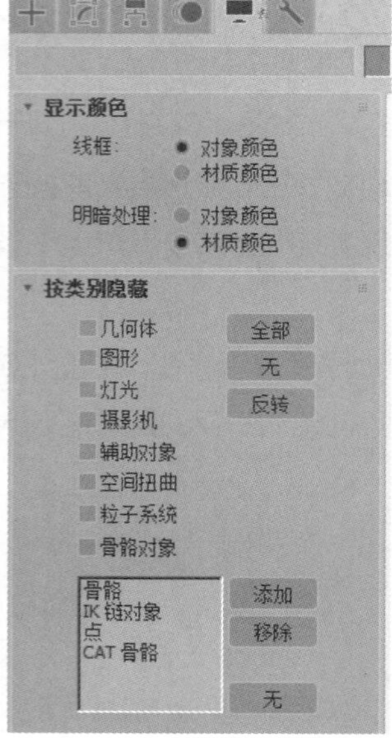

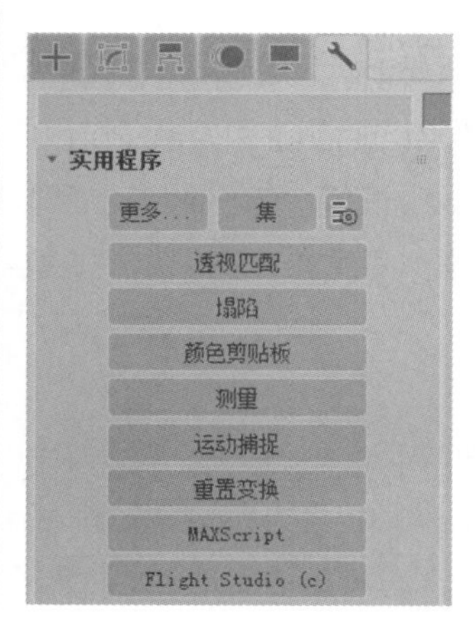

图 1.041

2. ［创建］面板的七大对象类型

在［创建］面板中创建的对象种类有 7 种，包括［几何体］、［图形］、［灯光］、［摄影机］、［辅助对象］、［空间扭曲］和［系统］，它们各自的图标很形象，如图 1.042 所示。

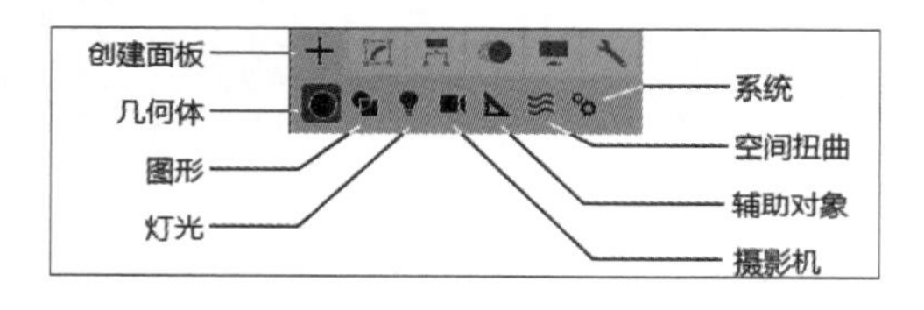

图 1.042

［几何体］对象用来创建具有三维空间结构的实体造型，包括以下 16 种基本类型：［标准基本体］、［扩展基本体］、［复合对象］、［粒子系统］、［面片栅格］、［实体对象］、［门］、［NURBS 曲面］、［窗］、［AEC 扩展］、［Point Cloud Objects］、［动力学对象］、［楼梯］、［Alembic］、［Arnold］和［CFD］，如图 1.043 所示。

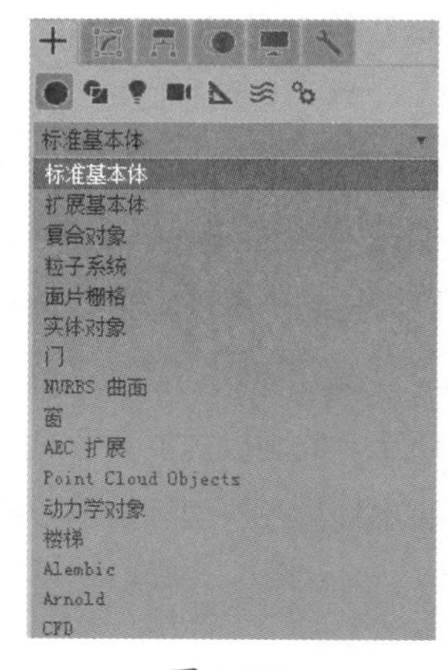

图 1.043

［图形］对象：3ds Max 中共有 5 种类型的图形，分别是［样条线］、［NURBS 曲线］、［扩展样条线］、［CFD］、［Max Creation Graph］，如图 1.044 所示。在许多方面，它们的用处是相同的。［样条线］是一种矢量图形，可以由一些绘图软件，如 Illustrator、Freehand、CorelDRAW、AutoCAD 等创建生成，将所创建的矢量图形以 AI 或 DWG 格

式存储后，就可以直接导入 3ds Max 中使用了。

［灯光］对象：灯光是真实三维场景渲染不可或缺的一个重要部分。3ds Max 中提供了两种类型的光源：一种是［标准］灯光，另一种是［光度学］灯光，如图 1.045 所示。

［摄影机］对象：摄影机用于最终的动画效果表现。3ds Max 中提供了 3 种摄影机对象：一种是目标摄影机，一种是自由摄影机，还有一种是新增加的物理摄影机，如图 1.046 所示。

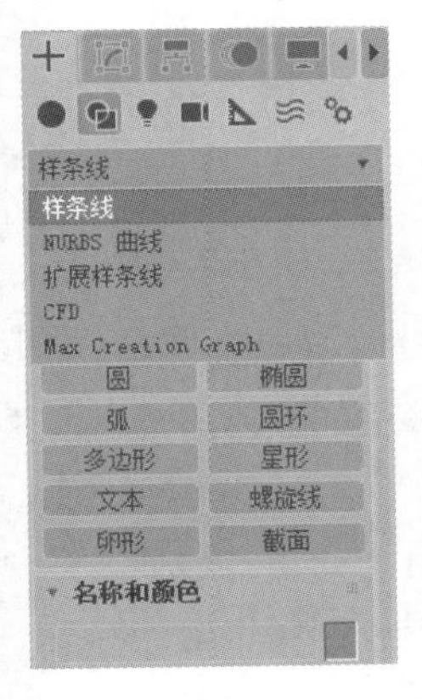

图 1.044

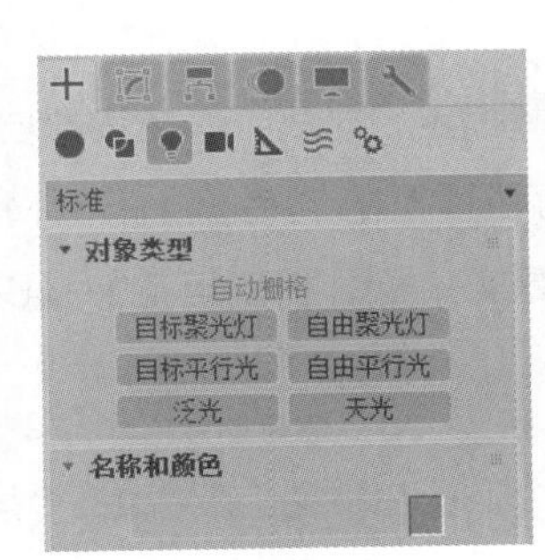

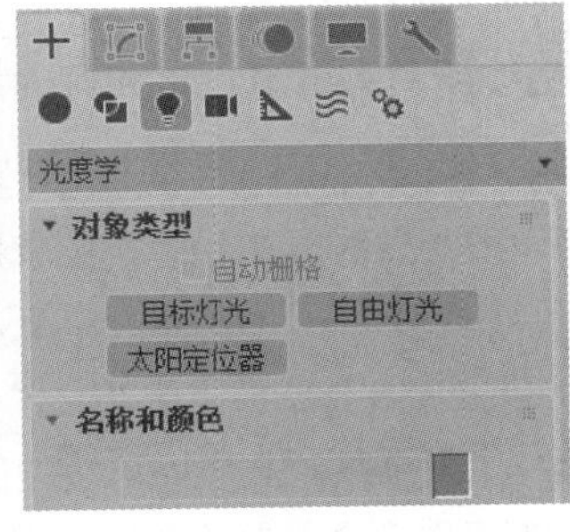

图 1.045

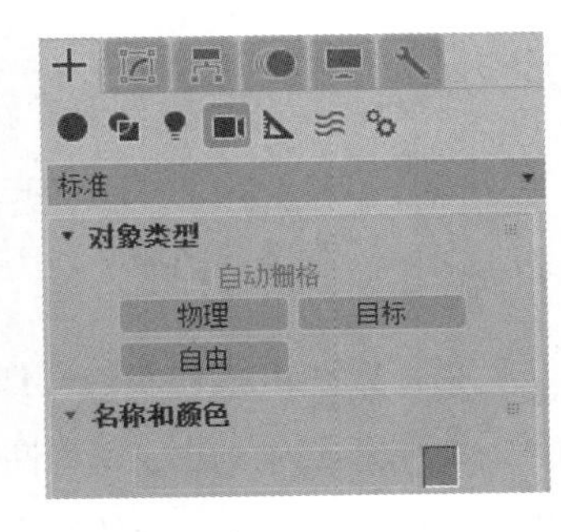

图 1.046

［辅助对象］对象：辅助对象是一系列起到辅助制作功能的特殊对象，它们本身不能进行渲染，却起着举足轻重的作用。在 3ds Max 中，辅助对象默认有 9 种类型，分别是［标准］、［大气装置］、［摄影机匹配］、［集合引导物］、［操纵器］、［粒子流］、［MassFX］、［CAT 对象］和［VRML97］，如图 1.047 所示。

［空间扭曲］对象：空间扭曲对象是一类在场景中影响其他对象的不可渲染对象，它们能够创建力场，使其他对象发生形变，以创建出涟漪、波浪、强风等效果。空间扭曲的功能与修改器有些类似，只不过空间扭曲改变的是场景空间，而修改器改变的是对象空间。3ds Max 中空间扭曲对象共有 5 种类型，分别是［力］、［导向器］、［几何 / 可变形］、［基于修改器］和［粒子和动力学］，如图 1.048 所示。

［系统］对象：系统对象用于联合并控制对象，使系统对象产生特定的行为。通过系统对象还可以使用一些独立的参数选项控制复杂的动画过程，此外，它还是外挂模块的应用接口，一些插件的工具会放置在这里。3ds Max 中提供了 5 种系统对象，分别是［骨骼］、［环形阵列］、［Biped］、［太阳光］和［日光］，如图 1.049 所示。

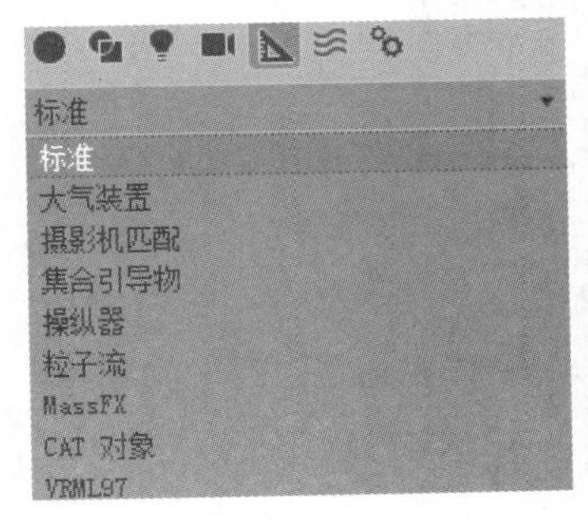

图 1.047

图 1.048

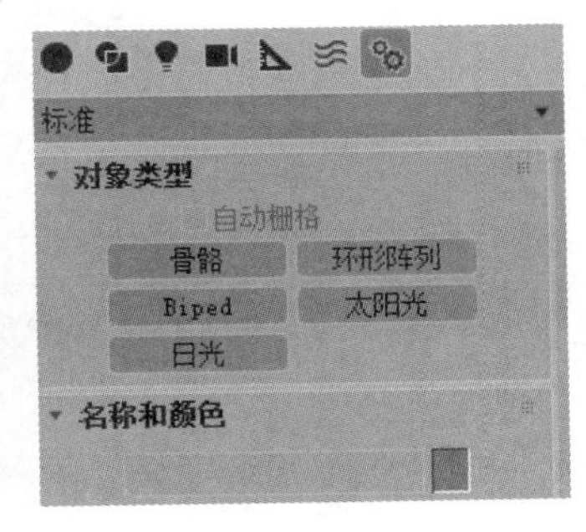

图 1.049

3. 更改对象的名称和颜色

对象名称：允许输入创建对象的名称，支持中文命名，一般系统会自动指定一个表示自身类型的名称，如 Box001、Sphere001 等，如图 1.050 所示。

图 1.050

对象颜色：设置视图中网格线所具有的颜色。如果对象指定了材质，颜色设置自动失去渲染的功能。单击色块可以激活对象颜色设置框，设置框中提供了两种预置的调色板（3ds Max palette 调色板和 AutoCAD ACI 调色板），用来设置对象线框的颜色，也就是实体视图中所看到的对象表面的颜色。

4. 修改堆栈列表的操作

修改堆栈中列出了所有使用过的修改命令，可以选择一个，以进入相应的修改命令层，如图 1.051 所示。

通用修改区中提供的通用修改操作命令，对所有修改工具有效，起着辅助修改的作用。

[锁定堆栈]：将修改堆栈锁定到当前的对象上，即使在场景中选择了其他对象，命令面板仍会显示锁定对象的相应修改命令，可以任意调节它的参数。

[显示最终结果]：如果当前处在修改堆栈的中间或底层，视图中只会显示出当前所在层之前的修改结果，单击此按钮可以观察到最后的修改结果。这在返回前面的层中进行修改时非常有用，可以随时看到前面的修改对最终结果的影响。

[使唯一]：对一组选择对象加入修改命令，这个修改命令会同时影响所有对象，以后在调节这个修改命令的参数时，也会影响到所有的对象，因为它们已经属于[实例]属性的修改命令。单击此按钮，可以将这种关联的修改各自独立，将共同的修改命令独立分配给每个对象，使它们失去彼此的实例关系。如果对这组对象中的一个进行独立操作，可以使该对象从这组对象中独立出来，以获得所有独立的修改命令。

[从堆栈中移除修改器]：将当前修改命令从修改堆栈中删除。

[配置修改器集]：可以对列出的修改工具重新进行设置，如图 1.052 所示。

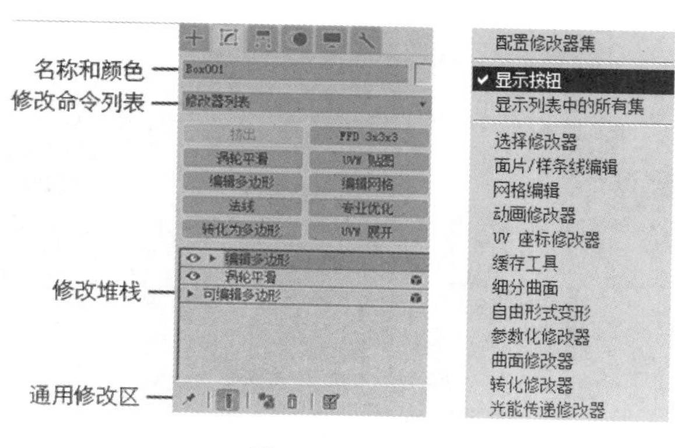

图 1.051　　图 1.052

1.2.8 对象的选择和管理

1. 用鼠标选择对象的方式

单击工具栏中的[选择对象]按钮，它将变为黄色，这表示处于使用状态。在任意视图中选择场景中的任意一个对象，物体将以白色线框显示，再选择场景中的其他对象，可以发现新选择的对象处于选中状态，而原选择对象则被取消选中。在视图中没有对象的位置单击鼠标，则会取消选中任何对象。

2. 区域选择方式

在任意视图中按住鼠标左键进行拖曳，会拉出一个矩形虚线框，框选几个物体后松开鼠标左键，可以发现凡是在框内的物体都处于选择状态，这是一个非常方便的选择方法；同时可以配合键盘上的 Ctrl 键和 Alt 键进行物体的追加和排除选择。如果按住顶端工具栏中的[矩形选择区域]按钮不放，将弹出 5 个按钮，它们分别是[矩形]、[圆形]、[围栏]、[套索]和[涂抹]，如图 1.053 所示。可以选用矩形框、圆形框、徒手勾绘多边形框、套索曲线形框、手绘选择等方式进行框选，这极大地提高了框选操作的方便性。相对来说，3ds Max 7.0 中增加的手绘选择是一种自由的选择方式。

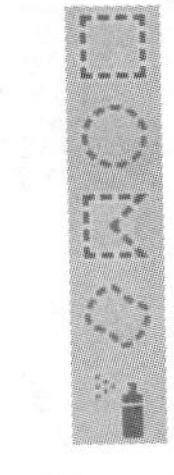

图 1.053

3. [窗口]/[交叉]选择方式

主工具栏中的[交叉]按钮实际上是一个模式切换开关，用于控制两种不同的区域选择方式，主要配合框选方式产生作用。

[窗口]：当使用框选方式时，只有完全包含在虚线框内的对象才能被选中，而部分在虚线框内的对象将不被选中。

[交叉]：当使用框选方式时，无论对象是完全还是部分处于框选范围内，虚线框所涉及的所有对象都被选中。

4. 配合键盘上的 Ctrl 键、Alt 键选择对象

在已经选择了对象的前提下，按键盘上的 Ctrl 键，再单击场景中的其他对象，则该对象与之前所选择的对象一并处于选中状态。按键盘上的 Alt 键，单击多个选择中的一个对象，则取消对该对象的选择。因此，配合 Ctrl 键单击对象，可以加入一个或多个选择对象；配合 Alt 键单击对象，可以减去一个或多个对象。

5. 选择过滤器

选择过滤器是对对象类型进行选择过滤的控制，如图 1.054 所示。它可以屏蔽其他类型的对象且快捷而准确地进行选择。默认设置为[全部]，即不产生过滤作用。这种选择方式非常适合在复杂场景中对某一类对象进行选择操作，如只对房屋场景中的灯光进行选择。选择过滤器对所有选择功能都有效，包括框选方式、组合选择命令（如[选择并移动]）等，但对按名称进行的选择方式无效，因为名称选择方式已涵盖了过滤选项。

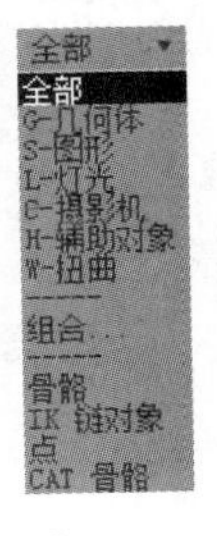

图 1.054

提示

将选择过滤器从默认的［全部］修改为其他类型后，一定要记得在选择完成后将其切换回默认的［全部］类型，否则除了设置的类型外，就不能再选择其他类型的对象了。

6．选择锁定

按键盘上的空格键，或单击视图底部的［锁定当前选择］按钮，将需要进行操作的对象锁定，这样就不会在对象编辑的过程中误选择其他的对象。

提示

按空格键是锁定当前选择对象的快捷方法。

7．按名称选择对象

在［从场景选择］对话框中通过指定对象名称来进行选择的方式快捷而准确，在进行复杂场景的选择操作时非常有用，如图 1.055 所示。所以，给对象命名的名称要具有代表性和可读性，以便于识别，该操作的快捷键是 H 键。

8．按材质选择对象

在［材质编辑器］窗口中通过指定材质来选择对象，例如，打开［材质编辑器］窗口，选择右下方的橘红色反光材质，然后单击右侧的［按材质选择］按钮，3ds Max 会自动打开［从场景选择］对话框，并将所有被指定此材质的物体选中，如图 1.056 所示。

图 1.055

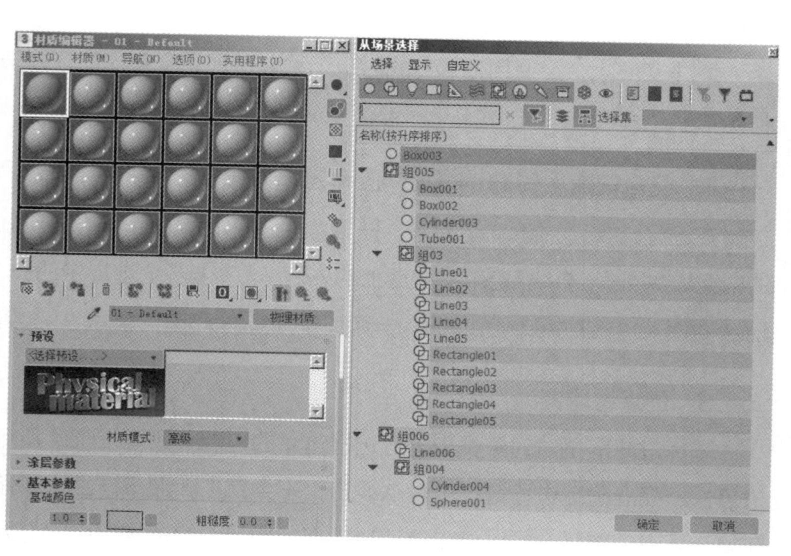

图 1.056

9. 按颜色选择对象

选择场景中相同线框颜色的对象，执行该命令后，鼠标指针会显示出特殊符号，选择一个对象后，与该对象线框颜色相同的所有对象都会被选中。

10. [全选]、[全部不选] 和 [反选]

执行 [编辑 > 全选] 命令，场景中所有对象都会被选中；执行 [编辑 > 全部不选] 命令，场景中所有被选择的对象都将被取消选择；执行 [编辑 > 反选] 命令，场景中已经被选中的对象将取消选择，而之前没有被选择的对象将会被选中。

11. 选择集的命名和编辑

3ds Max 可以对当前的选择集指定名称，以方便对它们进行操作。例如，将一张桌子上的所有盘子选中，为了方便以后再对它们进行操作，可以对它们的选择集命名，这样下一次就不必逐个选择了。指定选择集的方法是在工具栏中完成的，工具栏中有一个空白框，用于输入选择集的名称，该操作可用于对已经指定了名称的选择集进行再次编辑，如图 1.057 所示。

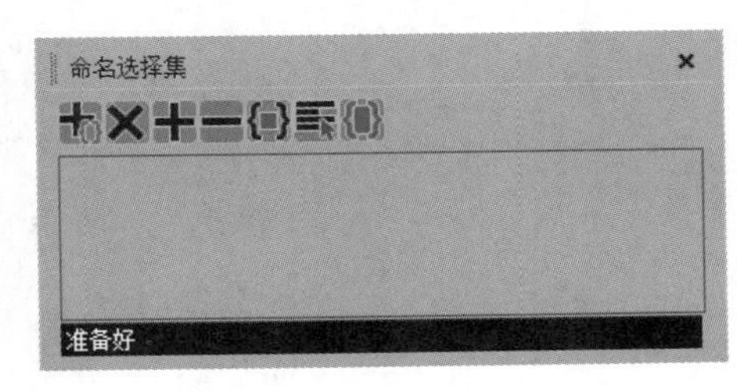

图 1.057

12. 组操作

组是可记录编辑的选择集。选择集仅限于选择对象，组与选择集相比，它的概念要更深一层。如果对场景中多个对象进行统一的选择和操作，则可以将它们选择后组成一个组，然后对组进行修改加工及动画制作。

对组进行操作也很方便，[组] 菜单中的 [组]、[打开] 和 [分离] 等命令可以很好地完成一切有关组的操作。成组后如果对组进行 [打开] 操作，则可以对组中的任意一个对象进行编辑修改，修改后再对组进行 [关闭] 操作就可以了；还可以对组进行嵌套，这个常用于对场景中的对象进行规划管理。

1.2.9 层的使用和管理

层的概念：层是从 AutoCAD 软件中引入的，可以把层理解为一张张透明的、叠加在一起的图片，将不同的场景信息组织在一起，形成一个完整的场景。在 3ds Max 中，新建对象会从创建的层中呈现颜色、可视性、可渲染性、显示隐藏情况等共同的属性，使用层可以使场景信息管理更加快捷容易。

层管理器：在主工具栏的空白处单击鼠标右键，然后选择 [层] 菜单，就会弹出层管理器。层管理器中主要包括由一些常用工具组成的工具栏、层列表等，如图 1.058 所示。

层的属性设置：单击某一层名称前的 [层属性] 按钮，可以打开 [层属性] 对话框，如图 1.059 所示。在这个对话框中，可以对层的 [名称]、[活动颜色]、[显示]、[常规] 参数组和 [高级照明] 参数组等属性进行设置。

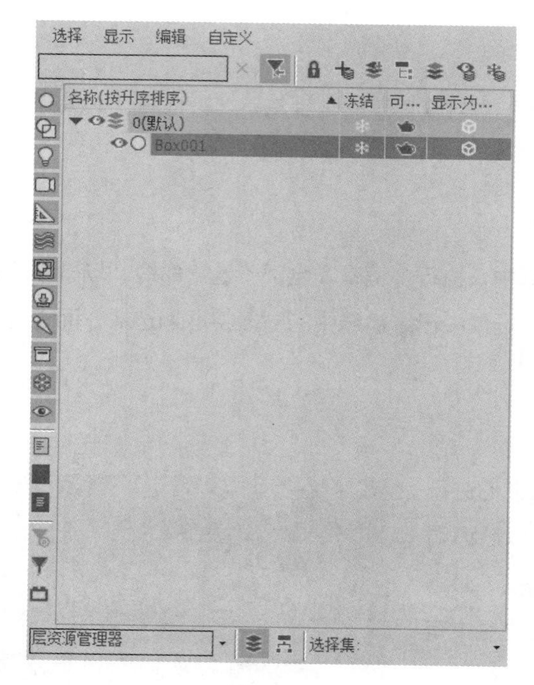

图 1.058

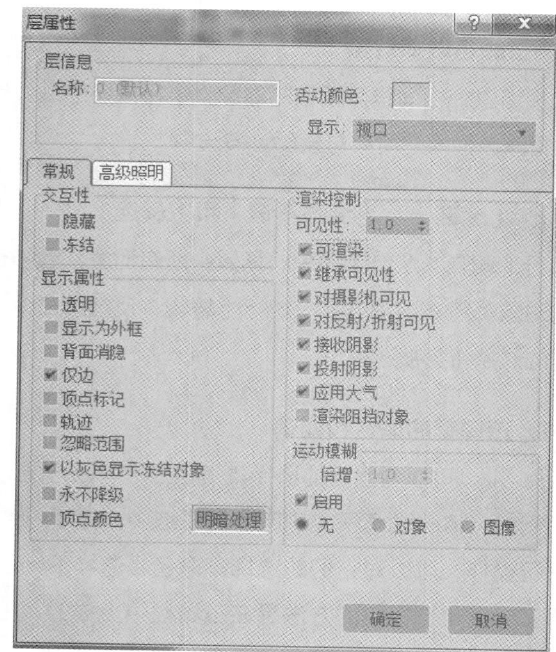

图 1.059

1.2.10 对象属性

1. ［对象属性］对话框

选择场景中的某个对象，然后单击鼠标右键，从弹出的菜单中选择［对象属性］命令。打开［对象属性］对话框，在其中可以查看对象信息，进行隐藏或冻结对象操作，设置对象的显示属性、渲染控制、G 缓冲区和运动模糊等参数，如图 1.060 所示。

2. 对象的顶点数和面数

这些数值显示的是对象的顶点和面的数目。对于［图形］对象，只有开启［可渲染］功能，才能显示生成可渲染图形时的相应数值，如图 1.061 所示。

3. 透明

［透明］可以使被选择的对象在视图中以半透明的状态显示，该设置对渲染无影响，尤其适用于调整透明对象后面对象的位置，如图 1.062 所示。默认设置为禁用状态。设置对象透明状态的组合键（默认）是 Alt+X。

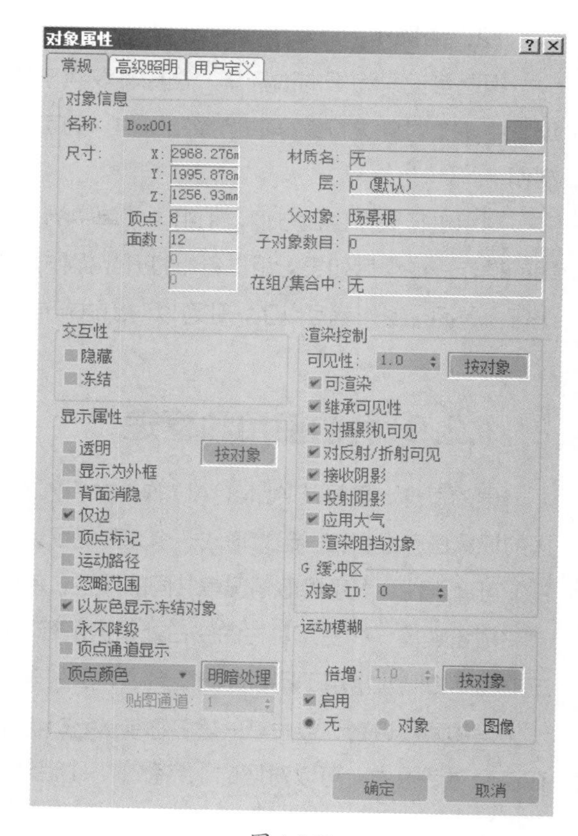

图 1.060

图 1.061

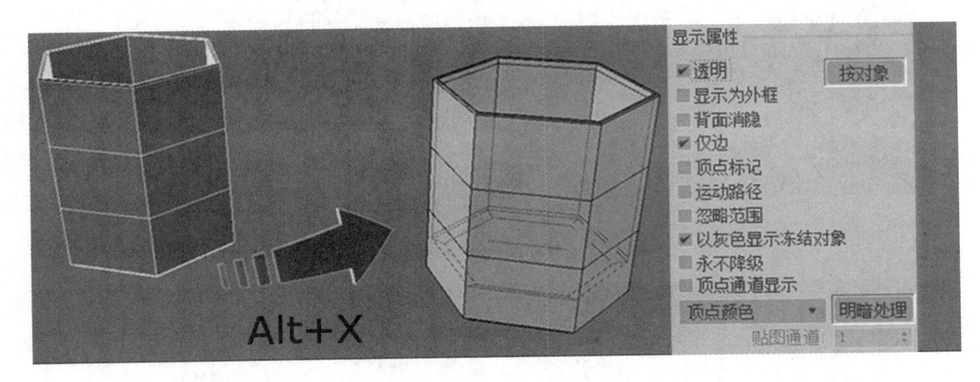

图 1.062

提示

通过执行［自定义>自定义用户界面］命令，在［颜色］选项卡中可以自定义透明对象的颜色。

4. 显示为外框

将选定对象（3D 对象或 2D 图形）的显示切换为边界框。该选项可将几何复杂性降到最低，以便在视图中快速显示，如图 1.063 所示。默认设置为禁用状态。

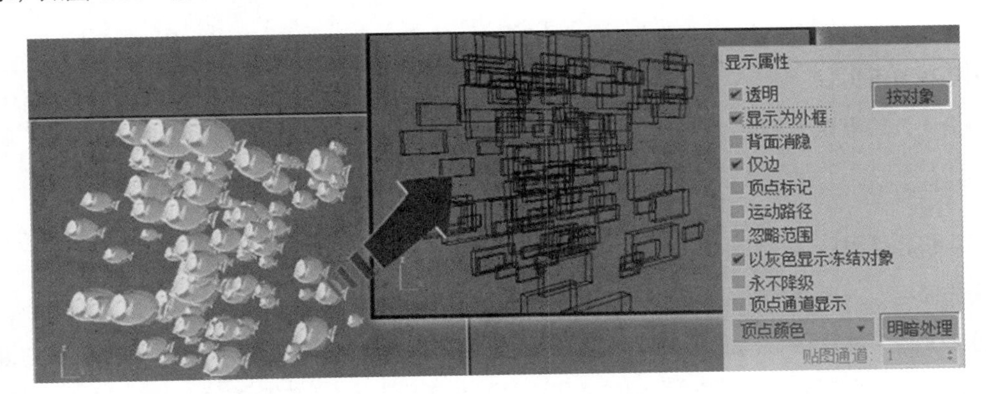

图 1.063

5. 背面消隐

勾选该选项后，可以透过线框看到背面，只适用于线框视口，如图 1.064 所示。默认设置为启用状态。

6. 运动路径

在视图中可以显示出对象运动的路径，如图 1.065 所示。在调节对象运动时非常有用。例如，在设置人物走路动作时可以将脚、手和身体重心的运动轨迹显示出来，这样很方便协调走路时的各个部分。

图 1.064

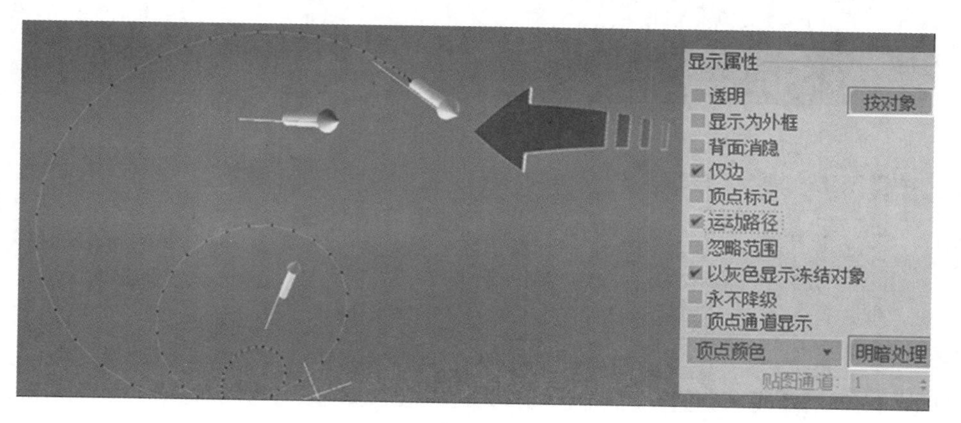

图 1.065

7. 可渲染和可见性

[可渲染] 选项默认为启用状态，这样渲染时对象才能出现在渲染画面中。如果取消勾选，则对象在渲染时不可见。[可见性] 参数值为 1 表示完全可见，为 0 表示完全不可见，如图 1.066 所示。

8. 对摄影机可见

勾选该选项后，对象在场景中对摄影机是可见的；取消勾选该选项后，摄影机看不到该对象。默认设置为勾选。图 1.067 中显示摄影机视图中有一块白色反光板，挡住了其后的赛车对象，但是在其右键属性中取消勾选 [对摄影机可见] 选项后，渲染得到的效果中就没有了反光板，但其对车体的反射和折射还是可见的。

图 1.066

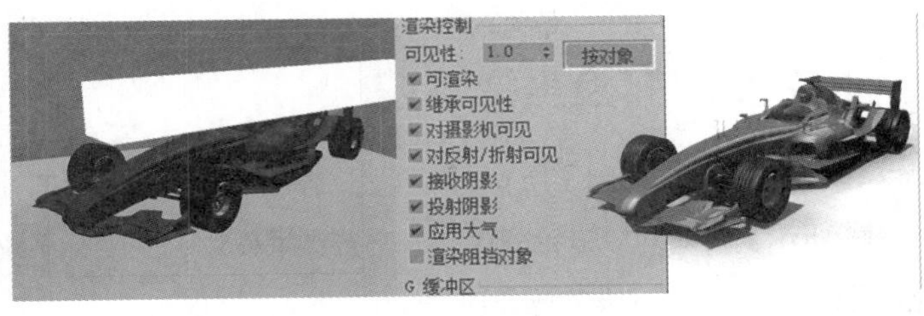

图 1.067

9. 对反射 / 折射可见

勾选该选项后，该对象可以出现在其他对象的反射和折射图案中。默认设置为勾选。图 1.068（左）所示为勾选该选项后，油灯出现在了地面的反射图案中；而图 1.068（右）所示，第一盏油灯取消勾选该选项后，地面的反射图案中没有出现这盏油灯。

10. 接收阴影和投射阴影

默认情况下，［接收阴影］和［投射阴影］两项都被勾选。如果取消勾选［投射阴影］选项，则对象不会产生阴影效果，如图 1.069 所示；取消勾选［接收阴影］选项，则对象不会接收任何其他对象的投影。

图 1.068

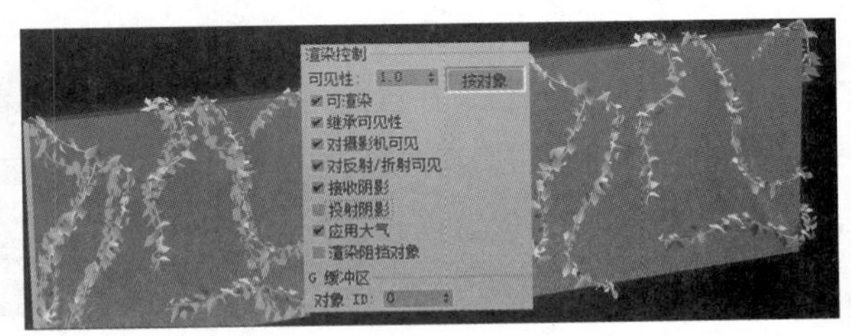

图 1.069

11. 对象 ID

在默认情况下，场景中每个对象的 ID 号都为 0。如果想在［效果］面板或 Video Post 中设置后期特效，就需要在［对象属性］对话框中先设置［对象 ID］，然后在对应的特效面板中对［对象 ID］也做相同的设置，如图 1.070 所示。

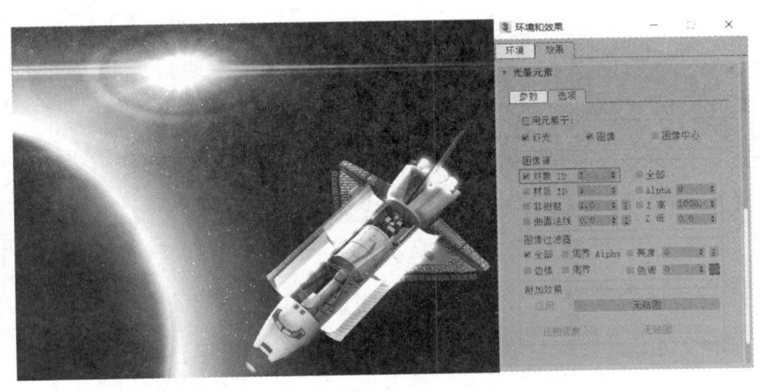

图 1.070

1.2.11 变换坐标系统

参考坐标系统列出了所有可以指定给变换操作（如移动、旋转、缩放）的坐标系统，10 种坐标系统如图 1.071 所示。在对对象进行变换时，需要灵活使用这些坐标系统。首先选定坐标系统，然后选择轴向，最后进行变换，这是一个标准的操作流程。

［视图］坐标系统：这是系统默认的坐标系统，也是使用最普遍的坐标系统。它其实就是［世界］坐标系统和［屏幕］坐标系统的结合，在各正视图（如顶视图、前视图、左视图）中使用［屏幕］坐标系统，在透视图中使用［世界］坐标系统。［视图］坐标系统如图 1.072 所示。

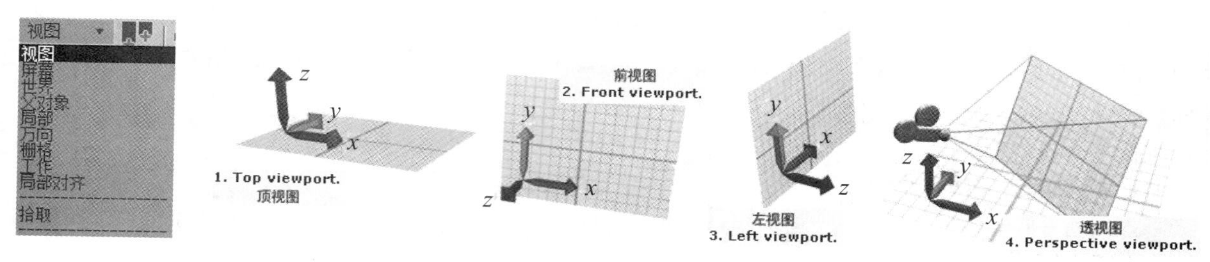

图 1.071

图 1.072

［屏幕］坐标系统：在各视图中都使用与屏幕平行的主栅格平面，该平面中的 x 轴代表水平方向，y 轴代表垂直方向，z 轴代表景深方向。由此说明，在不同的视图中坐标轴的含义是不同的，这点需要特别注意。［屏幕］坐标系统如图 1.073 所示。

［世界］坐标系统：在 3ds Max 中，从前面看，x 轴为水平方向，z 轴为垂直方向，y 轴为景深方向。这种坐标轴向在任何视图中都固定不变，所以以它为坐标系统可以保证在任何视图中都有相同的操作效果。［世界］坐标系统如图 1.074 所示。

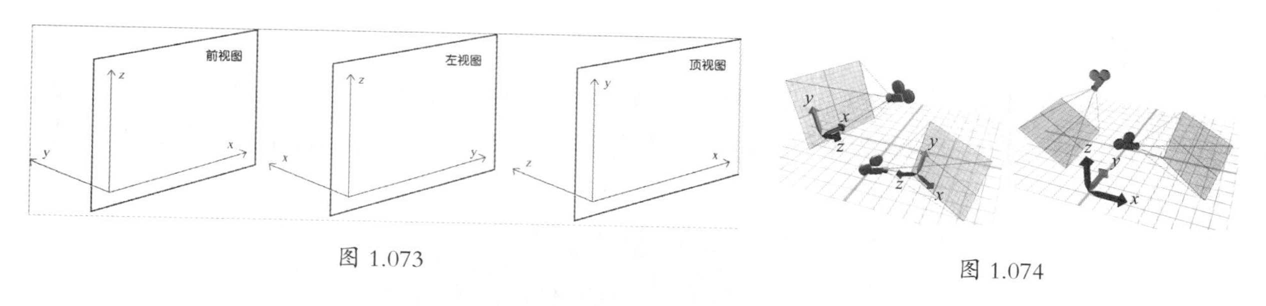

图 1.073

图 1.074

［局部］坐标系统：这是一个很有用的坐标系统，也是物体自身拥有的坐标系统。［局部］坐标系统如图 1.075 所示。

［拾取］坐标系统：该坐标系统是根据使用情况而设定的，它取自物体局部的坐标系统，即［局部］坐标系统，但实践中可以在一个物体上使用另一个物体的［局部］坐标系统。如果想让视图中的圆柱体在斜板表面滚动，可以让圆柱体沿着斜板的坐标系统进行移动。［拾取］坐标系统如图 1.076 所示。

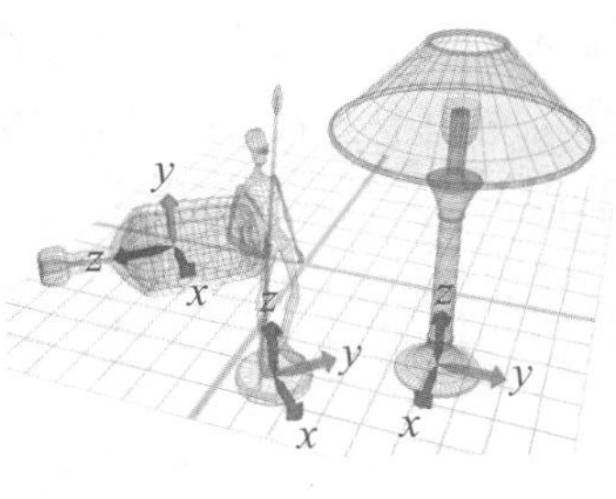

图 1.075

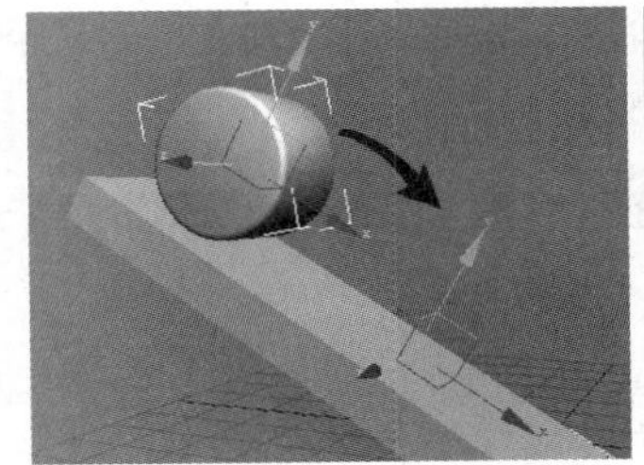

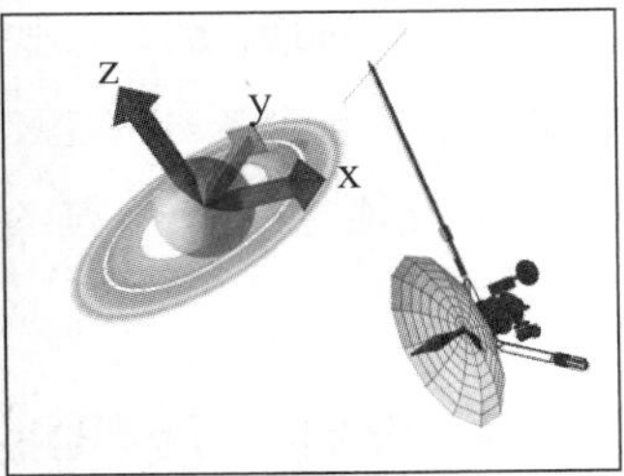

图 1.076

提示
坐标系统是正确操作的前提，一定要明确自己操作的对象处在何种坐标系统下。对初学者来说，最好选用系统默认的［视图］坐标系统，这有助于良好习惯的养成。书中的练习如无特殊说明，使用的都是［视图］坐标系统。［拾取］坐标系统和［局部］坐标系统属于能动的坐标系统，也会经常用到。

其他几种坐标系统，如［万向］坐标系统、［父对象］坐标系统和［栅格］坐标系统等不是很常用，这里就不作讲解了，有兴趣的读者可以参考 3ds Max 自带的帮助手册。

1.2.12 使用变换中心

轴心点用来定义对象在旋转和缩放时的中心点。按住主具栏中的按钮，可以设置变换中心的类型。

［使用轴点中心］：使用选择对象自身的轴心点作为变换的中心点。如果同时选择了多个对象，则针对各自的轴心点进行变换操作，如图 1.077（左）所示。

［使用选择中心］：使用所选择对象的公共轴心作为变换基准，这样可以保证选择集之间不会发生相对的变化，如图 1.077（中）所示。

［使用变换坐标中心］：使用当前坐标系统的轴心作为所有选择对象的轴心，如图 1.077（右）所示。

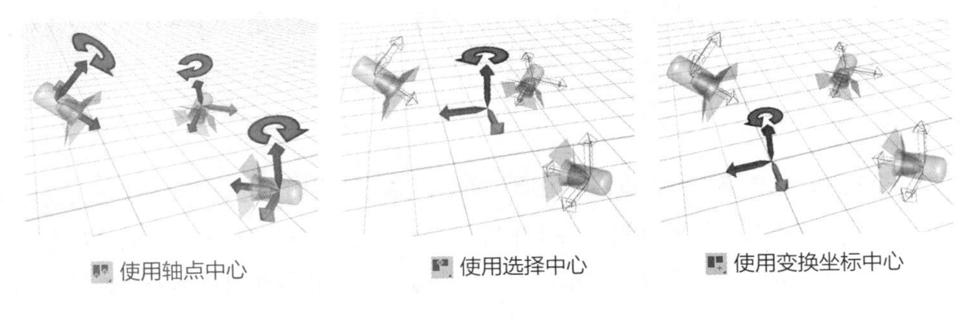

使用轴点中心　　使用选择中心　　使用变换坐标中心

图 1.077

1.2.13 轴约束

［轴约束］用于锁定坐标轴向，进行单方向或双方向的变换操作。在主工具栏的空白处单击鼠标右键，

然后选择［轴约束］选项，即可弹出轴约束设置面板，如图 1.078 所示。X、Y、Z 按钮用于锁定单个坐标轴向；在 XY 按钮中还包含了 YZ、ZX 按钮，可用于锁定双方向的坐标轴向。按键盘上的 F5、F6、F7 键可以执行 *x* 轴、*y* 轴、*z* 轴向的锁定，连续按 F8 键，可以确定不同的双方向轴向。

1.2.14 复制方法总述

复制是一种省时省力的建模方法。有时需要进行一些大规模的复制操作，使几个简单的模型变成复杂的场景，如图 1.079 所示。例如，已经创建了一个人物，可以对它的复制品稍加改动，如变矮、变胖一些，或修饰脸部的形态等，这样可以很快地制作出许多不同的人物。

1. 变换复制

使用移动、旋转和缩放工具并配合键盘上的 Shift 键可以对对象进行批量复制。变换复制可以用于钟表指针的建模、灯光阵列等，变换复制如图 1.080 所示。

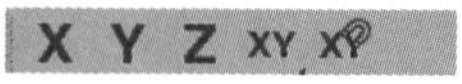

X Y Z XY XY

图 1.078

图 1.079

图 1.080

2. 克隆

执行［编辑 > 克隆］命令也可以进行复制操作。这种复制方式的特点是可以在原地产生复制的造型，克隆复制如图 1.081 所示。

3. 克隆并对齐

在主工具栏的空白处单击鼠标右键，选择［附加］命令，弹出［附加］工具栏，然后按住［阵列复制］工具，在弹出的图标列表中选择［克隆并对齐］工具，或者执行［工具 > 对齐 > 克隆并对齐］命令，就可以打开图 1.082（左）所示的面板。这个功能可以使对象被克隆出一个的同时，使该对象与另外一个对象对齐，如图 1.082（右）所示。

4. 阵列复制

执行［工具 > 阵列］命令或单击［附加］工具栏中的［阵列复制］按钮，即可打开阵列复制面板。该工具可以创建当前选择对象的阵列（即一连串的复制对象），它可以控制产生一维、二维、三维的阵列复制，常用于大量而有序地复制对象。自 3ds Max 7.0 版本开始，在原有阵列工具的基础上又增加了［预览］和［外

框] 两个实用的功能，允许直观动态地实时观看阵列复制的结果，如图 1.083 所示。

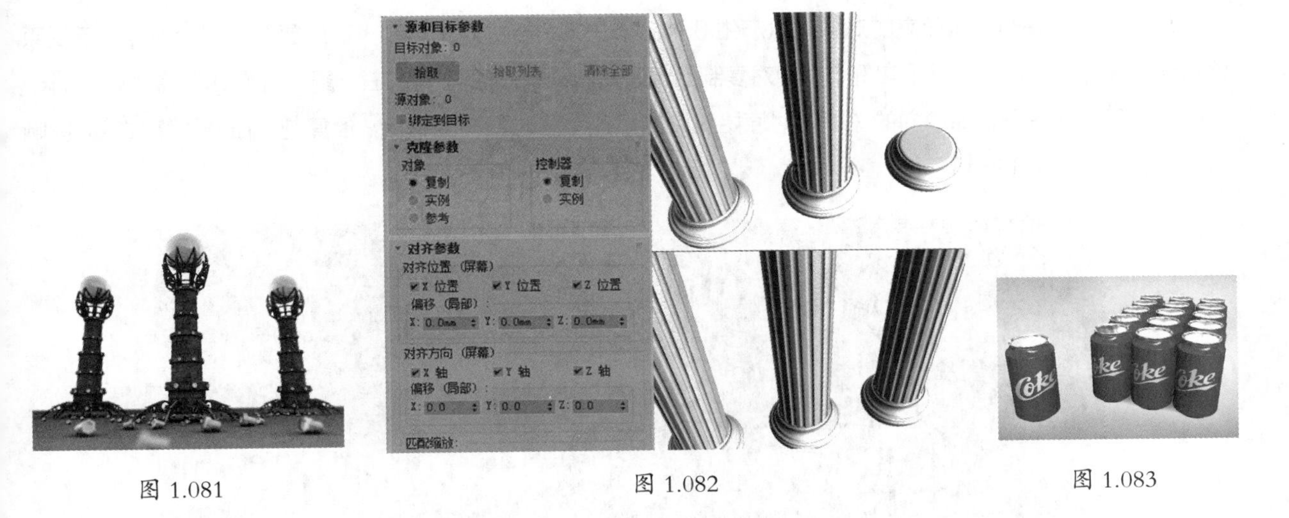

图 1.081　　图 1.082　　图 1.083

5. 镜像复制

使用[镜像]工具可以产生一个或多个对象的镜像效果。在对对象镜像复制时可以选择不同的镜像方式，同时可以沿着指定的坐标轴进行偏移，如图 1.084 所示。镜像工具还可以镜像阵列，添加动画。

6. 沿路径复制（间隔工具）

执行 [工具 > 对齐 > 间隔工具] 命令，或者单击 [附加] 工具栏中的按钮，即可打开 [间隔工具] 对话框。该工具可以在一条曲线路径上（或空间的两点间）将对象进行批量复制，并且整齐均匀地排列在路径上，还可以设置对象的间距方式和轴心点是否与曲线切线对齐，如图 1.085 所示。

这种技巧对于在分散的样条曲线上分布灯光很有帮助，如给交错的街道复制路灯，将彩灯分布到扭曲的电线上等。

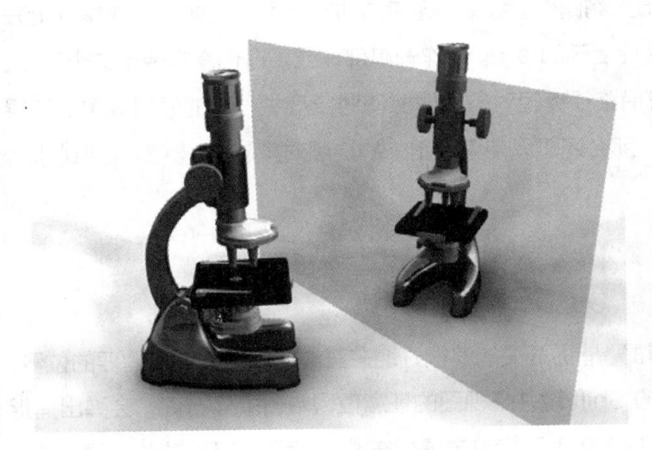

图 1.084

图 1.085

7. 3 种复制方式（复制、实例、参考）

复制产生的复制品和原来的对象可以产生 3 种状态关系：一种是［复制］，即复制品完全独立，不受原始对象的任何影响；一种是［实例］，即对复制品和原始对象中的任何一个进行修改，都会同时影响另一个；还有一种是［参考］，即单向的关联，对原始对象的修改会同时影响复制品，但复制品自身的修改不会影响原始对象，如图 1.086 所示。

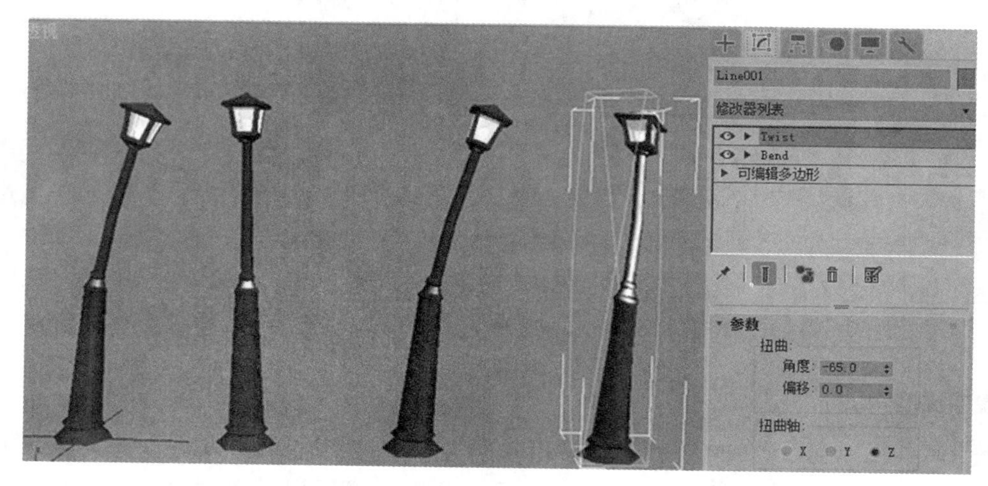

图 1.086

8. 快照

在［附加］工具栏中按［阵列］按钮，在弹出的下拉工具中选择［快照］工具，或者执行［工具 > 快照］命令，这样就可以开启快照功能。在使用快照工具前必须为快照的模型指定一个路径约束控制器。它的原理是将特定帧的对象以当时的状态克隆出一个新的对象，就像拍了一张照片一样，结果是得到一个瞬间的造型。使用这种方式可以像高速摄影机一样去捕捉每一帧的瞬间造型。

快照工具不仅可以留下单帧造型，还可以进行连续拍摄，克隆一连串的动态造型。例如，一块螺旋上升的木板，如果将每一帧的动态进行克隆，就会得到螺旋上升的楼梯，制作一串佛珠或项链也常常使用这个工具。快照工具与间隔工具的区别在于：快照工具可以在沿路径克隆对象的同时使对象产生一定的倾斜效果。如果对象在沿路径运动的过程中设置了尺寸的缩放动画，那么还可以使克隆出来的快照对象越来越大或越来越小，如图 1.087 所示。

1.2.15 捕捉面板的应用

单击主工具栏中的［3 维捕捉］按钮，启用捕捉。捕捉开关能够很好地在三维空间中锁定所需要的位置，以便进行选择、创建、编辑修改等操作。按键盘上的 Shift 键并在视图的任意位置单击鼠标右键，会弹出捕捉菜单，可以快捷地进行捕捉设置。如果在工具栏的捕捉按钮上直接单击鼠标右键，也可以打开捕捉的设置面板。

［捕捉］分为［Standard］和［NURBS］两种，在本书中只讲解前者。［Standard］捕捉常用的有栅格点、

顶点、边 / 线段、面和栅格线 5 种，如图 1.088 所示。

1.2.16 对齐工具的应用

在场景中选择需要对齐的对象，单击主工具栏中的 [对齐] 按钮，通过选择对象弹出对齐对话框，将当前选择的对象与目标对象对齐。对齐工具能够应用于任何可以进行变换修改的对象，将原对象边界框与目标对象边界框的位置和（或）方向进行对齐。这个命令可以实时显示调整结果，常用于排列大量的对象，或将对象置于复杂的表面，如图 1.089 所示。

图 1.087

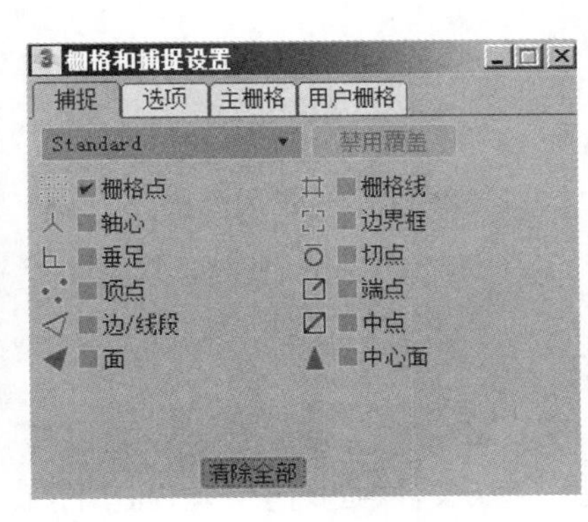

图 1.088

图 1.089

1.2.17 高光对齐

对齐工具中包含一个 [放置高光] 工具，该工具可以对灯光物体进行定位。使用方法如下：先在场景中创建一盏灯光，然后选择主工具栏中的 [放置高光] 工具，按住鼠标左键在对象表面滑动，观察对象表面高光的位置变化，直到效果满意，如图 1.090 所示。

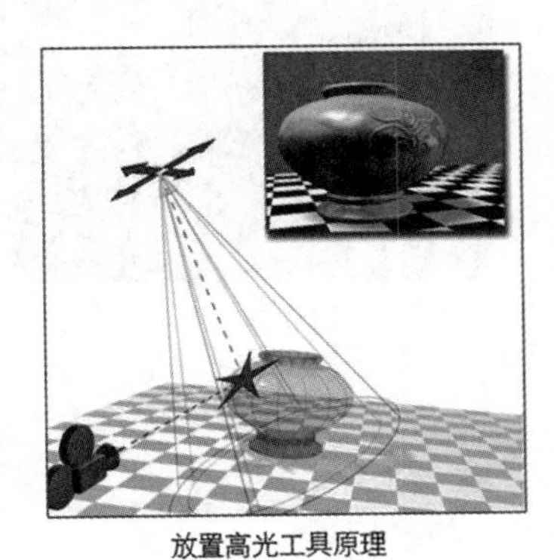

放置高光工具原理

图 1.090

提示

[放置高光] 工具不仅能放置高光，还能放置反光板等其他物体。

1.3 本章小结

本章详细讲解了 3ds Max 的基础知识，包括软件的界面布局及各功能区的作用，其中 3ds Max 的命令面板在整个软件中具有非常重要的作用。除此之外，还介绍了视图显示的基本原理及操作方法，不同变换坐标系统的区别及变换工具的使用方法，最后还对常用工具进行了详细介绍。

1.4 参考习题

1. 以下对帧速率叙述错误的是 ________。
   A. FPS 是指播放 1 帧所用的时间
   B. 3ds Max 中可以自定义帧速率
   C. 电影的帧速率为 24FPS
   D. 中国所用的电视制式为 PAL 制
2. 如果在制作中需调用其他 3ds Max 文件中的对象，需要使用的命令是 ________。
   A. 合并
   B. 打开
   C. 文件链接管理器
   D. 导入
3. 在 3ds Max 2018 版本中，图 1.091 中显示的视口样式化类型为 ________。

图 1.091

   A. 彩色铅笔
   B. 墨水
   C. 压克力
   D. 工艺

参考答案

1. A　2. A　3. A

第 2 章 3ds Max 建模技术

2.1 知识重点

学习使用 3ds Max 的各种工具来创建三维模型，其中包括基本几何体和样条线的创建与编辑，使用各种修改器对模型进行修改，使用复合对象工具建模，熟练使用强大的多边形建模工具及简便的面片建模工具来建模。灵活使用这些工具可以创建出任何模型。

- 熟练掌握 3ds Max 的基本建模方法，其中包括基本几何体和样条线的创建及修改。
- 熟练掌握各种常用修改器建模方式。
- 熟练掌握复合对象中几种常用的建模工具。
- 熟练掌握多边形建模的流程和工具。

2.2 要点详解

2.2.1 建模简介

建模是三维制作的基础，其他工序都依赖于建模。离开了模型这个载体，材质、动画及渲染等都没有了实际意义。现在市场上的三维动画软件很多，它们都有自身的建模系统，还有一些软件是专门针对建模功能进行开发的。

多边形建模是一种比较传统的建模方法，也是目前发展较为完善的一种方法，目前主流的三维动画软件中基本上包含了多边形建模的功能。多边形建模方法对于建筑、游戏、角色制作尤其适用。

NURBS 建模是目前较流行的建模方式，它能产生平滑连续的曲面。NURBS 建模使用数学函数来定义曲线和曲面，最大的优势就是表面精度的可调性，可在不改变外形的前提下自由控制曲面的精细程度。这种建模方法尤其适用于工业造型和生物有机模型的创建。

面片建模是介于多边形建模和NURBS建模之间的一种建模方法，使用频率不高，但在某些方面非常好用。它主要是使用 Bezier（贝塞尔）曲面定义方式，以曲线的调节方法来调节曲面，对习惯于多边形建模的人尤其适用，主要用于生物有机模型的创建，如复杂的动物、各种植物模型等。

下面就这 3 种常见的建模方法进行简单介绍。

1. 多边形建模

多边形建模可以直接使用各种多边形建模工具建模，如制作点、面、分割或创建新面等。多边形建模是3ds Max 的强项，而且 3ds Max 在每个版本升级的时候都会增加一些多边形建模功能，使 3ds Max 的多边形建模方式更加灵活。另外，3ds Max 独创的 Loft 多边形放样建模方法也非常优秀，拟合放样的效果如图 2.001 所示。

在多边形建模领域，3ds Max 占据着重要地位，使用它可以制作出很多优秀的游戏模型、建筑模型等，游戏中低精度多边形模型的效果如图 2.002 所示。

图 2.001

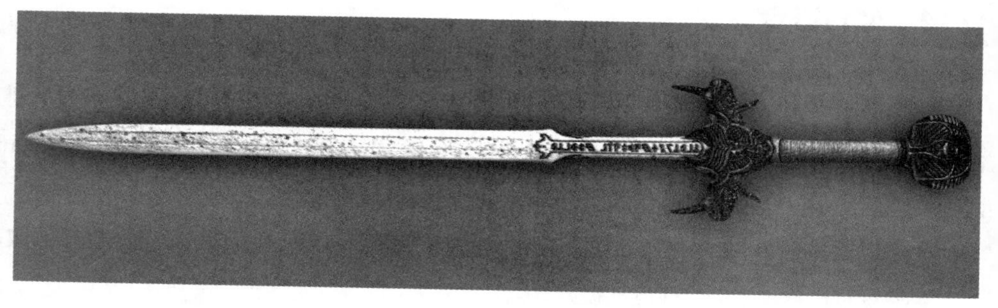

图 2.002

2. NURBS 建模

NURBS 建模使用各种专用的曲面建模工具，它们在各软件中的用法大同小异。NURBS 尤其适用于精确的工业曲面建模，也可以用于生物模型的制作。NURBS 工具界面如图 2.003 所示。

3. 面片建模

这种建模方法比较独特，它是利用可调节曲率的面片进行模型的拼接，起初见于 3ds Max 的一个第三方插件 Surface Tools，在 3ds Max 3.0 版后已将其整合进来。它的优点是将模型的制作变为立体线框的搭建，这很符合糊纸灯笼的原理，容易掌握和使用，但对使用者的空间感要求很高，如图 2.004 所示。

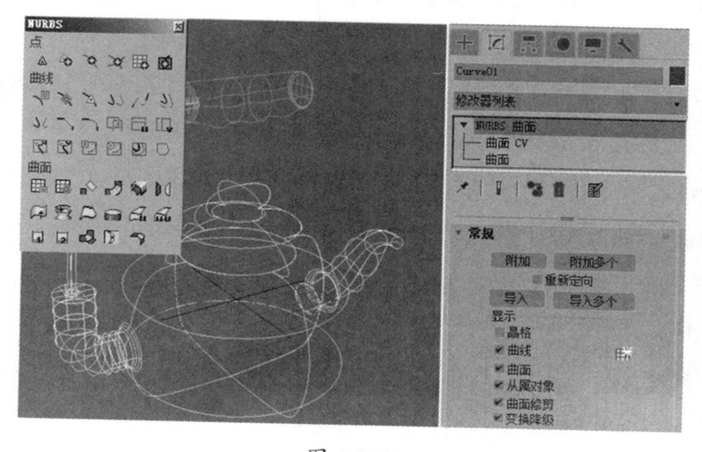

图 2.003

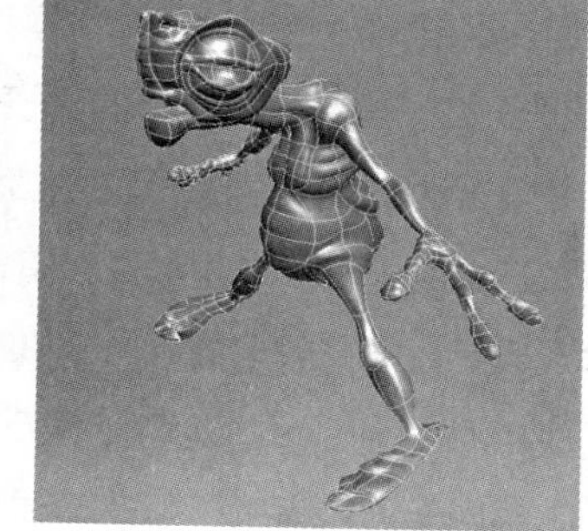

图 2.004

2.2.2 基础建模方式的原理和重要参数

1. 基础建模

（1）标准基本体

3ds Max 中提供了 10 种非常易于创建的标准基本体，可以通过按住鼠标左键并拖曳鼠标来完成创建，也可以通过键盘输入进行创建。每一种几何体都有多种参数，可用于创建不同形态的几何体，如使用圆锥体工具可以创建圆锥、棱锥、圆台、棱台等。大多数工具都有切片参数控制，可以像切蛋糕一样切割对象，从而产生不完整的几何体。这些标准基本体都可以转换为可编辑网格对象、可编辑多边形对象、NURBS 对象或面片对象，如图 2.005 所示。

（2）扩展基本体

3ds Max 中提供了 13 种创建扩展基本体的工具，这些工具所创建的几何体比标准基本体更复杂，如图 2.006 所示。这些几何体通过其他建模工具也可以创建，不过要花费一定的时间。有了现成的工具，就能够节省大量制作时间。

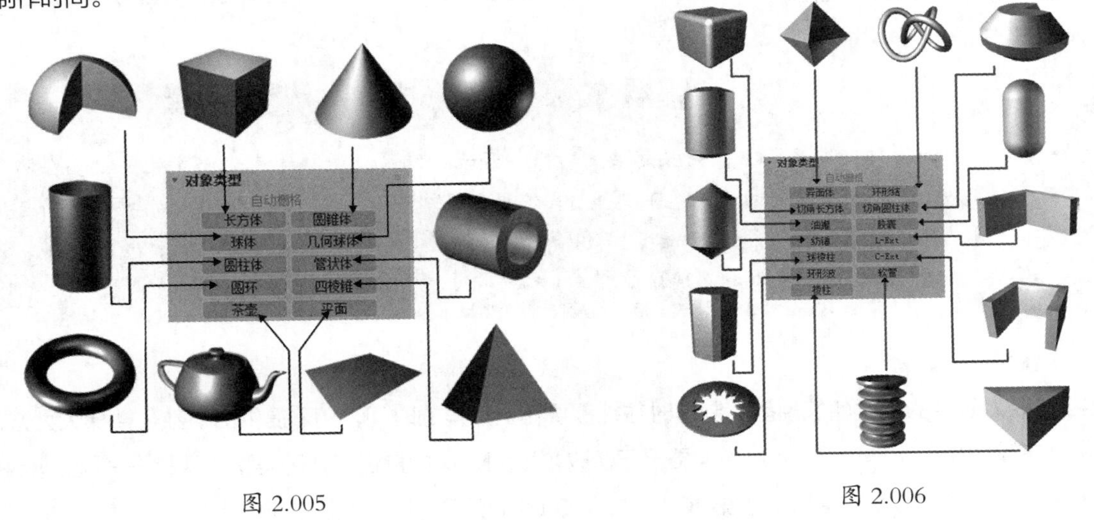

图 2.005　　图 2.006

（3）AEC 扩展

3ds Max 中的 AEC 扩展可以创建主要用于建筑工程领域的特殊几何体，可以创建的物体类型包括［植物］、［栏杆］和［墙］，如图 2.007 所示。

［植物］用于快速创建多种树木网格对象，可以通过参数控制树木的高度、枯荣、修剪程度等。3ds Max 提供的树形效果如图 2.008 所示。

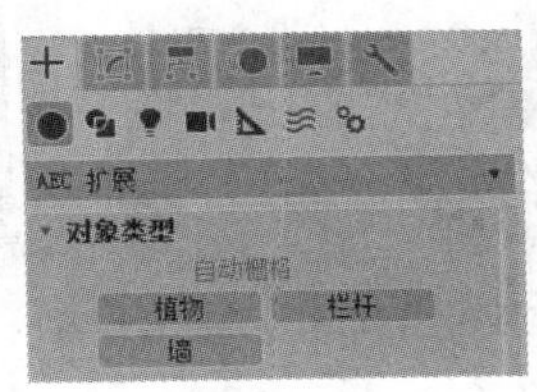

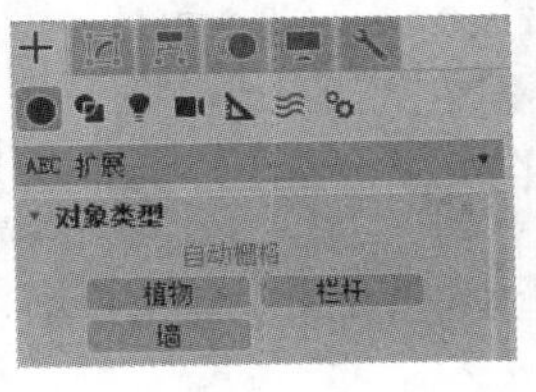

图 2.007

图 2.008

［栏杆］可用于制作参数化的栏杆物体，也可用于制作牧场的围栏、楼梯扶手等模型。通过参数控制，可以对组成栏杆的各个部分分别进行调整，以制作出各式各样的围栏。

AEC 扩展提供了两种创建栏杆的方式：一种是直接指定栏杆的位置和高度；另一种是将栏杆指定到一条路径上，当对路径进行修改时，栏杆也会自动产生相应的变化。

栏杆对象的各个组件的数量和间距，可以使用各组件参数卷展栏中的［间隔工具］进行设置，如图 2.009 所示。

［墙］用于创建墙对象，可以对墙体进行断开、插入、删除等操作，也可以创建分开的墙对象，以及连接两个墙对象等。墙对象由子对象墙分段构成，可在［修改］面板中进行编辑和修改。

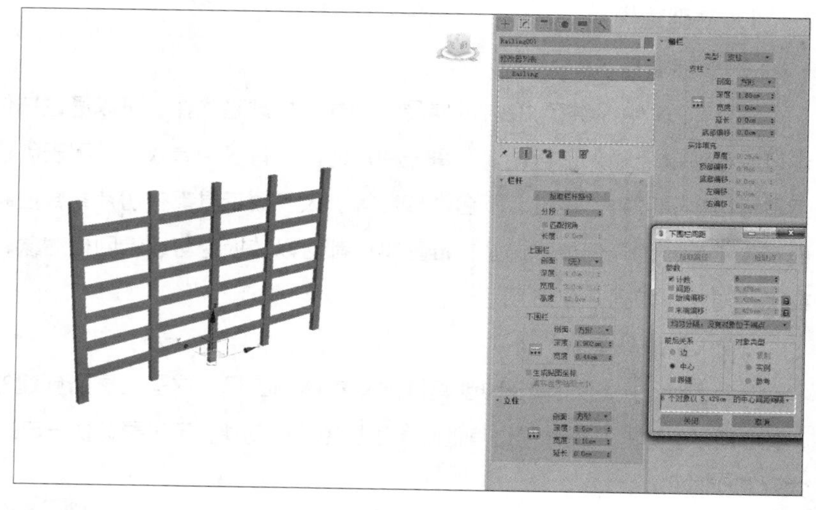

图 2.009

提示

门窗对象可以自动连接到墙对象上，并且随着墙对象的移动、缩放、旋转等变化而变化。放置在墙上的门窗对象都会自动进行布尔剪切运算，可以自动在墙上开出墙洞，使制作更加简单。需要注意的是，如果在一面墙上开出过多的门窗，会降低操作效率，最好使用多面墙来安装多个门窗，或者在安装完成后使用修改器里面的塌陷功能将整个墙塌陷。

（4）楼梯、门、窗

楼梯是较为复杂的一类建筑模型，制作时往往需要花费大量的时间，VIZ 提供的参数化楼梯大大方便了用户制作，不仅加快了制作速度，而且模型更易于修改。3ds Max 中提供了 4 种类型的楼梯——［L 型楼梯］、［螺旋楼梯］、［直线楼梯］和［U 型楼梯］，如图 2.010 所示。

3ds Max 中提供了 3 种样式的门——［枢轴门］、［推拉门］和［折叠门］，它们的参数基本相同。枢轴门可以是单扇枢轴门，也可以是双扇枢轴门；可以向内开，也可以向外开。门的木格数可以设置，门上的玻璃厚度可以指定，还可以产生倒角的边框。［推拉门］是左右可以滑动的门。［折叠门］能制作可折叠的双扇门或四扇门。3 种样式的门如图 2.011 所示。

L 型楼梯

螺旋楼梯

直线楼梯

U 型楼梯

图 2.010

枢轴门

推拉门

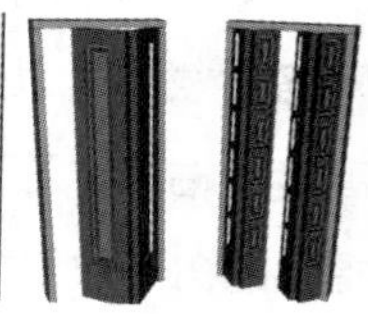

折叠门

图 2.011

窗户是非常有用的建筑模型，这里提供 6 种样式，它们的创建方式基本相同，如图 2.012 所示。

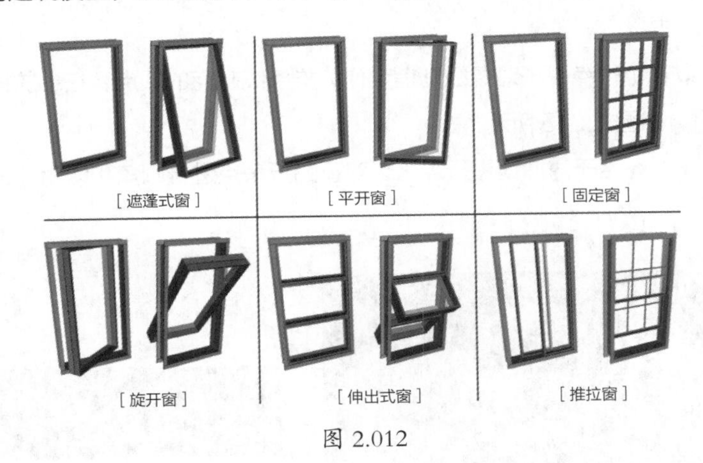

图 2.012

（5）[样条线] 的创建和编辑

二维图形是进行三维建模的基础，3ds Max 中的二维图形是一种矢量线，由基本的顶点、线段和样条线等元素构成，如图 2.013 所示。

二维图形的编辑方法和一些矢量绘图软件的编辑方法是相似的，如 CorelDRAW、Illustrator 等均是通过点两侧的曲率控制柄来调节形态的。它们的不同之处是，3ds Max 的图形概念是空间的，可以在三维空间中编辑样条线的形态。

二维图形的学习要点包括以下几项。

- 基本几何图形的绘制。
- 绘制和编辑自由的曲线形态。
- 曲线 3 个元素级别的编辑操作。
- 曲线的属性和转化。

单纯学习曲线的编辑方法过于枯燥，所以在本书后面的实例中，将一些曲线的编辑方法和一些基本的建模方法结合在一起学习，以提升读者的学习兴趣。

[编辑样条线] 针对样条线类型的对象进行修改和编辑，包括 [顶点]、[线段] 和 [样条线] 3 个级别。下面就 3 个子对象级别的重要命令进行讲解。

在 [顶点] 子对象级别，选择顶点并单击鼠标右键，可以在快捷菜单中设置该点的不同平滑属性，包括 4 种类型，如图 2.014 所示。

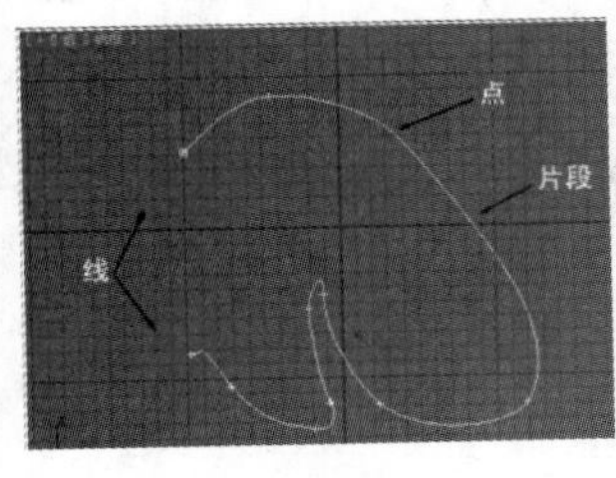

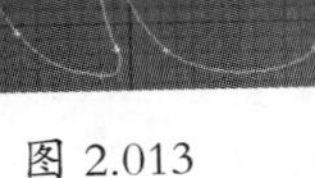

图 2.013

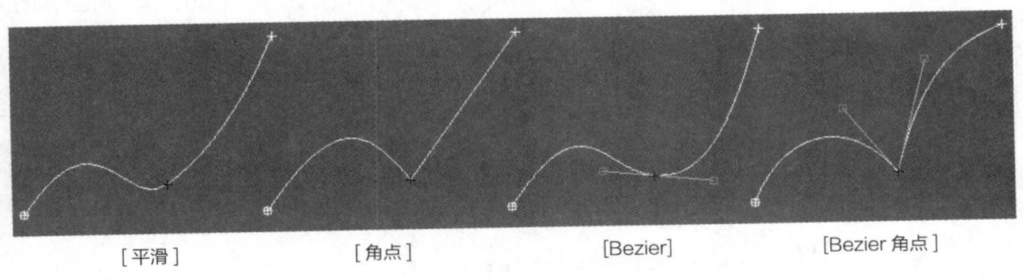

图 2.014

1）优化：在［顶点］子对象级别单击鼠标左键，可以在不改变曲线形态的前提下加入一个新的点，这是圆滑局部曲线的好方法。

2）设为首顶点：可以在［顶点］子对象级别指定作为样条线起点的顶点，在［放样］时起始顶点会确定截面图形之间的相对位置，如图 2.015 所示。

3）［圆角］和［切角］：用于对曲线进行加工，对直的折角点进行圆角和切角处理，以产生圆角和切角效果，如图 2.016 所示。

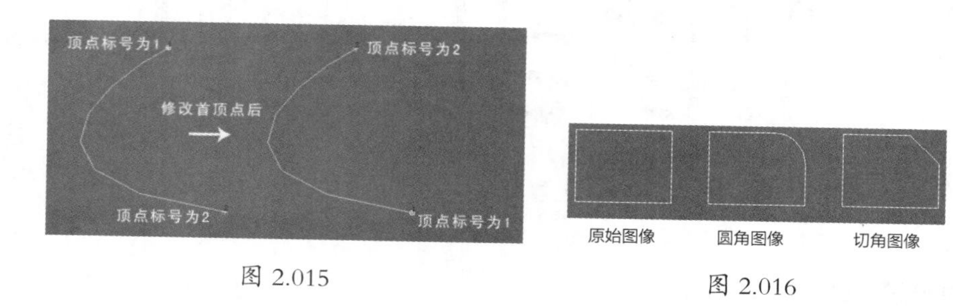

图 2.015　　图 2.016

4）拆分：在［线段］子对象级别对所选择的线段进行等分。这个命令可以用于等分直线，但是对于曲线则不行。如果对曲线进行拆分，建议使用［规格化样条线］修改命令，如图 2.017 所示。

5）布尔：提供并集、差集和交集 3 种运算方式。样条线布尔运算的操作方法如下。

①先选择第一个图形。

②选择布尔运算方式，如差集（第 2 个按钮）。

③单击［布尔］按钮，在视图中选择另一个图形，计算结果如图 2.018 所示。

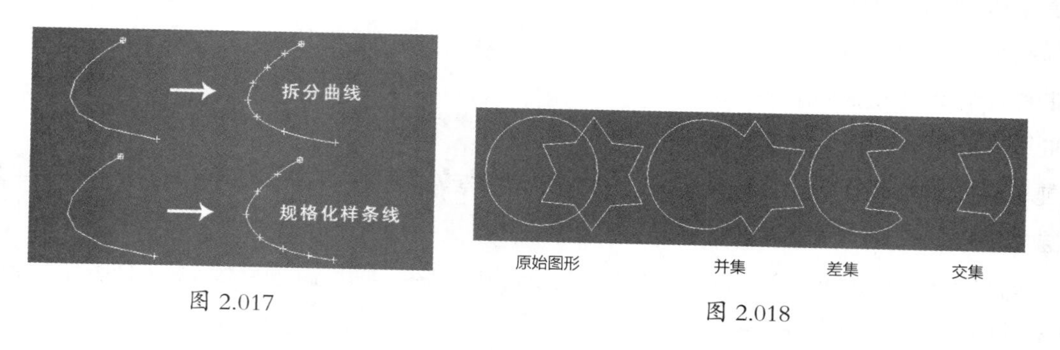

图 2.017　　图 2.018

6）轮廓：在［样条线］子对象级别将当前选择的样条线加一个双线勾边，如果框中为开放曲线，则在加轮廓的同时进行封闭。可以手动加轮廓，也可以在［轮廓］后的文本框中输入数值来设置轮廓宽度，如图 2.019 所示。

7）镜像：可以在［样条线］子对象级别对选择的曲线进行水平、垂直、对角镜像，具体操作步骤如下。

①选择要镜像的样条线。

②选择镜像的方式（水平、垂直或对角）。

③单击［镜像］按钮，将样条线镜像。

如果在镜像操作前勾选［复制］选项，则会产生一个镜像复制对象。勾选［以轴为中心］选项，将以样条线对象的中心为镜像中心，否则以曲线的几何中心进行镜像，如图 2.020 所示。

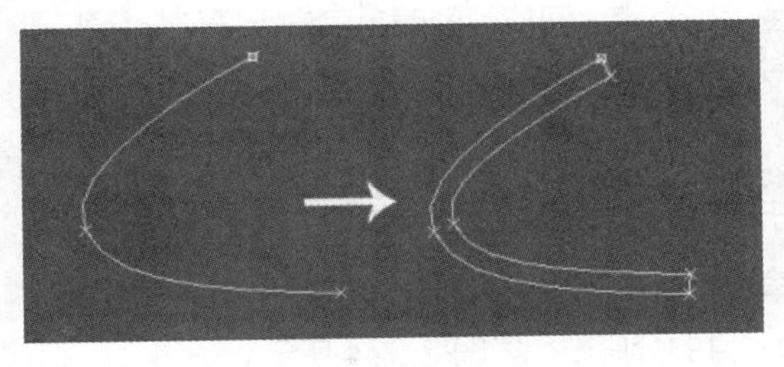

图 2.019

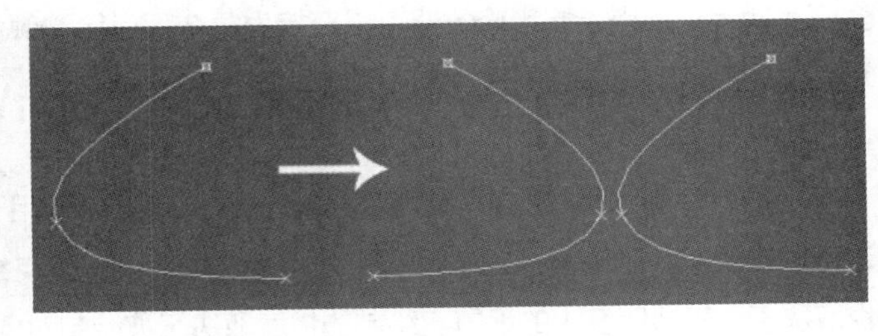

图 2.020

通过在快捷菜单中执行［转换为 > 转换为可编辑样条线］命令，可以将样条线塌陷为［可编辑样条线］，也可执行［修改］面板中的［编辑样条线］命令，这两种方式对样条线的编辑效果是相同的。它们的区别在于，前者会塌陷曲线所有的创建历史，对子对象的修改可记录为动画；后者会以修改命令的形式将当前结果记录在修改堆栈中，可以返回到以前的创建参数进行修改，但不能将子对象的修改记录为动画，并且会导致文件占用更多的内存。一般情况下，如果不再对原始创建参数进行编辑，可以直接将曲线塌陷成［可编辑样条线］。

2. 修改器建模

3ds Max 的［修改］面板中提供了大量的修改命令，可用于对模型进行各种方式的修改加工，这是在完成创建后紧接着要进行的工作。这里只需要了解与模型加工紧密相关的修改工具即可，一些同类工具用法大致相同，读者可以自己进行尝试。

（1）［倒角］修改器的作用是对［图形］挤出成形，并且在挤出的同时，在边界上加入方形或圆形倒角，它只能用于［图形］，一般用来制作立体文字或标志，如图 2.021 所示。

（2）［倒角剖面］修改器是从［倒角］工具衍生出来的，它要求提供一个［图形］作为倒角的轮廓线，类似［放样］，但在制作成型后，这条轮廓线不能删除，对于制作任意形状的倒角是非常实用的，如图 2.022 所示。

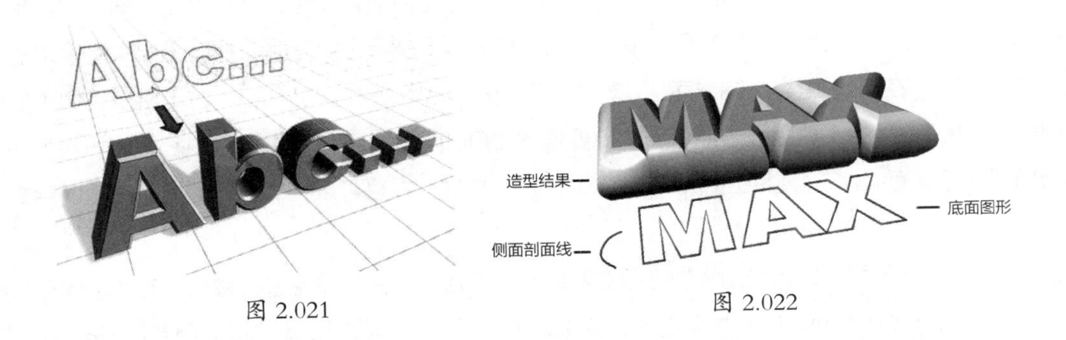

图 2.021　　图 2.022

（3）［补洞］修改器为对象表面破碎穿孔的地方加盖，进行补漏处理，使对象成为封闭的实体。在应用［补洞］修改命令后，如果没有出现补洞效果，可以先删除这个修改命令，再增加一个［网格选择］修改命令，并选择洞口周围的面，然后对选择的子对象应用［补洞］修改命令，如图 2.023 所示。

（4）［顶点绘制］修改器用于在对象上喷绘顶点颜色。在制作游戏模型时，过大的纹理贴图会浪费系统资源，使用［顶点绘制］修改器可以直接为每个顶点绘制颜色，相邻点之间的不同颜色可进行插值计算来显示其面的颜色。直接绘制的优点是可以大大节约系统资源，文件小，而且效率很高；缺点是这样绘制出的颜色效果不够精细。

［顶点绘制］修改器可以直接作用于对象，也可以作用于限定的选择区域。如果需要对喷绘的顶点颜色进行最终渲染，则需要为对象指定［顶点颜色］贴图。顶点绘制的强度既取决于对象与绘制点之间的距离，也取决于［不透明度］的设置。绘制的精度取决于被绘制对象本身的分段数，如图 2.024 所示。

图 2.023

图 2.024

（5）［MultiRes］修改器用于优化模型的表面精度，被优化部分将最大限度地减少表面顶点数和多边形数量，并尽可能保持对象的外形不变，可用于三维游戏的开发和三维模型的网络传输，如图 2.025（左）所示。与［优化］修改相比，它不仅提高了操作的速度，而且可以指定优化的百分比和对象表面顶点数量的上限，优化的效果也好很多。

模型尽量保持较高的精度，关键的几何外形处需要有更多的点和面。模型的精度越高，传递给［MultiRes］细节的信息越准确，产生的结果越接近原始模型。

（6）模型优化修改器——ProOptimizer，这是一个智能化模型减面工具，它可以根据用户的需求来精确地控制模型的面数。在不影响细节的情况下，该工具可减少 75% 的多边形，并且还能保持原始的 UV 贴图或顶点颜色信息，在最大限度上保持模型的对称，保护模型边缘，如图 2.025（右）所示。如果要同时优化大量模型，3ds Max 的工具面板中还有一个批处理 ProOptimizer 工具可供使用。它可以一次为多个场景文件中的模型进行减面操作，能够直接读取 MAX 和 OBJ 文件，并且可以将优化好的模型在这两种文件格式之间转换。

（7）［对称］修改器可以将当前模型进行对称复制，并且将产生的接缝进行融合，对角色建模有很重要的意义，可以在调节一侧的模型的同时，看到整体完成后的效果。［对称］修改器可以应用到任何类型的模型上。变换镜像线框时，会改变镜像或切片对对象的影响，对此过程也可记录为动画。将［对称］修改器应用到一个网格对象后，对原始模型的操作将交互影响对称复制的另一半模型，如图 2.026 所示。

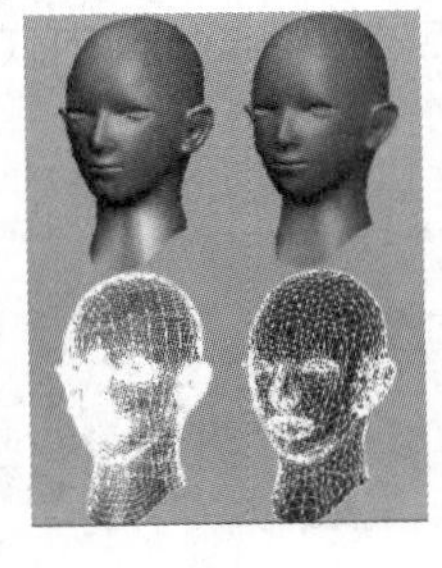
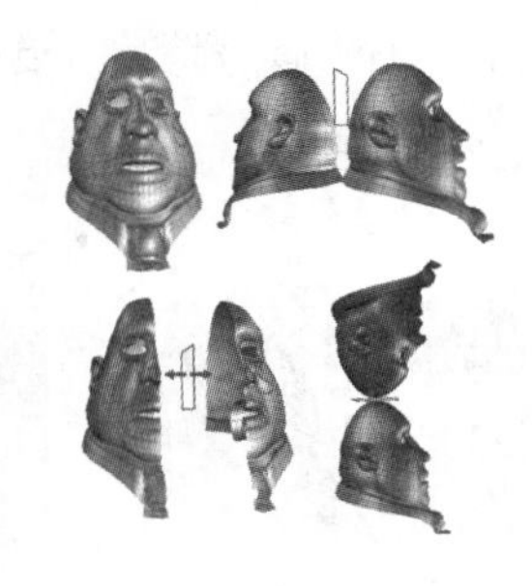

MultiRes　ProOptimizer

图 2.025　图 2.026

提示

［可编辑网格］、［可编辑面片］和 NURBS 对象在应用［对称］修改器后会转换为［可编辑网格］对象，［可编辑多边形］仍保持为多边形对象。

（8）［壳］修改器是在 3ds Max 6.0 版本时增加的一个很实用的修改命令。通常，用无厚度的曲面建造的模型内部是不可见的，［壳］修改器可以通过拉伸面为曲面添加一个真实的厚度，还能对拉伸面进行编辑，非常适合建造复杂模型的内部结构。［壳］修改器是通过添加一组与现有面方向相反的额外面，以及连接内外面的边来表现对象的厚度，如图 2.027 所示。它可以指定内外面之间的距离（也就是厚度大小）、边的特性、材质 ID 及边的贴图类型。

（9）［置换］修改器可以使用［平面］、［柱面］、［球面］和［收缩包裹］4 种不同的 Gizmo 控制置换效果，［球面］和［收缩包裹］对模型形态的影响是相同的，但贴图的方式不同。

默认情况下，Gizmo 会放置在对象的中心位置，使用变换工具改变 Gizmo 的形态和位置时会产生不同的置换效果。在增加动画控制 Gizmo 时，会产生类似于推力或拉力应用到对象的效果，如图 2.028 所示。

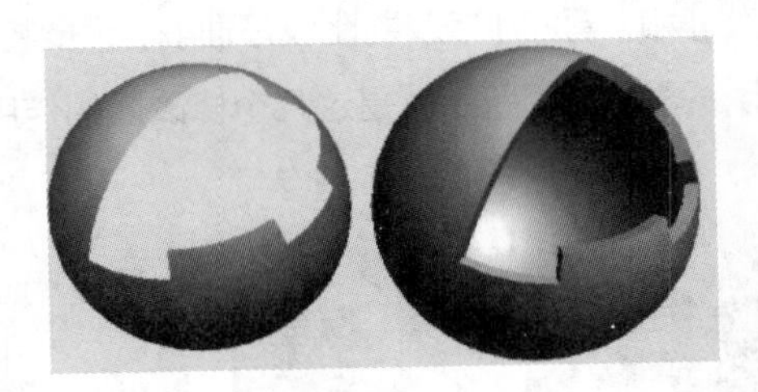
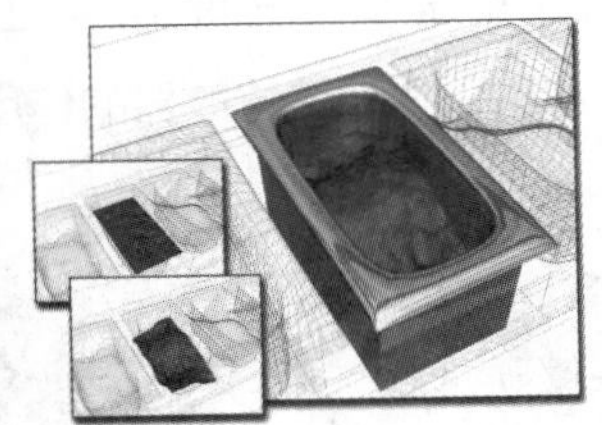

图 2.027　图 2.028

（10）［晶格］修改器可以将网格对象线框化，这种线框化比材质编辑器中的［线框］材质更先进，它是在造型上完成真正的线框转化，将交叉点转化为节点造型（可以是任意正多边形，包括球体），如图 2.029 所示。该修改器常用于展示建筑结构，生成框架结构，既能作用于整个对象，也能作用于选择的子对象。

（11）［切片］修改器用于创建一个穿过网格模型的剪切平面，从而将模型切开。［切片］的剪切平面是无边界的，尽管它的黄色线框没有包围模型的全部，但仍然对整个模型有效，常配合［补洞］修改器共同作用于模型，如图 2.030 所示。

（12）[推力] 修改器可以沿着顶点的平均法线向内或向外推动顶点，产生膨胀或收缩的效果，如图 2.031 所示，常用于制作心脏跳动。

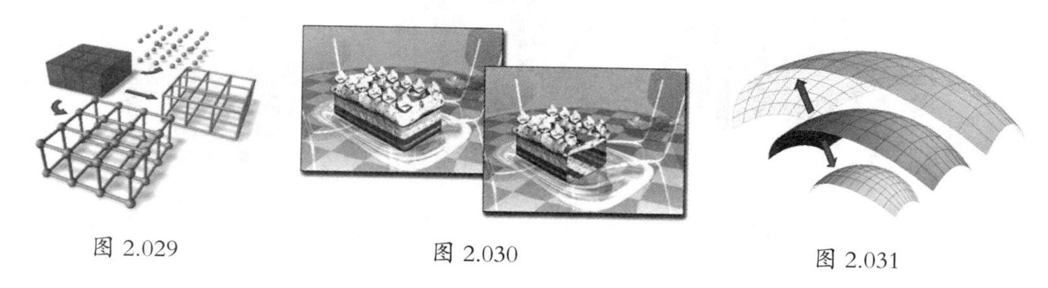

图 2.029　　图 2.030　　图 2.031

（13）[噪波] 修改器可以将对象表面的顶点进行随机变换，使表面变得起伏且不规则，常用于制作复杂的地形、地面，也常常指定给对象，产生不规则的造型，如石块、云团、皱纸等。它自带动画噪波设置，只要打开它，就可以产生连续的噪波动画，如图 2.032 所示。

图 2.032

（14）[FFD] 类型的系列修改器有 [FFD 2×2×2]、[FFD 3×3×3]、[FFD 4×4×4]、[FFD 长方体] 和 [FFD 圆柱体]，这类修改器的原理就是在模型的表面增加一个线框对象，通过对线框上控制点的调节来影响模型的外形，如图 2.033 所示。

（15）[拉伸]、[挤压]、[扭曲]、[锥化] 和 [弯曲] 修改器比较好理解，只要将修改器添加到模型，然后简单调节参数，就可以得知该修改器的作用，图 2.034 所示就是这几个修改器的作用效果，读者可以自行尝试制作。

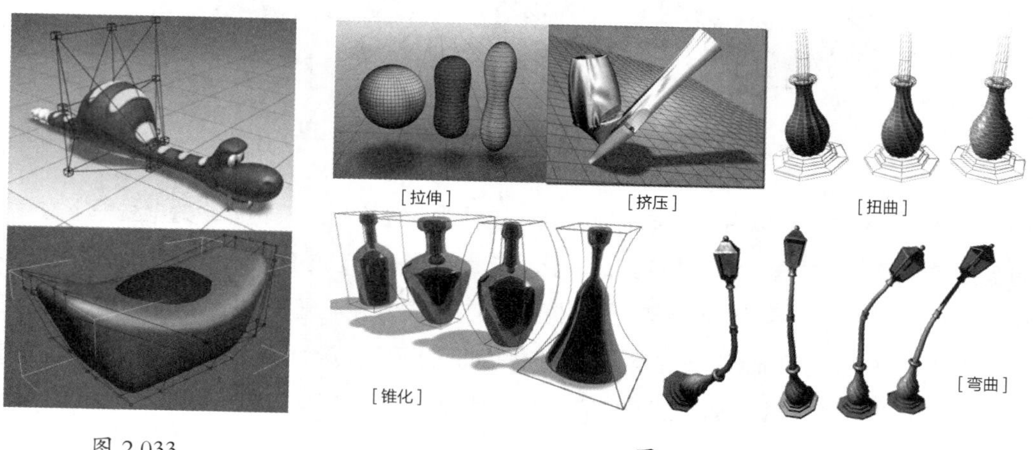

图 2.033　　图 2.034

3. 复合对象建模

复合对象是将两个以上的对象通过特定的合成方式结合为一个对象。对于合并的过程，不仅可以反复调节，还可以表现为动画，从而制作一些高难度的造型和动画，如头发、毛皮、无缝造型、点面差异对象的变形动画。

（1）布尔运算

对两个或两个以上的对象进行并集、差集、交集的运算，可得到新的对象形态，如图 2.035 所示。

在布尔运算中，两个原始对象被称为操作对象，一个叫作操作对象 A，另一个叫作操作对象 B。创建布尔运算前，首先要在视图中选择一个原始对象，这时 [布尔] 按钮才可以使用。对象经过布尔运算后，可以随时对两个对象进行修改操作，也可以对布尔运算的方式、效果进行编辑修改，布尔运算修改的过程可以记录为动画，表现出神奇的切割效果，如图 2.036 所示。

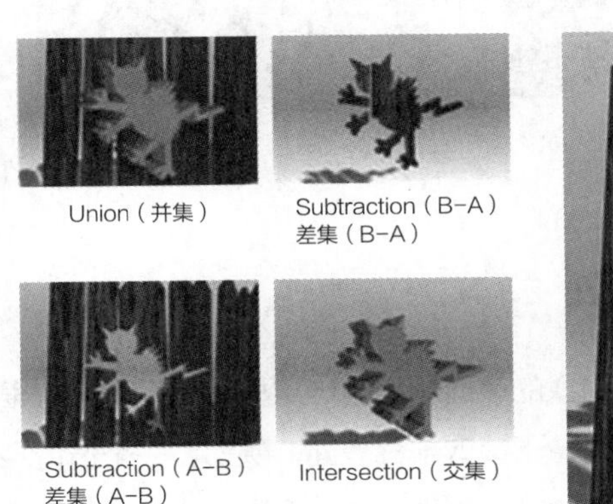

图 2.035

图 2.036

在操作多个对象或连续多次进行布尔运算时，通常会出现无法计算或计算错误的情况，这是由于原始对象经过布尔运算后产生布局混乱造成的。进行布尔运算的过程中，应该遵守一些合理的操作原则，以减少错误的产生。例如，对一个单独对象进行布尔运算后，在进行下一次运算之前，先单击鼠标右键退出操作，然后重新进行下一次布尔运算。两个进行布尔运算的对象分段数越高，得到的计算结果表面分段划分越准确，局部乱线的现象就会减少很多。

布尔运算操作都会被记录在修改堆栈中，利用这些运算记录可以重新修改布尔运算过程。但记录这些操作运算会耗费大量系统资源，所以在取得满意的布尔运算结果之后，应当对修改堆栈进行 [塌陷] 操作，以简化场景。

（2）放样运算

放样造型起源于古代的造船技术，以龙骨为路径，在不同截面处放入木板，从而产生船体模型。这种技术被应用于三维建模领域，即放样操作。在建模工具层出不穷的今天，放样仍然有其鲜明的特点。

在 3ds Max 中，一个放样对象至少由两个 2D 图形组成。其中一个图形被称作“路径”，主要用于定义对象的深度；另一个图形则通常被称为“截面图形”，用于放置在路径的不同位置来影响放样对象的外形。

路径本身可以是开放的线段，也可以是封闭的图形，但必须是唯一的一条曲线。而作为截面图形，它所受的限制相对要少很多。它不限于单一的曲线，可以在路径的任意位置插入若干截面图形，数量、形态没有限制。

如果在放样对象的路径中放置一个以上的截面图形，3ds Max 会在各截面间以自动插补的方式创造出完整的 3D 对象。其中路径作为放样对象的核心，其他截面图形用来定义对象外围的形状。

利用放样的［变形］卷展栏中的功能制作的效果如图 2.037 所示。

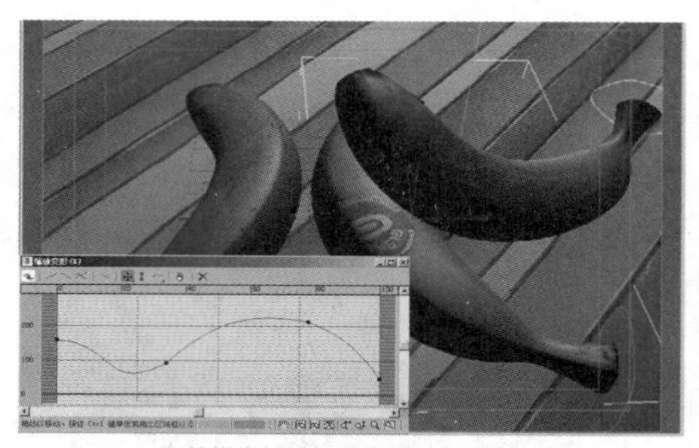
用放样中的缩放功能制作的香蕉

用放样中的拟合功能制作的牙膏和牙刷

图 2.037

（3）图形合并

图形合并是将一个二维［图形］投影到一个三维对象的表面，从而产生相交或相减的效果。这种工具常用于对象表面镂空的文字或花纹，或者从复杂的曲面对象上截取部分表面。例如，一个造型独特的酒瓶，可以利用此方法将商标图形从其表面捕获，然后进行商标的贴图制作，还可以制作成动画商标在酒瓶表面游走的效果。

对完成了图形合并的对象加入一个［面挤出］修改器命令，可以使投影的图形在原对象的表面凸起或凹陷，从而产生立体的浮雕效果，如图 2.038 所示。

（4）水滴网格

水滴网格是通过一些具有黏性的球（即变形球）相互堆积融合生成模型的一种特殊的方法，适用于表现黏稠的液体或者胶质的物体等。不过，目前水滴网格在功能上比较简单，也不太完善，但为 3ds Max 增加了一种新的建模方法和思路。3ds Max 中的水滴网格可以和 PF Source［粒子流］系统配合使用，以表现真实、复杂的流体动画效果，如图 2.039 所示。

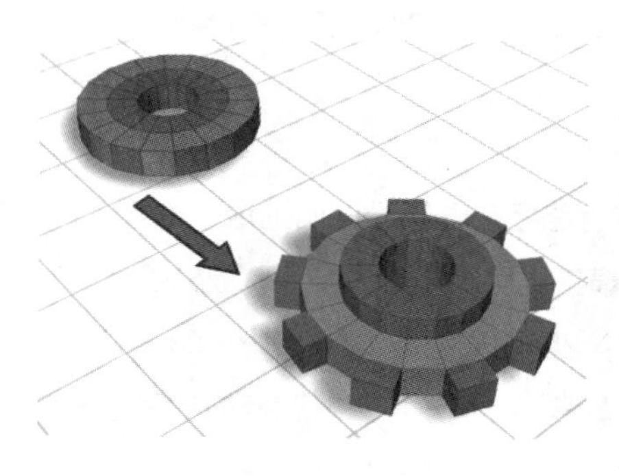
图 2.038

图 2.039

（5）地形

地形可根据一组等高线的分布创建［地形］对象。［地形］工具将依据等高线的分布情况，利用由三角面组成的网格曲面创建地形对象，建成的地形对象可以依据自身海拔高度按不同颜色区分。等高线可以利用样条线直接在视图中绘制，也可以从其他二维绘图软件中输入，例如，从常用的 AutoCAD 软件中输入 DWG 格式的精确等高线。

需要注意的是，等高线只有具备密集的顶点，才能获得精细的地形模型，不能只靠几个简单的 Bezier 点围成的平滑曲线，必须是可见的顶点才能用于生成地形对象的网格。地形效果图如图 2.040 所示。

（6）Scatter（散布）

该工具可将散布粒子散布到目标对象的表面。通常使用结构简单的对象作为一个散布分子（即源对象），通过散布控制，将它以各种方式覆盖到目标对象的表面上，从而产生大量复制品。这是一个非常有用的造型工具，通过它可以制作头发、胡须、草地、长满羽毛的鸟及全身是刺的刺猬等。

散布系统中提供了大量的控制参数，它们大多都可以记录成动画。另外，散布分子和目标对象本身又可以进行各种不同的动画设置，所以可以产生的动画效果不胜枚举，如图 2.041 所示。

图 2.040

图 2.041

（7）网格化

利用［网格化］可以将程序对象（如粒子等）转换为网格对象，从而可以对其指定［扭曲］、UVW 贴图等修改命令。［网格化］主要是针对粒子系统而设计的，也可以应用于其他各类对象，对粒子系统是个有力的补充，我们可以自由地去修改每一个粒子。［网格化］应用效果如图 2.042 所示。

（8）ProBoolean

ProBoolean 是一种功能强大的［布尔］复合对象工具。它可以组织多个对象进行布尔运算，还可以随意更改运算方式。ProBoolean 改进了布尔运算的方法，使布尔运算后的众多对象融为一体，与传统的 Boolean［布尔］复合对象相比，ProBoolean 复合对象的边缘更加准确、清晰，产生的三角面和顶点数更少，速度更快，发生错误的概率也更小。使用该工具实现的效果如图 2.043 所示。

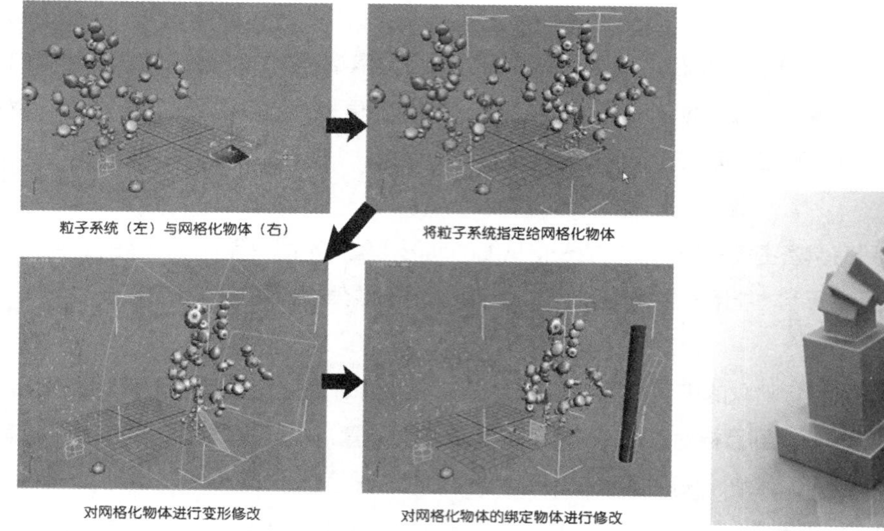

图 2.042

图 2.043

（9）ProCutter

ProCutter 复合对象也是一种特殊的布尔运算，主要用于分裂或细分对象体积，一般用来模拟爆炸、碎裂、断开、装配等效果，还可用来建立截面、拟合对象（如 3D 拼图）等。运算的结果更适合在动态模拟中使用，以模拟对象炸开或由于外力使对象破碎的效果，如图 2.044 所示。

图 2.044

2.2.3 多边形建模

[编辑多边形] 修改器是在 3ds Max 7.0 版本中新增的功能。它与 [可编辑多边形] 的大部分功能都相同，但它不具备 [可编辑多边形] 中的 [细分曲面] 卷展栏、[细分置换] 卷展栏及一些具体设置选项。另外，[编辑多边形] 具有 [模型] 和 [动画] 两种操作模式。在 [模型] 模式下，可以使用各种工具编辑多边形；在 [动画] 模式下，可以结合 [自动关键点] 或 [设置关键点] 工具对多边形的参数进行更改并设置动画。[编辑多边形] 修改器有 5 个子对象修改级别，它们分别是 [顶点]、 [边]、 [边界]、 [多边形] 和 [元素]。下面就常用的全局控制参数进行讲解。

（1）忽略背面：由于表面法线，在当前视角背面的表面不被显示。在视图中使用框选的方式进行选择时，如果勾选此选项，将只能选择能看到的子对象；取消勾选此选项，无论是否能被看到，所有子对象都会被框选。

（2）环形：单击此按钮后，与当前选择边平行的边也会被选择。该命令只用于边或边界子对象级别。

（3）循环：在选择的边对齐的方向上尽可能远地扩展当前选择。这个命令只能用于边或边界子对象级别，而且仅通过四点传播。

5 个子对象级别下的重要命令如下。

● 挤出：单击此按钮后，可以在视图中通过手动方式对选择的多边形进行挤出操作。拖曳鼠标时，多边形会沿着法线方向在挤出的同时创建出新的多边形表面，效果如图 2.045 所示。

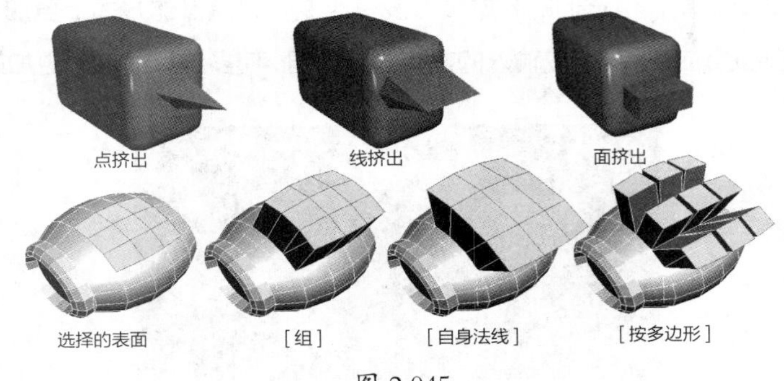

图 2.045

● 倒角：对选择的多边形进行挤出和轮廓处理，如图 2.046 所示。

● 插入：类似于倒角工具的功能，可以在产生新的轮廓边时产生新的面，但不同的是，它不会产生挤出高度。单击此按钮后，直接在视图中拖曳选择的多边形，会产生插入效果，如图 2.047 所示。

● 桥：使用该工具可创建新的多边形来连接对象中的两个多边形或选定的多边形。[桥] 工具只能建立多边形之间的直线连接，可以在对话框中设置锥化使其平滑地跟随曲面方向，也可以配合其他修改器达到想要的连接效果，例如 [弯曲] 修改器，如图 2.048 所示。

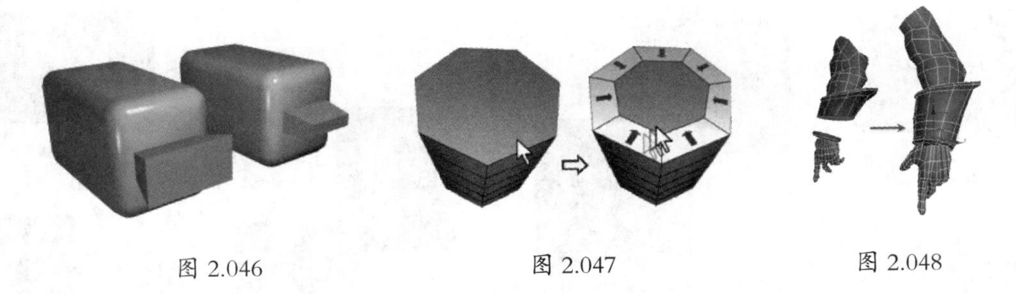

图 2.046　　图 2.047　　图 2.048

● 沿样条线挤出：将当前选择的多边形表面以一条指定的曲线为路径进行挤出，如图 2.049 所示。图 1 为单一表面被挤出，图 2 是连续表面的挤出效果，图 3 是不连续表面的挤出效果。选择需要进行挤出的多边形后，单击此按钮，直接在视图中选择曲线，选择的多边形会沿曲线被挤出。

● 轮廓：用于增大或减小轮廓边缘，常用来调整挤出或倒角面，如图 2.050 所示。

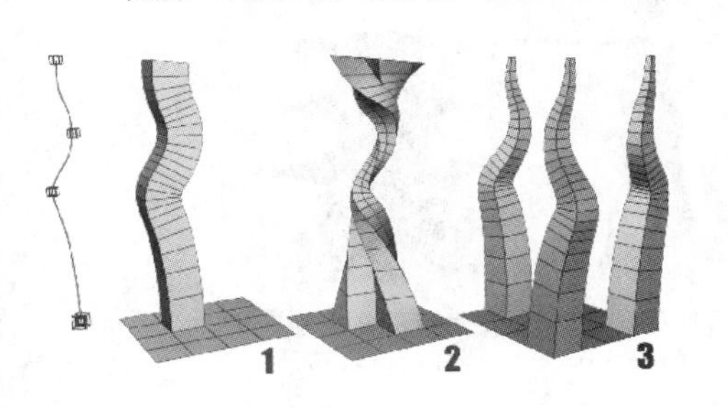

图 2.049

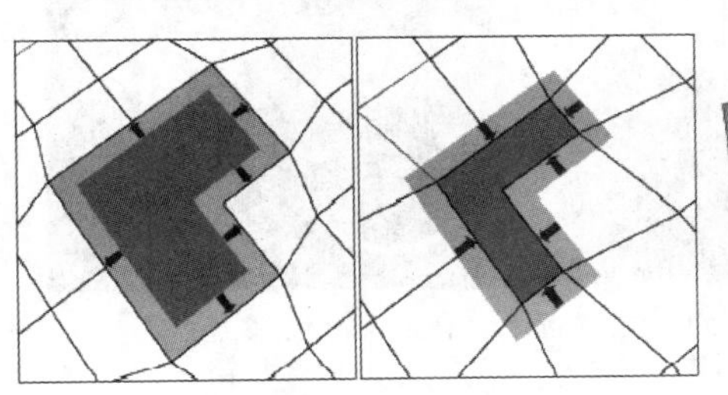

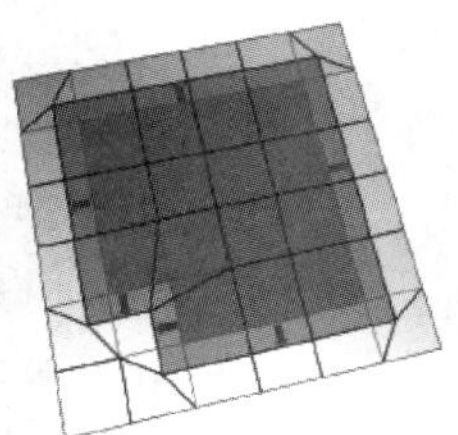

图 2.050

在［修改］面板中，有些多边形控制命令右侧有一□按钮。在 3ds Max 2011 之前版本中，单击该按钮会弹出一个对话框，在该对话框中可以通过输入数值的方式进行精确控制。但自 3ds Max 2011 开始，该对话框变成了一个透明的助手工具，但它们的基本参数没有改变，只是操作方式上更加人性化了。这个助手工具可以随着鼠标移动，还能通过鼠标拖曳或输入的方式改变数值，使多边形的控制更加简单，如图 2.051 所示。

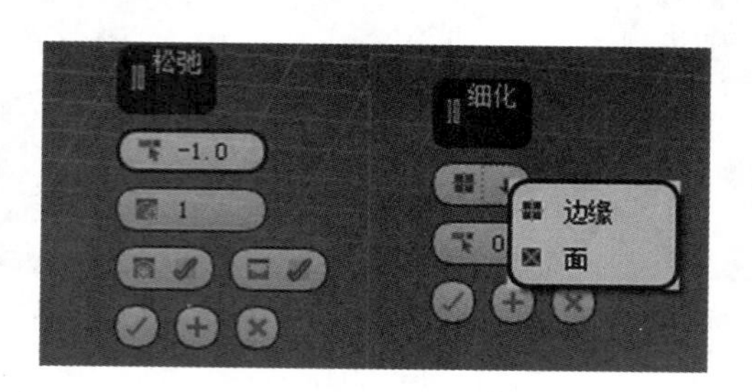

图 2.051

多边形建模是 3ds Max 的强项，随着软件版本的升级，在这方面的建模能力也得到了极大的增强，尤其在 2010 版本中，3ds Max 为多边形建模专门定制了一套石墨建模工具，它在集成了原有多边形建模工具的同时，又增加了大量高效实用的新型工具，如图 2.052 所示。

在多边形建模领域，3ds Max 占据着不可动摇的地位，在制作游戏模型、建筑模型和工业产品设计模型方面，它的表现都是相当优秀的，如图 2.053 所示。

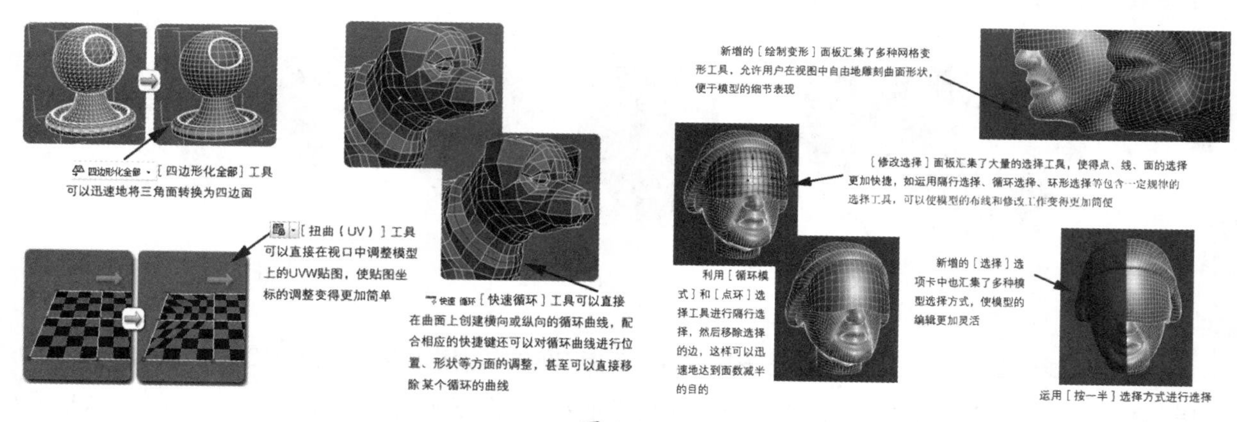

图 2.052

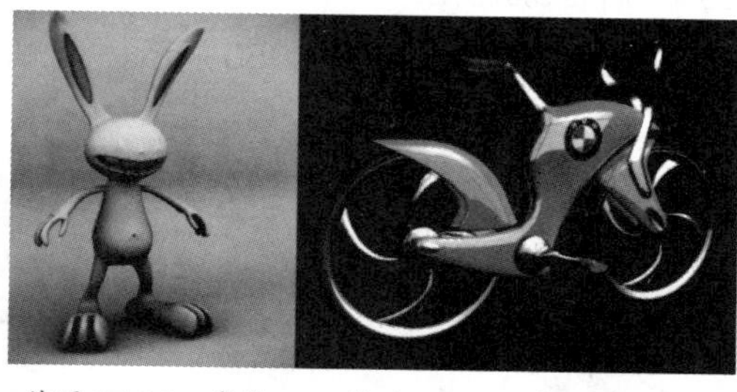

使用 3ds Max 多边形制作的卡通兔　　使用 3ds Max 多边形制作的概念车

使用低精度多边形制作的游戏人物　　使用低精度多边形制作的游戏场景

图 2.053

2.2.4 特殊建模方法简介

1. 动力学建模

动力学建模是一种新型的建模方式，它的原理是依据动力学计算来分布对象，以达到非常真实的随机效果。动力学建模适用于一些手工建模比较困难的情况，图 2.054 所示为很多麻将堆积在桌面上的效果。

2. [毛发] 系统

[毛发] 系统实际上也是一种特殊的建模方法，可以快速制作出生物表面的毛发效果，如图 2.055 所示，或者类似于草地等植物的效果，而且这些对象还可以实现动力学随风摇曳的效果。

3. [布料] 系统

[布料] 系统也是一种特殊的建模方法，可以快速地通过样条线来生成服装的板型，然后用缝合功能瞬间将板型缝制成衣服，如图 2.056 所示，而且还可以快速地制作出桌布、窗帘、床单等布料对象，模拟出它们的动态效果。

图 2.054

图 2.055

图 2.056

2.3 应用案例

2.3.1 综合案例——童车

范例分析

在本案例中，我们将结合使用 3ds Max 2018 中的多种建模工具来制作一个非常漂亮的童车效果。看起来普通小巧的童车包含非常多的修改器以及建模工具的使用技巧。本案例使用到的建模方法包括用 [倒角剖面] 制作脚踏板、前轮、脚踏杆以及车座，使用 [挤出] 和 [弯曲] 修改器制作前轮上的泥瓦，使用二维样条线的可渲染属性制作自行车车架，使用 [车削] 制作车轮的轮毂、把套以及车后面的气球和螺丝，还使用了 [放样] 功能。车喇叭使用了 [挤出] 修改器、 [锥化] 修改器和 [扭曲] 修改器。气球形状使用 [FFD] 修改器制作，车筐使用了 [晶格] 修改器和 [FFD] 修改器。车靠背杆使用了 [弯曲] 修改器以及切角圆柱体建模。

在主车架制作中使用到了图形合并功能，并使用散布功能制作轮胎上的毛刺。接下来就开始制作这个童车的模型。

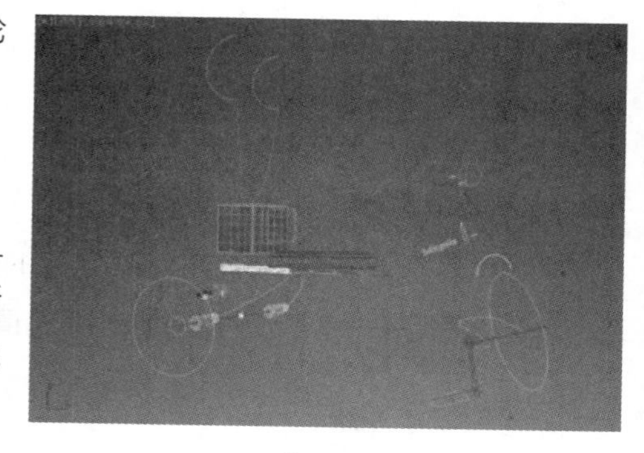

图 2.057

场景分析

打开配套学习资源中的“场景文件 \ 第 2 章 \2.3.1\video_cankao_new.max”文件，场景中已经显示出了制作自行车所用到的所有样条线，以及一些基础物件的模型，例如，自行车把手模型、车轮胎模型、车轮模型、车杆模型和自行车筐模型等，如图 2.057 所示。

制作步骤

1. 制作前车轮模型

步骤 01： 单击上方的［层管理器］按钮，将每个模块中使用到的样条线都放在相应的层里面，将［层］面板中所有层都隐藏，只将层［1 前轮］显示，并勾选［1 前轮］。此时创建的模型将放在当前显示的层中，如图 2.058 所示。

步骤 02： 场景中出现了一个前轮路径、一个前轮轮毂剖面和一个车轮剖面。选中车轮路径，进入［修改］面板，添加［倒角剖面］修改器，单击［拾取剖面］，出现轮胎效果。因为只有一半轮胎，所以单击［倒角剖面］，选择子对象［剖面 Gizmo］，单击上方的［选择并旋转］工具，选择［局部］坐标系，单击［角度捕捉开关］按钮，沿 y 轴方向对其进行旋转，如图 2.059 所示。

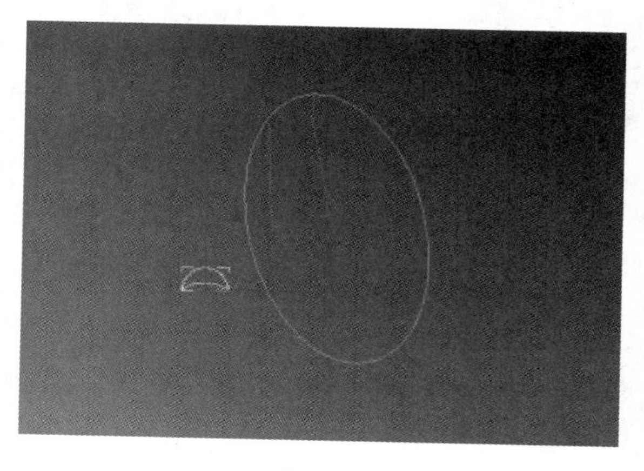

图 2.058

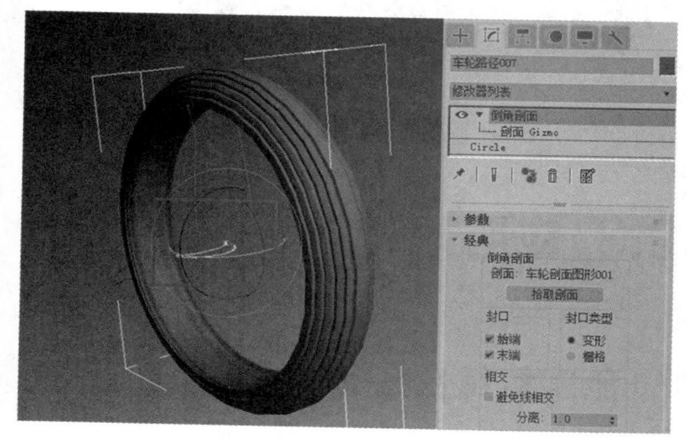

图 2.059

提示

如果拾取倒角剖面后没有立刻形成完整轮胎，可以选择剖面子对象对剖面方向及大小进行调节。此时车轮上面的线比较多，所以单击旁边的车轮剖面模型，进入［修改］面板，选择［Circle］，单击［插值］卷展栏，设置［步数］为 1。

步骤 03： 单击轮毂模型，进入［创建］面板，为其添加一个［车削］修改器，选择［参数］卷展栏下［方向］

中的[X]轴向，设置[参数]卷展栏下的[分段]为 32，使其与车轮边缘结合。单击另外一根线，继续选择[车削] 修改器，选择 [参数] 卷展栏下 [方向] 中的 [X] 轴向，此时完成的车轮建模如图 2.060 所示。

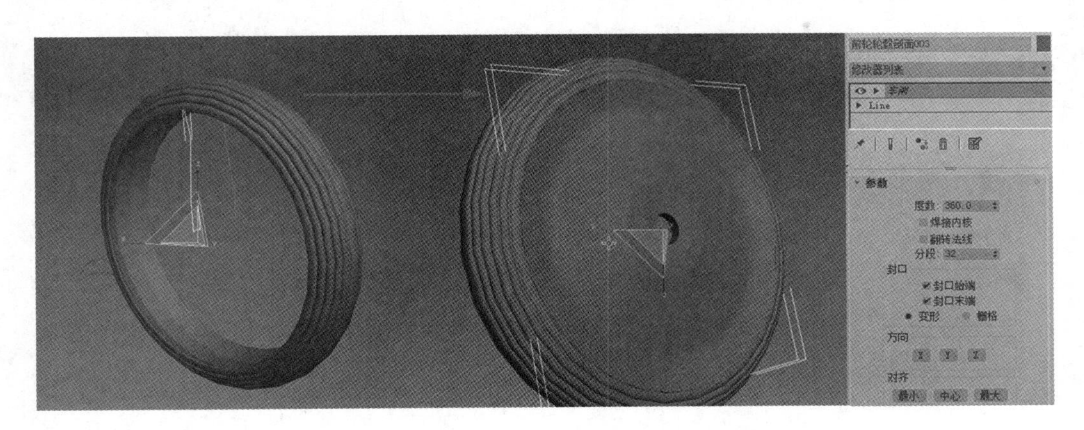

图 2.060

步骤 04： 接下来制作前轮的轮轴、脚踏板和连杆，单击 [层管理器] 按钮，打开 [层] 面板，将 [1 前轮] 关闭，将 [2 脚踏] 显示，同时将前方勾选，把新建物体设置在该层中，场景中显示出前轮附属物体模型。先制作前轮轴剖面，选择轮轴样条线，进入 [创建] 面板，选择 [车削] 修改器，此时制作出一个前轮轴，如图 2.061 所示。

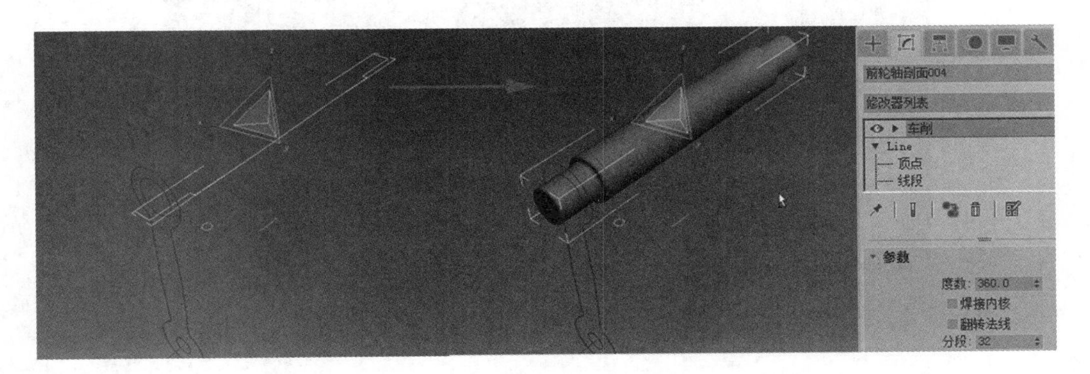

图 2.061

步骤 05: 制作脚踏杆和脚踏板。选择脚踏杆路径，进入[修改器列表]，选择[倒角剖面]，单击[拾取剖面]，拾取场景中绿色的脚踏杆截面，制作一个脚踏杆。选择脚踏板剖面线，为其添加一个 [挤出] 修改器，设置 [参数] 卷展栏中的 [数量] 为 3.5，此时脚踏板制作完成，如图 2.062 所示。

提示

[挤出]修改器以当前样条线为基础，进行一个高度挤出，其优点为快捷、省面，缺点为没有倒角的圆边。

步骤 06： 选择脚踏板轴，勾选 [渲染] 卷展栏中的 [在渲染中启用] 和 [在视口中启用] 选项，同时设置［厚度］为 2.3，如图 2.063 所示。

提示

可渲染属性不仅可以使截面为镜像截面，还可以为矩形截面。

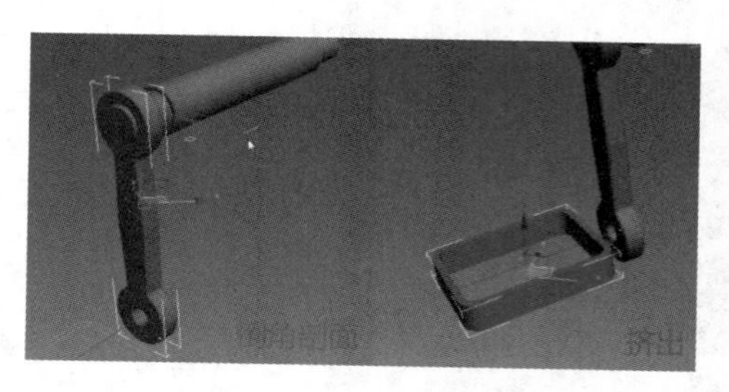

图 2.062

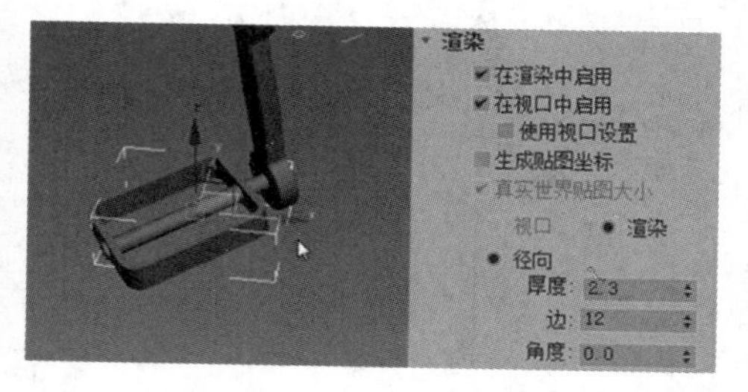

图 2.063

步骤 07： 选择前轮轴路径，进入［修改器列表］，选择［倒角剖面］，单击［拾取剖面］，此时完成了车轮轴夹子的制作，如图 2.064 所示。

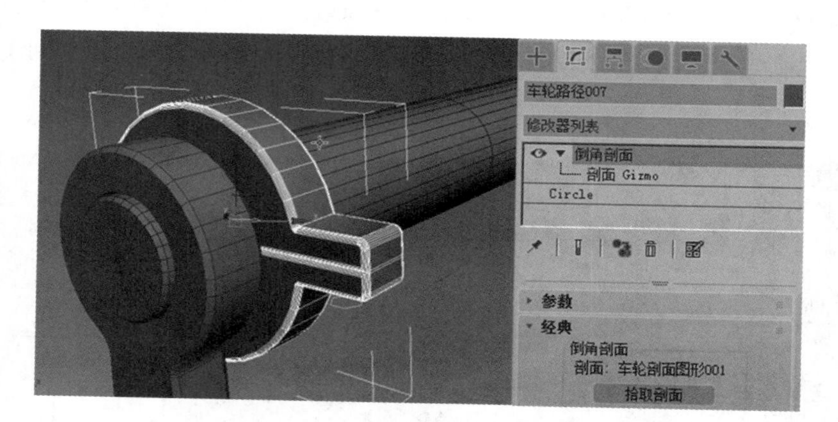

图 2.064

提示

［倒角剖面］可以使当前路径沿剖面线产生扫描锥形效果。

步骤 08： 选择螺丝路径，在［修改器列表］中选择［车削］，在［参数］卷展栏中选择［方向］中的［Y］轴，调整位置，完成螺丝的制作。选择螺母路径，在［修改器列表］中加入［倒角剖面］，单击［拾取剖面］，选择上方的［局部］坐标系，将螺丝向下拉动，调整其位置并进行缩放，螺母模型制作完成，如图 2.065 所示。

步骤 09： 单击［层管理器］按钮，打开［层］面板，将［前轮］显示出来，此时场景中出现了整个前轮模型，前轮部分基本制作完成，如图 2.066 所示。

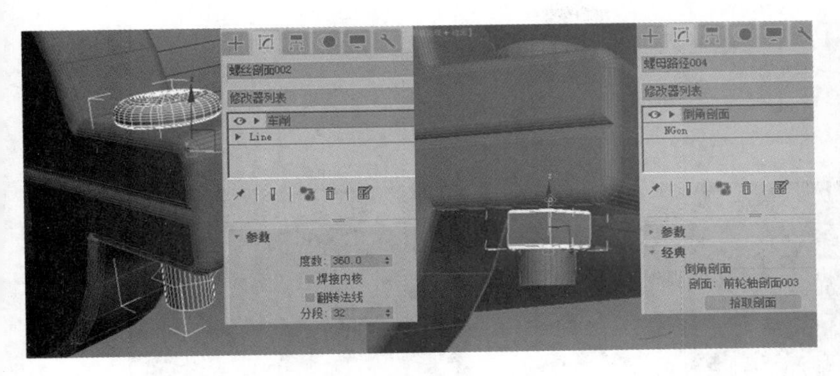

图 2.065

图 2.066

2. 制作车泥瓦模型

步骤 01： 进入［层］面板，将［泥瓦］层显示出来，场景中出现了泥瓦效果和泥瓦轴线。选择泥瓦，为其添加一个［挤出］修改器，设置［数量］为 60，［分段］为 50。在［修改器列表］中选择一个［弯曲］修改器，打开［层］面板，将［前轮］层显示出来，设置［弯曲］参数组中的［角度］为 108，［方向］为 90，选择［弯曲轴］中的［Z］，如图 2.067 所示。

> **提示**
> 因为车轮为圆形，所以使用［挤出］修改器加上足够的分段，并配合［弯曲］修改器尽量与当前车轮角度一致。

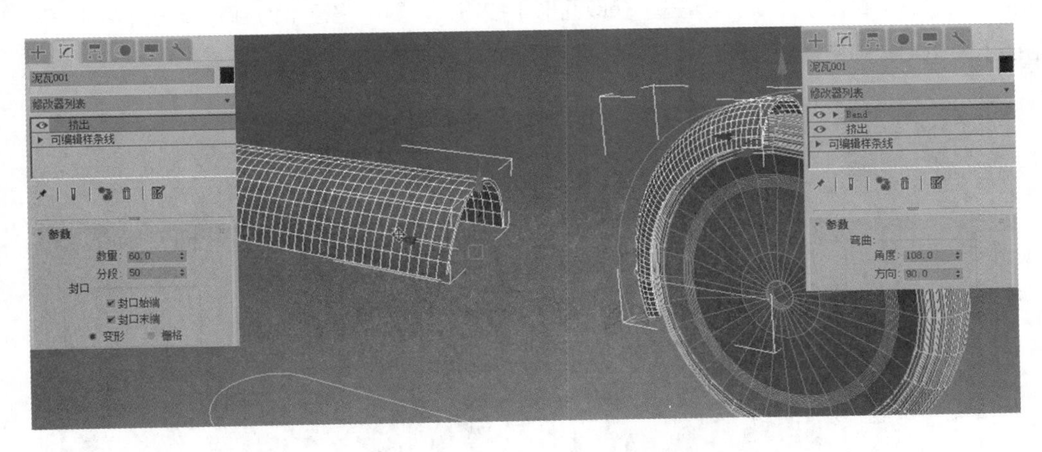

图 2.067

步骤 02： 选择泥瓦拉杆，勾选［渲染］卷展栏中的［在渲染中启用］和［在视口中启用］选项，该拉杆起到固定泥瓦的作用，如图 2.068 所示。

3. 制作自行车前叉

步骤 01： 打开［层］面板，隐藏其他层，将［前叉］层显示出来并勾选，将创建的模型放在该层中，此时场景中出现了前叉模型，如图 2.069 所示。

提示

只需要做好一半的前叉，另一半对称复制即可，使用［放样］多截面方向制作前叉模型。

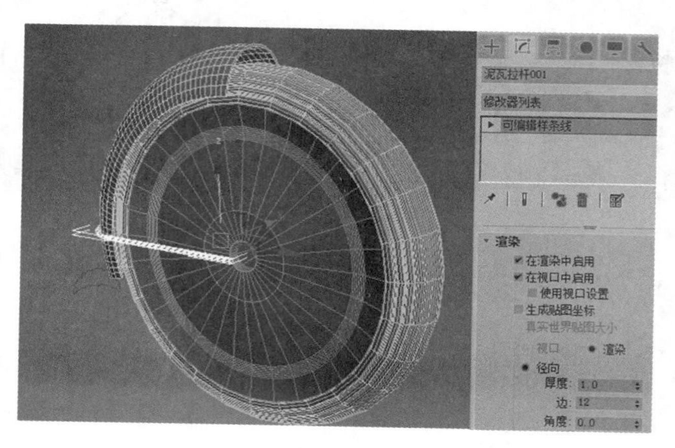

图 2.068

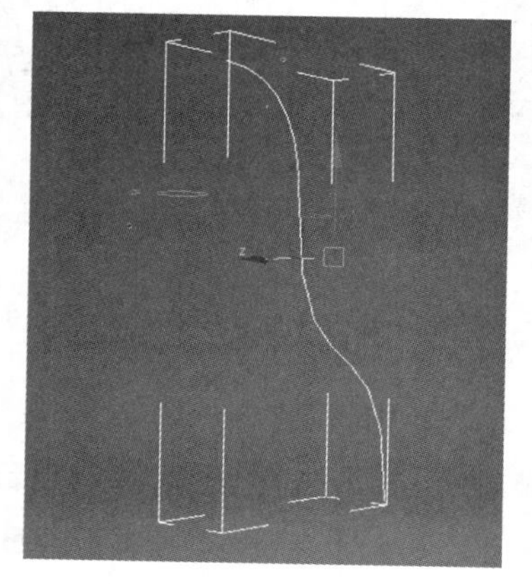

图 2.069

步骤 02：将两个截面图形分别放置在前叉路径的不同位置。

步骤 03：单击［可编辑样条线］下的［顶点］，以场景中模型右下角黄色的点为起始点，进行放样，使起始点路径为 0。选择模型，进入［标准基本体］面板，选择［复合对象］，选择［对象类型］卷展栏中的［放样］。单击［创建方法］卷展栏中的［获取图形］按钮，在［路径］0 处获取场景中的第一个图形，分别设置［路径参数］卷展栏下的［路径］为 50，单击［获取图形］按钮；设置［路径］为 95，单击［获取图形］按钮；设置［路径］为 100，单击［获取图形］按钮，如图 2.070 所示。

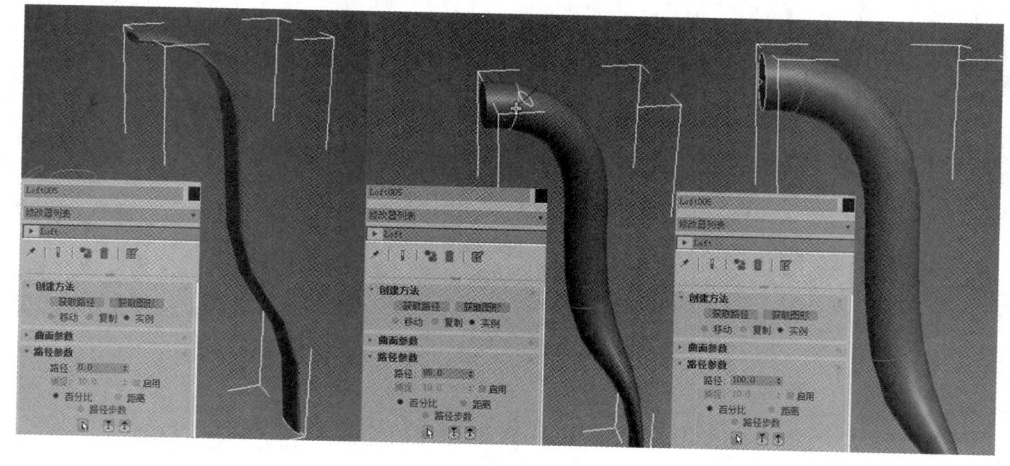

图 2.070

提示

如果制作完成后图形发生扭曲，则是画线出现了问题，场景中圆形和椭圆的首顶点位置需一致，如图 2.071 所示。

步骤 04：因为场景中模型需要有一处鼓起，所以要在前叉模型的一端加入一个截面图形。进入［修改］面板，选择［Loft］下的［图形］，进入物体子对象级别。单击［选择并均匀缩放］工具，将物体进行放大，选择［选择并移动］工具，将截面图形向下拖曳，使其顶部提高；选择当前截面并将其复制，调整位置，使其整体效果更加平滑。选择当前模型，单击［镜像］工具，为了将复制的模型设置成所需要的方向，选择［局部］坐标系，在［镜像］面板中的［克隆当前选择］中选择［复制］，完成车前叉的制作，如图 2.072 所示。

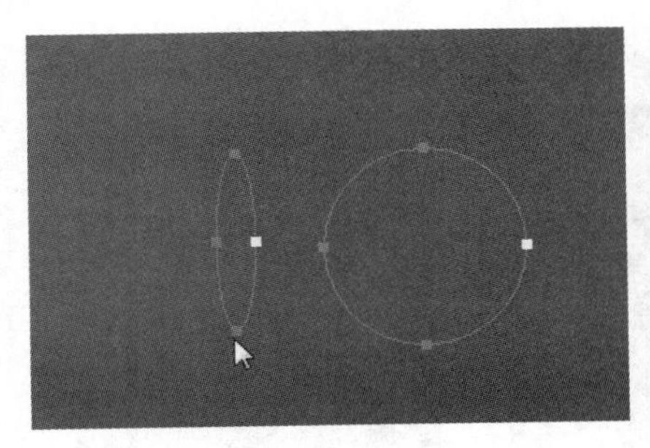

图 2.071

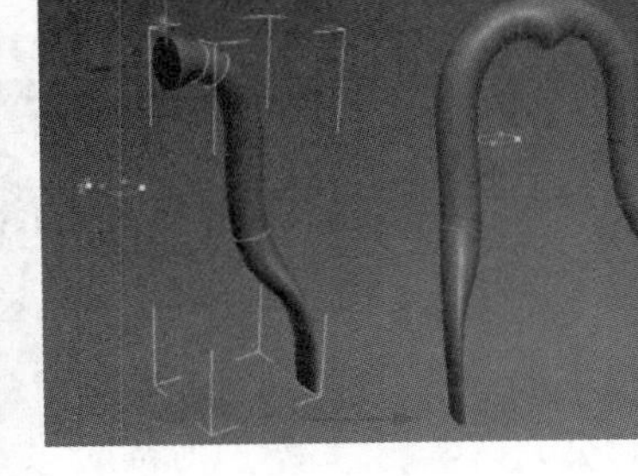

图 2.072

4. 制作车头

步骤 01：打开［层］面板，隐藏其他层，将［车头］层显示出来，勾选其前方的选项，将创建的模型放在该层中，此时场景中出现前车头需要的样条线。先制作车架接头的路径，在［修改器列表］中选择［倒角剖面］，单击［拾取剖面］按钮，重新选择模型。继续添加［倒角剖面］，单击［拾取剖面］按钮，此时出现了两个交叉模型。为了提高第 2 个模型的高度，选择［倒角剖面］下的［剖面 Gizmo］，按 F3 键，单击［选择并均匀缩放］工具，沿 z 轴进行缩放，使其大于第 1 个模型，调整其位置，车架接头路径制作完成，如图 2.073 所示。

提示

制作中偶尔会发生某一时间段物体出现问题的情况，此时可能是在制作时系统出现了问题，或者操作出现了不易察觉的问题，所以需要将其删除并重新拾取。

步骤 02：选择车头竖杆，勾选［渲染］卷展栏中的［在渲染中启用］和［在视口中启用］选项，并设置［径向］中的［厚度］为 3.7，此时车头竖杆制作完成。单击模型的竖杆钢圈，选择［车削］修改器，将［车削］修改器直接拖曳到第 2 个模型上，为两个模型添加修改器，如图 2.074 所示。

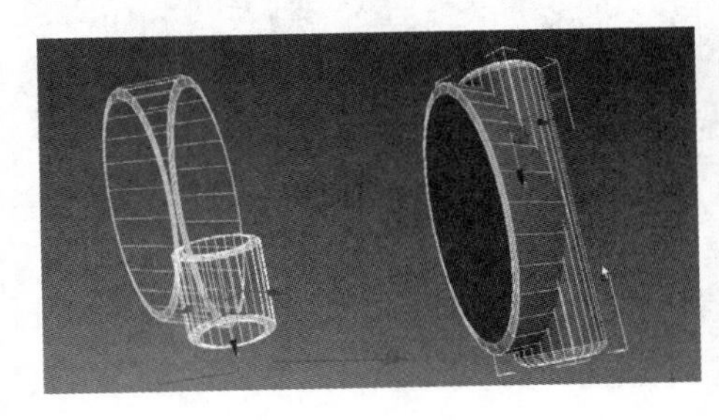

图 2.073

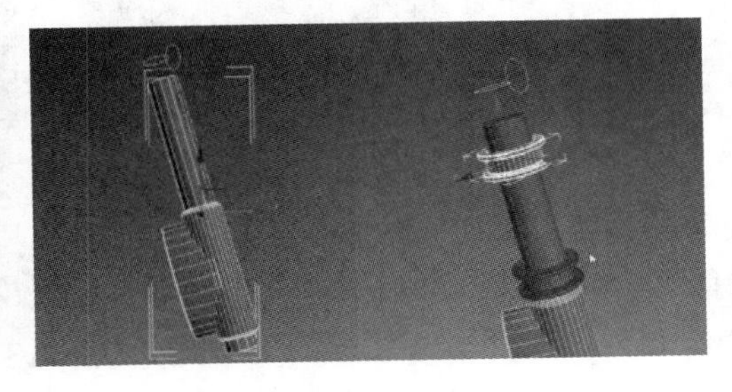

图 2.074

步骤 03： 选择车把接头样条线，为其添加一个［倒角剖面］修改器，单击［拾取剖面］按钮，将［倒角剖面］修改器拖曳到车把上。创建两个模型将车把与车头竖杆连接。选择车把路径，勾选［渲染］卷展栏中的［在渲染中启用］和［在视口中启用］选项，设置［厚度］为 3，此时钢制车把制作完成，如图 2.075 所示。

步骤 04： 打开［层］面板，可观察到此时自行车前叉位置有些问题。选择前叉，单击［编辑］中的［组］，在［视图］坐标系中调整前叉的位置及角度。进入［层次］面板，单击［调整轴］卷展栏中的［仅影响轴］按钮，调整轴的方向，如图 2.076 所示。

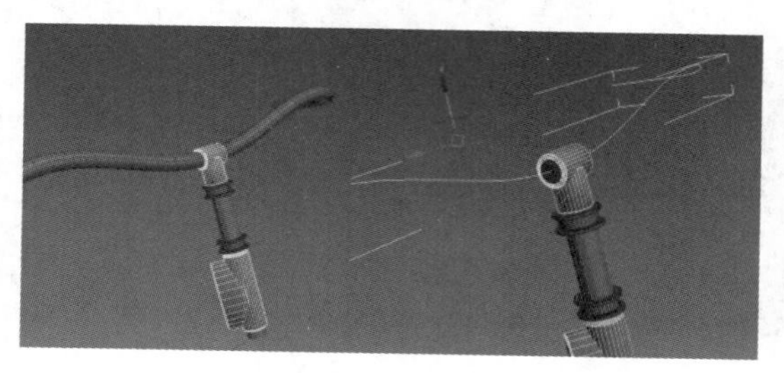

图 2.075

图 2.076

5. 制作把手套与喇叭

步骤 01： 打开［层］面板，将其他层隐藏，将［喇叭］与［车头］层显示出来，并将创建的物体放在［喇叭］层中。选择场景中的车把套样条线，添加一个［车削］修改器，选择［参数］卷展栏中［方向］参数组中的［X］轴；选择［车削］修改器下的［轴］，使其沿 y 轴移动。选择［车削］，将其复制到另一个车把上，此时车把套制作完成，如图 2.077 所示。

步骤 02： 选择场景中的喇叭，在［喇叭剖面线］中添加一个［挤出］修改器，设置［参数］卷展栏中的［数量］为 17，［分段］为 20。在［喇叭剖面线］中添加一个［锥化］修改器，使其产生前面大后面小的效果，设置［参数］卷展栏中［锥化］参数组中的［数量］为 −0.78，［曲线］为 −0.86，效果如图 2.078 所示。

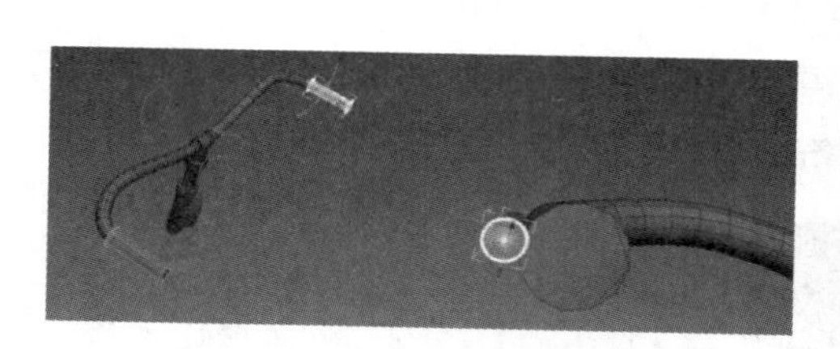

图 2.077

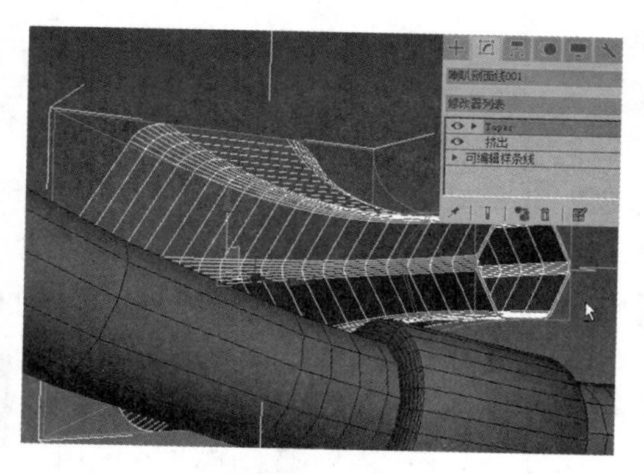

图 2.078

步骤 03： 在喇叭固定圈位置添加一个［倒角］修改器，将［倒角值］卷展栏中的［级别 2］和［级别 3］勾选；设置［级别 1］的［高度］和［轮廓］均为 0.2，设置［级别 2］的［高度］为 5，设置［级别 3］的［高度］为 0.2，［轮廓］为 −0.2，如图 2.079 所示。

提示

［倒角剖面］可以做出圆滑的倒角，［倒角］只能做出边缘较硬的倒角。

步骤 04：选择喇叭后面的气囊，为其添加一个［车削］修改器，此时出现一个自行车上的气囊效果，如图 2.080 所示。

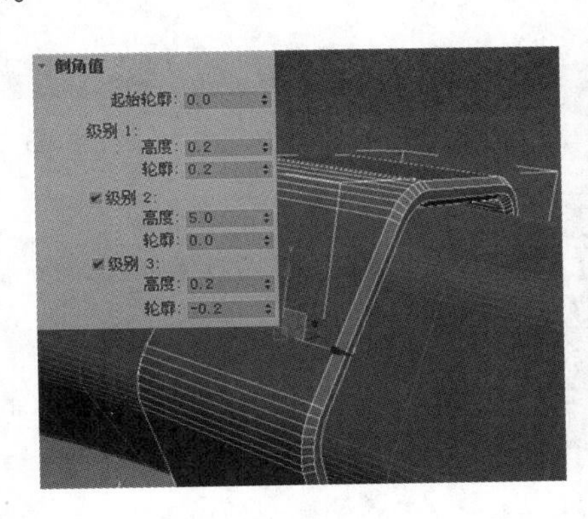

图 2.079

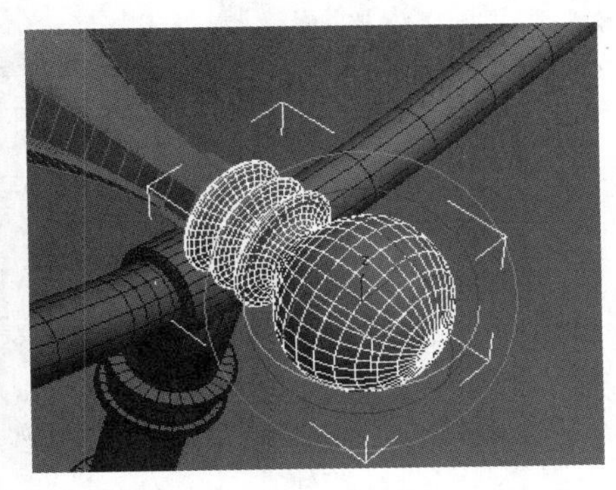

图 2.080

6. 制作自行车的车架

步骤 01：打开［层］面板，将其他层隐藏，将［车艽］层显示出来，并将创建的物体放在［车艽］层中。该车艽有 4 条样条线，要将小圆放在路径 0 处，将大圆放在路径 50% 处，将椭圆样条线放在路径 100% 处；选择当前车架路径，进入［创建］面板，选择［对象类型］卷展栏下的［放样］，设置［路径］为 0，单击［获取图形］按钮，单击场景中的小圆图形；设置［路径］为 50，单击［获取图形］按钮，单击大圆图形；设置［路径］为 100，单击［获取图形］按钮，单击椭圆样条线。因为在路径 100% 处的模型方向与实际不符，所以单击［修改］面板中［Loft］下的［图形］，选择场景中的图形，单击［局部捕捉］按钮，将模型旋转 90 度；因为旋转后模型上的线发生了扭曲，所以选择路径 50% 处的模型，将其沿同样的方向旋转 90 度；选择路径 0 处的模型，也将其沿同样的方向旋转 90 度，如图 2.081 所示。

步骤 02：为了使模型上的字投射到曲面的表面上，先将文字对应到模型放置，旋转放样模型，然后选择放样模型，进入［创建］面板，选择［复合对象］下的［图形合并］，单击［拾取图形］按钮，退出操作级别。选择场景中的原始文字，单击［显示］面板下［隐藏］卷展栏中的［隐藏选定对象］按钮，此时模型上出现了投影效果，如图 2.082 所示。

提示

［图形合并］可以使当前图形直接投影到曲面上，接下来选中对应的文字进行投影，将投影效果的多边形选中，进行面挤出。

步骤 03：选择该模型，进入［修改］面板，添加一个［网格选择］修改器，并单击［网格选择参数］卷展栏下的红色方块按钮，进入多边形级别。因为此时默认选择的面错误，所以进行手动选择，将文字对应的多边形表面全面加选。在［修改器列表］中继续添加一个［面挤出］修改器，设置［参数］卷展栏下的［数量］为 0.5，此时模型出现挤出效果，如图 2.083 所示。

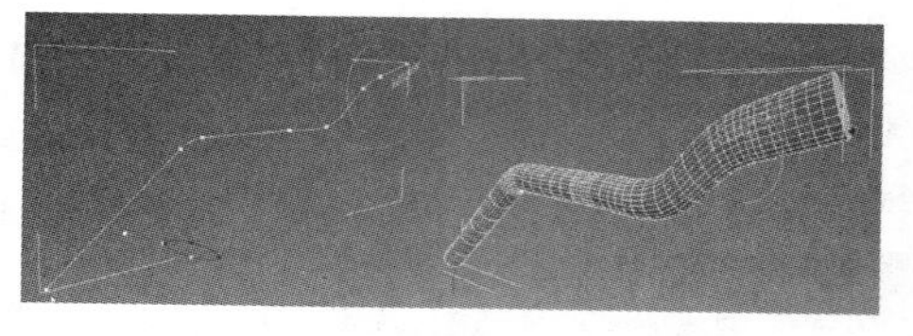

图 2.081

图 2.082

图 2.083

提示

①多选的部分可按住 Alt 键取消选择。

②画线时需要提高画线质量，投影时才不会出现问题。

③进行［图形合并］前要对当前效果进行暂存，在出现问题时可使用暂存取回功能回到［图形合并］前，将文字旋转角度再进行投影。

④如果直接制作文字添加挤出并将其放在模型上，则不能完全顾及边缘弧形的角度变化，并且模型面交叉会产生问题，所以尽量使用真实的方法进行制作。

7. 制作自行车后座

步骤 01：打开［层］面板，将其他层隐藏，将［后座］层显示出来，并将创建的物体放在［后座］层中。后座由 3 个座位样条线、两个倒角剖面、一个固定夹子、两个螺丝、两个靠背线、倒角剖面线，以及两个钢管组成，如图 2.084 所示。

提示

车座由三层组成，底层是金属，底层与中层使用［倒角剖面］，顶层需要配合切片将底部交叉部分切掉，再使用补洞将其填补；后面钢架部分使用［弯曲］修改器将其联合；靠背部分使用［倒角剖面］进行制作。

步骤 02：选择车座底板路径，添加一个［倒角剖面］，并单击［拾取剖面］按钮，拾取当前金属部分的剖面。选择底板 1 路径，添加一个［倒角剖面］，并单击［拾取剖面］按钮，拾取车座中间部位的剖面，此时两个剖面叠加，将［倒角剖面］修改器拖曳到车座顶层，如图 2.085 所示。

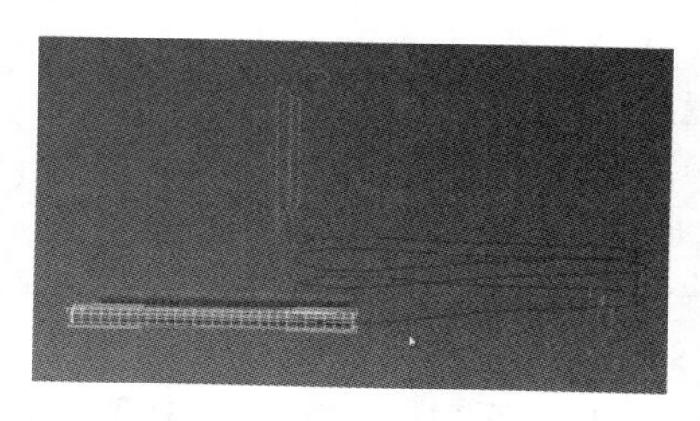

图 2.084

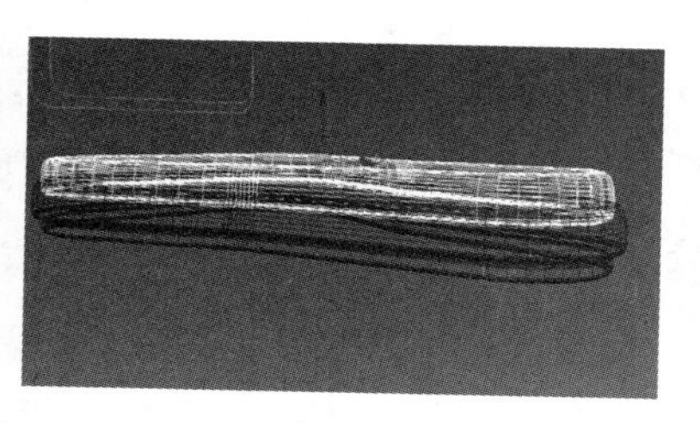

图 2.085

提示
使用［切片］修改器将交叉部分切掉，否则渲染时会耗费渲染资源。为了处理交叉效果，选择当前模型，添加［切片］修改器，此时场景中出现了一个黄色线框，选择［修改］面板下［切片参数］卷展栏下［切片类型］中的［移除底部］，单击［切片］下的［切片平面］，将线框向下移动，此时交叉部分已经被切除。将模型孤立显示，此时顶部模型出现了漏洞，为了使模型产生封口效果，为其添加一个［补洞］修改器。［补洞］修改器会自动检测模型中的漏洞，并将其填补，如图 2.086 所示。

步骤 03： 选择前面的靠背样条线，添加［倒角剖面］修改器，并单击［拾取剖面］按钮，拾取小剖面。此时剖面方向出现问题，单击右侧［剖面 Gizmo］，将其旋转至合适的方向，如图 2.087 所示。

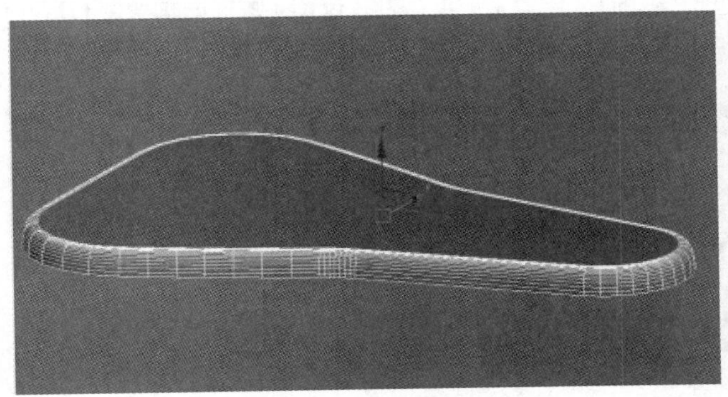

图 2.086

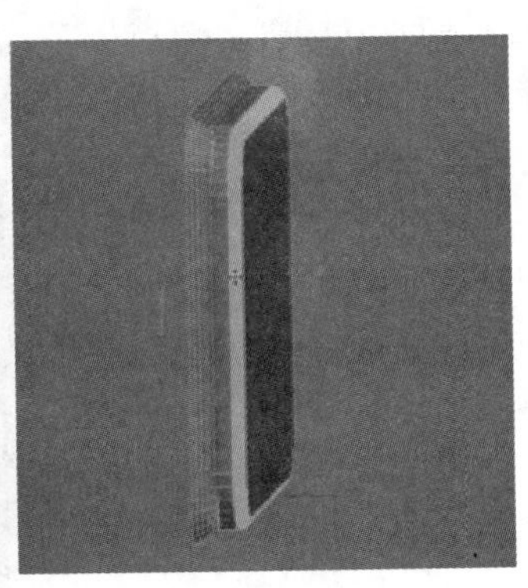

图 2.087

步骤 04： 选择后面的靠背样条线，添加［倒角剖面］修改器，单击［拾取剖面］按钮，拾取大剖面。单击右侧［剖面 Gizmo］，将其旋转约 180° 至靠背向前的方向，调整到合适的位置。为了使钢管有一段产生弯曲效果，选择场景中的一个圆柱模型，添加一个［弯曲］修改器，设置［角度］为 90，［方向］为 −90，设置［弯曲轴］为［Z］，将［限制］参数组中的［限制效果］勾选，设置［上限］为 21.26，此时产生了钢管有一段弯曲的效果。为了使模型底部不产生交叉效果，单击［Bend］下的［中心］，并将其向后拖曳，设置［上限］为 7 左右。将制作好的［Bend］拖曳复制到另一个钢管模型处，此时两个圆柱体制作完成，如图 2.088 所示。

步骤 05： 选择场景中的螺丝，为其添加［车削］修改器，选择［参数］卷展栏下［方向］中的［X］。因为［对齐］参数组中的 3 个对齐方式产生了问题，所以选择［车削］修改器，单击［轴］，将轴进行缩放，将螺丝向上移动，使其固定在当前位置。将螺丝的［车削］修改器复制拖曳到另一个螺丝位置上，在座位底部添加一个［倒角］修改器，并设置［倒角值］卷展栏下［级别 2］的［高度］为 2，设置［级别 1］的［高度］和［轮廓］为 0.05，设置［级别 3］的［高度］为 0.05，［轮廓］为 −0.05，分别调整两个螺丝的位置并使其与夹子紧密贴合，如图 2.089 所示。此时座椅模型制作完成。

步骤 06： 打开［层］面板，将已经制作完成的层显示。框选场景中所有模型，打开［材质编辑器］指定材质，设置线框颜色为黑色，制作完成的模型如图 2.090 所示。

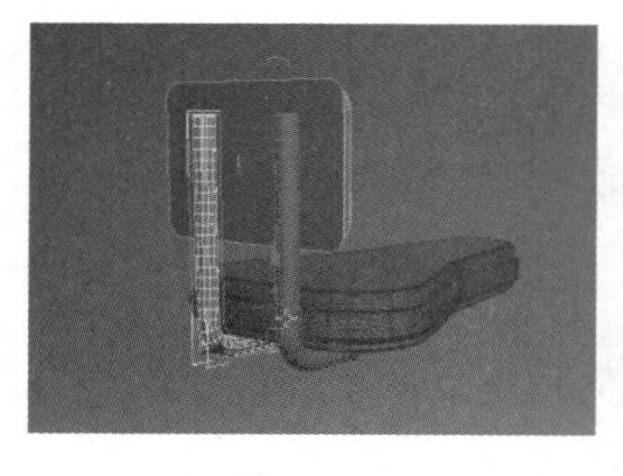
图 2.088

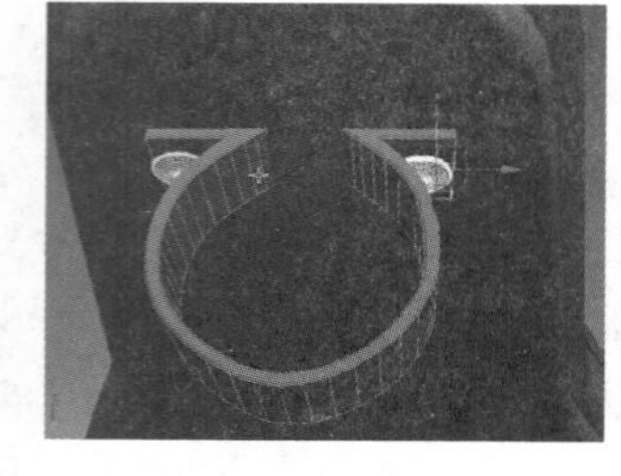
图 2.089

图 2.090

8. 制作自行车后轮

步骤 01: 打开[层]面板，将其他层隐藏，将[后轮]层显示，并将创建的物体放在[后轮]层中。将[前轮]层显示，选择后轮模型，为其添加一个 [倒角剖面]，单击 [拾取剖面] 按钮，因为后轮模型的方向有些问题，所以选择 [倒角剖面] 下的 [剖面 Gizmo]，并将其旋转 90 度，如图 2.091 所示。

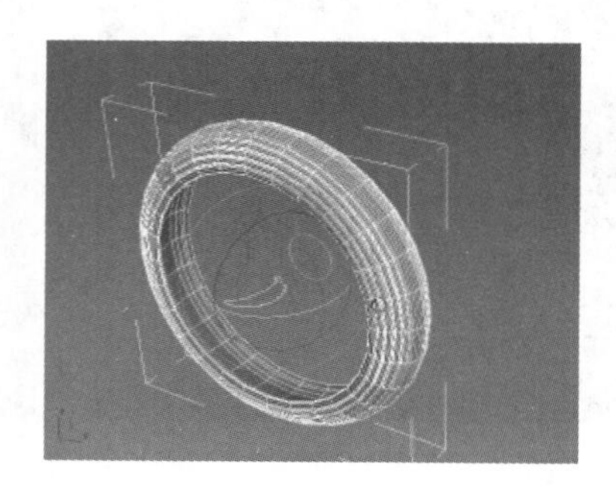
图 2.091

提示

后轮制作与前轮制作的方式类似，这里需要借用制作前轮的剖面。

步骤 02: 选择后轮毂剖面，添加 [车削] 修改器，设置 [方向] 为 [X]。选择中间的轴样条线，添加 [倒角剖面] 修改器，单击 [拾取剖面] 按钮，此时已将后车轴制作完成，如图 2.092 所示。

步骤 03: 打开 [层] 面板，将已经制作完成的层显示。框选场景中的所有模型，打开 [材质编辑器] 指定材质，设置线框颜色为黑色，制作完成的模型如图 2.093 所示。

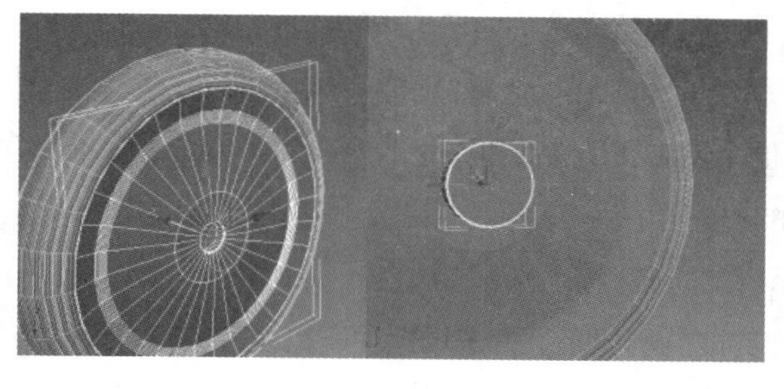
图 2.092

图 2.093

9. 制作斜梁模型

打开［层］面板，将其他层隐藏，将［斜梁］层显示出来，并将创建的物体放在［斜梁］层中。斜梁部分主要制作 3 个样条线的渲染属性。将［渲染］卷展栏下的［在渲染中启用］和［在视口中启用］勾选，设置［径向］中的［厚度］为 3.8，并设置另一侧的［厚度］为 3.8，设置中间圆柱模型在［径向］中的［厚度］为 5.4，如图 2.094 所示。

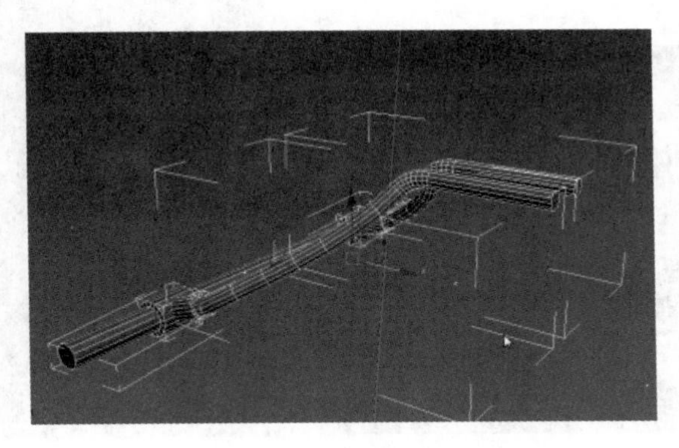

图 2.094

10. 制作车筐和气球

步骤 01：打开［层］面板，将其他层隐藏，将［车筐气球］层显示出来，并将创建的物体放在［车筐气球］层中。选择正方体模型，为其添加一个［晶格］修改器。选择［参数］卷展栏下［几何体］参数组中的［二者］，设置［节点］中的［半径］为 0，设置［参数］卷展栏下［支柱］的［半径］为 0.1，如图 2.095 所示。

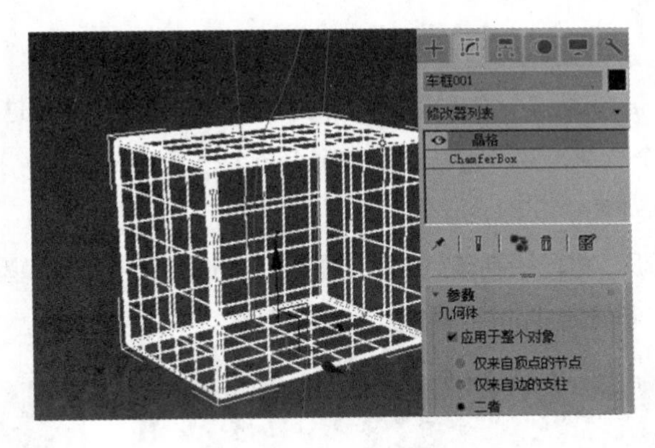

图 2.095

提示

因为车筐是镂空的，［晶格］修改器的作用是使当前模型所有边和顶点位置产生晶格。选择只产生支柱的方法有两种，一种是选择［仅来自边的支柱］，另一种是选择［二者］，设置［节点］中的［半径］为 0。

步骤 02：为了使车筐产生顶部宽底部窄的效果，需添加一个［FFD 2×2×2］修改器。单击［FFD 2×2×2］修改器下的［控制点］，框选底部所有控制点，并对其进行缩放，如图 2.096 所示。

步骤 03： 选择场景中的气球线，将［渲染］卷展栏下的［在渲染中启用］和［在视口中启用］勾选，分别设置两根气球线的［厚度］为 0.2，如图 2.097 所示。选择气球，为其添加一个［车削］修改器。为了产生真实的气球形状，添加一个［FFD（长方体）4×4×4］修改器。

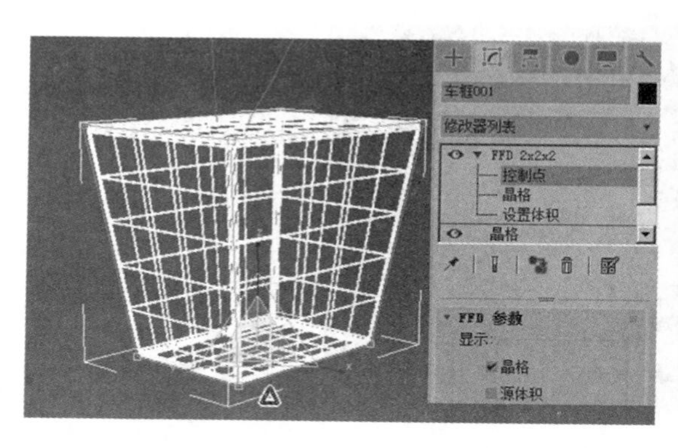

图 2.096

图 2.097

提示

使用［FFD（长方体）4×4×4］修改器可以在各个方向设置不同的点数，对于复杂模型与变形效果的编辑非常方便。单击［FFD 参数］卷展栏下的［设置点数］按钮，在［设置 FFD 尺寸］面板中分别设置［长度］、［宽度］和［高度］为 2。

步骤 04： 选择［FFD（长方体）2×2×2］下的［控制点］，将场景中气球模型框选，并对其进行缩放，使模型底部变小。选择第 2 个气球，依次将右侧［车削］与［FFD（长方体）2×2×2］拖曳复制，此时两个气球模型并没有产生交叉，如图 2.098 所示。

步骤 05： 打开［层］面板，将已经制作完成的层显示。框选场景中所有模型，打开［材质编辑器］指定材质，设置线框颜色为黑色，制作完成的模型如图 2.099 所示。

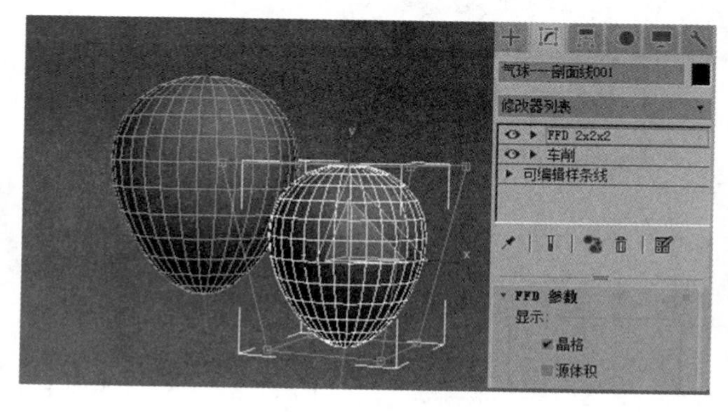

图 2.098

图 2.099

11. 制作奶瓶

步骤 01： 打开［层］面板，将其他层隐藏，将［奶瓶］层与［车筐气球］层显示，可观察到场景中的奶瓶在车筐内部。将［车筐气球］层隐藏，选择奶瓶和奶嘴，在［修改器列表］中添加一个［车削］修改器，因为模型的方向有些问题，所以选择［车削］下的［轴］，将其沿 x 轴方向移动，并将［车削］修改器拖曳到奶瓶上，如图 2.100 所示。

步骤 02： 奶瓶是玻璃材质，具有一定的厚度，所以添加一个［壳］修改器，设置［外部量］为 0.03，将［壳］修改器拖曳给奶嘴。进入［工具］面板，单击［轴］按钮，选择［调整轴］卷展栏下的［仅影响轴］，单击［对齐］中的［居中到对象］按钮，对奶嘴进行缩放。打开［层］面板，将［车筐气球］层显示，选择奶瓶和奶嘴模型，将其移动至中心位置。打开［层］面板，将已经制作完成的层显示。框选场景中所有模型，打开［材质编辑器］指定材质，设置线框颜色为黑色，制作完成的模型如图 2.101 所示。

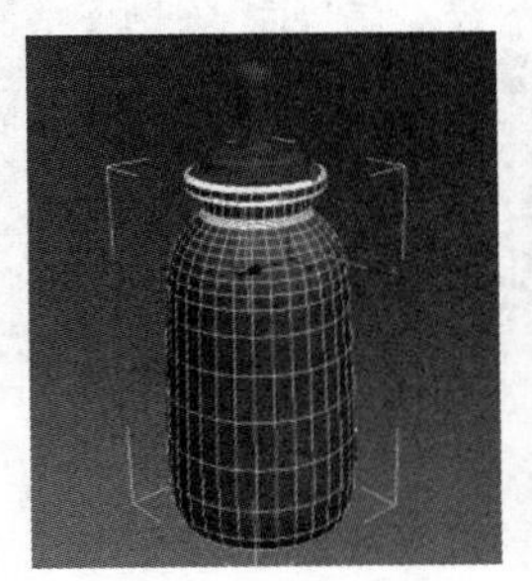

图 2.100　　图 2.101

12. 制作前轮毛刺效果

步骤 01： 打开［层］面板，将［轮胎毛刺］层显示出来。打开［从场景中选择］面板，选择［Cylinder01］，如图 2.102 所示。

步骤 02： 选择场景中的前轮胎，按 Ctrl 键加选毛刺，按 Alt+Q 组合键进入孤立模式，设置［参数］卷展栏下的［半径］为 0.15，［高度］为 4。选择毛刺模型，将其分布到前轮模型上，为了使前轮模型只出现在选定的面上，为其添加一个［网格选择］修改器。进入选面级别，单击上方的［修改选择］，选择［循环］，按住 Alt 键并将不需要的部分取消选择，配合 Ctrl 键加选。单击［编辑多边形］，退出子级别，此时毛刺模型分布在轮胎圈面上。选择毛刺模型，进入［创建］面板，选择［散布］，单击［拾取分布对象］按钮，如图 2.103 所示。

提示
最后剩下前轮的毛刺效果，将使用复合对象的散布命令将毛刺分布在前轮上。

图 2.102

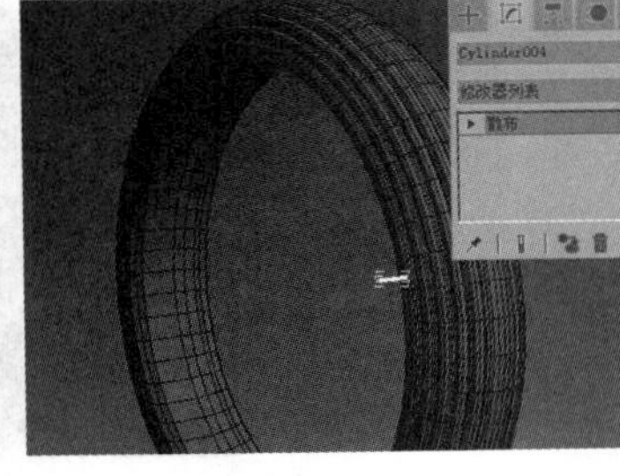

图 2.103

步骤 03：此时场景中出现了一个散布对象的参考物体，进入［修改］面板。将［显示］卷展栏下的［隐藏分布对象］勾选，此时出现一个毛刺，将［仅使用选定面］勾选，选择［分布方式］中的［所有面的中心］，此时出现了非常多的毛刺效果。选择［分布方式］中的［区域］，设置［重复数］为 37，此时产生了毛刺不完整的真实效果。选择模型，打开［材质编辑器］指定材质，设置线框颜色为黑色，制作完成的模型如图 2.104 所示。

步骤 04：选中前轮上的毛刺，为了将毛刺的轴设置为所需要的效果，单击右侧的［轴］，选择［仅影响轴］。单击［调整变换］卷展栏下［重置］中的［变换］，将轴进行旋转，使其与当前模型的轴向一致。将毛刺移动至轮胎中心位置，并旋转调整方向。单击右侧的［仅影响轴］按钮，将其关闭，单击［镜像］工具，选择［复制］方式，此时另外一侧的毛刺制作完成，如图 2.105 所示。

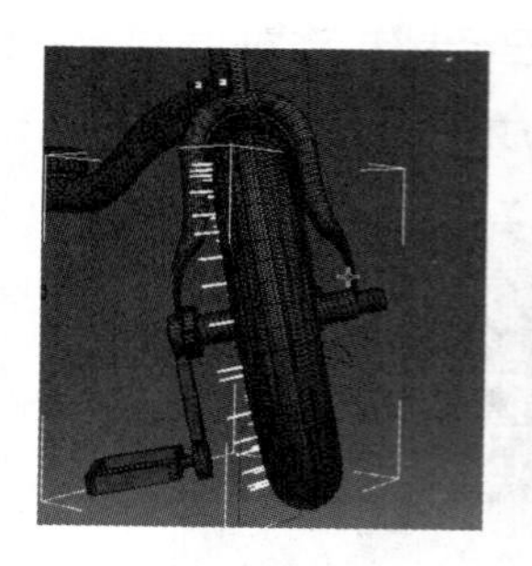

图 2.104

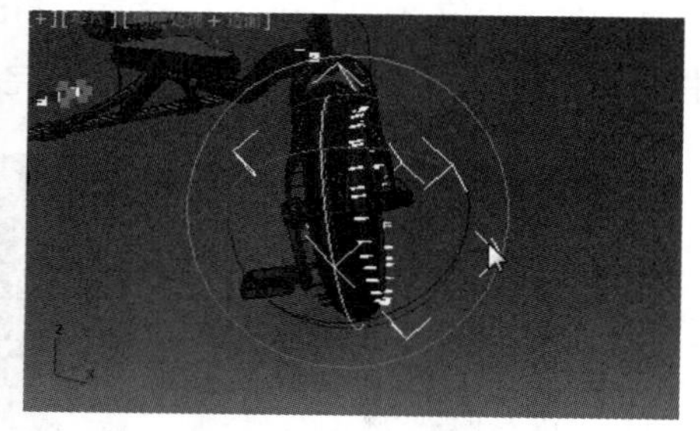

图 2.105

提示

如果不想两侧毛刺完全一样，可使用旋转工具将另外一侧的毛刺进行一定的旋转。

13. 后轮补充

将后轮与连接轮子和车架的物体同时选中，单击［编辑］菜单，选择［组］，选择［视图］坐标，单击［镜像］工具，选择［复制］方式，然后选择镜像出的自行车后轮，调整其角度，并将其移动到中心位置，如图 2.106 所示。

14. 脚踏板补充

将脚踏板与其连接的脚踏板轴同时选中，单击［编辑］菜单，选择［组］，选择［视图］坐标，单击［镜像］工具，选择［复制］方式，然后选择镜像出的自行车脚踏板，调整其角度，并将其移动到中心位置，此时场景中所有模型制作完毕，如图 2.107 所示。

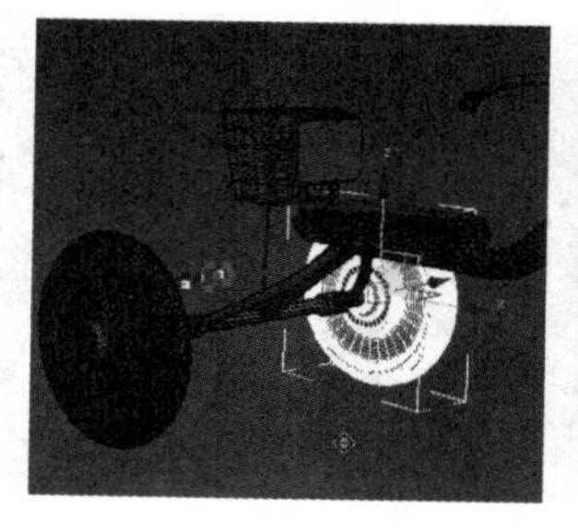

图 2.106

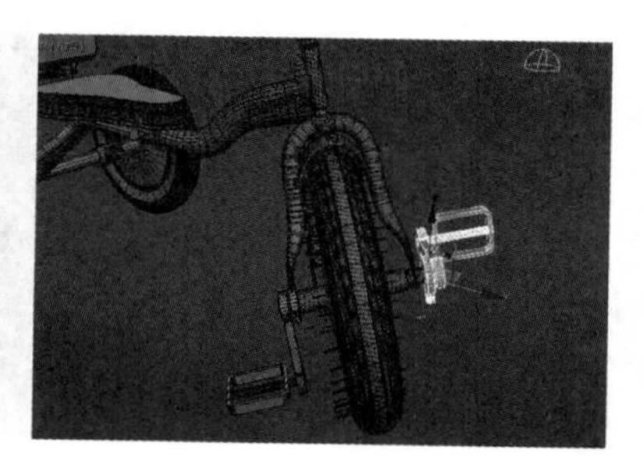

图 2.107

15. 天光渲染

步骤 01：进入［创建］面板，单击［对象类型］中的［平面］按钮，创建一个平面，设置平面的［长度］为 2000，［宽度］为 1600。单击鼠标右键，选择［显示安全框］，调整其视角。进入［创建］面板，单击［天光］按钮，设置［天光参数］卷展栏下的［倍增］为 1.2，如图 2.108 所示。

步骤 02：执行［渲染 > 渲染设置］命令，弹出［渲染设置］窗口，进入［高级照明］选项卡，选择［光跟踪器］，设置［光线 / 采样］为 90。进入［公用］选项卡，设置［宽度］为 500，［高度］为 333，渲染效果如图 2.109 所示。

步骤 03：此时发现模型渲染有些问题，并且角度不好。按 M 键，打开［材质编辑器］，设置模型的材质为［双面］，选择一个空材质球。单击［标准］按钮，将材质切换为［无光投影］材质，将其指定给场景中的地面，并调整模型的角度。执行［渲染 > 渲染设置］命令，弹出［渲染设置］窗口，进入［高级照明］选项卡，选择［光跟踪器］，设置［光线 / 采样］为 1000。进入［公用］选项卡，设置［宽度］为 800，［高度］为 600，渲染效果如图 2.110 所示。

图 2.108

图 2.109

图 2.110

关于该案例的具体讲解，请参见本书配套学习资源“视频文件\第 2 章\2.3.1”文件夹中的视频。

2.3.2 使用放样建模法制作火炬

在本案例中，将使用 3ds Max 的放样功能制作一个非常漂亮的火炬，如图 2.111 所示。

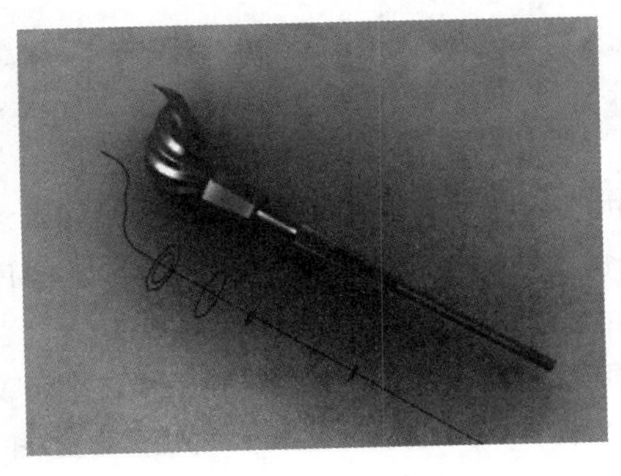

图 2.111

范例分析

观察可见，整根火炬是一个一体的模型，这一模型如果使用多边形建模的方法进行创建，步骤会非常烦琐。但是，如果使用 Loft 放样的方法进行制作，整个过程会非常方便快捷。

本案例将讲解 Loft 放样的整体工作流程，即在一个路径的不同位置放置不同的截面图形，放样得到火炬的整体外形。此外，制作过程中还会涉及放样中比较重要的缩放和扭曲变形的应用。最后，为火炬模型设置材质和反光板，配合天光，渲染出非常漂亮的成品图片。

下面将一一进行讲解。

制作步骤

1. 初始场景

打开配套学习资源中的“场景文件 \ 第 2 章 \2.3.2\video_cankao.max”文件。场景中有一条绘制好的路径，它是火炬放样建模的主体路径。在它的不同位置放置了不同的截面图形，如图 2.112 所示。

2. 放样建模

（1）拾取截面图形

步骤 01： 对截面图形进行拾取。选择［Line01］，在［修改］面板中将其重命名为［路径］。单击按钮进入［顶点］级别，查看首顶点和尾顶点的位置。放样时，［路径］0 处为首顶点，［路径］100% 处为尾顶点，如图 2.113。

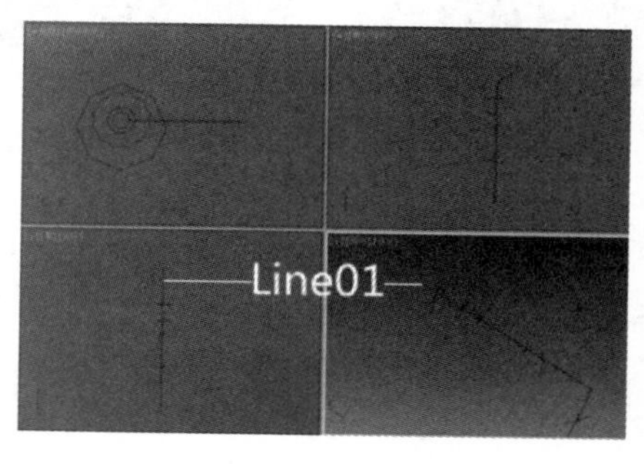

图 2.112

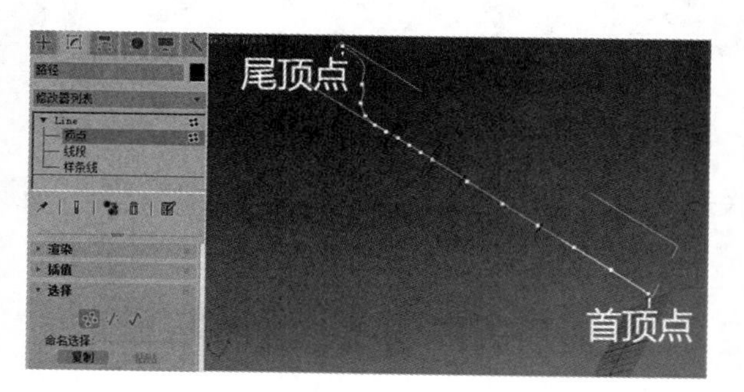

图 2.113

提示

放样建模之前，需要弄清楚放样路径初始点的位置。

步骤 02： 选择［路径］，执行［创建 > 标准基本体 > 复合对象 > 放样 > 获取图形］命令，在［路径］0 处拾取小圆环，生成［Loft001］。使用移动工具将［Loft001］从原路径［Line01］处移开，以便于观察路径和截面线，继续进行下一步的操作，如图 2.114 所示。

步骤 03： 进入［修改］面板，将［路径］设置为 29.5，单击［获取图形］按钮，拾取位于［路径］29.5% 位置的截面图形。此时，［Loft001］29.5% 的位置会出现同样的一根截面图形线，如图 2.115 所示。

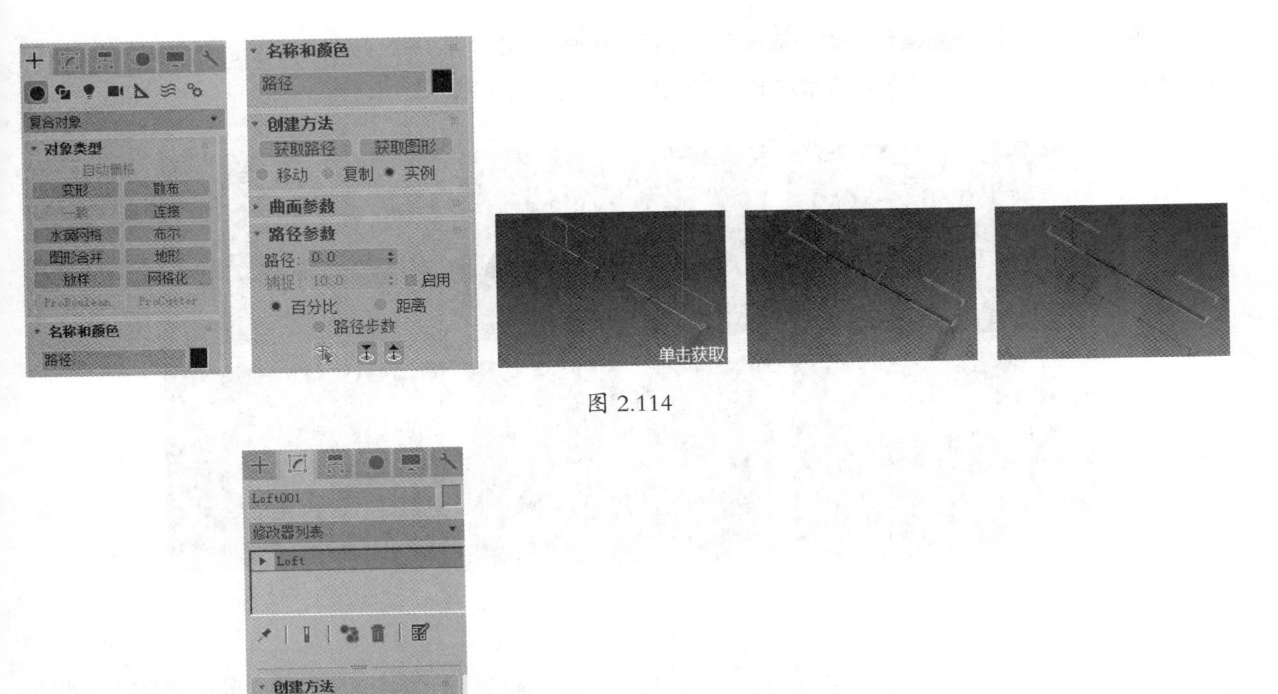

图 2.114

图 2.115

步骤 04： 保持［获取图形］按钮的选中状态，将［路径］修改为 30，获取此处的截面图形。在视图左上角处单击［真实］，在弹出的菜单中选择［默认明暗处理］方式，如图 2.116 所示。

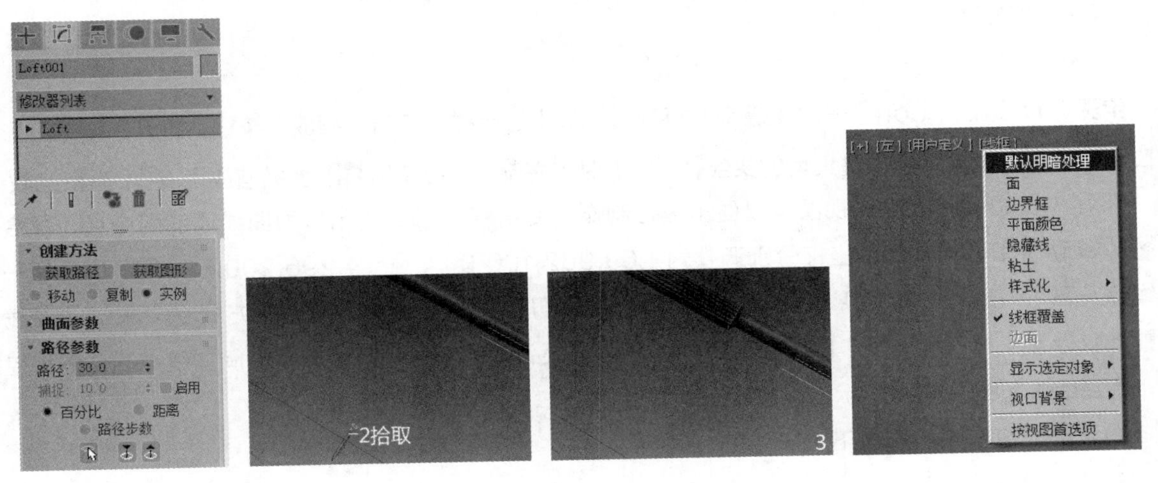

图 2.116

步骤 05：执行同样的操作步骤，依次在［路径］50%、50.5%、58.95%、59%、69%、70% 处获取截面图形。这样，整个火炬的形态基本上已经完成，如图 2.117 所示。

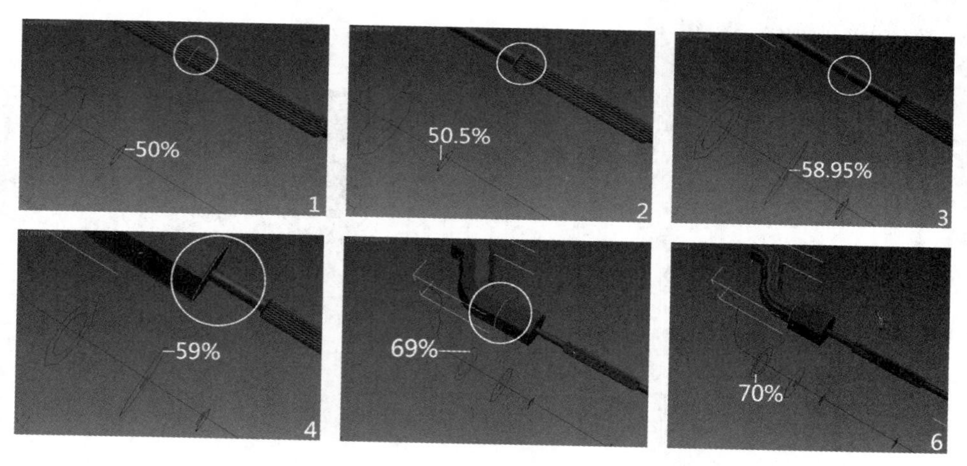

图 2.117

步骤 06：选择［Loft001］，进入［图形］子对象级别，使用缩放工具微调各截面曲线的尺寸，如图 2.118 所示。

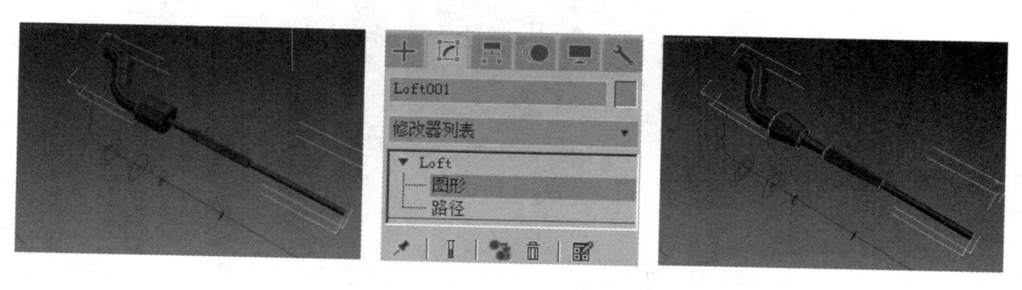

图 2.118

（2）变形设置

A. 缩放变形。

步骤 01：退出［Loft］子对象级别，打开［变形］卷展栏，单击［缩放］按钮，打开［缩放变形］窗口。曲线右侧端点对应的是火炬的头部，左侧则对应尾部。配合使用［水平缩放］、［垂直缩放］、［平移］按钮调整曲线的视图，以便于进行制作。使用［加点］工具为曲线添加两个点，配合使用［移动］工具将它们的坐标分别调整为（69.962,100.0）、（74.296,200.533）。选择后一个曲线点（74.296,200.533），单击鼠标右键，将其切换为［Bezier- 平滑］方式。将末端的曲线点放置到坐标为（100,0.926）的位置。对照场景中火炬头部的变化情况，调整中间曲线点的位置和控制柄，调整结果如图 2.119 所示。

关闭［缩放变形］窗口，下面来调整扭曲变形。

B. 扭曲变形。

步骤 02: 在[变形]卷展栏中单击[扭曲]按钮，打开[扭曲变形]窗口，配合使用[加点]和[移动]工具调整曲线的形状。开闭[扭曲]按钮后面的图标，对比添加扭曲后和扭曲前的效果，如图 2.120 所示。

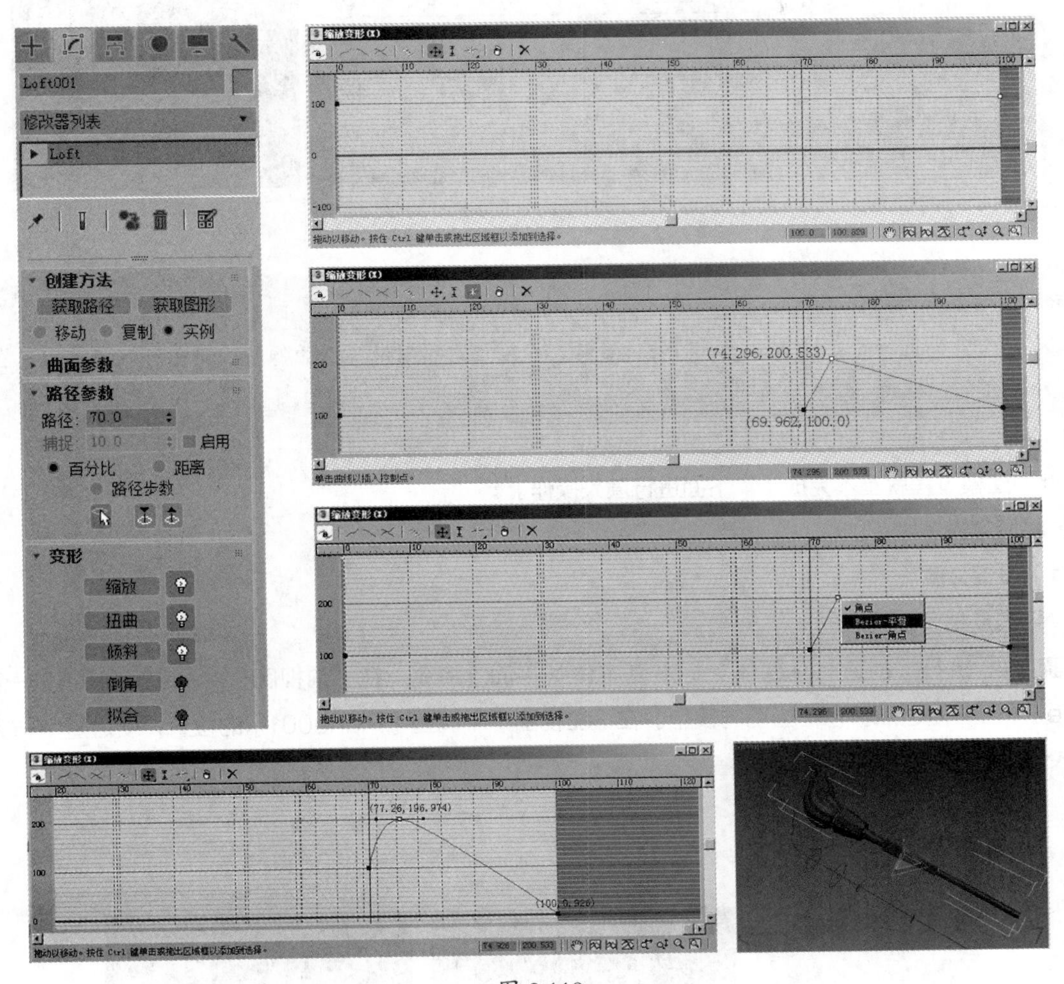

图 2.119

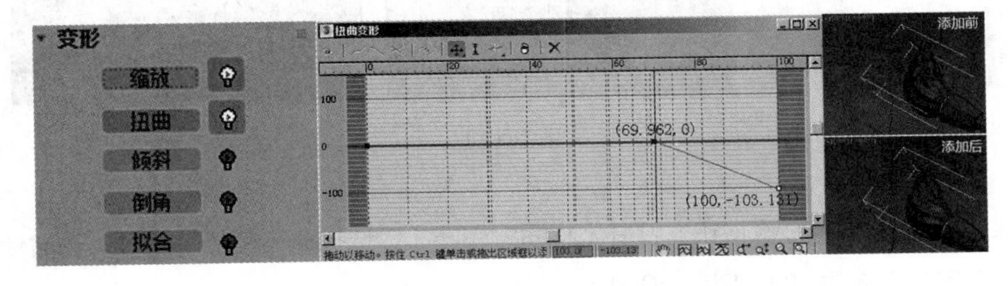

图 2.120

关闭[扭曲变形]窗口，再来调整倾斜变形。

C. 倾斜变形。

步骤 03: 单击[倾斜]按钮，打开[倾斜变形]窗口。配合使用[加点]和[移动]工具调整曲

线的形状，如图 2.121 所示。

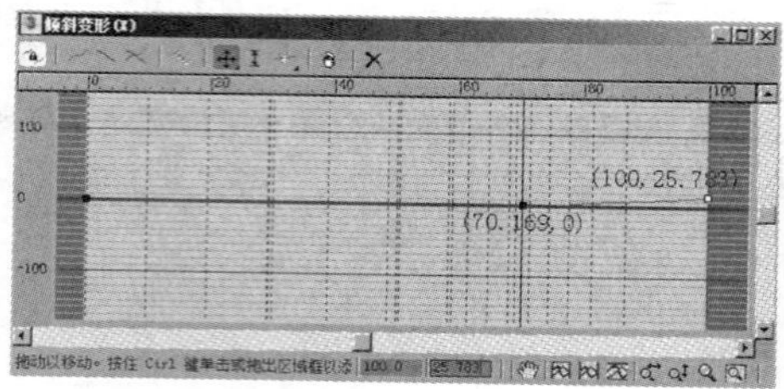
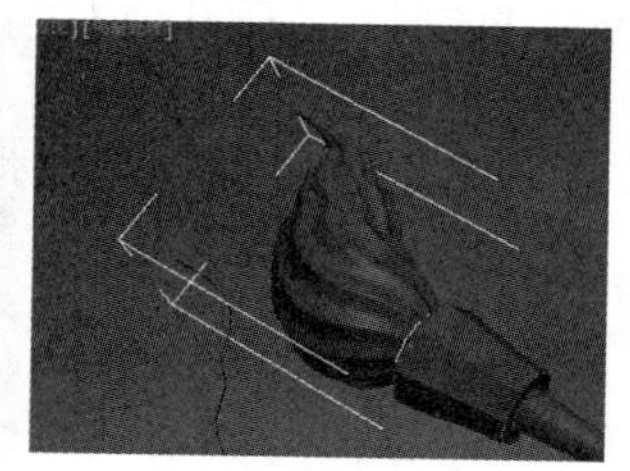

图 2.121

提示

将最后一个曲线点放置在横轴上下不同的位置时，在模型上将对应不同的倾斜方向。可以将其放置在上部，这样得到的效果不至于变形得过于强烈。

至此，建模过程就基本完成了。下面进行渲染操作。

3. 材质灯光渲染

（1）设置材质

A. 平面及材质。

步骤 01： 执行［创建 > 几何体 > 标准基本体 > 平面］命令，在［前视图］中拖曳鼠标创建一个平面［Plane001］，使之能够包住当前的模型。在［左视图］中调整［Plane001］的位置，使之避免与火炬模型产生交叉，如图 2.122 所示。

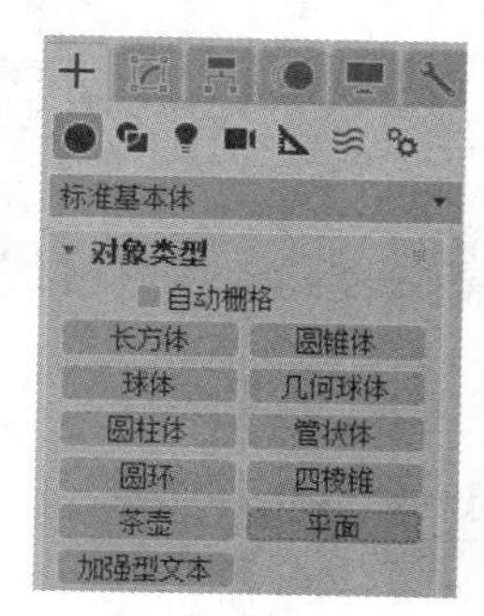

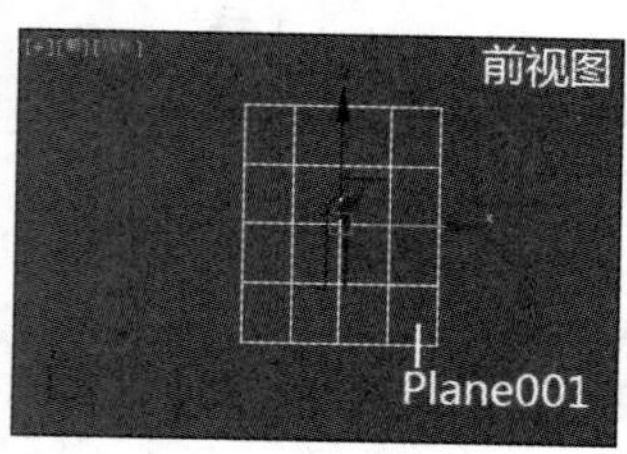

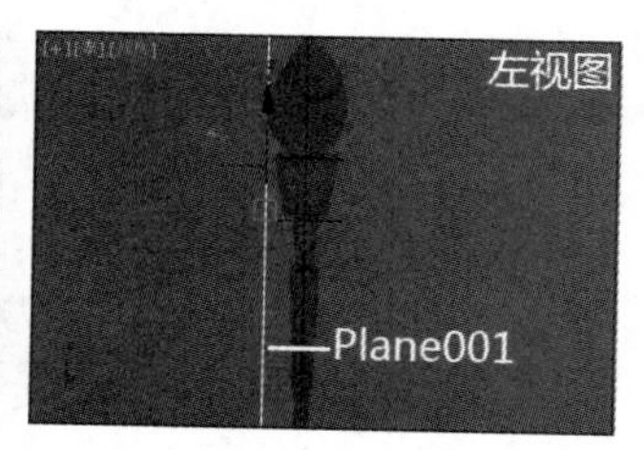

图 2.122

步骤 02： 单击主工具栏上的按钮，打开［材质编辑器］，选择一个空的材质球，暂时使用默认设置。单击按钮，将其指定给场景中的［Plane001］。

B. 火炬材质。

步骤 03： 为火炬模型［Loft001］指定［材质编辑器］中的第一个材质。这一材质的［漫反射］颜色为接近红色的橙色，［高光级别］为 138，［光泽度］为 30，对应小一点的高光面积。在［贴图］卷展栏的［反射］通道中添加一张光线跟踪贴图，［反射］为 10，如图 2.123 所示。

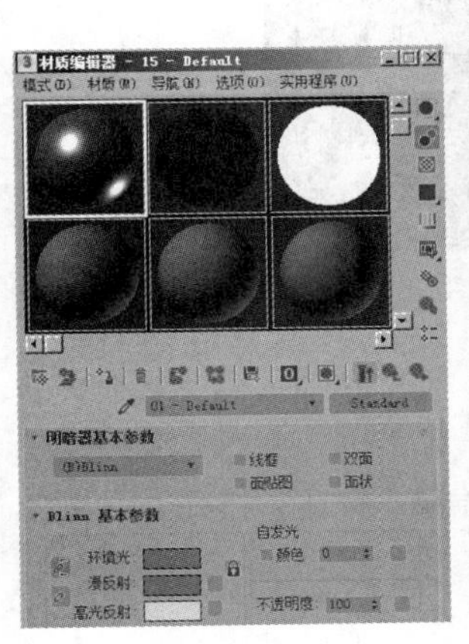
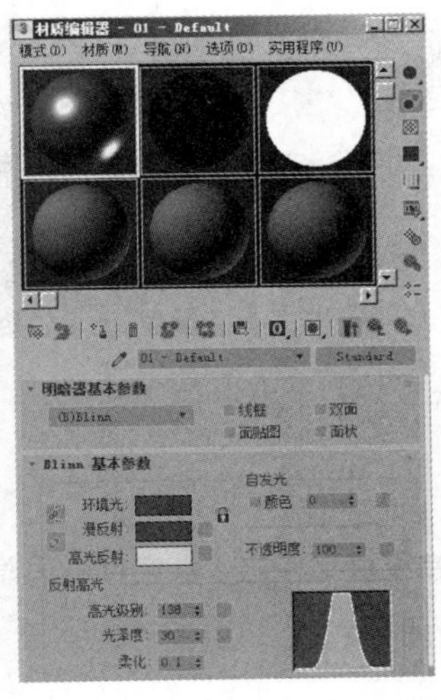
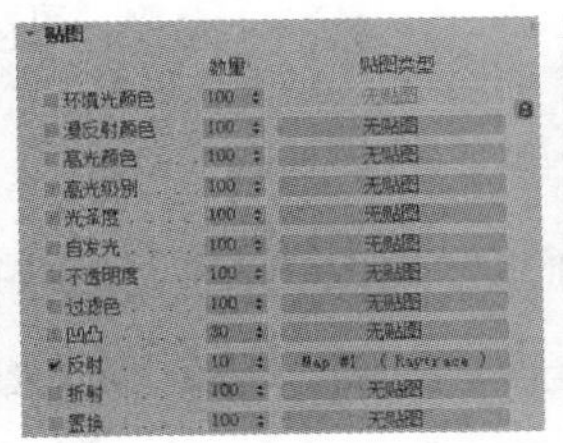
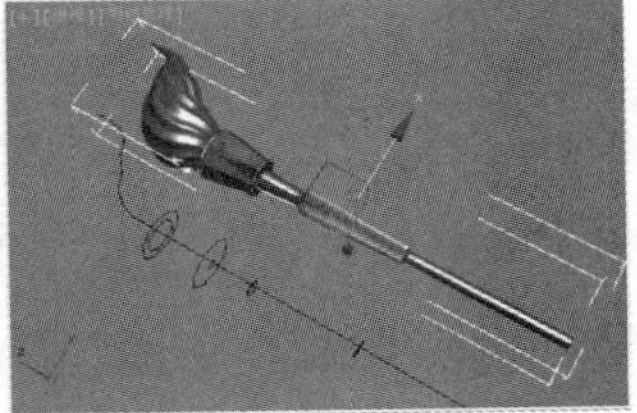

图 2.123

C. 线条。

步骤 04： 选择场景中任意一条样条线，进入［修改］面板的［渲染］卷展栏，可以看到它们都是具有可渲染属性的，可以使用手动的方法逐一勾选各曲线的［在渲染中启用］和［在视口中启用］选项。为了提高效率，可以全选所有样条线，使用脚本将所有线条的可渲染属性一次打开。执行［MAXScript>MAXScript 侦听器］命令，打开［MAXScript 侦听器］，依次输入：

```
for a in selection do a.render_renderable=on
for a in selection do a.render_displayrendermesh=on
```

其中，render_renderable 对应［渲染 > 在渲染中启用］，render_displayrendermesh 对应［渲染 > 在视口中启用］。

依次按回车键执行语句，如图 2.124 所示。

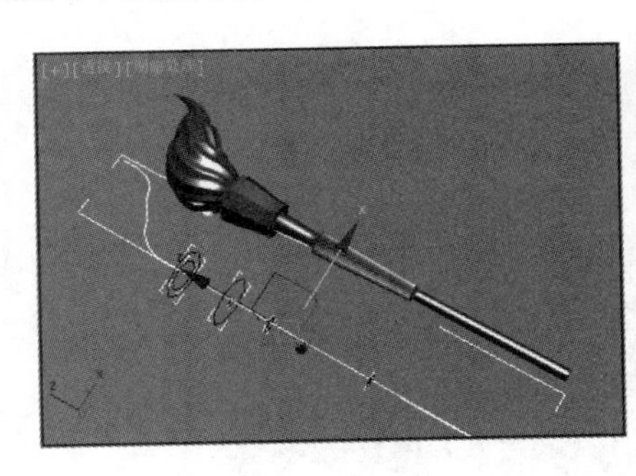
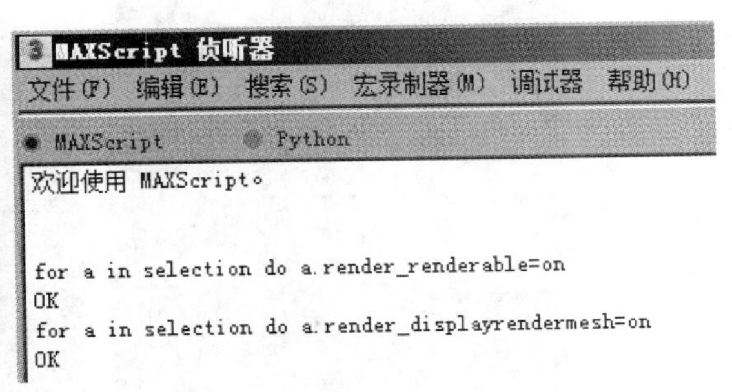

图 2.124

步骤 05： 执行完毕之后，查看场景视图，可以看到所有样条线的显示变粗，查看［修改 > 渲染］卷展栏，可以看到［在渲染中启用］和［在视口中启用］均已勾选，并且［厚度］默认为 1。单击主工具栏上的按钮进行渲染测试，效果如图 2.125 所示。

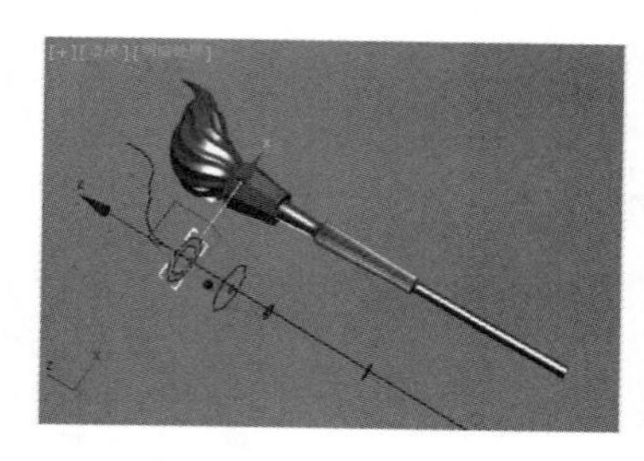

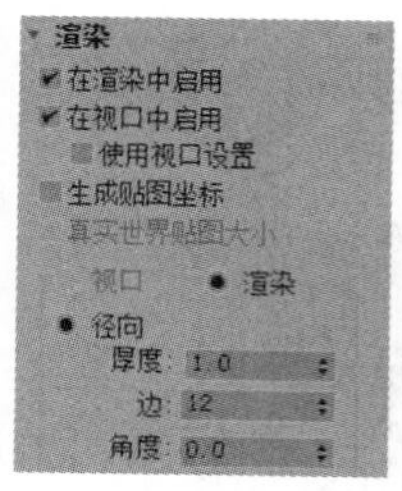

图 2.125

D. 反光板。

步骤 06： 进入［显示 / 隐藏］面板，在［隐藏］卷展栏下单击［按名称取消隐藏］按钮，打开［取消隐藏对象］对话框，取消［反光板］的隐藏，如图 2.126 所示。

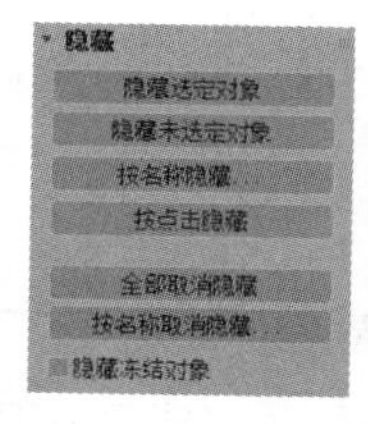

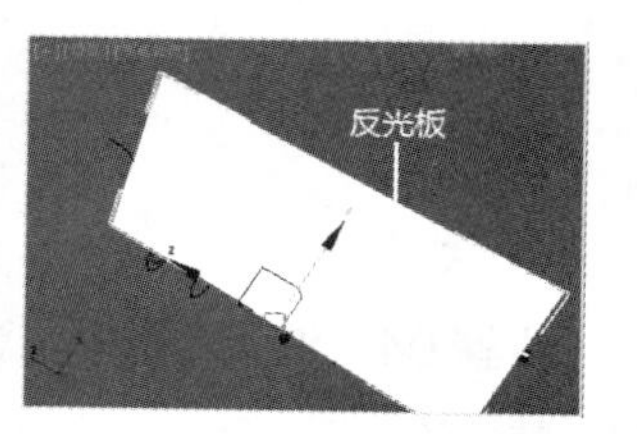

图 2.126

步骤 07： 单击按钮，打开［材质编辑器］，为第 3 个材质球指定［反光板］。将它的［漫反射］颜色设置为纯白，［自发光］强度为 100。为［漫反射］通道添加一张［输出］贴图，将它的［RGB 偏移］设置为 1.5，可得到亮一些的反光板效果，如图 2.127 所示。

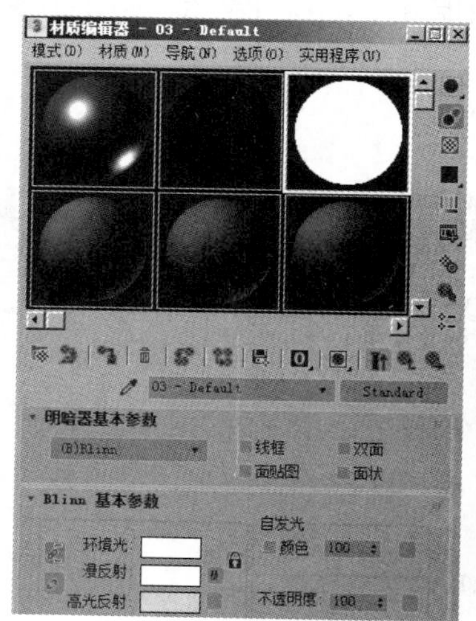

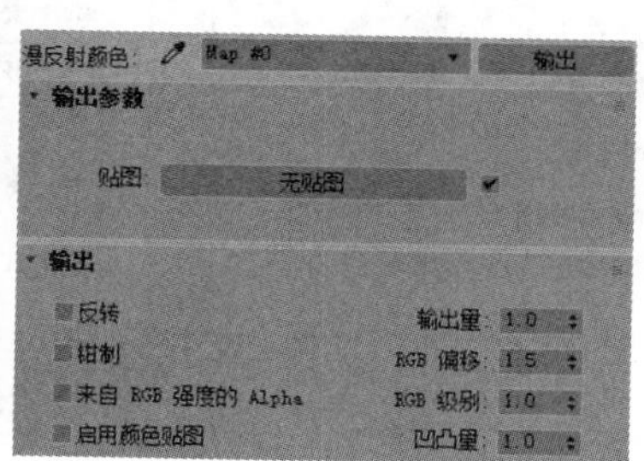

图 2.127

步骤 08： 保持［反光板］的选择状态，单击鼠标右键，选择［对象属性］命令，打开［对象属性］对话框。在［渲染控制］参数组中取消［对摄影机可见］、［接收阴影］和［投射阴影］选项的勾选。这是制作反光板时不可缺少的步骤。单击按钮，进行渲染测试。观察火炬表面，由于受到反光板的影响，产生了较为明显的反光效果，如图 2.128 所示。

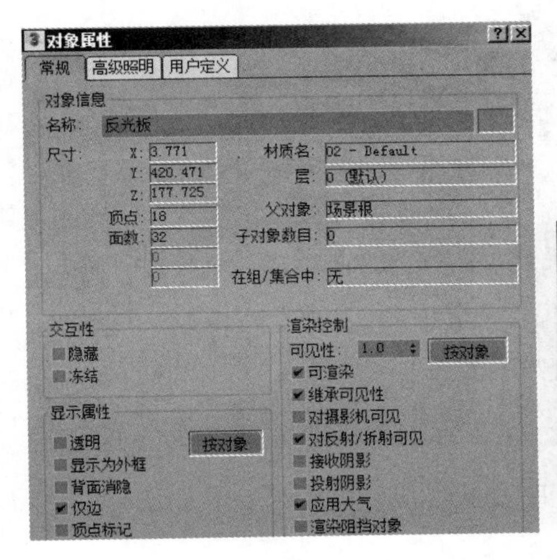

图 2.128

（2）灯光

当前场景中没有光照。下面为其设置一盏天光。

A. 天光。

步骤 01: 执行［创建 > 灯光 > 标准 > 天光］命令，在［顶视图］中创建一盏天光［Sky001］。在［修改］面板中将［倍增］设置为 1.2，如图 2.129 所示。

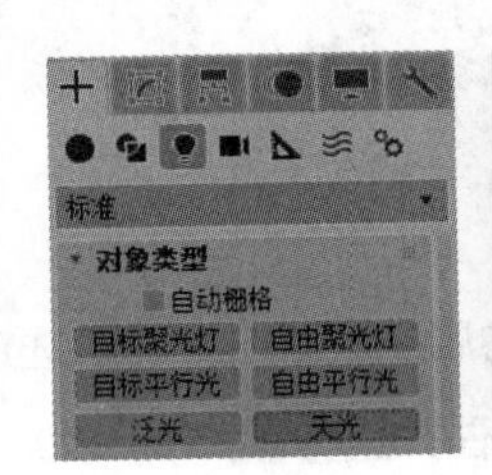

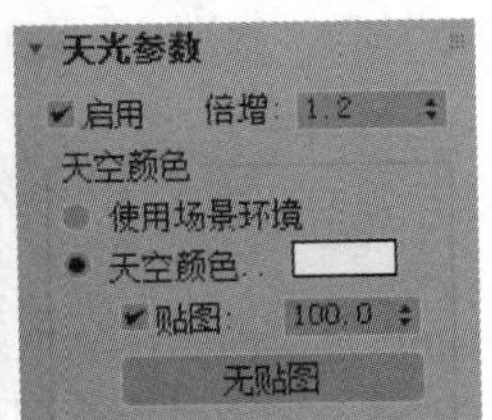

图 2.129

步骤 02: 单击按钮，打开［渲染设置］窗口。切换至［高级照明］选项卡，在下拉菜单中选择［光跟踪器］，将［光线 / 采样］设置为 90。在［透视图］中按 Shift+F 组合键打开安全框，以确保地面在视图中未出现漏掉的缝隙，如图 2.130 所示。

下面为火炬的头部添加高光效果。仅设置天光是无法得到高光效果的。

B. 高光灯光。

步骤 03: 执行［创建 > 灯光 > 标准 > 泛光］命令，在［前视图］中创建一盏泛光灯［Omni01］。进入［修改］面板，取消［阴影］中［启用］选项的勾选，将［倍增］设置为 1，颜色设置为白色，在［高级效果］卷展栏下取消［漫反射］选项的勾选，如图 2.131 所示。

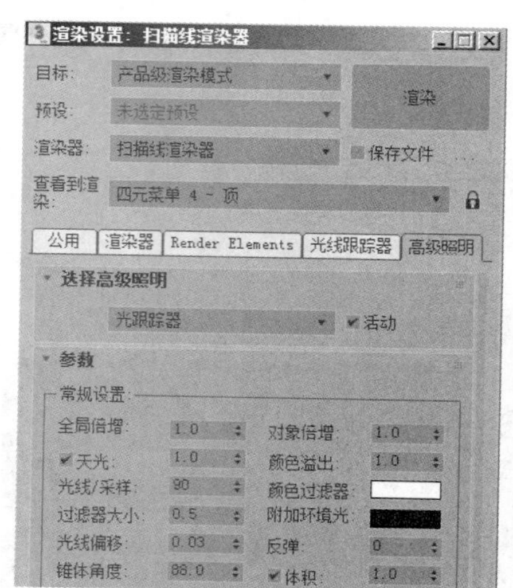

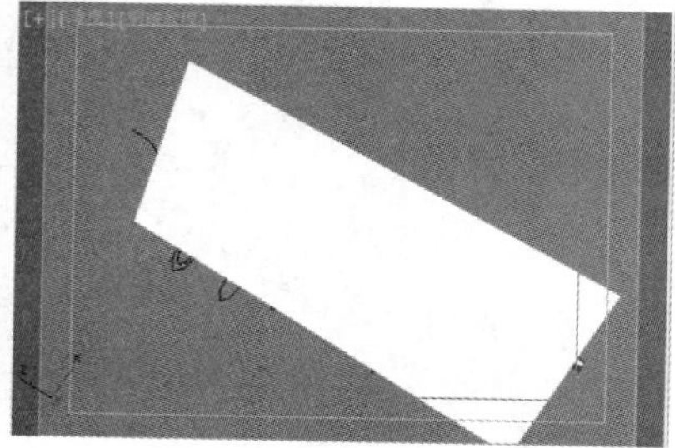

图 2.130

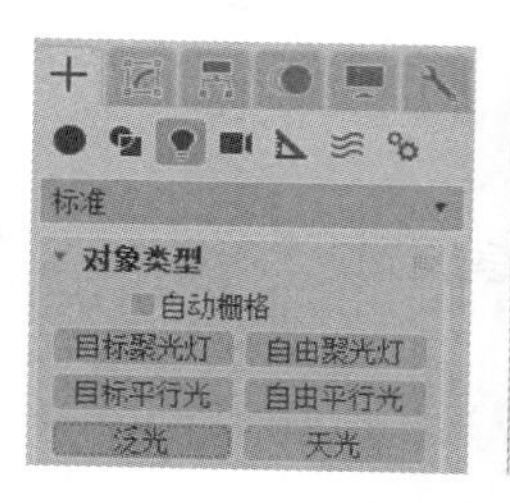

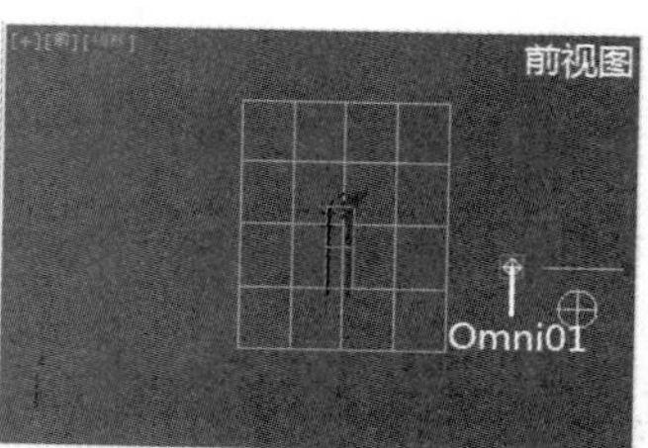

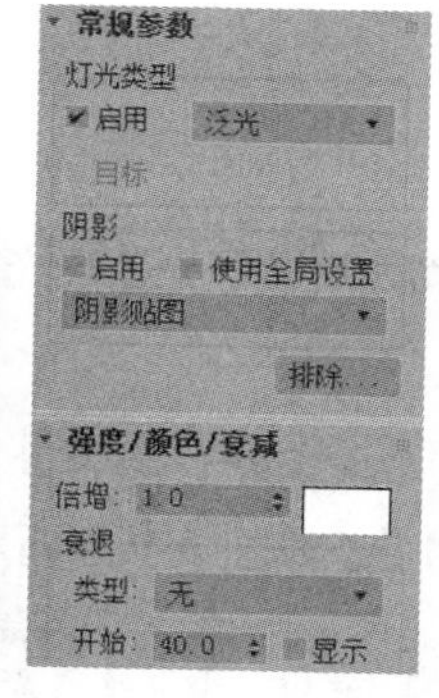

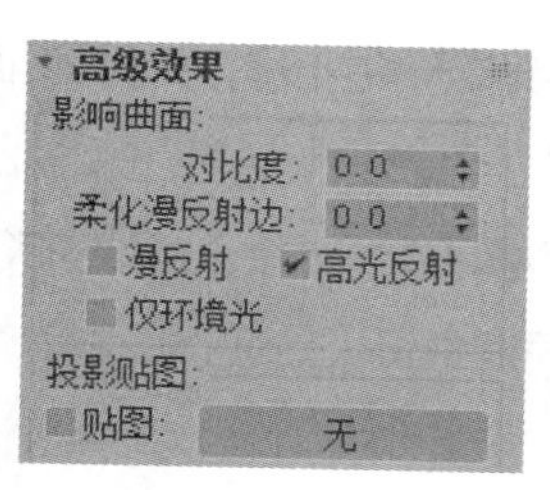

图 2.131

步骤 04： 选择［反光板］，在［显示 / 隐藏］面板的［隐藏］卷展栏中单击［隐藏选定对象］按钮，将其隐藏。选择［Omni01］，单击主工具栏上的［对齐］按钮，按住并选择［放置高光］工具，按住鼠标左键，在火的位置设置高光，如图 2.132 所示。

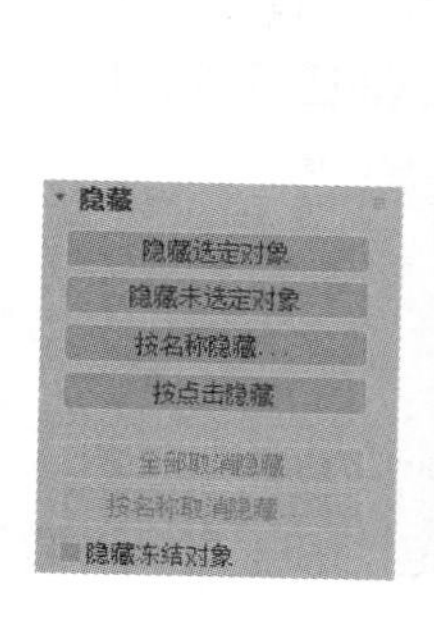

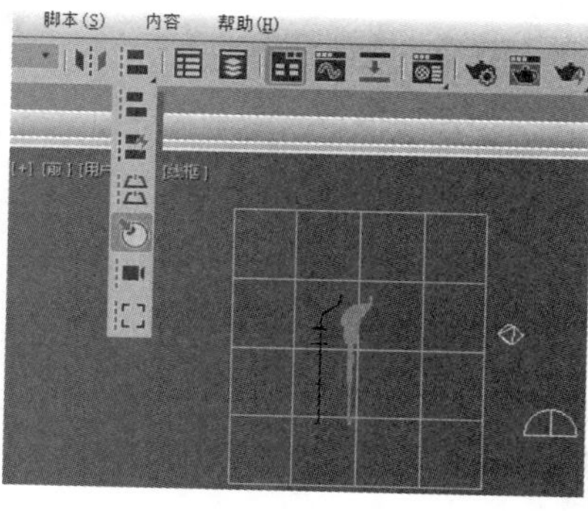

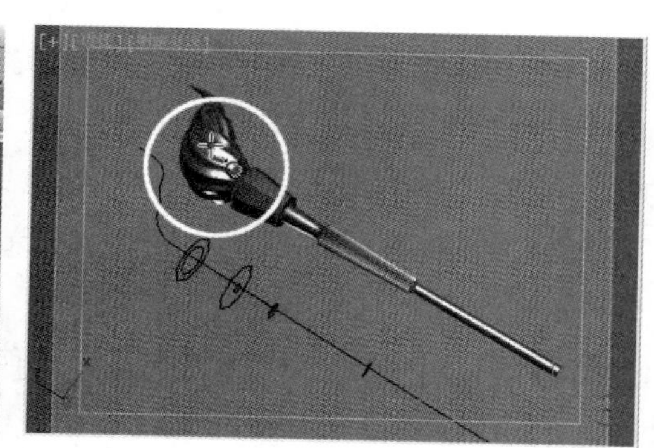

图 2.132

（3）成品渲染

步骤 01： 取消 [反光板] 的隐藏。单击 按钮，打开 [渲染设置] 窗口。在 [公用] 选项卡中将 [宽度] 设置为 800。切换至 [高级照明] 选项卡，将 [光线 / 采样] 设置为 800。在 [光线跟踪器] 选项卡中勾选 [启用] 选项，启用 [全局光线抗锯齿器] 中的 [快速自适应抗锯齿器]，因为 [反光板] 上具有光线跟踪的反射，如图 2.133 所示。

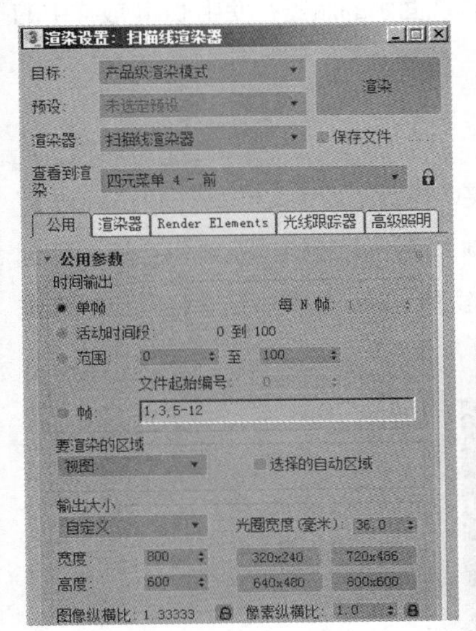

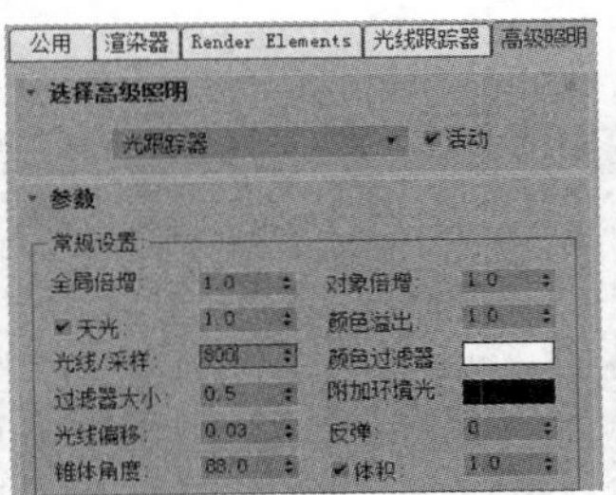

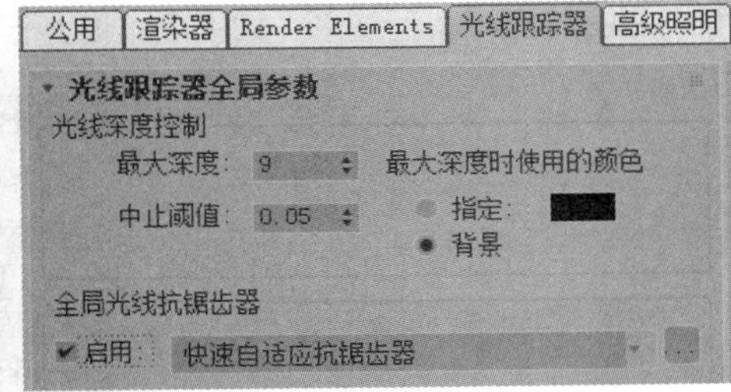

图 2.133

步骤 02： 执行 [场景 > 暂存 / 取回 > 暂存] 命令，对当前效果进行暂存。然后进行渲染测试，经过十几分钟的渲染，最终完成的效果如图 2.134 所示。

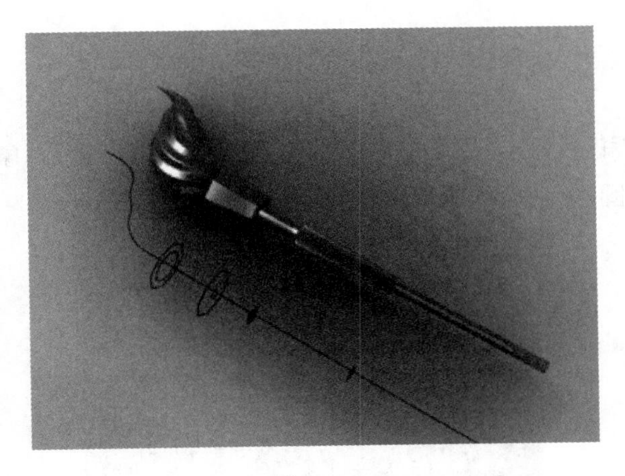

图 2.134

至此，制作火炬效果的案例介绍完毕。关于该案例的具体视频讲解，请参见本书配套学习资源“视频文件 \ 第 2 章 \2.3.2”文件夹中的视频。

2.3.3 使用拟合放样建模制作化妆品瓶

范例分析

本案例需要使用 Loft 放样功能在 3ds Max 2018 中制作一个非常漂亮的洗面奶瓶和一个洗发水瓶效果。在建模完成后还会进行材质和灯光架设的讲解。使用［切角圆柱体］制作洗面奶的瓶盖，使用 Loft 放样中的缩放功能制作洗面奶的管体，使用 Loft 放样中的拟合来制作洗发水瓶。

场景分析

打开配套学习资源中的“场景文件\第 2 章\2.3.3”文件夹，该文件夹中有两个场景文件，分别为“video_material_start.max”和“video_model_start.max”。场景中用来制作洗发水瓶的样条线包括一个绘制好的正面洗发水瓶、一个绘制好的侧面洗发水瓶，以及一条路径和它的截面图形。场景中还包括用来制作洗面奶瓶的路径和截面图形，如图 2.135 所示。

图 2.135

制作步骤

1. 制作洗面奶瓶

步骤 01： 选择洗面奶瓶的竖直样条线，进入［创建］面板，选择［复合对象］，单击［对象类型］中的［放样］按钮，单击［获取图形］按钮，单击场景中的图形，如图 2.136 所示。

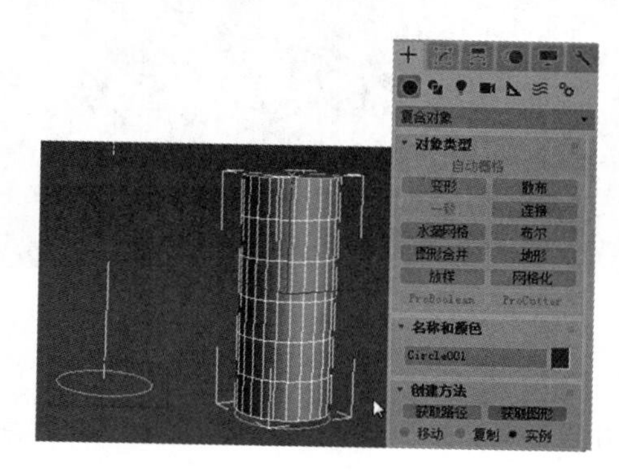

图 2.136

步骤 02： 稍微移动模型的位置，进入［修改］面板，单击［变形］卷展栏下的［缩放］按钮，在［缩放变形］面板中使用缩放和平移工具调整视图中红线的位置。单击［加点］工具，在线上加点，为了使模型的圆角更加圆滑，选择中间点，单击鼠标右键，在弹出的菜单中选择［Bezier- 平滑］选项，调整控制柄使其尽量圆滑，此时出现了真实的洗面奶瓶效果，如图 2.137 所示。

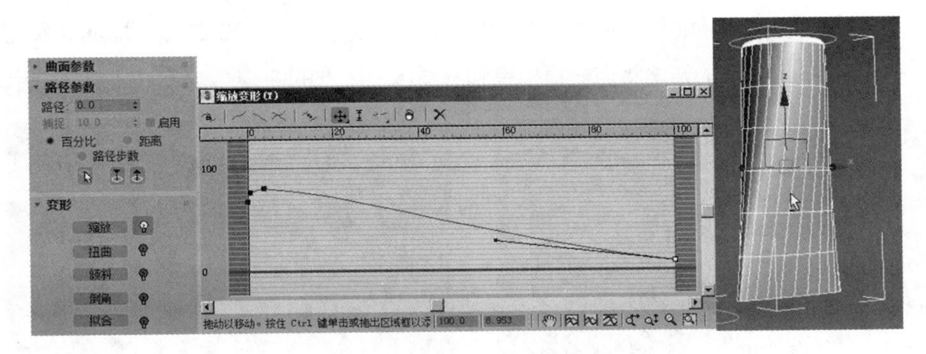

图 2.137

步骤 03： 进入［创建］面板，选择［扩展基本体］，单击［切角圆柱体］，在［顶视图］中，在洗面奶瓶体的上方创建一个瓶盖，如图 2.138 所示。

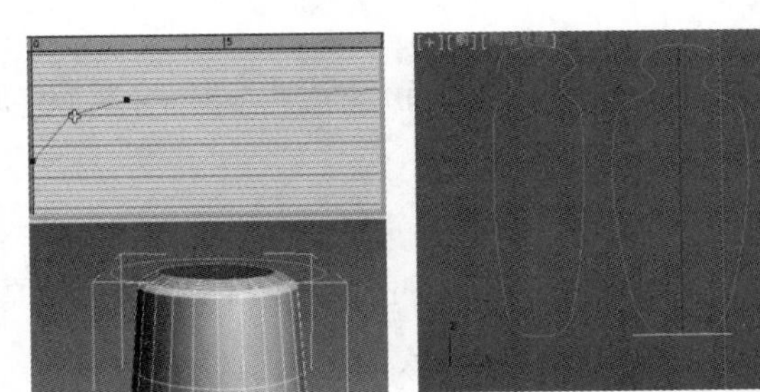
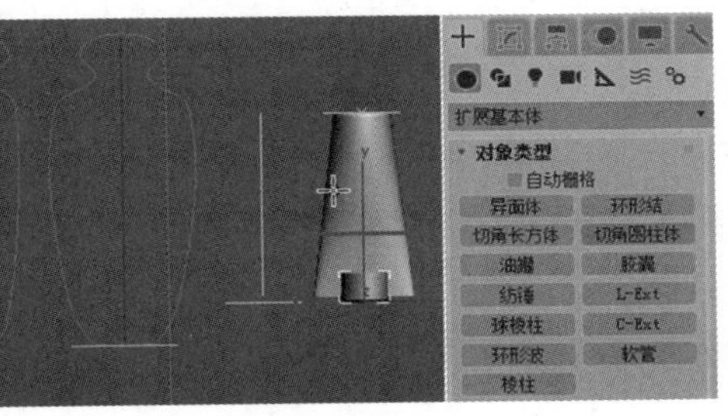

图 2.138

步骤 04： 将瓶盖模型拖曳到瓶体模型的顶部，设置［半径］为 26.948，［圆角］为 1.804，［圆角分段］为 4，［边数］为 60，如图 2.139 所示。

步骤 05： 设置［蒙皮参数］卷展栏中的［图形步数］为 14，［路径步数］为 10，使瓶体更加平滑，如图 2.140 所示。

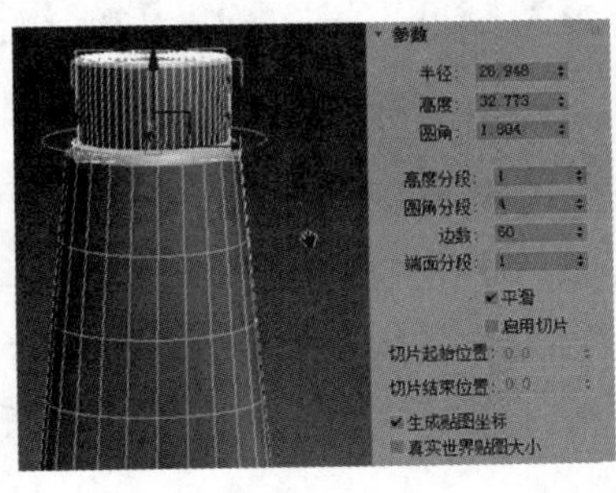

图 2.139

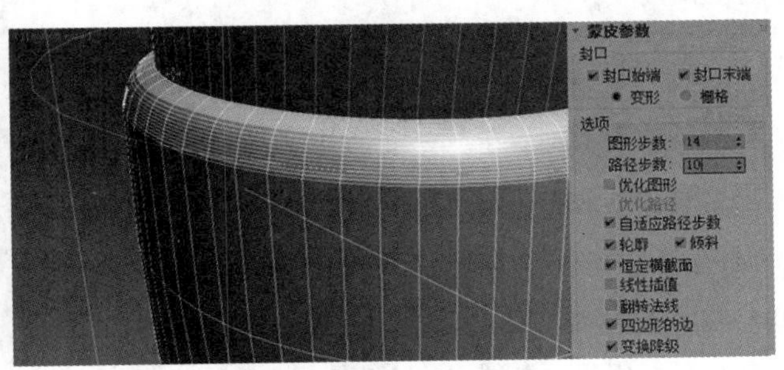

图 2.140

2. 使用拟合放样制作洗发水瓶

制作洗发水瓶的难点在于曲线的绘制，这里可以参照原始曲线进行曲线的绘制。

步骤 01： 选择洗发水瓶模型路径，打开［对象属性］对话框，勾选［常规］面板下［显示属性］参数组中的［顶点标记］选项，如图 2.141 所示。

步骤 02： 进入线的［创建］面板，选择［样条线］中的［线］，单击洗发水瓶顶部的中心点，按住鼠标将其拖曳到下一个点，按照同样的方法将点一直拖曳到洗发水瓶底部的中心点，如图 2.142 所示。

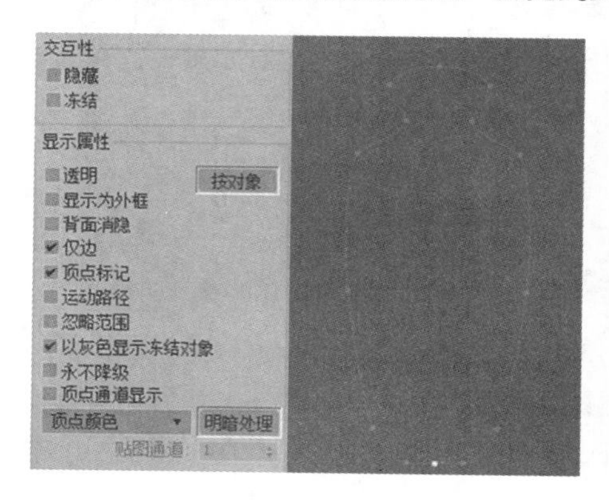

图 2.141

图 2.142

步骤 03： 选择［修改］面板，进入顶点级别，使用控制柄参照当前的线调整顶点，将瓶体底部的线调平，如图 2.143 所示。

步骤 04： 移动绘制好的线。单击右侧［创建］面板下［选择］卷展栏中的 √ 按钮，进入样条线级别，选择场景中的整条样条线，单击［镜像］按钮，勾选［复制］选项，使复制的样条线顶点与原始样条线顶点重合，如图 2.144 所示。

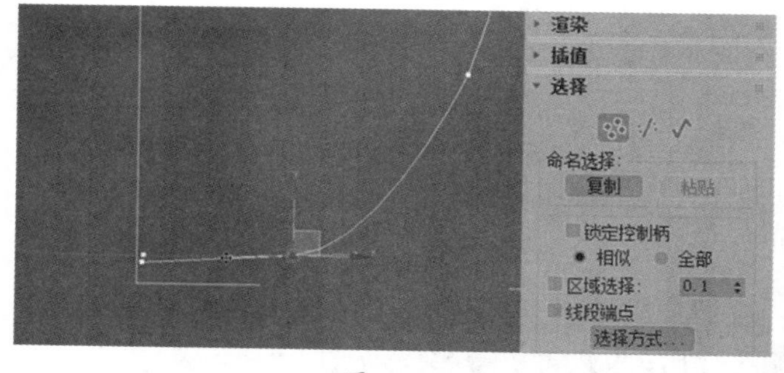

图 2.143

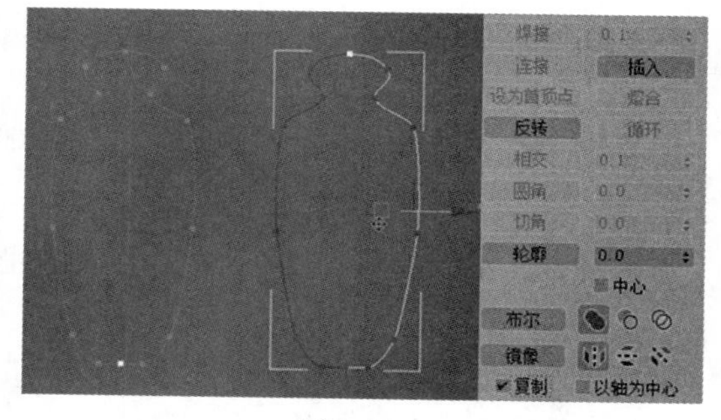

图 2.144

提示

①需要将重合的点进行焊接，单击［修改］面板中［Line］下的［顶点］进入顶点级别，框选需要合并的点，单击［焊接］按钮，设置适合的值即可。焊接之后，在顶点上出现了 Bezier 杆，单击鼠标右键，在弹出的菜单中选择［Bezier］选项，调整 Bezier 杆，使其尽量平滑，用相同的方法将底部的线调平。

②对于洗发水瓶侧面的曲线，可以直接将正面曲线复制一份进行调整。

步骤 05： 选择洗发水瓶的基础样条线，单击［创建］面板下［复合对象］中的［放样］按钮，单击［获取图形］按钮，单击场景中的图形，如图 2.145 所示。

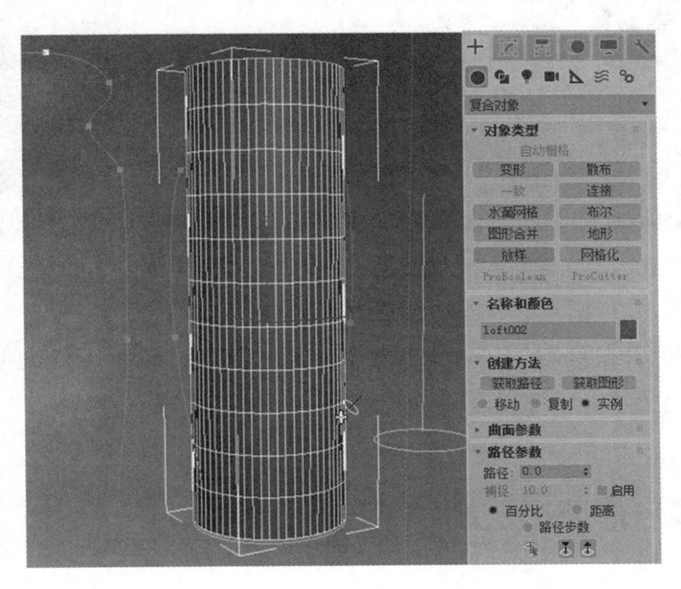

图 2.145

步骤 06： 选择模型，进入［修改］面板，单击［变形］卷展栏下的［拟合］按钮，打开［拟合变形］窗口，取消激活［均衡］按钮，选择红色的 x 轴向，单击［拾取］按钮，拾取场景中的正面曲线，如果曲线方向不对，可以使用工具栏中的［顺时针旋转 90 度］工具进行方向的调整，如图 2.146 所示。

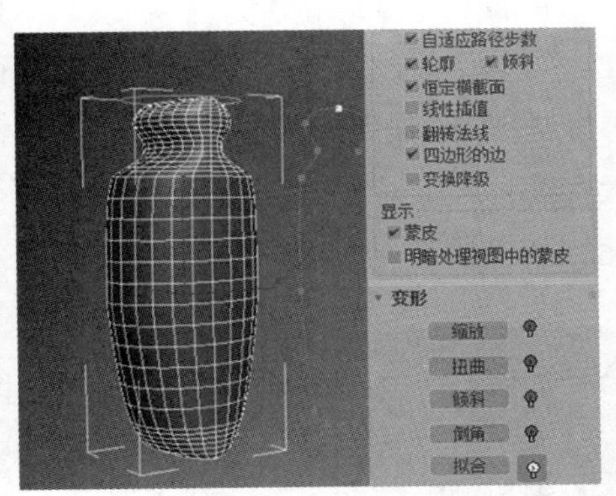

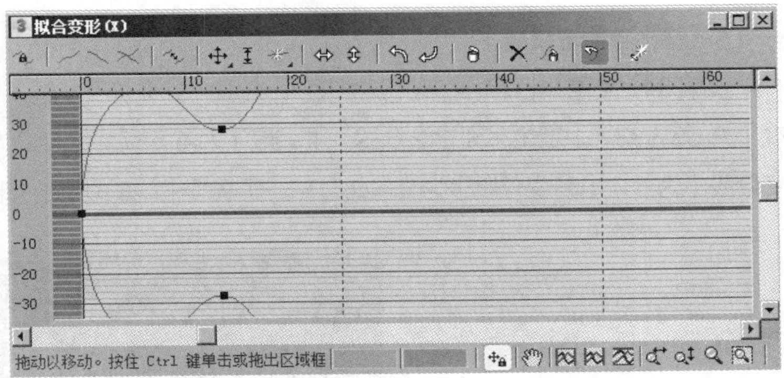

图 2.146

步骤 07： 选择红色的 y 轴向，使用［拾取］按钮拾取场景中的侧面曲线，如果曲线方向不对，可以使用［顺时针旋转 90 度］工具进行方向的调整，如图 2.147 所示。

提示

如果模型分段数不够，增大［修改］面板下［蒙皮参数］卷展栏中的［图形步数］值即可。

步骤 08： 将洗面奶的瓶身和瓶盖打组，调整模型的相对位置，完成模型的创建，如图 2.148 所示。

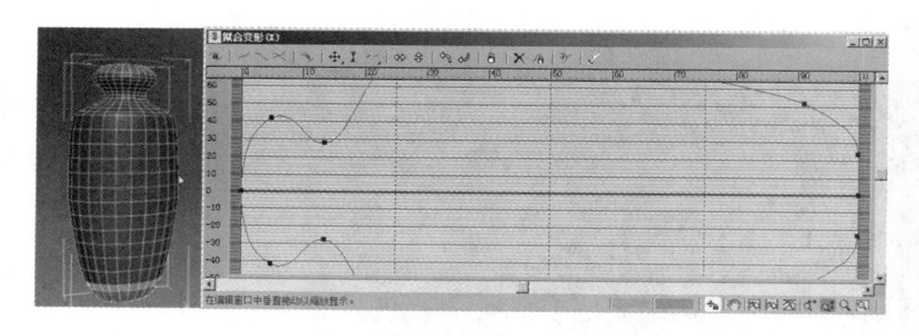

图 2.147

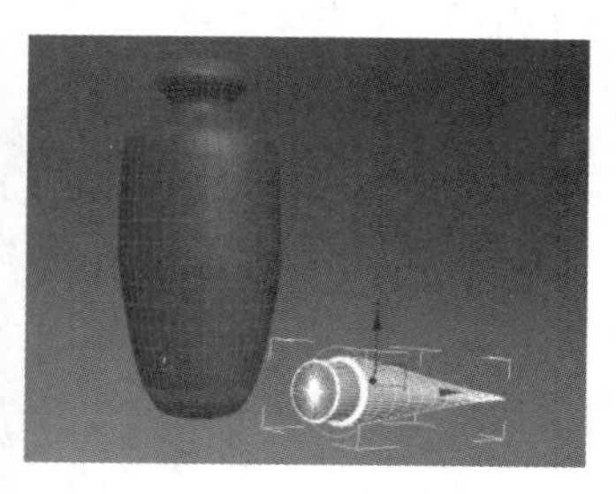

图 2.148

至此，制作化妆品瓶效果的案例介绍完毕。关于本案例的具体视频讲解，请参见本书配套学习资源“视频文件 \ 第 2 章 \2.3.3”文件夹中的视频。

2.3.4 使用多边形建模法制作 iPod

范例分析

在本案例中，将使用 3ds Max 中的多边形建模系统制作一个非常漂亮的 iPod 随身听模型，如图 2.149 所示。制作思路为：先使用多边形创建随身听的一半外壳，再创建一半屏幕，另一半使用对称方式制作，然后制作随身听上构成控制键的圆钮以及几个小配件，最后制作出一半的耳机和耳机线，并使用镜像复制出另一半。

制作步骤

1. 制作随身听模型

步骤 01： 重置 3ds Max，在 [透视图] 中创建一个长方体，进入 [修改] 面板，设置 [参数] 卷展栏下的 [长度] 为 55.533，[宽度] 为 112.639，[高度] 为 4.557。然后设置模型分段，设置 [长度分段] 为 4，[宽度分段] 为 5，[高度分段] 为 2，此时完成了模型上线的划分，如图 2.150 所示。

图 2.149

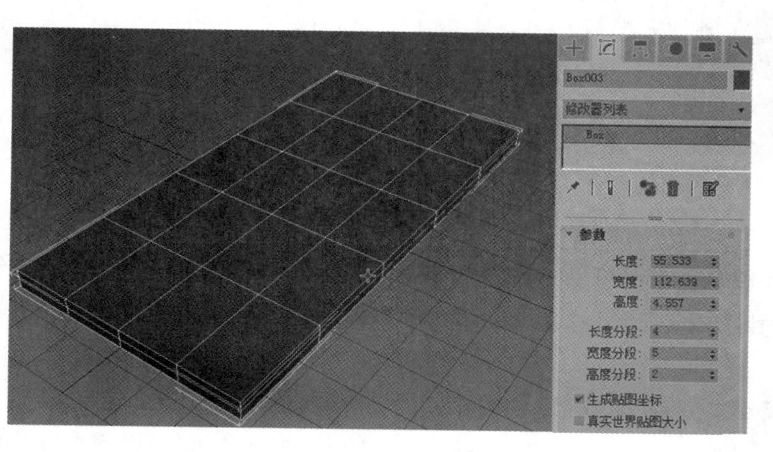

图 2.150

步骤 02： 选择模型，单击鼠标右键，在弹出的菜单中选择［转换为］中的［转换为可编辑多边形］选项，将其转换为可编辑多边形。单击［修改］面板中［选择］卷展栏下的 ［顶点］按钮，进入顶点级别，选择［左视图］中的模型，将模型左侧的两列顶点删除。使用工具栏中的［选择并移动］工具，依次设置底部坐标区［X］/［Y］/［Z］值均为 0，这样模型就位于场景的中心位置了，以便于后面对称效果的制作，如图 2.151 所示。

步骤 03： 选择［左视图］，进入顶点级别，框选模型中间的 3 个顶点，单击鼠标右键，在弹出的菜单中选择［缩放］工具，将模型缩放成图 2.152 所示的形状。

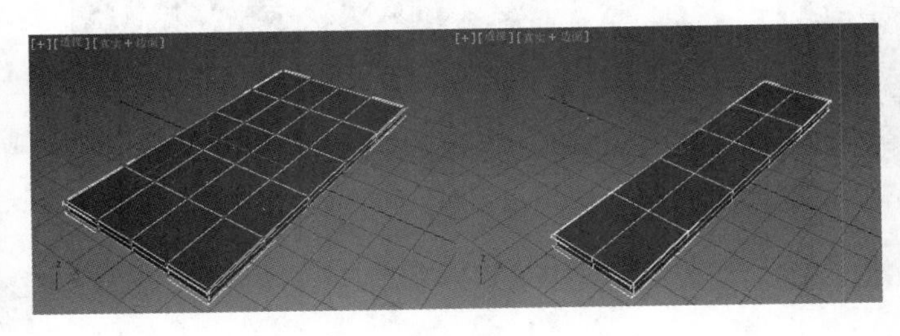

图 2.151

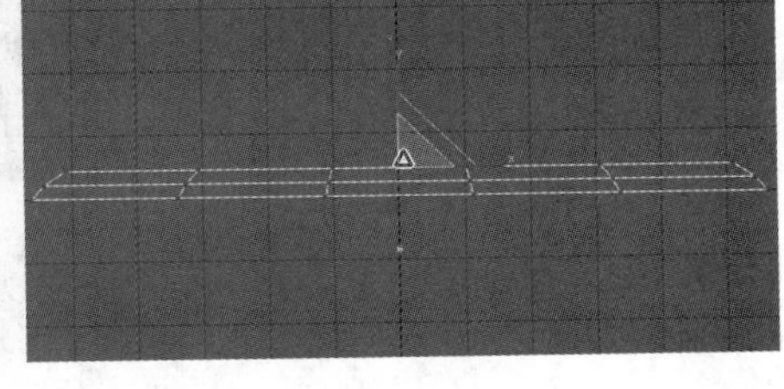

图 2.152

步骤 04： 选择［移动］工具，将缩放后的顶点移动至左侧。框选模型顶部一列顶点，使用［缩放］工具将其缩放，再使用［移动］工具将其移动至左侧，此时模型出现弧形过渡效果。框选模型右侧一列顶点，使用［移动］工具调整弧形过渡位置。选择模型的另一侧，同样使用［移动］工具调整模型两侧的顶点至图 2.153 所示的位置。进入［前视图］，分别选择模型中间和顶部的顶点，依次使用［缩放］工具对顶点进行缩放，使模型产生柔和的过渡效果，如图 2.154 所示。

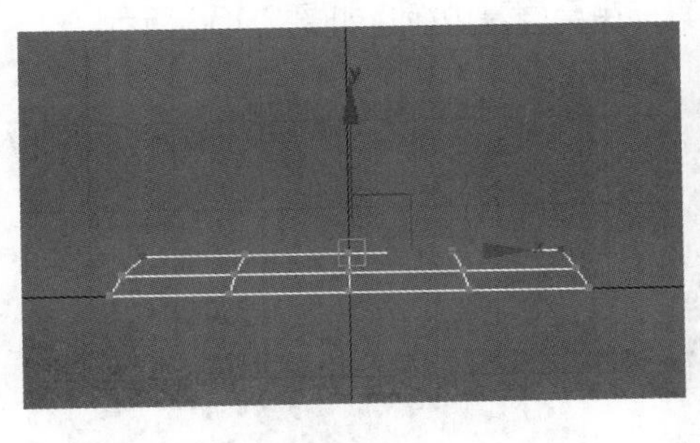

图 2.153

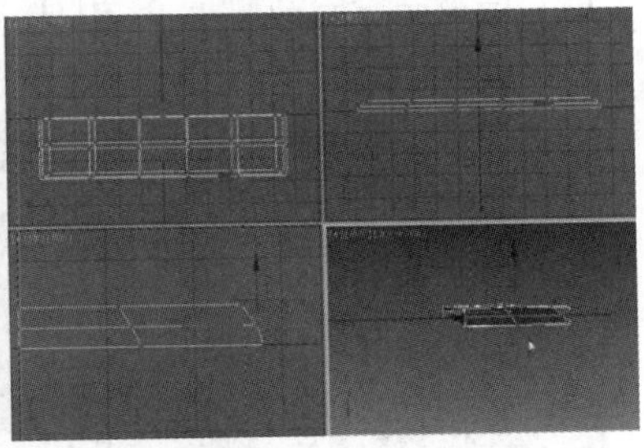

图 2.154

步骤 05： 为了使模型中的顶点分布在一条直线上，框选模型中间的顶点，在［修改］面板的［编辑几何体］卷展栏中单击［平面化］按钮，设置轴向为［Y］，进入［顶视图］，将模型顶部中间的顶点向下移动，留出屏幕位置以方便制作，选择模型顶部右侧一排顶点，再次单击［平面化］按钮，设置轴向为［X］，将其向右移动，留出屏幕区域，如图 2.155 所示。

步骤 06： 选择模型中间的一排顶点，单击［平面化］按钮，设置轴向为［X］，将其向右移动，留出位置制作底部按钮。继续选择下一排顶点，单击［平面化］按钮，设置轴向为［X］，将其向左移动，留出位置制作底部按钮。因为模型底部不需要设置，所以按 Ctrl 键选择模型底部平面，将其删除，需要时再进行封口即可。

选择随身听屏幕，单击［编辑多边形］卷展栏下的［挤出］按钮，将屏幕部分向下挤出，因为挤出时屏幕两侧多了两个面，所以单击［多边形］按钮，选择左侧面，将其删除，如图 2.156 所示。

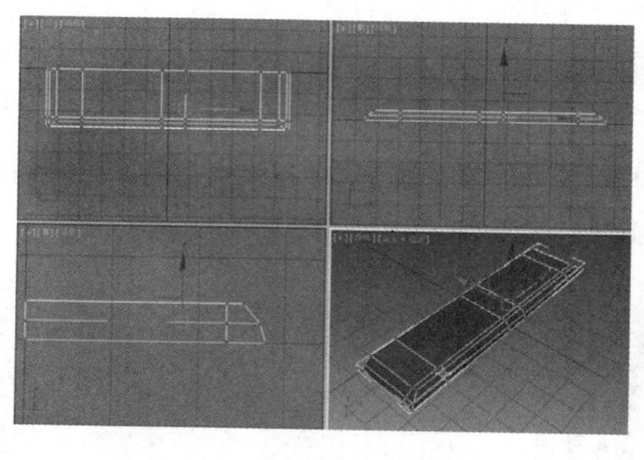

图 2.155

图 2.156

提示

此时添加［涡轮平滑］修改器会出现问题，因为屏幕两边没有进行连接。

步骤 07： 进入边级别，框选屏幕上方的边，单击［修改］面板中［编辑边］卷展栏下［连接］右侧的正方形按钮，设置［连接边］第一个命令为 1，中间的命令为 0，最下面的命令为 −97，将其平移。框选屏幕下方的边，同样单击［连接边］，并设置命令分别为 1、0 和 97，完成连接。此时需要在屏幕右侧添加两个连接固定形状，单击［可编辑多边形］进入边级别，框选模型侧面的边，选择［连接］工具并设置第一个命令为 1，其他命令为 0。然后单击［平面化］中的［Y］使连接变直，调节连接至图 2.157 所示的效果。继续框选模型，选择［连接］工具，设置命令分别为 1、0 和 0，将其拖曳至屏幕边缘，如图 2.158 所示。

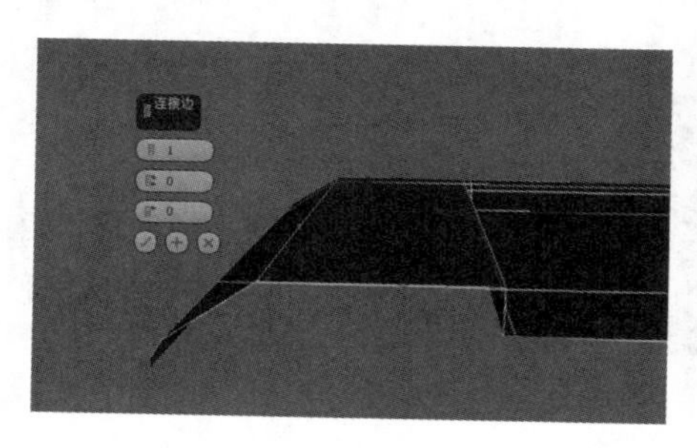

图 2.157

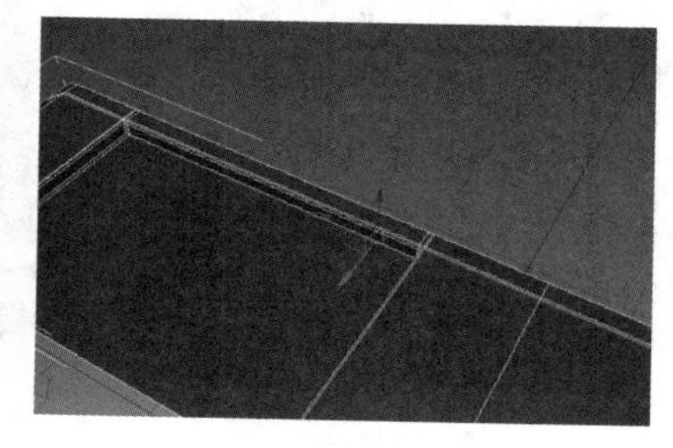

图 2.158

步骤 08： 此时屏幕模型边缘基本完全变成四边形，在［修改器列表］中添加［涡轮平滑］修改器，将［涡轮平滑］卷展栏下的［等值线显示］勾选，效果如图 2.159 所示。

2. 制作按钮部分

步骤 01： 进入［顶视图］，关闭［涡轮平滑］修改器。单击［可编辑多边形］前的三角符号按钮，选择［边］，进入边级别。框选模型上的边，单击［编辑边］卷展栏中［连接］右侧的按钮，设置第一个值为 3，创建 3 条边。此时进入顶点级别，将添加的 3 条边调整成一个圆形按钮，如图 2.160 所示。

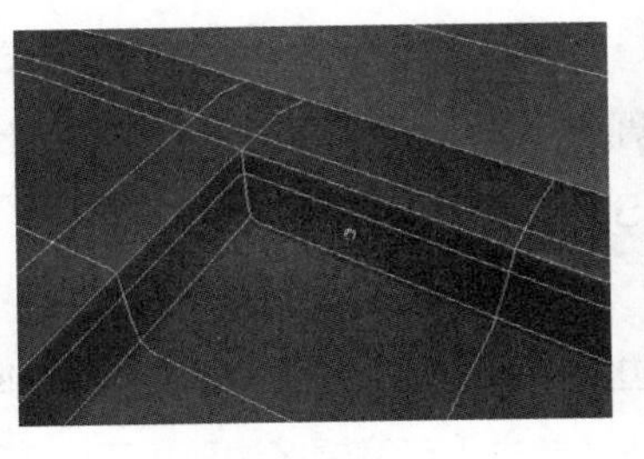
图 2.159

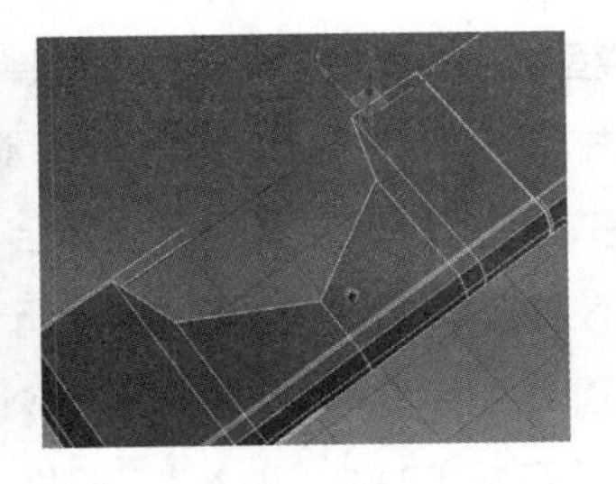
图 2.160

步骤 02：依次选择模型中按钮部位的点，将其下拉，使用［选择并缩放］工具在 x 轴上对两边的两个点进行缩放。单击［涡轮平滑］修改器前的按钮，观察效果，此时圆形位置两边出现了很大程度的过渡效果，需要使用连接将其变直。

步骤 03：进入边级别，进入［顶视图］，将模型中按钮的 4 条边选中，单击［选择并均匀缩放］按钮，按住 Shift 键进行缩放，将其缩放成一条边。进入顶点级别，依次选择两侧 4 个顶点，分别使用［选择并移动］工具调整顶点的位置至图 2.161 所示的效果，此时将顶点添加一个分段。进入边级别，依次按住 Shift 键将其复制出一大一小两个连接，打开［涡轮平滑］，此时出现了所需要的效果，如图 2.162 所示。

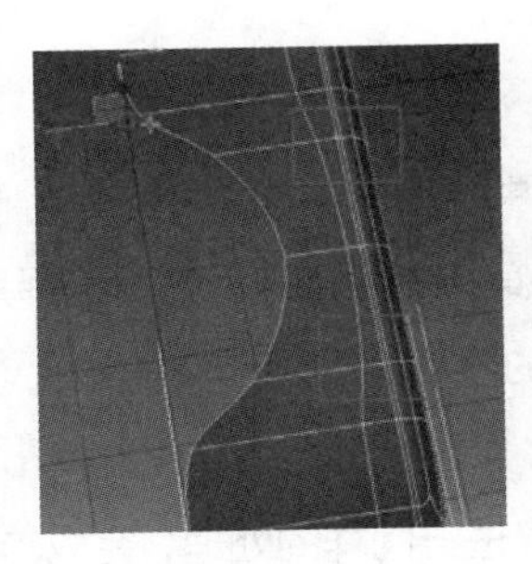
图 2.161

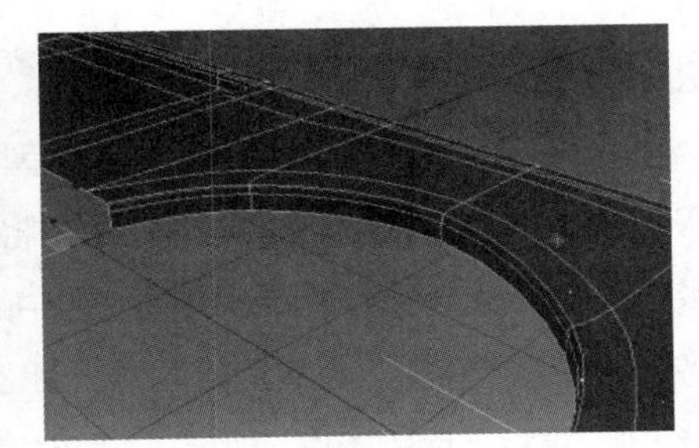
图 2.162

步骤 04：单击［可编辑多边形］中的［多边形］，进入多边形级别，将屏幕以及屏幕侧面的小边删除，留出屏幕位置。为了使模型下角的边变硬，关闭［涡轮平滑］，进入边级别，选择模型中需要的边，单击［循环］按钮，依次按住 Ctrl 键继续单击［循环］按钮，选择剩下的两条边。单击［编辑边］卷展栏下［切角］右侧的按钮，打开［切角］命令，设置切角大小为 0.2。打开［涡轮平滑］，按 F4 键观察效果，如图 2.163 所示。

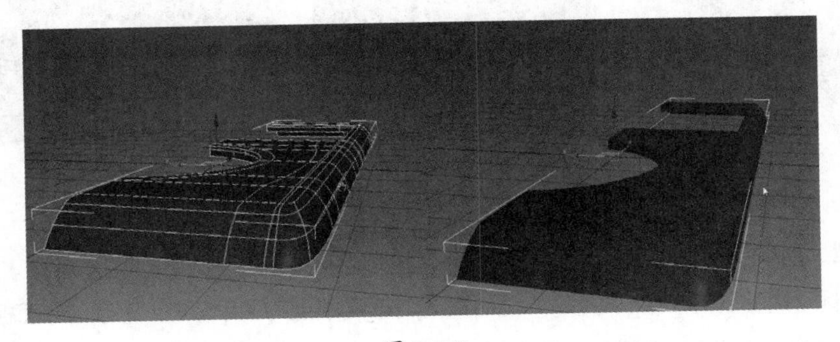
图 2.163

步骤 05： 选择模型外部一圈的边，单击［选择］卷展栏下的［环形］按钮，选择［连接］工具，在环形上添加一个连接，单击［设置］按钮，设置值为 1，调整偏向位置至 83 处，此时边缘出现变硬效果。关闭［涡轮平滑］，单击［可编辑多边形］中的［边］，配合 Shift 键选择两个角处的边，单击［循环］按钮，单击［切角］工具，设置切角值为 0.1，效果如图 2.164 所示。

步骤 06： 选择场景中的模型，单击［可编辑多边形］，添加［对称］修改器，选择［参数］卷展栏下［镜像轴］中的［Y］，将［翻转］勾选。进入［顶视图］，单击［可编辑多边形］下的［顶点］，观察模型细节，此时可使用［缩放］工具对按钮部位进行简单调整，使其圆形效果更明显，如图 2.165 所示。

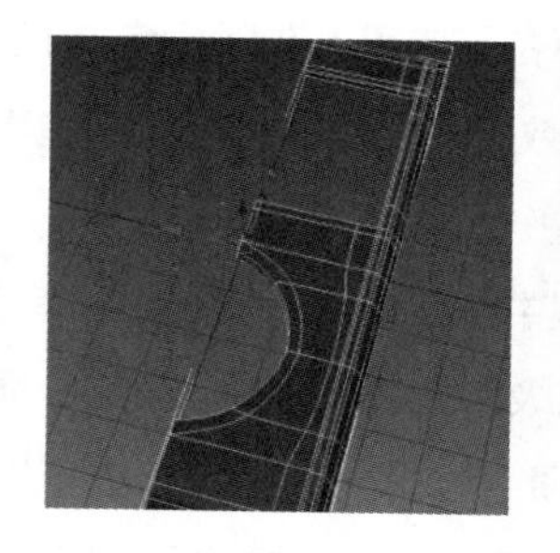

图 2.164

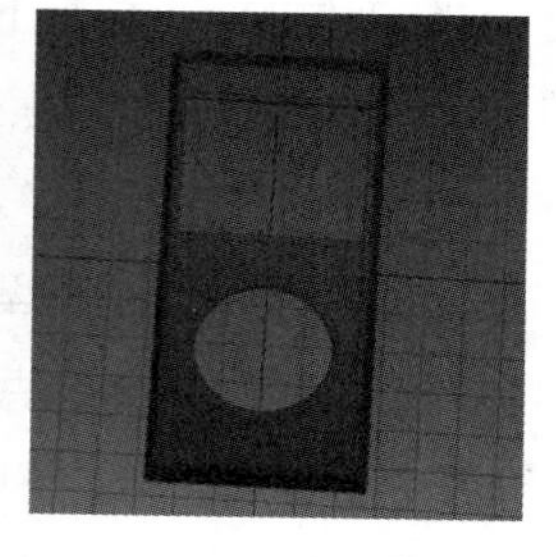

图 2.165

3. 调整圆形按钮周围的线

步骤 01： 关闭［涡轮平滑］和［对称］，选择当前模型中位于面中间的线。在［修改］面板中进入［可编辑多边形］中的边级别，单击［循环］按钮，选中该线并将其向中间拖曳，然后选择另一条随之移动的线，单击［移除］按钮，将其删除。使用［剪切］工具，将图中的顶点剪切到对应的边上。切换到［顶视图］，进入点级别，再次细致调整顶点的位置，调整后的效果如图 2.166 所示。

步骤 02： 进入边级别，重复上面的操作，对另一按钮边缘进行同样的处理，完成的效果如图 2.167 所示。

4. 测试平滑效果

分别单击［创建］面板中［涡轮平滑］和［对称］前面的图标，开启该修改器，此时圆形按钮的光滑效果如图 2.168 所示。

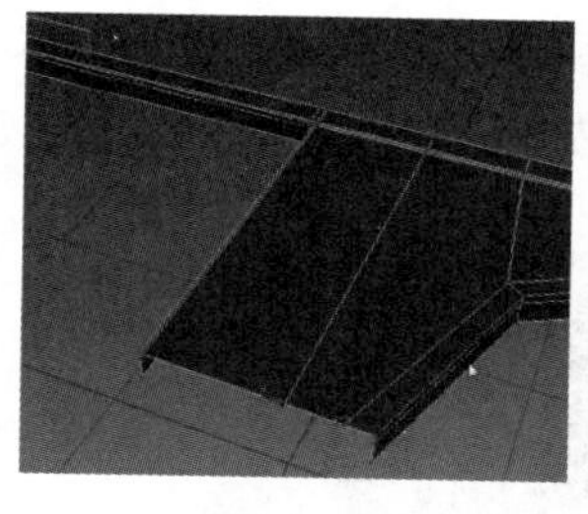

图 2.166

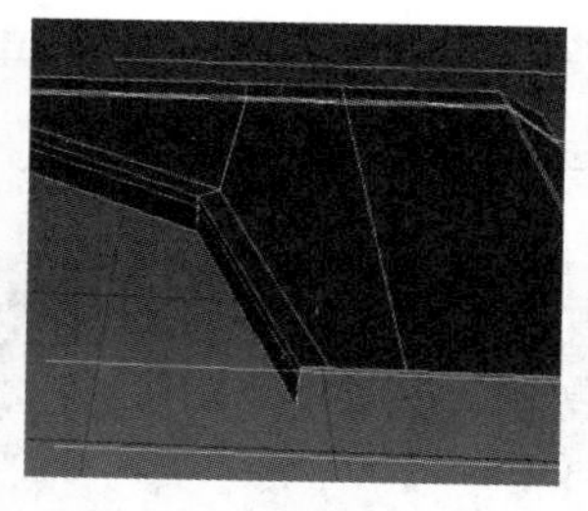

图 2.167

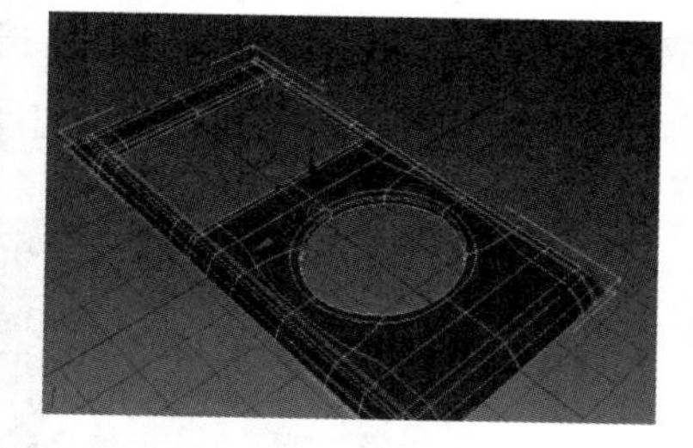

图 2.168

5. 补充模型上的线

步骤 01： 关闭［涡轮平滑］和［对称］，同时关闭对最终结果的显示。进入［修改］面板中［修改器列表］下［可编辑多边形］的顶点级别，在模型上单击鼠标右键，在弹出的菜单中选择［剪切］工具，将模型进行剪切。

框选新添加的点，单击［平面化］按钮右侧的［Y］，将点调节到一条直线上，使用同样的方法剪切另一边，效果如图 2.169 所示。

提示

剪切位置可以有些不准确，但是必须在模型边上。

步骤 02：框选新添加的点，单击［剪切］按钮，将其关闭，单击［平面化］按钮右侧的［Y］，将新添加顶点的位置调整至图 2.170 所示的效果。

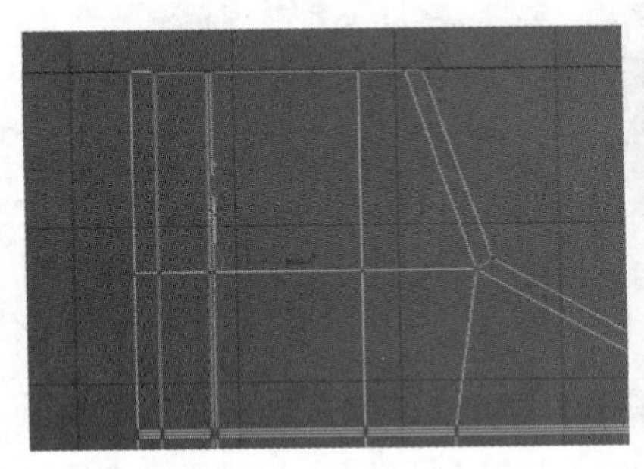

图 2.169

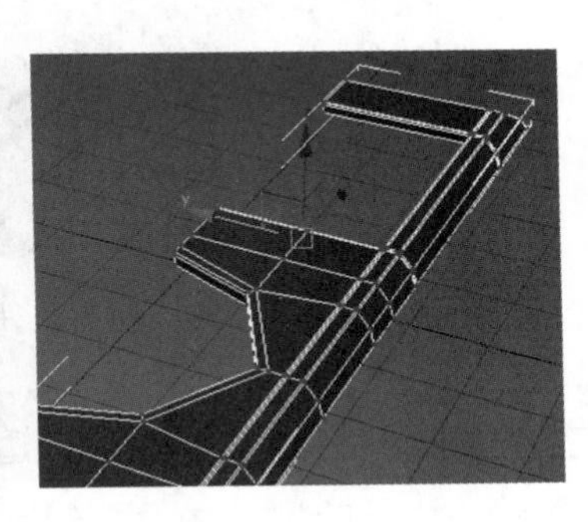

图 2.170

6. 再次测试平滑效果

分别单击［涡轮平滑］和［对称］前面的 图标，开启修改器，此时圆形按钮的效果如图 2.171 所示。模型上的线已被补充完全。

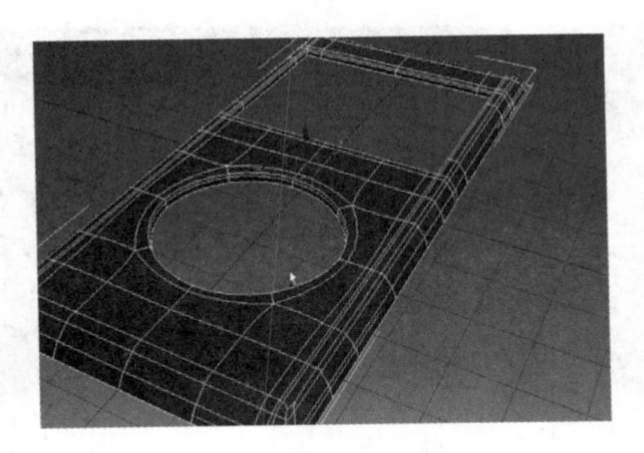

图 2.171

7. 创建随身听屏幕模型

步骤 01：进入［创建］面板，单击［长方体］按钮，根据当前模型的大小创建一个长方体。选择该长方体，将其向上拉，按 Alt+Q 组合键，进入孤立模式，将该长方体孤立显示。设置［参数］卷展栏下的［长度分段］为 1，［宽度分段］为 1，［高度分段］为 2，如图 2.172 所示。

步骤 02：在长方体上单击鼠标右键，在弹出的菜单中选择［转换为］中的［转换为可编辑多边形］。在其他视图中，使用［顶点］工具将中间一排顶点选中，将选中的顶点向上拉至顶部，使顶部产生硬的拉边效果。

然后进入多边形级别，选择图 2.173 所示的多边形，单击[编辑多边形]中的[插入]按钮，将其向内插入局部。

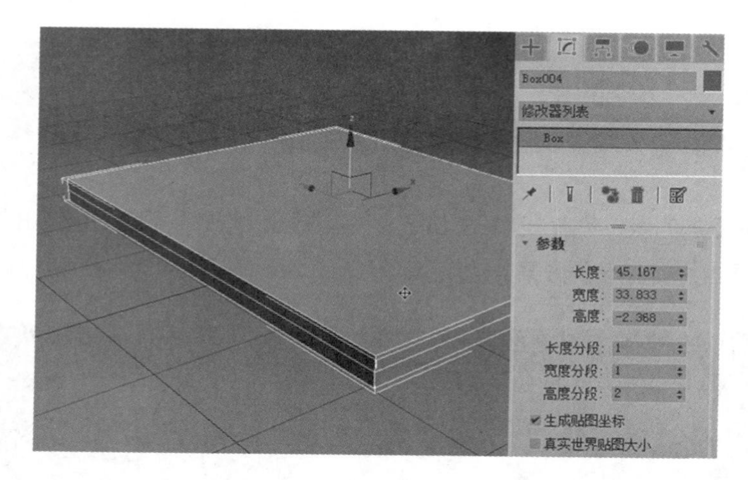

图 2.172

步骤 03： 为了对当前边进行连接，需要进入边级别，单击［修改］面板下［编辑边］卷展栏中［连接］右侧的方块按钮，在弹出的［连接边］中设置连接边的［数量］值为 2，设置第 2 个值为 92，确认操作。在模型上单击鼠标右键，在弹出的菜单中选择［转换到顶点］选项，将选择的边转换为选择边上的顶点。按住 Alt 键取消一侧边上的顶点，选择另一边的顶点，单击[平面化]按钮右侧的[Y]，此时完成一边顶点的平面化。进入［可编辑多边形］的边级别，选择另一侧的边，单击［平面化］按钮右侧的［Y］，此时，两边均对称，如图 2.174 所示。

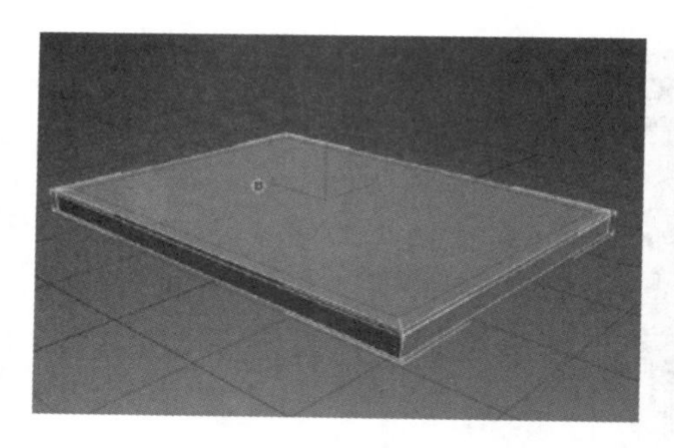

图 2.173

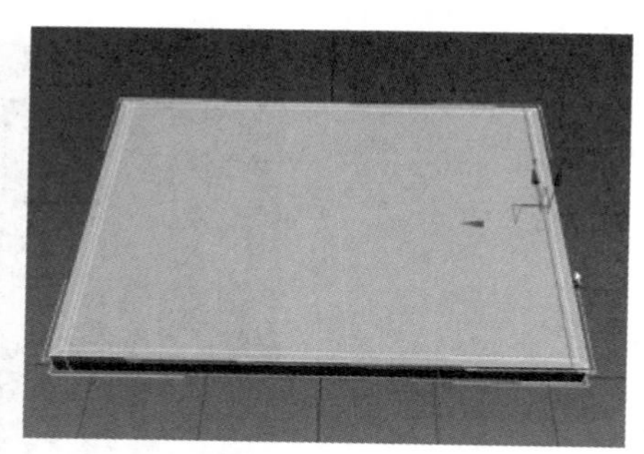

图 2.174

步骤 04： 用相同的方法完成剩下两条边的连接操作，完成效果如图 2.175 所示。

提示

在制作图 2.174 所示的两条边时，均单击［平面化］按钮右侧的［X］。

8. 删除屏幕下半部

进入多边形级别，配合 Ctrl 键加选屏幕底部的多边形，将其删除，如图 2.176 所示。

图 2.175

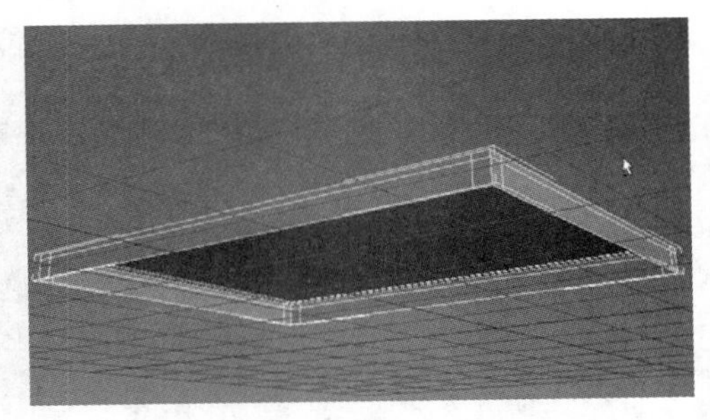

图 2.176

提示

屏幕底部选择完成后，需在其他视图中查看，注意不要选错。

9. 补充屏幕与模型间的空隙

步骤 01：打开［涡轮平滑］，退出孤立模式，观察场景中的模型效果，通过透视图可发现屏幕边出现空隙。在模型上单击鼠标右键，选择［缩放］工具，调整屏幕补充空隙部分，按 F4 键取消边面模式观察，此时完成了屏幕的制作，如图 2.177 所示。

步骤 02：选择场景中屏幕模型，单击［修改］面板中的颜色，设置［颜色］为黑色。选中整个屏幕模型，打开［材质编辑器］指定材质，然后选择模型线框，单击［修改］面板中的颜色，设置［颜色］为黑色，如图 2.178 所示。

图 2.177

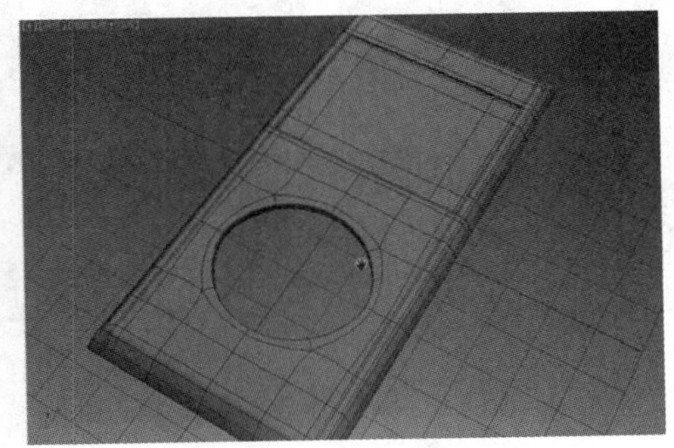

图 2.178

下面将完成圆形按钮的制作。

10. 制作 iPod 按钮

步骤 01：进入［创建］面板，单击［对象类型］卷展栏下的［圆柱体］按钮，在模型的按钮位置创建一个圆柱体。选择圆柱体模型，使用［移动］工具将其向上拉起，按 Alt+Q 组合键进入孤立模式。进入［修改］面板，设置［参数］卷展栏下的［高度分段］为 1，［边数］为 8，如图 2.179 所示。

步骤 02：单击鼠标右键，在弹出的菜单中选择［转换为］中的［转换为可编辑多边形］，进入多边形级别，选择模型底部的面，并将其删除。进入边级别，选择中间的一圈边，单击［连接］工具右侧的方块按钮，在弹出的［连接边］中设置［数量］值为 1，调整偏向位置约为 61，效果如图 2.180 所示。

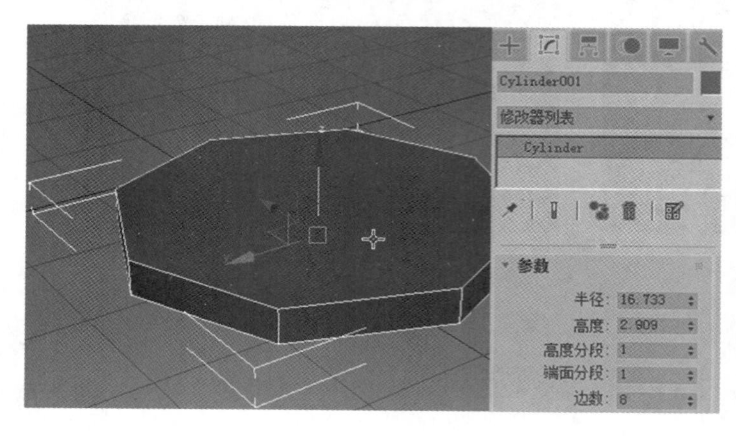

图 2.179

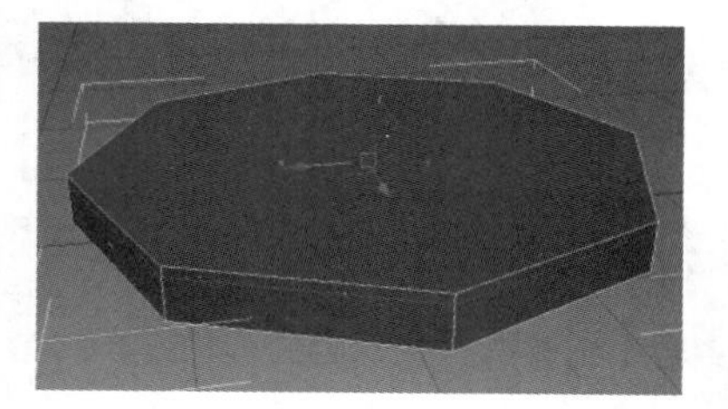

图 2.180

步骤 03： 进入多边形级别，单击［插入］工具，按住鼠标左键设置插入位置，分别插入 3 次，如图 2.181（左）所示。单击［挤出］按钮，以不同程度向下挤出两次，将选择基础的平面删除，此时按钮基本形状制作完成，如图 2.181（右）所示。

步骤 04： 退出多边形级别，添加一个［涡轮平滑］修改器，并设置［涡轮平滑］卷展栏中的［迭代次数］为 2，将［等值线显示］勾选，效果如图 2.182 所示。

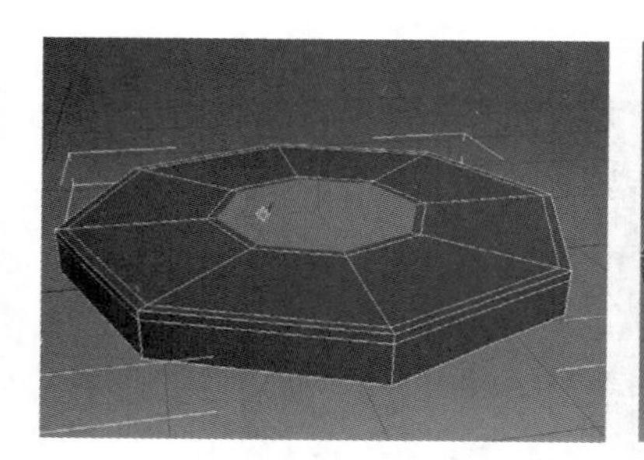

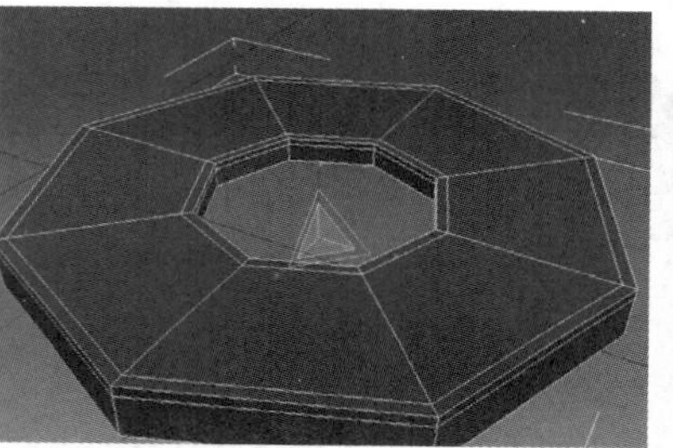

图 2.181

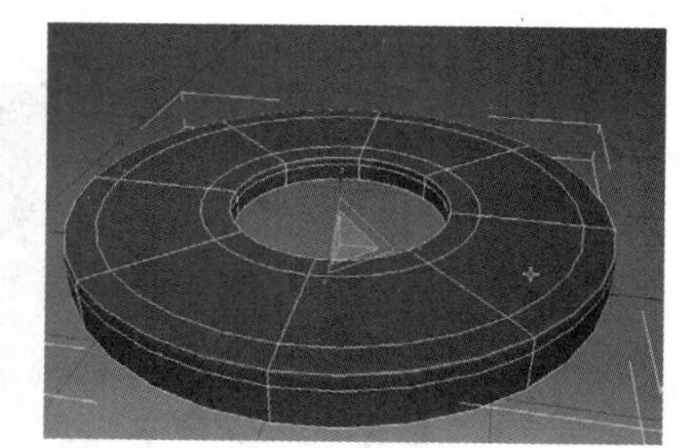

图 2.182

11．调节按钮形状

步骤 01： 使用［移动］工具，微调按钮的位置。单击［选择并均匀缩放］按钮，调节模型，使其偏圆。选择当前基体模型，单击［顶点］进入顶点级别，单击［显示最终效果］按钮，对顶点的位置进行调整，再使用［移动］工具进行调整，使其白色边与按钮部分一致，调整成图 2.183 所示的效果。

步骤 02： 为了使按钮内部不为空，单击［选择并均匀缩放］按钮，按住 Shift 键，在［X］轴向与［Y］轴向进行复制，如图 2.184 所示。

步骤 03： 关闭［涡轮平滑］，然后进入边级别，按 Ctrl 键并选择按钮内侧的两条连续的边。单击右侧［选择］卷展栏下的［环形］按钮，将这两条边删除，同时选择内侧的一圈边，将其删除。进入边界级别，单击［编辑边界］卷展栏中的［封口］按钮，将其封口。单击［涡轮平滑］前的 👁 按钮，退出［涡轮平滑］。单击工具栏中的［材质编辑器］按钮，为模型指定材质，选择［对象颜色］中的黑色，此时中间按钮部分制作完成，如图 2.185 所示。

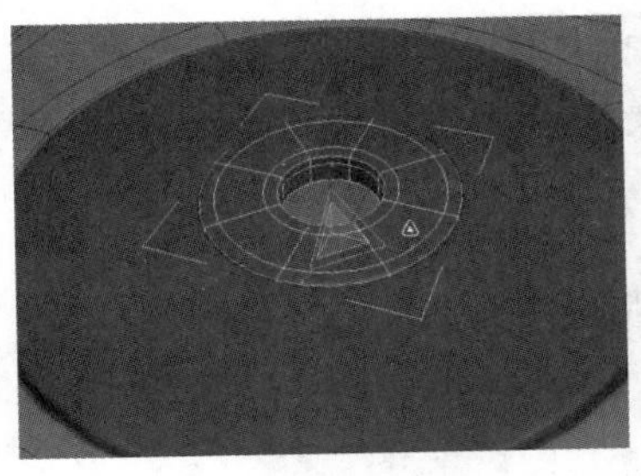

图 2.183

图 2.184

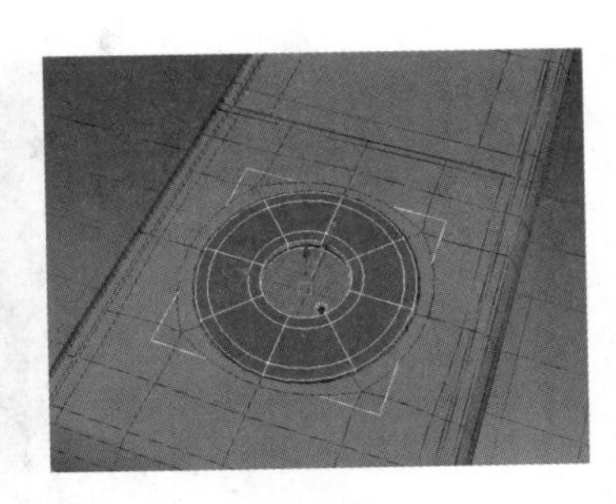

图 2.185

12. 导入小按钮

因为 iPod 上的小按钮在之前已经制作好了，所以单击菜单栏［导入］中的［合并］选项，选择“场景文件\第 2 章\2.3.4\四个小按钮 .max”文件。在［合并 – 四个小按钮］面板中单击［组 03］并单击［确定］按钮，在弹出的［重复材质名称］中选择［使用场景材质］，此时场景中出现小按钮，如图 2.186 所示。

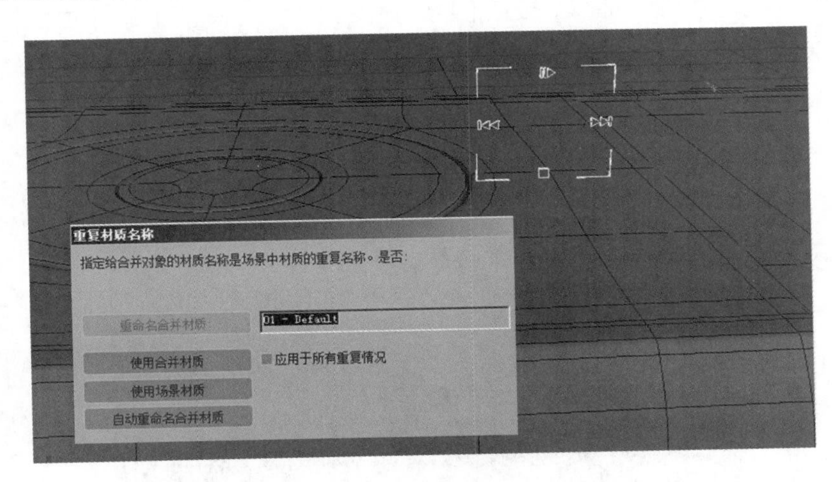

图 2.186

13. 将小按钮置于 iPod 中

步骤 01：选中场景中的小按钮模型，单击［角度捕捉］按钮，将小按钮旋转 90 度，使其平放。接下来将其绕 y 轴旋转 90 度，使用［移动］工具将小按钮组合移动至 iPod 大按钮的中心位置，同时单击鼠标右键，选择［缩放］工具，将小按钮放大并移动至适合的位置，将线框颜色设置为黑色，如图 2.187 所示。

提示

选择小按钮，按 Alt+Q 组合键进入孤立模式。执行［编辑 > 组 > 打开］命令，观察小按钮，它们是由立方体加挤出制作而成的。

步骤 02：再次选择场景中的小按钮，执行［编辑 > 组 > 关闭］命令，此时按钮部分制作完成，如图 2.188 所示。

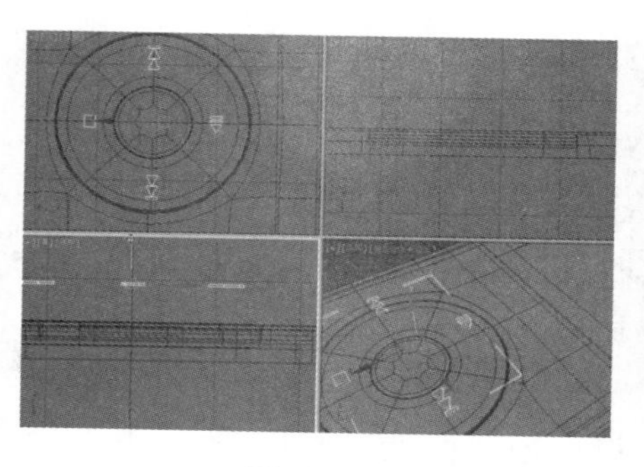

图 2.187

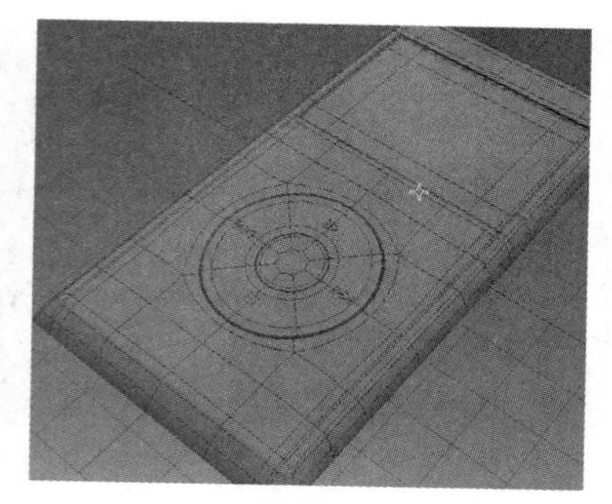

图 2.188

14. 创建耳机的大形

选中场景中的模型，进入［显示］面板，单击［隐藏］卷展栏下的［隐藏选定对象］，将其隐藏。进入［创建］面板，单击［几何体］按钮，选择［对象类型］卷展栏下的［圆柱体］按钮，在场景［左视图］的中心位置创建一个圆柱体。进入［修改］面板，设置［参数］中的［高度分段］为 7，［边数］为 16，可便于底部挤出耳机效果，设置［半径］为 4.861，［高度］为 40.308，如图 2.189 所示。

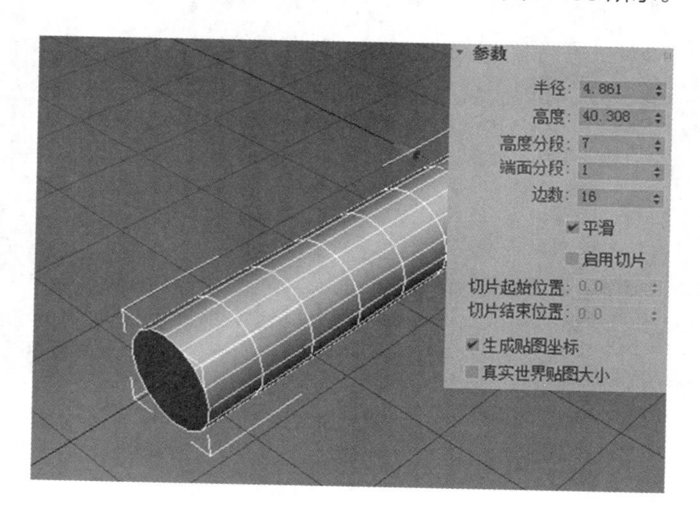

图 2.189

提示

创建时，注意创建的圆柱体不要太粗。

15. 调整圆柱体模型的顶点位置

选择场景中的圆柱体模型，单击鼠标右键，在弹出的菜单中选择［转换为］中的［转换为可编辑多边形］选项。单击［选择］卷展栏中的［顶点］按钮，进入顶点级别，调整模型上顶点的位置，使圆柱体模型中间位置为正方形。再次单击［顶点］按钮，进入顶点级别，观察此时所有分段都集中到模型前方，如图 2.190 所示。

16. 删除选中的模型

单击［选择］卷展栏中的［多边形］按钮，进入多边形级别。选中图 2.191（左）所示的多边形，并将其删除，只保留一半的圆柱体。

提示

将模型的中间位置也一同删除，只制作一半圆柱体，如图 2.191（右）所示。

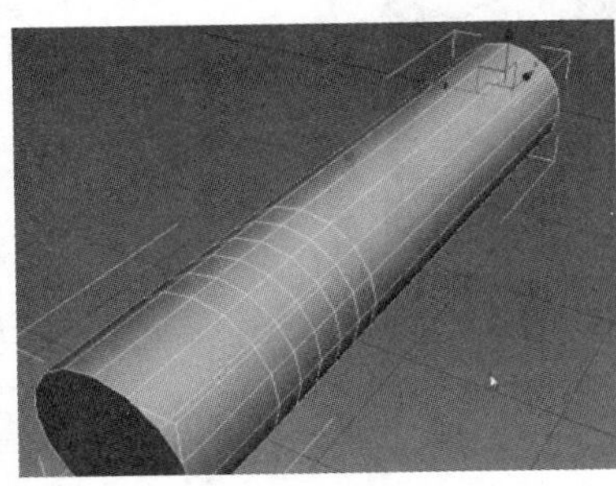

图 2.190

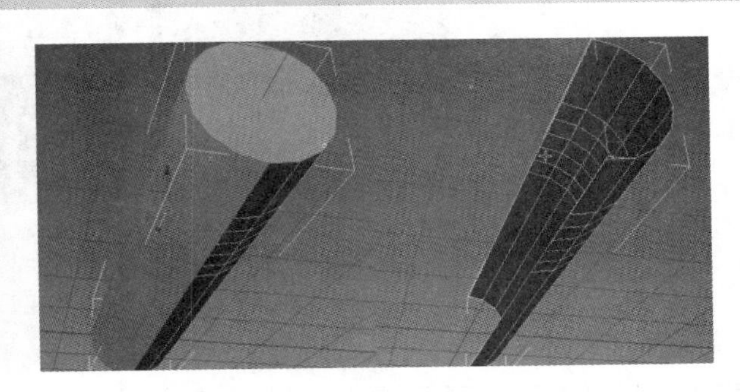

图 2.191

17. 剪切和调整模型

调整模型视角，单击［顶点］按钮，进入顶点级别，单击鼠标右键，在弹出的菜单中选择［剪切］工具，对模型上的部分顶点依次进行剪切，剪出一个圆形。使用［缩放］和［移动］等工具并配合 Ctrl 键将模型调整成图 2.192 所示的效果。使用［挤出］工具将耳机的部分模型挤出，如图 2.193 所示。

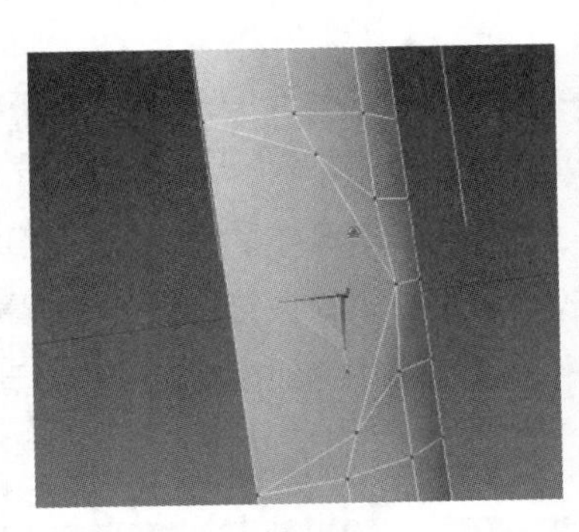

图 2.192

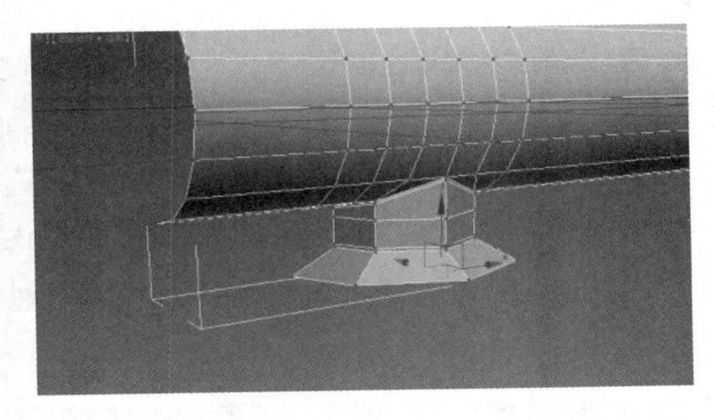

图 2.193

提示

如果此时选择了 3 个顶点，则可能是在对面也进行了选择，或者此时当前位置的顶点没有完全黏在模型上。因为刚才重新进行剪切过，所以需要单击鼠标右键，在弹出的菜单中选择［目标焊接］，将分离的两个顶点焊接到一起。

如果遇到剪切不了的顶点，可重选［剪切］工具进行剪切，或从相反方向进行剪切。

18. 创建挤出耳机

创建一个圆柱体为参考物体，按照圆形慢慢过渡的方式，挤出耳机的外壳，如图 2.194 所示。

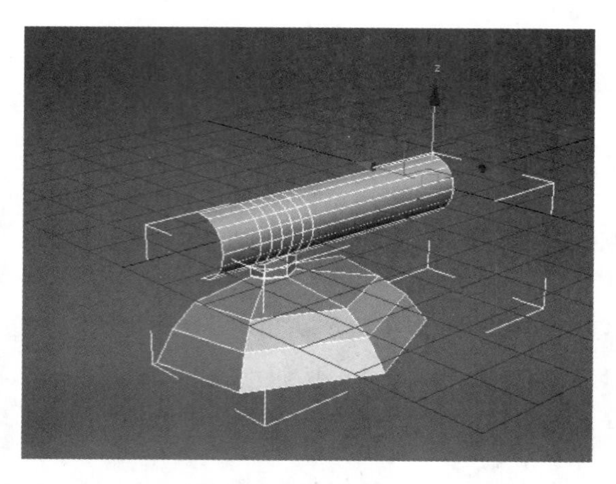

图 2.194

19. 创建球体过渡效果

步骤 01： 进入［创建］面板，单击［球体］按钮，在场景中创建一个球体。设置［参数］卷展栏下的［半球］为 0.5，同时调整位置。进入［修改］面板，使用［缩放］工具将球体模型拉长，设置［分段］为 16 左右。为球体模型添加［涡轮平滑］修改器，设置［涡轮平滑］卷展栏下的［迭代次数］为 2，并勾选［等值线显示］，如图 2.195 所示。

步骤 02： 为球体模型添加［编辑多边形］修改器，并进入面级别，配合 Ctrl 键加选半球底面，将其删除。因为最终模型需要对称效果，所以在［修改器列表］中为球体模型添加［对称］修改器，将其拖曳到［涡轮平滑］修改器的下面，如图 2.196 所示。

步骤 03： 因为当前球体模型比较小，所以选择［修改器列表］中的［Sphere］，单击［显示最终结果］按钮，设置［参数］中的［半径］为 5.7 左右，同时调整模型的位置。使用［缩放］工具将球体沿［Z］轴方向缩小，使其与圆柱体模型匹配。在保持该半球体选中的状态下，单击菜单栏中的［镜像］工具，勾选［镜像］面板中的［复制］选项，将场景中复制出的球体模型拖曳到圆柱体的另一侧，并调整位置。将场景中的模型全部选中，打开［材质编辑器］，为其指定一个材质球，并在［修改］面板中为线框指定颜色为黑色，如图 2.197 所示。

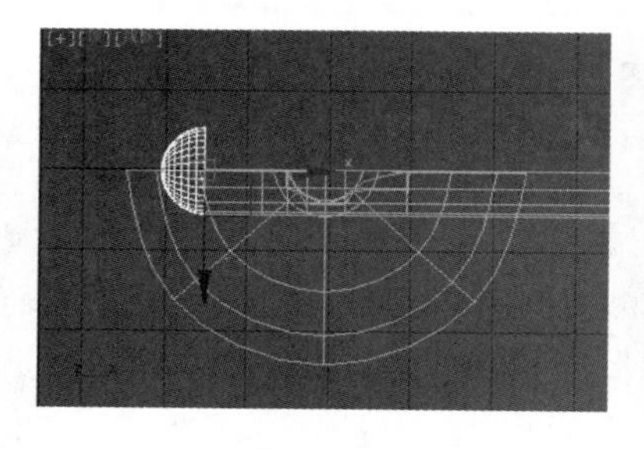

图 2.195

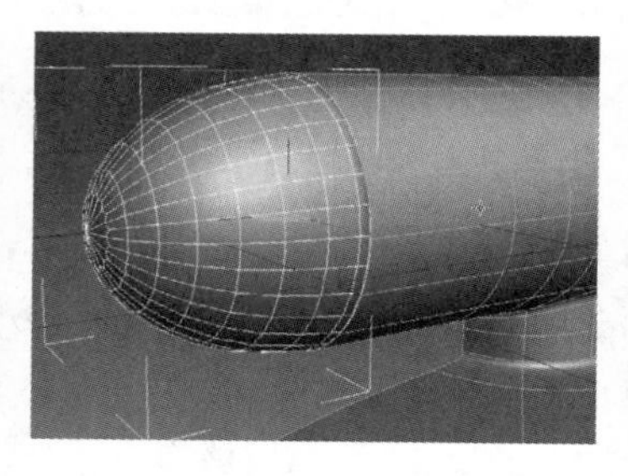

图 2.196

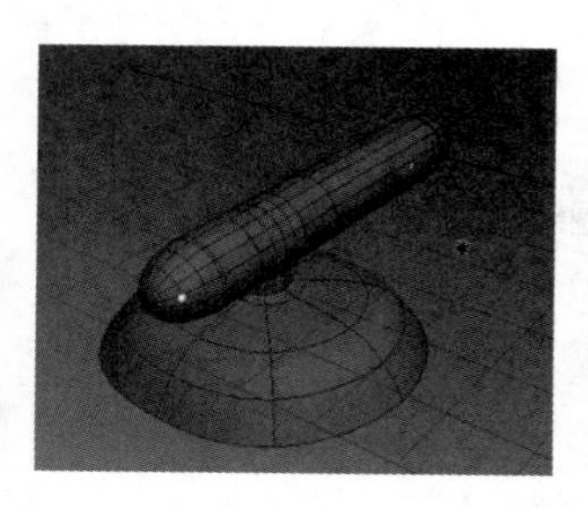

图 2.197

20. 处理模型细节

步骤 01： 使用多边形建模工具为耳机添加细节。使用［连接］和［插入］等工具，为耳机前端创建一个凹槽，如图 2.198 所示。

步骤 02： 耳机两端在平滑的时候会出现问题，将球体和耳机主体进行焊接，并处理其他地方的问题。单击打开［涡轮平滑］和［对称］修改器的图标，观察效果，如图 2.199 所示。

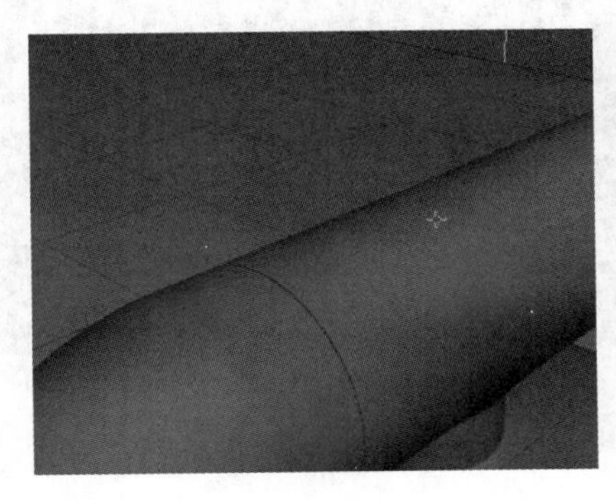

图 2.198

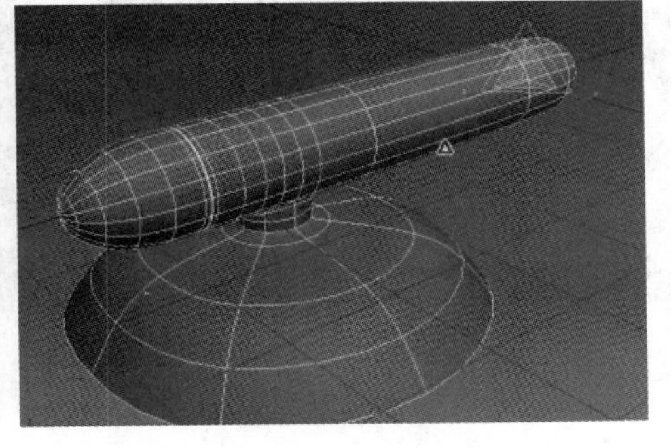

图 2.199

21. 制作耳机底部模型

步骤 01： 在［顶视图］可观察到耳机比较扁，所以单击［顶点］按钮，进入顶点级别，选择图 2.200 所示的顶点（共 6 个顶点），使用［缩放］工具将 6 个顶点向四周调整至理想效果，此时耳机部分出现圆形效果。

步骤 02： 进入［创建］面板，单击［几何体］按钮，选择［对象类型］卷展栏下的［球体］按钮，在场景中创建一个球体。设置［参数］卷展栏下的［半球］为 0.5，使用［旋转］工具并单击［角度捕捉切换］按钮，将其旋转 180 度，然后使用［缩放］工具将半球压扁，配合［移动］工具将其移动到耳机模型下并缩小，如图 2.201 所示。

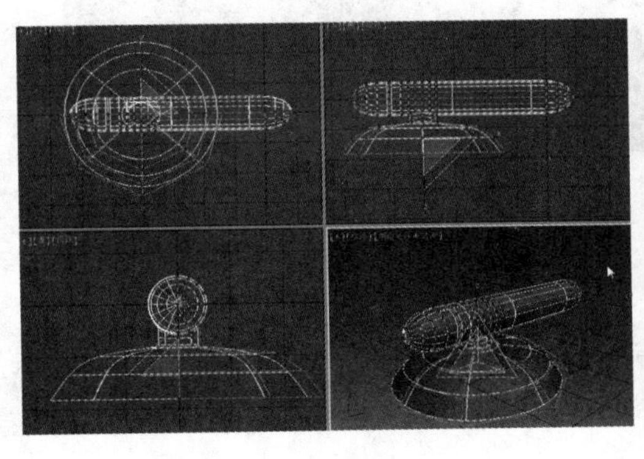

图 2.200

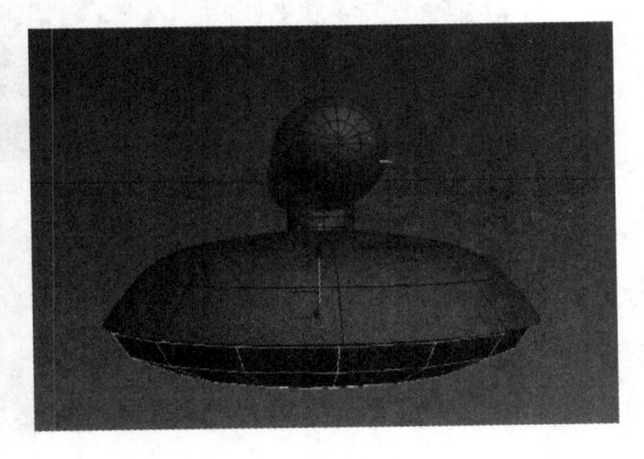

图 2.201

步骤 03： 关闭［涡轮平滑］，可观察到当前模型有 8 条边，所以设置球体模型［参数］卷展栏下的［分段］为 8。选择新创建的模型，按 Alt+Q 组合键进入孤立模式观察，在［修改器列表］中添加一个［编辑多边形］修改器，进入面级别，选择半球体的底面，将其删除。单击［编辑多边形］退出面级别，在［修改器列表］

中添加一个［涡轮平滑］修改器，勾选［等值线显示］选项，并设置［迭代次数］为 2，效果如图 2.202 所示。

步骤 04: 退出孤立模式，打开［涡轮平滑］，选择底部模型，单击［修改器列表］中的［Sphere］进入球体，设置［半径］为 26.2 左右，并调整至图 2.203 所示的位置。

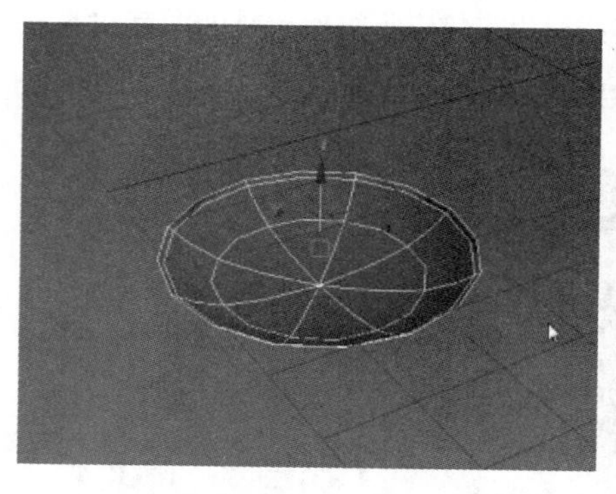
图 2.202

图 2.203

步骤 05: 此时模型两边比较宽，所以单击［顶点］按钮，进入顶点级别，选择［缩放］工具对模型进行缩放调节，如果需要凹槽效果，则可对模型进行更细致的编辑，如图 2.204 所示。

步骤 06: 移动底部模型将两个模型合并，单击［Sphere］，设置［半径］为 25.1 左右。打开［材质编辑器］，为模型指定材质，单击［修改］面板中的颜色按钮，设置［对象颜色］为黑色，此时耳机的效果如图 2.205 所示。

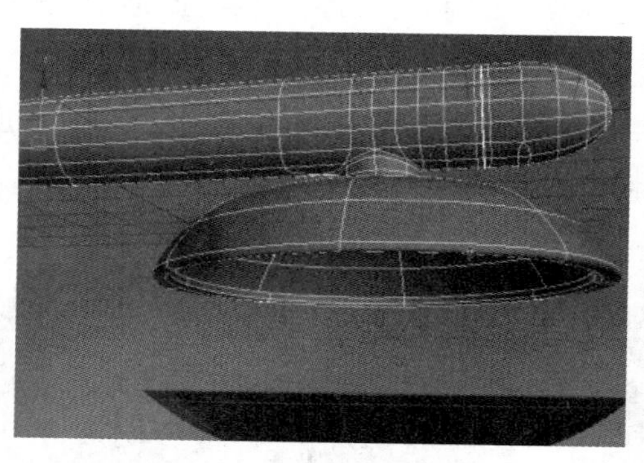
图 2.204

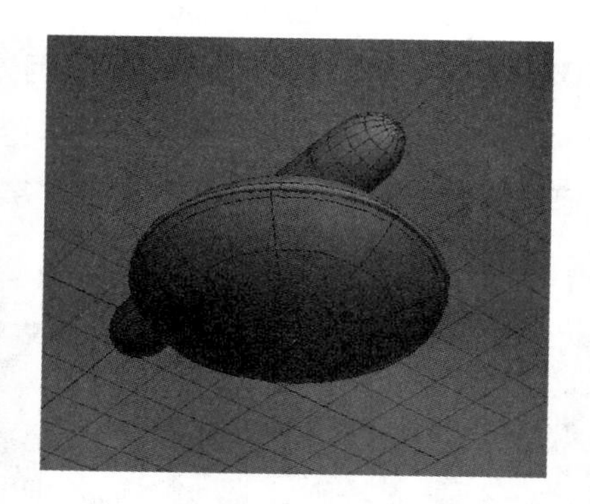
图 2.205

22. 显示所有隐藏模型

步骤 01: 框选场景中的耳机模型，单击菜单栏［编辑］中的［组］选项，将其成组。进入［显示］面板，单击［按名称取消隐藏］按钮，选择［取消隐藏对象］面板中所有对象。单击［取消隐藏］按钮，接着选择取消隐藏的所有模型，单击［编辑］命令中的［组］，再次将其成组。单击鼠标右键，在弹出的菜单中选择［旋转］工具，同时打开角度捕捉工具，将其旋转至图 2.206 所示的位置。

提示

因为效果中不显示 iPod 后面，所以模型后部不需要制作。

步骤 02：单击鼠标右键，在弹出的菜单中选择［移动］工具，将 iPod 模型调节至地平线之上。框选耳机模型，单击［选择并均匀缩放］工具，将模型缩小，并配合鼠标右键的［旋转］工具，将其旋转，如图 2.207 所示。

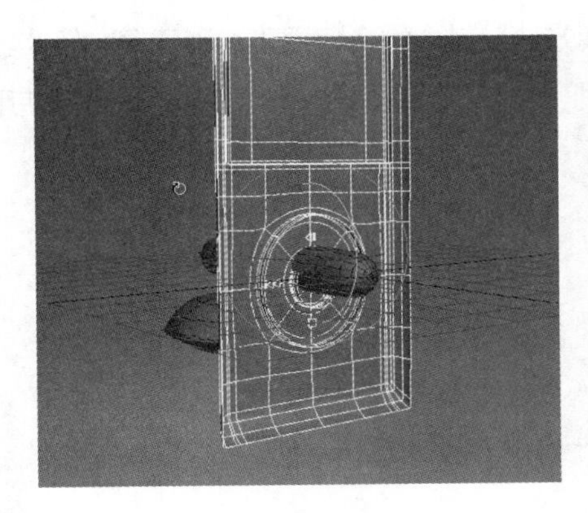

图 2.206

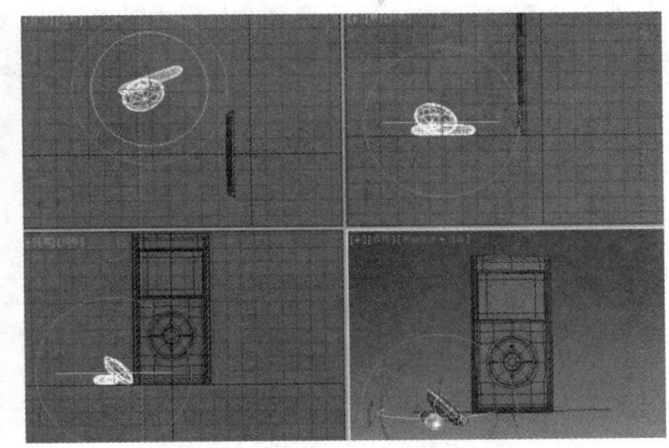

图 2.207

23．绘制耳机上的线

选择耳机模型，进入［创建］面板，单击［图形］按钮，选择［对象类型］卷展栏下的［线］，在场景中绘制一条线。使用［移动］工具调整线的位置，并进入顶点级别，调整控制柄，使线的效果更加柔和。勾选［渲染］卷展栏下的［在渲染中启用］和［在视口中启用］选项，观察效果，如图 2.208 所示。

24．复制另一个耳机模型

将场景中的模型全部框选，选择菜单栏［编辑］中的［组］选项，将其成组。单击工具栏中的［镜像］按钮，设置［镜像轴］为［Y］，将场景中复制的耳机模型拖曳到 iPod 另一侧，如图 2.209 所示。

25．为耳机线模型指定材质

打开［材质编辑器］窗口，为模型指定材质。单击［修改］面板中的［颜色］按钮，设置［对象颜色］为黑色，此时最终效果如图 2.210 所示。

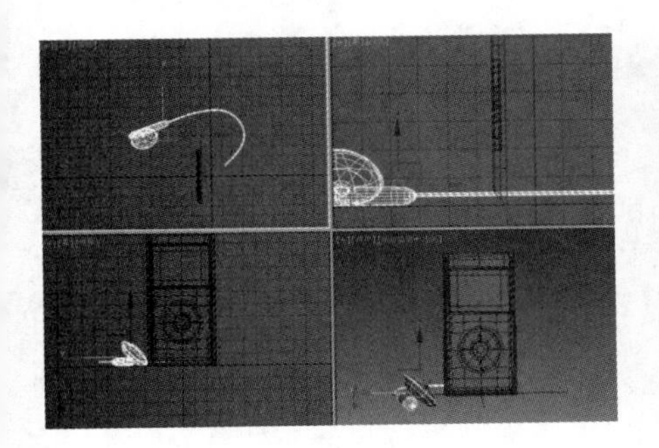

图 2.208

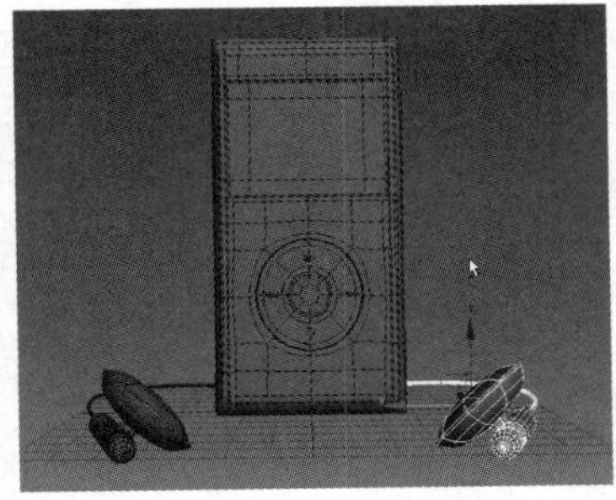

图 2.209

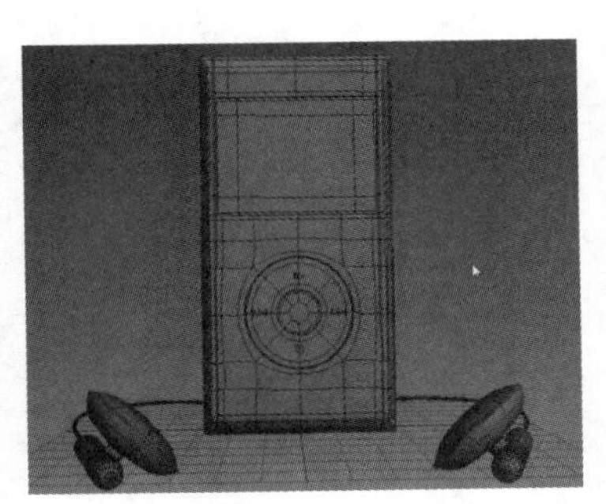

图 2.210

2.4 本章小结

本章通过几个案例详细讲解了 3ds Max 中的各种建模方法。其中综合使用了基础建模、修改器建模和复合对象建模 3 种方式。需要牢记的是：建模是进行三维创作的基础，熟练掌握各种建模方式的使用方法是创作优秀作品的关键所在。

2.5 参考习题

1. 以下组合全部属于［扩展基本体］的是 ______________。
   A. 环形结、水滴网格、管状体
   B. 棱柱、管状体、球棱柱
   C. 四棱锥、圆锥体、布尔
   D. 球棱柱、切角长方体、环形结
2. 下列关于［倒角剖面］修改器的说法，错误的是 ______________。
   A. 在使用［倒角剖面］修改器之前，必须要有一条路径和一个剖面
   B. 如果删除原始的倒角剖面，倒角剖面效果会失效
   C. 在为样条线对象添加了［倒角剖面］修改器后，产生的模型自身具备贴图坐标
   D. 倒角剖面不具备［封口］功能

参考答案

1. D　2. D

第 3 章
3ds Max 材质技术

3.1 知识重点

行内有一句话“三分建模，七分材质”，这足以说明材质的重要性。为对象指定适合的材质是三维创作的关键。本章将详细讲解 3ds Max 的材质系统，其中包括 [材质编辑器] 和 [Slate 材质编辑器] 的使用方法、标准材质的各项参数详解、其他各种材质及各种贴图的使用方法，并且还将对 UVW 贴图坐标进行深入剖析。

- 熟练掌握 [材质编辑器] 和 [Slate 材质编辑器] 的使用方法。
- 熟练掌握标准材质中各种明暗器、材质参数及材质通道的使用方法。
- 掌握 [多维 / 子对象] 材质、[合成] 材质和 [混合] 材质等的使用方法。
- 掌握位图、程序贴图及其他材质贴图的使用方法。
- 了解贴图坐标的原理，掌握 UVW 贴图及贴图通道的使用方法。

3.2 要点详解

3.2.1 材质基础

3ds Max 中的材质是一个比较独立的概念，它可以为模型表面加入色彩、光泽和纹理。所有的材质都是在 [材质编辑器] 或 [Slate 材质编辑器] 中编辑和指定的。

首先，我们了解一下 [材质编辑器]。通过单击工具栏中的 [材质编辑器] 按钮或按 M 键，可打开 [材质编辑器] 窗口，如图 3.001 所示。

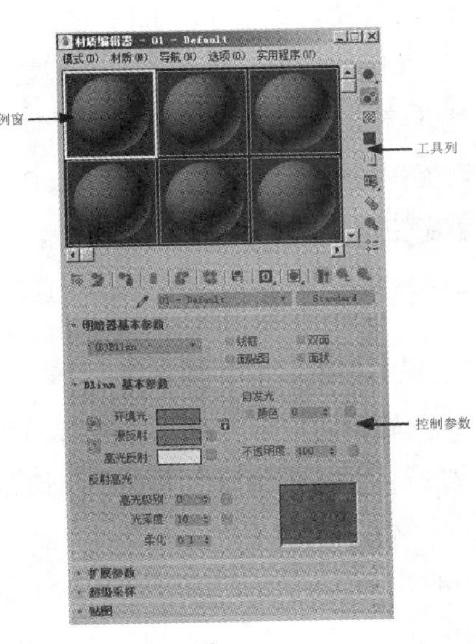

图 3.001

[Slate 材质编辑器] 又称平板材质编辑器或板岩材质编辑器，它使用节点、连线、列表等方式来显示材质的结构，完全颠覆了原有的材质编辑功能和模式，使创建复杂的材质结构变得更加简单易行。

在主工具栏中长按按钮，在下拉列表中选择按钮，打开 [Slate 材质编辑器] 窗口，如图 3.002 所示。此外，还可以通过在［材质编辑器］中执行［模式＞ Slate 材质编辑器］命令打开该窗口。

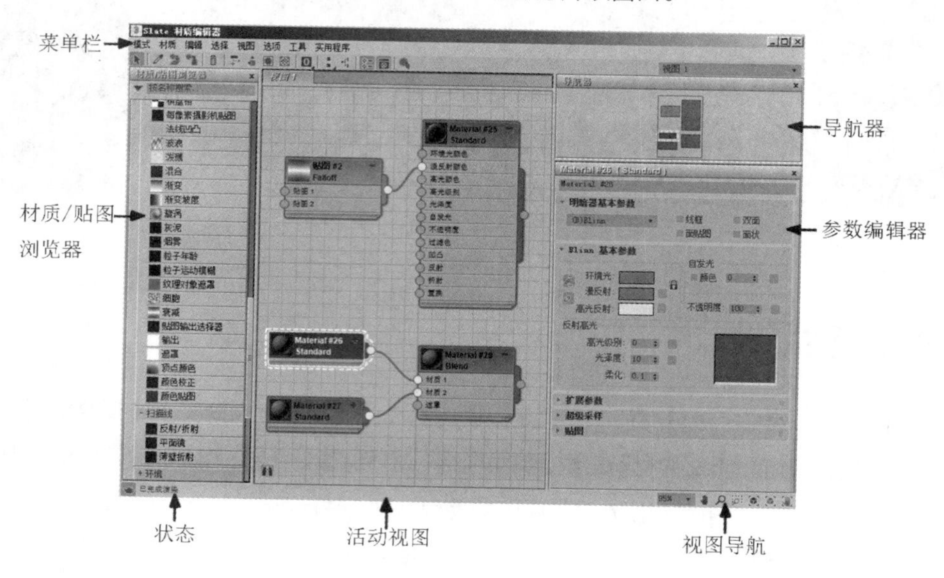

图 3.002

提示

［Slate 材质编辑器］窗口的相关内容请参见本章后面的详解，下面先介绍［材质编辑器］。

一般三维软件中的材质都是虚拟的，与真实世界中的物理材质的概念不同。最终渲染的材质效果与模型表面的材质特性、模型周围的光照、模型周边的环境都有关系。在掌握渲染技术之后，应当在三者之间进行反复调节，而不是只调节其中的一种或两种。例如，一个材质是黄色反光材质，在红光的照射下会变为橙色，光线越弱，其反光效果也越弱；一个带有反射效果的透明玻璃杯，周围的环境会影响其反射和折射的效果。所以，即便有现成的材质库，也要根据所处的场景环境再次调节。

材质除了和灯光、环境有着紧密的关系外，还和渲染器（渲染引擎）有密切联系。3ds Max 自身的渲染器随着版本的更新在不断地完善。在 3ds Max 5.0 版本中加入了［光能传递］和［光追踪器］技术，使渲染功能有了很大改善。在 3ds Max 6.0 版本中将 Mental Ray 完全整合进了 3ds Max 内部，使用 mental ray 就像使用 3ds Max 自身的渲染器一样方便。在 3ds Max 2011 和 3ds Max 2012 两个版本中又分别增加了 Quicksilver 硬件渲染器和 Iray 渲染器，使 3ds Max 的渲染功能更具特色。

1. 材质和贴图的概念

在三维世界中，建模是基础，而材质及环境的烘托是表现作品思想的重要手段。材质与环境的表现完全靠色彩及光影的交叉作用，那么什么是材质呢?

材质主要用于描述物体如何反射和传播光线，它包含基本材质属性和贴图，在显示中表现为对象自己独特的外观特色。它们可以是平滑的、粗糙的、有光泽的、暗淡的、发光的、能反射的、能折射的、透明的、半透明的等。这些丰富的表面实际上取决于对象自身的物理属性。

在三维软件中，将表现对象的外观属性称为材质，这些对象属性往往是使用一些特定的算法来实现的。用户在创建材质的时候，可以不必理会这些算法，只通过修改一些参数，即可创造出各种材质效果。

材质实际上包含两个最基本的内容，即质感与纹理。质感泛指对象的基本属性，也就是常说的金属质感、玻璃质感和皮肤质感等属性，通常是由 [明暗器类型] 来决定的；纹理是指对象表面的颜色、图案、凹凸和反射等特征，在三维软件中指的是 [贴图]。

在三维软件里可以简单地认为材质是由 [明暗器类型] 和 [贴图] 组成的。这样，材质的创作就可以简化为一个 [明暗器类型]，如设置 [金属] 类型，然后使用一张金属照片作为表面纹理，金属的材质就制作完成了。事实上，材质的编辑基本如此，只不过还需要一些辅助的编辑来使效果更加丰富。

2. 设置材质示例窗

在示例窗中，窗口都以黑色边框显示，当前正在编辑的材质被称为激活材质，它具有白色边框（如图 3.003 中第 2 个材质球所示），这一点与激活视图的概念相同。如果要对材质进行编辑，首先要在其上单击鼠标左键（右键也可以），将它激活。

对于示例窗中的材质，有一个同步材质的概念。当一个材质指定给了场景中的对象，它便成了同步材质，特征是四角有三角形标记（如图 3.003 中第 1 个材质球所示）。如果对同步材质进行编辑操作，场景中对象的材质也会随之发生变化，不需要再进行重新指定。图 3.003 中第 2 个材质球表示使用该材质的对象在场景中被选中。

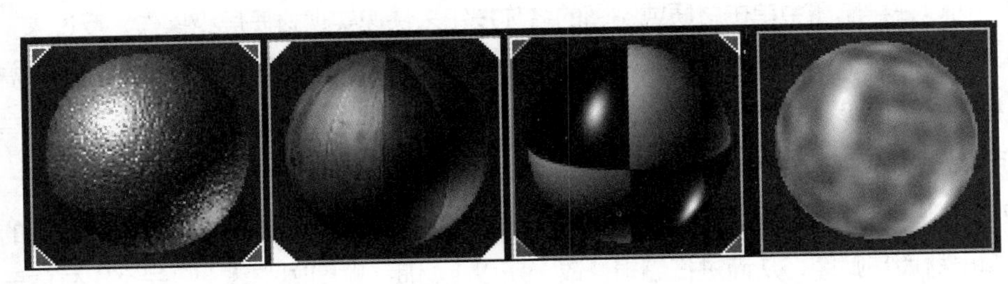

图 3.003

对示例窗中的材质可以方便地执行拖曳操作，进行各种复制和指定。将一个示例球拖曳到另一个示例球上，松开鼠标左键，即可将它复制到新的示例窗中。对于同步材质，复制后会产生一个新的材质，它已不属于同步材质，因为同一种材质只允许有一个同步材质出现在示例窗中。

对材质和贴图的拖曳操作是针对软件内部的全部操作而言的，拖曳的对象可以是示例窗、贴图按钮、材质按钮、颜色等，它们分布在材质编辑器、灯光设置、环境编辑器、贴图置换修改命令及资源管理器中，相互之间都可以进行拖曳操作。作为材质，还可以直接将其拖曳到场景中的对象上，以进行快速指定操作。

3. 材质工具行按钮

[采样类型]：用于控制示例窗中样本的形态，包括 [球体]、[柱体] 和 [长方体]，如图 3.004 所示。

[背景]：为示例窗增加一个彩色方格背景，主要用于透明材质和不透明贴图及折射、反射效果的调节。

[视频颜色检查]：用于检查材质表面色彩是否超过视频限制。对于 NTSC 和 PAL 制式视频，色彩

饱和度有一定的限制，如果超过这个限制，颜色转化后会变得模糊，所以要尽量避免这种情况的发生。不过单纯地从材质上避免还不够，因为最后渲染的效果还取决于场景中的灯光，通过渲染面板中的视频颜色检查选项，可以控制最终渲染的图像是否超过限制。比较安全的方法是将材质色彩的饱和度降低到 85% 以下，如图 3.005 所示，右侧为检查出的区域，以黑色显示。

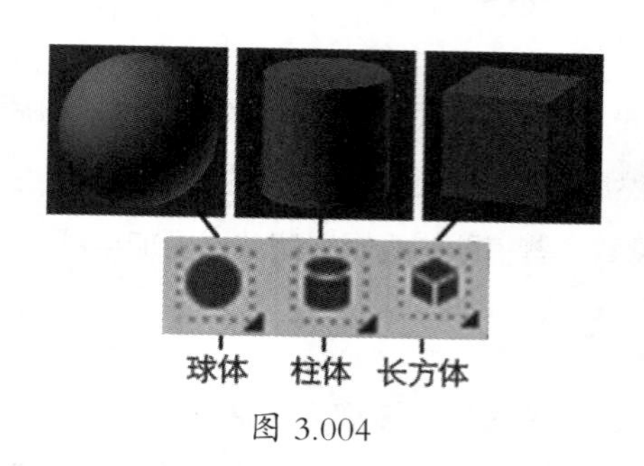

图 3.004

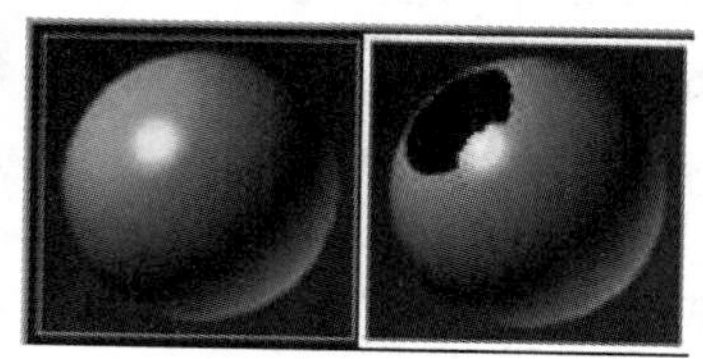

图 3.005

[选项]：提供了一些材质编辑器的功能设置选项。

[按材质选择]：这是一种通过当前材质选择对象的方法，可以将场景中全部指定该材质的对象一同选择（不包括隐藏和冻结的对象）。单击此按钮，打开 [选择对象] 对话框，指定了该材质的所有对象名称都会高亮显示在这里。单击 [选择] 按钮，即可将它们一同选择。

[材质 / 贴图导航器]：这是一个可以提供材质 / 贴图层级、复合材质与子材质关系及快速导航的浮动对话框。用户可以在导航器中单击材质或贴图的名称按钮来快速实现材质层级操作，反过来，用户在材质编辑器中的当前操作层级，也会反映在导航器窗口中。在导航器中，当前所在的材质层级会以高亮显示，如果在导航器中按下一个层级，材质编辑器中也会直接跳到该层级，这样就可以快速地进入每一层级中进行编辑操作。用户可以直接从导航器窗口中将材质或贴图拖曳到材质球或界面的按钮上。

[获取材质]：单击该按钮，可以打开 [材质 / 贴图浏览器] 对话框，进行材质和贴图的选择。在该对话框中可以调出材质和贴图，从而进行编辑修改，所以 [材质 / 贴图浏览器] 是一个比较重要的对话框，可以在不同的地方将其打开，不过它们在使用上还是有区别的。单击 [获取材质] 按钮打开的浏览器是一个浮动性质的对话框，不影响场景的其他操作，但从其他按钮（如材质类型按钮、贴图按钮）打开的浏览器属于执行式的对话框，必须单击 [确定] 按钮才可以退出浏览器，执行其他操作。

[将材质指定给选定对象]：将当前示例窗中的材质指定给当前选择的对象，同时材质会变为一个同步材质。材质中如果指定了贴图，而且对象还未进行贴图坐标的指定，则在最后渲染时也会自动进行坐标指定，如果单击 [在视口中显示标准贴图] 按钮，则可以在视图中观察贴图效果，同时也会自动进行坐标指定操作。

[重置贴图 / 材质为默认设置]：对当前示例窗的编辑项目进行重新设置。如果处于材质层级，将恢复为当前材质的原始设置，全部贴图设置都将丢失；如果处于贴图层级，将恢复为最初始的贴图设置。

[放入库]：将当前材质保存到当前的材质库中，该材质会永久保留在材质库中，关机后也不会丢失。

[材质 ID 通道]：通过材质的效果通道可以在 [视频合成器] 和 [效果] 面板中为材质指定特殊效果。

[视口中显示明暗处理材质]：此按钮在贴图层级可用。单击该按钮，可以在场景中显示出该材质的

贴图效果；如果是同步材质，对贴图的各种设置也会同步影响场景中的对象，这样就可以很轻松地进行材质贴图的编辑工作，可谓所见即所得。

[显示最终结果]：此按钮是针对多维材质等具有多个层级嵌套的材质，在子层级中，单击此按钮，将会始终显示最终的材质效果（也就是父级材质的效果），否则只显示当前层级的效果。

[转到父级]：向上移动一个材质层级，只在复合材质的子层级中有效。

[转到下一个同级项]：如果处在一个材质的子材质层级中，并且并行有其他子材质，则此按钮有效，它可以快速跳转到另一个同级子材质中。

[从对象拾取材质]：单击此按钮后，可以从场景中某一对象上获取其所附的材质，这时鼠标光标会变为一个吸管形状。在指定材质的对象上单击鼠标左键，即可将材质选择到当前示例窗中，并且变为同步材质，这是一种从场景中选择材质的好方法。

01 - Default [材质名称框]：在编辑器工具行下方正中央，是当前材质的名称输入框，其作用是可显示并修改当前材质或贴图的名称。在同一个场景中，不允许有同名材质存在，每个材质都有唯一的名称，在同一个材质库中也是如此。对于子材质，也要求指定名称，以便查找和编辑。对于多层级的材质，当编辑低层级材质时，单击此框右侧箭头按钮，可以展开全部层级的名称列表，它们按照由高到低的层级顺序排列，通过选择可以很方便地进入任一层级。

Standard [类型按钮]：这是一个非常重要的按钮，默认情况下显示 [Standard]，表示当前的材质类型是标准类型。通过它可以打开 [材质 / 贴图浏览器]，从中选择各种材质或贴图类型。如果当前处于材质层级，则只允许选择材质类型；如果当前处于贴图层级，则只允许选择贴图类型。选择后按钮会显示当前的材质或者贴图类型的名称。

3.2.2 标准类型材质

打开 [材质编辑器]，选择一个示例窗，在默认情况下为 [标准] 材质。一个标准的材质包括多种基本属性，这些属性在同类软件中都是通用的，如图 3.006 所示。

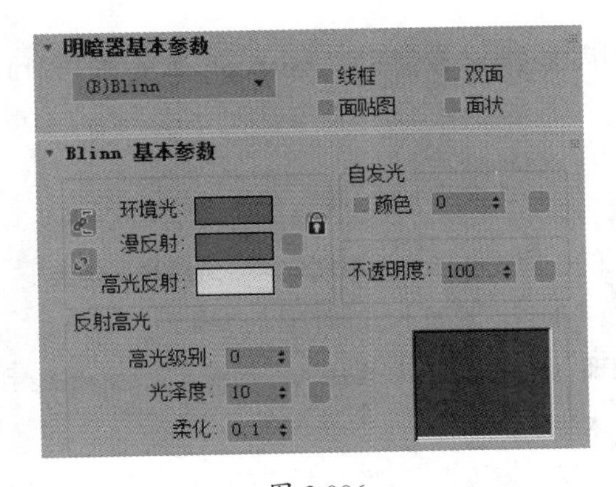

图 3.006

1. 明暗器基本参数

在［明暗器基本参数］卷展栏中，可以在下拉列表中选择一种明暗器。3ds Max 包括 8 种明暗器，分别是［各向异性］、［Blinn］、［金属］、［多层］、［Oren-Nayar-Blinn］、［Phong］、［Strauss］和［半透明明暗器］，如图 3.007 所示。

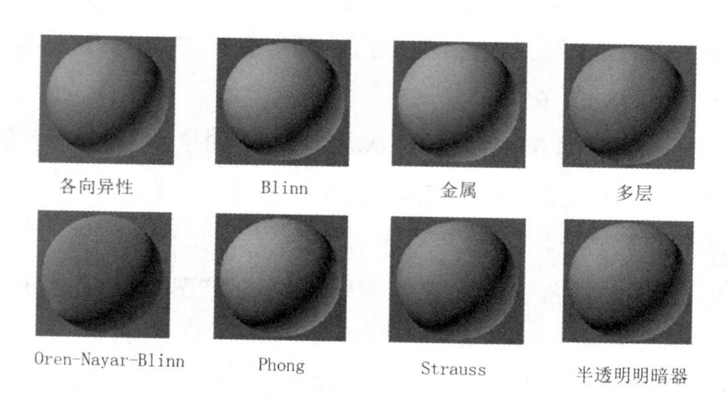

图 3.007

- ［各向异性］可以产生长条形的反光区，适合模拟流线体的表面高光，如汽车、工业造型等，弥补了圆形反光点的不足。
- ［Blinn］的反光较［Phong］柔和，用途比较广泛。
- ［金属］常用于金属材质。
- ［多层］与各向异性相似，但该明暗器具有两个反射高光控件。
- ［Oren-Nayar-Blinn］适合布料、陶土、墙壁等无反光或反光很弱的材质。
- ［Phong］常用于玻璃、油漆等高反光的材质。
- ［Strauss］适用于模拟金属材质，参数比［金属］少。
- ［半透明明暗器］主要是用来作不透明度透光对象的，这种材质可以很好地表现出光线透射的感觉，适用于模拟玉石、蜡烛等对象。

明暗器的类型不同，上述材质的控制参数也不同。本书将以最常用的 Blinn 类型为例进行讲解。

2. 材质基本参数

（1）特殊［明暗器］效果

［明暗器基本参数］卷展栏的右侧提供了 4 种附属效果，分别是［线框］、［双面］、［面贴图］和［面状］，如图 3.008 所示。使用较多的是［双面］和［线框］效果。

- ［线框］常用于结构的表现，可以只渲染模型中的网格线。决定网格线粗细的参数是位于［扩展参数］卷展栏下［线框］参数组中的［大小］值。
- ［双面］常用于透明材质，可以渲染出模型法线反向的一面。
- ［面贴图］是在每个多边形面上贴图，无须坐标系统，主要用于粒子系统贴图。

- [面状] 不对材质表面进行平滑处理。

（2）各区色彩

一个模型表面分为阴影区、过渡区和高光区 3 个区域，如图 3.009 所示。它们的颜色可以自由指定，分别通过 [环境光]、[漫反射] 和 [高光反射] 3 个参数右侧的颜色按钮进行调色。

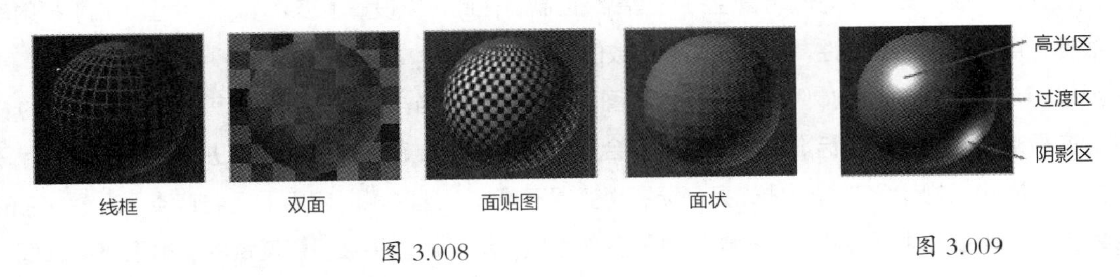

图 3.008

图 3.009

（3）高光级别

对象表面的高光效果在 [反射高光] 参数组中进行调节，一般是调节高光区的面积大小和高光区的亮度。例如，普通金属有很强的高光和较大的高光面积，油漆的表面会有很强的高光和很小的高光面积，砖墙则有很弱的高光和很大的高光面积。这些和材质的物理属性有关，在调节时应多加观察。

（4）自发光

有些材质本身会发光，可以在 [自发光] 参数组中进行调节。在 3ds Max 默认的渲染器下，发光材质不受光照的影响（像荧光灯一样），只能自己发亮，无法影响周围的环境（和真实世界的发光材质不同）。而在选择了 [光能传递] 的渲染计算时，发光材质会照亮周围的环境，产生如同真实世界的灯光照明效果。自发光的效果如图 3.010（左）所示。

（5）不透明度

[不透明度] 是专为玻璃、水等透明体准备的参数设置，但仅调节这一项的效果并不是很好，通常还要调节反射和折射效果。[不透明度] 参数更多被用来设置透明对象的阴影透明程度，[扩展参数] 卷展栏下的 [高级透明] 参数组专用于调节透明材质。材质的透明效果如图 3.010（右）所示。

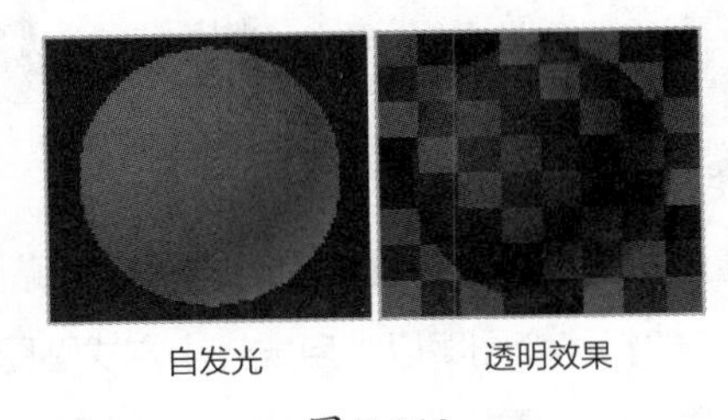

图 3.010

（6）反射和折射

反射和折射是金属、油漆、塑料、玻璃、水等对象的重要材质属性，一般应列在基本材质属性中，但在 3ds Max 中被放置在了 [贴图] 卷展栏下，即必须先指定一个贴图才能使用。3ds Max 提供的 [光线跟踪] 贴图可以进行反射和折射的自动跟踪计算，它可以真实地计算出光线的反射效果，可调节的参数非常多。

3. 材质扩展参数

[扩展参数] 卷展栏如图 3.011（左）所示。

其中的一些主要参数如下。

高级透明：该参数组是对透明属性的一些高级控制，在此可以设置 [衰减]、[类型] 和 [折射率] 等。

线框：用于设置线框特性，如 [大小] 的数值和计算方法。

反射暗淡：用于设置物体阴影区中反射贴图的暗淡效果。当一个物体表面有其他物体的投影时，这个区域将会变得暗淡，但是一个标准的反射材质不会考虑到这一点，它会在物体表面进行全方位反射计算，而忽略了投影的影响，物体会变得通体光亮，场景也变得不真实。这时可以启用 [反射暗淡] 设置，它的两个参数分别控制物体被投影区域和未被投影区域的反射强度，这样可以将被投影区域的反射强度值降低，以表现投影效果，同时增加未被投影区域的反射强度，以补偿损失的反射效果。

超级采样：这是 3ds Max 中几种抗锯齿技术之一，如图 3.011（右）所示。在 3ds Max 中，纹理、阴影、高光，以及光线跟踪的反射和折射都具有自身设置的抗锯齿功能，与之相比，超级采样则是一种外部附加的抗锯齿方式，作用于标准材质和光线跟踪材质。

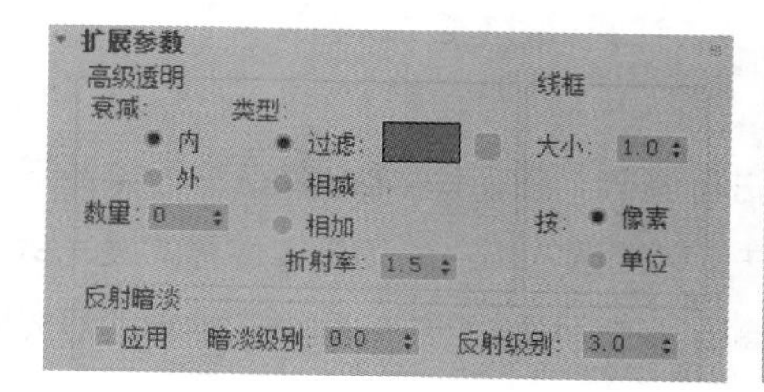

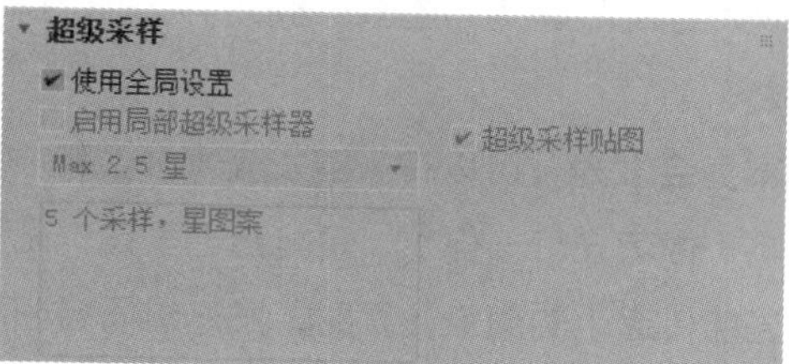

图 3.011

提示

由于使用 [超级采样] 会大大增加渲染的时间，所以建议在最终渲染结果有明显的锯齿时再使用该参数。在处理光线跟踪贴图或光线跟踪材质时，由于它们自身已经带有超级采样的设置，所以通常对使用光线跟踪的反射和折射不再进行超级采样的设置，以避免重复计算，浪费时间。

4. 贴图通道的类型及指定操作

材质表面的各种纹理效果都是通过贴图产生的。使用时不仅可以像贴图案一样进行简单的纹理涂绘，还可以按各种不同的材质属性进行贴图。如将一个图案以 [自发光] 方式贴图，会形成发光的图案；以 [凹凸] 方式贴图，会形成表面起伏不平的效果；以 [置换] 方式贴图，可以产生真实的立体凹凸效果，代替一些细节建模；以 [不透明度] 方式贴图，会形成半透明的图案等。

3ds Max 不仅在 [贴图] 卷展栏中提供了多种类型的贴图方式，还提供了大量用于产生图案的程序贴图，如 [噪波]、[大理石]、[棋盘格] 等，这是几乎所有的三维软件都具备的，如图 3.012 所示。

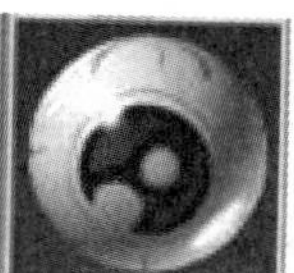

图 3.012

将自己的图案纹理（如贴图库、扫描图片、数码照片等）用作贴图，最重要的是怎样将图案贴在模型的表面，尤其是一些复杂的曲面（如人物脸部的贴图、动物表皮的贴图等），这项技术也是三维角色动画制作的难点。由于主要在视图中操作，所以在 3ds Max 中要结合材质编辑器和修改命令来完成，而且模型的类型不同（如多边形、细分曲面、面片、NURBS 曲面），贴图方法也有所差异。在［贴图］卷展栏中可以设置 12 种贴图方式，如图 3.013 所示，在物体不同的区域可产生不同的贴图效果。每种方式右侧都有一个长按钮，单击它们可以调出［材质 / 贴图浏览器］对话框，在该对话框中只能选择贴图，如图 3.014 所示。这里提供了 42 种通用贴图，可以应用在不同的贴图通道上。

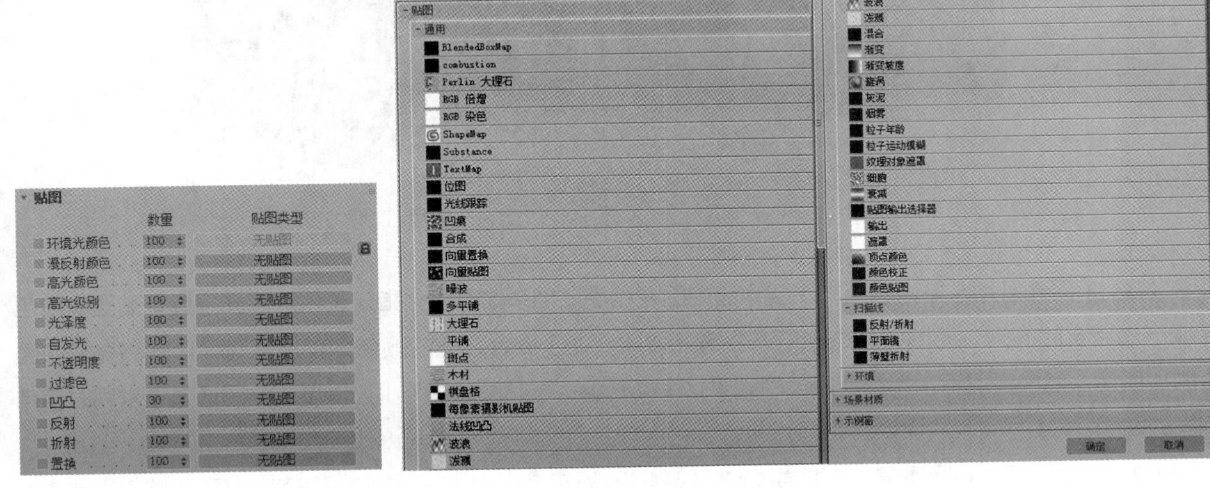

图 3.013

图 3.014

当选择一个贴图类型后，会自动进入其贴图设置层级中，以便进行相应的参数设置。单击［转到父级］按钮可以返回贴图方式设置层级，这时该按钮上会显示出贴图类型的名称，左侧的选项则显示被勾选状态，这表示当前该贴图通道处于活动状态。如果取消勾选该选项，会关闭该贴图通道，此时渲染时不会表现出它的影响，但内部的设置不会丢失。

［数量］下面的数值用于控制贴图覆盖的程度。例如，［漫反射颜色］贴图的值为 100 时表示完全覆盖，值为 50 时表示以 50% 的透明度进行覆盖。一般最大值都为 100，表示百分比值，但［凹凸］贴图通道、［高光级别］贴图通道和［置换］贴图通道的最大值可以设为 999。

通过拖曳操作可以在各贴图通道之间交换或者复制贴图。在 3ds Max 7.0 之后，用鼠标右键单击某个通道，在弹出的快捷菜单中也可以实现在贴图通道之间剪切、复制和清除贴图的操作，如图 3.015 所示。

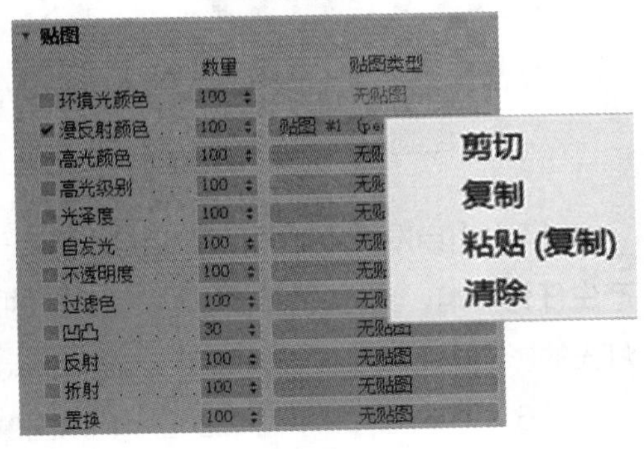

图 3.015

下面介绍一些比较常用的贴图通道。

（1）［漫反射颜色］贴图通道：用于表现材质的纹理效果。例如，为墙壁指定砖墙的纹理图案，可以产生砖墙的效果。图 3.016 所示是给光盘模型的［漫反射颜色］贴图通道指定一张放射状渐变贴图，以形成光盘表面的彩色放射状纹理。

（2）［高光颜色］贴图通道：高光颜色贴图是在物体的高光处显示出贴图效果，常在制作扫光的时候大显身手。图 3.017 所示是给光盘模型的［高光颜色］贴图通道指定同样一张放射状渐变贴图，以避免高光处产生大面积的白色亮斑。

图 3.016　　图 3.017

（3）［高光级别］贴图通道：主要通过位图或程序贴图来改变物体指定位置的高光强度。贴图中白色区域产生完全的高光，而黑色区域则不产生高光效果，处于两者之间的颜色会表现不同程度的高光，如图 3.018 所示。通常情况下，为达到最佳的效果，［高光级别］贴图通道与［光泽度］贴图通道经常同时使用相同的贴图。

（4）［光泽度］贴图通道：主要通过位图或程序贴图来控制物体表面的光滑程度，从而影响高光点的大小。贴图中黑色部分表现的效果物体表面粗糙、高光点范围较大，贴图中白色部分表现的效果物体表面光滑、高光点范围较小，处于两者之间的灰度值产生不同程度的光泽效果和不同大小的高光点，如图 3.019 所示。

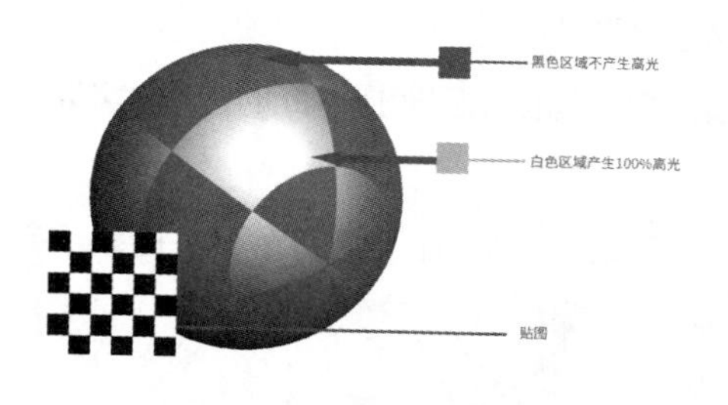

图 3.018

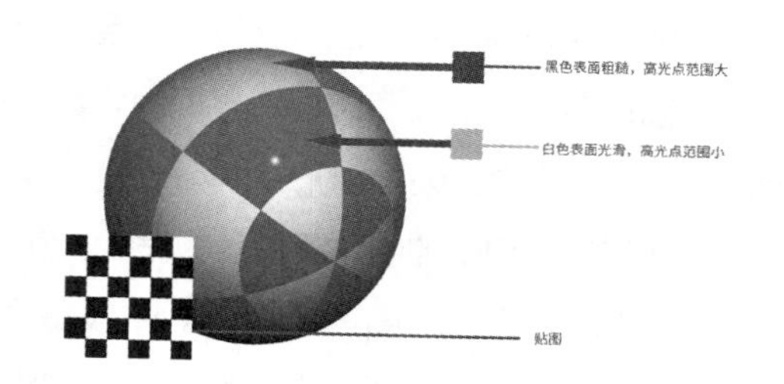

图 3.019

（5）［自发光］贴图通道：将贴图以一种自发光的形式贴在物体表面，图像中纯黑色的区域不会对材质产生任何影响，其他的区域将会根据自身的灰度值产生不同的发光效果。自发光意味着发光区域不受场景中灯光的影响，不接收投影，如图 3.020 所示。

（6）［不透明度］贴图通道：利用图像的明暗度在物体表面产生透明效果，纯黑色的区域完全透明，纯白色的区域完全不透明，这是一种非常重要的贴图方式。可以为玻璃杯添加花纹图案，如果配合［漫反射颜色］

贴图，可以产生镂空的纹理，这种技巧常被用来制作一些遮挡物体。例如，将一个人物的彩色图转化为黑白剪影图，将彩色图用作［漫反射颜色］通道贴图，而剪影图用作［不透明度］通道贴图，在三维空间中将它指定给一个薄片物体，从而产生一个立体的镂空人像，将它放置于室内外建筑的地面上，可以产生真实的反射与投影效果，这种方法在建筑效果图中的应用非常广泛。当然，在室内效果图的制作中，经常应用此原理制作具有图案的镂空玻璃，如图 3.021 所示。

图 3.020

图 3.021

（7）［凹凸］贴图通道：通过图像的明暗强度来影响材质表面的平滑程度，从而产生凹凸的表面效果，图像中的白色部分产生凸起，图像中的黑色部分产生凹陷，中间色产生过渡，如图 3.022 所示。这是一个模拟凹凸质感的好方法，优点是渲染速度很快，不过它也有缺陷，这种凹凸材质的凹凸部分不会产生阴影投影，在物体边界上也看不到真正的凹凸效果。对于一般的砖墙、石板路面，它可以产生真实的效果。如果凹凸对象离镜头很近，并且要表现出明显的投影效果，应该使用［置换］贴图通道，利用图像的明暗度来真实地改变物体造型，但这样会花费大量的渲染时间。

凹凸贴图的最大强度值为 999，但是过高的强度会带来不正确的渲染效果。如果发现渲染后凹凸处有锯齿或者闪烁现象，应开启［超级采样］重新进行渲染。

（8）［反射］贴图通道：反射贴图是很重要的一种贴图方式，如图 3.023 所示。要想制作出光洁亮丽的质感，必须要熟练掌握反射贴图的使用方法。在 3ds Max 中，制作反射效果有 3 种不同的方式。

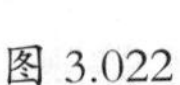

图 3.022

图 3.023

● 基础贴图反射：指定一张位图或程序贴图作为反射贴图，这种方式是最快的一种运算方式，但也是最不真实的一种方式。渲染静态图像，选择好的贴图或许可以达到效果，但是对于动态图像，效果会显得不真实。这并不是说它没有价值，对于模拟金属材质来说，还是很不错的，它最大的优点是渲染速度很快。

● 自动反射：这种方式不使用贴图，它的工作原理是由物体的中央向周围观察，并将看到的部分贴到表面上。

● 平面镜反射：这是使用 [平面镜] 贴图类型作为反射贴图。它是一种专门模拟镜面反射效果的贴图类型，就像现实中的镜子一样。

提示

这 3 种反射贴图是由于 3ds Max 软件特殊的发展历史而产生的。[光线跟踪] 贴图和材质已经可以替代早期的 [自动反射] 和 [平面镜] 贴图，还有 [薄壁折射] 贴图，但是为了保证能向下兼容，这几个过时的反射贴图一直没有被取消，我们在学习的时候可以只重点掌握 [光线跟踪] 贴图和材质。

（9）[折射] 贴图通道：折射贴图用于模拟空气和水等介质的折射效果，可以使对象表面产生对周围景物的映像，如图 3.024 所示。

与反射贴图不同的是，折射贴图所表现的是透过对象所看到的效果。折射贴图与反射贴图都是锁定视角而不是对象，不需要指定贴图坐标。当移动或旋转对象时，折射贴图效果不会受到影响。具体的折射效果还会受折射率的控制，[扩展参数] 卷展栏中的 [折射率] 参数专门用于调节物体的折射率。值为 1 时代表真空（空气）的折射率，不产生折射效果；值大于 1 时为凸起的折射效果，多用于表现玻璃；值小于 1 时为凹陷的折射效果，对象沿其边界进行反射（如水底的气泡效果），默认设置值为 1.5（标准的玻璃折射率）。不同折射率（IOR）的效果如图 3.025 所示。

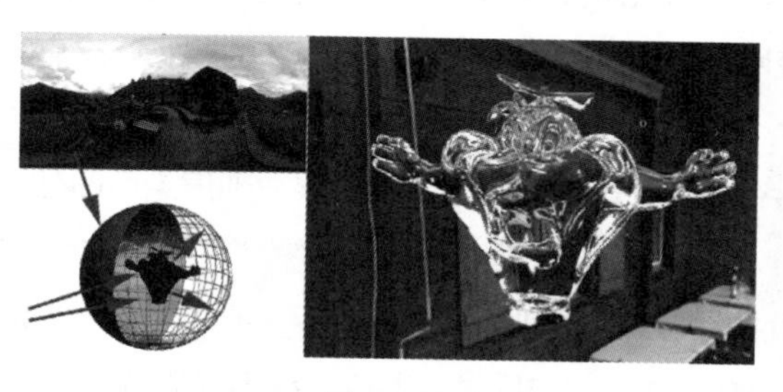
图 3.024

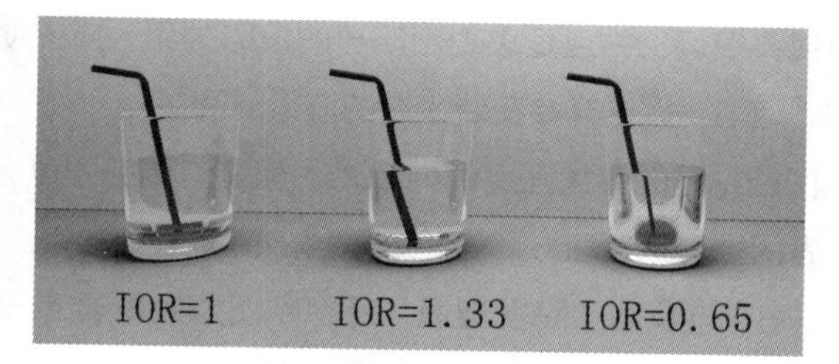

图 3.025

（10）[置换] 贴图通道：置换贴图是根据贴图图案的灰度分布情况对几何表面进行置换，较浅的颜色相对较深的颜色更向外突出，效果同 [凹凸] 修改器很相似，如图 3.026 所示。与 [凹凸] 贴图通道不同，置换贴图实际上是通过改变几何表面或面片上多边形的分布，在每个表面上创建很多三角面来实现的，因此置换贴图的计算量很大，有时甚至会在表面上产生超过几百万个面，所以使用它可能需要大量的内存和时间，并且在计算量巨大的情况下还经常会使机器停止响应。

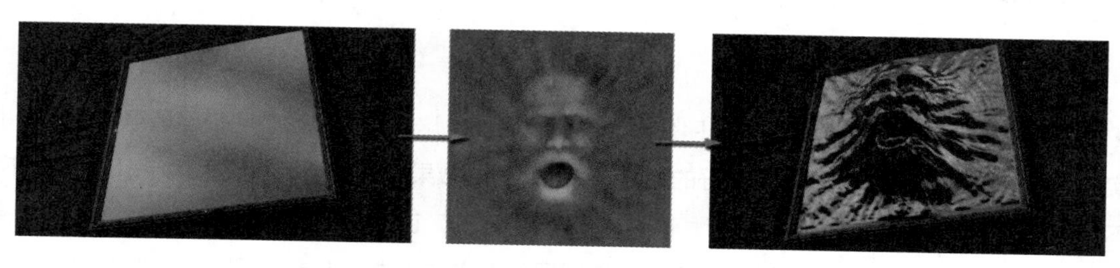
图 3.026

置换贴图可以直接指定给 4 种模型类型：贝兹面片、可编辑网格、多边形和 NURBS。

3.2.3 各种材质类型

1. ［混合］材质

［混合］材质的原理是将两种不同的材质通过［混合量］或［遮罩］混合到一起。混合材质可以使用标准材质作为子材质，也可以使用其他材质类型作为子材质，并且可以制作材质变形动画。通过［混合量］进行混合的原理是根据该数值控制两种材质表现出的强度，可以制作材质变形动画；而通过［遮罩］进行混合的原理是指定一幅图像作为混合的遮罩，利用它本身的明暗度来决定两种材质混合的程度，如图 3.027 所示。

2. ［合成］材质

［合成］材质的原理是通过层级的方式进行材质的叠加，以实现更加丰富的材质效果。材质的叠加顺序是从上到下的，可以合成 10 种材质。叠加时的合成方式有 3 种，分别是［递增性不透明］、［递减性不透明］及［混合复合］方式，分别用 A、S 和 M 来表示。

［合成］材质的用处非常广泛。例如，在瓶子上贴一张商标，在商标上设置水印等，如图 3.028 所示。

图 3.027

图 3.028

3. ［多维 / 子对象］材质

［多维 / 子对象］材质是一种非常有用的材质类型。它有两种用途：将材质分配给一个物体的多个元素或分配给多个物体。如果想让多个物体使用不同的材质，例如制作一堆散落在地上的石头，首先要为它们指定同一［多维 / 子对象］材质，设置几个稍微有差异的子材质，然后为每个石头指定［材质］修改器，将它们设置为不同的 ID，这样就可以制作出略有差异的石头材质了。如果想在一个物体的不同部分使用不同的材质，需要为不同的部分分配不同的 ID，然后为物体指定［多维 / 子对象］材质，这样系统就会把各个子材质分配给物体对应的 ID 了，可以参看图 3.029 中“小怪物”的材质。［多维 / 子对象］材质默认有 10 个子材质，最多可以设置 1000 个。

4. ［双面］材质

标准材质中的［双面］参数可以使对象的双面都被渲染，但是渲染后对象的两个面是一样的。而［双面］

材质可以为对象的内外表面分别指定两种不同的材质，并且可以控制它们的透明程度。这种材质类型一般用于比较薄或者在场景中可以被忽略厚度的对象，如纸张、布料、纸牌、明信片或一些容器等。图 3.030 所示为雨伞双面效果。

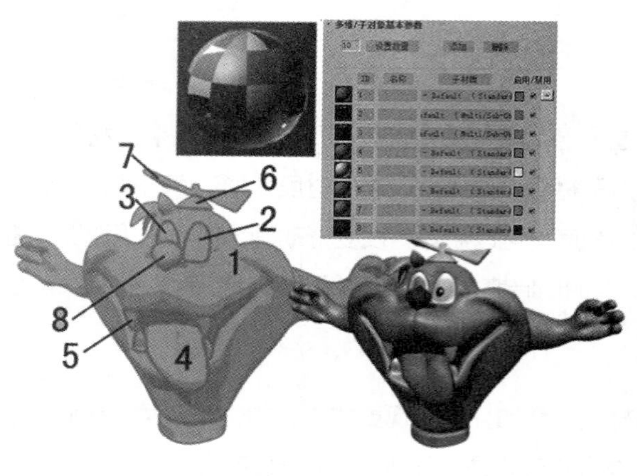

图 3.029

图 3.030

5. [顶 / 底] 材质

为对象指定两种不同的材质，一个位于顶部，一个位于底部，中间交界处可以产生浸润效果，它们所占比例可以调节。对象的顶表面是法线指向上部的表面，底表面是法线指向下部的表面，根据场景的世界坐标系统或对象的自身坐标系统来确定顶与底，效果如图 3.031 所示。

6. [光线跟踪] 材质

[光线跟踪] 材质是一种比标准材质更高级的材质类型，它不仅包括标准材质所具备的全部特性，还可以创建真实的反射和折射效果，如图 3.032 所示。

图 3.031

图 3.032

3.2.4 各种贴图类型

1. [位图] 贴图

使用一张位图图像作为贴图是非常常用的贴图方式。在 3ds Max 中被引入的位图支持多种格式，包括

AVI、BMP、GIF、IFL、JPEG、QuickTime Movie、PNG、PSD、RLA、TGA、TIFF 等。使用动画贴图时，渲染每一帧都会重新读取动画文件中所包含的材质、灯光或环境设置等信息，如图 3.033 所示。

2. [光线跟踪] 贴图

[光线跟踪] 贴图与光线跟踪材质相同，能提供完全的反射和折射效果，如图 3.034 所示。它大大优越于 [反射 / 折射] 贴图，但渲染时间更长。通过排除功能对场景进行优化计算，这样可以相对节省一定的时间。

图 3.033

图 3.034

[光线跟踪] 贴图与 [光线跟踪] 材质有以下不同之处。

- [光线跟踪] 贴图可以与其他贴图类型一同使用，可用于任何种类的材质。
- 可以将 [光线跟踪] 贴图指定给其他反射或折射材质。
- [光线跟踪] 贴图比 [光线跟踪] 材质有更多的衰减控制。
- [光线跟踪] 贴图通常要比 [光线跟踪] 材质的渲染速度慢一些。

3. [混合] 贴图

将两种贴图混合在一起，通过 [混合量] 可以调节混合的程度。以此作为动画，可以产生贴图变形效果，与 [混合] 材质效果相似。它还可以通过一个贴图来控制混合效果，如图 3.035 所示。

4. [遮罩] 贴图

使用一张贴图作为遮罩，透过它来检测上面的贴图效果，遮罩图本身的明暗强度将决定透明的程度。默认状态下，[遮罩]贴图的纯白色区域是完全不透明的，越暗的区域透明度越高，也越能显示出下面材质的效果，纯黑色的区域是完全透明的，如图 3.036 所示。通过 [反转遮罩] 选项可以颠倒遮罩的效果。

图 3.035

图 3.036

5. [合成] 贴图

将多个贴图组合在一起，通过贴图自身的 Alpha 通道或 [输出数量] 来决定彼此之间的透明度，效果如图 3.037 所示。对于此类贴图，应使用含有 Alpha 透明通道的图像。如果要在视图中显示合成贴图中的多个贴图，显示驱动必须是 OpenGL 或 Direct3D 方式，软件显示驱动方式不支持多贴图显示。

6. 常用程序贴图

（1）[渐变] 贴图

[渐变] 贴图可以产生 3 色（或 3 个贴图）的渐变过渡效果，可扩展性非常强，有线性渐变（如图 3.038 中的背景贴图）和放射渐变（如图 3.038 中红绿灯的贴图）两种类型。3 种色彩可以随意调节，相互区域比例的大小也可调节。通过贴图可以产生无限级别的渐变和图像嵌套效果，另外其自身还有可调节的噪波参数，可用于控制区域相互之间融合时产生的杂乱效果。

图 3.037

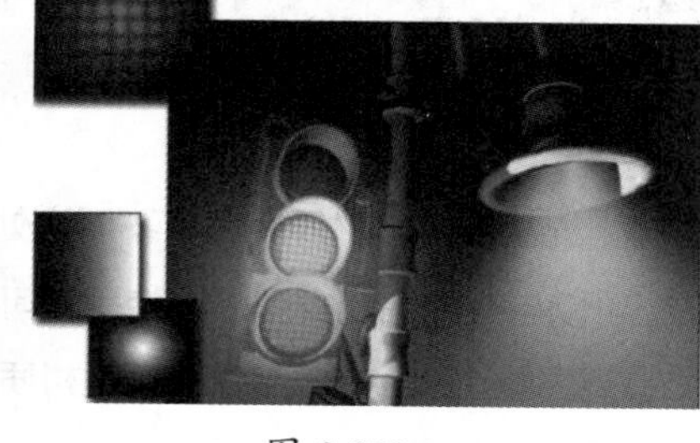
图 3.038

渐变材质在实际制作中非常有用，但是调节起来要看使用者的色彩感觉了。我们还可以用它来实现晴空万里的效果、面包表面的纹理、水蜜桃表面的颜色过渡等效果。

（2）[渐变坡度] 贴图

这是一种与 [渐变] 贴图相似的二维贴图，它们都可以产生颜色间的渐变效果，但渐变坡度贴图可以指定任意数量的颜色或贴图，以制作出更为多样化的渐变效果。图 3.039 所示为通过多种渐变表现蛋糕的层。

（3）[平铺] 贴图

使用平铺程序贴图，可以创建砖、彩色瓷砖等效果，如图 3.040 所示。制作时可以使用预置的建筑砖墙图案，也可以设计自定义的图案样式。

图 3.039

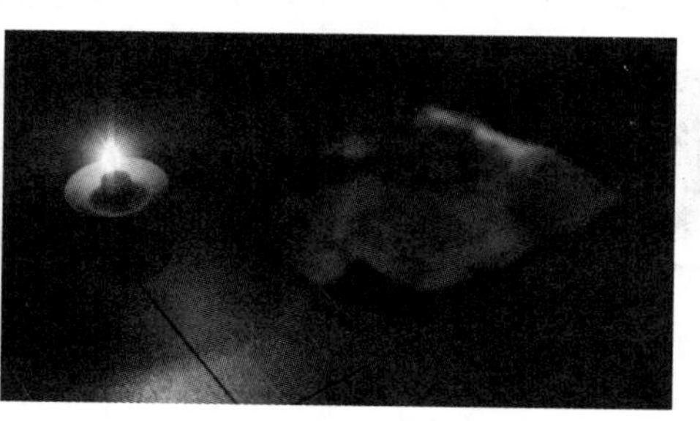
图 3.040

（4）［棋盘格］贴图

［棋盘格］贴图类似于国际象棋的棋盘，可以产生两色方格交错的图案，如图 3.041 所示，也可以指定两个贴图进行交错显示。通过［棋盘格］贴图间的嵌套，可以产生多彩的方格图案效果，常用于制作一些格状纹理或砖墙、地板砖和瓷砖等有序的纹理。通过［棋盘格］贴图的［噪波］卷展栏，可以在原有的棋盘格图案上创建不规则的干扰效果。这个贴图还有一个非常有用的功能——为要展平贴图的模型测试展平效果，主要用于查看纹理在对象表面分布是否均匀。

（5）［衰减］贴图

［衰减］贴图能产生由明到暗的衰减影响，可作用于［不透明］贴图、［自发光］贴图和［过滤色］贴图等，主要产生一种透明衰减效果，衰减强的地方透明，衰减弱的地方不透明，类似于标准材质的［透明衰减］影响，只是其控制能力更强。

简单地使用［衰减］贴图作为［不透明］贴图，可以产生透明衰减影响；将它作用于［自发光］贴图，可以产生光晕效果，常用于制作霓虹灯、太阳光；它还常作用于［遮罩］贴图和［混合］贴图，用来制作多个材质渐变融合或覆盖的效果；它还可以制作类似于 X 光的效果，如图 3.042 所示。

图 3.041

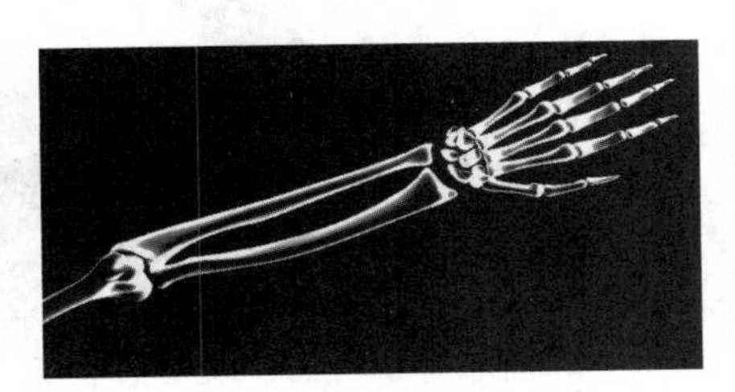

图 3.042

（6）［噪波］贴图

这种贴图通过两种颜色的随机混合，产生一种噪波效果。它是使用比较频繁的一种贴图，常用于无序贴图效果的制作，如图 3.043 所示。

（7）［细胞］贴图

这种贴图可以产生马赛克、鹅卵石、细胞壁等随机序列贴图效果，还可以模拟出海洋效果。在调节时要注意示例窗中的效果不是很清晰，最好将其指定给物体后再进行渲染调节。图 3.044（左）所示为用它制作的物体外表面，图 3.044（右）所示为用它模拟的海洋表面。

图 3.043

图 3.044

3.2.5 贴图坐标

制作精良的贴图要配合正确的指定坐标才能将其正确显示在对象上，这是一个制作难点。贴图坐标用来指定贴图位于对象上的位置、方向及大小比例。在 3ds Max 中共有 3 种设定贴图坐标的方式。

● 在创建基本形体对象时，［参数］卷展栏中含有［生成贴图坐标］选项，如果这个对象要使用默认的贴图坐标，请启用该选项。

● 在［修改］面板中指定一个［UVW 贴图］修改器，可以从 7 种贴图坐标系统中选择一种，自行设定贴图坐标的位置，并且还可以将贴图坐标的修改制作成动画。

● 对特殊类型的模型使用特别的贴图轴设定，如［放样］对象提供了内定的贴图选项，可以沿着对象的纵向与横向指定贴图轴。另外，NURBS 和面片都有自己的一套贴图方案。

3ds Max 提供了以下 7 种贴图坐标方式，合理应用这些贴图方式，能实现各种复杂的贴图效果，如图 3.045 所示。

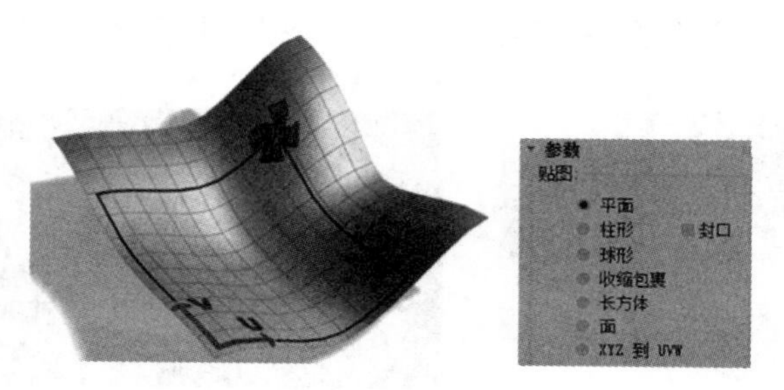

图 3.045

● 平面：将贴图沿平面映射到对象表面，适用于平面对象，可保证贴图的大小、比例不变，如图 3.046 所示。

● 柱形：将贴图沿圆柱侧面映射到对象表面，适用于柱体的贴图。该选项右侧的［封口］选项可用于控制柱体两端面的贴图方式。如果不勾选该选项，两端面会形成扭曲撕裂的效果；如果勾选该选项，即可为两端面单独指定一个平面贴图，如图 3.047 所示。

● 球形：将贴图沿球体内表面映射到对象表面，适用于球体或类似球体的贴图，如图 3.048 所示。

● 收缩包裹：将整个图像从上向下包裹住整个对象表面，适用于球体或不规则物体的贴图，如图 3.049 所示。其优点是不产生接缝和中央裂隙，在模拟环境反射的情况下使用得比较多。

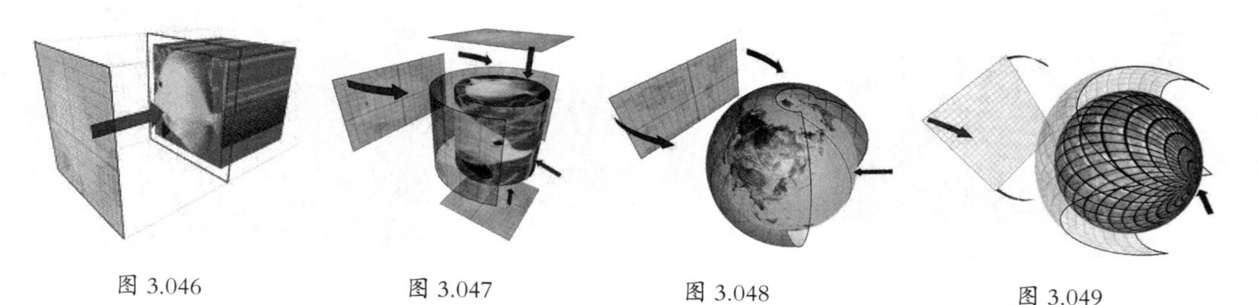

图 3.046　图 3.047　图 3.048　图 3.049

● 长方体：按 6 个垂直空间平面将贴图分别镜射到对象表面，适用于立方体类物体，常用于建筑物的快速贴图，如图 3.050 所示。

● 面：直接为对象的每个表面进行平面贴图，如图 3.051 所示。

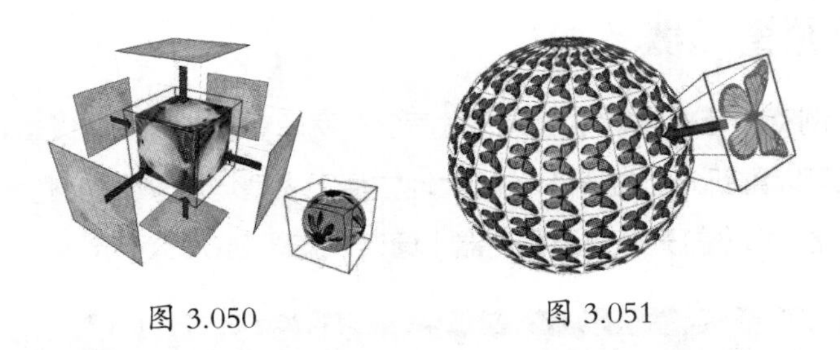

图 3.050　　　　图 3.051

● XYZ 到 UVW：适配 3D 程序贴图坐标到 UVW 贴图坐标。这个选项有助于将 3D 程序贴图锁定到对象表面。如果拉伸表面，3D 程序贴图也会被拉伸，但不会造成贴图在表面流动的错误动画效果。

3.2.6 视口画布

[视口画布] 原本是 3ds Max 的经典插件 PolyBoost 中的一个工具，它随着该插件在 3ds Max 2010 版时被完全融入 3ds Max 中。在 3ds Max 2011 和 3ds Max 2012 版中，[视口画布] 工具又得到了大幅改进，它可以直接在视口中为 3D 模型表面绘制或修改纹理，并且将贴图保存成一个平面图像，或通过叠加到视口上的 2D 移动画布直接在二维图像上绘制。相对于早期版本的 [视口画布]，新版本中增加了大量的绘图工具，包括模糊、锐化、减淡和加深等，并且引入了层的概念，甚至可以将图像导出为 PSD 文件，以便于在 Photoshop 等图像处理软件中对贴图纹理做进一步的调整。

通过执行 [工具 > 视口画布] 命令即可打开 [视口画布] 面板。在绘制纹理前，首先要选择相应的纹理通道，然后为绘制的纹理贴图指定需要保存的路径，接着就可以利用绘画工具在视口中进行绘制了。在绘制过程中，可以随时调节笔刷的大小、不透明度及笔触的性质等，甚至可以加载和设置笔刷图像，如图 3.052 所示。

图 3.052

通过 [视口画布] 提供的功能，可以使用自定义调色板，随机化笔刷设置，使用绘图板笔尖根据压力变化笔刷半径和其他设置，镜像笔刷笔画，并可以保存和加载所有设置。还可以在对象和 2D 画布之间迅速切换，并获得这两个区域中的实时反馈效果。

为获得最大的精确度，可使用 TIFF 或其他无损压缩文件格式。此外，为确保视口显示的质量，可以使用尽可能高的分辨率。设置步骤为：执行 [自定义 > 首选项 > 视口 > 配置驱动程序] 命令（显示驱动为 Direct3D），在弹出的面板中将 [下载纹理大小] 设置为 512，并启用 [尽可能接近匹配位图大小] 选项。

3.2.7 材质资源管理器

材质资源管理器可以浏览和管理场景中所有的材质。在材质管理器中，可以查看材质的类型、结构、显示状态和指定对象，甚至可以重新分配材质 ID，极大地方便了大型场景文件的材质编辑和管理。可以通过执行 [渲染 > 材质资源管理器] 命令打开 [材质管理器] 窗口，如图 3.053 所示。

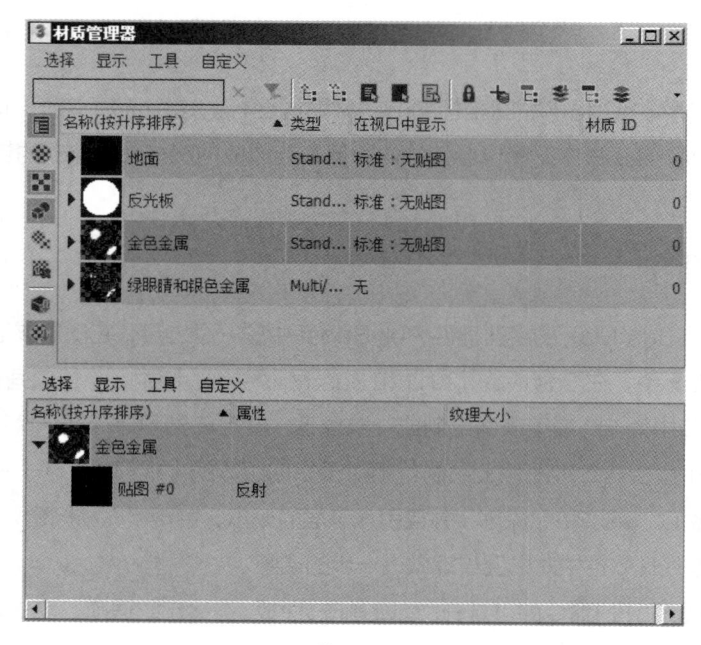

图 3.053

3.2.8 Slate 材质编辑器

[Slate 材质编辑器] 采用一种节点式材质编辑模式，可以清晰地显示出材质的结构和效果。本小节将详细介绍 [Slate 材质编辑器] 的基本操作方法。

1．创建材质

在 [Slate 材质编辑器] 界面左侧的 [材质 / 贴图浏览器] 中选择要创建的材质或贴图类型，然后将其拖入活动视图即可。例如，创建一个 [标准] 材质，在 [材质 / 贴图浏览器] 中将 标准 材质拖入活动视图，[标准] 材质的节点构成如图 3.054 所示。双击材质球可放大其预览窗口，再次双击可还原显示效果。

2．为材质重新命名

在材质球名称处单击鼠标右键，从弹出的菜单中选择 [重命名] 选项，弹出 [重命名] 对话框，为新创建的材质球重新指定一个名称，如“Mat No.1”，命名后显示效果如图 3.055 所示。

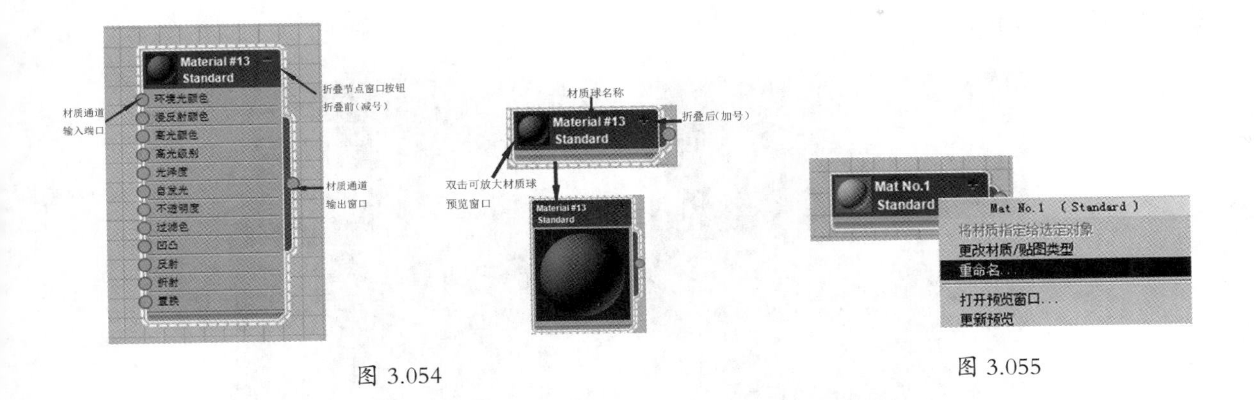

图 3.054　　　　图 3.055

3. 设置材质参数

在材质球的名称处双击鼠标，界面右侧的参数编辑器窗口中会显示此材质的相关参数，这里的显示内容与传统材质编辑器中的参数设置完全相同，如图 3.056 所示。

4. 将材质指定给场景中的对象

选择场景中的对象，然后在［Slate 材质编辑器］的工具栏中单击 按钮，将当前材质指定给场景中的对象。此时材质预览球的轮廓四周会出现白色小三角形，这代表该材质已指定给场景对象，且该对象处于选中状态。如果场景中被指定此材质的对象未被选中，则小三角呈灰色，如图 3.057 所示。

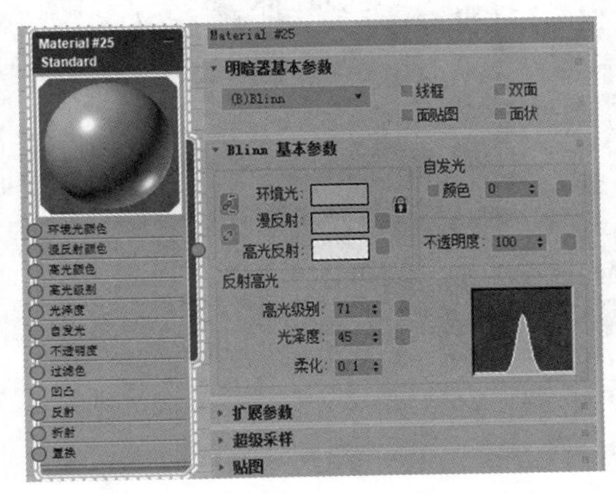

图 3.056

图 3.057

提示

另一种为对象指定材质的方法是按住鼠标左键拖曳材质球输出端口的圆圈，将其拖曳到场景中的相应对象上，然后松开鼠标左键即可。

5. 添加贴图节点

如果要为当前材质指定一个［大理石］贴图，有以下两种操作方法。

方法 1：在界面左侧［材质 / 贴图浏览器］上的［贴图］项目中展开［标准］卷展栏，选择 Marble［大理石］选项，将其拖入活动视图中，然后拖曳 Marble［大理石］的输出端口，将其与［漫反射颜色］的输入端口相连接，如图 3.058 所示。

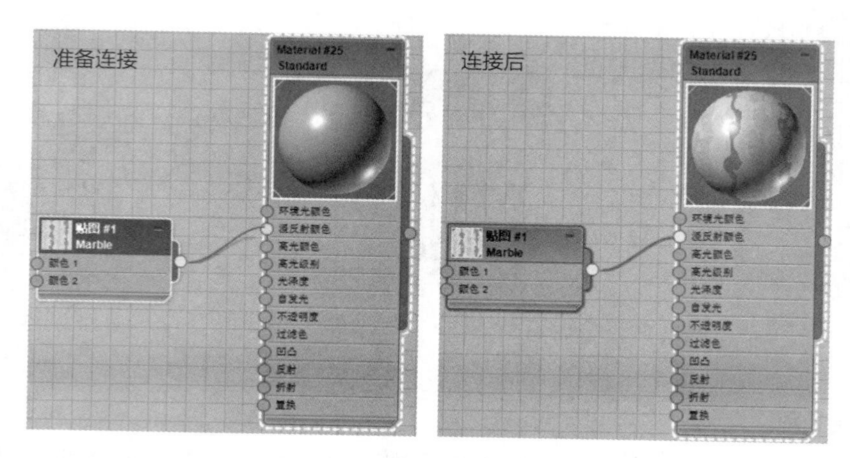

图 3.058

方法 2：将光标放置在［漫反射颜色］输入端口的小圆圈处，拖曳鼠标到合适的位置，松开鼠标后会弹出一个贴图快捷列表，在该列表中选择［大理石］贴图即可，如图 3.059 所示。

如果有些贴图组合了其他贴图，材质树就会呈现两个以上的级别，这样更有利于观察材质的结构，以便于修改和调整，如图 3.060 所示。

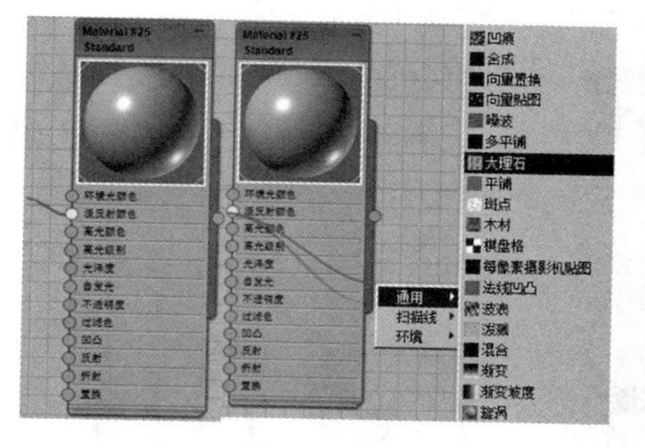

图 3.059

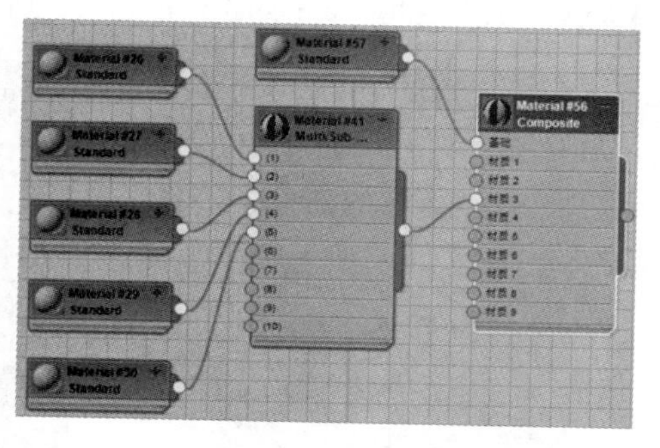

图 3.060

3.3 应用案例

3.3.1 制作变色龙黄金圣衣材质

范例分析

本案例将使用 3ds Max 的环境、灯光和材质来制作一个非常漂亮的变色龙黄金圣衣效果，如图 3.061

所示。在制作的过程中，我们将使用光线跟踪材质来制作黄金、白银，以及绿色的玻璃眼睛，还会涉及反光板的架设、HDRI 贴图和场景中灯光的指定，以及材质细部的调节和灯光阴影的设置等。

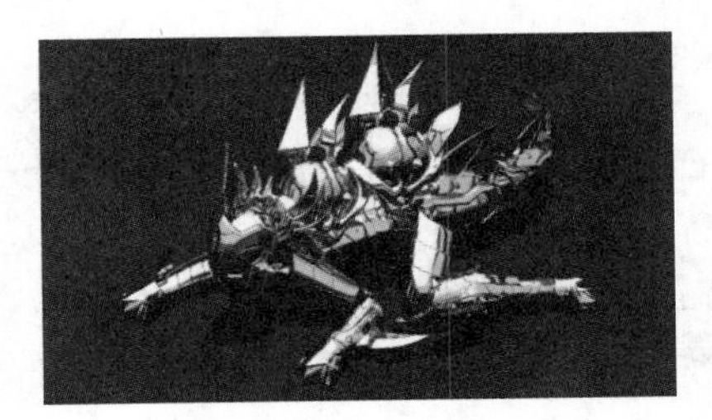

图 3.061

场景分析

打开配套学习资源中的“场景文件 \ 第 3 章 \3.3.1\video-start.max”文件，主要模型已经制作完毕，如图 3.062 所示。单击主工具栏上的按钮，打开［材质编辑器］，可以看到场景中的物体均指定了相应的材质球，但是材质尚未进行设置，如图 3.063 所示。

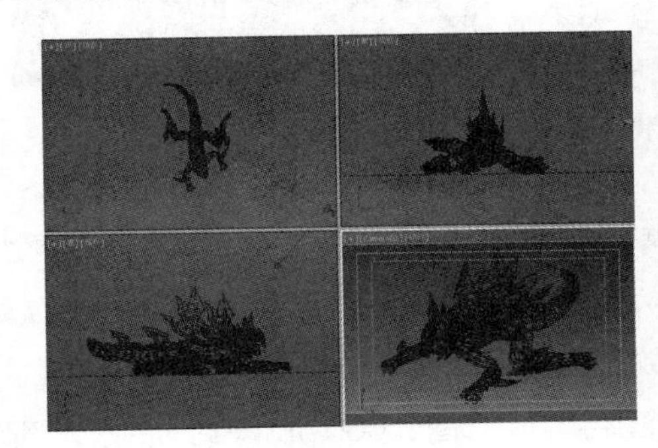

图 3.062

图 3.063

单击主工具栏上的按钮，打开［渲染设置］窗口，在［公用］选项卡中将［输出大小］的［宽度］和［高度］分别设置为 500 和 297，在［渲染输出］参数组中未设置［保存文件］。切换至［渲染器］选项卡，确认未启用［启用全局超级采样器］，如图 3.064 所示。

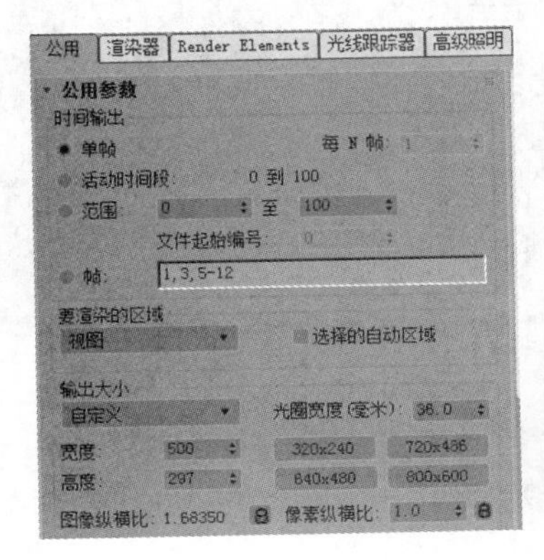

图 3.064

制作步骤

1. 灯光设置

步骤 01： 创建场景中的灯光。进入［显示］面板，将场景中的［摄影机］隐藏。调整视角，执行［创建>灯光>标准>目标聚光灯］命令，在［左视图］中拖曳鼠标，创建一盏聚光灯［Spot001］，如图 3.065 所示。

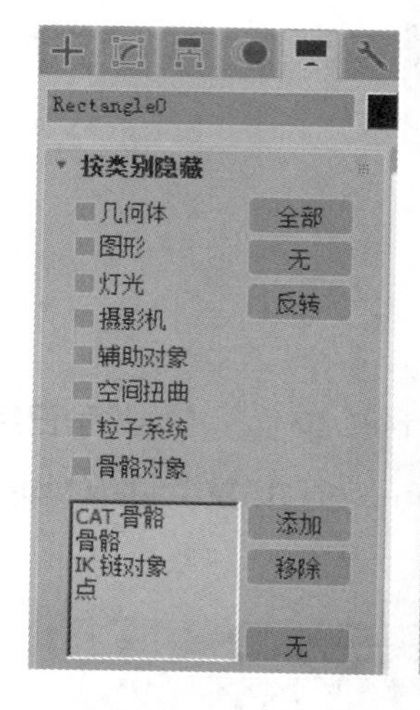

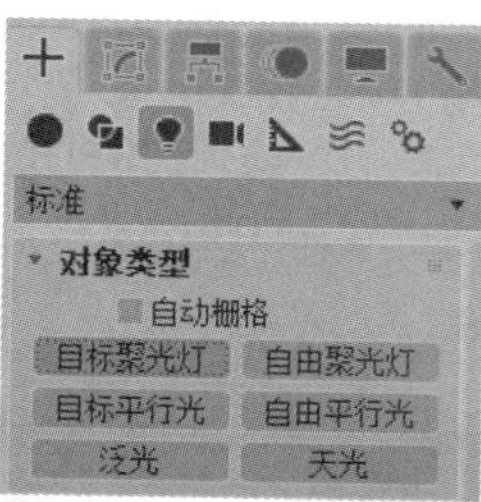

图 3.065

步骤 02： 在［修改］面板下［常规参数］卷展栏的［阴影］中勾选［启用］选项，将类型设置为［区域阴影］，这种阴影可以产生近实远虚的阴影变化，以便于制作产品的渲染。打开［强度/颜色/衰减］卷展栏，设置［倍增］为 1，颜色为白色。打开［聚光灯参数］卷展栏，将［聚光区/光束］和［衰减区/区域］分别设置为 43 和 45。单击主工具栏上的按钮，进行渲染测试，如图 3.066 所示。此时的整体照明效果还不错，只是阴影区域有些偏黑，下面进行调整。

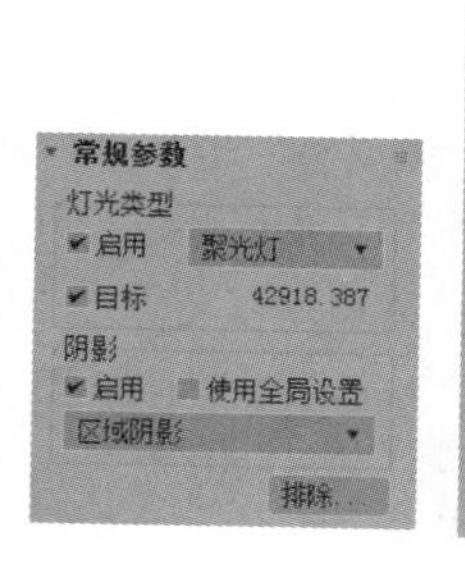

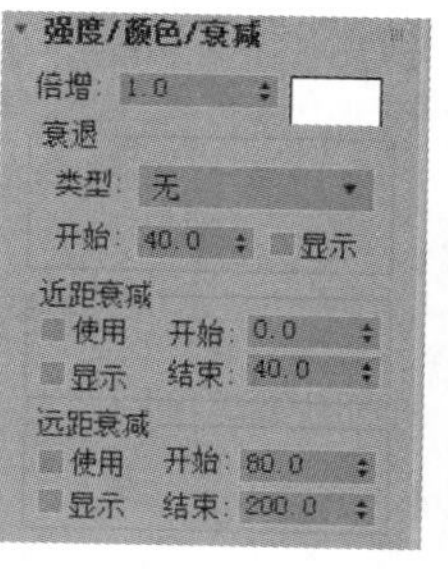

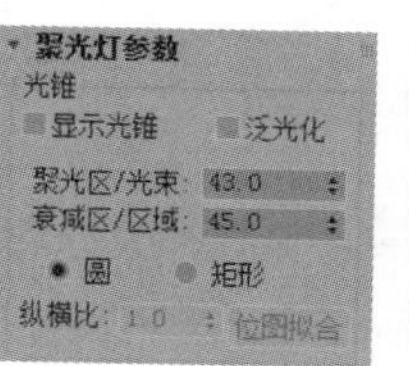

图 3.066

步骤 03： 打开［阴影参数］卷展栏，将［对象阴影］的［密度］设置为 0.6，再次进行渲染测试，可以看到阴影的颜色稍微变浅了，如图 3.067 所示。

步骤 04: 为了得到近实远虚的阴影，在[区域阴影]卷展栏的[抗锯齿选项]中设置[阴影完整性]和[阴影质量] 分别为 2 和 5，这两个值将在后续的操作中进行整体调整。在 [区域灯光尺寸] 中将 [长度] 和 [宽度] 均设置为 5。再来进行渲染测试，由于灯光的尺寸变小了，所以得到的阴影比之前渲染的效果硬一些，如图 3.068 所示。

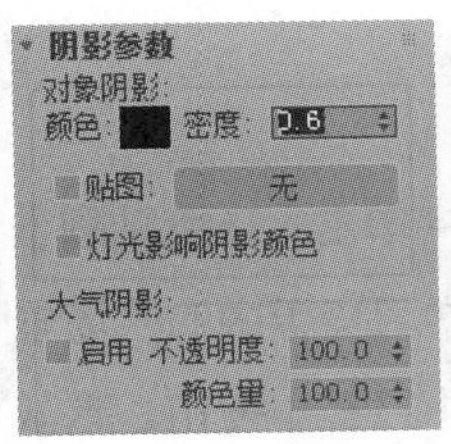

图 3.067

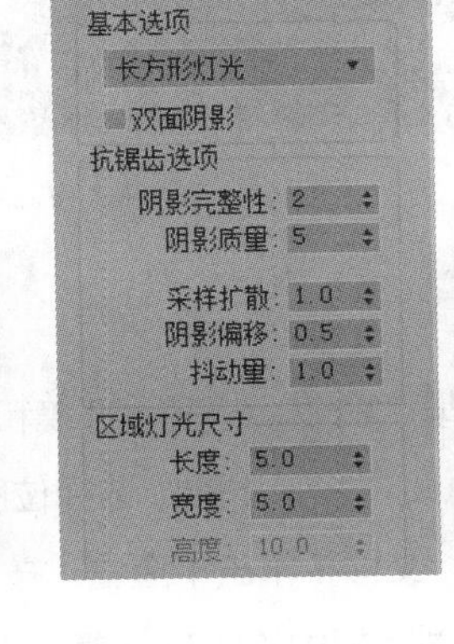

图 3.068

2. 材质设置

（1）金色金属

打开[材质编辑器]窗口，选择第 3 个材质球，它的名称为[金色金属]，默认为[Standard]类型。在[明暗器基本参数]卷展栏中选择[金属]，将[漫反射]的颜色设置为一个偏向黄金的颜色。将[高光级别]和[光泽度]分别设置为 188 和 82，得到强一点的高光，小一点的高光面积，如图 3.069 所示。打开[贴图]卷展栏，为 [反射] 添加一张 [光线跟踪] 贴图，使其能够反射周围的环境，默认 [强度] 为 100，如图 3.069（续）所示。进行渲染测试，黄金表面有许多黑色区域，下面为其添加环境。

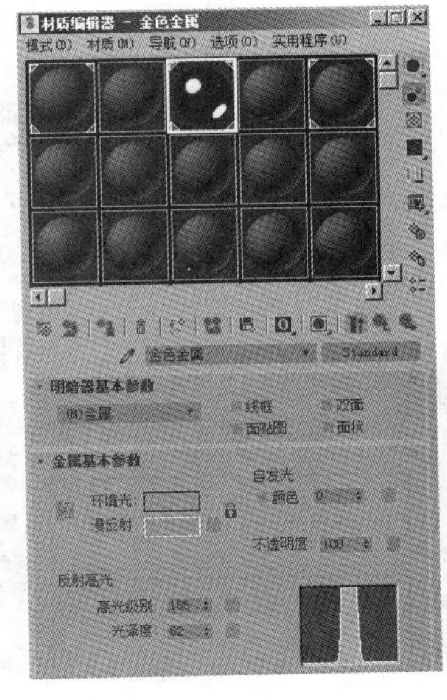

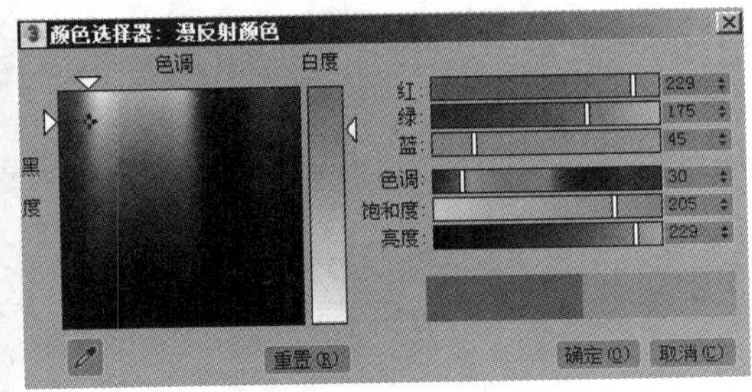

图 3.069

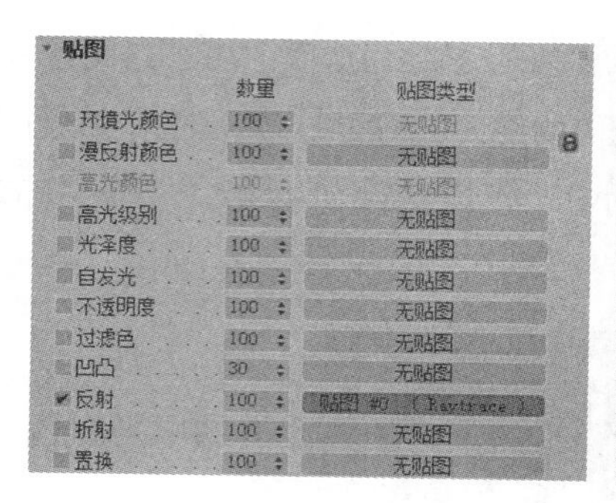

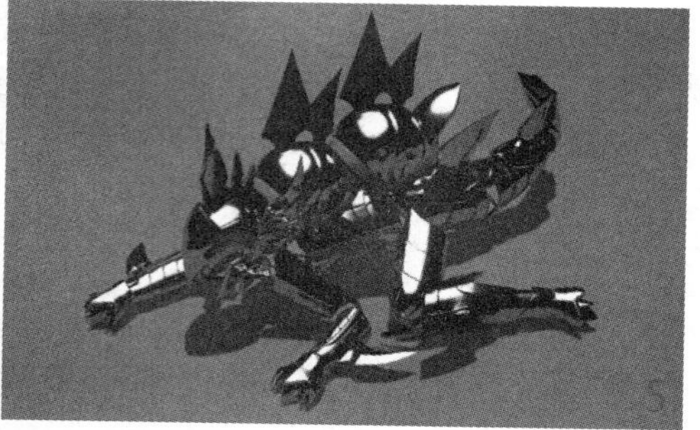

图 3.069（续）

（2）环境贴图

步骤 01： 执行［渲染 > 环境］命令，打开［环境和效果］窗口，在［环境］选项卡中单击［环境贴图］材质加载按钮，选择［位图］材质，在弹出的［选择位图图像文件］对话框中打开配套学习资源中的“场景文件 \ 第 3 章 \3.3.1\ 灰度 .hdr”文件，单击［查看］按钮，可以对贴图进行查看，单击［打开］按钮，默认使用弹出的［HDRI 加载设置］对话框中的所有设置，如图 3.070 所示。

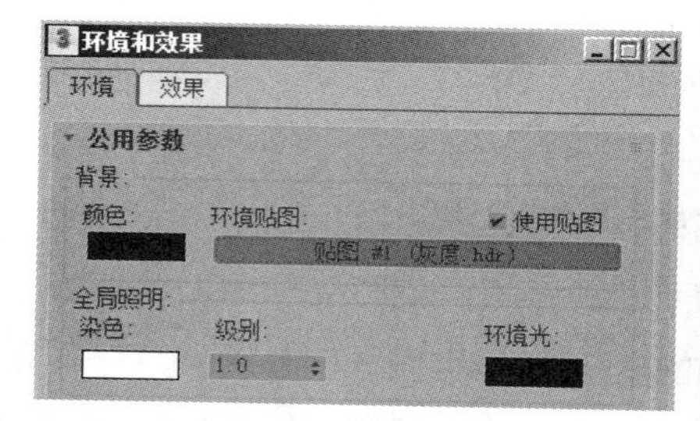

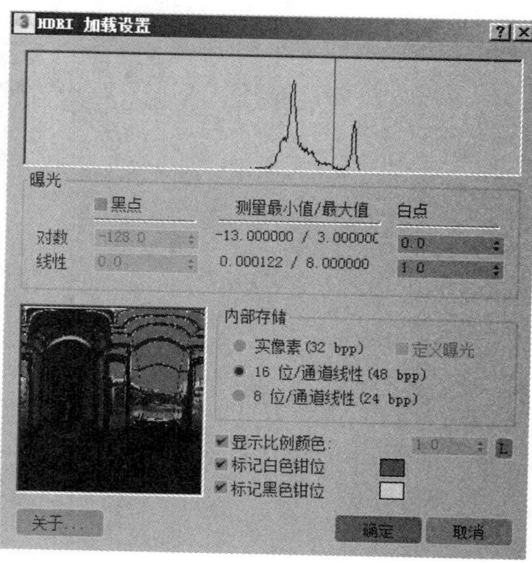

图 3.070

步骤 02： 将这一环境贴图拖曳到［材质编辑器］中的第 2 个材质球上，在［实例（副本）贴图］对话框中选择［实例］。确认［坐标］卷展栏下使用的是［球形环境］。打开［输出］卷展栏，勾选［启用颜色贴图］选项，将输出曲线两端的端点坐标分别设置为（0,0）和（1,1.2），将后一个端点切换为［Bezier 角点］，调整控制柄，使曲线具有一定的曲率，得到更亮一些的效果。进行渲染测试，可以看到之前黑色区域均变成金色的金属，如图 3.071 所示。

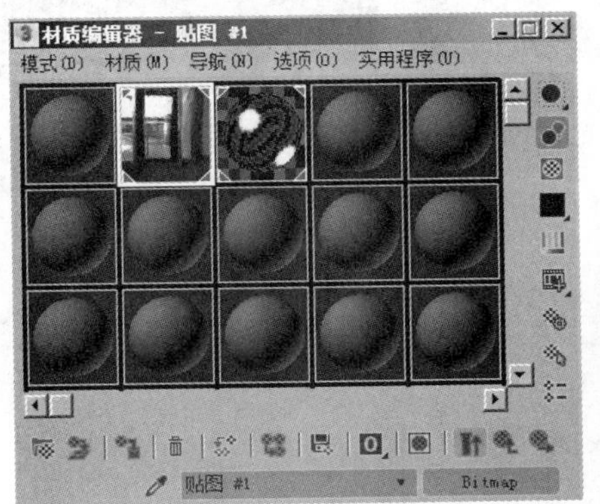

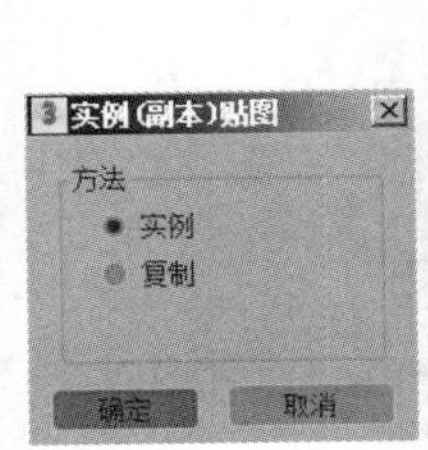

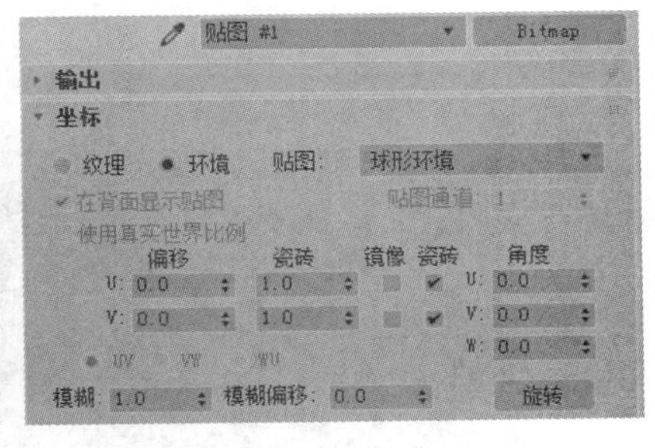

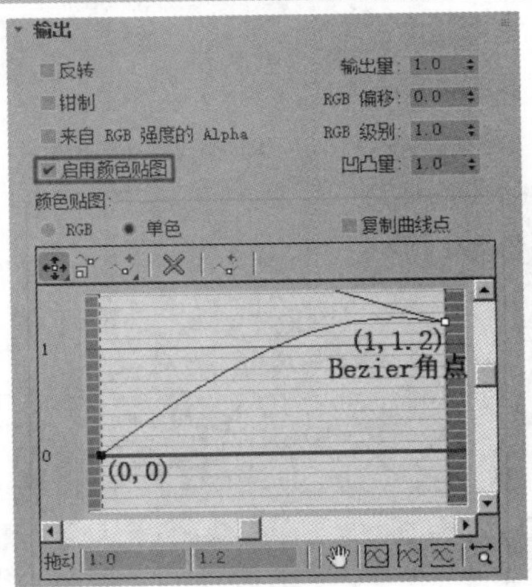

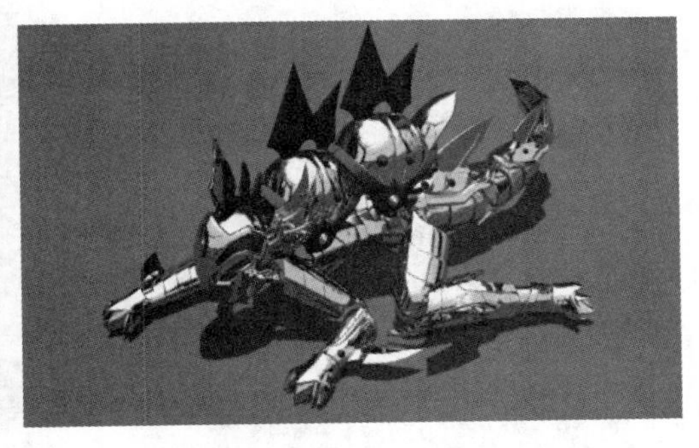

图 3.071

（3）绿眼睛和银色金属

步骤 01： 选择场景中的［Rectangle0］模型，进入［多边形］级别。在［修改］面板下的［曲面属性］卷展栏中设置［选择 ID］为 1，则场景中选中的模型为绿色的眼睛部分，且选中的部分显示为红色；设置为 2 时，则对应银色部分，如图 3.072 所示。

步骤 02： 选择［材质编辑器］中的第一个材质球，它的名称为［绿眼睛和银色金属］，单击［Standard］按钮，在［材质 / 贴图浏览器］中选择［多维 / 子对象］材质，在弹出的［替换材质］对话框中选择［丢弃旧材质］选项，单击［确定］按钮。在［多维 / 子对象基本参数］卷展栏下单击［设置数量］按钮，在弹出的［设置材质数量］对话框中将［材质数量］设置为 2。为第一个子材质添加［光线跟踪］材质，得到玻璃的效果，如图 3.073 所示。

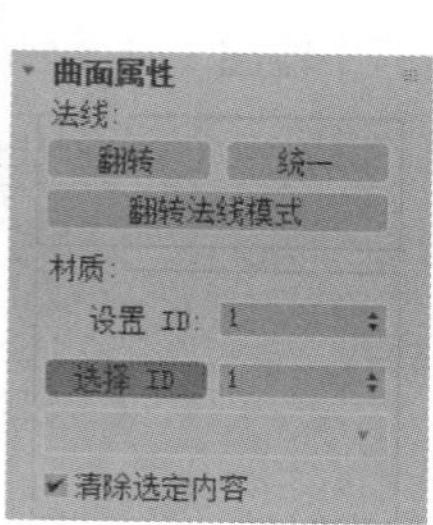

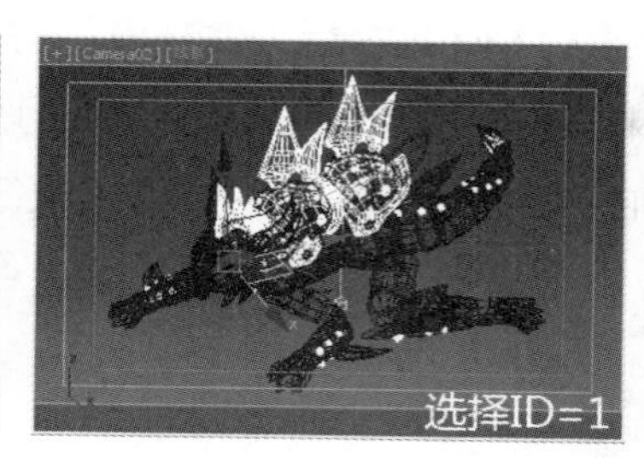

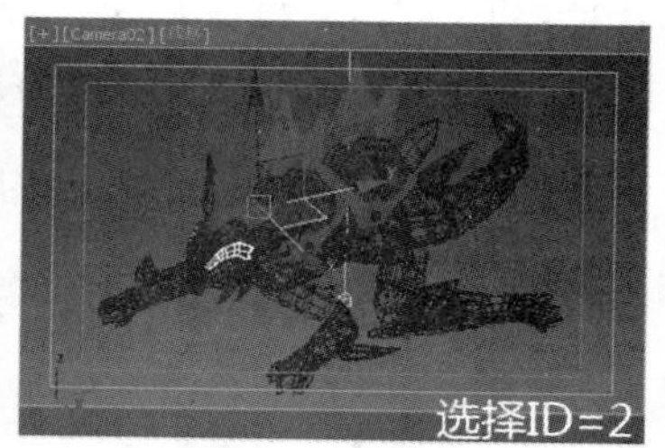

图 3.072

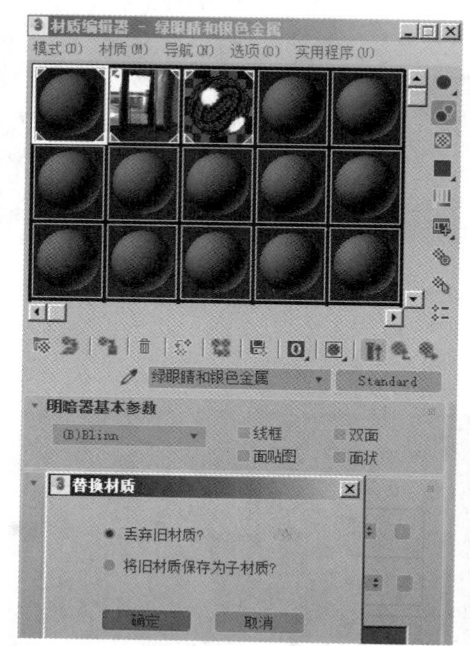

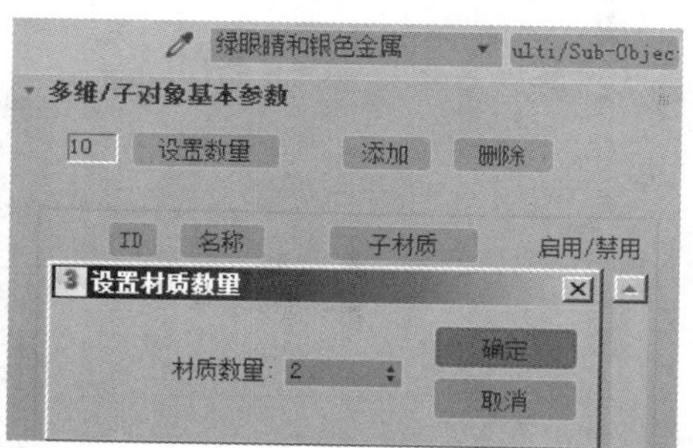

图 3.073

提示

[光线跟踪] 材质的渲染速度要比默认的材质加入 [光线跟踪] 贴图快得多。

步骤 03：将 [光线跟踪] 材质的 [漫反射] 颜色设置为黑色。将 [透明度] 设置为绿色。勾选 [反射]，将其设置为 [Fresnel]。将 [折射率] 设置为 1.55，将 [高光级别] 和 [光泽度] 分别设置为 203 和 83，得到大一点的高光和小一点的高光面积。双击材质球，打开背景显示。进行渲染测试，如图 3.074 所示。

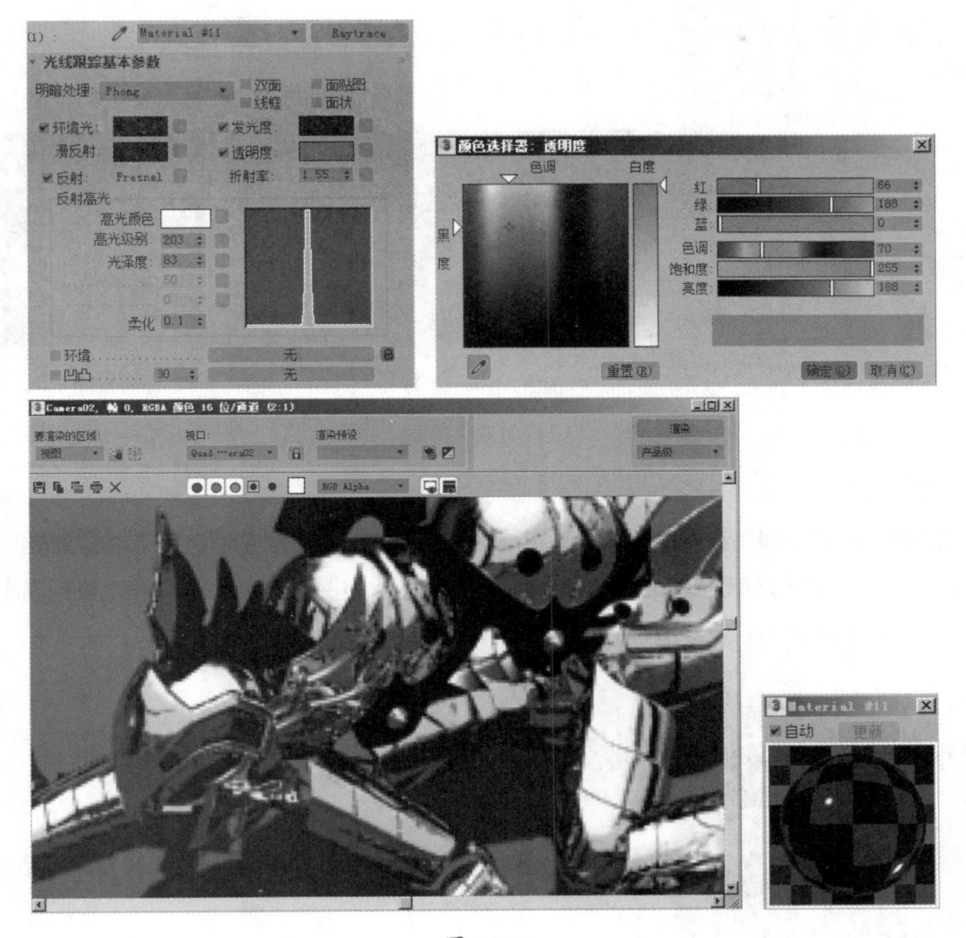

图 3.074

步骤 04：在制作黄金材质时，使用的是金属材质配合高光贴图的方法。下面使用［光线跟踪］材质制作银色金属。为第 2 个子材质添加一张［光线跟踪］材质贴图，如图 3.075 所示。将［光线跟踪基本参数］卷展栏中的［明暗处理］切换为［金属］，［漫反射］颜色设置为一个接近白色的灰色。将［反射］设置为纯白色。将［高光级别］和［光泽度］分别设置为 188 和 84，得到强一点的高光，小一点的高光面积，渲染测试，如图 3.075（续）所示。

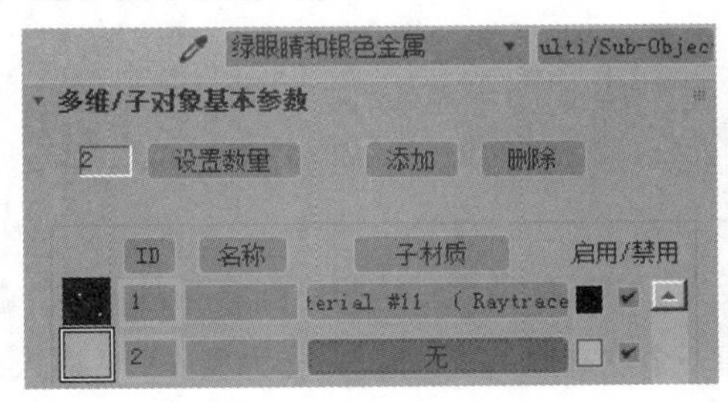

图 3.075

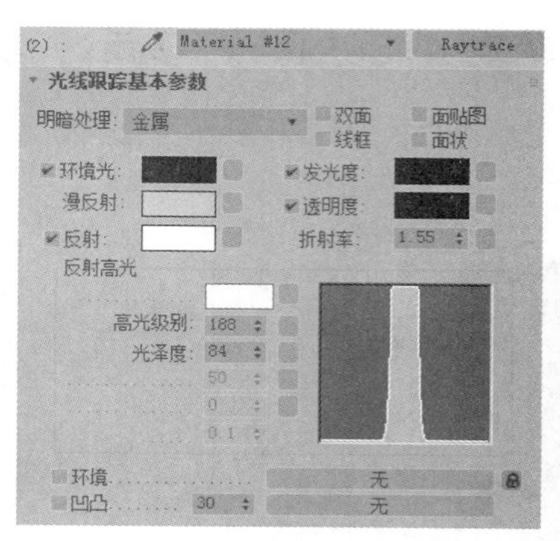
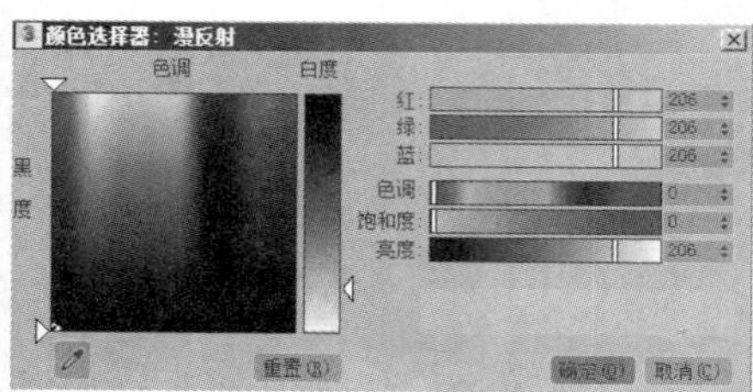
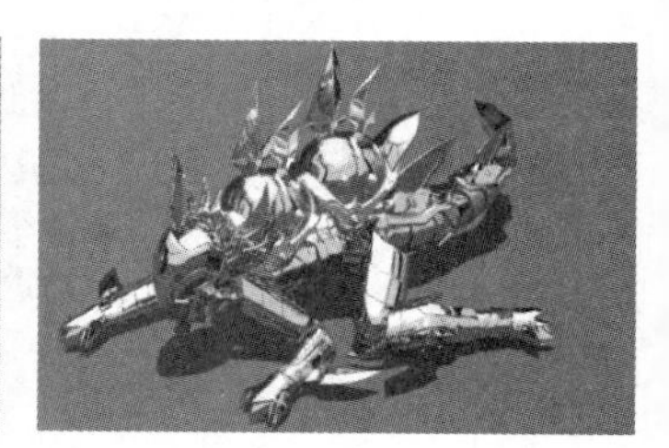

图 3.075（续）

（4）地面

下面设置地面。选择［材质编辑器］中的第 5 个材质球，它的名称为［地面］，将其指定给场景中的地面模型［Plane001］。将［漫反射］颜色设置为偏灰一点的颜色。进行渲染测试，可以看到地面颜色加深后，金属的质感更强了，如图 3.076 所示。

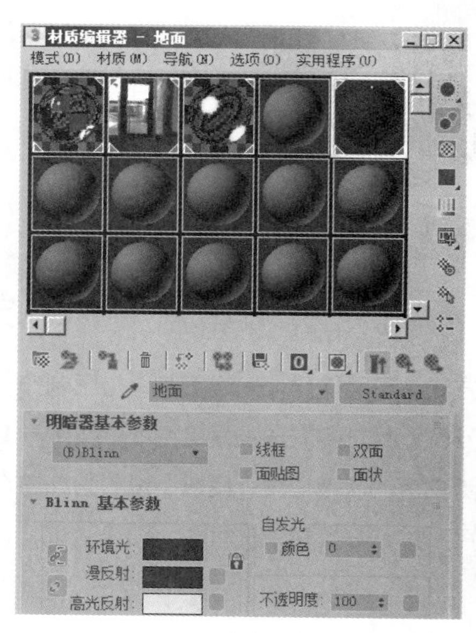
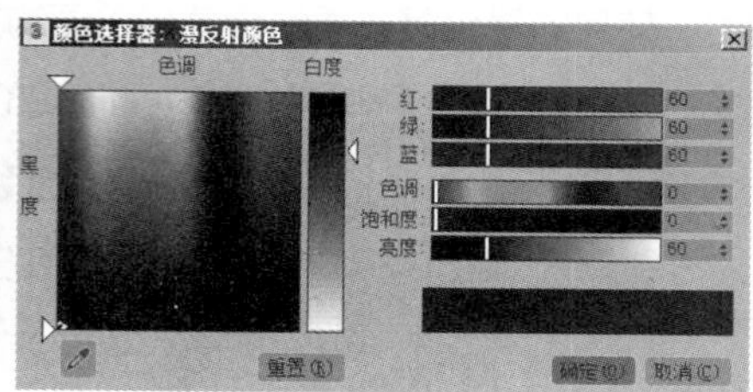

图 3.076

（5）添加反光板

步骤 01： 下面设置反光板。调整各视图，以便于确定反光板创建的位置。执行［创建 > 几何体 > 标准基本体 > 长方体］命令，在［左视图］中按住鼠标左键，创建一个立方体［Box001］作为反光板。进入［修改］面板，设置［长度］、［宽度］和［高度］数值，如图 3.077 所示。

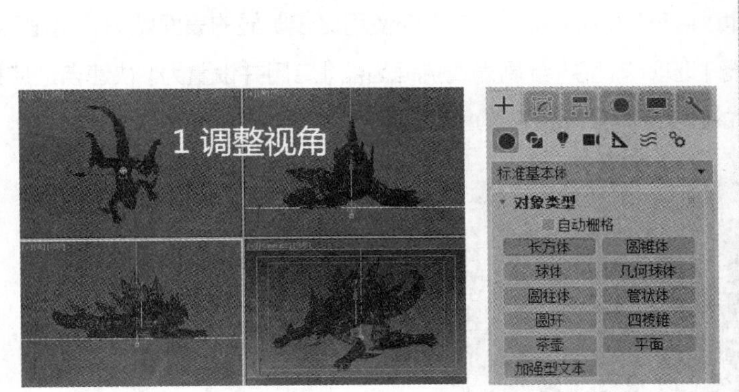

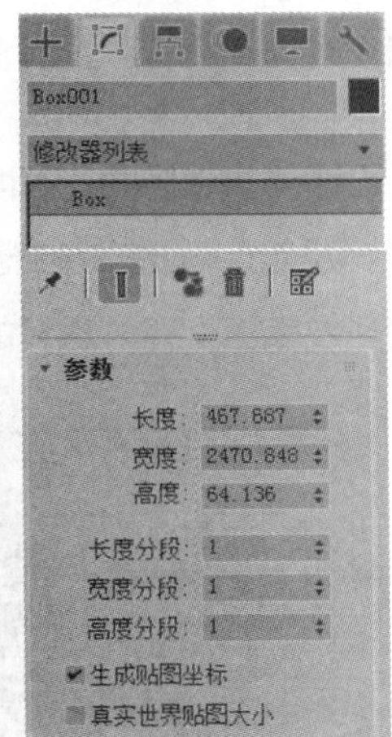

图 3.077

步骤 02： 将［Box001］放置于黄金圣衣模型的一侧。通常情况下，最佳位置需要反复渲染测试和调整才能得到。保持［Box001］的选择状态，在右键菜单中选择［对象属性］选项，打开［对象属性］对话框，取消勾选［对摄影机可见］、［接收阴影］和［投射阴影］选项，这样阴影就不会对反光板产生影响，也不用担心反光板被渲染出来，如图 3.078 所示。

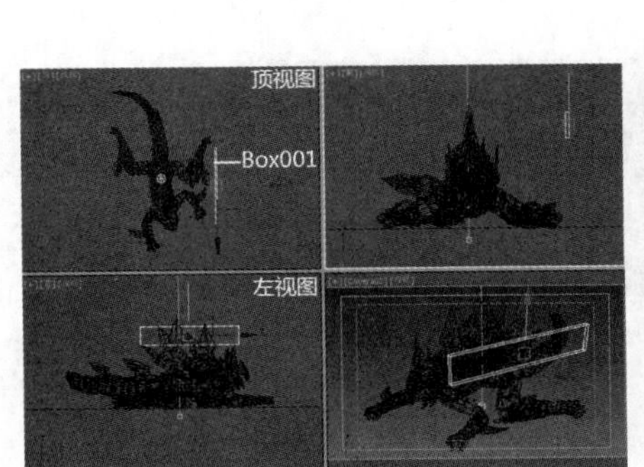

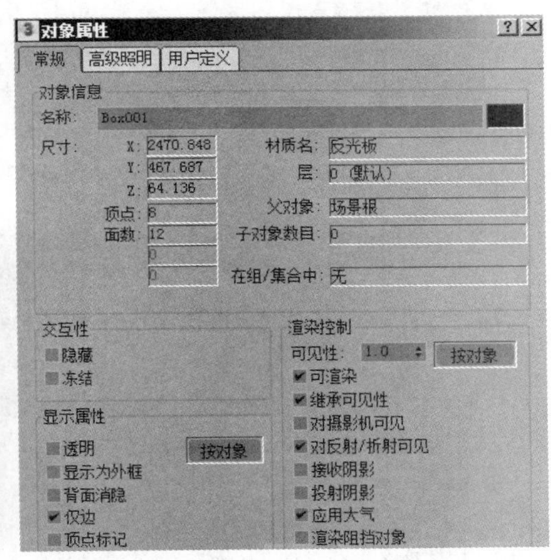

图 3.078

步骤 03：［材质编辑器］中的第 4 个材质球即为反光板的材质，将其指定给场景中的［Plane001］。将［漫反射］颜色设置为纯白色，［自发光］强度设置为 100。进行渲染测试，对比设置反光板前后的效果，可以看到银色金属部位的反光板的反射效果非常明显，如图 3.079 所示。

（6）成品渲染

步骤 01： 选择场景中的灯光［Spot001］，在［修改］面板的［区域阴影］卷展栏下将［阴影完整性］

和［阴影质量］分别调整为 5 和 10，这样可得到非常好的区域阴影效果。单击按钮，打开［渲染设置］窗口，在［公用］选项卡中将［输出大小］的［宽度］设置为 800。进入［渲染器］选项卡，将［扫描线渲染器］卷展栏下的［过滤器］设置为［Mitchell-Netravali］。由于未使用比较明显的表面贴图，这里不需要使用全局超级采样器。切换至［光线跟踪器］选项卡，将［全局光线抗锯齿器］启用并设置为［快速自适应抗锯齿器］，这是因为黄金圣衣表面上有非常多的反射效果，如图 3.080 所示。

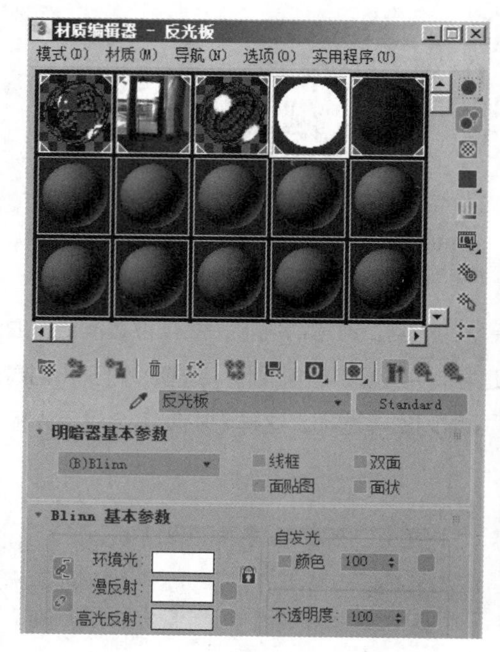

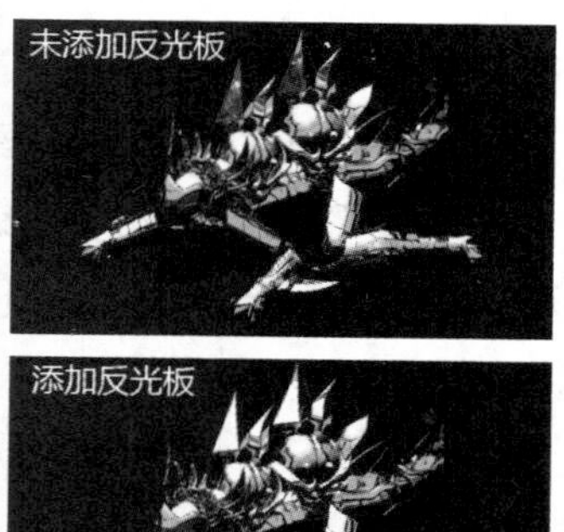

图 3.079

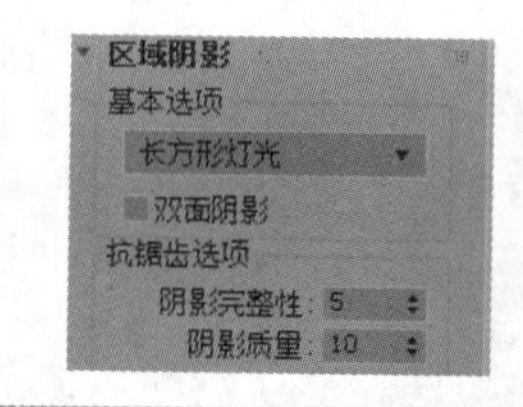

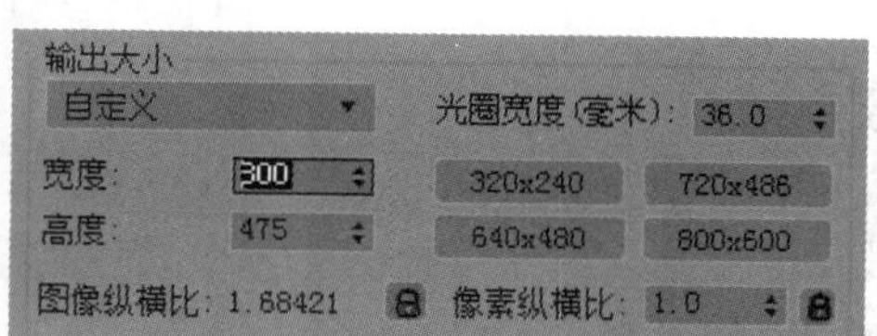

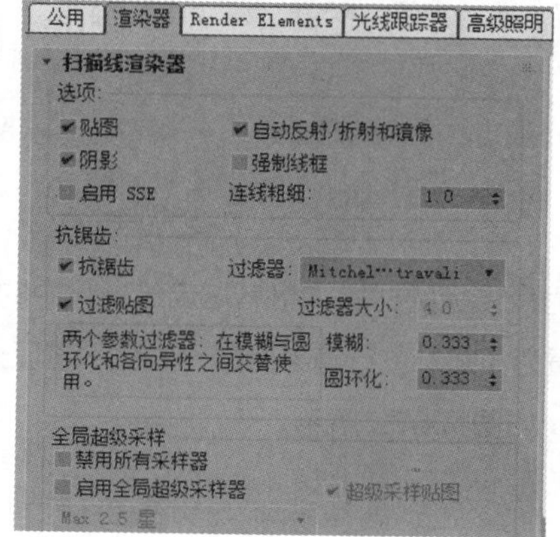

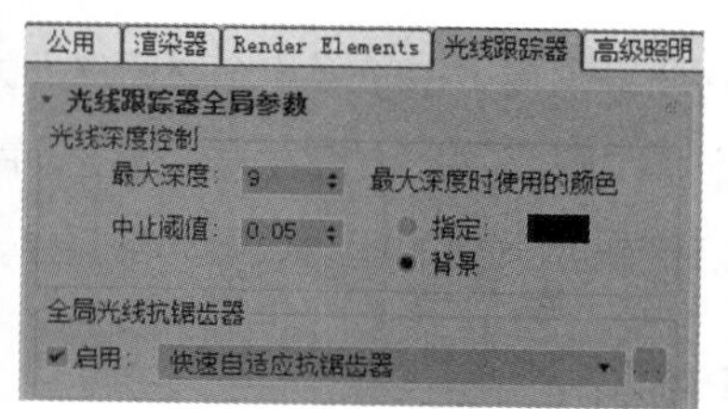

图 3.080

步骤 02: 进行渲染测试。经过几分钟的渲染，得到的效果如图 3.081 所示。金色、银色金属及玻璃眼睛、地面、阴影、反光板，以及周围 HDRI 贴图对反射细节的影响都非常不错。

图 3.081

至此，使用 3ds Max 制作黄金圣衣材质的方法介绍完毕。关于本案例的具体视频讲解，请参见本书配套学习资源“视频文件 \ 第 3 章 \3.3.1”文件夹中的视频。

3.3.2 桌面一角

范例分析

在本案例中，将使用 3ds Max 中的材质、贴图功能，以及简单的灯光设置来制作桌面一角的效果。此效果包括中间的一个金属烛台，烛台上有一根蜡烛，烛台底部有一张明信片，旁边一共有 3 个卡通人物，其中有两个卡通人物夹着篮球，还有一个卡通人物手里拿着一个手杖，如图 3.082 所示。

图 3.082

本案例使用到了合成材质、混合材质以及使用遮罩贴图，用来制作图中 3 个卡通人物身上的 Autodesk 标志。

使用顶 / 底材质模拟烛台的金属效果。

使用 3S 效果制作蜡烛，使用环境效果中的火效果来制作烛光。

使用双面材质制作明信片。

使用基本材质配合贴图和凹凸通道制作地板效果。

使用标准材质制作金属、玻璃以及手杖。

场景分析

打开配套学习资源中的“场景文件 \ 第 3 章 \3.3.2\video_start.max”文件，场景中 3 个卡通人物、篮球、手杖、明信片、烛台和蜡烛的模型已经制作完毕并摆放好了位置。3 个卡通人物中不需要制作材质的部分已经指定完毕。打开［材质编辑器］，可以观察到 3 个材质球是多维子材质，并且已经指定给了 3 个卡通人物。默认效果渲染如图 3.083 所示。

制作步骤

1. 场景中灯光的设置

步骤 01：进入［创建］面板，单击［灯光］按钮，选择［标准］灯光。单击［对象类型］卷展栏下的［泛光］按钮，在场景中的烛芯上方创建一盏泛光灯作为主光，配合［移动］工具将其调整至适合的位置。进入［修改］面板，将［常规参数］卷展栏下［灯光类型］参数组中的［启用］勾选，并选择［区域阴影］，设置［强度 / 颜色 / 衰减］中的［倍增］为 3，单击［颜色选择器］按钮，选择一个暖黄色。因为烛光的照射范围有限，所以在［强度 / 颜色 / 衰减］卷展栏中勾选［远距衰减］参数组中的［使用］选项，并设置［开始］为 0，配合其他视图设置［结束］衰减值为 160，如图 3.084 所示。

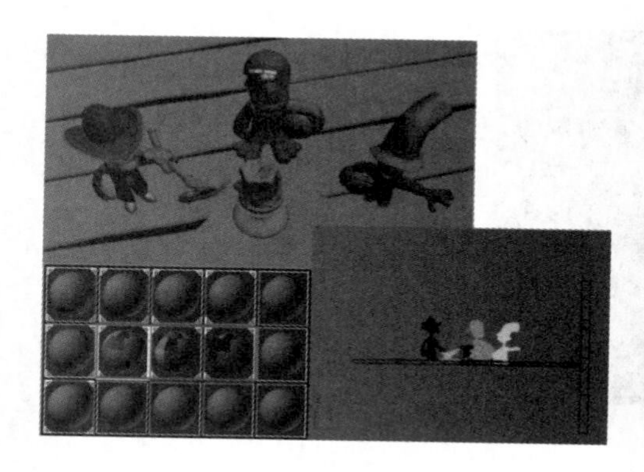

图 3.083

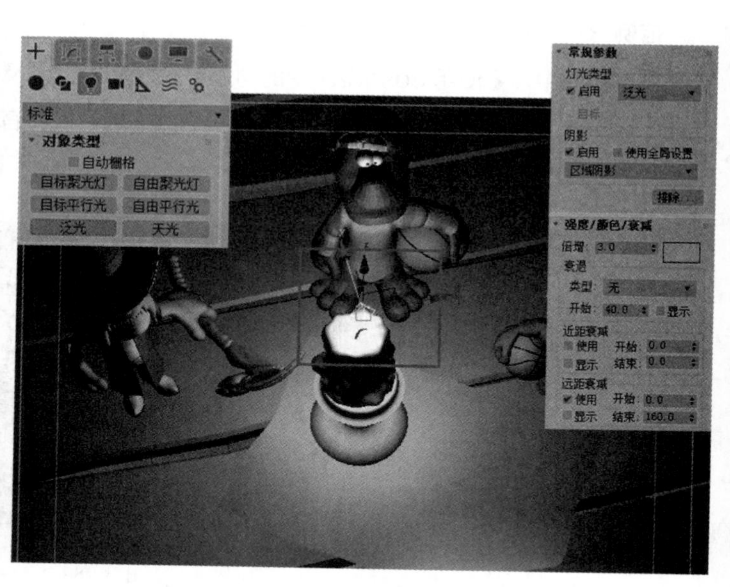

图 3.084

步骤 02：在［区域阴影］卷展栏中设置［长度］和［宽度］均为 7，渲染并观察效果，如图 3.085 所示。

步骤 03：选择场景中的泛光灯，按住 Shift 键进行复制。单击鼠标右键，在弹出的菜单中选择［移动］工具来调整灯光的位置。因为复制的灯光作为辅光不需要阴影，所以取消勾选［阴影］参数组中的［启用］选项，设置［倍增］为 0.5，单击［颜色选择器］按钮，选择比前一盏灯光稍浅的暖色，如图 3.086 所示。

图 3.085

步骤 04: 设置［远距衰减］参数组中的［结束］为 80。由于只需要高光效果，所以要取消勾选［高级效果］参数组中的［漫反射］选项，如图 3.087 所示。

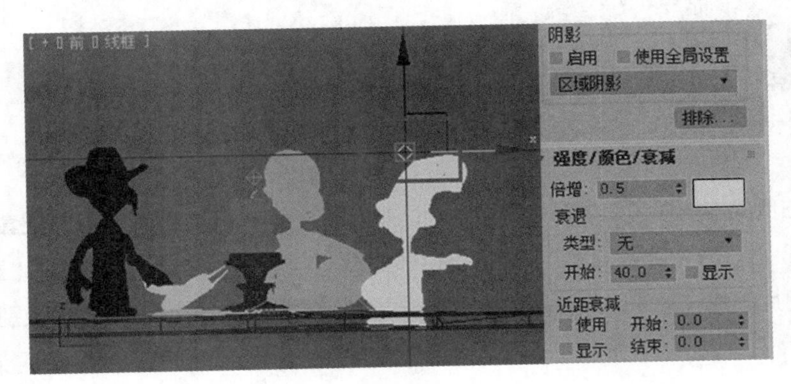

图 3.086

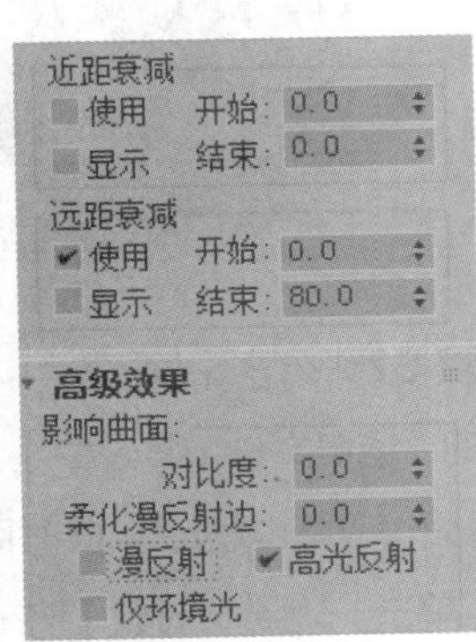

图 3.087

步骤 05: 选择场景中的泛光灯，按住 Shift 键进行复制，并作为顶光调整至顶部。在［修改］面板中设置［倍增］为 0.15，设置［远距衰减］参数组中的［结束］为 204，勾选［高级效果］参数组中的［漫反射］选项，如图 3.088 所示。

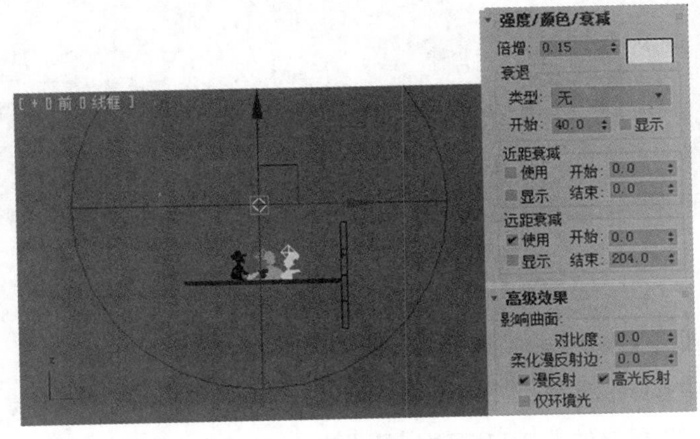

图 3.088

步骤 06： 为了将模型底部的死角部位全部照亮，在［左视图］中选择灯光，按住 Shift 键复制，制作一盏从底部进行照明的辅光。由于底部光线较弱，所以设置［倍增］为 0.1，单击［颜色选择器］按钮，选择一个暖色，如图 3.089 所示。

2. 设置桌面材质

步骤 01： 单击［材质编辑器］按钮，打开［材质编辑器］窗口，桌面材质使用默认材质即可，设置［反射高光］参数组中的［高光级别］为 67，［光泽度］为 48，如图 3.090 所示。

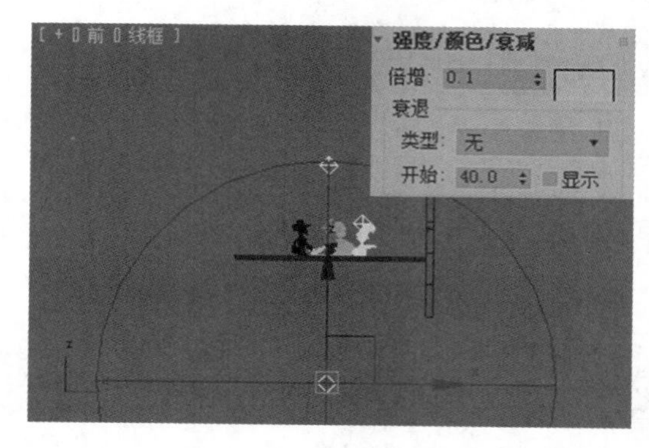

图 3.089

图 3.090

步骤 02： 单击［漫反射］右侧的方块按钮，打开［材质 / 贴图浏览器］，选择［位图］，打开配套学习资源中的“场景文件 \ 第 3 章 \3.3.2\ BURLOAK.jpg”文件，设置［材质编辑器］中［坐标］卷展栏下［瓷砖］的［U］和［V］均为 2。此时图片颜色过强，因此设置［输出］卷展栏下的［输出量］与［RGB 级别］均为 0.8。单击［转到父对象］按钮，在［贴图］卷展栏下，将［漫反射颜色］的贴图拖曳到［凹凸］贴图通道中，在弹出的［复制（实例）贴图］中选择［复制］，并设置［凹凸］的［数量］为 200，如图 3.091 所示。

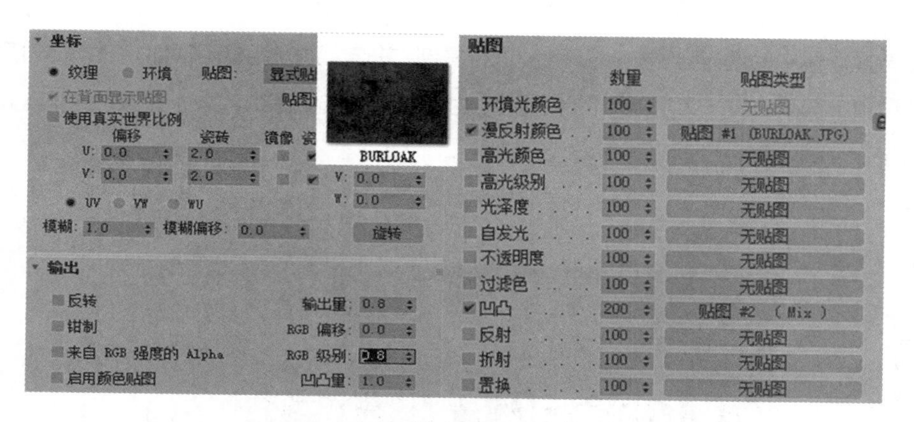

图 3.091

步骤 03： 此时地面凹凸效果不够真实，所以选择［凹凸］贴图通道中的［贴图］，单击［Bitmap］按钮，在［材质 / 贴图浏览器］中选择［混合］，然后选择黑色对应的贴图。进入［位图参数］卷展栏，单击［位图］后面的按钮，在［选择位图图像文件］中选择名为［BURLOAK 黑白］的文件。单击白色对应贴图右侧的［无

贴图] 按钮，在 [材质 / 贴图浏览器] 中选择 [噪波]，设置 [噪波参数] 卷展栏下的 [大小] 为 0.3，如图 3.092 所示。

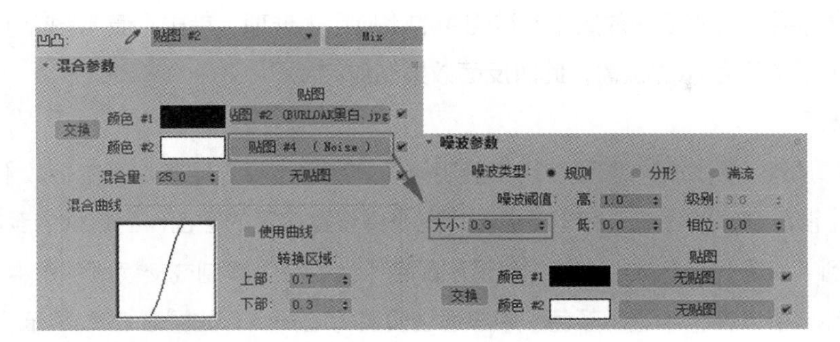

图 3.092

步骤 04： 当 [混合参数] 卷展栏下的 [混合量] 为 0 时，表示 [颜色 1] 对应的贴图；[混合量] 为 100 时，表示 [颜色 2] 对应的贴图。这里设置 [混合量] 为 25，则表明贴图中 [颜色 1] 对应的木纹贴图占 75%，[颜色 2] 对应的噪波贴图占 25%。再次渲染，效果如图 3.093 所示。

3. 设置明信片材质

步骤 01： 在 [材质编辑器] 中选择 [海报] 材质球，单击 [Standard] 按钮，在 [材质 / 贴图浏览器] 中选择 [双面] 材质，在 [替换材质] 中选择 [丢弃旧材质] 选项。在 [双面基本参数] 卷展栏下单击 [正面材质] 右侧的按钮，进入正面材质，单击 [漫反射] 右侧的方块按钮，在 [材质 / 贴图浏览器] 中选择 [位图]，打开配套学习资源中的“场景文件 \ 第 3 章 \3.3.2\ 明信片 .jpg”文件。该明信片不是我们需要的效果，这里需要勾选 [位图参数] 卷展栏下 [裁剪 / 放置] 参数组中的 [应用] 选项，单击 [查看图像] 按钮，将图像底部向上拖曳至红底色位置，此时明信片的方向也不是我们需要的，因此设置 [坐标] 卷展栏下 [角度] 中的 [W] 为 90，此时正面材质设置完成，如图 3.094 所示。

提示

双面材质主要用于非常薄的物体，法线的正反面分别为两个不同贴图，因此这里建议使用双面材质。

图 3.093

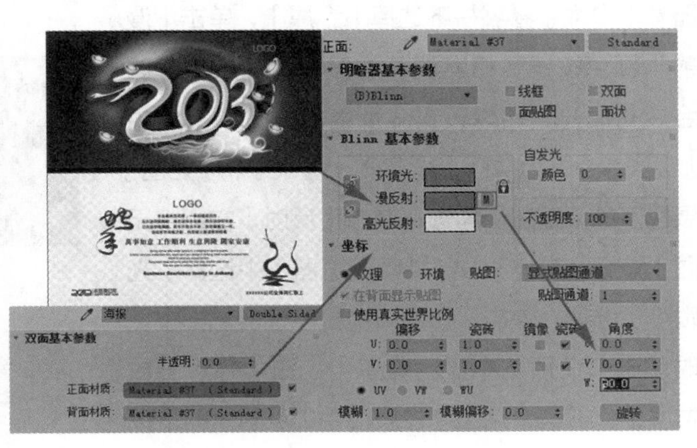

图 3.094

步骤 02： 将［双面基本参数］卷展栏下的［正面材质］拖曳到［背面材质］上，并在［实例（副本）材质］对话框中选择［复制］选项，如图 3.095（左）所示。单击［背面材质］右侧的按钮，进入背面材质的参数面板，勾选［位图参数］卷展栏下［裁剪 / 放置］参数组中的［应用］选项，单击［查看图像］按钮，将图像上部向下拖曳至图 3.095（右）所示的位置，此时反面效果制作完成。

4. 设置蜡烛材质

选择［蜡烛］材质球，因为蜡烛需要使用半透明材质，所以选择［明暗器基本参数］卷展栏下的［半透明明暗器］。单击［漫反射］的色块，在［颜色选择器］中设置偏黄的暖色作为蜡烛的颜色。单击［漫反射］的色块，将其拖曳到［半透明］参数组中的［半透明颜色］上，在［复制或交换颜色］中选择［复制］选项。因为场景中灯光较亮，所以在［半透明颜色］中应适当设置得暗一点，如图 3.096 所示。

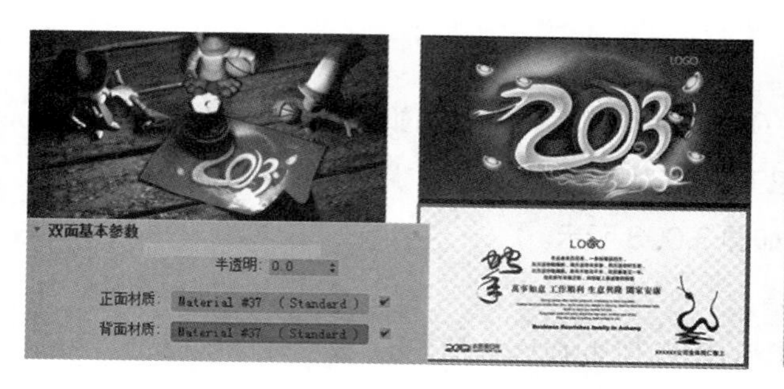

图 3.095

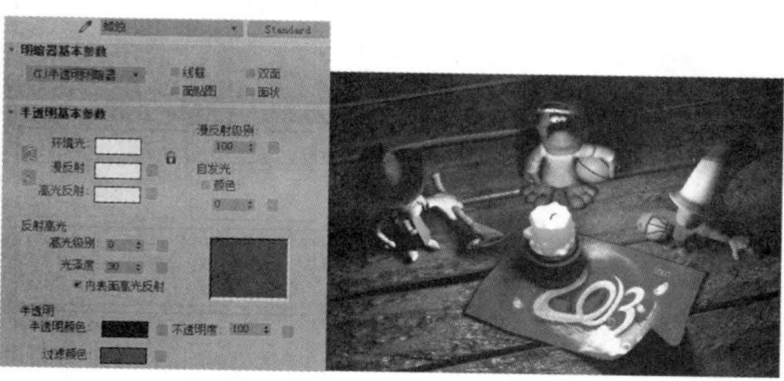

图 3.096

5. 设置烛台材质

步骤 01： 选择［烛台］材质球，单击［Standard］按钮，在［材质 / 贴图浏览器］中选择［Top/Bottom］（顶 / 底），在［替换材质］对话框中选择［丢弃旧材质］，如图 3.097 所示。

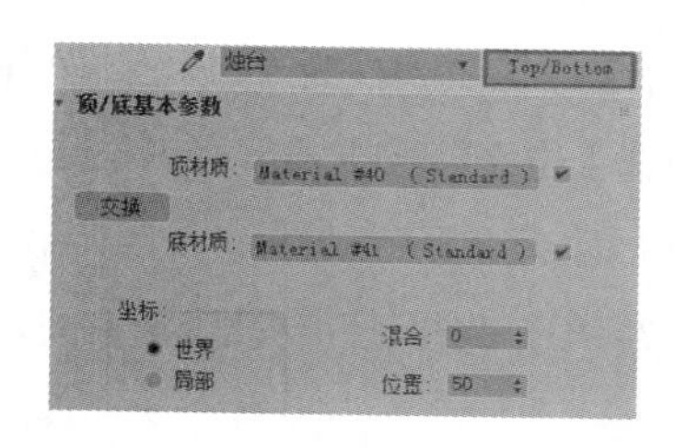

图 3.097

步骤 02： 单击［顶 / 底基本参数］卷展栏下［顶材质］右侧的按钮，进入第一个材质，在［明暗器基本参数］卷展栏下选择［金属］，单击［漫反射］颜色按钮，将其调节成偏金色的效果。因为金属有高光，所以设置［反射高光］参数组中的［高光级别］为 71，［光泽度］为 66。将［贴图］卷展栏下的［反射］勾选，单击［反射］右侧［无贴图］按钮，在［材质 / 贴图浏览器］中选择［光线跟踪］选项，单击［在视口中显示标准贴图］，同时单击［在预览中显示背景］按钮，并双击放大材质球，设置［贴图］卷展栏中［反射］的［数量］为 30，如图 3.098 所示。

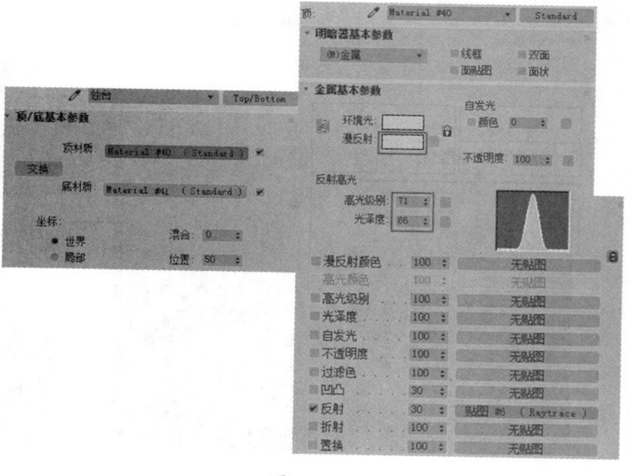

图 3.098

步骤 03： 单击[在视口中显示标准贴图]按钮，选择[顶材质]，将其拖曳至[底材质]，并在[实例(副本) 材质]中选择[复制]选项。单击[底材质]右侧的按钮，进入底部材质参数面板，单击[漫反射]颜色按钮，将颜色设置为浅色，设置[反射高光] 参数组中的[高光级别] 为 96，[光泽度] 为 66，如图 3.099 所示。

步骤 04： 此时两个材质间的接缝非常明显，所以设置 [顶 / 底基本参数] 卷展栏下的 [混合] 为 30，渲染并观察效果，如图 3.100 所示。

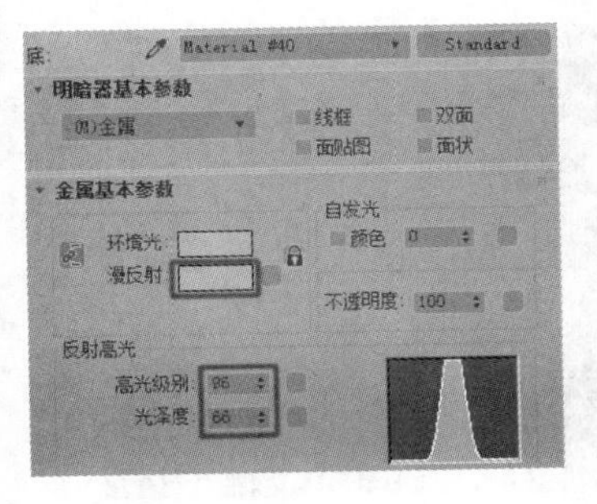

图 3.099

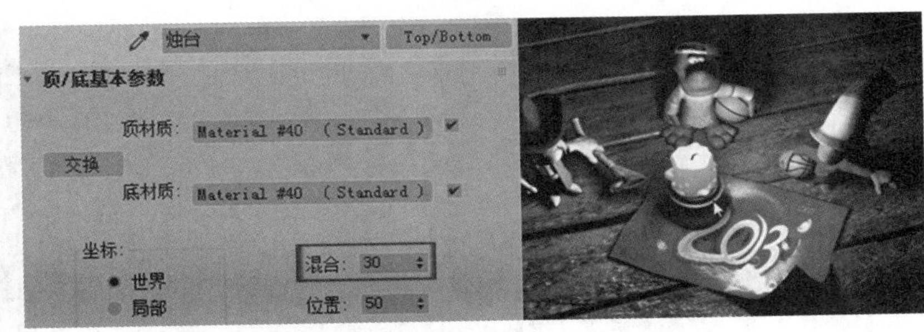

图 3.100

6. 制作手杖效果

步骤 01： 手杖和人物模型为一个组，调整透视图的位置，将手杖置于画面中心并放大。选择“组 3”模型，在菜单栏中单击 [编辑] 中的 [组] 选项，并将其打开。在修改器中，单击 [多边形] 按钮，进入多边形级别，观察 [多边形：材质 ID] 卷展栏下的 [设置 ID] ，将其设置为 1 时，代表金属部分；设置为 2 时，则代表蓝色部分；设置为 3 时，代表眼睛部分，如图 3.101 所示。

步骤 02： 单击 [可编辑多边形] 修改器，退出多边形级别。打开 [材质编辑器] 并选择 [禅杖] 材质球，单击 [Standard] 按钮，在 [材质 / 贴图浏览器] 中选择 [多维 / 子对象] 材质，在 [替换材质] 中选择 [丢弃旧材质] 。单击 [设置数量] 按钮，设置 [材质数量] 为 3，如图 3.102 所示。

提示

[多维 / 子对象] 材质可为模型不同的位置指定不同材质。

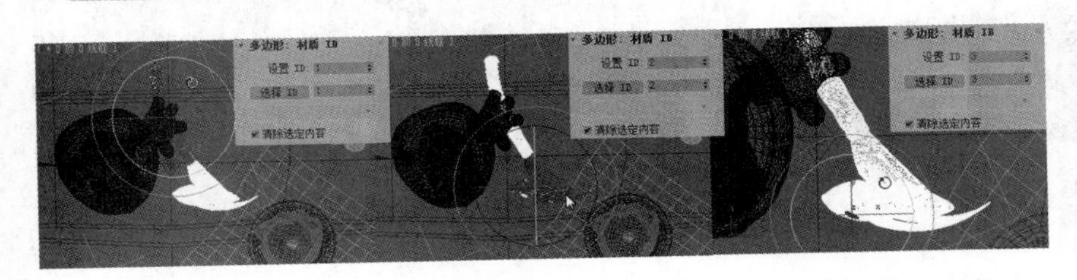

图 3.101

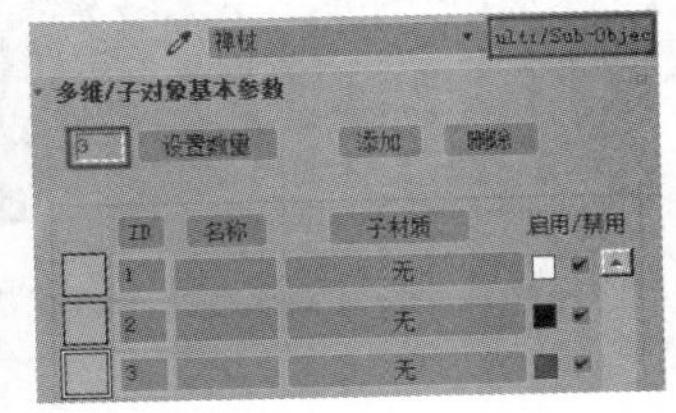

图 3.102

步骤 03： 单击 [ID] 为 1 的材质球的 [无] 按钮，在 [材质 / 贴图浏览器] 中选择 [标准] 材质。在 [明暗器基本参数]卷展栏下设置为[金属]，单击[漫反射]颜色按钮，将颜色设置成白色，然后设置[反射高光] 参数组中的 [高光级别] 为 98， [光泽度] 为 88，单击背景显示按钮，如图 3.103 所示。

步骤 04： 勾选［贴图］卷展栏下的［反射］选项，并单击［无贴图］按钮，在［材质 / 贴图浏览器］中选择［光线跟踪］。因为需要光线跟踪不反射周围环境，所以要取消选择［背景］参数组中的［使用环境设置］选项。然后单击［无］按钮，在［材质 / 贴图浏览器］中选择［位图］，打开配套学习资源中的“场景文件 \ 第 3 章 \3.3.2\ 灰度 .hdr”贴图文件，单击［打开］按钮，默认使用［HDRI 加载设置］面板中的所有参数，如图 3.104 所示。

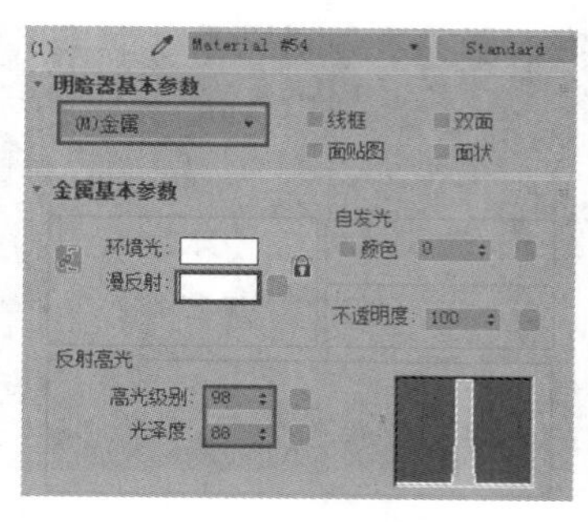

图 3.103

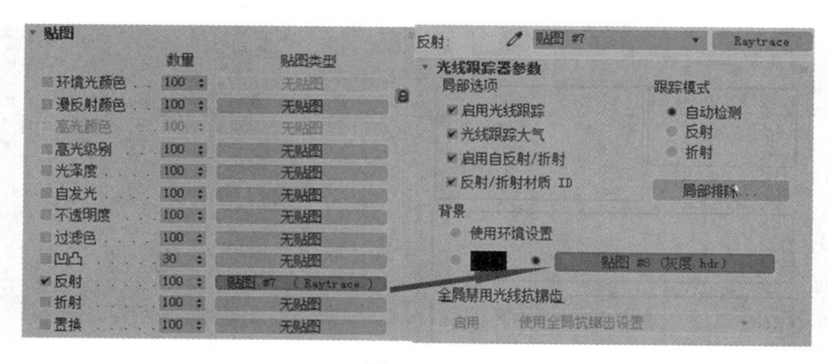

图 3.104

步骤 05： 因为需要制作具有模糊反射的磨砂金属效果，所以设置［坐标］卷展栏下的［模糊偏移］为 0.2，勾选［位图参数］卷展栏下［裁剪 / 放置］参数组中的［应用］选项，单击［查看图像］按钮。因为不需要太大的图像，所以选择红色框，将其缩小并拖曳至图中最亮的位置，如图 3.105 所示。

步骤 06： 由于需要金属上面有一些磨砂效果，所以要勾选［贴图］卷展栏中的［凹凸］选项。单击［无贴图］按钮，在［材质 / 贴图浏览器］中选择［噪波］，设置［噪波参数］卷展栏下的［大小］为 0.1，设置［凹凸］的［数量］为 100，如图 3.106 所示。

图 3.105

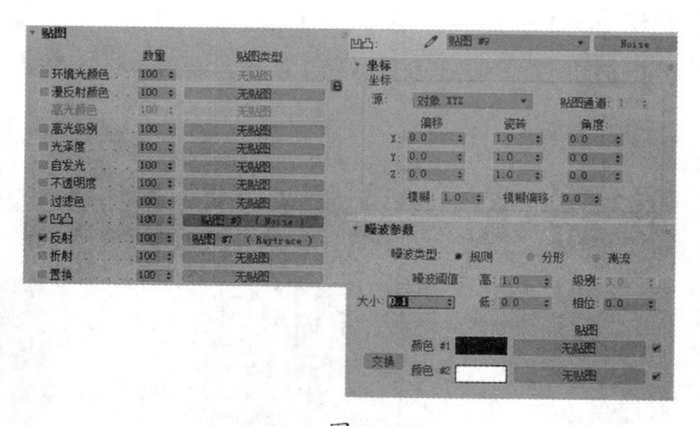

图 3.106

步骤 07： 单击［转到父对象］按钮，退出设置。单击［ID］为 2 的材质球的［无］按钮，在［材质 / 贴图浏览器］中选择［标准］材质，设置禅杖后面的蓝色 3S 效果。设置［明暗器基本参数］卷展栏下的类型为［半透明明暗器］，同时将［漫反射］的颜色设置成蓝色，设置［反射高光］参数组中的［高光级别］为 143，［光泽度］为 39。选择［漫反射］颜色色块，并将其拖曳到［半透明颜色］上，在［复制或交换颜色］中选择［复

制] 选项，接着将 [半透明颜色] 的颜色设置成亮色，如图 3.107 所示。

提示

因为此时的物体距灯光的距离较远，所以需将其颜色调节得亮一些。

步骤 08： 通过渲染可以发现，透光效果非常好，此时添加一个 [凹凸] 贴图。单击 [贴图] 卷展栏，勾选 [凹凸] ，单击 [凹凸] 右侧的 [无贴图] 按钮，在 [材质 / 贴图浏览器] 中单击 [位图] ，打开配套学习资源中的"场景文件 \ 第 3 章 \3.3.2\ bones_bu.jpg"文件，单击 [转到父对象] 按钮，设置 [凹凸] 的 [数量] 为 500，使其凹凸效果更加清楚，如图 3.108 所示。

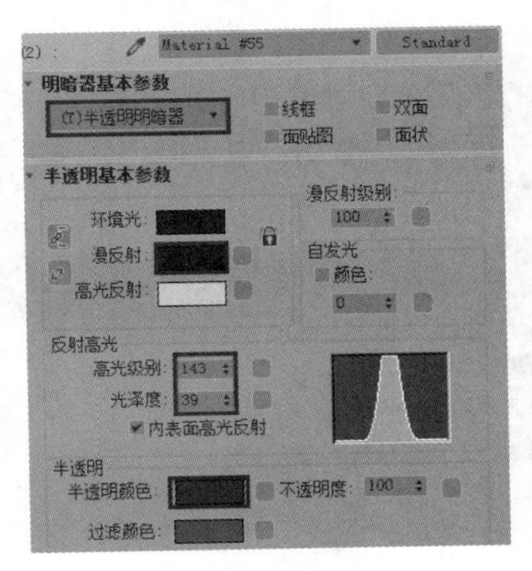

图 3.107

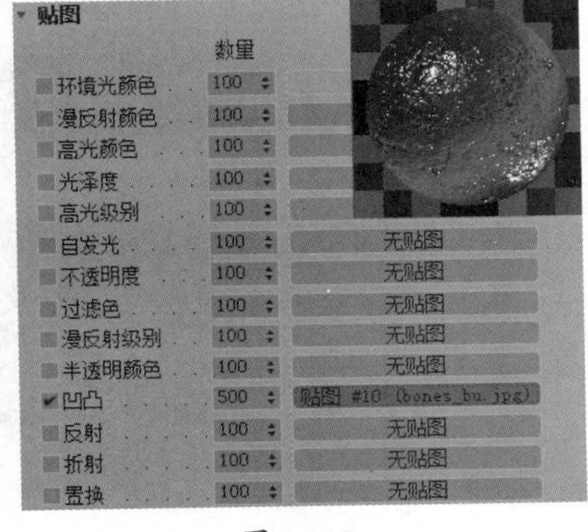

图 3.108

步骤 09： 单击 [转到父对象] 按钮，退出设置。选择 [ID] 为 3 的材质球的 [无] 按钮，设置眼睛。因为眼睛类似玻璃，所以在 [材质 / 贴图浏览器] 中选择 [光线跟踪] 材质，单击 [漫反射] 右侧的方块按钮，在 [材质 / 贴图浏览器] 中单击 [位图] ，打开配套学习资源中的"场景文件 \ 第 3 章 \3.3.2\motb_eye.jpg"文件，在 [光线跟踪基本参数] 卷展栏下的 [反射] 右侧方框中连续单击两次，设置反射为 [Fresnel] 。因为眼睛比较小，所以反射效果不明显，此时单击 [透明度] 右侧的颜色按钮，设置透明效果，同时设置 [折射率] 为 2。此时高光效果有些不足，需要设置 [高光级别] 为 150，[光泽度] 为 60。此时眼睛效果调节完成，单击 [转到父对象] 按钮，退出设置，如图 3.109 所示。

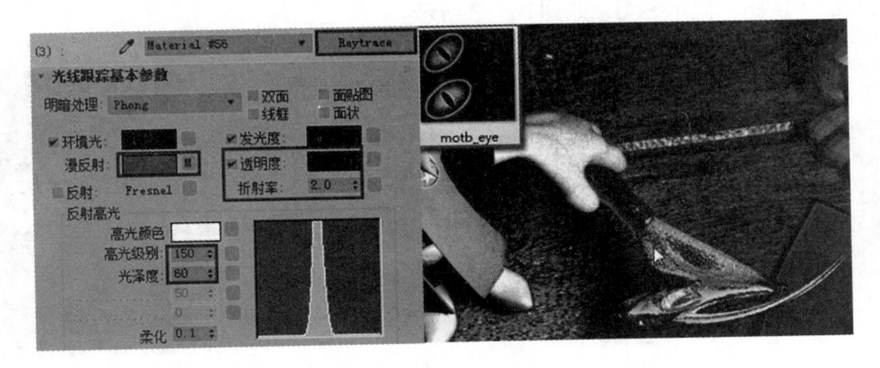

图 3.109

7. 为戴牛仔帽人物制作材质

步骤 01： 选择场景中握手杖的人物的手套，在［修改］面板中，单击［从堆栈中移除修改器］按钮，将 UVW 去掉。进入元素级别，重新添加［UVW 贴图］来重新制作 UVW。单击［UVW 贴图］左侧的三角符号按钮，选择［Gizmo］，进入［Gizmo］层级。在工具栏中选择［局部］坐标系，在场景中对手部的局部坐标进行旋转，如图 3.110 所示。

步骤 02： 退出［UVW 贴图］子对象级别。打开［材质编辑器］窗口，选择［戴牛仔帽的小人］，在［多维 / 子对象基本参数］卷展栏中单击［ID］为 3 的［Gloves］按钮，并单击上方的［Standard］按钮，在［材质 / 贴图浏览器］中选择［混合］贴图，在［替换材质］对话框中选择［丢弃旧材质］，单击［确定］按钮，如图 3.111 所示。

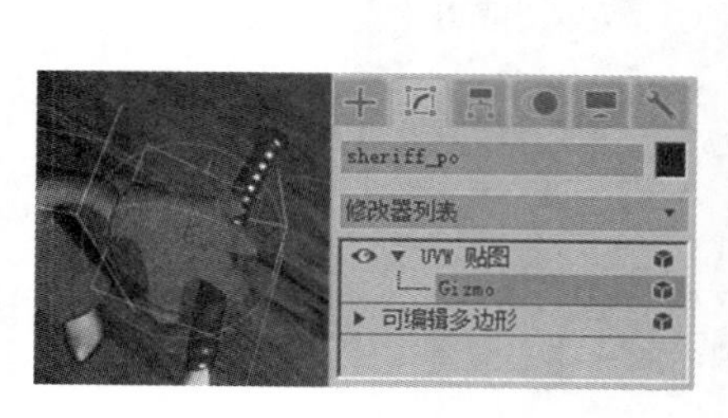

图 3.110

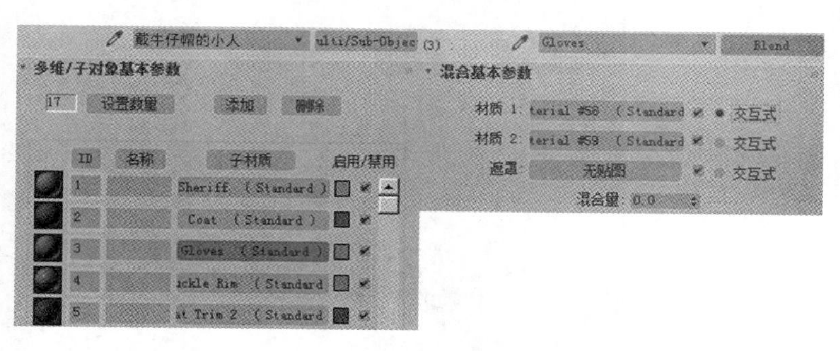

图 3.111

步骤 03: 选择［材质 1］右侧的长方形按钮，设置手套的颜色，单击［明暗器基本参数］卷展栏下［漫反射］右侧的颜色按钮，设置颜色为偏棕色。选择［材质 2］右侧的长方形按钮，设置 Autodesk 标志的颜色，单击［明暗器基本参数］卷展栏下［漫反射］右侧的颜色按钮，设置颜色为偏白色。单击［混合基本参数］卷展栏下［遮罩］右侧的［无贴图］按钮，在［材质 / 贴图浏览器］中选择［位图］，打开配套学习资源中的“场景文件 \ 第 3 章 \3.3.2\ autodesk.jpg”文件，［遮罩］中黑色对应［材质 1］，白色对应［材质 2］，如图 3.112 所示。

步骤 04： 此时需要黑色对应［材质 2］，白色对应［材质 1］。进入［遮罩］贴图层级，在［输出］卷展栏下将［反转］勾选，然后选中［遮罩］后的［交互式］，单击［遮罩］右侧的长方形按钮，此时单击［在视口中显示标准贴图］按钮，显示贴图，如图 3.113 所示。

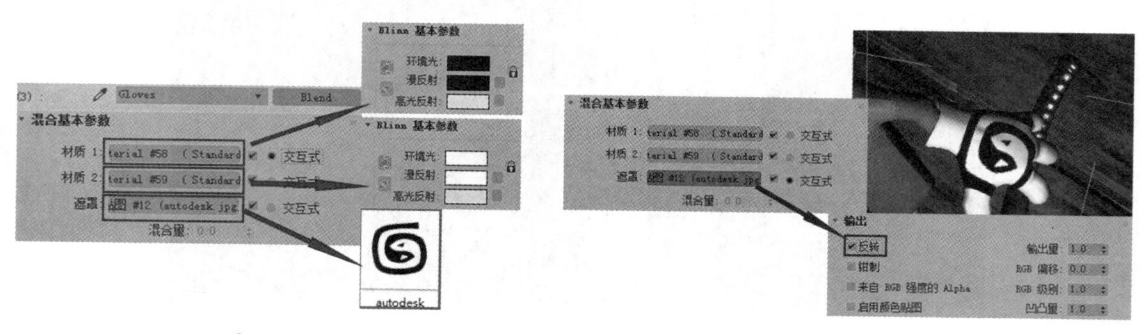

图 3.112　　图 3.113

步骤 05： 移动视图，此时图中 autodesk 标志比较大，因此单击［UVW 贴图］左侧的三角符号按钮，选择［Gizmo］，进入［Gizmo］层级。单击菜单栏中的［缩放］工具，选择［局部］坐标系，调整视图至图 3.114（左）所示大小，单击［UVW 贴图］左侧的三角符号按钮，退出［UVW 贴图］子对象级别，渲染并观察效果，如图 3.114（右）所示。

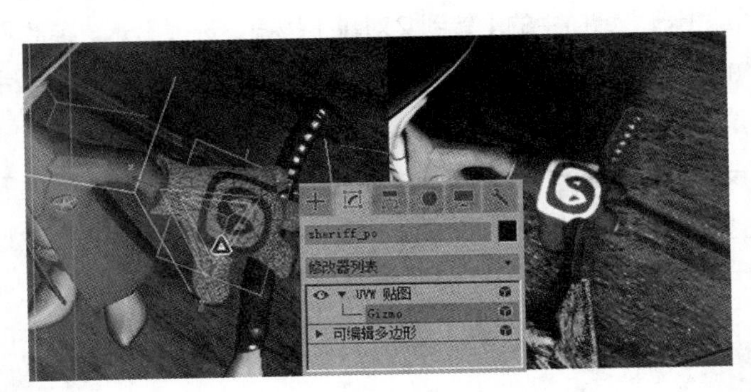

图 3.114

8. 为戴高帽子人物制作材质

步骤 01： 选择［材质编辑器］中［戴高帽子的小人］材质并将视角旋转到戴高帽子的人物，即选择［多维 / 子对象基本参数］卷展栏中［ID］为 2 的材质。单击［Hat Purple］按钮，单击［漫反射］右侧的方块按钮，在［材质 / 贴图浏览器］中选择［遮罩］贴图，如图 3.115 所示。

> **提示**
> 遮罩贴图经常用来设置出现在物体表面的某个标志。

步骤 02： 单击［遮罩参数］卷展栏下［贴图］后面的［无贴图］按钮，在［材质 / 贴图浏览器］中选择［位图］，打开配套学习资源中的“场景文件 \ 第 3 章 \3.3.2\autodesk.jpg”文件，单击［打开］按钮，如图 3.116 所示。

> **提示**
> 如果此时图片不能显示，那么需要先选择帽子模型，再打开［编辑］菜单，选择［组］选项，然后单击［打开］即可。

图 3.115

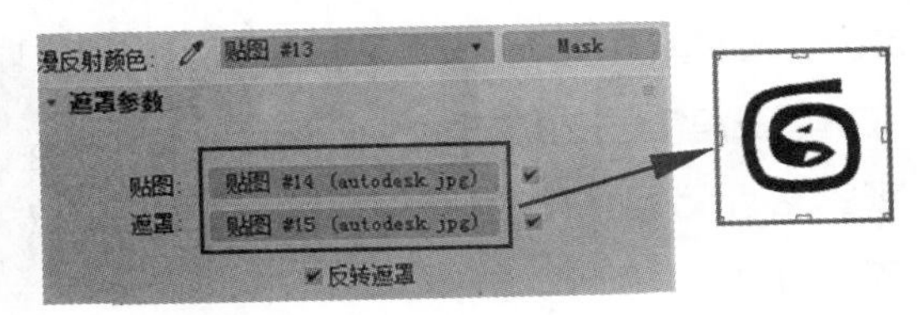

图 3.116

步骤 03： 单击［从堆栈中移除修改器］按钮，将所选模型的 UVW 贴图删除。单击［元素］按钮，进入元素级别，在［修改器列表］中添加一个［UVW 贴图］，对所选择的面进行 UVW 贴图设置。单击［UVW 贴图］左侧的三角符号按钮，选择［Gizmo］，进入［Gizmo］层级，将帽子模型单轴旋转。打开［材质编辑器］窗口，单击［遮罩参数］卷展栏中［贴图］右侧的按钮，将［坐标］卷展栏中［瓷砖］的［U］、［V］分别取消选中，设置［瓷砖］的［U］为 1.5，［V］为 1.6。单击［修改］面板中［UVW 贴图］左侧的三角符号按钮，并单击［材质编辑器］窗口中的［转到父对象］按钮，选择［遮罩参数］卷展栏中的［贴图］按钮并将其拖曳到［遮罩］的［无贴图］按钮上，同时勾选［反转遮罩］选项。再次单击［转到父对象］按钮，设置［漫反射］的颜色为紫色，如图 3.117 所示。

步骤 04：单击［漫反射］右侧的［M］按钮，选择［遮罩参数］中的［遮罩贴图］，单击［查看图像］按钮，观察此时白色部分显示贴图标志，黑色部分显示帽子。此时观察视图中帽子上出现了一些白色的线，所以设置［坐标］卷展栏中的［模糊］为 0.01，降低模糊效果，如图 3.118 所示。

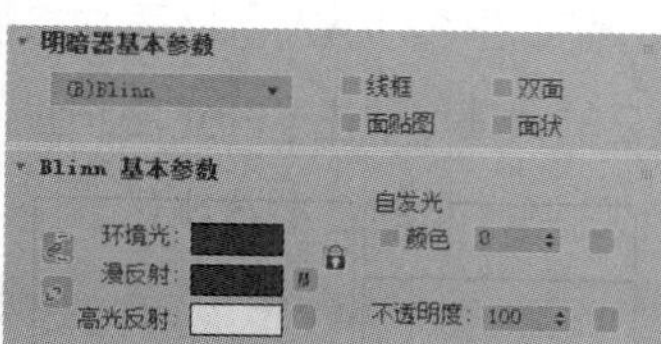

图 3.117

图 3.118

提示

制作过程中使用标签时，如果标签效果很模糊，可以降低模糊值。

9. 为反戴帽子的老头制作材质

步骤 01：用合成贴图使人物身体部分出现 Autodesk 标志。选择当前模型，选择［编辑］菜单中的［组］选项，单击［打开］，选择身体模型。进入［创建］面板，单击［可编辑多边形］，并单击［元素］按钮。单击［UVW 贴图］左侧的三角符号按钮，按 F3 键，单击［Gizmo］，观察 Gizmo 坐标。按 F2 键观察贴图坐标的位置，如图 3.119 所示。

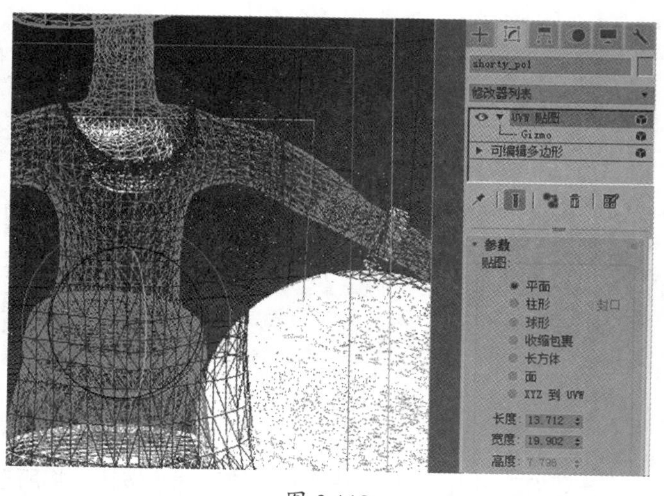

图 3.119

步骤 02：单击［UVW 贴图］左侧的三角符号按钮，退出［Gizmo］层级。按 F3 键，观察视图中所制作的衣服部分。单击衣服模型，在［材质编辑器］中选择反戴帽子的老头所对应的材质球，此时［ID］为 1 的材质为衣服材质，如图 3.120 所示。

步骤 03： 这里需要黄色衣服、黑色标志，所以单击［ID］为 1 对应的［子材质］按钮，并单击［Standard］按钮。在［材质 / 贴图浏览器］中选择［合成］，双击［合成］材质，在［替换材质］中选择［丢弃旧材质］选项并单击［确定］。在［合成基本参数］卷展栏中单击［基础材质］的［Standard］按钮，设置［漫反射］颜色为黄色，即衣服的原始颜色，如图 3.121 所示。

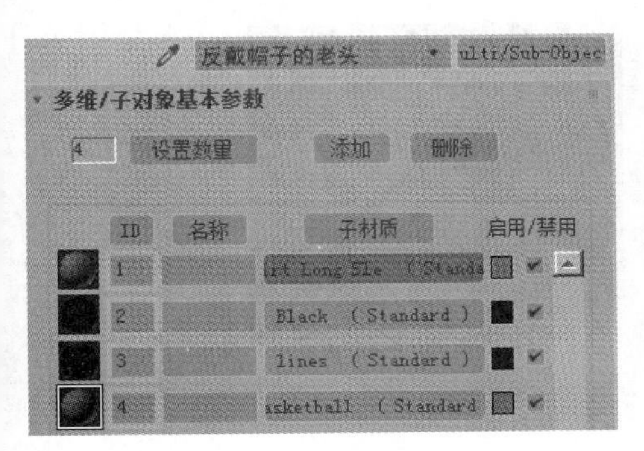

图 3.120

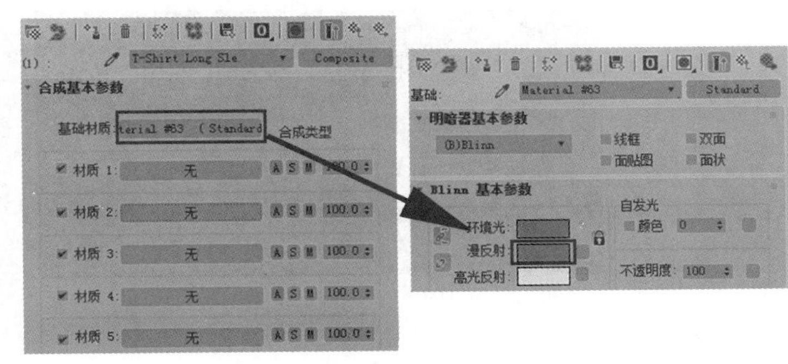

图 3.121

步骤 04： 单击［转到父对象］按钮，退出设置。单击［材质 1］的［无贴图］按钮，在［材质 / 贴图浏览器］中选择［标准］。单击［漫反射］右侧的方块按钮，在［材质 / 贴图浏览器］中选择［位图］，打开配套学习资源中的“场景文件 \ 第 3 章 \3.3.2\autodesk.jpg”文件，设置［坐标］卷展栏中的［模糊］为 0.01。单击［转到父对象］按钮，单击［不透明度］右侧的方块按钮，在［材质 / 贴图浏览器］中选择［位图］，选择配套学习资源中的“场景文件 \ 第 3 章 \3.3.2\autodesk.jpg”文件。在［输出］卷展栏下勾选［反转］选项，单击［转到父对象］按钮，观察材质球。单击［漫反射］右侧的［M］按钮，将［瓷砖］的［U］和［V］取消选中，渲染并观察，此时标志只出现在身体中间。现在 UVW 贴图显得比较大，所以单击［UVW 贴图］左侧的三角符号按钮，选择［Gizmo］，选择模型，单击鼠标右键，在弹出的菜单中选择［缩放］工具，对模型进行缩放处理，然后退出［Gizmo］，单击［材质编辑器］中的［转到父对象］按钮，如图 3.122 所示。

提示

在不透明度标志中，黑色透明，白色不透明，一旦黑色变成透明，则显示不出白色，所以需要将其反转。

图 3.122

步骤 05： 渲染并观察，发现衣服上出现了贴图效果，但是贴图边缘的颜色有些问题，因此单击［转到父对象］按钮，选择［基础材质］的［Standard］按钮。单击［漫反射］颜色，将其复制，然后单击［转到父对象］按钮，选择［材质 1］右侧的按钮，用鼠标右键单击［漫反射］颜色，进行粘贴，渲染并观察效果，如图 3.123 所示。

步骤 06： 观察渲染后的效果，此时标志边缘出现了一些白线，所以单击［漫反射］右侧的［M］按钮，设置［坐标］卷展栏下的［模糊］为 0.01，再次渲染并观察效果，如图 3.124 所示。

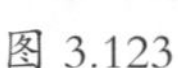
图 3.123

图 3.124

10. 烛芯的设置

步骤 01： 选择烛芯模型，同时选择［材质编辑器］中的［芯］材质球，单击［漫反射］右侧的方块按钮，在［材质 / 贴图浏览器］中选择［渐变坡度］选项。按 Alt+Q 组合键进入孤立模式观察，按 Ctrl+L 组合键屏蔽灯光，观察效果。打开［渐变坡度参数］卷展栏中的［颜色选择器］，设置颜色为白色，双击图 3.125（右）所示的位置，设置颜色为黑色，此时颜色反了，所以需要设置［坐标］卷展栏中［角度］的［W］为 180，如图 3.125 所示。

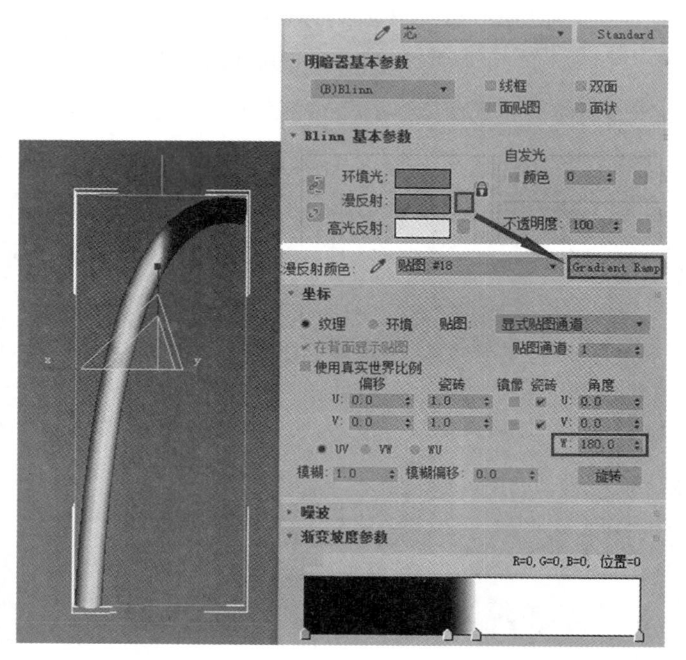

图 3.125

步骤 02： 将视图调整至适合的渲染视角，打开 [渲染设置] 窗口，设置 [公用] 选项卡中的 [输出大小] 参数组中的 [宽度] 为 800，其他参数默认即可，如图 3.126 所示。

提示

不建议勾选 [渲染器] 选项卡中的 [启用全局超级采样器]，如果勾选，则贴图上会出现很多杂点。

步骤 03： 场景中蜡烛的主光源为区域阴影，所以需要在 [修改] 面板下设置 [区域阴影] 卷展栏下的 [阴影完整性] 为 5，[阴影质量] 为 10，如图 3.127 所示。但如果数值过小会，则会产生杂斑。

步骤 04： 调整模型在场景中的视角，在菜单栏中选择 [场景] 中的 [暂存] 选项，然后单击工具栏中的 [渲染产品] 按钮，开始渲染。桌面一角的最终效果如图 3.128 所示。关于该案例的具体视频讲解，请参见本书配套学习资源“视频文件 \ 第 3 章 \3.3.2”文件夹中的视频。

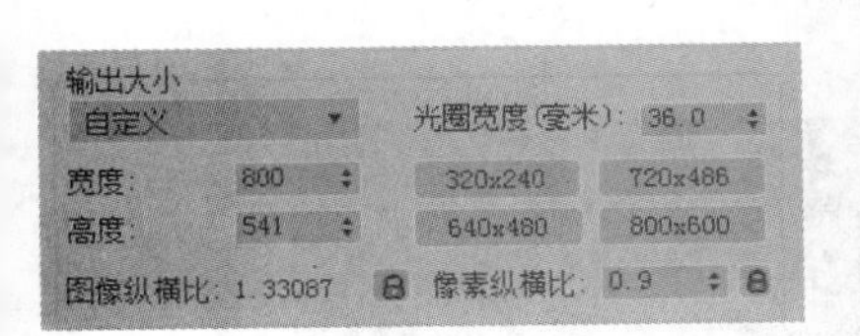

图 3.126

图 3.127

图 3.128

3.3.3 使用 UVW 贴图制作古塔材质

范例分析

在 3ds Max 中，为一个物体设置材质时，如果为 [漫反射] 通道添加的是位图材质，那么当贴图坐标不合适时，得到的材质效果就会出现问题。在本案例中，将通过一个古塔的案例来介绍 UVW 贴图的应用方法，古塔的最终效果如图 3.129 所示。

图 3.129

场景分析

打开配套学习资源中的“场景文件 \ 第 3 章 \3.3.3 \video_start.max”文件，场景中有一个基本制作完成的古塔模型，如图 3.130 所示。放大视图并观察塔底，可以看到底座和楼梯位置的贴图均有问题。

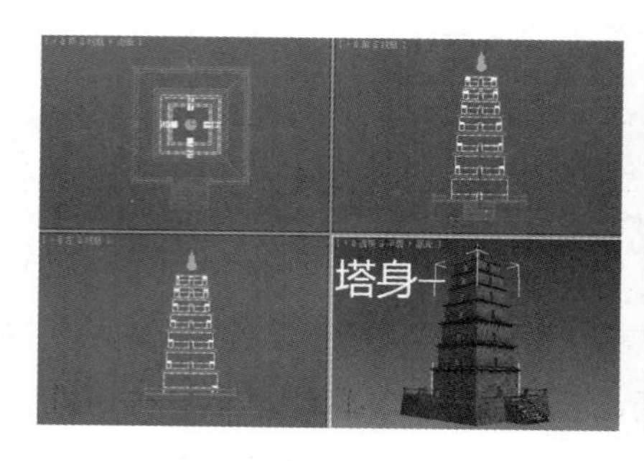

图 3.130

使用移动工具挪动模型的部件，可以看到塔的底部是由 [Box01]（塔底）、[对象 01]（台阶）和 [对象 02]（台阶边缘）3 个主要的独立部分组成的。虽然这 3 个部分的贴图均指定完毕，但是由于贴图坐标不正确，所以显示出了错误的效果，如图 3.131 所示。

图 3.131

对于 [塔身]，靠近顶部的位置贴图基本正确，但是底部位置的贴图坐标是错误的，塔身底层小门的贴图显然未正确显示。[塔身] 的底部是本案例贴图制作的重点之一。此外，古塔各层的塔檐 [对象 04]、最顶部的塔尖模型 [Line01] 贴图也是有问题的，可以看到 [Line01] 的砖块纹理非常大，方向也不正确。塔顶模型 [对象 03] 的 4 个面的贴图中，有一个面的贴图是错误的，其余面的贴图正确显示，如图 3.132 所示。

下面对古塔材质做进一步操作。

制作步骤

1. 塔尖材质

步骤 01： 选择塔尖模型 [Line01]，进入 [修改] 面板，可以看到它是由 [Line] 加上 [车削] 修改器制作而成的，如图 3.133 所示。

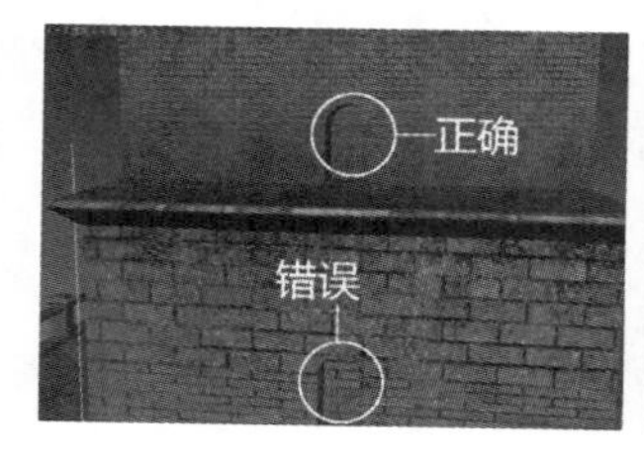

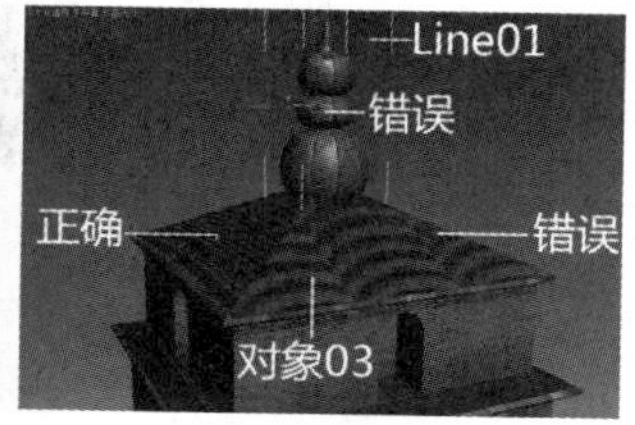

图 3.132

图 3.133

步骤 02: 单击主工具栏上的按钮，打开[材质编辑器]窗口，查看[Line01]的材质，如图 3.134 所示。

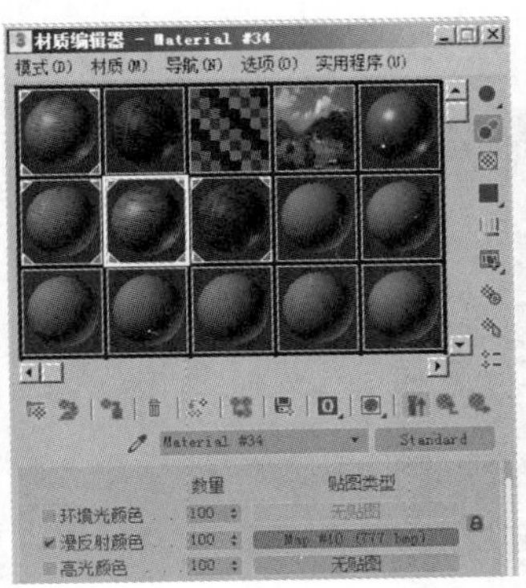

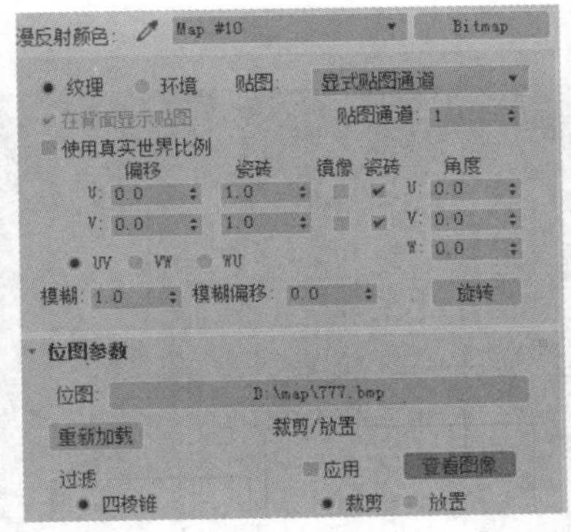

图 3.134

步骤 03: 为 [Line01] 添加一个柱形的 [UVW 贴图]，在 [参数] 卷展栏下 [贴图] 参数组下选择 [柱形] 选项，同时勾选 [对齐] 参数组下的 [X]，单击 [适配] 按钮，修正好错误贴图，如图 3.135 所示。

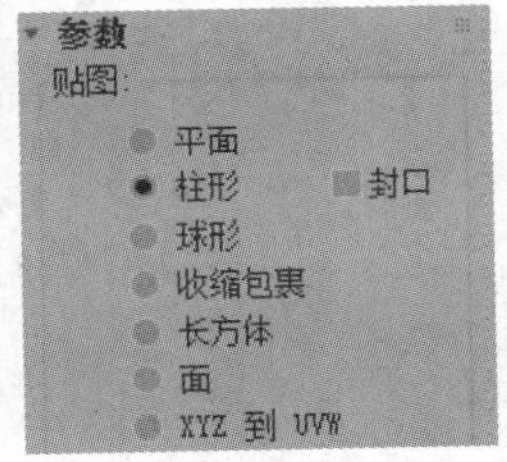

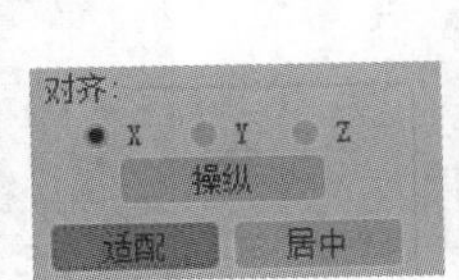

图 3.135

步骤 04: 打开 [UVW 贴图] 的 [Gizmo] 层级，使用缩放工具，根据场景中塔尖贴图的状态，对 Gizmo 进行调整，直至得到均匀分布且尺寸适合的砖块纹理，如图 3.136 所示。

图 3.136

退出 [Gizmo] 层级，下面对塔顶模型 [对象 03] 进行设置。

2. 塔顶材质

步骤 01: 选择塔顶模型 [对象 03]，可以看到它是由 [UVW 贴图]、[网格选择] 及 [可编辑多边形]

制作而成的，如图 3.137 所示。下面的部分如［塔身］均是使用同样的方法制作而成的，故［对象 03］的材质制作方法可以应用至古塔下部的其余部分。

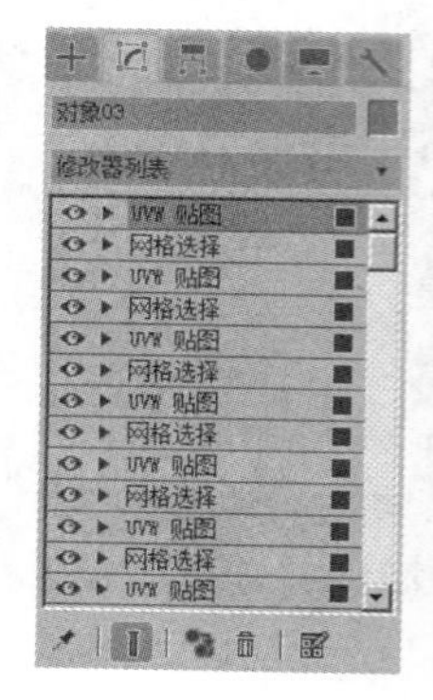

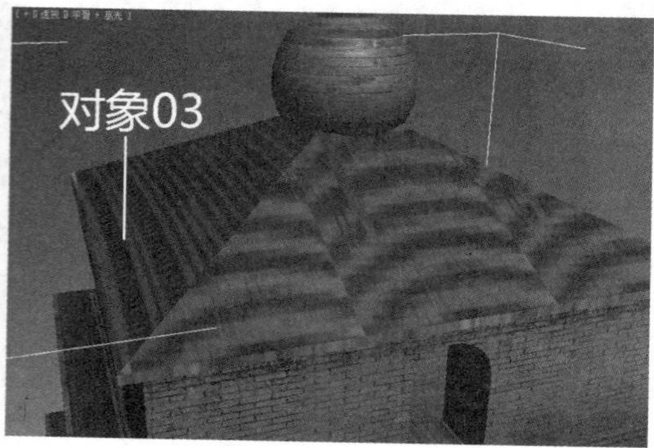

图 3.137

步骤 02: 为［对象 03］添加一个［网格选择］修改器，在［网格选择参数］卷展栏下单击■按钮，进入［多边形］级别，选择贴图错误的面，如图 3.138 所示。

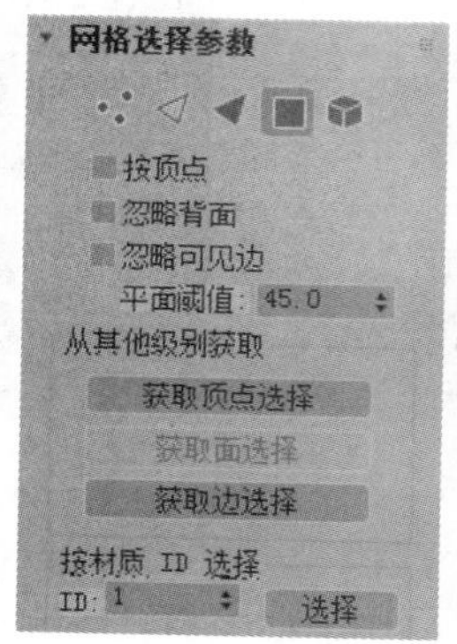

图 3.138

步骤 03: 为［对象 03］添加一个［UVW 贴图］修改器，进入［Gizmo］层级，使用旋转工具，将［Gizmo］平面的角度调整至与塔顶的倾斜角一致，如图 3.139 所示。

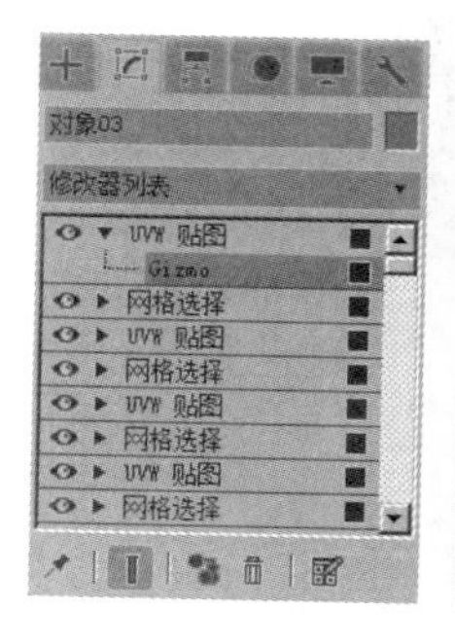

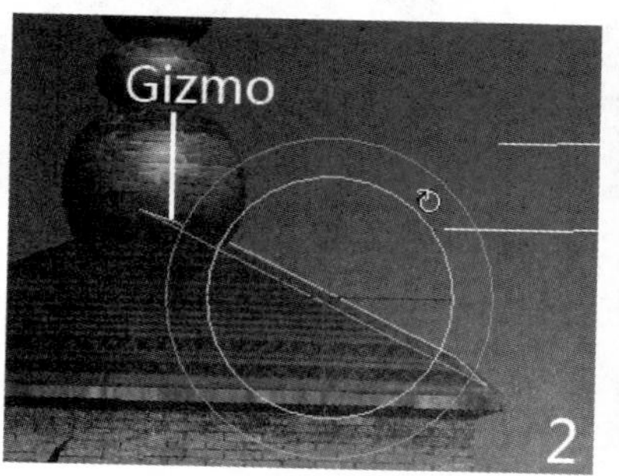

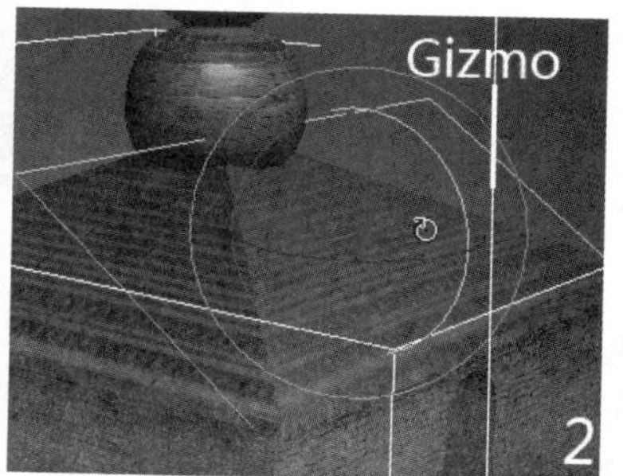

图 3.139

提示

这里也可以使用另一种方法。单击［修改］面板中［参数］卷展栏下［对齐］参数组中的［法线对齐］按钮，按住鼠标，可以看到贴图正确分布的效果，如图 3.140 所示。

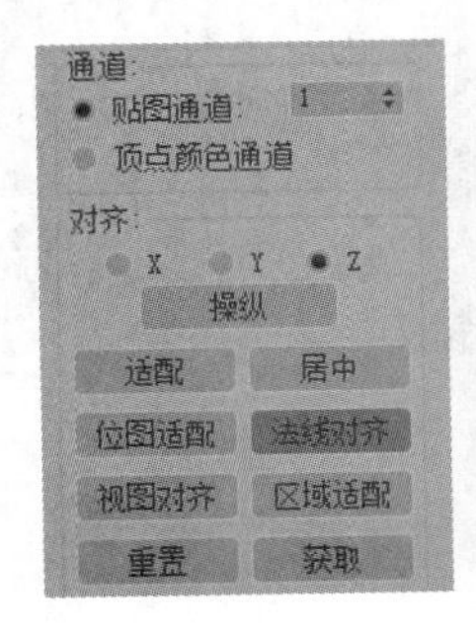

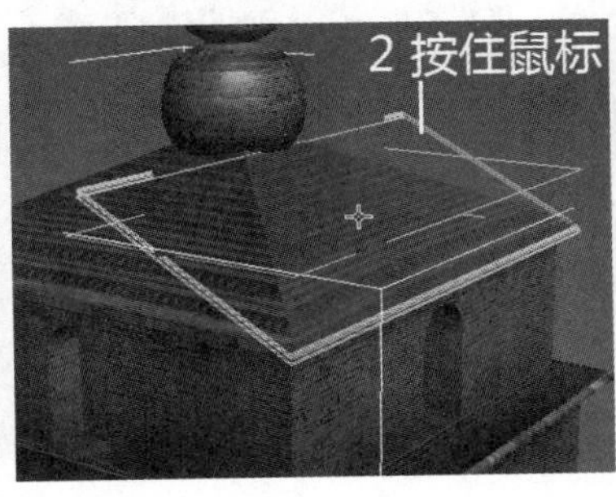

图 3.140

步骤 04： 按 F3 键，查看线框模式的［Gizmo］线框显示，矩形线框右侧有一根绿色的线，它对应［Gizmo］线框的右侧。将［Gizmo］移至一边，可以看到矩形线框上方有一根细线，它对应［Gizmo］线框的顶部，如图 3.141 所示。参考这两处可以确定当前场景中的［Gizmo］线框方向是否正确。

步骤 05： 恢复至［平滑 + 高光］显示状态，使用移动工具和缩放工具调整［Gizmo］的位置和尺寸，使它和相邻两个面的花纹可以对接并吻合，如图 3.142 所示。调整完毕后，退出［Gizmo］层级。

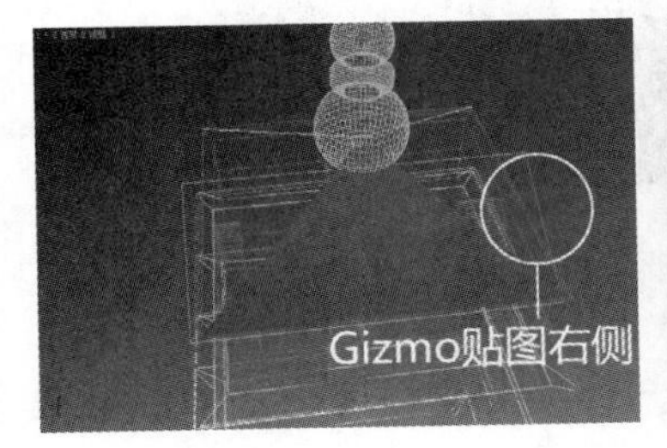

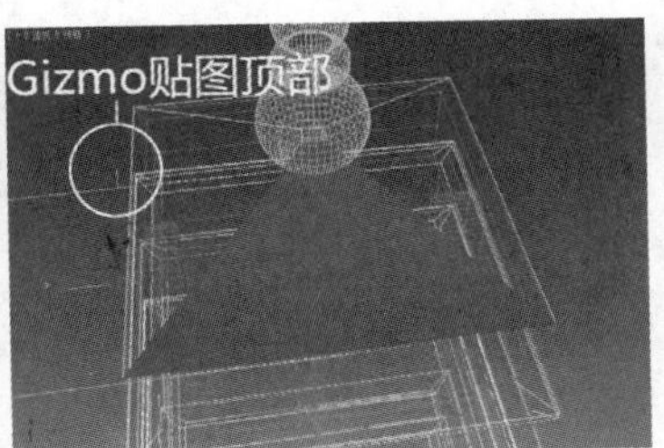

图 3.141

图 3.142

3. 塔檐侧面材质

步骤 01： 选择古塔的塔檐，即场景中的［对象 04］，将其删除，如图 3.143 所示。

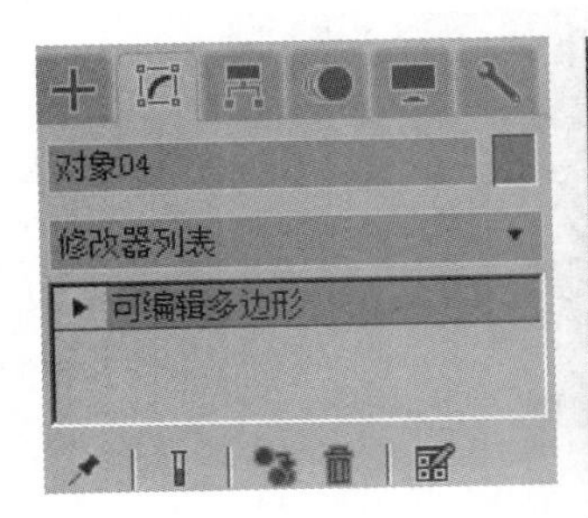

图 3.143

步骤 02: 为[对象 04]添加一个[UVW 贴图]修改器，在[参数]卷展栏中将[贴图]设置为[长方体]。打开 [Gizmo] 层级，使用缩放工具进行缩放，得到较为密集的纹理，如图 3.144 所示。

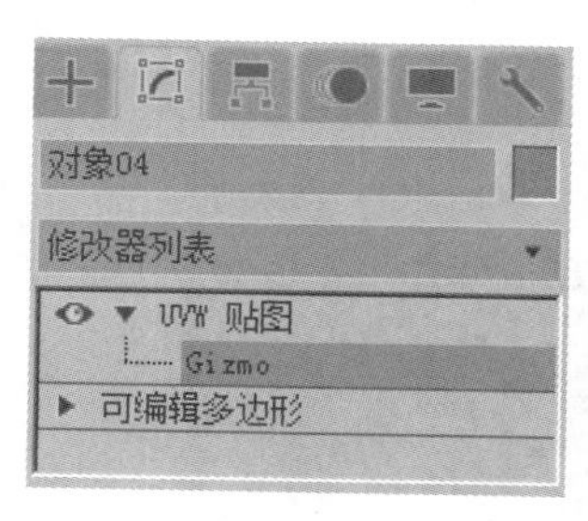

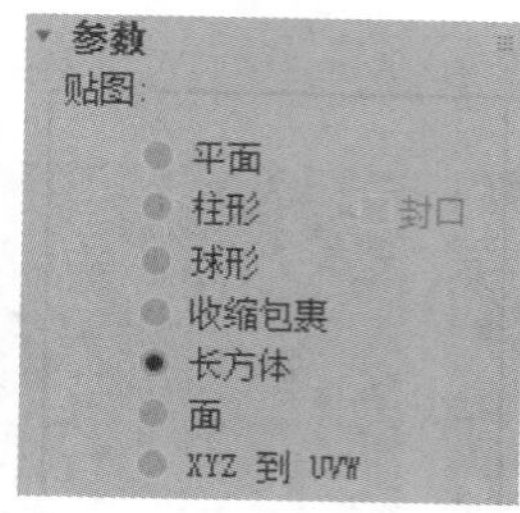

图 3.144

4. 塔身材质

步骤 01: 为[塔身]添加一个[网格选择]修改器，进入[多边形]级别，框选底层的面，如图 3.145 所示。

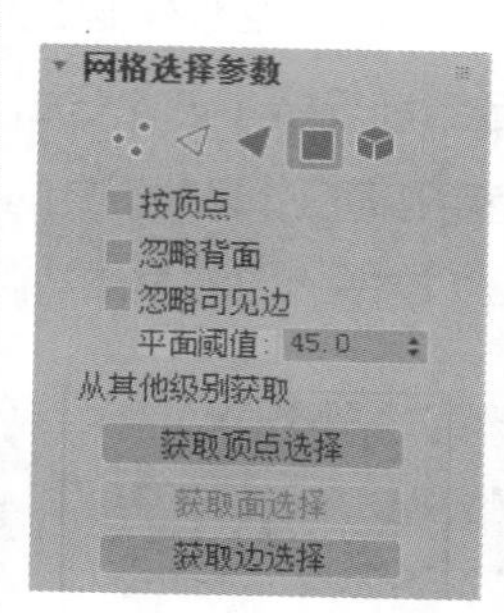

图 3.145

步骤 02: 为所选部分添加一个[UVW 贴图]修改器，将[参数]卷展栏中的[贴图]设置为[长方体]。打开[Gizmo]层级，使用缩放工具进行缩放，使得塔底墙面的顶部和底部均分布有污渍，如图 3.146 所示。

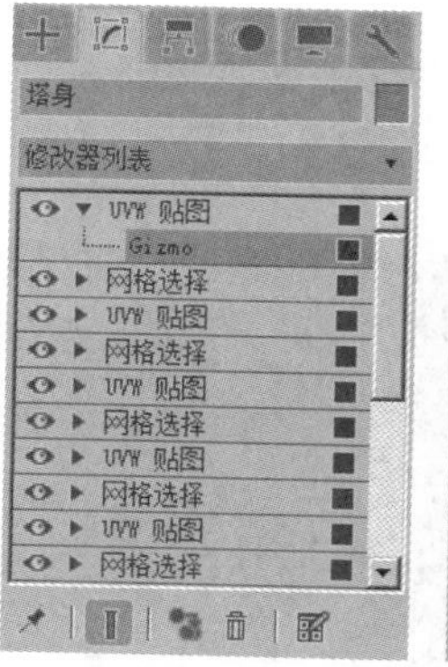

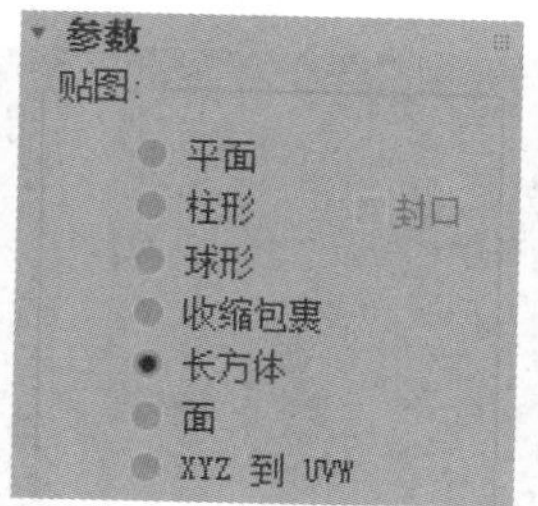

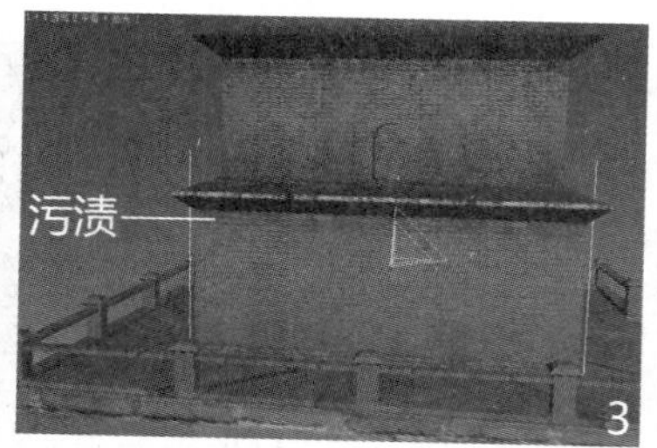

图 3.146

退出 [Gizmo] 层级，下面调节底座 [Box01] 的材质。底座的调节方法相对比较简单。

5. 底座材质

步骤 01： 选择底座模型 [Box01]，为其添加一个 [UVW 贴图] 修改器，将 [参数] 卷展栏下的 [贴图] 设置为 [长方体]。打开 [Gizmo] 层级，使用缩放工具进行缩放，直至底座的砖块尺寸与塔身砖块尺寸基本一致。但是当前有几个方向的栏杆砖块平铺的方向不正确，需要进一步调整，如图 3.147 所示。

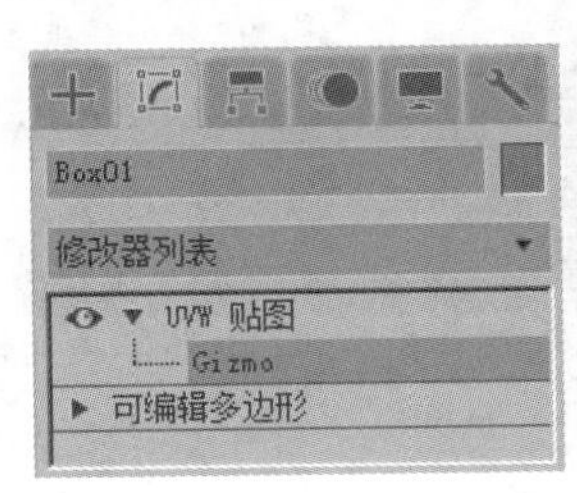

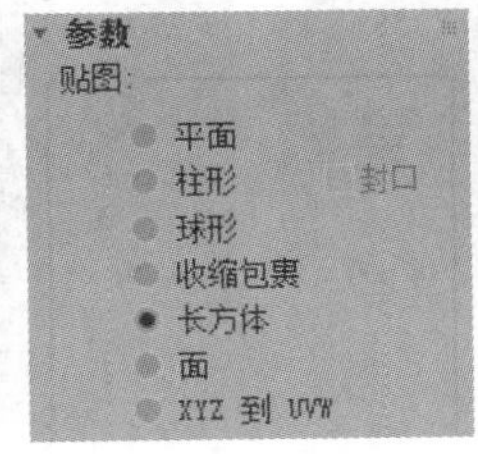

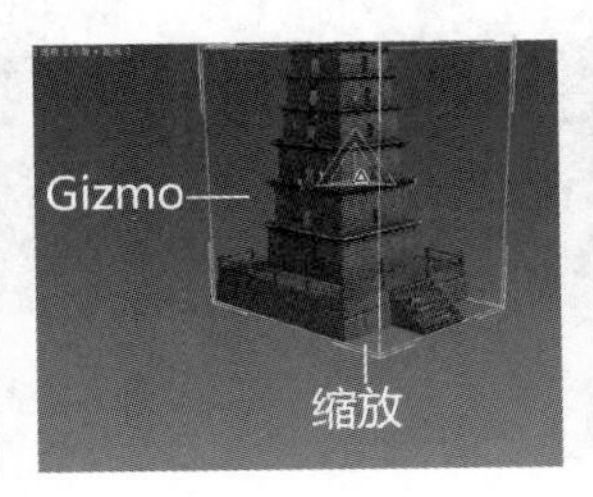

图 3.147

步骤 02： 继续添加一个 [网格选择] 修改器，在 [网格选择参数] 卷展栏下单击按钮，进入 [多边形] 级别，选择方向不正确的面，如图 3.148 所示。

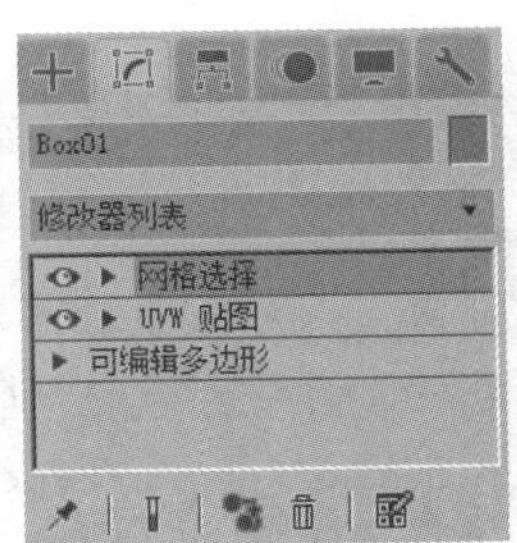

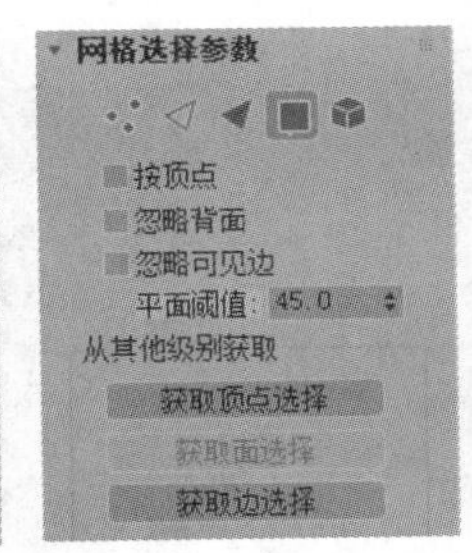

图 3.148

提示

4 个方向上的栏杆有 2 个方向的贴图分布是不正确的，注意不要漏选。

步骤 03： 为所选的面专门添加一个 [UVW 贴图] 修改器，将 [参数] 卷展栏下的 [贴图] 设置为 [平面]。打开 [Gizmo] 层级，单击主工具栏上的按钮，打开角度捕捉，将其旋转 90 度，配合使用移动工具和缩放工具，使每根栏杆上大约分布有两排砖块，如图 3.149 所示。

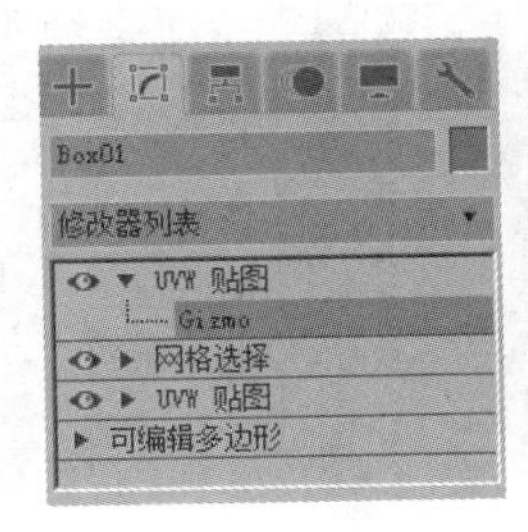

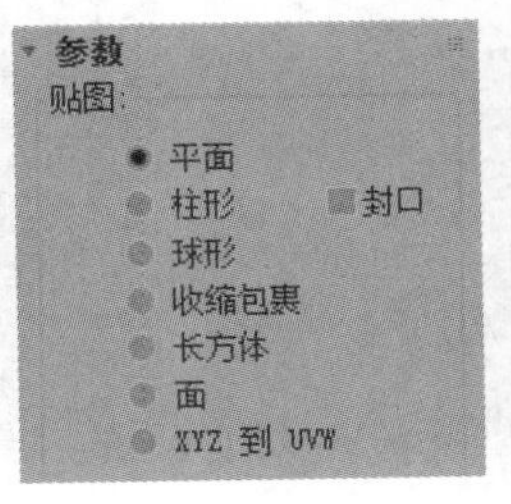

图 3.149

步骤 04： 选择［网格选择］修改器，配合 Ctrl 键选择两个方向的双层栏杆上方的面。退出［网格选择］，可以看到这些面的贴图自动转化为正确的平铺方式，如图 3.150 所示。

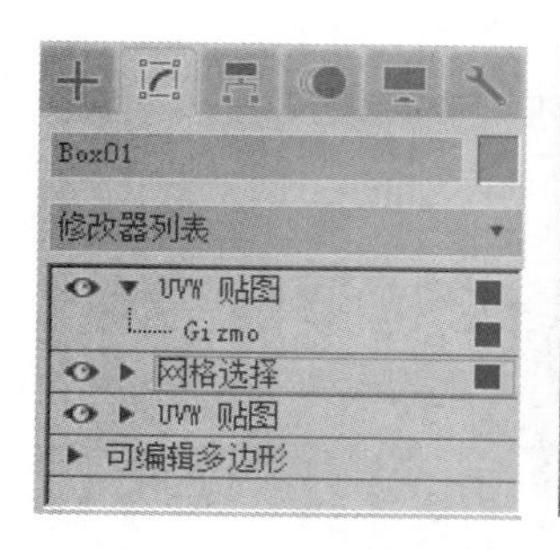

图 3.150

6. 台阶材质

选择台阶模型［对象 01］，为所选的面专门添加一个［UVW 贴图］修改器，选择［长方体］。打开［Gizmo］层级，使用缩放工具和平移工具调节［Gizmo］的尺寸和位置，使每层台阶上分布一行砖块的纹理，如图 3.151 所示。

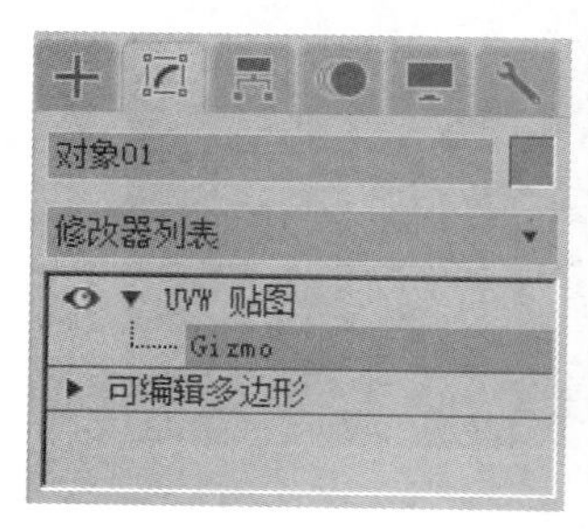

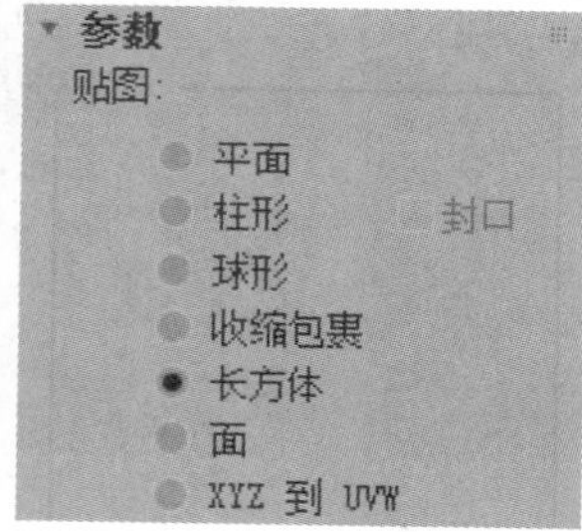

图 3.151

7. 台阶边缘

选择台阶边缘模型［对象 02］，为其添加一个［UVW 贴图］修改器，选择［长方体］。打开［Gizmo］层级，使用缩放工具和平移工具调节［Gizmo］的尺寸和位置，如图 3.152 所示。

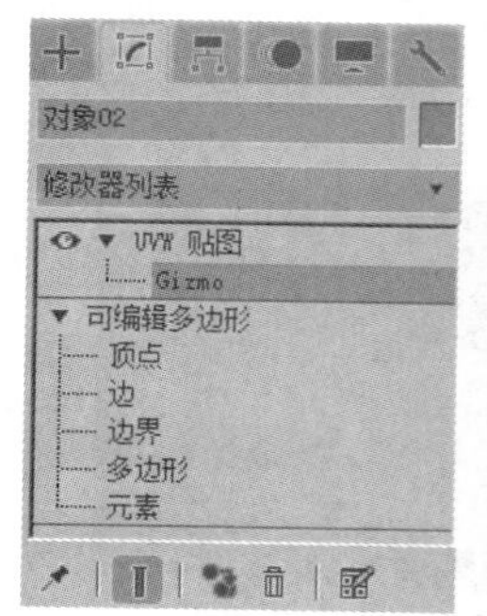

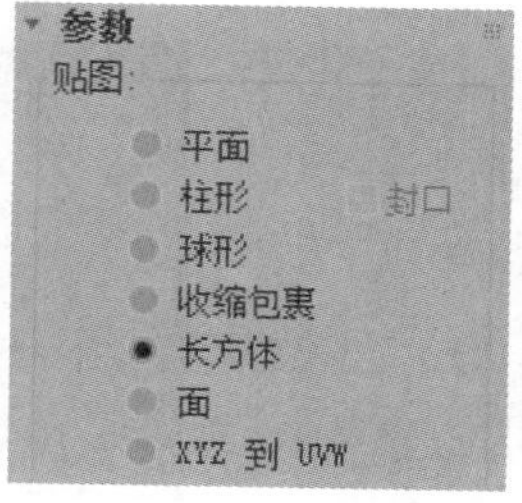

图 3.152

8. 塔底

步骤 01：当前场景中古塔底座的砖块纹理厚度有些大，下面对其进行微调。选择［Box01］，在［修改器列表］中单击第一个［UVW 贴图］和［网格选择］前面的 图标，使其变成灰色，即将其关闭。选择第 2 个［UVW 贴图］，打开［Gizmo］层级，使用缩放工具和移动工具调整贴图的分布，如图 3.153 所示。

步骤 02：重新开启［Box01］的第一个［UVW 贴图］和［网格选择］，检查塔底纹理的状态，如图 3.154 所示。

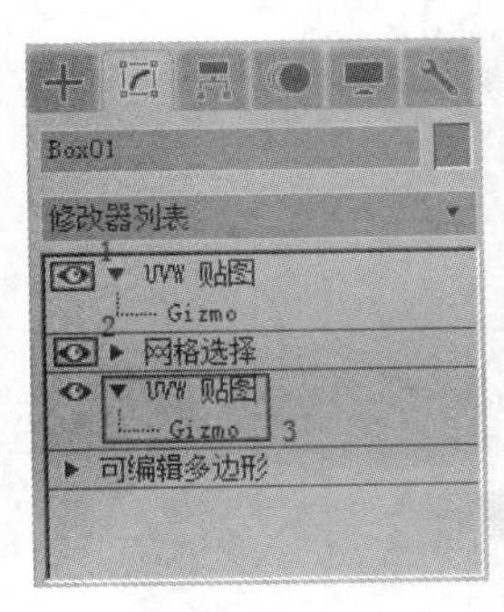

图 3.153

图 3.154

9. 塔檐顶部

前面已经对塔檐的侧面进行调节，下面继续调整塔檐顶部材质不正确的部分。

步骤 01：选择［对象 03］，查看它对应的模型，如图 3.155 所示。

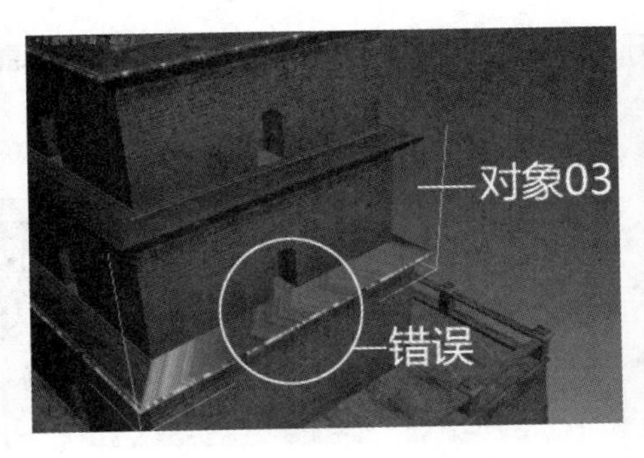

图 3.155

步骤 02：为［对象 03］添加一个［网格选择］修改器，进入［多边形］级别，选择贴图错误的面，如图 3.156 所示。

步骤 03：为所选面添加一个［UVW 贴图］修改器，选择［平面］。选择［Gizmo］层级，单击［法线对齐］按钮，将［Gizmo］线框与物体法线对齐，如图 3.157 所示。

步骤 04：按 F3 键进入［线框］显示方式，选择［Gizmo］并移动。退出［Gizmo］，查看［Gizmo］的细线位于上部。重新进入［Gizmo］层级，回到［平滑 + 高光］显示状态，可以看到当前的贴图方向是反的，如图 3.158 所示。

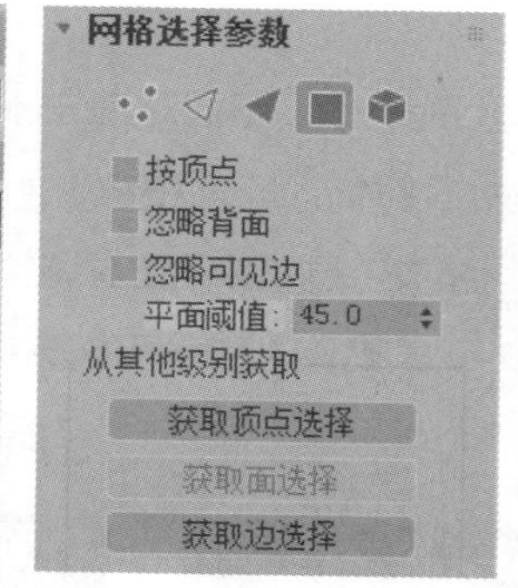

图 3.156

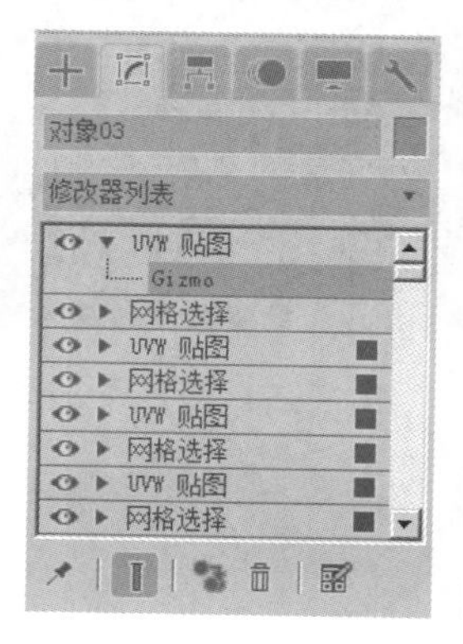

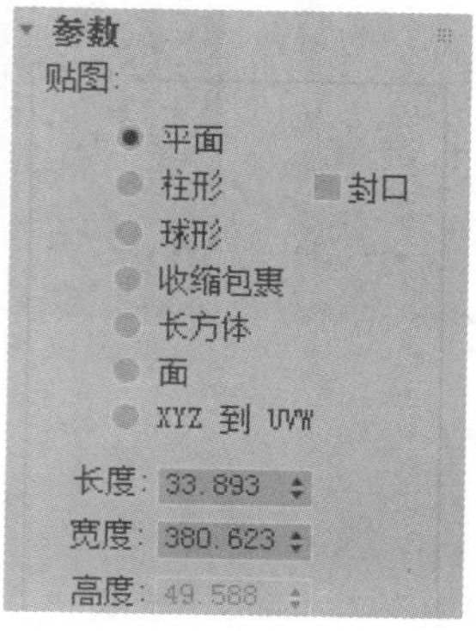

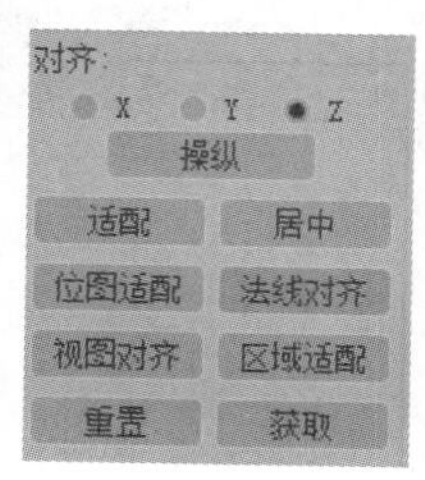

图 3.157

步骤 05: 选择旋转工具，切换至[局部]坐标系。在角度捕捉开启的状态下，将[Gizmo]贴图旋转 180 度。继续对 [Gizmo] 进行移动和缩放，直至得到规整的纹理，如图 3.159 所示。

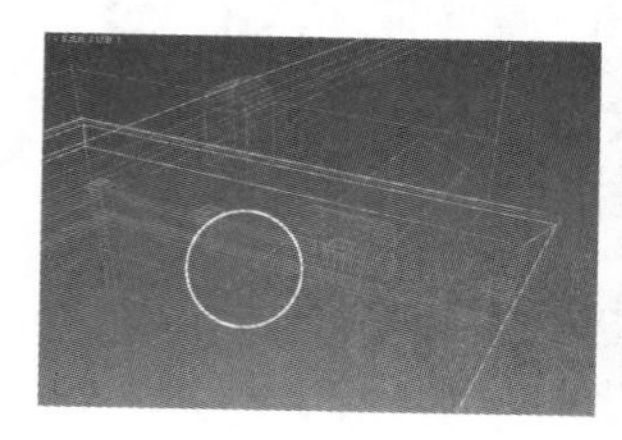

图 3.158

图 3.159

退出 [Gizmo] 层级，下面调整塔檐的底部。

10. 塔檐底部

下面使用同样的方法调整塔檐的底部。

步骤 01: 继续为 [对象 03] 添加一个 [网格选择] 修改器，进入 [多边形] 级别，选择贴图错误的面，如图 3.160 所示。

步骤 02: 为所选面添加一个[UVW 贴图]修改器，选择[平面]。选择[Gizmo]层级，单击[法线对齐]按钮，将 [Gizmo] 线框与物体法线对齐，使用移动工具和缩放工具进行调整，如图 3.161 所示。

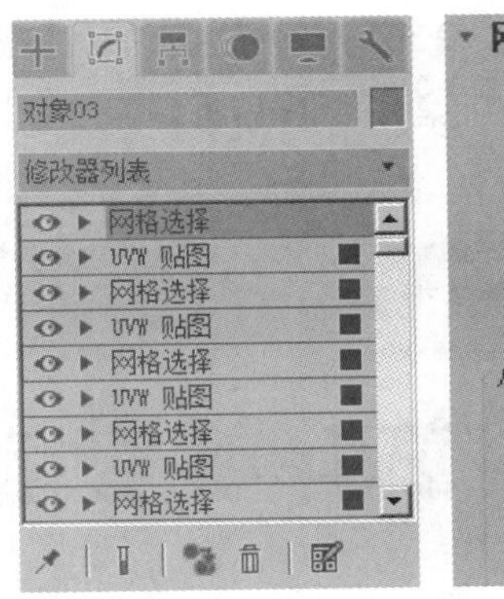

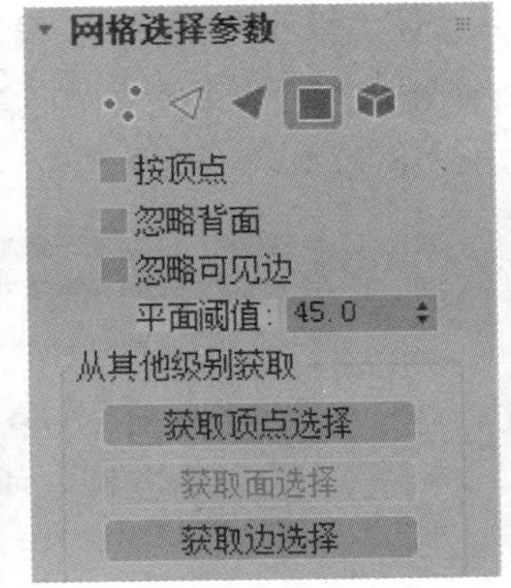

图 3.160

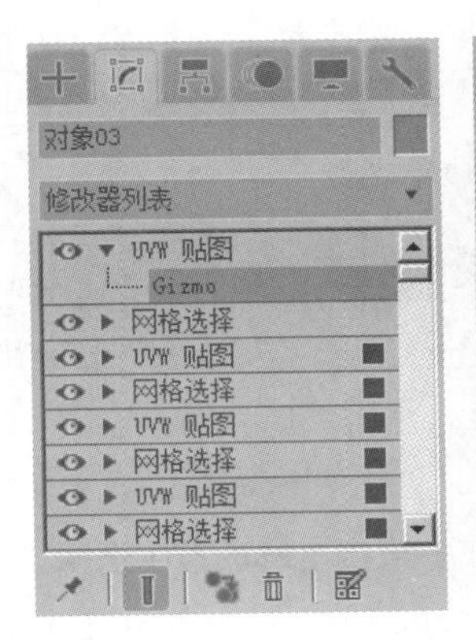

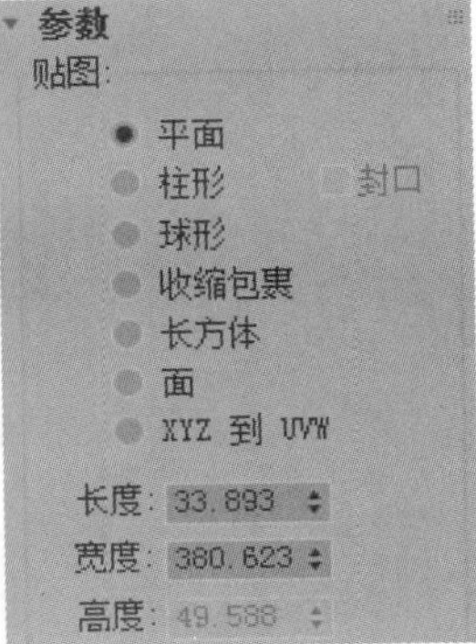

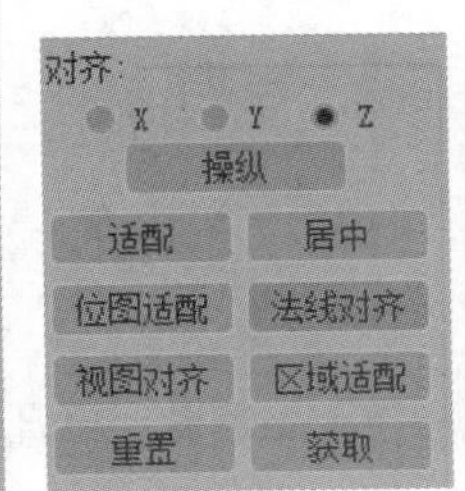

图 3.161

对于其他模型贴图的调整均使用相同的方法即可，这里不再赘述。

退出 [Gizmo] 层级，下面为古塔添加一个环境背景。

11. 环境背景

步骤 01： 调整视角，在 [透视图] 中按 Ctrl+C 组合键创建一架摄影机 [Camera001] 。按 Shift+F 组合键打开安全框，配合使用界面右下角的和工具，调整摄影机视图的角度和位置，如图 3.162 所示。

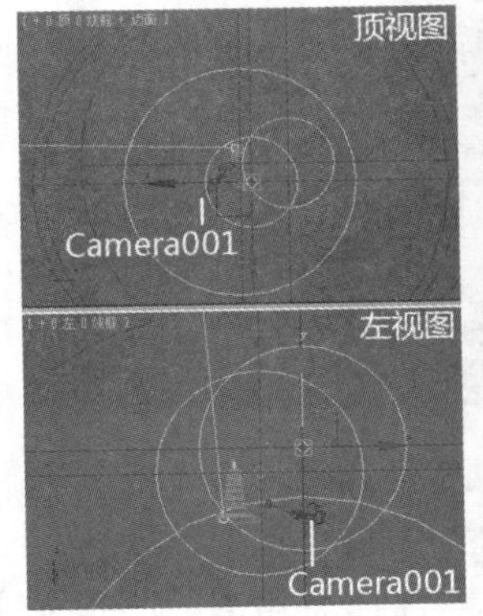

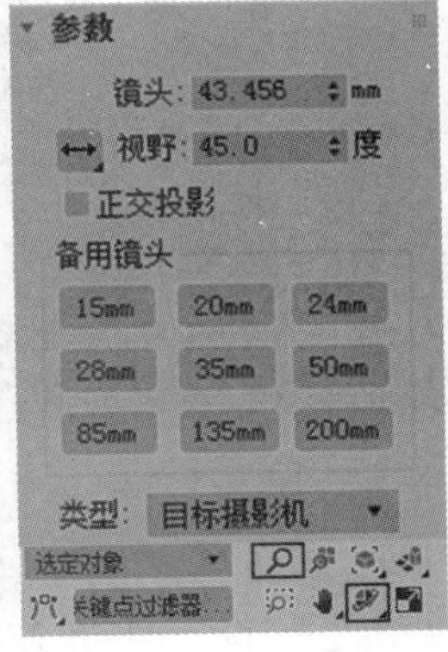

图 3.162

步骤 02：执行［渲染 > 环境］命令，打开［环境和效果］窗口，单击［环境贴图］加载按钮，在［材质 / 贴图浏览器］中选择［位图］，加载配套学习资源中的“场景文件 \ 第 3 章 \3.3.3\ 背景 .jpg”文件，如图 3.163 所示。

图 3.163

步骤 03：选择摄影机视图，按 Alt+B 组合键，打开［视口配置］对话框。在［背景］选项卡中选择［使用环境背景］选项，此时背景效果就在摄影机视图中显示出来了，但是当前的效果并不正确，如图 3.164 所示。

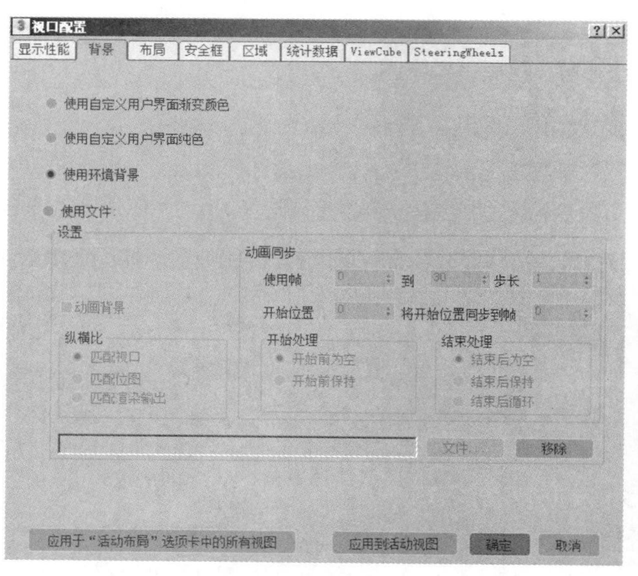

图 3.164

步骤 04：单击按钮，打开［材质编辑器］，将［环境和效果］窗口中的［背景］贴图拖曳至［材质编辑器］中的一个空材质球上，在弹出的［实例（副本）贴图］对话框中选择［实例］，如图 3.165 所示。

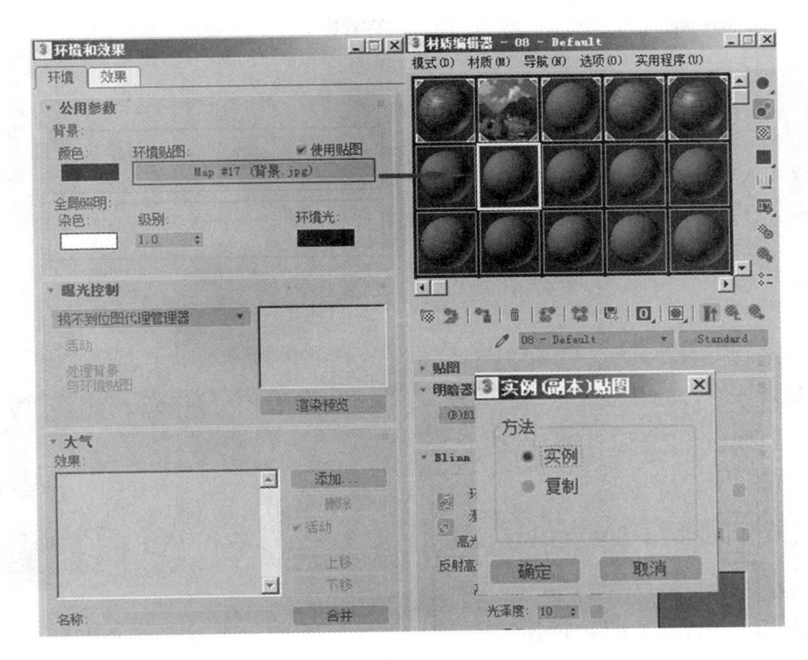

图 3.165

步骤 05： 在［坐标］卷展栏中选择［屏幕］，此时得到了正确的背景效果，如图 3.166 所示。

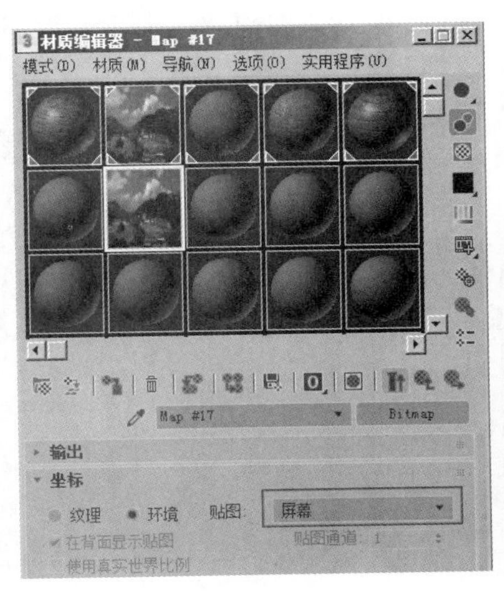

图 3.166

下面讲解灯光和渲染的设置。当前场景中的灯光已经架设完毕。下面进行讲解和调整。

12. 主光

在［前视图］中选择主光［Direct01］，在［修改］面板的［常规参数］卷展栏中已启用了［阴影贴图］，颜色设置为偏暖的颜色。查看［平行光参数］卷展栏，可以看到它设置了［聚光区 / 光束］和［衰减区 / 区域］，旨在包住整个环境进行照明，如图 3.167 所示。

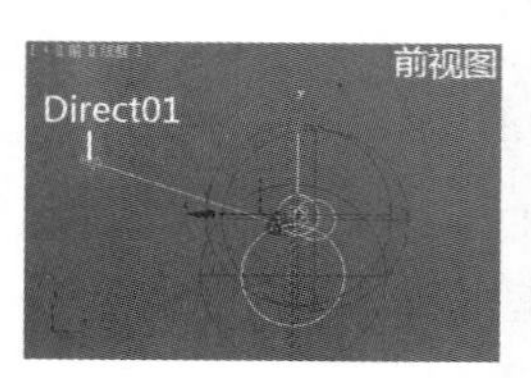
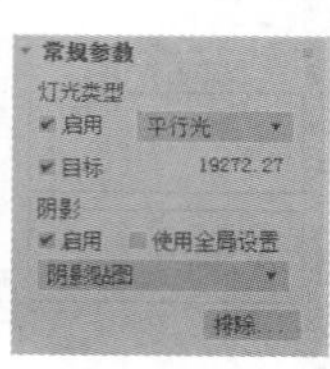
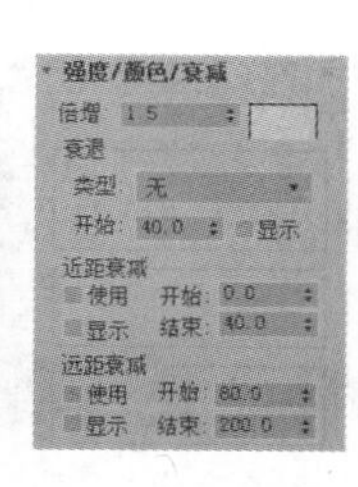
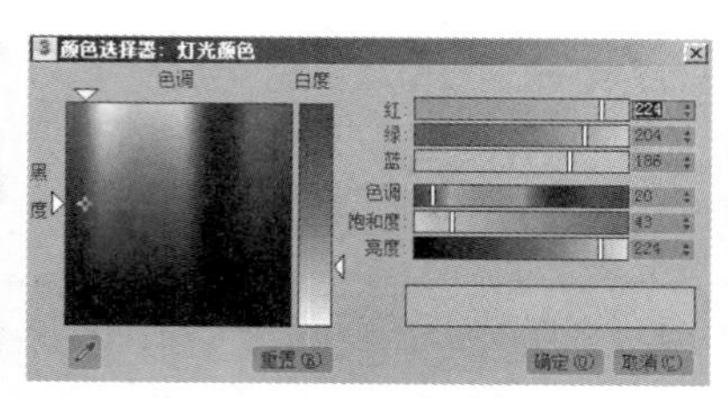
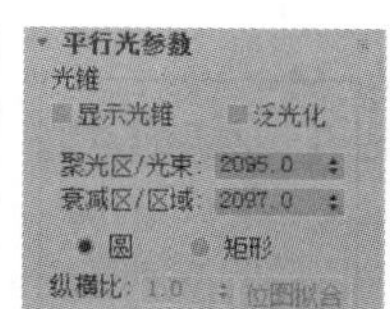

图 3.167

13. 辅助光

场景中还有几盏泛光灯作为辅助光源，它们分别是［Omini01］、［Omini02］和［Omini03］，如图 3.168 所示。

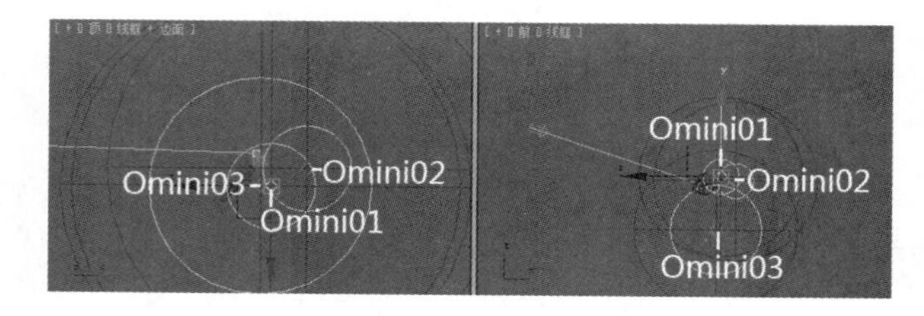

图 3.168

三者均启用了［阴影贴图］，颜色为冷色。其中，［Omini01］的强度比后两者高一些。这 3 盏灯光设置了略有区别的［聚光区 / 光束］和［衰减区 / 区域］。单击任一辅助光的［排除］按钮，可以看到未设置任何排除物体，如图 3.169 所示。

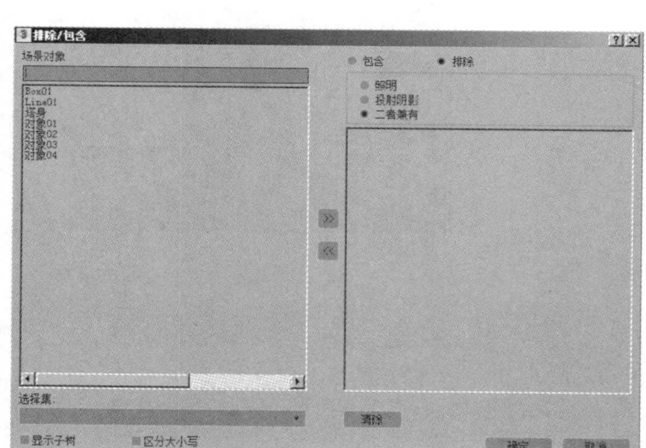

图 3.169

14. 地面及渲染

步骤 01： 执行［创建 > 几何体 > 标准基本体 > 平面］命令，在［顶视图］中拖曳鼠标创建一个平面［Plane001］，在［前视图］中调整它的高度，如图 3.170 所示。

步骤 02： 打开［材质编辑器］，选择一个空的材质球，指定给［Plane001］，默认各项设置。打开［渲染设置］窗口，将［宽度］和［高度］分别设置为 500 和 375，如图 3.171 所示。

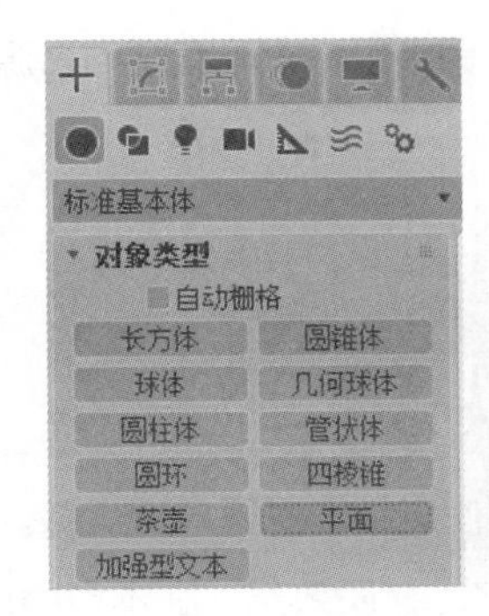

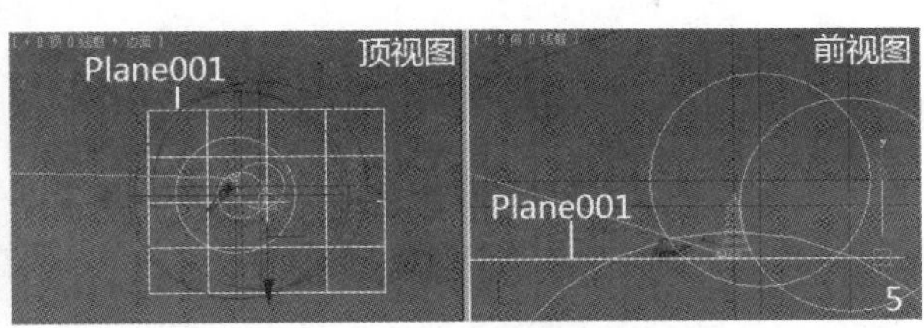

图 3.170

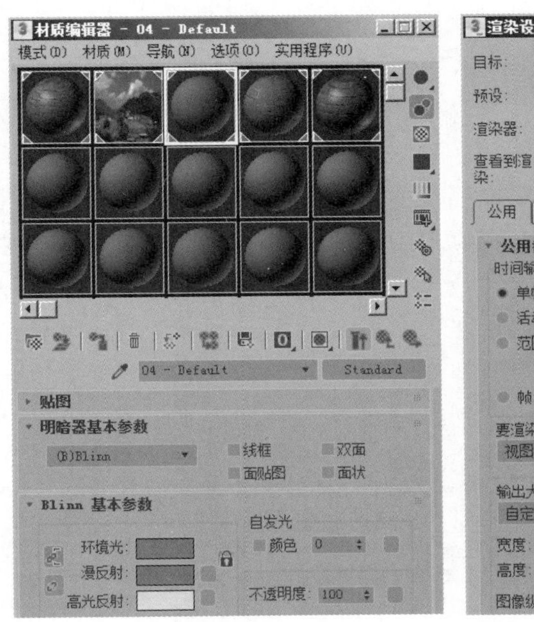

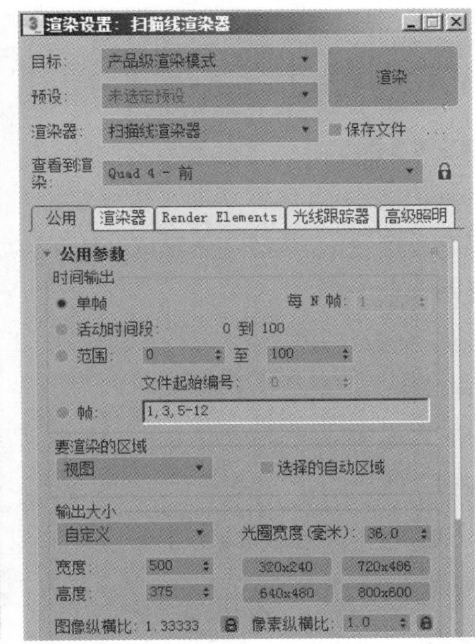

图 3.171

步骤 03: 进行渲染测试，得到的效果如图 3.172 所示。可以看到以古塔为分界，左侧的光线和色调偏暖，右侧的光线和色调偏冷，古塔坐落在地面上，后面是山峦和天空。

图 3.172

至此，整个古塔效果就制作完成了。关于该案例的具体视频讲解，请参见本书配套学习资源“视频文件\第 3 章\3.3.3”文件夹中的视频。

3.4 本章小结

为复杂对象指定材质是三维制作中非常重要的知识点，好的材质将使三维场景更具真实感。3ds Max 提供了一个复杂精密的材质系统，可以通过各种材质的搭配做出千变万化的材质效果。在本章中通过实例详细讲解了材质编辑器、各种材质和贴图类型，以及 UVW 贴图的使用方法。在实际的制作中需要学会举一反三，灵活地使用各种材质。

3.5 参考习题

1. 在[材质编辑器]的[明暗器基本参数]卷展栏中，下列 __________ 明暗器适合制作无光曲面，如布料、陶瓦等材质的高光。

   A. Oren-Nayar-Blinn

   B. 各向异性

   C. 多层

   D. Blinn

2. 在材质［基本参数］卷展栏中，下列 __________ 不支持贴图通道。

   A. 环境光

   B. 漫反射

   C. 高光反射

   D. 柔化

3. 在［Slate 材质编辑器］中，关于连接两个节点之间的关联，下面 __________ 描述是错误的。

   A. 可以从贴图的输出节点上拖曳鼠标到材质的输入节点上，从而建立关联

   B. 可以从材质的输入节点上拖曳鼠标到贴图的输出节点上，从而建立关联

   C. 可以通过鼠标单击的方式选择关联，选中的关联线以白色显示

   D. 只能在材质和贴图之间建立关联，材质之间无法建立关联

参考答案

1. A　2. D　3. D

第 4 章 3ds Max 灯光技术

4.1 知识重点

本章将重点介绍使用 3ds Max 所提供的各种光源来对场景进行照明。在这里将学习使用标准光源快速而准确地照亮三维场景，并且配合使用各种阴影类型来使场景更加具有立体感；在场景中使用天光渲染出真实的天空漫射光线效果等。

- 了解各种标准光源之间的区别及使用方法。
- 熟练掌握灯光的参数设置。
- 熟练掌握不同阴影类型的区别及参数应用。
- 掌握天光的使用方法。
- 了解光度学灯光及光域网的使用方法。

4.2 要点详解

4.2.1 灯光简介

灯光制作是三维制作中的重要组成部分，在表现场景气氛等方面都发挥着至关重要的作用。

灯光是 3ds Max 中的一种特殊对象，它本身不能被渲染显示，只能在视图操作时被看到，但它可以影响周围物体表面的光泽、色彩和亮度。通常灯光是与材质、环境共同作用的，它们的结合可以产生丰富的色彩和明暗对比效果，从而使我们的三维作品更具有真实感。

3ds Max 内置有两种类型的灯光：[标准] 灯光和 [光度学] 灯光，如图 4.001 所示。由于在 3ds Max 中整合了 Arnold 渲染器，因此又增加了一类 Arnold 的专用灯光。这些灯光分别具有各自的特点和优势，能够满足各种照明的要求。

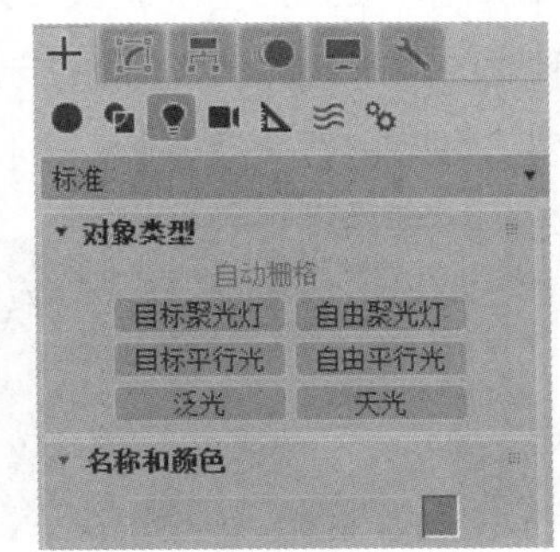

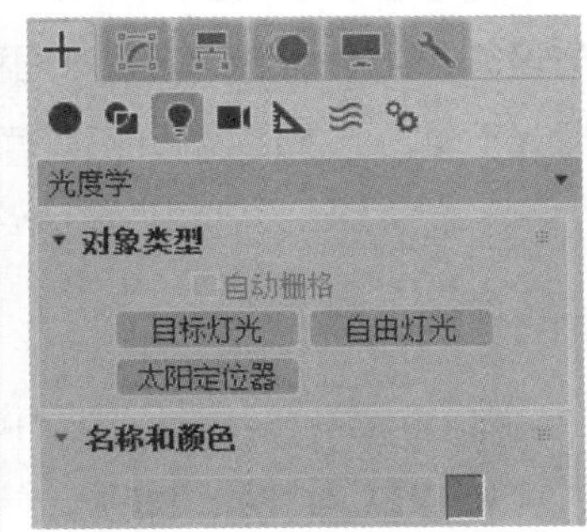

图 4.001

1. 灯光的使用原则

● 提高场景的照明程度。默认状态下，视图中的照明程度往往不够，很多复杂物体的表面都不能很好地被表现出来，这时就需要为场景增加灯光来改善照明程度。

● 通过逼真的照明效果提高场景的真实性。

● 为场景提供阴影效果，提高真实程度。所有的灯光都可以产生阴影效果，还可以设置灯光是否投射或接收阴影。

● 模拟场景中的光源。灯光本身是不能被渲染的，所以还需要创建符合光源的几何体模型与之相配合，自发光类型的材质也能起到很好的辅助作用。

● 制作光域网照明效果的场景。通过为光度学灯光指定各种光域网文件，可以很容易地制作出各种不同的照明分布效果，这些光域网文件可以直接从制造厂商处获得。

2. 灯光的操作和技巧

这些操作和技巧对于 [标准] 灯光和 [光度学] 灯光都适用，下面列出一些通用技巧。

● 在 [显示] 面板中可以设置灯光是否在场景中显示。

● 灯光视图是调节聚光灯的好方法，如图 4.002 所示。

● 可以通过 [放置高光] 工具对灯光物体进行定位，设置高光位置，如图 4.003 所示。

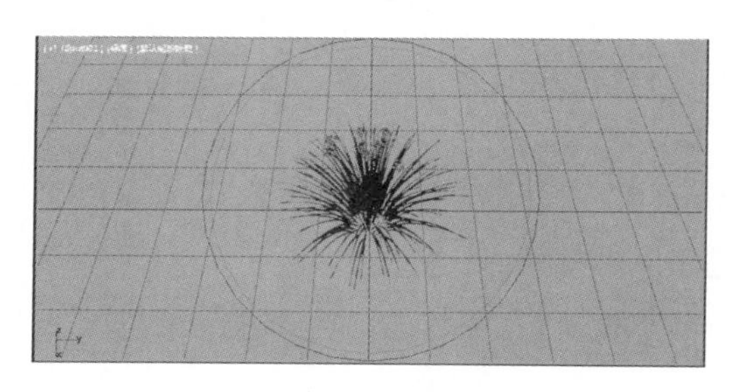

图 4.002

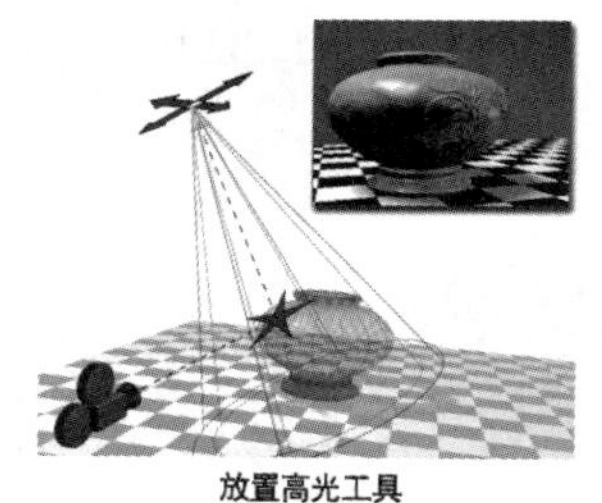

图 4.003

4.2.2 [标准] 灯光类型及原理

[标准] 灯光是基于计算机的对象，它用于模拟灯光，如家用或办公室灯，舞台和电影工作时使用的灯光设备，以及太阳光本身。不同种类的灯光对象可用不同的方法投影灯光，模拟不同种类的光源。与 [光度学] 灯光不同， [标准] 灯光不具有基于物理的强度值。 [标准] 灯光有 6 种灯光类型，如图 4.004 所示。

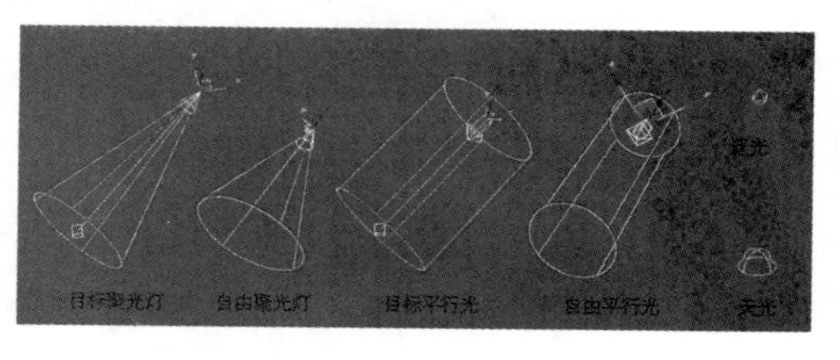

图 4.004

1. 目标聚光灯

［目标聚光灯］产生锥形的照射区域，在照射区以外的对象不受灯光影响。［目标聚光灯］有投射点和目标点两个图标可调，方向性非常好，加入投影设置，可以产生逼真的静态仿真效果。缺点是在进行动画照射时不易控制方向，两个图标的调节常使发射范围改变，也不易进行跟踪照射。它有矩形和圆形两种投影区域，矩形区域适合制作电影投影图像和窗户投影等，圆形区域适合路灯、车灯、台灯及舞台跟踪灯等灯光照射。如果作为体积光源，它能够产生一个锥形的光柱。在图 4.005 所示的场景中有一盏标准［目标聚光灯］，产生了阴影投影，该灯光的参数设置如图 4.006 所示。

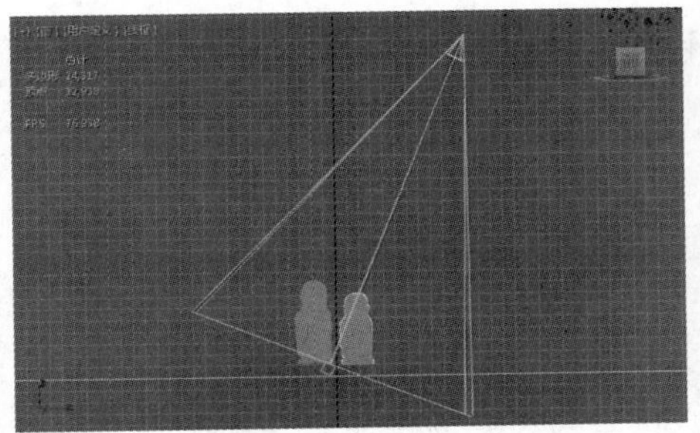

图 4.005

图 4.006

2. 自由聚光灯

［自由聚光灯］产生锥形的照射区域，它其实是一种受限制的目标聚光灯，无法在视图中对发射点和目标点分别进行调节。它的优点是不会在视图中改变投射范围，特别适合一些动画的灯光，如摇晃的船桅灯、晃动的手电筒、舞台上的投射灯、矿工头上的射灯及汽车的前大灯等。

3. 目标平行光

［目标平行光］产生单方向的平行照射区域，它与［目标聚光灯］的区别是照射区域呈圆柱形或矩形，而不是锥形。平行光的主要用途是模拟阳光的照射，对于户外场景尤为适用。如果作为体积光源，它可以产生一个光柱，常用来模拟探照灯及激光光束等特殊效果。在图 4.007 所示的场景中有一盏标准［目标平行光］。

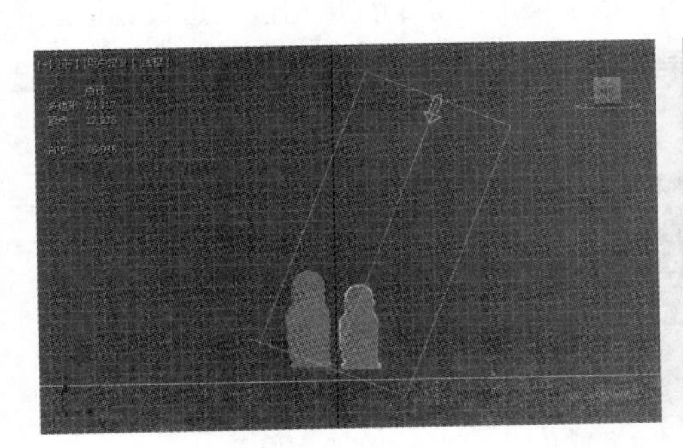

图 4.007

4. 自由平行光

[自由平行光] 产生平行的照射区域，它其实是一种受限制的目标平行光。在视图中，它的投射点和目标点不能分别进行调节，只能进行整体的移动或旋转，这样可以保证照射范围不发生改变。如果对灯光的范围有固定要求，尤其是在灯光的动画中，这是一个非常不错的选择。

5. 泛光

[泛光] 在视图中显示为正八面体图标，它向四周发散光线。标准的泛光用来照亮场景，它的优点是易于建立和调节，不用考虑是否有对象在范围外而不被照射；其缺点是不能创建太多，否则位置设置不合理会使场景看起来平淡而无层次感。泛光的参数与聚光灯的参数大体相同，也可以进一步扩展功能，如全面投影、衰减范围，这样它也可以有灯光的衰减效果、投射阴影和图像。它与聚光灯的差别在于照射范围。另外，泛光还常用来模拟灯泡、台灯等光源对象。泛光的照射效果如图 4.008 所示。在场景中有一盏标准 [泛光]，它可以产生明暗关系的对比。

6. 天光

[天光]能够模拟日照效果。在3ds Max中，有多种模拟日照效果的方法，如果配合[光跟踪器]渲染方式，则 [天光] 对象往往能产生更生动的效果，如图 4.009 所示。

图 4.008

图 4.009

4.2.3 [标准] 灯光的重要参数

倍增：对灯光的照射强度进行倍增控制，默认值为 1。如果设置倍增为 2，则光的强度会增加一倍；如果设置倍增为负值，将会产生吸收光的效果。通过这个选项增加场景的亮度可能会造成场景颜色曝光过度，还会产生视频无法接受的颜色，所以除非是特殊效果或特殊情况下进行这样的设置，否则应尽量保持该值为默认的 1。[倍增] 参数控制效果如图 4.010 所示。

0.5 倍增值　　1.0 倍增值　　-1.0 倍增值

图 4.010

颜色：单击［颜色］按钮，可以弹出色彩调节框，直接在调节框中调节灯光的颜色，以烘托出场景气氛。颜色可以通过以下两种方式进行调节。

① R、G、B：分别调节 R（红）、G（绿）、B（蓝）三原色的色值。

② H、S、V：分别调节 H（色调）、S（饱和度）、V（亮度）3 项数值。

排除：允许指定对象不受灯光的照射影响，包括照明影响和阴影影响，可以通过对话框来进行控制，如图 4.011 所示。

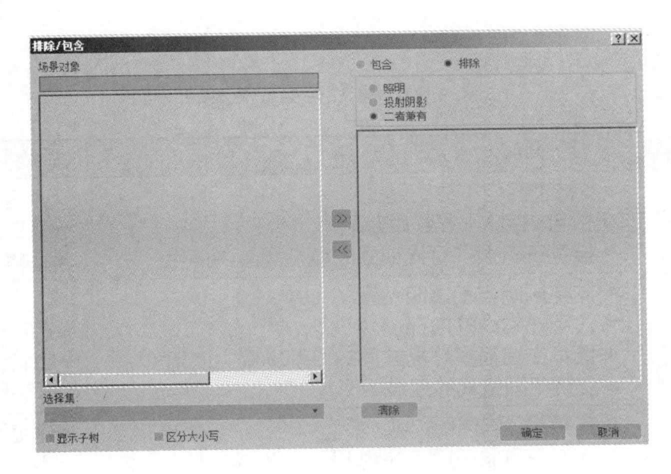

图 4.011

通过 >> 或 << 按钮，可以将场景中的对象加入到右侧排除框中或从右侧排除框中删除。作为排除对象，它将不再受这盏灯光的照射影响，对于［照明］和［投射阴影］的影响，可以分别予以排除。

图 4.012 所示的场景中有两个雕像，并设置了一盏聚光灯和一盏起辅助作用的泛光，聚光灯开启阴影效果，而泛光不进行投影。调整聚光灯的排除设置，观察图中所获得的不同效果。

①为正常照明，不进行任何排除设置的效果。

②将右侧雕像排除，选择［二者兼有］方式，雕像将不接收任何照明，也不产生阴影。

③将左侧雕像排除，选择［投射阴影］方式，雕像将不再产生阴影效果。

④将左侧雕像排除，选择［照明］方式，雕像将只产生投影，而不能接收照明。

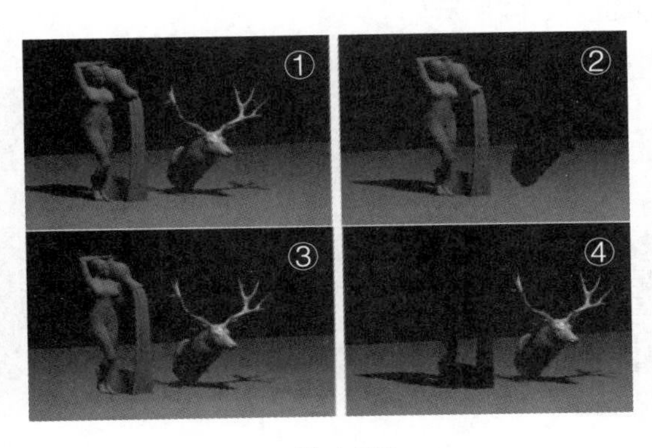

图 4.012

提示

如果要设置个别对象不产生或不接收阴影，也可通过鼠标右键单击对象，在弹出的菜单中进入［对象属性］对话框，分别取消勾选［投射阴影］或［接收阴影］选项。

阴影：阴影方式有［高级光线跟踪阴影］、［区域阴影］、［光线跟踪阴影］和［阴影贴图］4种，可以在［常规参数］卷展栏中进行选择。每种方式都有自己的优缺点，表4.001所示是对4种通用的阴影类型进行整体对比。

表4.001 阴影类型的优缺点分析

阴影类型	优 点	缺 点
［高级光线跟踪阴影］	●支持透明与不透明贴图 ●占用内存比［光线跟踪阴影］少 ●推荐在有很多灯光或面的复杂场景中使用	●速度比［阴影贴图］慢 ●不支持软阴影 ●每帧需重新进行处理
［区域阴影］	●支持透明与不透明贴图 ●占用非常少的内存资源 ●推荐在有很多灯光或面的复杂场景中使用 ●支持不同格式的区域阴影	●速度比［阴影贴图］慢 ●每帧需重新进行处理
［光线跟踪阴影］	●支持透明与不透明贴图 ●在没有动画对象的情况下，只需要计算一次	●速度可能会比［阴影贴图］慢 ●不支持软阴影
［阴影贴图］	●能够产生软阴影 ●在没有动画对象的情况下，只需要计算一次 ●最快的阴影方式	●占用大量内存 ●不支持透明或不透明贴图 ●支持体积光

（1）光线跟踪阴影

［光线跟踪阴影］是通过跟踪从光源发射出来的光线路径所产生的阴影效果，它比［阴影贴图］更为精确。对于透明和半透明对象，［光线跟踪阴影］能够产生逼真的阴影效果，并且由于它总是产生“硬边”效果的阴影，所以适用于表现线框对象所产生的阴影效果，如图4.013所示。

（2）高级光线跟踪阴影

［高级光线跟踪阴影］与［光线跟踪阴影］类似，但它提供了更多的控制参数，在［优化］参数栏中也有它的一些设置选项，效果如图4.014所示。

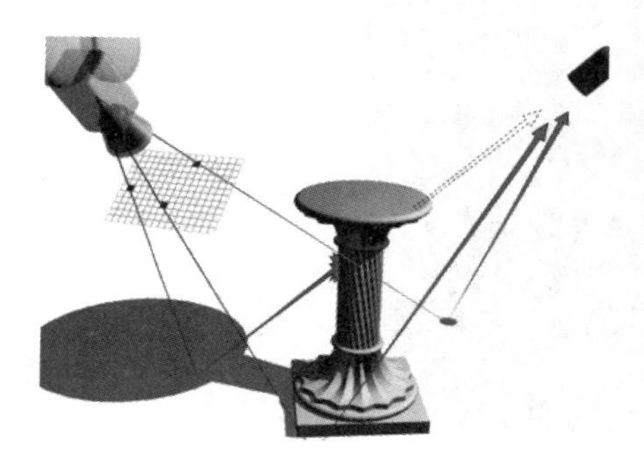

图4.013

图4.014

（3）区域阴影

[区域阴影] 实际上是通过设置一个虚拟的灯光维度空间来“伪造”区域阴影的效果，它适用于任何类型的灯光对象。如图 4.015 所示，区域阴影可以产生柔和的半影和阴影过渡效果，并且随着对象与阴影之间距离的增大而越来越明显。

（4）阴影贴图

[阴影贴图] 是一种渲染器在预渲染场景通道时生成的位图。[阴影贴图] 不会显示透明或半透明对象投射的颜色。另外，[阴影贴图] 可以拥有边缘模糊的阴影，但 [光线跟踪阴影] 无法做到这一点。[阴影贴图] 是从聚光灯方向投射的。采用这种方法时，可以生成边缘较为模糊的阴影，如图 4.016 所示。与 [光线跟踪阴影] 相比，[阴影贴图] 所需的计算时间较少，但精确度较低。

为了生成边缘更加清晰的阴影，可以对 [阴影贴图] 的设置进行调整，其中包括更改分辨率和阴影位图的像素采样。

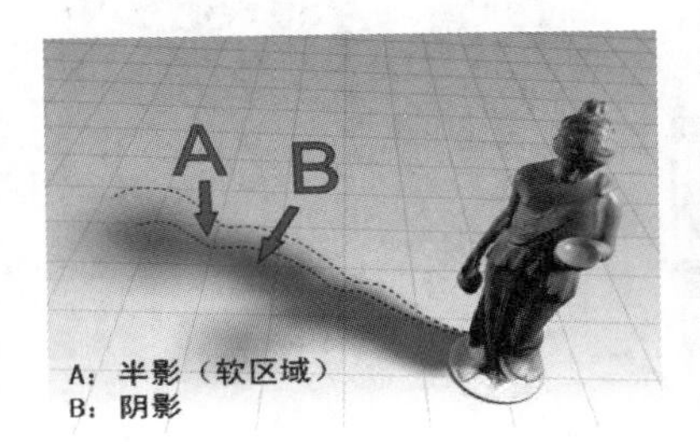

图 4.015

图 4.016

聚光区 / 光束：调节灯光的锥形区域，以角度为单位。标准聚光灯在 [聚光区] 内的强度保持不变。

衰减区 / 区域：调节灯光的衰减区域，以角度为单位。从 [聚光区] 到 [衰减区] 的角度范围内，光线由强向弱进行衰减变化，此范围外的对象将不受任何强光的影响。如图 4.017 所示，左侧为 [聚光区] 与 [衰减区] 角度相差较大的效果，这时可以产生柔和的过渡边界；右侧为相近时的效果，这时衰减过渡很小，产生尖锐而生硬的光线边界。

圆 / 矩形：决定产生圆形灯还是矩形灯，默认设置是 [圆]，可产生圆锥状灯柱。矩形灯产生棱锥状灯柱，常用于窗户投影或电影、幻灯机的投影。如果打开 [矩形] 方式，下面的 [纵横比] 值用来调节矩形的长宽比，[位图拟合] 按钮用来指定一张图像。使用图像的长宽比作灯光的长宽比，主要是为了保持投影图像的比例正确，如图 4.018 所示。

图 4.017

图 4.018

投影贴图：打开此选项，可以通过单击下面的［贴图］按钮选择一张图像作为投影图。它可以使灯光投影出图片效果，如果使用动画文件，还可以像电影放映机一样，投影出动画。如果增加体积光效，可以产生彩色的图像光柱。图 4.019 所示为通过一盏平行灯光将图像投射到房屋对象上，模拟树叶在房顶上的投影效果。

4.2.4 ［光度学］灯光类型及原理

［光度学］灯光是 3ds Max 在 5.0 时增加的一种灯光类型，它通过设置灯光的光度学值来模拟现实场景中的灯光效果，如图 4.020 所示。用户可以为灯光指定各种各样的分布方式、颜色特征，还可以导入从照明厂商那里获得的特定光度学文件。

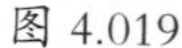
图 4.019

图 4.020

3ds Max 在［灯光］面板中提供了 3 种不同类型的［光度学］灯光，分别是［目标灯光］、［自由灯光］和［太阳定位器］。

什么是光度学呢？光度学是一种评测人体视觉器官感应照明情况的测量方法。这里所说的光度学指的是 3ds Max 所提供的一种对灯光在环境中传播情况的物理模拟，它不但可以产生非常真实的渲染效果，还能够准确地度量场景中灯光分布的情况。在进行光度学灯光设置时，会遇到以下 4 种光度学参量：［光通量］、［照明度］、［亮度］和［发光强度］。正是由于引入了这些基于现实基础的光度学参量，3ds Max 才能精确地模拟真实的照明和材质效果。关于这 4 种光度学参量的具体介绍，读者可以参考 3ds Max 自带的中文帮助文档。

提示

［光度学］灯光总是依据场景的现实单位设置，以“平方反比”方式进行衰减；［环境］对话框中的环境光对场景照明也有影响，通过［放置高光］命令可以改变［光度学］灯光的方向。

1. ［目标灯光］和［自由灯光］

灯光的分布类型包括［光度学 Web］、［聚光灯］、［统一漫反射］和［统一球形］。在视口中分别用小球体（球体的位置指示分布是球形分布还是半球形分布）、圆锥体及 Web 图形表示，如图 4.021 所示。

在［模板］卷展栏中提供了多种灯光预设，主要可以分为五大类，分别为灯泡照明、卤元素灯照明、隐藏式照明、荧光照明和其他照明。通过［图形 / 区域阴影］卷展栏中的点光源、线、矩形、圆形、球体、圆柱体来模拟出不同的阴影形状，如图 4.022 所示。

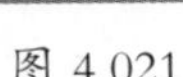

图 4.021

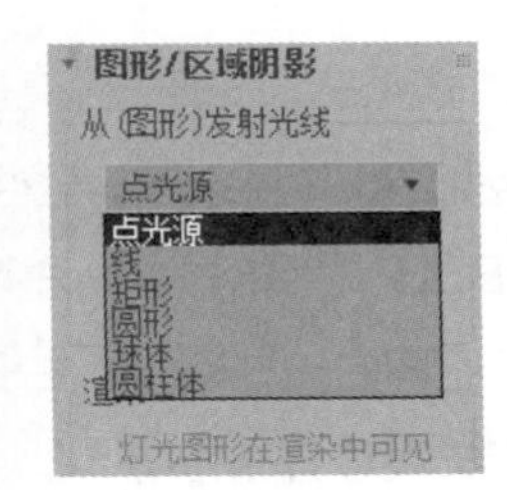

图 4.022

2. [太阳定位器]

新的太阳定位器和物理天空是日光系统的简化替代方案，可为基于物理的现代化渲染器用户提供协调的工作流。太阳定位器和物理天空使用的灯光遵循太阳在地球上某一给定位置的符合地理学的角度和运动。用该功能可以选择位置、日期、时间和指南针方向，也可以设置日期和时间的动画。该功能适用于计划中的和现有结构的阴影研究。此外，还可对 [纬度] 、 [经度] 等进行动画设置，如图 4.023 所示。

与传统的太阳光和日光系统相比，太阳定位器和物理天空的主要优势是高效、直观的工作流。传统系统由 5 个独立的插件组成：指南针、太阳对象、天空对象、日光控制器和环境贴图。它们位于界面的不同位置，例如，“日光系统”位于 [创建] 面板中，而其数据位置设置位于 [运动] 面板中。

此太阳定位器和物理天空位于更直观的位置，即 [灯光] 面板中。太阳定位器的存在是为了定位太阳在场景中的位置。日期和位置设置位于 [太阳位置] 卷展栏中。一旦创建了 [太阳位置] 对象，就会使用适合的默认值创建环境贴图和曝光控制插件。与明暗处理相关的所有参数仅位于 [材质编辑器] 的 [物理太阳和天空] 卷展栏中。这样可以通过避免重复简化工作流来减少引入不一致的可能性。

太阳定位器和物理天空与渲染器无关。由渲染器确定是否需要使用多个光源或作为简单环境贴图（如 ART 或 Iray）来内部支持此功能。如上文所述，它确实实现了扫描线明暗处理功能，因此使用扫描线渲染器作为环境贴图（而非用于照明），它是功能完备的。第三方渲染器可以利用此功能来轻松地支持太阳 / 天空明暗器，而不必实际执行明暗器，如图 4.024 所示。

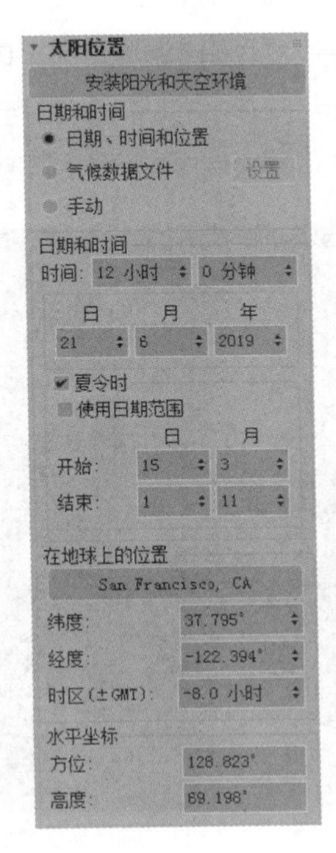

图 4.023

图 4.024

4.2.5 ［光度学］灯光——光域网

光域网是一种三维表现光源亮度分布的形式，在 3ds Max 中被称为［光度学 Web］。它将有关的灯光亮度分布方向信息都存储在光度学数据文件当中，这些文件的格式通常为 IES LM-63-1991 标准文件格式或 LTLI、CIBSE 文件格式。用户可以从不同的灯光制造商那里获取光度学数据文件作为光域网参数，灯光的图标也会随不同的光域网而发生相应的变化。

为描述灯光亮度分布方向，3ds Max 在光域网的光度学中心设置了一个模拟点光源，通过它，光源发散灯光的方向只表现为向外发散的状态，光源的发光强度依据光域网预置的水平和垂直角度进行分布。系统沿着任意的一个方向计算发光强度，如图 4.025 所示。

图 4.025

在 3ds Max 中使用光域网文件的操作流程如下。

①创建一盏光度学灯光，［目标灯光］或［自由灯光］均可。

②在［修改］面板中将［光度学］灯光的［灯光分布（类型）］设置为［光度学 Web］。

③单击［选择光度学文件］按钮，在弹出的窗口中选择一个光度学文件（.ies、.cibse 或 .ltli 格式）。

④单击［打开］按钮，即可将光域网文件中的照明数据应用到灯光上了，如图 4.026 所示。

图 4.026

4.3 应用案例——制作影视片头灯光

范例分析

在本案例中，将介绍使用 3ds Max 天光配合目标聚光灯及泛光灯实现一个非常漂亮的影视片头效果。这一场景是模拟 20 世纪福克斯的片头 Logo 动画制作出来的，如图 4.027 所示。

图 4.027

场景的主体为 HXSD 的 Logo，底部有一个蓝色墙体作为底座，上面具备清晰的投影效果。背景的蓝天是一个由蓝到白的渐变。地面上有轻微的反射，整体亮度效果较为自然，不存在照明死角。

制作步骤

1. 打开初始场景文件

步骤 01： 打开配套学习资源中的“场景文件 \ 第 4 章 \video_start.max”文件，场景中有一个仰视视角的摄影机 [Camera01]，场景中标志的材质基本已经设置完毕，如图 4.028 所示。

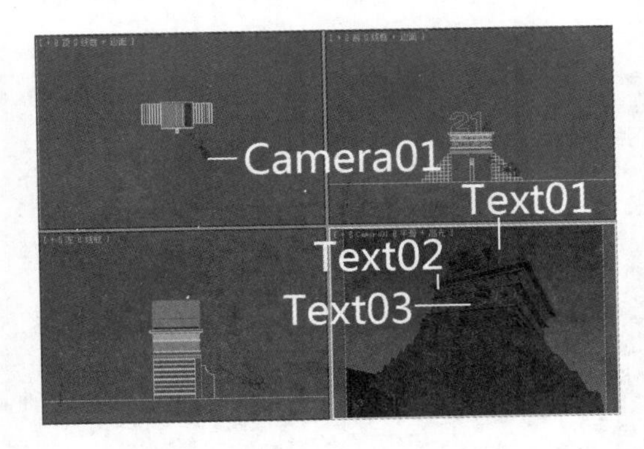

图 4.028

步骤 02： 单击主工具栏上的按钮，打开 [材质编辑器]，场景中的第一个材质球已经被指定给场景中的地面，但是并没有进行任何设置。单击主工具栏上的按钮，打开 [渲染设置] 窗口，当前设置了比较小的渲染尺寸，［宽度］和［高度］分别为 500 和 375，如图 4.029 所示。

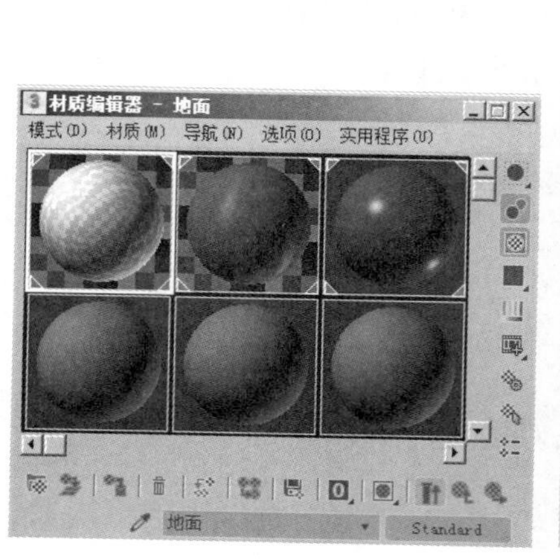

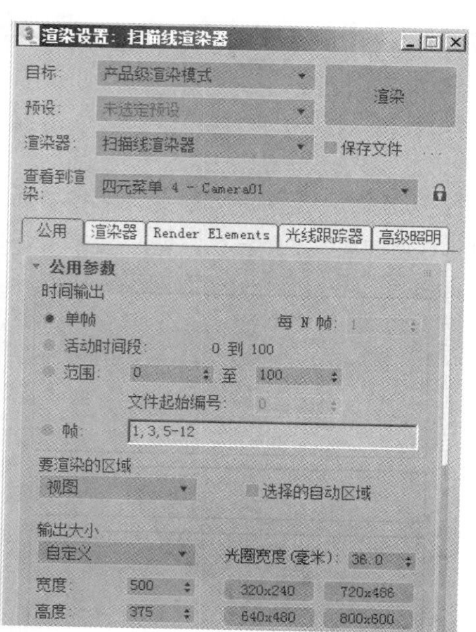

图 4.029

2. 材质设置

（1）设置地面材质

步骤 01： 打开［材质编辑器］，选择［地面］材质球，将［漫反射］颜色设置为纯白色，这样得到的地面比较亮。将［高光级别］和［光泽度］分别设置为 60 和 50，得到亮一点的高光，小一点的高光面积。在成品图中，需要制作地面对周围环境的反射，因此展开［贴图］卷展栏，为［反射］通道添加一张［光线跟踪］贴图。单击［材质编辑器］中的［返回上一层级］按钮，回到［贴图］卷展栏，将［反射］的［数量］设置为 30，如图 4.030 所示。

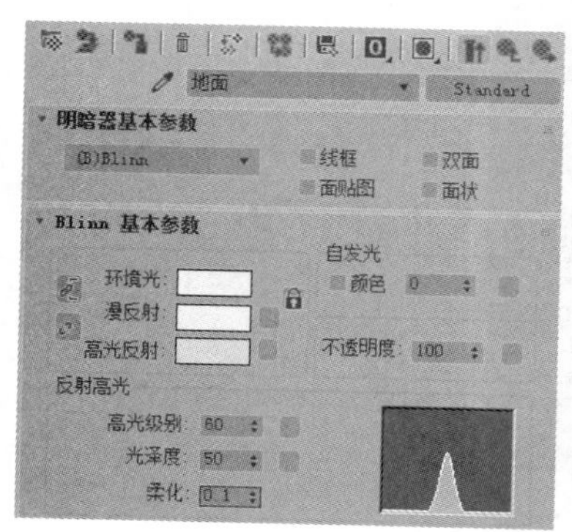

贴图

	数量	贴图类型
环境光颜色	100	无贴图
漫反射颜色	100	无贴图
高光颜色	100	无贴图
高光级别	100	无贴图
光泽度	100	无贴图
自发光	100	无贴图
不透明度	100	无贴图
过滤色	100	无贴图
凹凸	30	无贴图
✔反射	30	贴图 #0 （Raytrace）
折射	100	无贴图

图 4.030

步骤 02： 单击按钮，打开背景显示，查看［地面］材质效果，如图 4.031 所示。至此，地面材质设置完毕。

单击主工具栏上的按钮，进行简单的渲染测试，可以看到地面上产生了对底座的反射效果，如图 4.032 所示。

图 4.031

图 4.032

当前环境颜色为黑色，下面进一步设置。

（2）设置背景

步骤 01： 执行［渲染 > 环境］命令，打开［环境和效果］窗口，为［背景］的［颜色］添加一张［渐变］贴图，如图 4.033 所示。

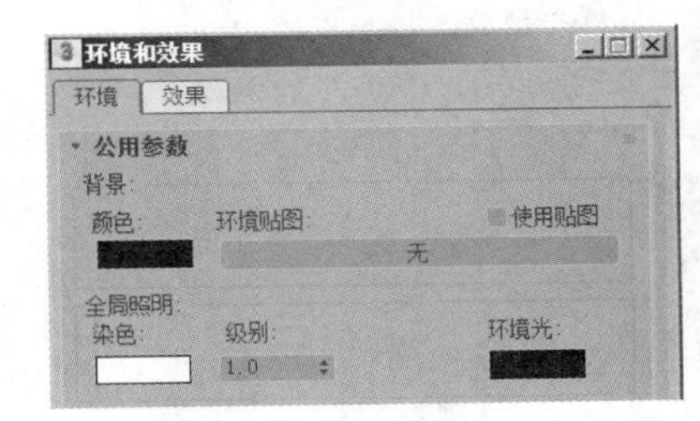

图 4.033

步骤 02： 将添加的渐变贴图拖曳至［材质编辑器］中的第 4 个材质球上，在［实例（副本）贴图］中选择［实例］方法，如图 4.034 所示。这样对这一材质球的设置进行修改时，环境背景就会发生实时的变化。

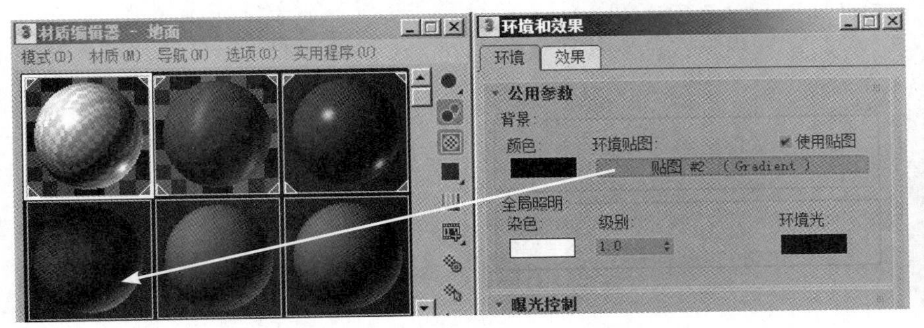

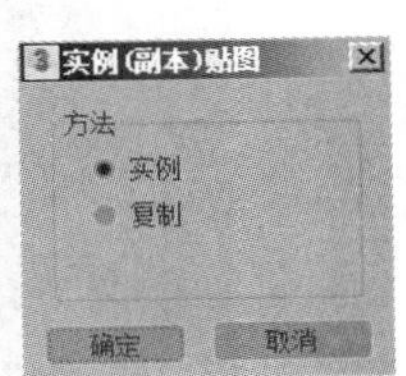

图 4.034

步骤 03： 在摄影机视图中按 Alt+B 组合键，打开［视口配置］对话框。在［背景］选项卡中选择［使用环境背景］选项，这样摄影机视图就会显示环境的背景，可以实时查看设置的效果。在［材质编辑器］中打开这一材质球的［渐变参数］卷展栏，设置［颜色 #1］为天蓝色，［颜色 #2］为偏浅的蓝色，［颜色

#3] 为纯白色。将 [颜色 2 位置] 设置为 0.6，如图 4.035 所示。

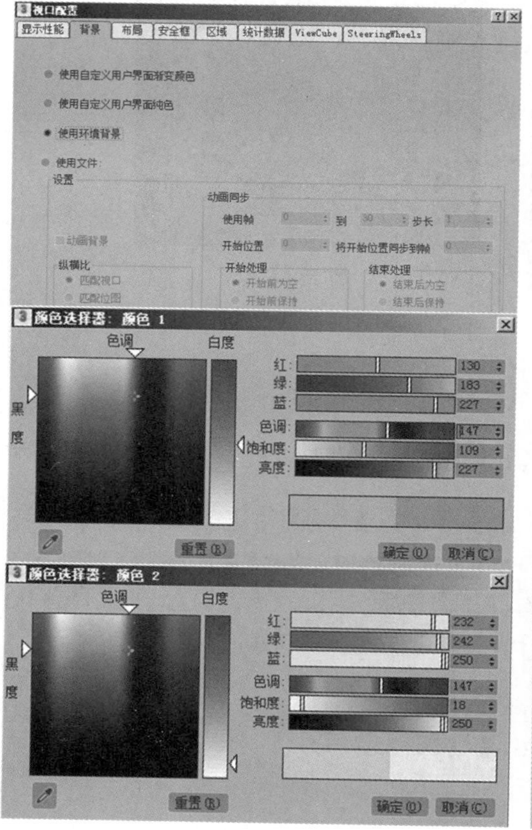

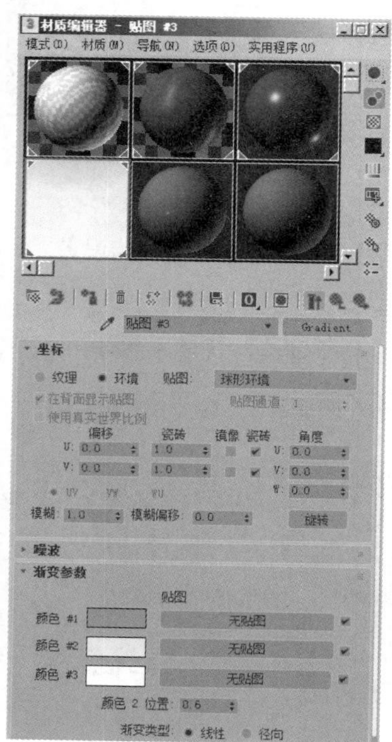

图 4.035

步骤 04： 进行渲染测试，可以看到蓝天的效果已经设置完成，如图 4.036 所示。

图 4.036

3. 设置灯光

（1）天光

步骤 01： 单击[创建 > 灯光 > 标准 > 天光]命令，创建一盏天光[Skyool]，天光是对整个环境进行照明的。

它的位置并不重要，仅将其放置在一个便于选择的地方即可。进入[修改]面板，在[天光参数]卷展栏中将[倍增] 设置为 1.5，默认 [天空颜色] 的设置，渲染测试，如图 4.037 所示。

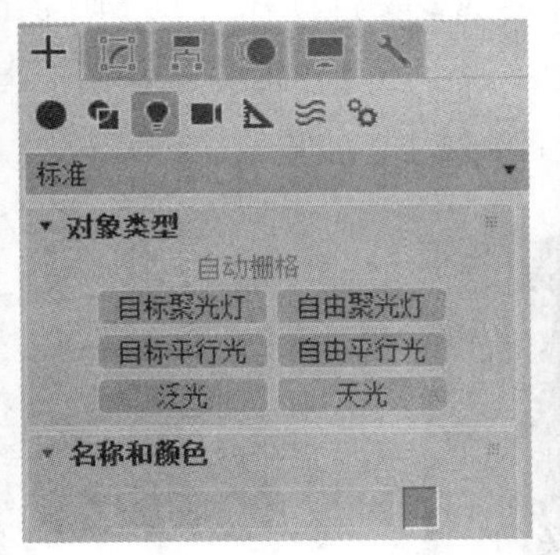

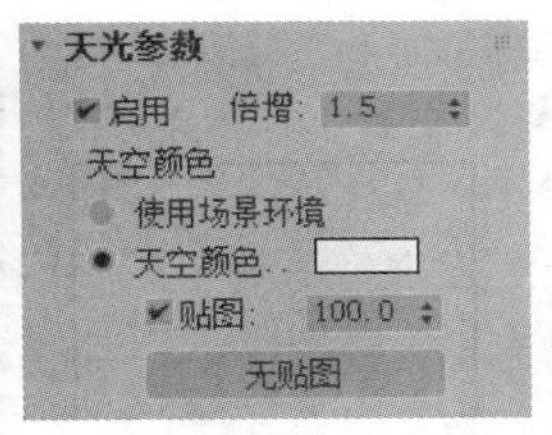

图 4.037

步骤 02：当前的效果并不理想。在对天光进行渲染时，必须打开 [渲染设置] 窗口，切换至 [高级照明] 选项卡，启用 [光跟踪器]，它是天光渲染的一个必备条件。将 [光线 / 采样] 设置为 90，这一值设置得越高，得到的天光效果越细腻，画面的黑斑越少；如果将这一数值降低，虽然画面的黑斑多一些，但是有助于提高渲染的效率，观察预览的效果。再次进行渲染，这一次渲染的速度比未设置 [光线跟踪] 之前要慢很多，但是渲染结果中物体的体量感变得非常好，并且画面中没有照明不到的死角。对于“21 CENTURY HXSD”的标志，它的材质设置了一定的反射，所以 3 行文字之间存在相互反射的效果。底座的效果也非常不错。当前地面的效果有些偏亮，这里暂不对其进行设置，如图 4.038 所示。

步骤 03：接下来需要设置一盏目标聚光灯，使底座凸起部分的投影投射到基座上，使场景的光影效果更加丰富。

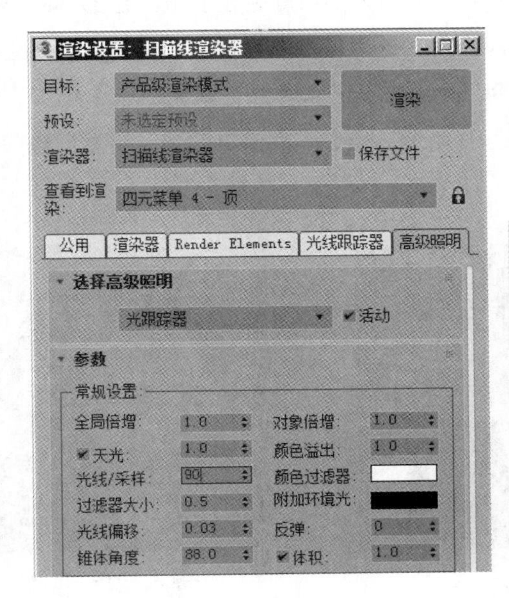

图 4.038

（2）目标聚光灯

步骤 01： 单击［创建 > 灯光 > 标准 > 目标聚光灯］命令，在［顶视图］左下角的位置按住鼠标创建一盏聚光灯［Spot001］，同时在其他视图中调整位置。进入［修改］面板，在［常规参数］卷展栏下的［阴影］中启用［光线跟踪阴影］，旨在得到较为锐利的阴影效果。将［倍增］设置为 0.35，因为这盏灯光用来得到底座上的投影效果，强度不需要太高。将颜色默认为白色，此处无须设置［远距衰减］，如图 4.039 所示。

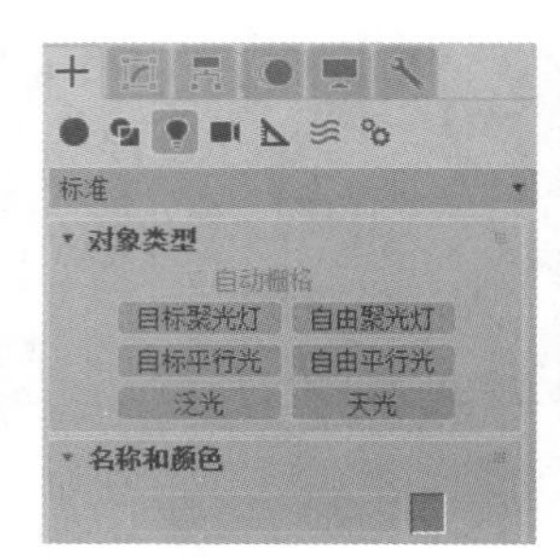

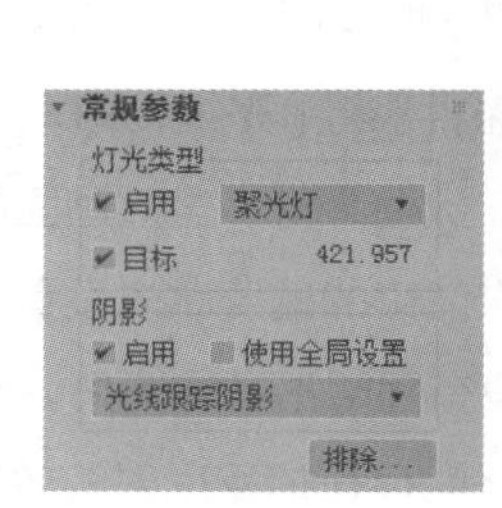

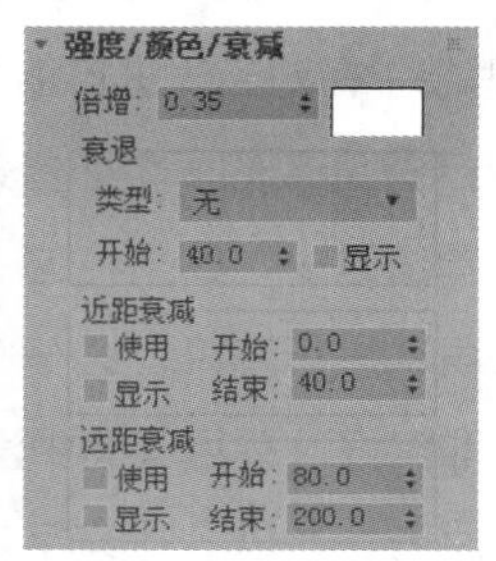

图 4.039

步骤 02： 打开［聚光灯参数］卷展栏，对照场景中［Spot001］的状态，将［聚光区 / 光束］和［衰减区 / 区域］调高一些，使其可以包住整个环境。进行渲染测试，观察底座前方凸起部分的影子是否可以投射到后面的基座部分，确定［Spot001］是否起作用。这里还要注意观察影子的黑度是否足够。观察发现，虽然［Spot001］的［倍增］值仅有 0.35，但是由于它照明的对象包括整个场景，所以渲染出来之后，整个场景的亮度也会有所提高，如图 4.040 所示。通过观察渲染效果，可发现当前的阴影效果浓度不够。

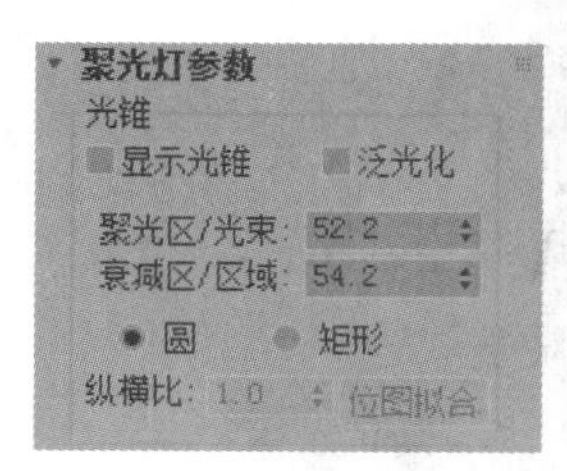

图 4.040

步骤 03： 下面来解决阴影效果浓度不够这一问题。打开［阴影参数］卷展栏，将［密度］值调高为 6，单击渲染窗口中的按钮，将之前的渲染结果克隆一张，再来进行渲染测试。对比设置前后的效果，可以看到在当前的渲染效果中，阴影的浓度有所提高，但是地面已经完全曝光，基本上看不到地面对底座和标志的反射，如图 4.041 所示。

步骤 04： 为解决地面曝光的问题，下面需要在场景的顶部创建一盏泛光灯，专门对地面进行照射，并且将倍增值设置为一个负值，使其具备吸收光线的作用。

图 4.041

（3）泛光灯

步骤 01： 单击［创建 > 灯光 > 标准 > 泛光］命令，创建一盏泛光灯［Omini001］，将其放置于场景的顶部，如图 4.042 所示。

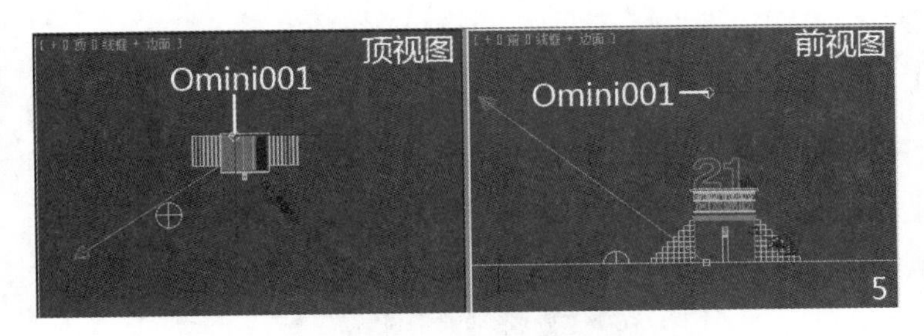

图 4.042

步骤 02： 进入［修改］面板，在［强度 / 颜色 / 衰减］卷展栏中将［倍增］设置为 -0.7，得到吸收光线的效果，同时默认颜色为白色，这里不启用阴影。单击［常规参数］卷展栏下的［排除］按钮，打开［排

除 / 包含] 对话框，切换为 [包含] 方式。在左侧的 [场景对象] 列表中选择 [Plane01]，单击 » 按钮，将其添加至右侧的 [包含] 列表中，单击 [确定] 按钮，使其仅照射场景中的地面模型 [Plane01]，如图 4.043 所示。

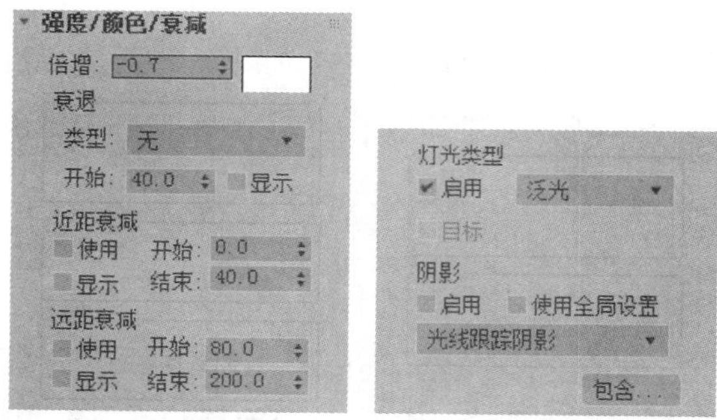

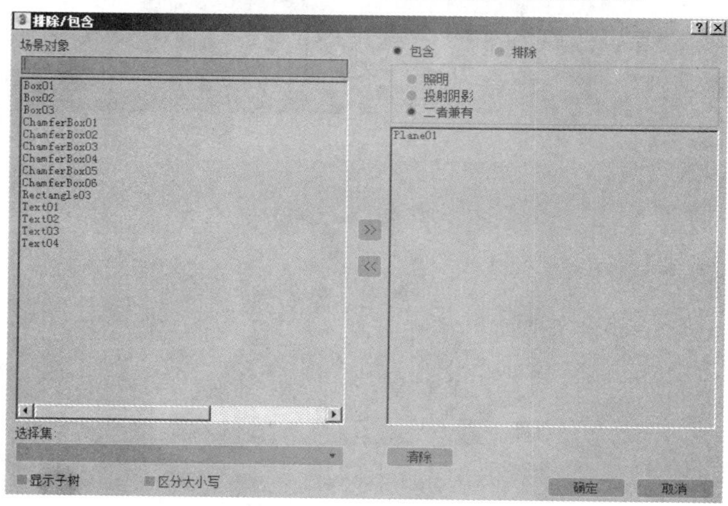

图 4.043

步骤 03： 进行渲染测试，当灯光对地面产生吸光效果之后，就会得到较为明显的对底座和文字进行反射的效果，如图 4.044 所示。

图 4.044

4. 成品渲染

步骤 01： 单击主工具栏中的按钮，打开［渲染设置］窗口，在［公用］选项卡中将［宽度］设置为 800。切换至［高级照明］选项卡，将［光线 / 采样］调为 1000，这样可以得到精度非常高的天光渲染效果，并且避免黑斑的产生。由于场景中的物体设有［光线跟踪］类型的材质，因此切换至［光线跟踪器］选项卡，在［全局光线抗锯齿器］中启用［快速自适应抗锯齿器］，如图 4.045 所示。这样就可以开启光线跟踪的抗锯齿功能，否则在反射的部分就会出现锯齿。使用这一抗锯齿器可以很好地规避掉锯齿，当然，渲染耗费的时间也会更长。

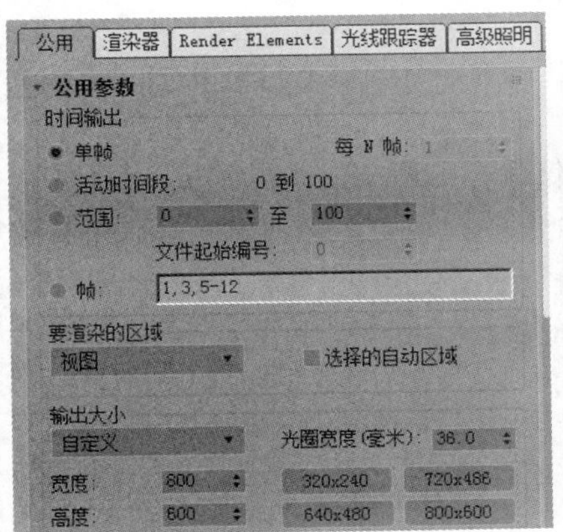

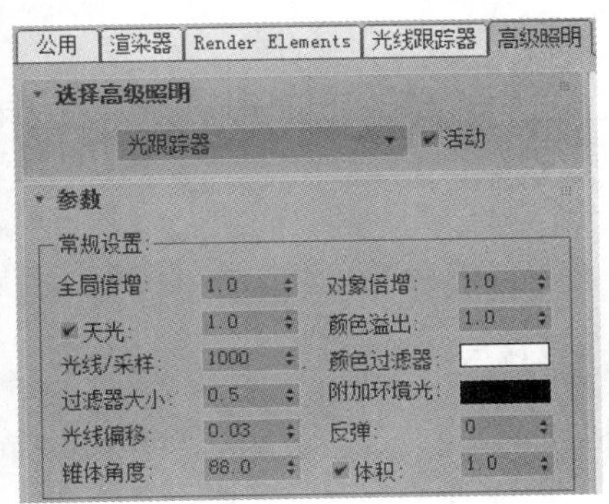

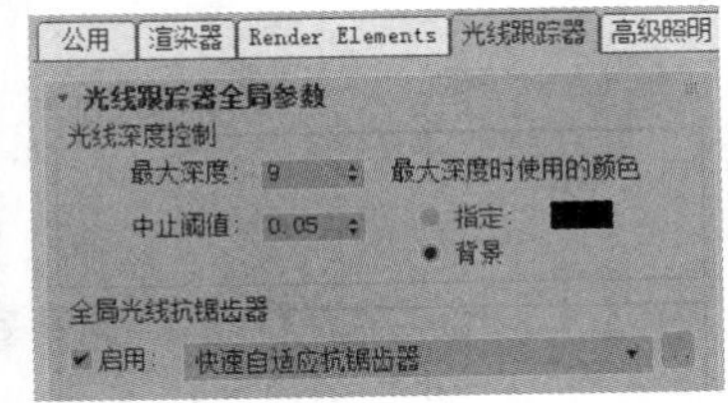

图 4.045

步骤 02： 执行［场景 > 暂存 / 取回 > 暂存］命令，对当前设置进行暂存。单击［渲染设置］窗口中的［渲染］按钮，渲染后观察发现，场景中的光线效果较为真实，且发生反射的局部未出现任何锯齿，由于［光线 / 采样］设置得非常高，避免了画面中黑斑的出现，如图 4.046 所示。

图 4.046

至此，关于片头动画 Logo 的材质和灯光制作的案例讲解完毕。关于具体的视频讲解，请参见本书配套学习资源“视频文件 \ 第 4 章”文件夹中的视频。

4.4 本章小结

在进行三维创作的过程中，好的灯光搭配可以使场景更具有层次感和真实感。在材质的表现上，灯光也起着非常重要的作用。本章通过一个案例介绍了 3ds Max 中各种灯光的使用方法。掌握不同的灯光和阴影类型的设置是使用 3ds Max 进行三维制作的关键。

4.5 参考习题

1. 在 [标准灯光] 中，__________ 灯光在创建的时候不需要考虑位置的问题。
   A. 目标平行光
   B. 天光
   C. 泛光灯
   D. 目标聚光灯
2. [光度学] 灯光有 4 种类型，其中 __________ 类型可以载入光域网使用。
   A. 统一球体、聚光灯
   B. 聚光灯、光度学 Web
   C. 光度学 Web
   D. 光度学 Web、统一漫反射

参考答案

1. B　2. C

第 5 章
3ds Max 摄影机

5.1 知识重点

本章介绍了如何在 3ds Max 中创建摄影机，并且详细讲解了摄影机的各项重要参数，如调节地平线的位置、对视野范围进行剪切、添加环境效果，以及模拟出真实的景深和运动模糊效果等。

- 熟练掌握摄影机各项参数的使用方法。
- 掌握景深和运动模糊效果的使用方法。
- 掌握摄影机校正的使用方法。

5.2 要点详解

5.2.1 摄影机简介

摄影机通常是一个场景中必不可少的组成部分，最后完成的静态、动态图像都要在摄影机视图中展现。3ds Max 中的“标准”摄影机包括“物理摄影机”“目标摄影机”“自由摄影机”3 种，如图 5.001 所示。

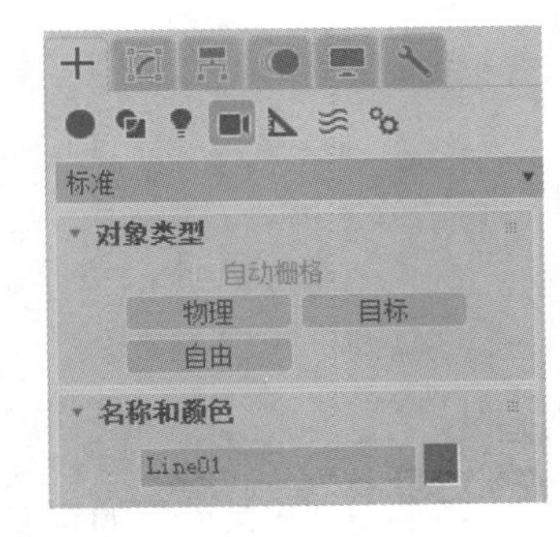

图 5.001

3ds Max 中的摄影机拥有超过现实摄影机的能力，更换镜头的动作可以瞬间完成，无级变焦更是真实摄影机所无法比拟的。对于景深的设置，直观地用范围线表示，无须通过光圈计算。对于摄影机的动画，除了位置变动外，还可以表现焦距、视角及景深等动画效果。自由摄影机可以很好地绑定到运动目标上，随目标在运动轨迹上一起运动，同时进行跟随和倾斜，也可以把目标摄影机的目标点连接到运动的对象上，表现目光跟随的动画效果。对于室内外建筑装潢的环游动画，摄影机是必不可少的。当然还可以直接为摄影机绘制运动路径，表现沿路径拍摄的效果，这一点和其他类型的对象完全相同。

摄影机视图和透视图的观察效果相同，只是在摄影机视图中控制更加灵活，所以在进行最终渲染时建议使用摄影机视图。在摄影机视图中只需使用右下角视图区中的一些操作按钮，就可以轻松地实现对摄影机的调节，但模拟变焦和推拉等操作会有别于透视图的操作。

在视图中，摄影机仅仅表现为一个图标形式，用于显示所处的位置和指向。摄影机对象不能实体显示，但可以通过执行［工具 > 预览 – 抓取视口 > 创建预览动画］命令，打开［生成预览］对话框，在［在预览中显示］参数组中勾选［摄影机］选项，将它的图标在预览动画中渲染出来，如图 5.002 所示。

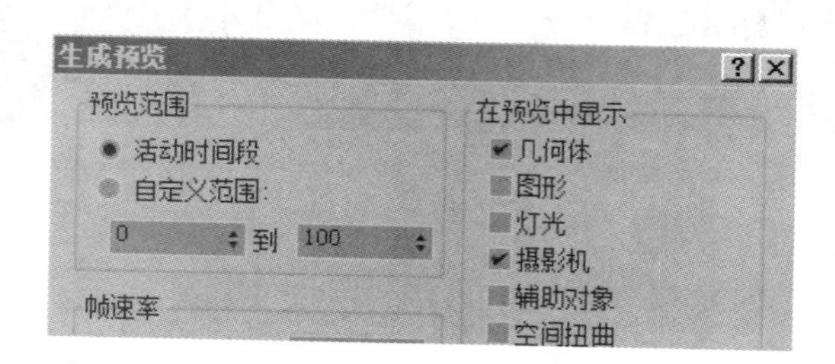

图 5.002

5.2.2 常用术语

在学习具体的摄影机对象之前，有必要先了解一些摄影机的特征，首先是［焦距］和［视角］，如图 5.003 所示。

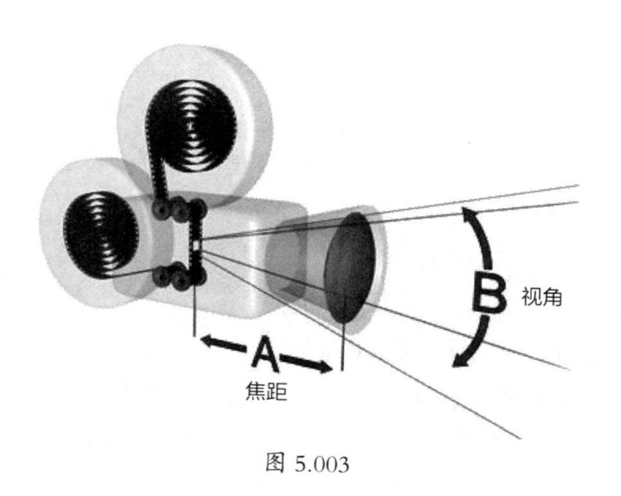

图 5.003

镜头与感光表面间的距离称为镜头焦距。会影响画面中包含对象的数量，焦距越短，画面中能够包含的场景画面范围越大；焦距越长，包含的场景画面越少，但能够更清晰地表现远处场景的细节。焦距是以毫米为单位的，通常将 50mm 的镜头定为摄影的标准镜头，小于 50mm 的镜头被称为广角镜头，50mm 至 80mm 之间的镜头被称为中长焦镜头，大于 80mm 的镜头被称为长焦镜头。

视角用来控制场景可见范围的大小，这个参数直接与镜头的焦距有关，如 50mm 镜头的视角范围为 46°，镜头越长视角越窄。

短焦距（宽视角）会加剧透视的失真，而长焦距（窄视角）能够降低透视失真。50mm 镜头最接近人眼，所以产生的图像效果比较正常，多用于快照、新闻图片及电影制作中。

5.2.3 3ds Max 中的 3 种摄影机

3ds Max 中提供了 3 种摄影机，分别是物理摄影机、目标摄影机和自由摄影机。

自由摄影机用于观察所指方向内的场景内容，多应用于轨迹动画的制作，例如建筑物中的巡游、车辆移动中的跟踪拍摄效果等。自由摄影机的方向能够随着路径的变化而自由变化，它可以无约束地移动和定向，如图 5.004 所示。

目标摄影机用于观察目标点附近的场景内容，与自由摄影机相比，它更易于定位，只需直接将目标点移动到需要的位置上即可。摄影机对象及其目标点都可以设置动画，从而产生各种有趣的效果。为摄影机和它的目标点设置轨迹动画时，最好先将它们都链接到一个虚拟对象上，然后对虚拟对象进行动画设置，目标摄影机总指向目标点，如图 5.005 所示。

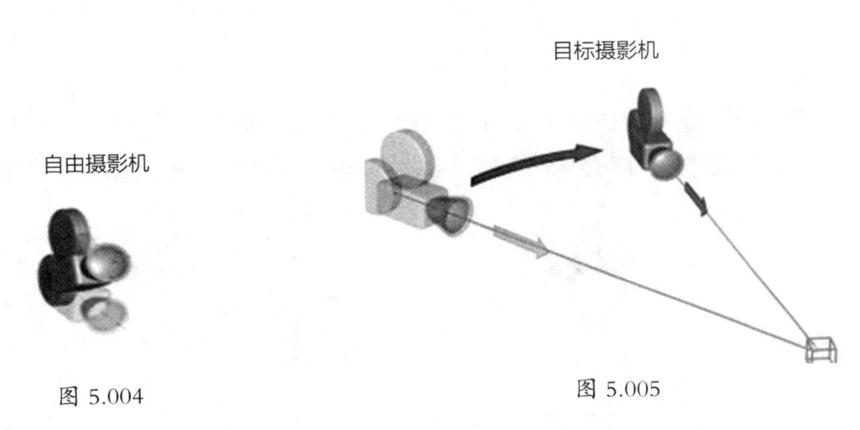

图 5.004

图 5.005

目标摄影机有很多与目标聚光灯相似的操作，如它们都在创建时由系统自动指定了一个 [注视] 控制器；修改摄影机的名称时，目标点的名称也会相应修改；单击摄影机和目标点之间的连线可以同时选择摄影机和目标点；通过鼠标右键激活四元菜单，可以从中进行选择摄影机和选择目标点的切换等。

新的物理摄影机是 Autodesk 与 V-Ray 制造商 Chaos Group 共同开发的，可为美工人员提供新的渲染选项，可模拟用户熟悉的真实摄影机设置，如快门速度、光圈、景深和曝光。新的物理摄影机使用增强型控件和其他视口内反馈，可以更加轻松地创建真实照片级图像和动画。

5.2.4 摄影机的重要参数

镜头：设置摄影机的焦距长度。48mm 的标准镜头没有严重变形且取景范围适中；短焦镜头会造成鱼眼镜头的夸张效果；长焦镜头用来观测较远的景色，保证对象不变形。

视野：设置摄影机的视角。依据选择的视角方向调节该方向上的弧度大小。

下拉按钮：用来控制 FOV 角度值的显示方式，包括垂直、水平和对角 3 种。

备用镜头：提供了 9 种常用镜头，供快速选择。

显示地平线：设置是否在摄影机视图中显示地平线，以深灰色显示的地平线如图 5.006 所示的箭头指示。

环境范围：设置环境大气的影响范围，通过下面的近距范围和远距范围确定。如图 5.007 所示，近处的树几乎不受雾效果的影响，而远处的树和房屋受雾效果的影响则很明显。

图 5.006

图 5.007

剪切平面：是指平行于摄影机镜头的平面，以红色带交叉的矩形表示。［剪切平面］可以排除场景中一些几何体的视图显示，或者控制只渲染场景的某些部分。摄影机近距剪切效果如图 5.008 所示。

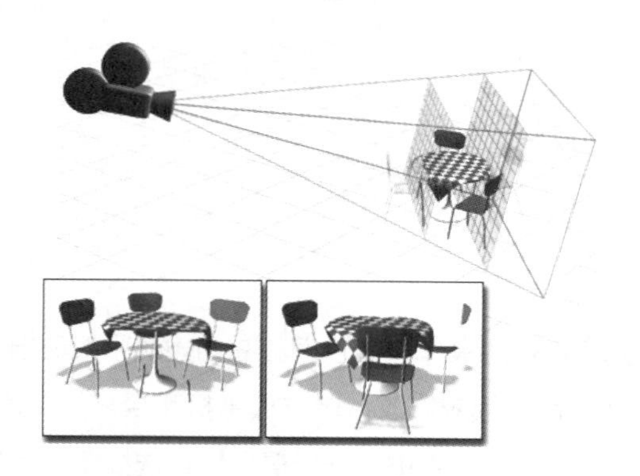

图 5.008

多过程效果：用于给摄影机指定景深或运动模糊效果。它的模糊效果是通过对同一帧图像的多次渲染计算并重叠结果产生的，因此会增加渲染时间。景深和运动模糊效果是相互排斥的，由于它们都依赖于多渲染途径，所以不能对同一个摄影机对象同时指定两种效果。当场景同时需要两种效果时，应当为摄影机设置多过程景深（使用这里的摄影机参数），再将它与对象运动模糊相结合。

多过程景深：摄影机可以产生景深的多过程效果，通过在摄影机与其焦点（也就是目标点或目标距离）的距离上产生模糊来模拟摄影机景深效果，景深效果可以显示在视图中。如图 5.009 所示，与焦点有一定距离的对象，都会呈现出不同程度的模糊效果。

多过程运动模糊：是摄影机根据场景中对象的运动情况，将多个偏移渲染周期抖动结合在一起后所产生的模糊效果。与景深效果一样，运动模糊效果也可以显示在线框和实体视图中。图 5.010 所示的大图为运动模糊效果，小图为多过程持续刷新虚拟帧缓存器显示的图像。

图 5.009

图 5.010

提示

镜头的运动模糊和景深模糊产生的原理就是将摄影机在原地振荡，拍摄一连串的振荡图像。这些图像都是在摄影机位置的周围拍摄的，振荡的幅度越大，［采样半径］值也就越大，得到的图像就越模糊；振荡的次数越多，也就是［过程总数］值越大，得到的渲染图像就越多，最后将这些图像叠在一起，效果就会更细腻。但由于它的原理是重复渲染计算，所以在渲染动画时会极大地增加渲染时间。

5.3 应用案例——摄影机的应用

范例分析

3ds Max 的摄影机可以实现动态效果与静态效果的渲染，以及广角镜头、鱼眼镜头等效果；同时，摄影机可以配合场景里大气效果中的雾效，使场景产生雾，并且可以剪切画面，从而实现从室外观察室内的效果；另外，还可以制作景深、运动模糊等效果。下面就通过案例来学习摄影机的相关知识。

制作步骤

步骤 01： 打开配套学习资源中的“场景文件 \ 第 5 章 \video_start.max”文件，场景中有一架摄影机，一个无缝的地面，顶部有 4 块反光板，一盏天光，一盏主光，两盏辅光，并且完成了灯光的设置，地面上有由远及近的人物模型，如图 5.011 所示。

图 5.011

步骤 02： 对此场景进行渲染，为了提高渲染的速度，需要降低图像渲染尺寸。进入［渲染设置］窗口，在［公用］选项卡中设置［宽度］和［高度］均为 500。锁定图像纵横比为 1.00000，以便后期更改出图尺寸，如图 5.012 所示。

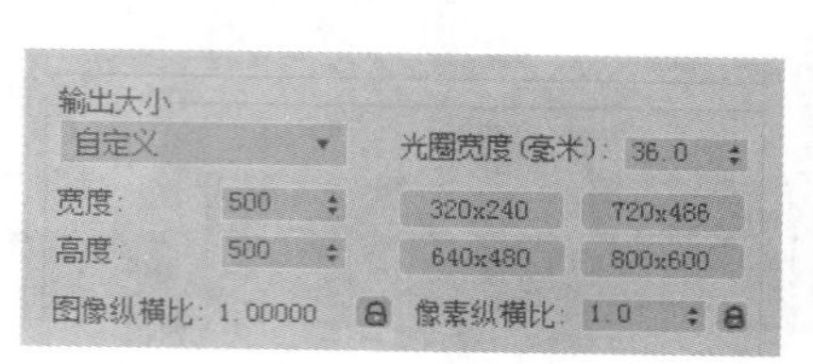

图 5.012

步骤 03： 设置摄影机镜头。选择摄影机，进入［修改］面板，将［参数］卷展栏中的［镜头］设置为 28，［视野］值会随之改变，不同的镜头值代表了不同的透视效果，如图 5.013 所示。在进行摄影机镜头设置时常常选择［备用镜头］中的参数。

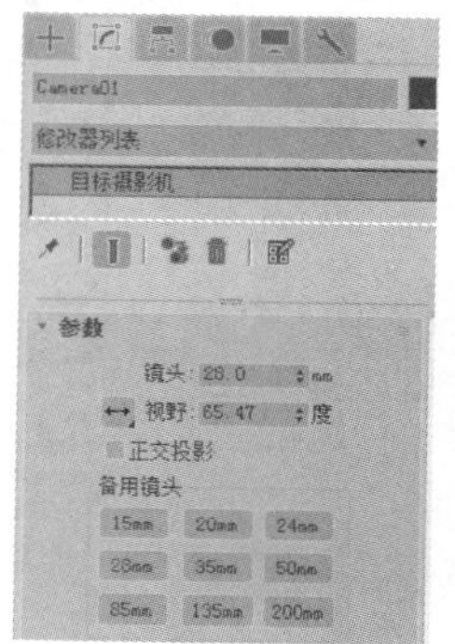

图 5.013

步骤 04： 设置摄影机类型。如果为了更方便实现摄影机的绑定与自由旋转，可以将［修改］面板中的［类型］设置为［自由摄影机］；如果为了方便摄影机绕行观察等，则可以将［类型］设置为［目标摄影机］，如图 5.014 所示。

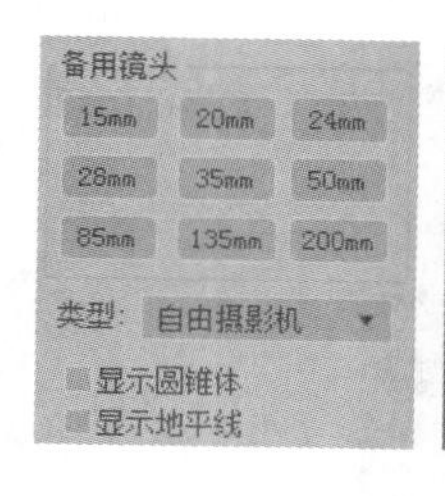

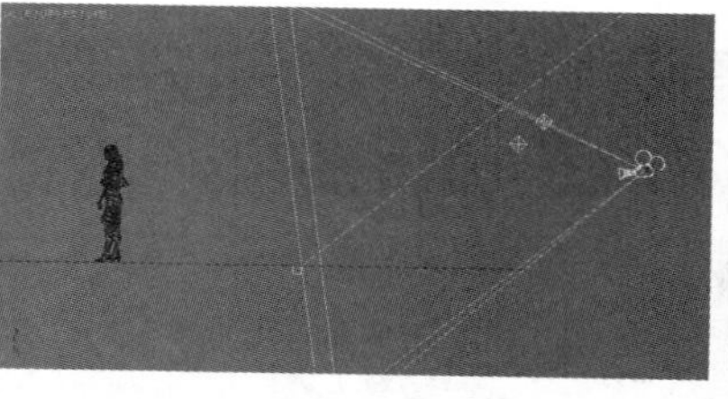
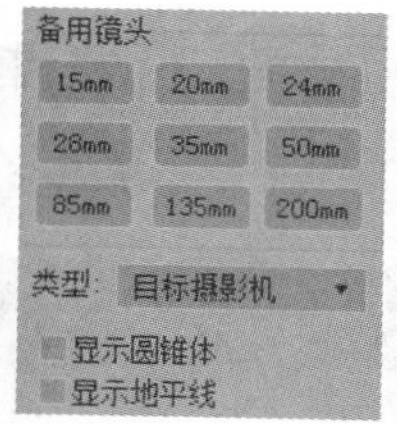

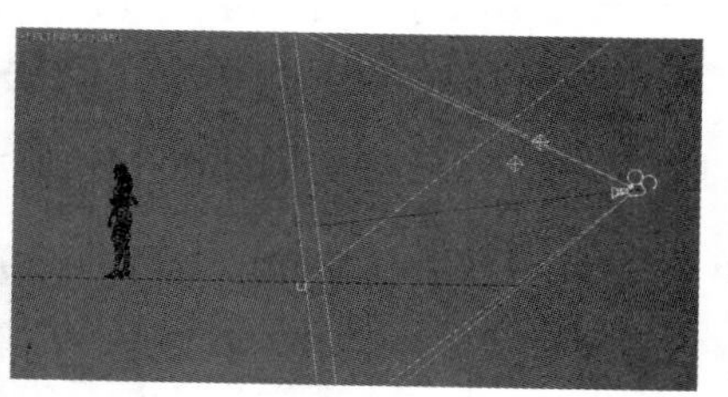

图 5.014

步骤 05： 显示圆锥体。如果需要在不选择摄影机时，仍然能够观察摄影机的可见范围，那么可以勾选［修改］面板中的［显示圆锥体］选项，未勾选与勾选的效果如图 5.015 所示。

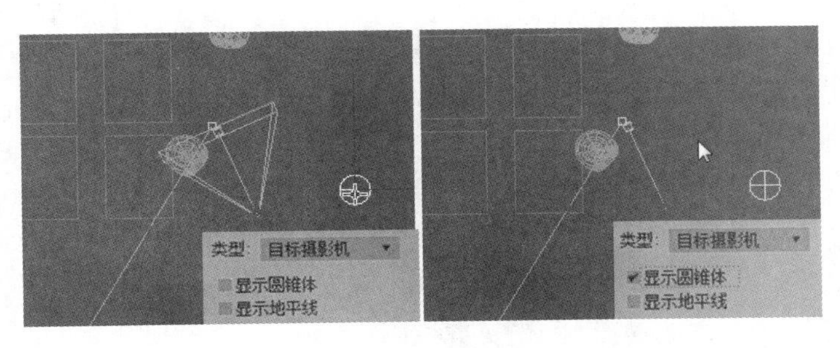

图 5.015

步骤 06：显示地平线。如果需要显示摄影机的地平线，那么可以勾选［显示地平线］选项，如图 5.016 所示。该选项在设置大气雾效果时可起到辅助作用。

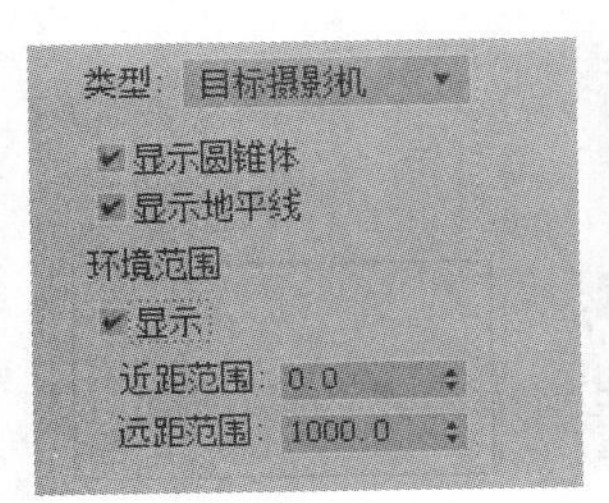

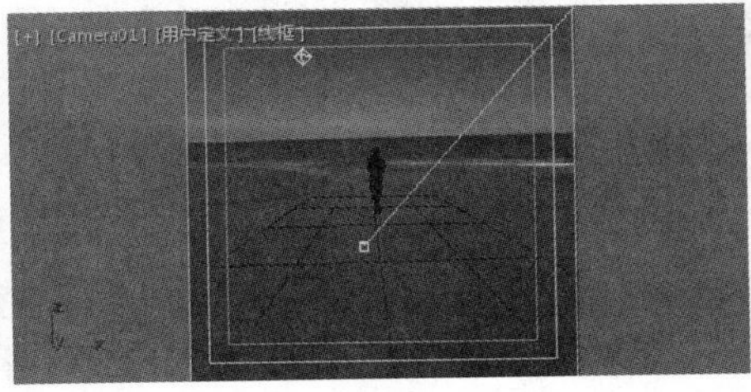

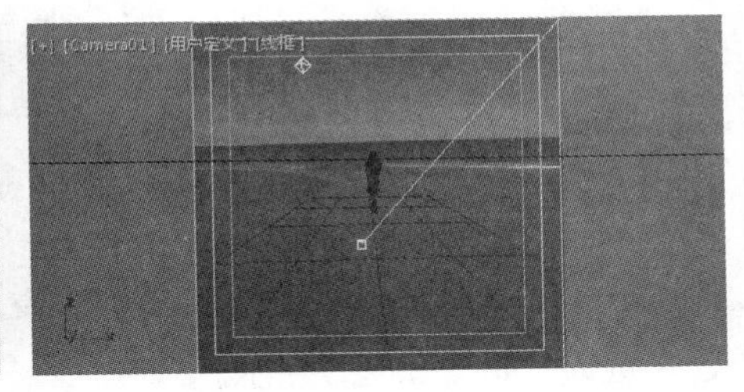

图 5.016

步骤 07：环境范围需要配合 3ds Max 大气效果中的雾效一起使用。

a. 执行［渲染 > 环境］命令，弹出［环境和效果］窗口，在［环境］选项卡的［大气］卷展栏中单击［添加］按钮，在弹出的［添加大气效果］对话框中选择［雾］效果，如图 5.017 所示。

b. 由于渲染后发现没有明显的雾效果，因此需要勾选［渲染设置］窗口［公用］选项卡中的［大气］选项，渲染后会出现雾效果，如图 5.018 所示。

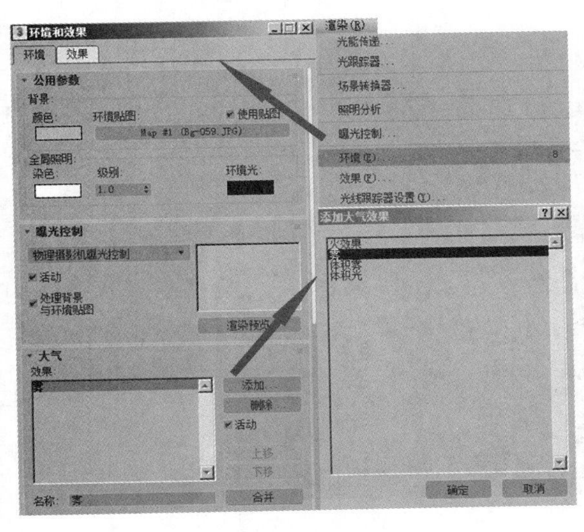

图 5.017

图 5.018

c. 设置雾效果的位置。在［修改］面板中勾选［环境范围］中的［显示］选项，设置［近距范围］为 321.2，［远距范围］为 950。渲染后可见，开始出现雾效果，如图 5.019 所示。

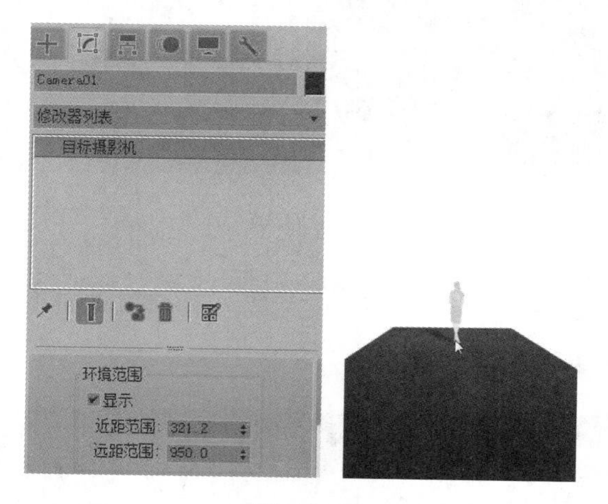

图 5.019

d. 打开［环境和效果］窗口，删除［雾］效果。同时在［修改］面板中取消勾选［环境范围］中的［显示］选项，如图 5.020 所示。

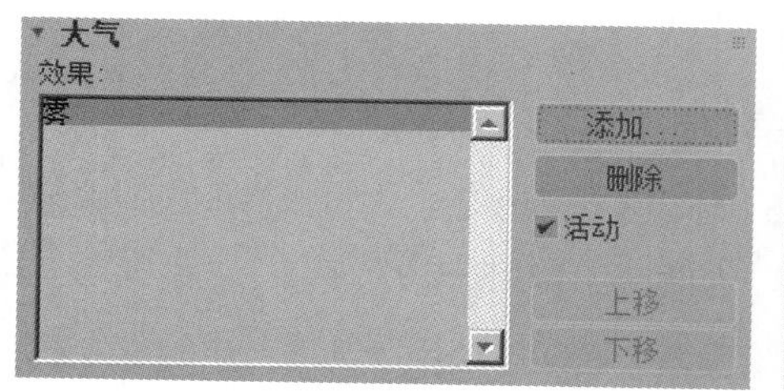

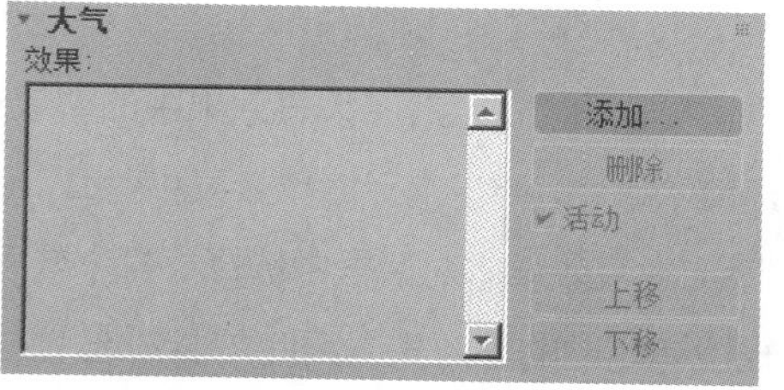

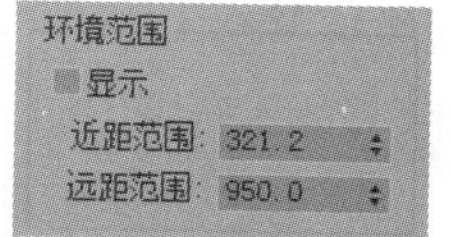

图 5.020

步骤 08：［剪切平面］可以控制摄影机的可见范围。

a. 在［修改］面板中勾选［剪切平面］中的［手动剪切］选项，此时场景中只能看见红色交叉线之内的效果，这里设置［远距剪切］为 403mm，如图 5.021 所示。

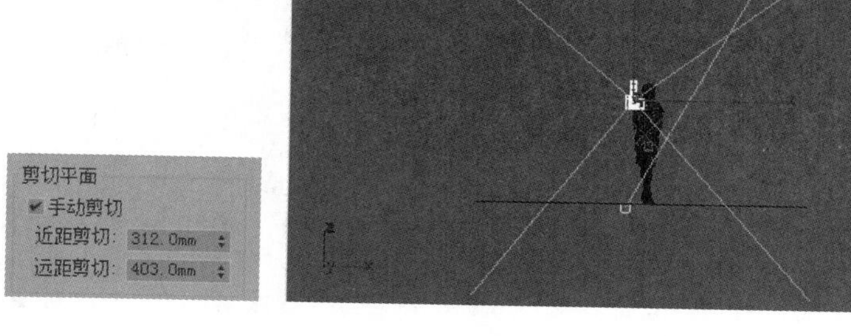

图 5.021

b. ［剪切平面］也可以制作动画，从而呈现一种慢慢显示出来的效果。首先将底部的［自动关键点］打开，设置［远距剪切］值为 3000，将其调整到人物模型的后面。此时在第 0 帧渲染，则只显示出背景效果；在第 100 帧渲染，会显示出全部的地面效果；而在第 50 帧渲染，将显示人和一部分地面的效果，这就是［剪切平面］的用处，如图 5.022 所示。

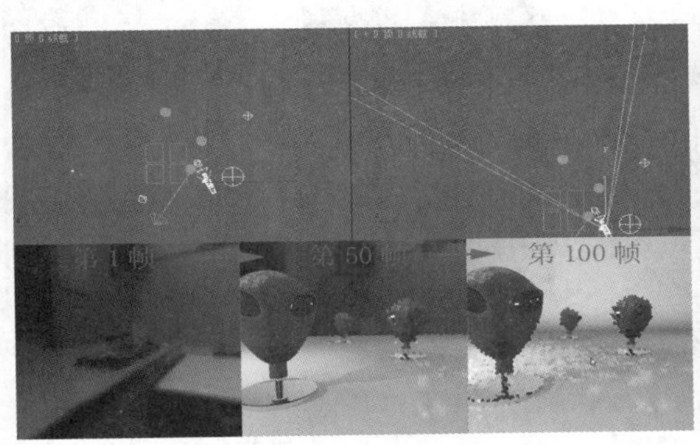

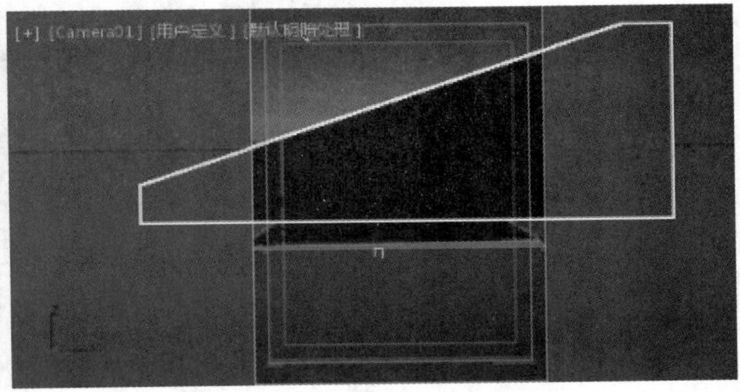

图 5.022

步骤 09： 摄影机景深效果。

a. 切换到摄影机视图，并配合［平滑 + 高光］的显示方式。在人物前方和后方各添加一个茶壶。在［修改］面板中勾选［多过程效果］下的［启用］选项，并选择［景深］选项，然后单击［预览］按钮，此时场景中出现了景深效果，如图 5.023 所示。

b. 进入［修改］面板中的［景深参数］卷展栏，设置［采样］参数组中的［采样半径］为 5。再次单击［预览］按钮，此时场景中景深效果增强，但是远处景深出现了锯齿效果，如图 5.024 所示。

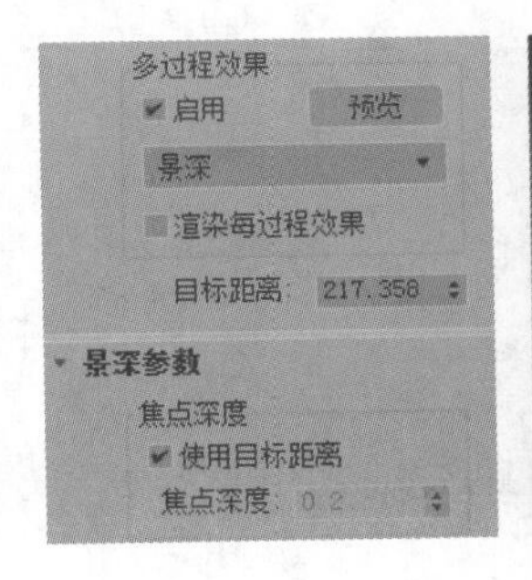

图 5.023

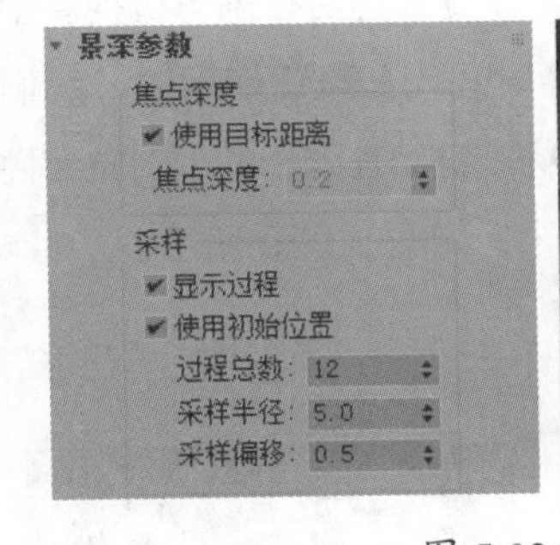

图 5.024

c. 为了提高景深效果的质量，这里将［采样］参数组中的［过程总数］设置为 72，此时场景中出现了柔和的景深效果，如图 5.025 所示。

步骤 10： 摄影机运动模糊效果。

a. 将［多过程效果］参数组中的［景深］选项切换为［运动模糊］，然后将时间滑块放置在第 100 帧处，同时开启［自动关键点］，将场景中的茶壶移动位置，如图 5.026 所示。调整时间滑块到第 63 帧左右，再次单击［多过程效果］中的［预览］按钮，可见场景中出现了运动模糊效果，如图 5.027 所示。

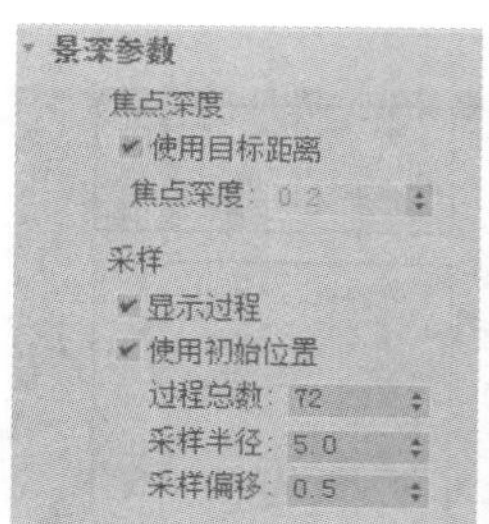

图 5.025

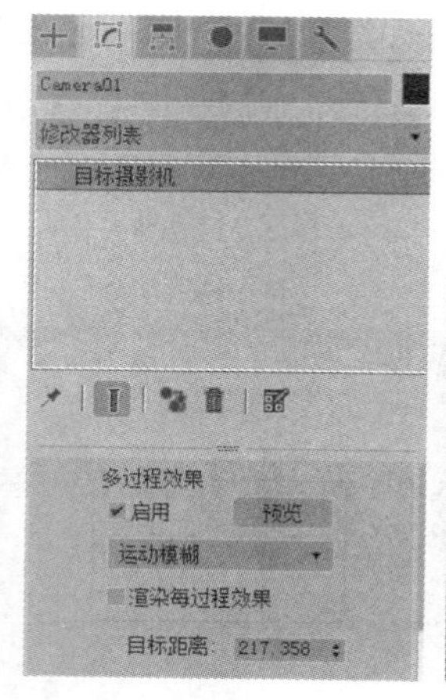

图 5.026

图 5.027

提示

当时间滑块在第 0 帧时，由于物体尚未开始运动，因此无法观察到运动模糊效果。在单位时间内运动距离越长，运动模糊就会越明显。

b. 选择［运动模糊参数］卷展栏，设置［过程总数］为 72，［持续时间（帧）］为 5，单击［多过程效果］参数组中的［预览］按钮，观察运动模糊效果，如图 5.028 所示。

c. 摄影机中的景深与模糊只适合在摄影机视图中进行观察使用，为减少渲染时间，在真正使用时，我们可以通过选择物体，单击鼠标右键，在弹出的［对象属性］对话框中设置［运动模糊］，如图 5.029 所示。

图 5.028

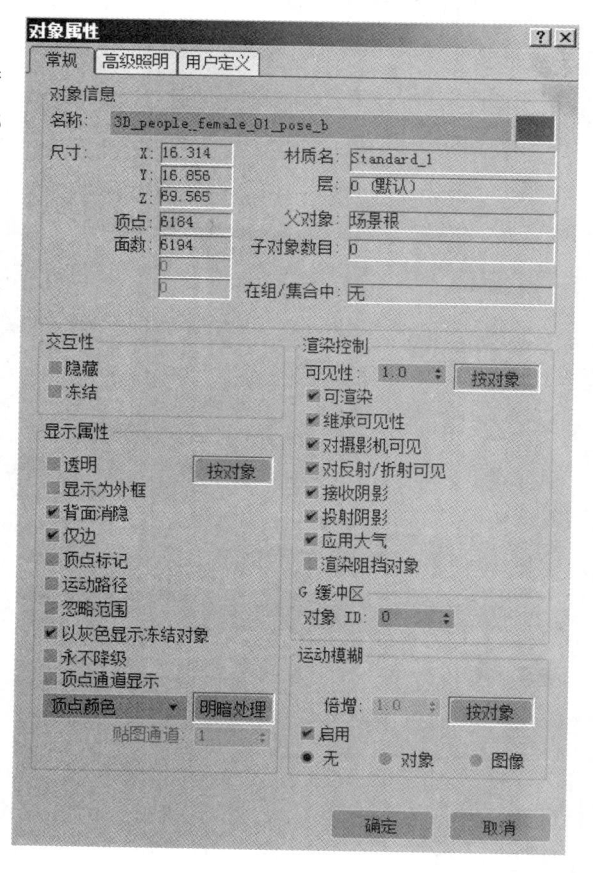

图 5.029

步骤 11：景深效果通常是在后期处理中添加的，在任何渲染器（VRay、MR、Brazil 等）中都可以提供适合的景深效果。另外，也可以在 3ds Max 中打开［渲染设置］窗口，在［Render Elements］选项卡下的［渲染元素］中单击［添加］按钮，在弹出的［渲染元素］对话框中选择［Z 深度］，［Z 深度］也是制作景深的非常好的方法；或者将［渲染设置］窗口切换到［公用］选项卡，单击［渲染输出］中的［文件］按钮，选择 RPF 格式，单击［保存］时，在［RPF 图像文件格式］对话框中勾选［Z 深度］选项，也可进行景深设置，如图 5.030 所示。

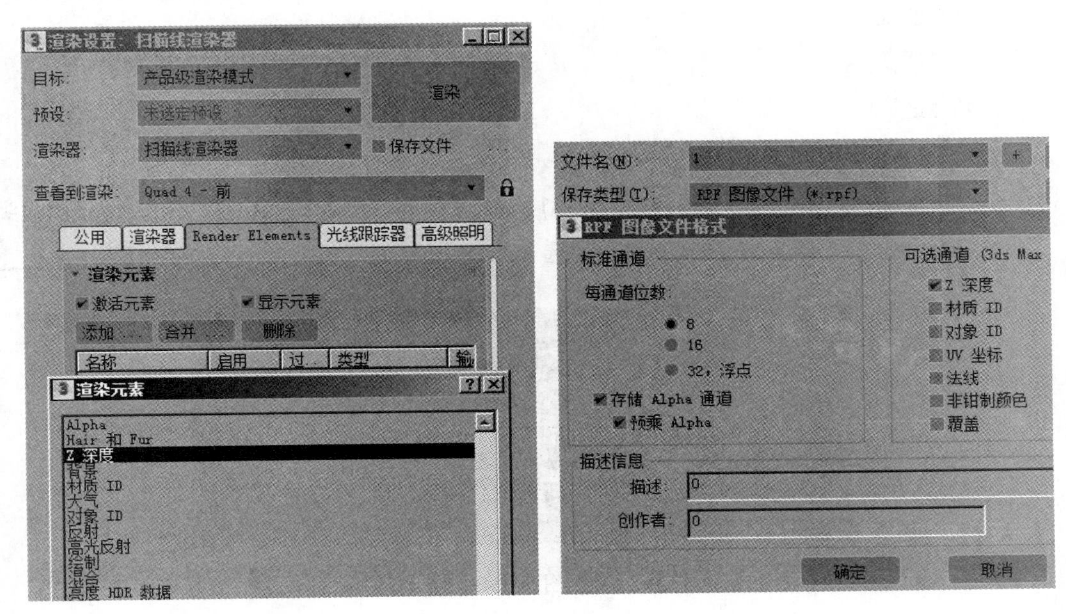

图 5.030

关于本案例的具体视频讲解，请参见本书配套学习资源“视频文件 \ 第 5 章”文件夹中的视频。

5.4 本章小结

本章通过一个实例详细讲解了如何在 3ds Max 中创建摄影机，并且介绍了各项重要参数的原理和使用方法。在场景中使用摄影机可以模拟出真实的镜头效果，这样会使得场景更具真实感，同时地平线和剪切功能也使我们在观察或渲染场景时更加方便。

5.5 参考习题

1. 在摄影机参数中，以下__________选项的描述是正确的。

   A. 勾选［显示圆锥体］选项后，摄影机能够被渲染

B. 勾选［显示地平线］选项后，该摄影机视图一定能够看见“地平线”

C. 即使同时勾选［显示圆锥体］与［显示地平线］选项，最终渲染的结果也不会受到这两个选项的影响

D. 如果同时勾选［显示圆锥体］与［显示地平线］选项，最终渲染的结果将会显示摄影机的“圆锥体”及一条可见“地平线”

2.［摄影机校正］修改器使用的透视方式是 ________ 。

A. 一点透视

B. 三点透视

C. 两点透视

D. 无透视

3. 在摄影机视图中观察蓝色立方体，如图 5.031 所示。在不改变摄影机的位置，不选择［备用镜头］类型，不改变［视野（FOV）］值的前提下，勾选［正交投影］选项后，会出现的变化是 ________ 。

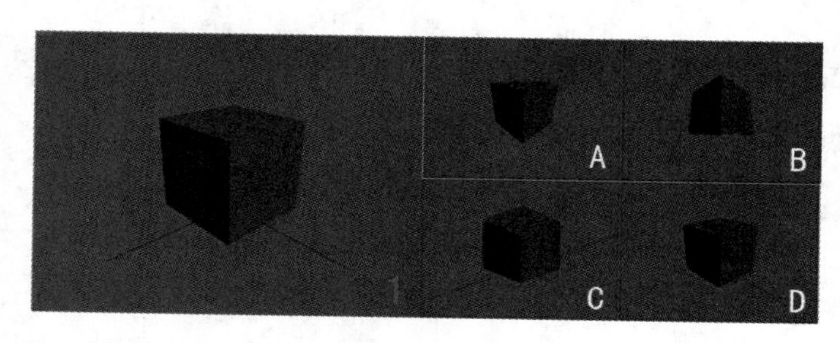

图 5.031

参考答案

1. C　2. C　3. C

第 6 章 3ds Max 渲染技术

6.1 知识重点

本章介绍 3ds Max 中默认扫描线渲染器的使用方法，其中包括 [渲染设置] 窗口的参数设置及基本的渲染流程，同时对 [光跟踪器] 和 [光能传递] 这两个高级渲染引擎也进行了详细讲解。

- 熟练掌握 [渲染设置] 窗口的参数设置。
- 掌握 [光跟踪器] 和 [光能传递] 引擎的使用方法。

6.2 要点详解

6.2.1 基本渲染技术介绍

渲染是动画制作中关键的一个环节，但不一定是在最后完成时才进行的。渲染就是依据所指定的材质、所使用的灯光，以及背景与大气等环境的设置，将在场景中创建的几何体实体显示出来，也就是将三维的场景转化为二维的图像，更形象地说，就是为创建的三维场景拍摄照片或者录制动画。创作中从建模开始，就会不断地使用它，一直到材质、环境、动作的调节，只是使用的方式不一定相同。渲染器的好坏直接决定最后渲染图像品质的好坏。

3ds Max 早期版本中的 [扫描线渲染器] 经常是人们抱怨的对象，因为它在每个版本升级时没有什么太大的改进。不过从 3ds Max 5.0 开始，这一情况便发生了变化，3ds Max 开始引入了 [光跟踪器] 的光能传递渲染引擎和十分好用的 [光跟踪器] 天光渲染。

众所周知，Lightscape 是拥有非常成熟的光能传递技术的软件，将它的光能传递技术引入 3ds Max 中是十分令人兴奋的；而 [光跟踪器] 加入 3ds Max 中，也使得以往要通过渲染插件或模拟来制作的天光效果可以很方便地制作出来。现在的 3ds Max 更是在 [光能传递] 和 [光跟踪器] 功能方面做了很多优化，使 3ds Max 渲染器性能得到了空前的提升。

随着 3ds Max 6.0 的问世，mental ray 被完全整合了，对于 3ds Max 各项材质、功能的支持也是十分完美的。在 3ds Max 2011 和 3ds Max 2012 中，还分别引入了 Quicksilver 硬件渲染器和 Iray 渲染器，它们都支持 3ds Max 的 Autodesk 材质。

1. [渲染设置] 窗口的基本组成部分

在主工具栏中单击按钮或单击键盘上的 F10 键，可以打开 [渲染设置] 窗口，其中显示了各种渲染参数设置，如图 6.001 所示。这是 3ds Max 在默认扫描线渲染器下的渲染设置。

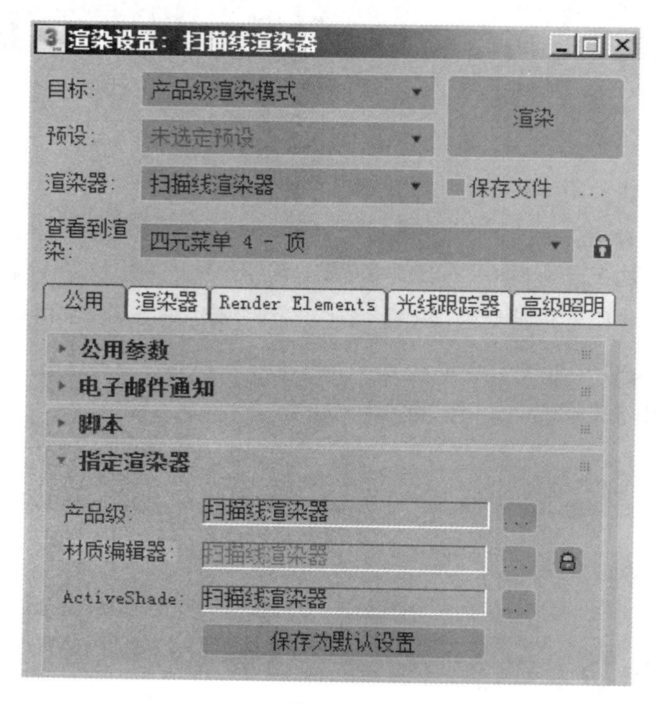

图 6.001

[渲染设置] 窗口中包含 5 个选项卡，这些选项卡根据指定的渲染器的不同而有所变化，每个选项卡中包含一个或多个卷展栏，分别对各渲染项目进行设置。下面对设置为 3ds Max 默认扫描线渲染器时所包含的 5 个选项卡进行简单介绍。

[公用] 选项卡：该选项卡中的参数适用于所有渲染器，并且可以在此选项卡中进行指定渲染器的操作。它包含 4 个卷展栏，分别是 [公用参数] 、[电子邮件通知] 、[脚本] 和 [指定渲染器] 。每个卷展栏中的参数在本章后面都有详细介绍。

[渲染器] 选项卡：用于根据设置指定渲染器的各项参数。根据指定渲染器的不同，该选项卡中可以分别对 3ds Max 的 Quicksilver 硬件渲染器、ART 渲染器、扫描线渲染器、VUE 文件渲染器或 Arnold 的各项参数进行设置，如果安装了其他渲染器，这里还可以对外挂渲染器参数进行设置。对于 Quicksilver 硬件渲染器、ART 渲染器或 Arnold 渲染器的应用，请参考《Autodesk 3ds Max 2018 标准教材 II》，本章将只针对 3ds Max 的默认扫描线渲染器进行讲解。

[Render Elements] 选项卡：在这里能够根据场景中不同类型的元素，将其渲染为单独的图像文件，以便在后期软件中进行合成。

[光线跟踪器] 选项卡：用于对 3ds Max 的光线跟踪进行设置，包括是否应用抗锯齿、反射或折射的

次数等。

［高级照明］选项卡：用于选择一个高级照明选项，并进行相关参数设置。

2. 渲染器的指定

在［公用］选项卡下的［指定渲染器］卷展栏中，可以进行渲染器的更换，在 3ds Max 2018 中，可以为 3 种渲染类型指定渲染器。

产品级：输出最终图像时所使用的渲染器。

材质编辑器：用于渲染［材质编辑器］中示例窗的渲染器。当右侧的［锁定到当前渲染器］按钮处于启用状态时，［材质编辑器］的示例窗和产品级图像使用相同的渲染器。［锁定到当前渲染器］按钮默认设置为启用状态。

ActiveShade［动态着色］：用于动态着色视口显示使用的渲染器。在 3ds Max 自带的 5 种渲染器中，只有默认扫描线渲染器可以用于动态着色视口渲染。

3ds Max 默认安装了 5 个渲染器，分别是［Quicksilver 硬件渲染器］、［ART 渲染器］、［扫描线渲染器］、［VUE 文件渲染器］和［Arnold］。只要单击［渲染器］后三角菜单按钮，就可以指定其他的渲染器作为当前的渲染器，如图 6.002 所示。

在打开的［渲染器］列表中，显示可以指定的渲染器，如图 6.003 所示。在列表中选择一个需要使用的渲染器，然后单击鼠标左键，即可将选择的渲染器指定为产品级渲染器。

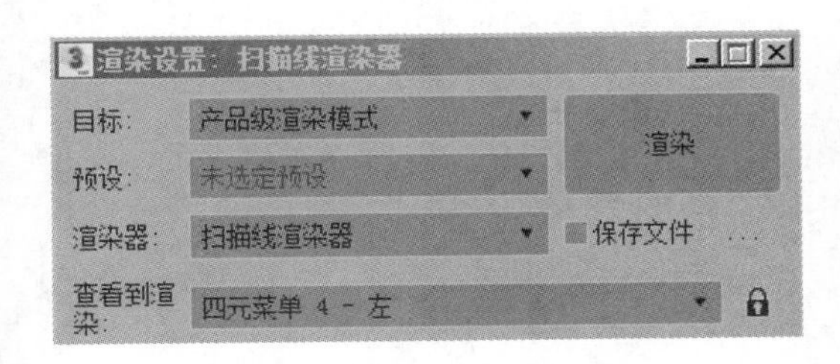

图 6.002

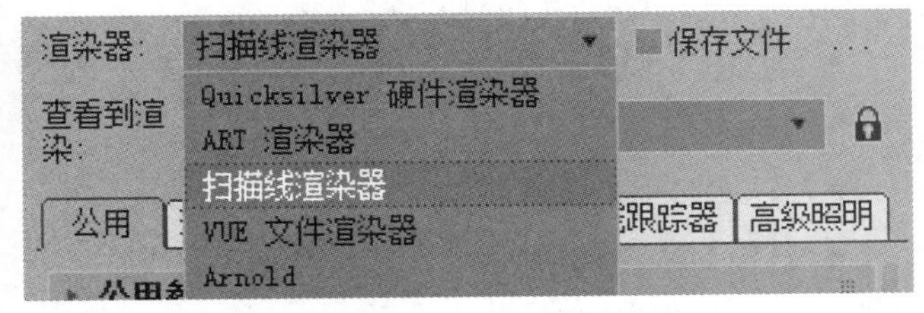

图 6.003

3. 输出范围

单击［渲染设置］窗口的［公用］选项卡，［公用参数］卷展栏下的［时间输出］参数组用于设置渲染的输出范围，如图 6.004 所示。

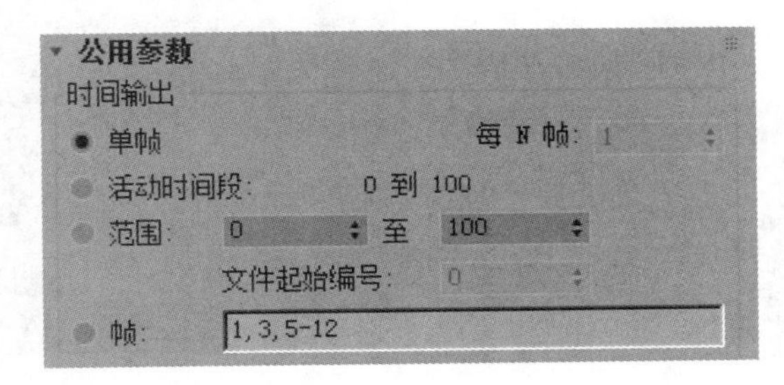

图 6.004

单帧：只对当前帧进行渲染，得到静态图像。

活动时间段：对当前活动的时间段进行渲染，当前时间段依据屏幕下方时间栏设置。

范围：手动设置渲染的范围，这里还可以指定为负数。

帧：指定单帧或时间段进行渲染，单帧用“,”号隔开，时间段之间用“-”连接，例如“1,2,5-12”表示对第 1 帧、第 2 帧、第 5 帧 ~ 第 12 帧进行渲染。对时间段输出时，该选项还可以控制间隔渲染的帧数和起始计数的帧号。

4. 输出分辨率

单击 [渲染设置] 窗口的 [公用] 选项卡，[公用参数] 卷展栏下的 [输出大小] 参数组用于设置渲染的输出分辨率，如图 6.005 所示。

宽度 / 高度：分别设置图像的宽度和高度，单位为像素。

图像纵横比：设置图像宽度和高度的比例。当宽高值指定后，它的值会依据“图像纵横比 = 宽度 / 高度”自动计算出来。

在 [自定义] 尺寸类型下，如果单击它右侧的 [锁定] 按钮，则会固定图像的纵横比，这时对长度值的调节也会影响宽度值。对于已定义好的其他尺寸类型，图像纵横比被固化，不可调节。

除了 [自定义] 方式外，3ds Max 还提供了其他的固定尺寸类型，以方便有特殊要求的用户。其中比较常用的输出尺寸有以下几种。

- 35mm 1.316:1 全光圈 (电影)
- 35mm 1.85:1 (电影)
- 70mm IMAX (电影)
- NTSC D-1 (视频)
- NTSC DV (视频)
- PAL D-1 (视频)
- HDTV (视频)

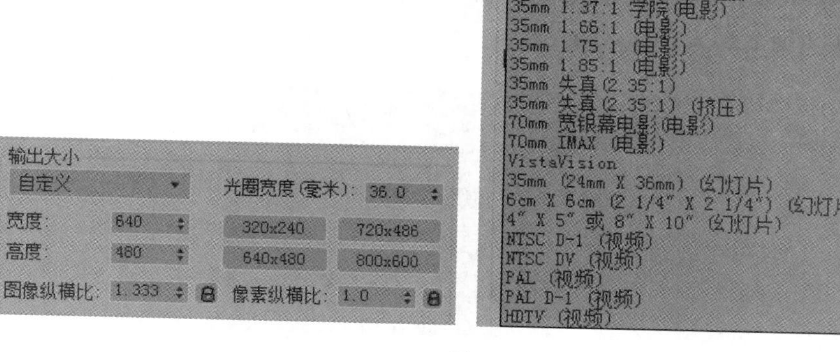

图 6.005

5. 输出文件类型

单击[渲染设置]窗口的[公用]选项卡，[公用参数]卷展栏下的[渲染输出]参数组用于进行渲染设置。单击[文件]按钮，可以打开[渲染输出文件]对话框，在[保存类型]下拉列表中可以选择任意一种文件格式，在 [文件名] 中可以输入文件名称。3ds Max 可以以多种文件格式作为渲染结果进行保存，包括静态图像和动画文件，共计 15 种格式，每种格式都有其对应的参数设置。输出文件类型设置如图 6.006 所示。

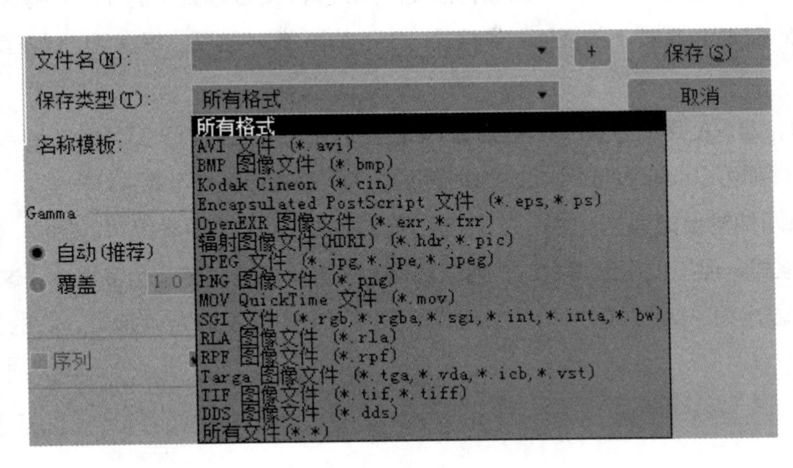

图 6.006

下面对常用的几种输出格式进行讲解。

（1）AVI 文件

这是 Windows 平台通用的动画格式，压缩方式较多。3ds Max 可以使用系统提供的任何编解码器，大部分压缩方式都有两个参数可调。AVI 文件还用于创建预示动画，且可以通过以下几种方式输入 3ds Max。

- 作为动画材质输入 [材质编辑器] 中。
- 作为视图背景。
- 作为 Video Post 合成时的图像素材。

（2）JPEG 文件

JPEG 图像格式的特点是通过有损压缩方式对图像进行质量上的压缩。由于 JPEG 文件具有高压缩比、失真程度低的特点，因此广泛应用于网络图像的传输中。

（3）PNG 图像文件

PNG 图像格式是一种专为互联网开发的静帧图像文件。

（4）RPF 图像文件

RPF 是一种可以支持任意图形通道的文件格式。通过 [RPF 图像文件格式] 对话框，可以选择用于输出图像的通道。RPF 已经取代 RLA 作为渲染带有合成或特效动画的首选文件格式。

（5）Targa 图像文件

Targa 图像文件是早期的真彩色图像格式，有 16bit、24bit、32bit 等多种颜色级别，它可以带有 8bit

的 Alpha 通道图像，还可以进行文件压缩处理（无损质量），广泛应用于单帧或序列图片。

（6）TIF 图像文件

TIF 格式是苹果系统和桌面印刷行业标准的图像格式，有黑白和真彩色之分，它会自动携带 Alpha 通道图像，成为一个 32bit 的文件。在 3ds Max 中，TIF 文件不但包含了 Packbits 压缩处理功能，而且可以渲染带有 Alpha、亮度和 UV 颜色坐标信息的文件。当然在 Photoshop 中也可以对 TIF 文件进行数据压缩保存，这种压缩后的 TIF 文件可以被 3ds Max 读取，但要注意只有 RGB 模式下的 TIF（包括 JPG）图像才能被 3ds Max 读取，而 CMYK 模式下的任何图像格式，3ds Max 都不接受。根据目的的不同，生成的文件格式也有所不同。

对于静态图像，建议使用 TIF 或 TGA 格式，它们不进行质量压缩，又都可以携带 Alpha 通道图像，几乎所有图像处理软件都可以读取。对 Photoshop 来说，TIF 格式的文件可能更好一些。

对于动画，有两种输出类型，一种是为了应用于电视或电影，它要求绝对的品质，因此应使用逐帧的 TGA 或 TIF 图像格式，但不要压缩得太过；另一种是为了应用于电脑游戏和多媒体，这是在计算机上进行播放的，所以建议输出为 AVI 格式（MOV 也可以，只是在 PC 上不如 AVI 流行，它的优点是可以在 Mac 上使用）。

6. 开关选项

单击［渲染设置］窗口的［公用］选项卡，［公用参数］卷展栏下的［选项］参数组用于进行开关选项的设置，相关的参数选项如图 6.007 所示。

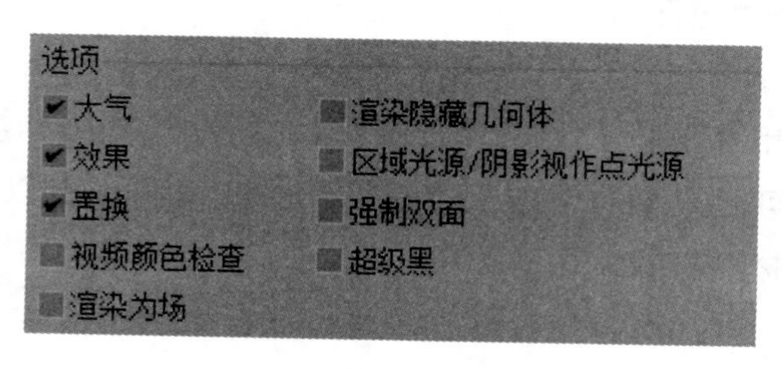

图 6.007

大气：对场景中的大气效果进行渲染，如［雾］、［体积光］等。

效果：对场景设置的特殊效果进行渲染，如［镜头效果］等。

置换：对场景中的置换贴图进行渲染计算。

视频颜色检查：检查图像中是否有像素的颜色超过了 NTSC 制式或 PAL 制式电视的阈值，如果有超过阈值的像素颜色，则将对它们做标记或转化为允许的范围值。

渲染为场：当为电视创建动画时，设定渲染到电视的扫描场，而不是帧。如果将来要输出到电视，必须考虑是否要开启此项，否则画面可能会出现抖动现象。

强制双面：如果将对象内外表面都进行渲染，会减慢渲染速度，但能够避免因法线错误而造成不正确的表面渲染。如果发现有法线异常的错误（如镂空面、闪烁面），最简单的解决方法就是开启该选项。

渲染隐藏几何体、区域光源 / 阴影视作点光源、超级黑这 3 项在 3ds Max 中很少使用，这里不进行讲解。

7. 抗锯齿设置

单击[渲染设置]窗口的[渲染器]选项卡，[扫描线渲染器]卷展栏下的几种常用工具用于进行抗锯齿设置，如图 6.008 所示。

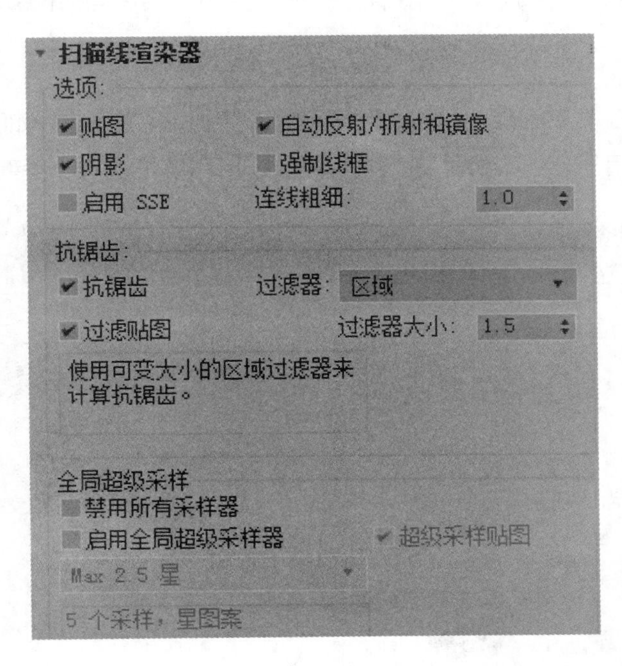

图 6.008

抗锯齿：抗锯齿功能能够平滑渲染斜线或曲线上所出现的锯齿边缘。测试渲染时可以将它关闭，以加快渲染速度。

过滤器：在其下拉列表中指定抗锯齿过滤器的类型，主要有以下几类。

- 区域：使用尺寸变量区域过滤器计算抗锯齿，是默认的抗锯齿类型。
- 立方回旋：使用 25 像素过滤器锐化渲染输出对象，同时有明显的边缘增加效果。它的特点是在抗锯齿的同时使图像边缘锐化。
- Mitchell-Netravali：在 [环] 和 [各向异性] 两种过滤器之间逆向交替模糊。
- 视频：25 像素的模糊过滤器，可以优化 PAL 制式和 NTSC 制式的视频软件。

提示

渲染局部或选择对象时，只有 [区域] 能够产生可靠的渲染结果。[视频] 虽然指明针对视频渲染输出，但效果不是非常理想。要想获得比较优秀的效果，Mitchell-Netravali 是不错的选择，只是渲染速度比较慢。

全局超级采样：启用此参数组中的选项可以对全局采样进行控制，而忽略各材质自身的采样设置。

● 启用全局超级采样器：启用该选项后，将对所有的材质应用相同的超级采样器。禁用该选项后，将材质设置为使用全局设置，该全局设置由渲染对话框中的选项控制。启用该选项之后可以在其下拉列表中选择以下几种采样方式，比较常用的是［Max 2.5 星］，它是默认的全局超级采样器类型。它的原理是像素中心的采样是对它周围的 4 个采样取平均值，此图案就像一个具有 5 个采样点的小方块。

8. 渲染视图操作

在［渲染帧窗口］的工具栏上有一个决定渲染类型的［视图］下拉列表，如图 6.009 所示，它提供了 5 种不同的渲染类型，主要用于控制渲染图像的尺寸和内容。下面就常用的渲染类型进行介绍。

图 6.009

视图：对当前视图的全部内容进行渲染，是默认的渲染类型。［视图］渲染效果如图 6.010 所示。

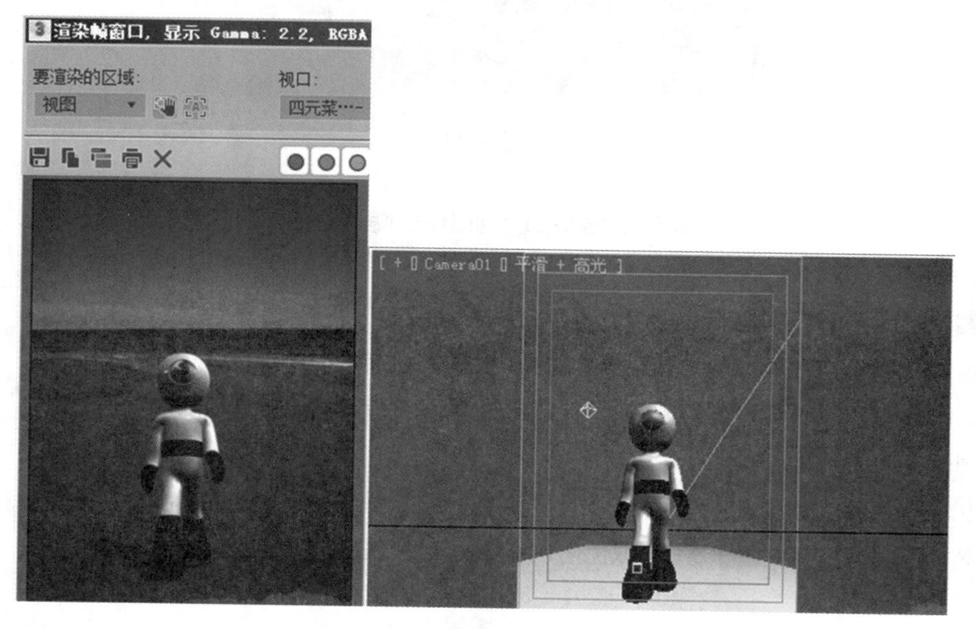

图 6.010

选定：只对当前视图中选择的对象进行渲染。选择该类型后，单击右上角的 渲染 按钮，可以对视图中的选定对象进行渲染，如图 6.011 所示。

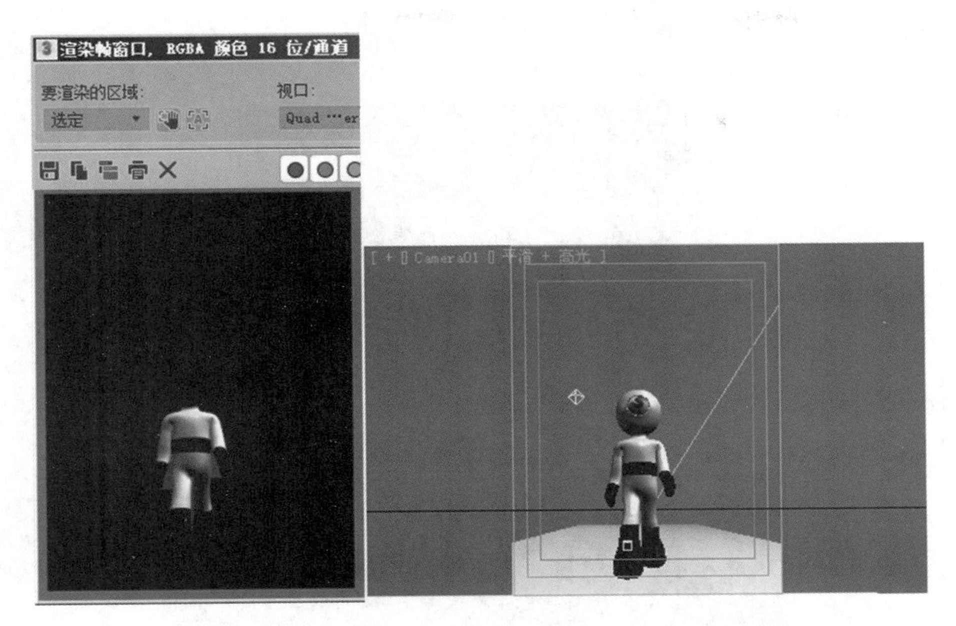

图 6.011

区域：只对当前视图中所指定区域进行渲染。进行这种类型的渲染时，会在渲染窗口和当前视图中同时出现调节框，两个调节框是同步更新的，用来调节要渲染的区域。当调节好范围后，单击右上角的渲染按钮，可以对此区域执行渲染。如果想退出调节框，只需要单击 Esc 键或单击 [编辑区域] 按钮即可。[区域] 渲染效果如图 6.012 所示。这种渲染仍保留渲染设置的图像尺寸。

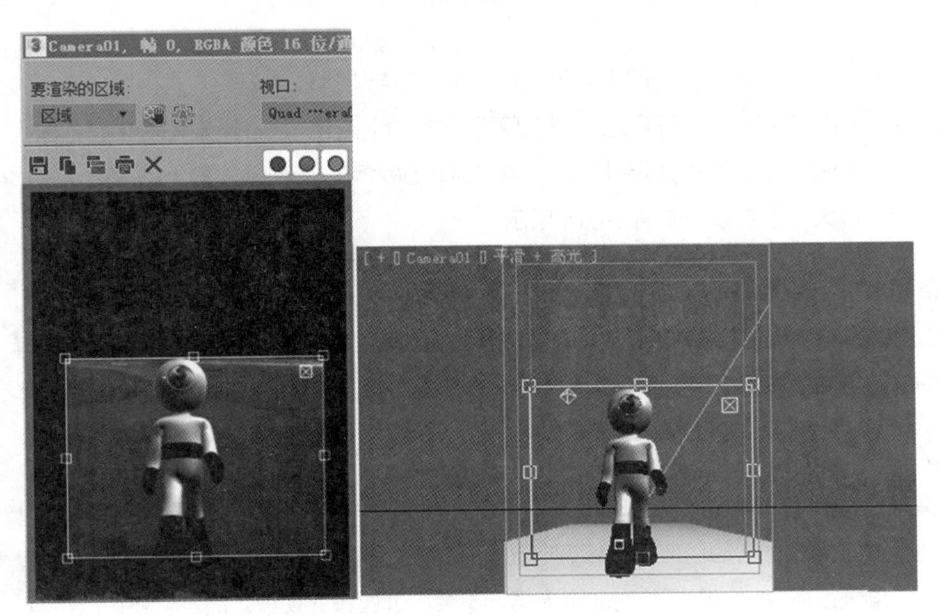

图 6.012

裁剪：只渲染选择的区域，并按区域面积进行裁剪，产生与框选区域等比例的图像。[裁剪] 渲染效果如图 6.013 所示。

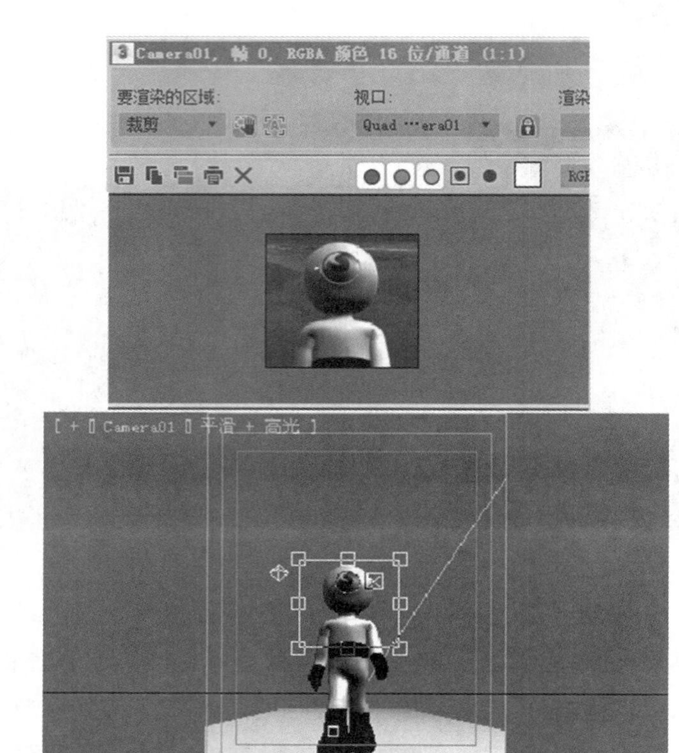

图 6.013

放大：选择一个区域放大到当前的渲染尺寸进行渲染，与 [区域] 渲染方式相同，不同的是渲染后的图像尺寸。[区域] 渲染方式相当于在原效果图上剪切一块进行渲染，尺寸不发生变化；[放大] 渲染方式是将剪切下的部分按当前渲染设置中的尺寸进行渲染，这种放大可以看作是视野上的变化，其渲染图像的质量不会发生变化。[放大] 渲染效果如图 6.014 所示。

9. 保存和加载渲染预设

保存和加载渲染预设如图 6.015 所示。在 [渲染设置] 窗口有一个 [预设] 选项，可以通过 [预设] 下拉列表将当前的渲染面板设置保存为 RPS 格式的渲染预设文件，或者加载 RPS 渲染预设文件。

10. RAM 播放器

执行 [渲染 > 比较 RAM 播放器中的媒体] 命令，在弹出的 [RAM 播放器] 窗口中可以对动画文件格式或静态序列帧进行播放。它的优势是可以调节动画播放的速度，甚至可以倒放。它的原理是直接将播放的素材读入内存，再进行播放，所以播放时非常流畅，不会出现停顿的现象。而且它还可以将 AVI、MPEG 和 MOV 等动画格式素材转化为序列帧，或将序列图片转化为动画格式，甚至还支持各种图片格式之间的相互转化。它的缺点是不能在动画播放的时候播放声音。RAM 播放器如图 6.016 所示。

图 6.014

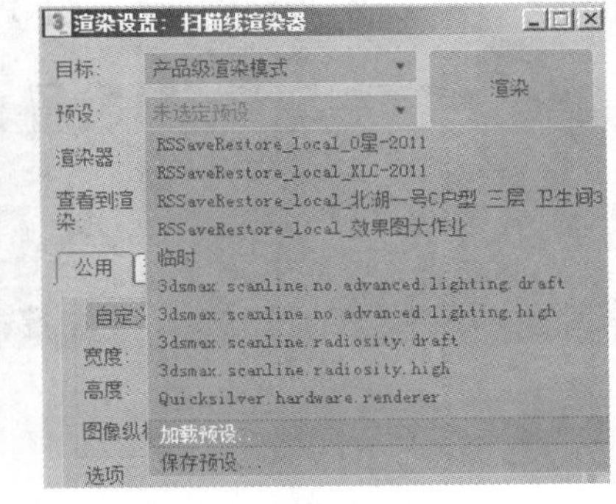

图 6.015

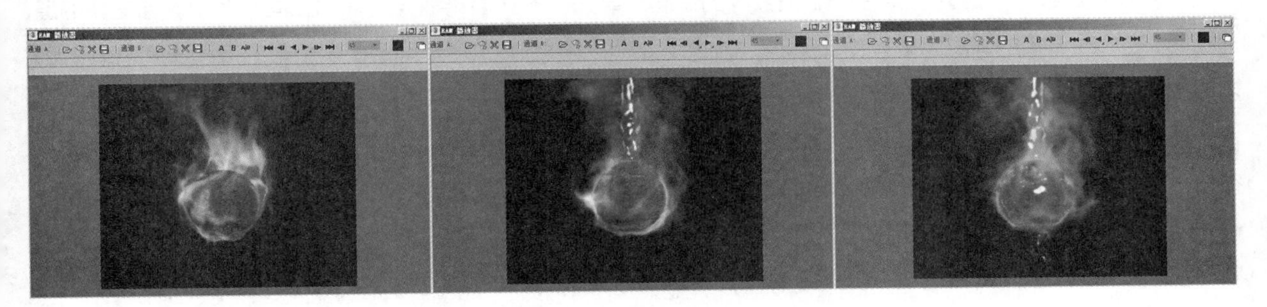

图 6.016

11．动态着色视口

[动态着色视口] 是一种快速预览渲染的方式，相当于在视图中“嵌入”了一个动态着色浮动窗口，如图 6.017 所示。可以帮助用户及时、准确地了解场景中材质或灯光变化所产生的影响。当用户在调节场景灯光或材质时，[动态着色视口] 能够随着调节互动更新渲染结果。

并不是所有的操作都能够在 [动态着色视口] 互动更新，互动更新是有选择进行的。

- 移动对象操作不能在 [动态着色视口] 中更新。
- 指定修改器或其他改变对象几何形态的操作不能在 [动态着色视口] 中更新。
- 反射效果只在初始化过程中渲染。

12．运动模糊

在 [渲染设置] 窗口的 [渲染器] 选项卡中可以进行运动模糊的参数设置，如图 6.018 所示。

对于运动模糊效果，扫描线渲染器提供了两种方式：[对象运动模糊] 和 [图像运动模糊] 。在制作运动模糊效果时首先要对对象进行指定，在对象上单击鼠标右键，在弹出的快捷菜单中选择［对象属性］。在打开的［对象属性］对话框的右下角设有运动模糊控制区域，默认为［无］，可以选择［对象运动模糊］或［图像运动模糊］两种方式之一。指定后，渲染设置框中相应的参数才会发挥作用。

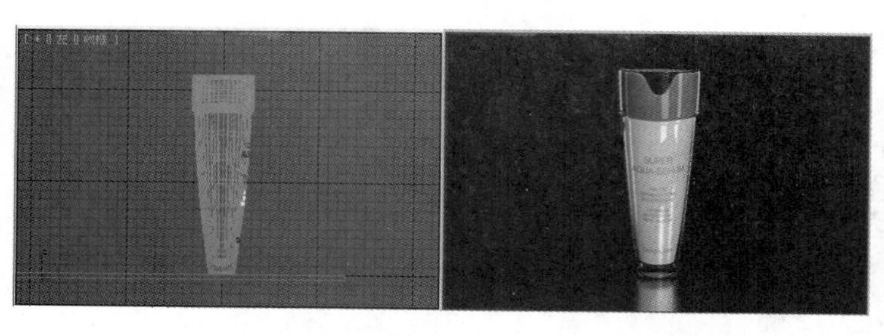

图 6.017

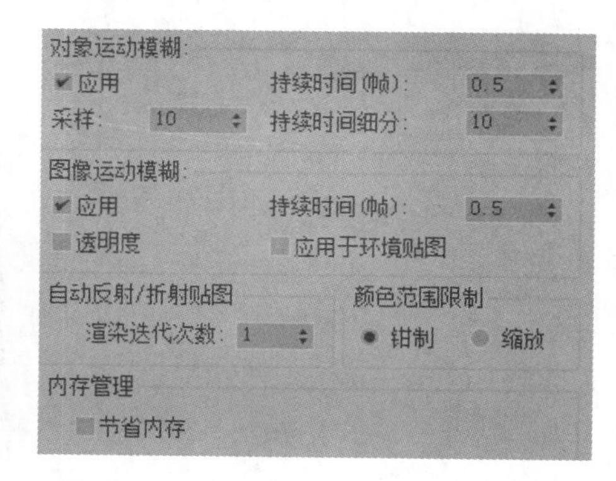

图 6.018

（1）对象运动模糊

［对象运动模糊］是对对象在一定帧数内的运动效果进行多次渲染取样，叠加在同一帧中，与重像的道理相同，它会在渲染的同时完成模糊计算。其中［持续时间（帧）］参数用于确定模糊虚影的持续长度，值越大，虚影越长，运动模糊越强烈，如图 6.019 所示。

［采样］参数用于设置模糊虚影是由多少个对象的重复复制组合而成的，最大可以将其设置为 32。它往往与［持续时间细分］值相关，如果它们的值相等，则会产生均匀浓密的虚影，这是最理想的设置。要获得最光滑的运动模糊效果，两个值应设置为 32，但这样会增加几倍的渲染时间，一般将值都设置为 12 就可以获得很好的效果。图 6.020（左）是［采样］为 0.5 的效果，图 6.020（右）是［采样］为 32 的效果。

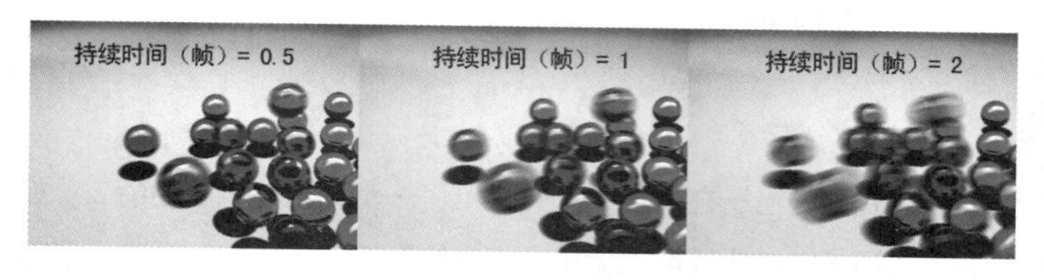

图 6.019

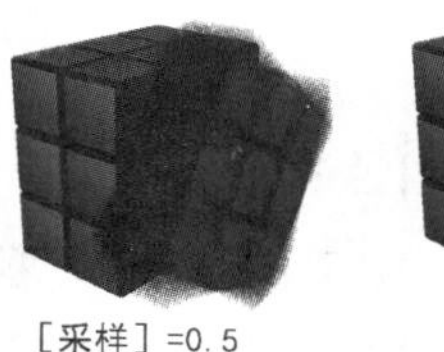

图 6.020

（2）图像运动模糊

［图像运动模糊］与［对象运动模糊］的作用相同，也是为了制作出对象快速移动时产生的模糊效果，只是它从渲染后的图像出发，对图像进行了虚化处理，模拟运动产生的模糊效果。这种方式在渲染速度上要快于［对象运动模糊］，而且得到的效果也更加光滑均匀。在使用时与［对象运动模糊］相同，先在［对象属性］对话框中打开［图像］设置，才能使渲染设置中的参数生效。而［持续时间（帧）］参数用于设置运动产生的虚影长度，值越大，虚影越长，表现的效果也越夸张，如图 6.021 所示。

开启［应用于环境贴图］选项后，当场景中有环境贴图设置，摄影机又发生了旋转时，将会对整个环境贴图也进行图像运动模糊处理，这常用于模拟摄影机拍摄高速运动场景的效果，如图 6.022 所示。

图 6.021

图 6.022

6.2.2 光能传递

单击［渲染设置］窗口的［高级照明］选项卡，在［选择高级照明］卷展栏的下拉列表中选择［光能传递］选项，即可将当前的渲染引擎更改为［光能传递］方式。

1. 光能传递技术原理

光能传递技术的前身来源于热量工程学。早在 20 世纪 60 年代初期，工程师们开发了一种计算热辐射在对象表面间传递的方法来确定对象表面的形状，这种方法主要用于高炉和发动机的内部设计。到了 20 世纪 80 年代中期，计算机图形学的开发者们开始研究这项技术在模拟光能传播中的应用，即现在的光能传递（Radiosity）技术，如图 6.023 所示。

光能传递的工作原理：先将对象的原表面分为细小的网格表面，称为网格元素（Elements），然后从一个网格元素到另一个网格元素计算光的分布数量，并将最终的光能传递值记录在每个网格元素当中，这一过程不断重复下去，直到两次迭代间的场景照明差异低于指定的质量级别，如图 6.024 所示。光线由光源射到表面，反射为多条漫反射光线。将表面进行细分可以提高求解精度。

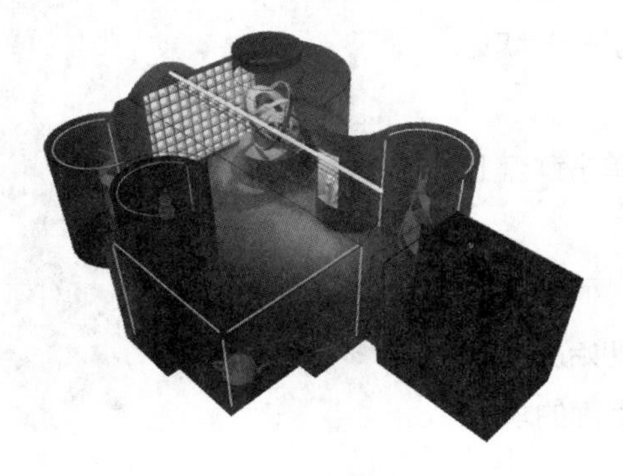

图 6.023

图 6.024

［光能传递］是一种能够真实模拟光线在环境中相互作用的全局照明渲染技术，它能够重建自然光在场景对象表面上的反弹，从而实现更为真实、精确的照明结果。与其他渲染技术相比，［光能传递］具有以下几个特点。

- 一旦完成光能传递解算，就可以从任意视角观察场景，解算结果保存在 MAX 文件中。
- 可以自定义对象的光能传递解算质量。
- 不需要使用附加灯光来模拟环境光。
- 自发光对象能够作为光源。
- 配合光度学灯光，光能传递可以为照明分析提供精确的结果。
- 光能传递解算的效果可以直接显示在视图中。

2. 光能传递渲染流程

光能传递求解计算主要分为 3 个步骤。

（1）定义处理参数

设置整个场景的光能传递处理参数，虽然只是几秒钟的操作，却决定着整个求解过程的速度和品质。

（2）进行光能传递求解

这一步是由计算机完成的，自动计算场景中光线的分布，包括直接照明和间接的漫反射照明。计算过程可能相当漫长，往往超过对图像的渲染时间，但其实也是有技巧可寻的，比如光在传递过程中是以能量衰减的形式进行的，真实世界中的光会百分之百衰减，但在计算机中可以根据需要进行设置。

（3）优化光能传递处理

在光能传递的求解过程中，可以随时中断计算，对不满意的材质或光源进行重新调节（但不能对几何模型的形状和位置进行大的改动），然后继续进行光能传递求解。

对于有动画设置的场景，如果只是摄影机运动，那么对象之间的相对关系没有改变，光能传递只需要在第 1 帧进行求解就可以了；对于对象、灯光或材质发生很大变动的场景，会使整个场景的光线分布也随之产生变化，所以需要逐帧重新进行光能传递计算，但这样会增加渲染时间。

3. ［光能传递处理参数］卷展栏

［光能传递处理参数］卷展栏如图 6.025 所示。

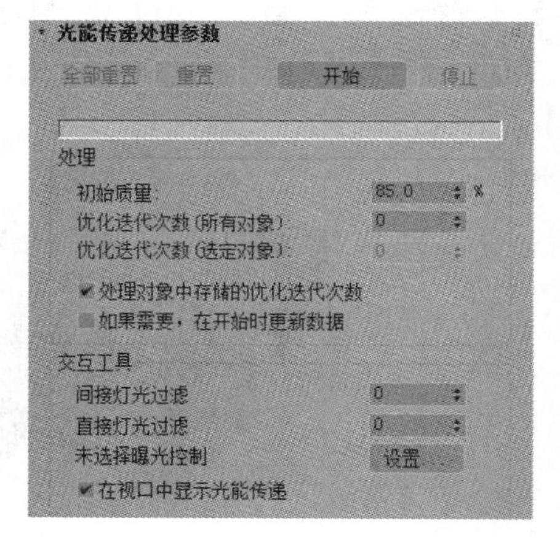

图 6.025

全部重置：用于清除上次记录在光能传递控制器的场景信息。

开始：单击该按钮后，进行光能传递求解。

停止：单击该按钮后，停止光能传递求解。也可单击键盘上的 Esc 键。

初始质量：它所指的品质是能量分配的精确程度，而不是图像分辨率的质量，如图 6.026 所示。即使是相当高的初始质量设置，仍可能出现相当明显的差异。这些差异可以通过后面的求解步骤来解决。

提示

提高初始质量不能明显提高场景的平均亮度，但能够降低场景内不同表面上的偏差。

优化迭代次数（所有对象）：设置整个场景执行优化迭代的程度，该选项可以提高场景中所有对象的光能传递品质。

提示

处理好优化迭代之后，［初始质量］就不能再进行更改了，除非单击［重置］或［全部重置］按钮。

直接灯光过滤：通过向周围的元素均匀化直接照明级别来降低表面元素间的噪波数量。通常指定在 3 或 4 比较合适，因为设置得过高，可能会造成场景细节的丢失。由于［直接灯光过滤］命令是交互式的，因此可以实时地对结果进行调节，如图 6.027 所示。

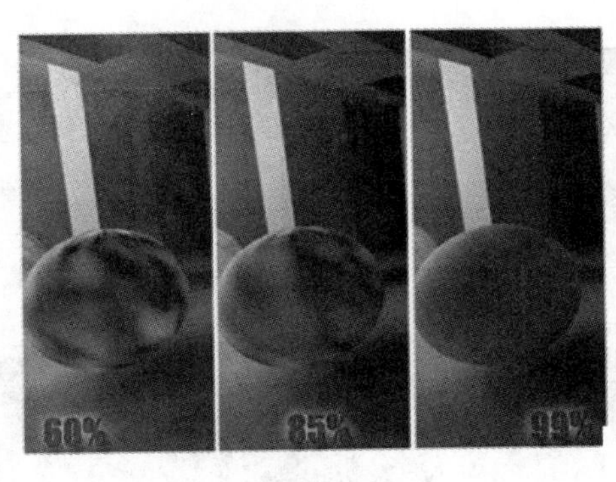

图 6.026

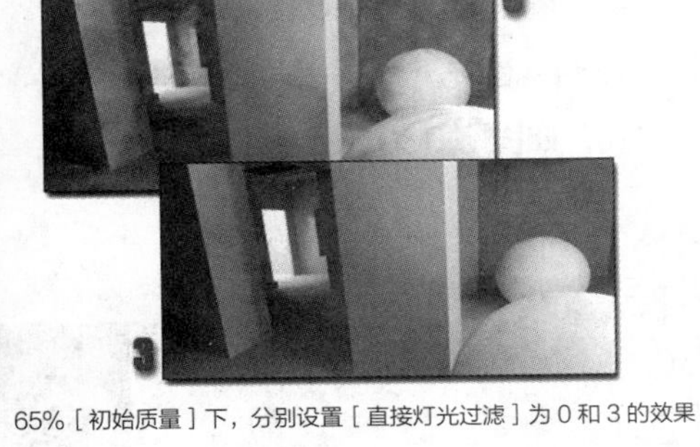

65%［初始质量］下，分别设置［直接灯光过滤］为 0 和 3 的效果

图 6.027

4. ［光能传递网格参数］卷展栏

3ds Max 进行光能传递计算的原理是将模型表面重新网格化，这种网格化的依据是光能在模型表面的分布情况，而不是在三维软件中产生的结构线划分，如图 6.028 所示。

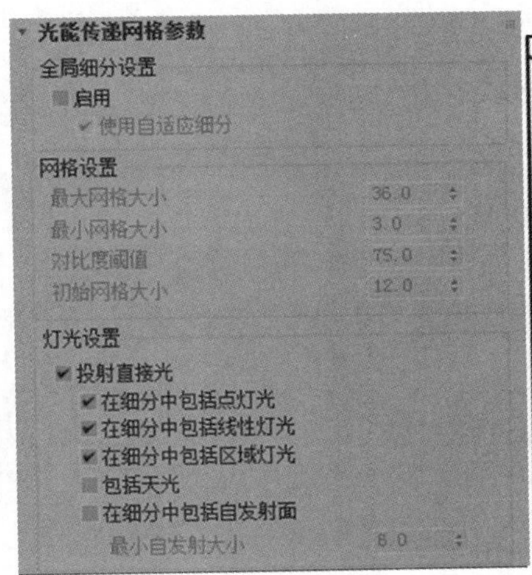

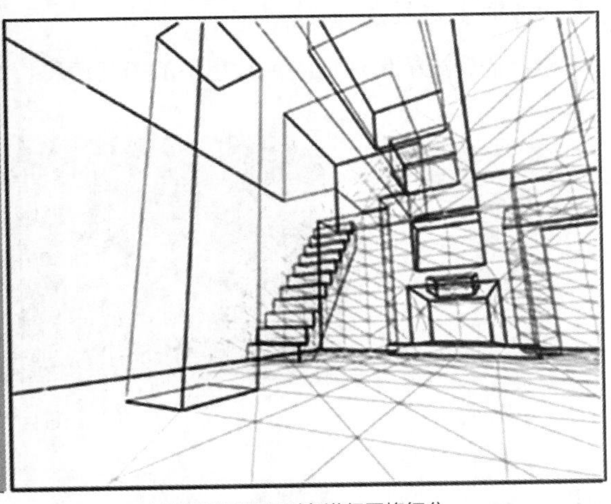

光能传递对场景对象进行网格细分

图 6.028

使用自适应细分：该选项用于启用或禁用自适应细分，默认设置为启用。

最大网格大小：设置自适应细分之后最大面的大小。

最小网格大小：设置自适应细分之后最小面的大小。

初始网格大小：改进面图形之后，不对小于初始网格大小的面进行细分。

投射直接光：启用自适应细分或投射直射光之后，根据其下面选项的启用与否来分析计算场景中所有对象上的直射光，默认设置为启用。

- 在细分中包括点灯光：控制投射直射光时是否使用点光源。如果禁用该选项，则在直接计算的顶点照明中不包括点光源，默认设置为启用。

5. ［渲染参数］卷展栏

［渲染参数］卷展栏如图 6.029 所示。

渲染直接照明：首先渲染直接照明的阴影效果，然后添加光能传递求解的间接照明效果，这是光能传递默认的渲染方式，如图 6.030 所示。

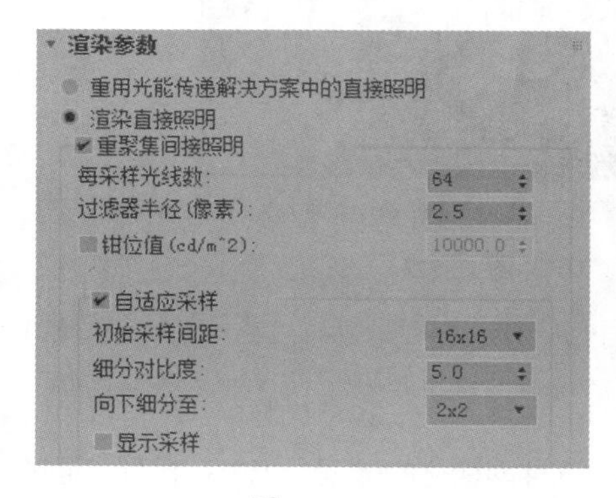

图 6.029

扫描线只计算直接照明的渲染结果

只依据光能传递网格计算间接照明的效果

直接照明和间接照明结合的效果

图 6.030

6. ［统计数据］卷展栏

此卷展栏显示的是光能传递在当前状态下的统计信息，如图 6.031 所示。

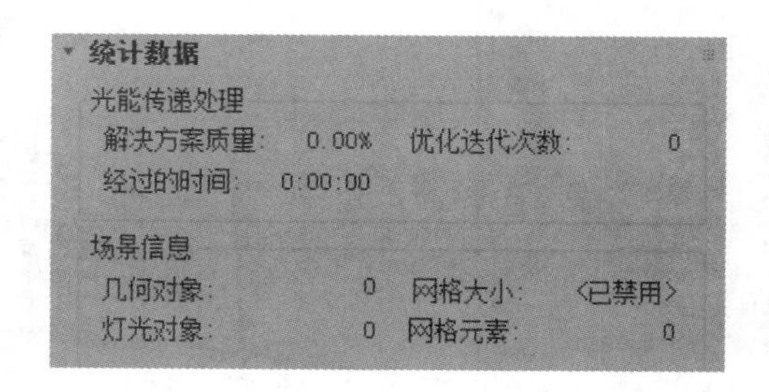

图 6.031

7. 平衡渲染精度和时间

如果想平衡渲染精度和时间，需要对场景中重要的模型进行高精度细分并设置相应的迭代次数，而对场景中不太重要的模型或距离摄影机过远的模型进行低精度的细分，同时迭代次数也应该相应减少。

提示

场景中如果有绝对光线跟踪的对象，如玻璃和金属，就不用考虑细分。

6.2.3 曝光控制

渲染图像精度的一个受限因素是计算机监视器的动态范围，动态范围是监视器可以产生的最高亮度和最低亮度之间的比率。曝光控制会对监视器受限的动态范围进行补偿。对灯光亮度值进行转换，会影响渲染图像和视图显示的亮度和对比度，但它不会对场景中实际的灯光参数产生影响，只是将这些灯光的亮度值转换到一个正确的显示范围之内。

曝光控制用于调整渲染的输出级别和颜色范围，类似于电影的曝光处理，它尤其适用于光能传递。3ds Max 共提供了 5 种类型的曝光控制，它们分别是自动曝光控制、mr 摄影曝光控制、对数曝光控制、伪彩色曝光控制和线性曝光控制。执行 [渲染 > 环境] 命令，在 [环境和效果] 窗口中，打开 [环境] 选项卡下的 [曝光控制] 卷展栏，在下拉列表中可以选择 5 种类型的曝光控制。

5 种曝光控制中最常用的是对数曝光控制。关于对数曝光控制，有以下几点需要注意。

- 如果场景中使用的主光源是标准灯光类型，使用 [对数曝光控制] 并勾选 [仅影响间接照明] 选项，能产生较好的效果。
- 对有摄影机动画的场景可以使用 [对数曝光控制] 。

3ds Max 输出图像通常支持的颜色范围是 0 ~ 255。曝光控制的任务是把不符合此范围的颜色值降低到输出格式支持的范围内。对标准类型的灯光照明不是必要的，但对于 [光度学] 灯光和 [光能传递] 照明是强制处理的，因为它们采用物理照明的计算方式。如图 6.032 所示，IES Sun 灯光的亮度完全使场景感光过度；图 6.033 所示为使用曝光控制校正后的效果，因为对数曝光控制不产生柱状图，所以对于有动画设置的场景能产生非常好的效果。

图 6.032

图 6.033

6.3 应用案例——使用光跟踪器制作室外建筑效果

范例分析

本案例将学习在 3ds Max 中使用光跟踪器配合 3ds Max 的平行光模拟太阳光，以及天光模拟照明来制作室外建筑效果。另外，我们可以在场景中补充一盏天光，配合光跟踪器来进行阳光效果的渲染。

场景分析

打开配套学习资源中的“场景文件 \ 第 6 章 \video_start.max”文件，场景中已经架好了摄影机；设置好了一盏平行光作为主光源来模拟太阳光；使用了光线阴影，设置强度值为 0.8，颜色偏暖。设置了 [平行光参数] 中的聚光区和衰减区，使其包括了整个建筑范围，效果如图 6.034 所示。

制作步骤

1. 配合光跟踪器进行场景渲染

步骤 01： 进入 [创建] 面板，单击 [灯光] 按钮，选择 [标准] 灯光，单击 [对象类型] 卷展栏中的 [天光] 按钮，如图 6.035 所示。

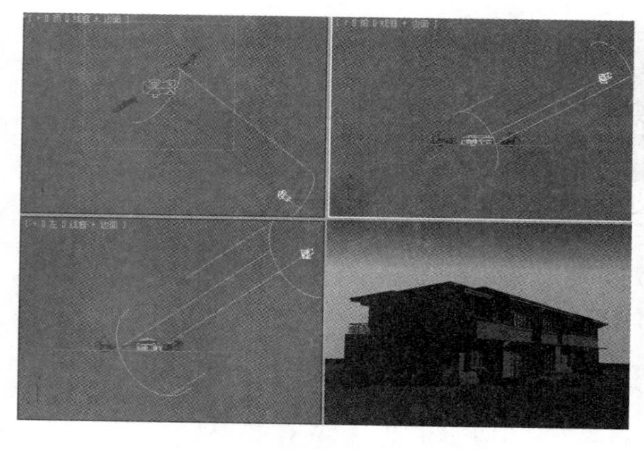

图 6.034

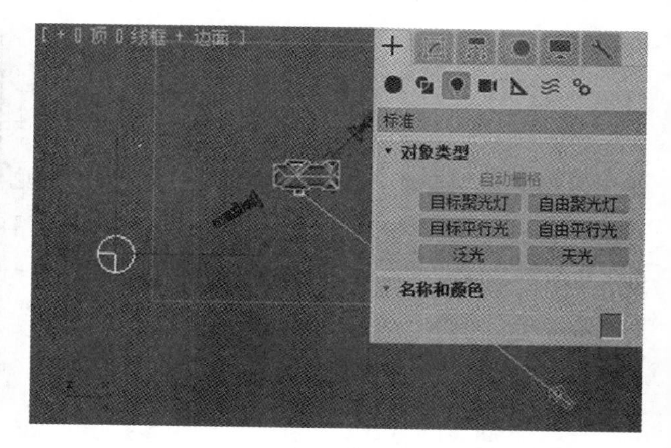

图 6.035

步骤 02： 进入 [修改] 面板，设置 [天光参数] 卷展栏中的 [倍增] 为 0.6，使用默认颜色即可，如图 6.036 所示。

步骤 03： 打开 [渲染设置] 窗口，在 [高级照明] 选项卡中选择 [光跟踪器] 选项。为了提高渲染速度，这里设置 [参数] 卷展栏中的 [光线 / 采样] 为 90，如图 6.037 所示。

2. 高级照明参数设置

步骤 01： 打开 [渲染设置] 窗口中的 [高级照明] 选项卡，设置 [参数] 卷展栏下的 [全局倍增] 为 1，[对象倍增] 为 2，[颜色溢出] 为 3，[反弹] 为 2，[光线 / 采样] 为 1 000，如图 6.038 所示。

步骤 02：进入 [公用] 选项卡，设置 [输出大小] 参数组中的 [宽度] 为 800，如图 6.039 所示。

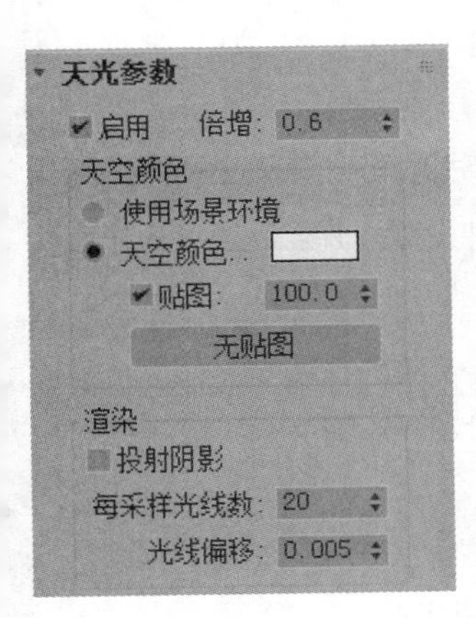

图 6.036

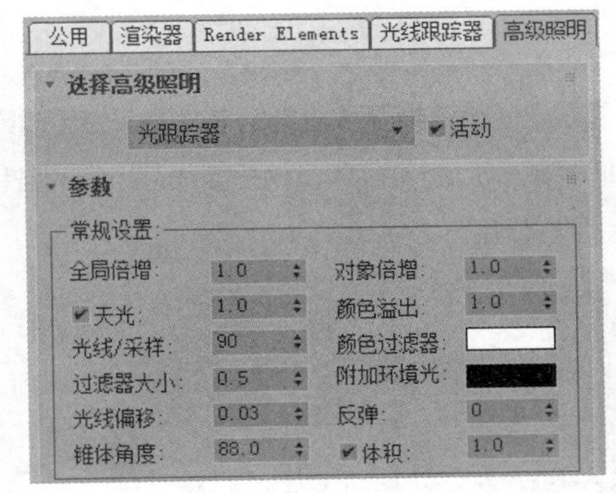

图 6.037

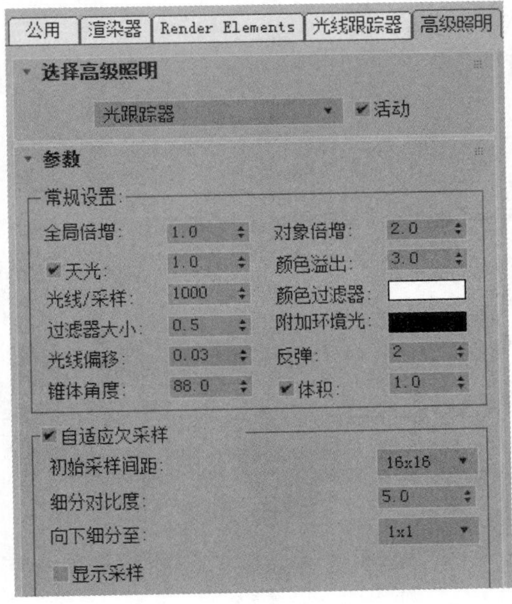

图 6.038

图 6.039

分析：

a. [全局倍增] 用来控制整体照明细节，如果该值过高，则会使物体表面反射的光多于实际收到的光，如图 6.040 所示。

b. [对象倍增] 用来单独控制场景中的某个对象的反射光线级别，并且该参数必须配合 [反弹] 才会产生效果。

c. [颜色溢出] 是指光线照射到某个有颜色的物体上时，将物体的颜色反弹出来而形成的颜色溢出。

d. [反弹] 为光线颜色在场景中产生的反弹效果。

图 6.040

6.4 本章小结

在三维软件中精心创建的场景最终要通过渲染引擎渲染出来，熟练使用渲染引擎可以渲染出更好的效果并且使图像更具有真实感。本章详细介绍了 3ds Max 中默认扫描线渲染器的各种设置，并且还通过一个案例详细讲解了［光跟踪器］高级渲染引擎的使用方法。

6.5 参考习题

1. 在 3ds Max 中，渲染输出场景时，不能将输出文件保存成 ________ 格式。

   A. AVI

   B. TGA

   C. TIF

   D. PSD

2. 下列关于［RAM 播放器］的说法，错误的是 ________。

   A. ［RAM 播放器］可以将 AVI、MPEG、MOV 等动画格式素材转化为序列帧

   B. ［RAM 播放器］支持图片格式的相互转化

   C. ［RAM 播放器］能够在动画播放的时候播放声音

   D. ［RAM 播放器］可以调节动画播放的速度

3. 以下选项中，对［光能传递］的特点叙述不正确的是 ________。

   A. 可以自定义对象的光能传递解算质量

   B. 自发光对象不能够作为光源

   C. 光能传递解算的效果可以直接显示在视图中

   D. 不需要使用附加灯光来模拟环境光

参考答案

1. D　2. C　3. B

第 7 章
3ds Max 环境和效果

7.1 知识重点

使用环境特效可以增加三维场景的临场感，烘托气氛。本章将介绍如何使用 3ds Max 内置的一些环境特效，并且通过实例详细讲解体积光等特效的使用方法。

- 掌握 [环境] 选项卡的重要参数。
- 掌握 [效果] 选项卡的重要参数。

7.2 要点详解

7.2.1 环境简介

环境的概念比较宽泛，3ds Max 中有 [环境] 选项卡，用于制作各种背景、雾效、体积光和火焰，不过需要与其他功能配合使用才能发挥作用。如背景要和材质编辑器共同编辑，雾效和摄影机的范围相关，体积光和灯光的属性相连，火焰必须借助大气装置（辅助对象）才能产生。

对于背景的运用，一般更倾向于使用合成软件（除非遇到一些特殊的反射、折射材质需要背景配合），因为这样在最后编辑时会有更多的选择，不会为了更换一张背景图而对整个动画重新渲染。在早期 3ds Max 版本中，拥有的 Video Post [视频合成] 编辑器已趋于淘汰，内部的一些特效功能（如镜头效果、模糊）等也整合到了新的[效果]选项卡内，直接就可以在场景中制作。其实在[效果]选项卡里仅有几项功能有些用处，如镜头效果，其他的功能一般在合成软件中都有，而且用起来会更方便。[环境和效果] 窗口如图 7.001 所示。

与合成软件的结合使用是目前三维制作的趋势，软件商也在极力推动这一趋势。例如，Autodesk 公司专门为 3ds Max 量身定做了 Composite 合成软件，实现了三维与视频后期制作的有机结合。

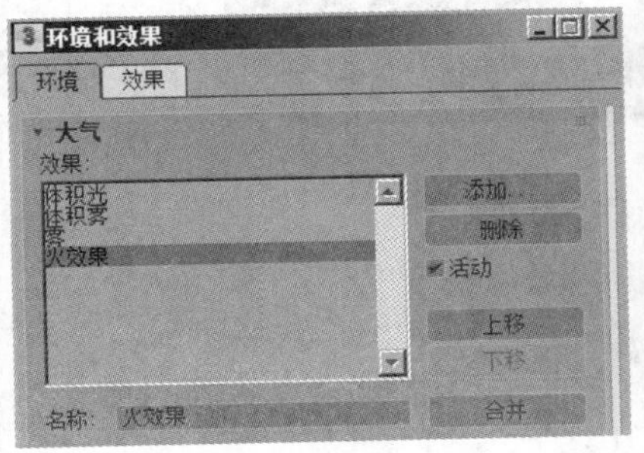

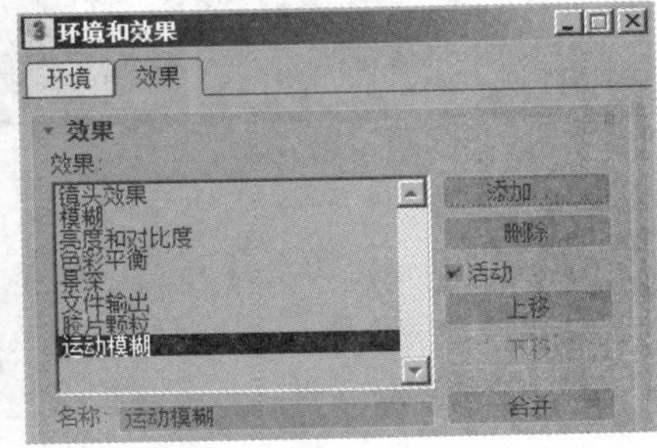

图 7.001

7.2.2 ［环境］选项卡的使用技巧及重要参数

1. ［环境］选项卡用于制作背景和大气效果。要访问该选项卡，可以使用以下两种方法。

①执行［渲染>环境］命令。

②按键盘上的 8 键。

2. 通过在［环境］选项卡中进行设置，可以完成如下效果。

● 制作静态或变化的单色背景。将图像或贴图作为背景。例如，使用［渐变］贴图制作渐变背景，使用［噪波］贴图制作星云背景，使用［烟雾］贴图制作蓝天白云背景等。

● 制作动态的环境光效果。使用各种大气模块制作特殊的大气效果，包括火效果、雾、体积雾及体积光，也可以引入第三方厂商开发的其他大气效果。

● 应用曝光控制渲染。

3. 环境中的大气效果包括［火效果］、［雾］、［体积雾］和［体积光］4 种基本类型，它们在使用时有各自的要求。

提示

虽然大气在渲染图像时能创建各种光效，但不影响光能传递。

（1）火效果

该选项要求指定给大气装置建立的 Gizmo 对象，在 Gizmo 内部进行燃烧处理，产生火焰、烟雾、爆炸及水雾等特殊效果，它通过 Gizmo 物体确定形态。如由一组大小不同的 Gizmo 物体组成的火焰，可以将它运用到其他场景中，在环境编辑器中［合并］即可。

［火效果］不能作为场景的光源，它不产生任何的投射光效。如果需要模拟燃烧产生的光效，必须创建配合使用的灯光，如图 7.002 所示。

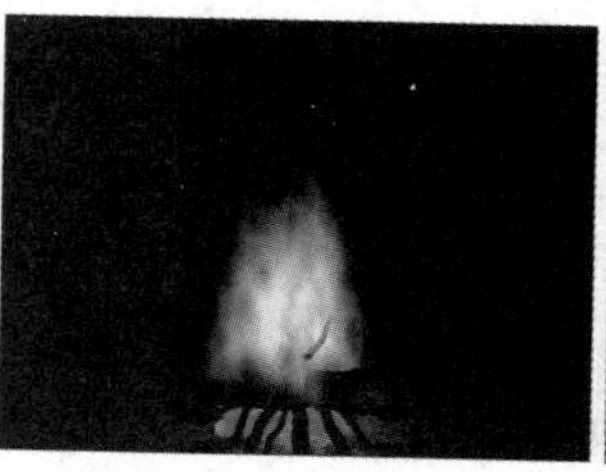
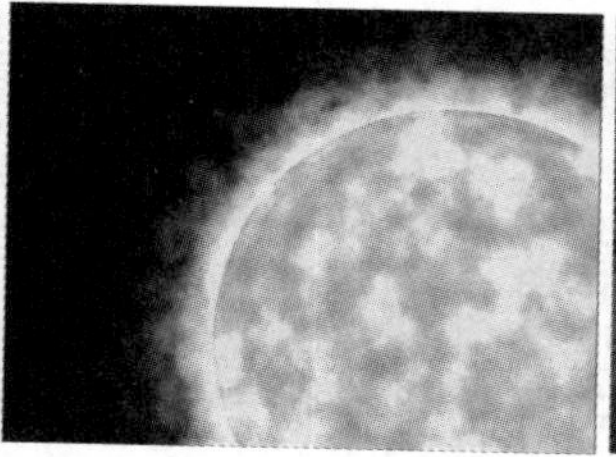

图 7.002

提示

同一场景中可以创建任意数量的［火效果］，它们在列表中排列的顺序特别重要，先创建的总是排列在上方，最先进行渲染计算。

（2）雾

该选项针对整个场景的空间进行设置。雾是营造气氛的有力手段。三维空间好像真空一般，洁净的空气中没有一粒尘埃，不管多么遥远，物体总是像在眼前一样清晰。这种现象与现实生活是完全不同的。为了表现出真实的效果，需要为场景增加一定的雾效，让三维空间中充满大气，如图 7.003 所示。

图 7.003

［雾］效果主要用来产生雾、层雾、烟雾、云雾及蒸汽等大气效果，可作用于全部场景，它分为［标准］雾和［分层］雾两种类型。［标准］雾好比现实世界中的大气层，它类似于常说的能见度，会根据摄影机的视景为画面增加层次深度。制作时可以自由地调整雾弥散的范围、雾气的颜色，还可以为它指定贴图来控制它的不透明度。而［分层］雾是雾效的另一种特殊效果，它与［标准］雾不同，［标准］雾作用于整个场景，而［分层］雾只作用于空间中的一层。对于深度与宽度，［分层］雾没有限制，雾的高度可以自由指定。例如，可以做一层白色云雾放置于天空来充当云，做一层云雾放置于水面来充当水雾，甚至可以为开水表面增加一层蒸发的热气。

（3）体积雾

该选项可以对整个场景空间进行设置，也可以作用于大气装置建立的Gizmo物体，制作云团效果。通过［体积雾］可以产生三维空间的云团，这是真实的云雾效果，它们在三维空间中以真实的体积存在，不仅可以飘动，还可以被穿透。［体积雾］有两种使用方法，一种是直接作用于整个场景，但要求场景内必须有物体存在；另一种是作用于大气装置 Gizmo 物体，在 Gizmo 物体限制的区域内产生云团，这是一种更易控制的方法，如图 7.004 所示。

图 7.004

（4）体积光

该选项作用于所有基本类型的灯光（天光和环境光除外），依靠灯光的照射范围决定光的体积。在 3ds Max 中，体积光提供了有形的光，不仅可以投射出光束，还可以投射彩色图像。将它应用于泛光灯，可以制作出圆形光晕、光斑；应用于聚光灯和平行光，可以制作出光芒、光束及光线等，如图 7.005 所示。

图 7.005

4. ［大气］效果在制作时有着相同的指定步骤，如图 7.006 所示。

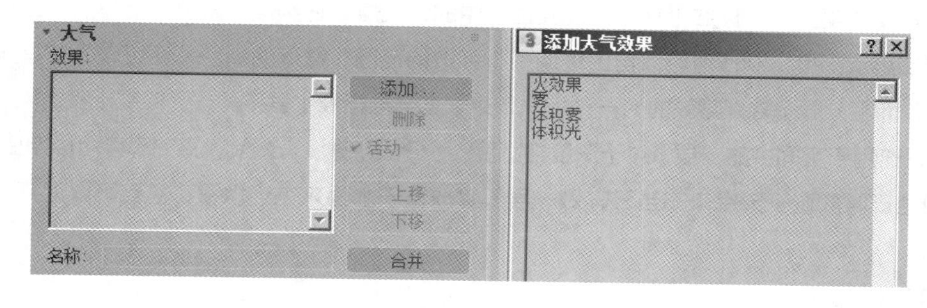

图 7.006

5. ［大气］卷展栏中的重要参数讲解。

删除：将当前［效果］选择列表中选择的大气效果删除。

活动：勾选此选项时，列表中选择的大气效果有效；取消勾选，可以使该大气效果失效，但设置参数仍保留。

上移 / 下移：对左侧列表中选择的大气效果的顺序进行上下移动，这样能决定渲染计算的先后顺序，最上方的先进行计算。

合并：单击该按钮，弹出［文件选择］对话框，允许从其他场景文件（3ds Max）中合并入大气效果设置，这会将所属 Gizmo 物体和［灯光］一同进行合并。

提示

在调入某些旧版本文件时，会提示大气效果无法调入，这时可以将原场景中的大气效果重新合并。

7.2.3 [效果]选项卡的使用技巧及重要参数

1. [效果]选项卡用于制作各种特殊的后期效果。执行[渲染 > 效果]命令，打开该选项卡，如图 7.007 所示。

2. 使用[效果]选项卡可以执行以下操作。

- 指定渲染效果插件。
- 调整并交互预览效果。

3. [效果]选项卡中重要参数讲解。

交互：勾选该选项，可以在渲染窗口中实时预览到更改参数后的效果。

显示原状态 / 显示效果：单击[显示原状态]按钮后，仅显示没有使用效果前的效果；单击[显示效果]按钮后，显示最终的效果。

更新场景：场景出现变动后，通过单击此按钮可以同时手动进行效果和场景的预览更新。

更新效果：当没有勾选[交互]选项时，调节效果参数后需要通过单击此按钮手动进行效果的预览更新。

其他参数与[环境]选项卡中的相应参数意义相同，这里不作过多讲解。

4. [效果]选项卡中包括[毛发和毛皮]、[镜头效果]、[模糊]、[亮度和对比度]、[色彩平衡]、[景深]、[文件输出]、[胶片颗粒]、[照明分析图像叠加]和[运动模糊]等 10 种基本类型。

毛发和毛皮：在完成毛发的创建和调整之后，为了在渲染输出时能够得到更好的效果，可以通过[毛发和毛皮]对毛发的渲染输出参数进行设置。该卷展栏提供了毛发的渲染选项、运动模糊、阴影及封闭等参数的设置项，为最终的渲染结果提供了更多的修饰效果，如图 7.008 所示。

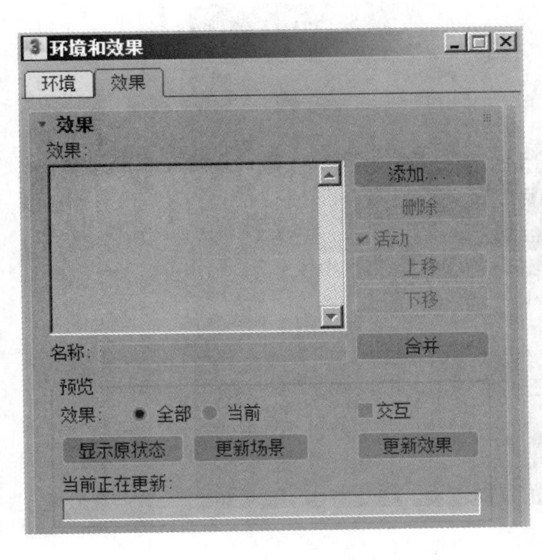

图 7.007

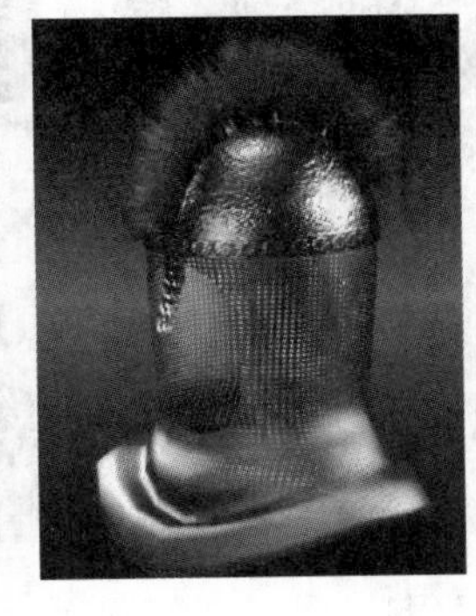

图 7.008

镜头效果：专用于制作各种光芒、镜头光斑及发光发热效果的模块，可以针对灯光和场景中的物体产生作用，如图 7.009 所示。

其实［效果］选项卡中的大部分效果都可以直接在合成软件（如 After Effects、Composite 等）中实现。但是对于［镜头效果］而言，在三维软件中制作还是有一定意义的，例如它的针对性强，可以作用于灯光、物体、次物体及材质上，能产生深度上的遮挡影响，这一点只能在支持 3ds Max Z-Buffer 通道文件的合成软件中才能实现。还有一点需要注意，尽管每款三维软件、合成软件几乎都可以产生光学效果，但各自的效果是不同的。

模糊：通过提供 3 种不同的方法对图像进行模糊处理，可以针对整个场景、去除背景的场景或场景元素进行模糊处理，常用于创建梦幻或摄影机移动拍摄的效果，如图 7.010 所示。

图 7.009

图 7.010

亮度和对比度：调整图像的亮度和对比度，可以用于将渲染场景对象与背景图像或动画进行匹配，如图 7.011 所示。

色彩平衡：通过在相邻像素之间填补过渡色，消除色彩之间强烈的反差，可以使物体更好地匹配到背景图像或背景动画上，如图 7.012 所示。

图 7.011

图 7.012

景深：模拟通过摄影机镜头观看时，前景和背景场景元素出现的自然模糊效果。它的原理是根据离摄影机的远近距离分层进行不同的模糊处理，最后合成为一张图片。它限定了物体的聚焦范围，位于摄影机的焦点平面上的物体会很清晰，远离摄影机焦点平面的物体会变得模糊不清，如图 7.013 所示。

图 7.013

提示

这里的［景深］和摄影机参数中［多过程效果］提供的景深设置不同，这里完全是依靠 Z 通道的数据对最终的渲染图像进行景深处理，所以速度很快。而后者是完全依靠实物进行景深计算的，计算时间会增加数倍。

文件输出：通过它可以输出各种格式的图像项目。在应用其他效果前，将当前中间时段的渲染效果以指定的文件进行输出（类似于渲染中途的一个［快照］），这个功能和直接渲染输出的文件输出功能是相同的，支持相同类型的文件格式。

胶片颗粒：为渲染图像加入很多杂色的噪波点，模拟胶片颗粒的效果，也可以模拟色彩输出到监视器上产生的带状条纹，如图 7.014 所示。

图 7.014

照明分析图像叠加：图像叠加是一种渲染效果，它用于在渲染场景时计算和显示照明级别。图像叠加的度量值会叠加显示在渲染场景之上。

运动模糊：对场景进行［图像］方式的运动模糊处理，增强渲染效果的真实感，模拟照相机快门打开过程中拍摄物体出现相对运动时所拍摄到的模糊效果，多用于表现速度感。还有一种情况，如果快门开启过程中照相机发生了运动，则会导致整个画面都产生模糊效果。同样，如果灯光发生运动，则会导致投影也发生模糊效果，如图 7.015 所示。

图 7.015

提示

这里的［运动模糊］和摄影机里提供的［多过程效果］运动模糊处理是不同的，这里单纯是对图像进行运动模糊处理，而摄影机提供的是对物体进行真正的运动模糊处理，后者需要增加成倍的计算时间。

7.3 应用案例——璀璨星空

范例分析

在本案例中，将学习制作一个璀璨星空的效果，有光晕、星星和条纹效果，如图 7.016 所示。其中涉及的知识点有 3ds Max 中的效果面板与图像后期处理的特效方法。

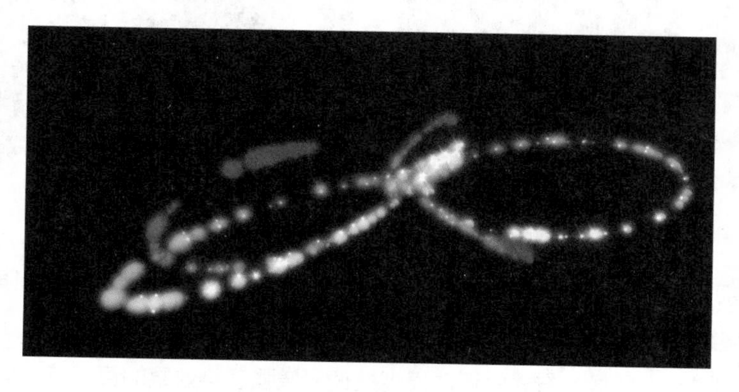

图 7.016

场景分析

打开配套学习资源中的“场景文件 \ 第 7 章 \video_start.max”文件，场景中已经创建完成了一些小球模型，摄影机也已架设好。对当前效果进行默认渲染，可以看到渲染效果，如图 7.017 所示。

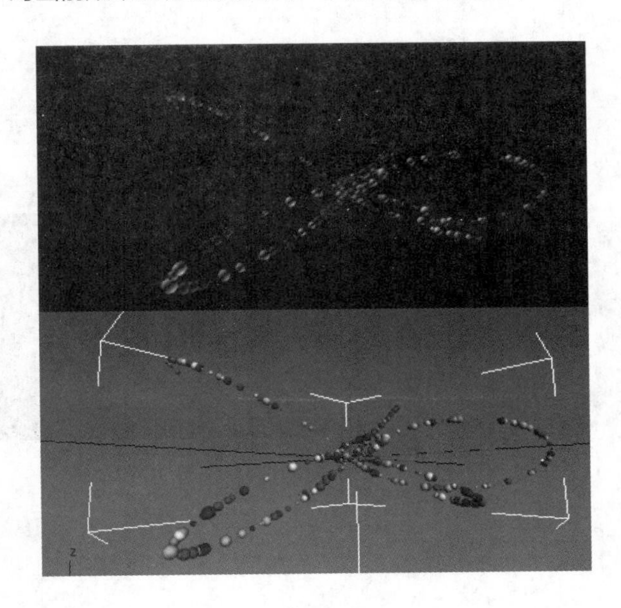

图 7.017

制作步骤

1. 为小球添加效果

步骤 01: 选择场景中的小球，单击鼠标右键，打开 [对象属性] 对话框，在 [常规] 选项卡中设置 [对象 ID] 为 1。打开 [环境和效果] 窗口，在 [效果] 选项卡中单击 [添加] 按钮，添加一个 [镜头效果]。在 [镜头效果参数] 卷展栏中将左栏中的 [光晕] 添加到右栏中，同时勾选 [光晕元素] 卷展栏下 [选项] 选项卡中的 [对象 ID] 选项。选择摄影机视图，并勾选 [效果] 卷展栏中的 [交互] 选项。此时小球出现了发光效果，如图 7.018 所示。

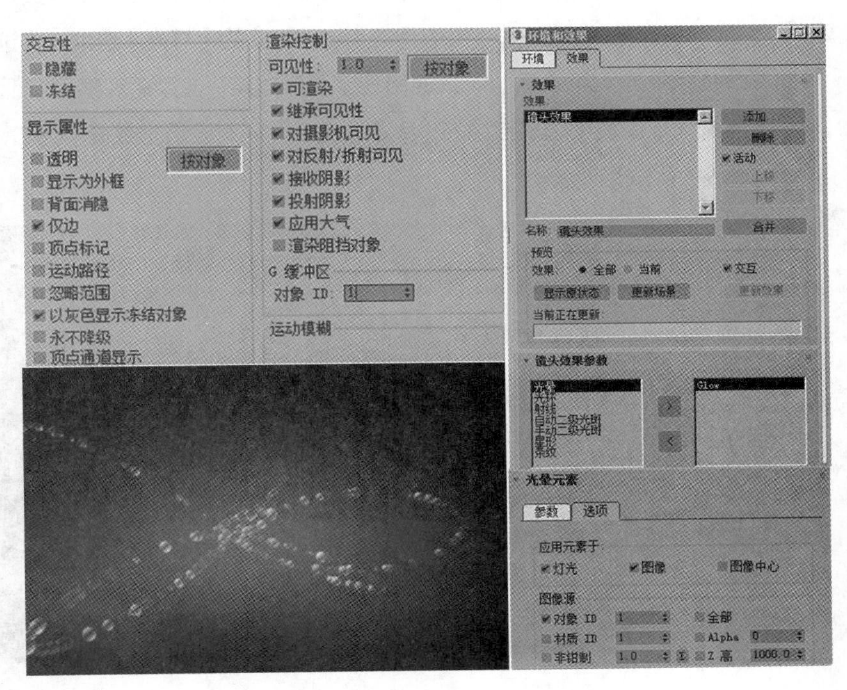

图 7.018

提示

①默认3ds Max中的所有物体在创建完成之后，[对象ID]都为0，设置为1后，会使其与其他对象有所不同。[效果] 面板中当前 [对象 ID] 为 1，将其进行发光处理，使其与默认 [对象 ID] 为 0 的对象产生区别。
②如果 [环境和效果] 窗口中没有 [光晕元素] 卷展栏，是因为没有单击添加的选项 [Glow]。

步骤 02： 此时光晕较大，所以打开 [光晕元素] 卷展栏，设置 [参数] 选项卡中的 [大小] 为 0.1，[强度] 为 110，[使用源色] 为 100，如图 7.019 所示。

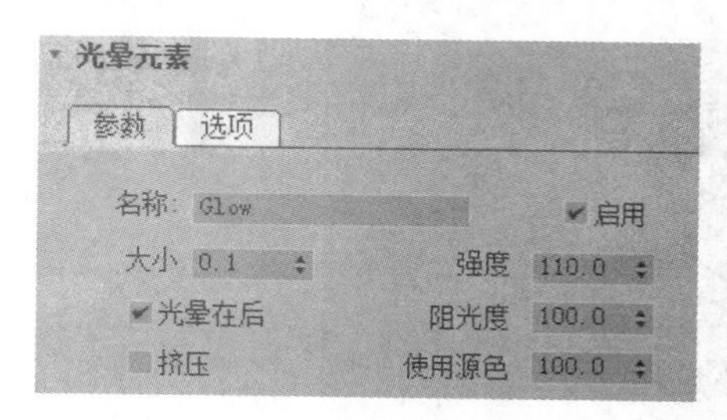

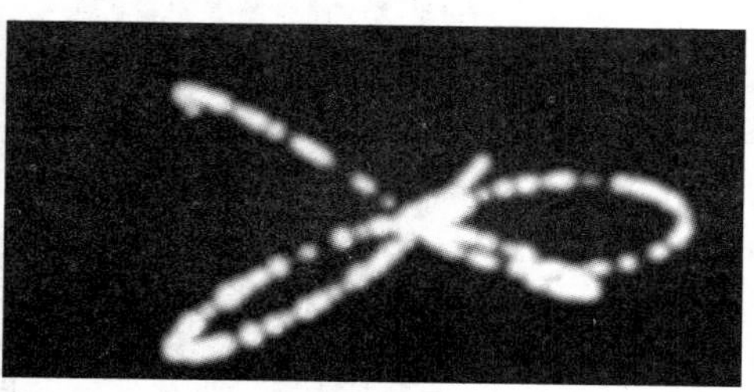

图 7.019

提示

如果不设置 [使用源色]，那么所有物体的发光颜色都是白色的，设置 [使用源色] 为 100，此时发光颜色就是物体本身的颜色。

步骤 03： 在 [环境和效果] 窗口下的 [效果] 选项卡中展开 [镜头效果参数] 卷展栏，将左栏中的 [星形] 添加到右栏中。取消勾选 [星形元素] 卷展栏下的 [灯光] 选项，勾选 [图像中心] 选项，同时勾选 [图像源] 参数组中的 [对象 ID]，此时出现了星形效果。渲染后观察可发现星形过大，因此需要设置 [星形元素] 卷展栏下 [参数] 选项卡中的 [大小] 为 2，同时设置 [数量] 为 6，[强度] 为 60，[使用源色] 为 100，如图 7.020 所示。

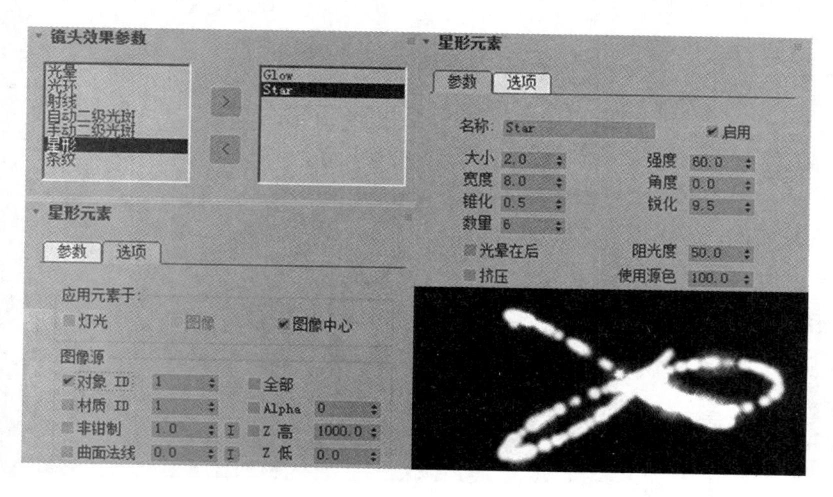

图 7.020

提示

［数量］是小球发出星形光的数量，［数量］设置为多少，每个小球就发出多少个星形的光。

步骤 04： 在［镜头效果参数］中再添加一个［射线］，并取消勾选［射线元素］卷展栏中［选项］选项卡下的［灯光］选项，勾选［图像中心］选项和［图像源］参数组下的［对象 ID］选项。设置［射线元素］卷展栏中［参数］选项卡下的［大小］为 2，［数量］为 30，［强度］为 10，如图 7.021 所示。

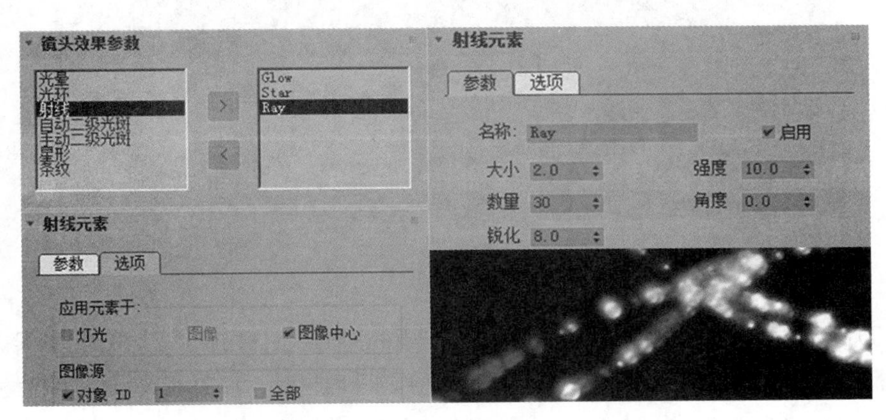

图 7.021

步骤 05： 进入［创建］中的灯光面板，选择［标准］选项，单击［对象类型］卷展栏下的［泛光］按钮，创建一盏泛光灯并调整其位置。同时取消勾选［环境和效果］窗口中［效果］选项卡下的［交互］选项，如图 7.022 所示。

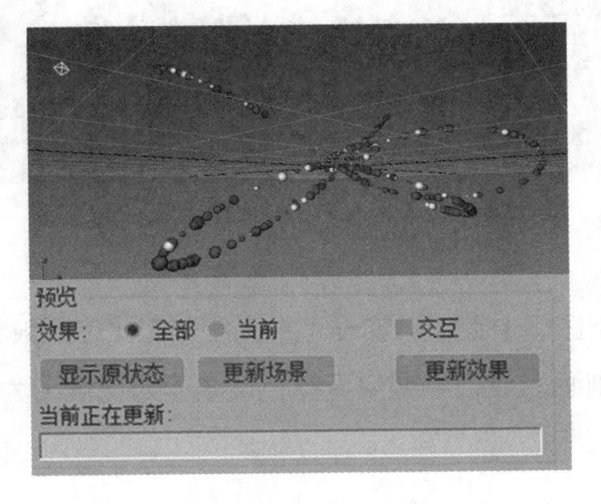

图 7.022

步骤 06： 打开［环境和效果］窗口，在［镜头效果参数］卷展栏下为其添加一个［自动二级光斑］。在［镜头效果全局］卷展栏中单击［拾取灯光］按钮，拾取灯光［Omni001］，并勾选［交互］选项。此时场景中出现了一个光斑，因为光斑比较小，所以打开［自动二级光斑元素］卷展栏，设置［参数］选项卡中的［最小］为 25，［最大］为 100，［强度］为 30，［使用源色］为 20，如图 7.023 所示，进入［修改］面板，将［强

度 / 颜色 / 衰减] 卷展栏下的颜色设置为橙色。

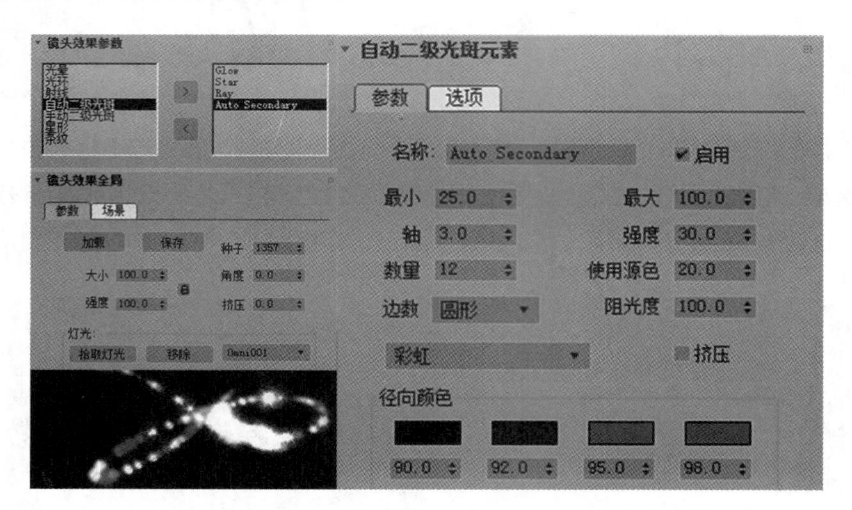

图 7.023

步骤 07: 打开[环境和效果]窗口，在[效果]选项卡下的[效果]中添加一个[模糊]效果。如果选择[均匀型] 模糊，则设置 [模糊参数] 卷展栏下 [模糊类型] 中的 [均匀型] 为 2；若勾选 [模糊类型] 中的 [方向型]，则设置 [U 向像素半径] 为 10，[V 向像素半径] 为 0，场景中出现了横向的模糊效果，而设置 [V 向像素半径] 为 20，[U 向像素半径] 为 0，场景中将出现竖向的模糊效果；如果选择 [径向型]，那么场景中将出现从内向外的模糊效果，如图 7.024 所示。

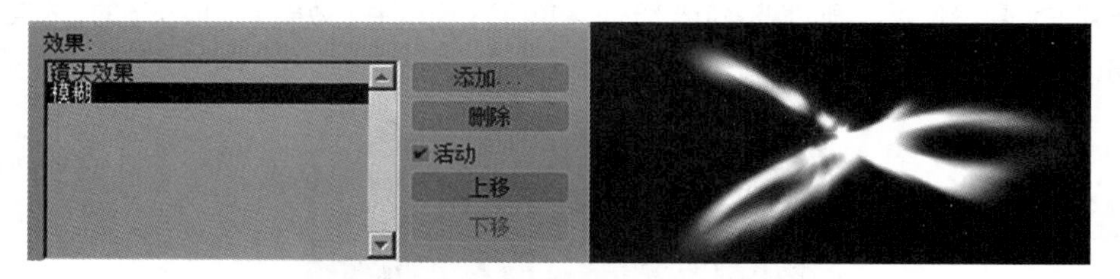

图 7.024

步骤 08: 在 [环境和效果] 窗口中继续添加一个 [亮度和对比度] 效果，设置 [亮度和对比度参数] 卷展栏中的 [亮度] 为 0.75，则画面效果将变得更亮；设置 [对比度] 为 0.75，则对比度变得更强，如图 7.025 所示。

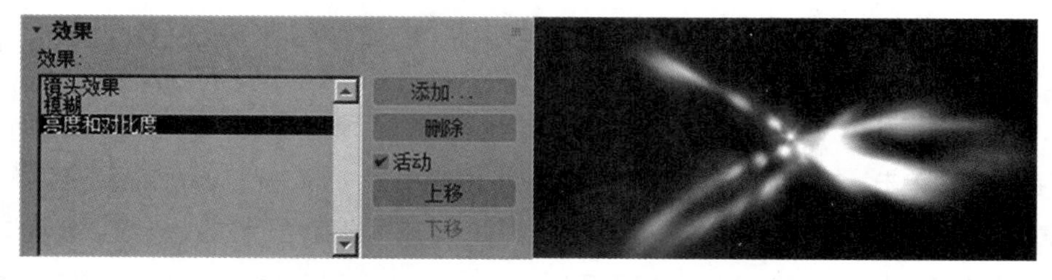

图 7.025

步骤 09: 继续在[环境和效果]窗口中添加一个[色彩平衡]效果。[色彩平衡]可对画面起到校色的作用，能够对场景中的画面进行校色处理，如图 7.026 所示。设置[色彩平衡参数]卷展栏中[青 – 红]为 18，[洋红 – 绿]为 0，[黄 – 蓝]为 –18，场景中将出现暖色效果；而设置[青 – 红]为 –32，[洋红 – 绿]为 0，[黄 – 蓝]为 31, 则场景中将出现冷色效果。

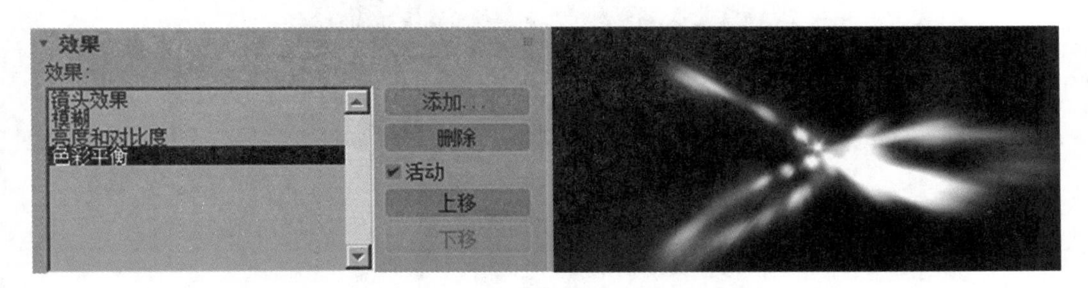

图 7.026

步骤 10: 继续在[环境和效果]窗口中添加一个[胶片颗粒]效果，使画面产生胶片效果。设置[胶片颗粒参数]卷展栏中的[颗粒]为 0.3，此时场景中出现了颗粒效果，如图 7.027 所示。

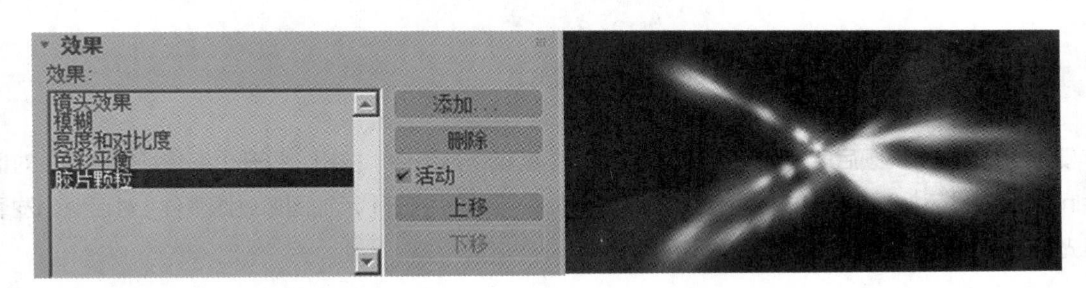

图 7.027

2. 后期合成器

步骤 01: 打开[环境和效果]窗口，取消勾选[效果]选项卡中的[交互]选项，然后依次删除之前所添加的各种效果。

下面将使用后期合成器来制作星空效果。打开[渲染]菜单，执行[工具(渲染设置)]中的[视频后期处理]命令，打开[视频后期处理]窗口。

提示

[视频后期处理]窗口就是后期合成器，在使用后期合成器之前首先要定好视角，这里使用摄影机视图。

步骤 02: 打开[材质编辑器]窗口，设置材质 ID 为 1。在物体上单击鼠标右键，打开[对象属性]对话框，选择[常规]选项卡，设置[对象 ID]为 0，此时它的物体 ID 与其他相同，但材质 ID 不同，如图 7.028 所示。

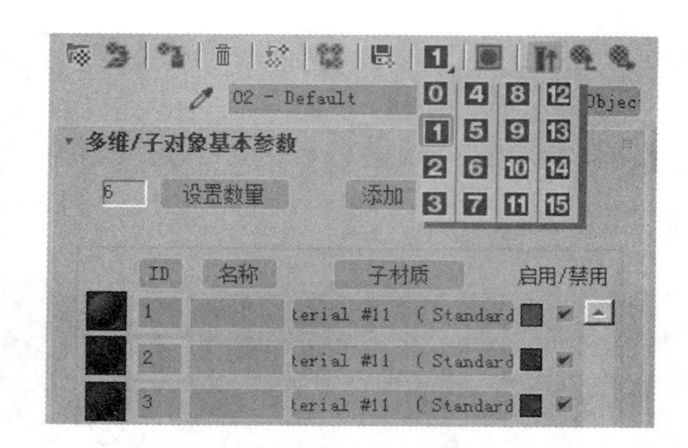

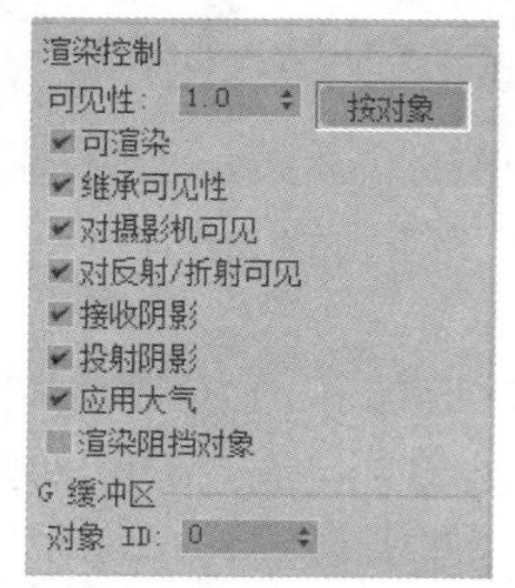

图 7.028

步骤 03： 单击［视频后期处理］窗口上方的［编辑场景事件］按钮，打开［编辑场景事件］对话框，将［Camera001］添加进来。单击［添加图像过滤事件］按钮，打开［添加图像过滤事件］对话框，选择［镜头效果光晕］，将其添加进来，如图 7.029 所示。

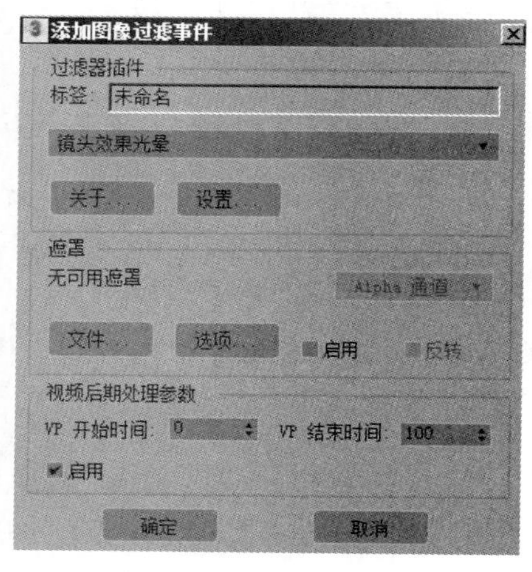

图 7.029

图 7.029（续）

步骤 04：双击添加的［镜头效果光晕］，打开［编辑过滤事件］对话框，单击［设置］按钮，此时出现一个［镜头效果光晕］对话框。取消勾选［属性］选项卡中的［对象 ID］，勾选［效果 ID］，确认［效果 ID］为 1，单击［预览］和［VP 队列］按钮，此时出现了发光效果，如图 7.030 所示。

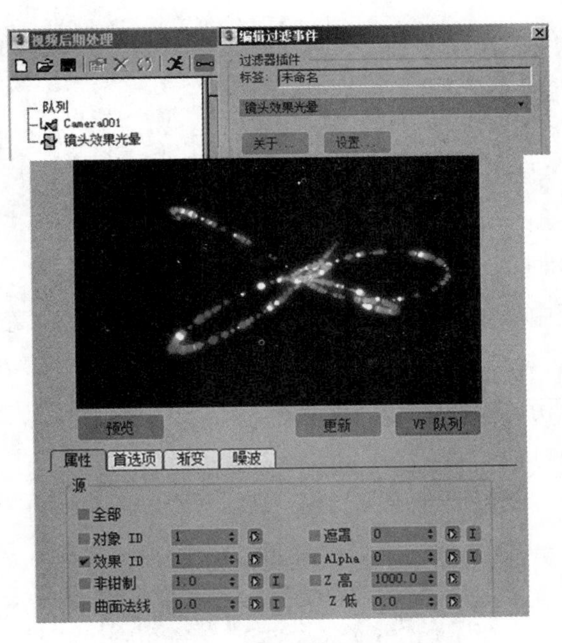

图 7.030

提示

添加［镜头效果光晕］前不要先单击［Camera001］，否则后添加的［镜头效果光晕］会出现在［Camera001］上方，在渲染时会出现问题。如果在添加［镜头效果光晕］前选中了［Camera001］，则可单击空白处取消选定。

步骤 05：切换到［首选项］选项卡，设置［效果］中的［大小］为 3，选择颜色中的［像素］选项，并设置［强度］为 50。为了使发光强度更强，可以打开［材质编辑器］，设置每个材质的［自发光］颜色为 100，此时出现了更亮的发光效果，如图 7.031 所示。

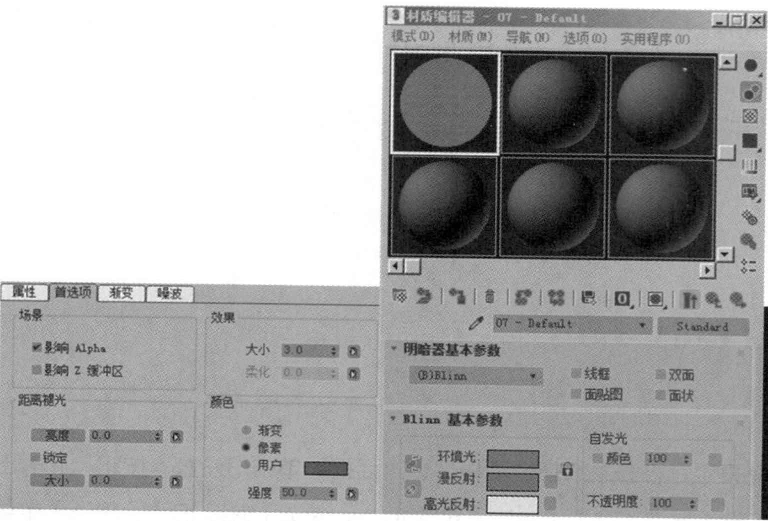

图 7.031

提示

①［效果］中的［大小］值越小，发光效果越明显。

②如果［颜色］属性为［渐变］，并将渐变中的颜色调节成红色，此时发光颜色为白色到红色；如果选择［像素］选项，则小球发光颜色与原来颜色相同；如果选择［用户］，则选定颜色后，场景中的小球将整体发光。

步骤 06：再次打开［添加图像过滤事件］对话框，选择［镜头效果高光］，将其添加进来。双击［镜头效果高光］并在打开的对话框中单击［设置］按钮，此时出现一个［镜头效果高光］对话框。取消勾选［属性］选项卡中的［对象 ID］选项，勾选［效果 ID］，然后依次单击［预览］和［VP 队列］按钮，此时出现了十字星高光效果，如图 7.032 所示。

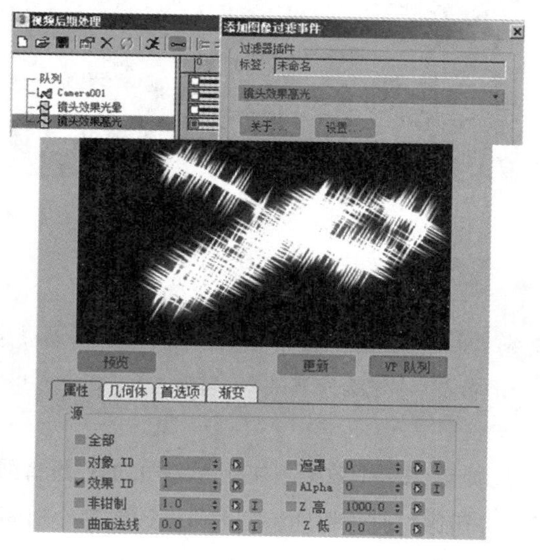

图 7.032

步骤 07： 选择［几何体］选项卡，设置［效果］参数组中的［角度］为 30。设置［首选项］选项卡中［效果］参数组中的［大小］为 4，选择［像素］选项，并设置［强度］为 30，如图 7.033 所示。

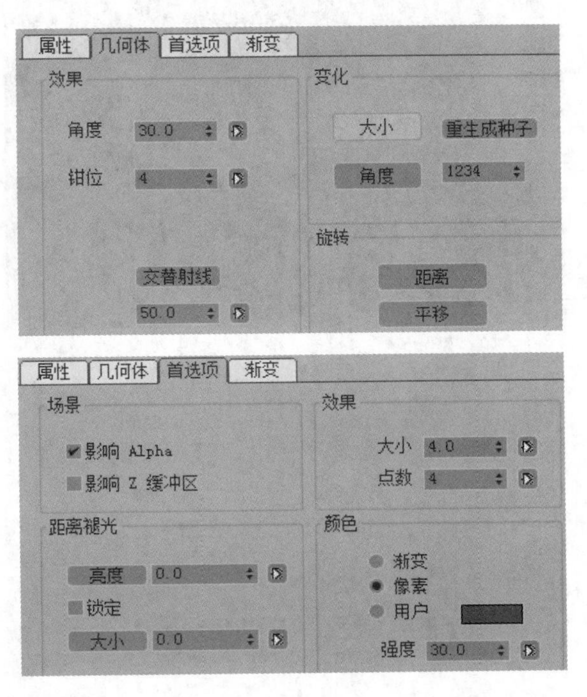

图 7.033

步骤 08： 打开［添加图像过滤事件］对话框，将［镜头效果光斑］添加进来。双击［镜头效果光斑］并在打开的对话框中单击［设置］按钮，如图 7.034 所示。

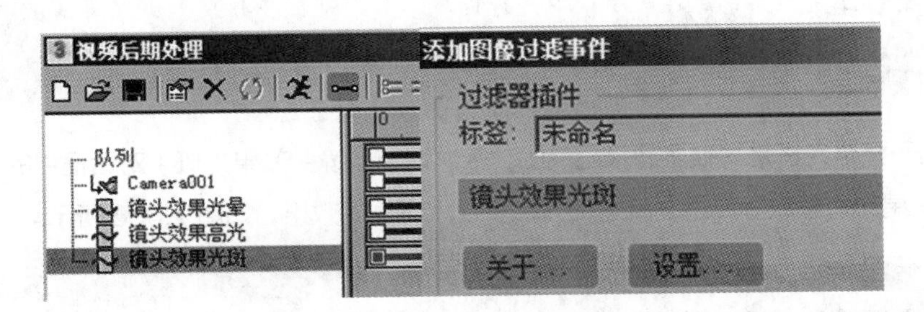

图 7.034

提示

因为［镜头效果光斑］对话框的操作可能会使计算机出现问题，所以先选择［场景］进行暂存。

步骤 09： 进入［镜头效果光斑］对话框，单击［镜头光斑属性］参数组中的［节点源］按钮，拾取节点源［Omni001］，单击［预览］和［VP 队列］按钮，此时出现了光斑效果。设置［镜头光斑属性］参数组中的［大小］为 45，［挤压］为 0，如图 7.035 所示。

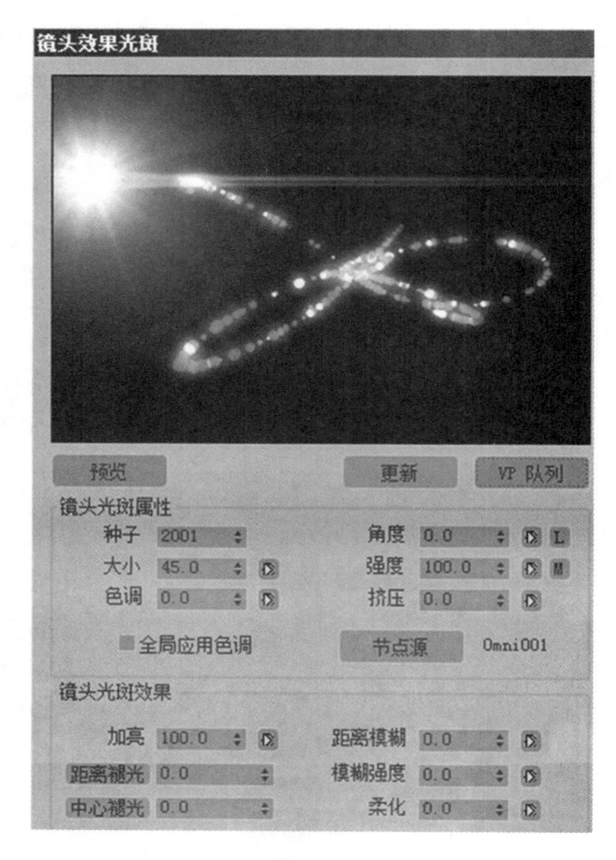

图 7.035

提示

如果对当前灯光的位置不满意，可在场景中进行调整。如果［镜头效果光斑］对话框中的效果不能实时更新，则单击其中的［更新］按钮即可。

步骤 10：由于整个光斑是由很多元素组成的，依次调节［镜头效果光斑］对话框中的光晕、光环、手动二级光斑、射线、星形、条纹等属性，就可使光斑呈现出不同的效果，如图 7.036 所示。

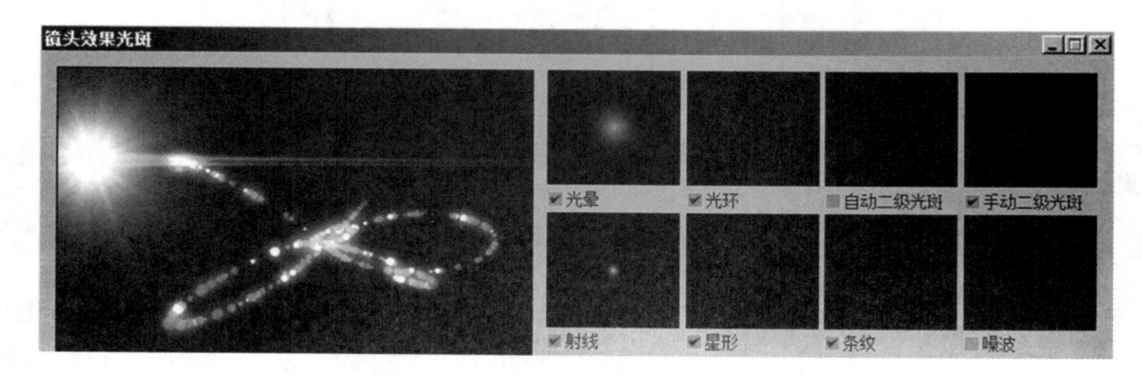

图 7.036

步骤 11： 回到［视频后期处理］窗口，单击［添加图像输出事件］按钮，打开［添加图像输出事件］对话框，单击［文件］按钮，选择需要渲染的文件位置并命名，此处我们使用 TGA 文件格式进行渲染，效果如图 7.037 所示。

图 7.037

提示

如果需要渲染［视频后期处理］效果，则再次回到［视频后期处理］窗口，单击回到［执行序列］按钮，在弹出的［执行视频后期处理］中，设置渲染的范围为 0~100，设置［单个］为 1，此处我们渲染第 1 帧进行测试，完成整个光效的制作。

关于本案例的具体视频讲解，请参见本书配套学习资源“视频文件 \ 第 7 章”文件夹中的视频。

7.4 本章小结

本章详细讲解了在场景中添加特效，以及各种特效的使用方法。在实际制作中，好的特效无疑是整个场景的点睛之笔。熟练掌握特效的使用方法可以制作出具有真实气氛的场景。

7.5 参考习题

1. 以下操作不可以在［环境］面板中完成的是 ________ 。

   A. 设置背景颜色

   B. 设置背景动画

   C. 为场景添加镜头效果

   D. 为场景添加大气效果

2. 观察图 7.038，场景中添加了 ________ 效果。

A. 雾

B. 景深

C. 体积雾

D. 体积光

图 7.038

3. 以下有关效果和 Video Post 的说法，正确的是 ________ 。

A. 效果面板中的交互实时预览只对当前所选效果有效

B. 3ds max 中为物体添加景深效果，只能通过效果面板完成

C. 3ds max 中为物体添加运动模糊效果，只能通过效果面板完成

D. 使用 Video Post 面板为场景添加的效果必须在 Video Post 面板中渲染输出

参考答案

1. C　2. D　3. D

第 8 章 3ds Max 基础动画技术

8.1 知识重点

本章介绍了如何在 3ds Max 中为对象制作动画。其中包括为对象设置基本动画的流程，设置基本动画的各项重要参数，使用修改器为物体设置动画，使用轨迹视图和摄影表为对象设置高级动画，以及使用各种控制器和约束为物体设置动画。

- 熟练掌握基础动画的原理及动画控制区各面板的作用。
- 了解使用各种修改器设置动画的方法。
- 熟练掌握使用 [轨迹视图] 和 [摄影表] 编辑动画的方法。
- 熟练掌握常用动画控制器和动画约束的使用方法。

8.2 要点详解

8.2.1 基础动画

1. 基础动画的原理和概念

动画制作是三维软件中最难掌握的部分，因为在制作过程中又加入了一个时间维度。在 3ds Max 中几乎可以对任何对象或参数进行动画设置。3ds Max 给使用者提供了众多的动画解决方案，并且提供了大量实用的工具来编辑这些动画。例如，制作各种游戏角色动画和场景动画，制作栏目包装、影视广告、电影和电视剧特效，用于教学的演示制作动画，演示交通事故的模拟制作动画等。

2. 动画预览

为了快速测试动画效果，可以在渲染成品之前对动画效果进行预览。执行 [工具 > 预览 – 抓取视口 > 创建预览动画] 命令，弹出图 8.001 所示的对话框。这种动画预览效果来源于当前视图中的显示情况，可以方便地对渲染设置进行简化，如过滤渲染对象、降低渲染级别和缩小图像等，因此生成速度非常快。生成的 AVI 文件对整体动作的调节非常有用。一般在造型和指定材质时，使用产品级别的渲染来调试，而在动画制作时，首先通过预览来调试，基本满意后才使用小尺寸彩色动画调试。例如，制作一段建筑室外的摄影机巡游动画后，如果及时进行动画预览，则可以避免出现摄影机在飞行过程中穿透建筑的现象。

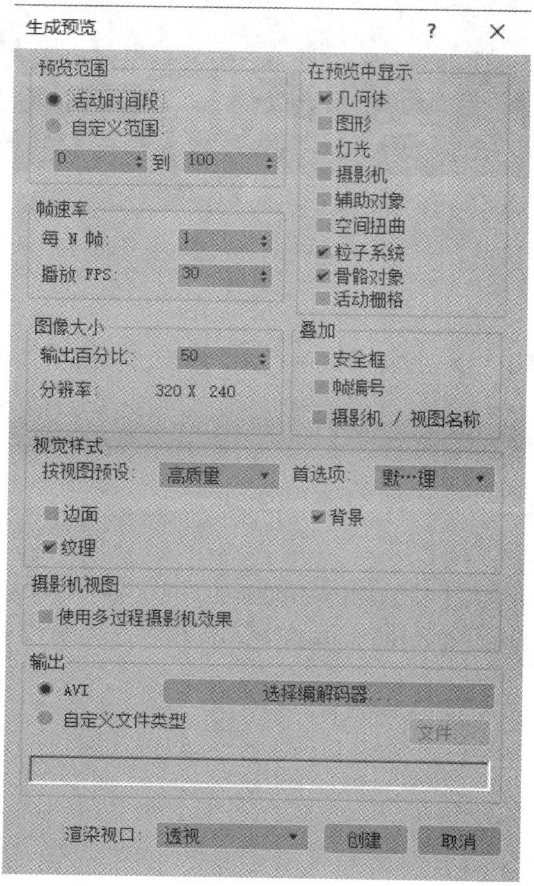

图 8.001

对于已完成的预览动画，它会自动保存在 3ds Max 安装目录下的［预览］文件夹中，默认名称为 _scene.avi，每进行一次预览都会自动覆盖旧的预览动画文件。如果想再次观看它，可以使用［工具 > 预览 - 抓取视口 > 播放预览动画］命令。如果想将它永久保留，可以执行［工具 > 预览 - 抓取视口 > 预览动画另存为］命令，将 _scene.avi 改为其他名称，这样它就不会被下一次的动画预览文件覆盖了。

8.2.2 动画控制区

1. 关键点模式

当［关键点模式切换］按钮处于激活状态时，时间控制按钮中的［上一帧］/［下一帧］按钮将变为［上一关键点］/［下一关键点］。连同时间滑块两侧的箭头按钮的含义都发生了改变，由逐帧的移动变为了关键帧之间的移动，这有助于对关键帧进行修改。

2. [时间配置] 对话框

按下 [时间配置] 按钮，可以打开 [时间配置] 对话框，也可以通过在时间控制按钮上单击鼠标右键将其调出。[时间配置] 对话框用于设置 [帧速率]、[时间显示]、[播放]、[动画] 和 [关键点步幅]，如图 8.002 所示。

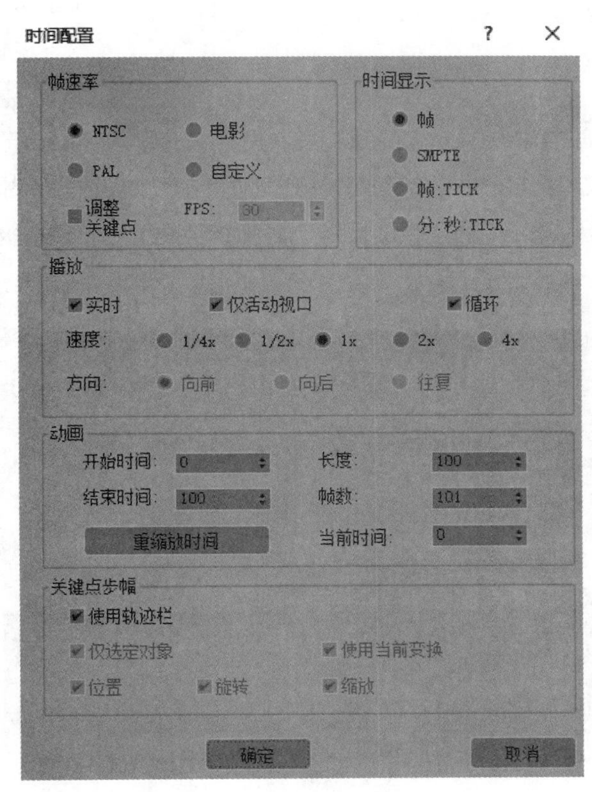

图 8.002

3. 帧速率

该选项用于设置播放动画时使用哪种速率计时方式。只要开启 [实时] 控制，系统会根据帧速率来播放动画。如果达不到连续播放的要求，则会在保证时间的前提下减帧播放，但会有跳格的感觉。

- NTSC：NTSC 制式也被称为“国家电视标准委员会”制式，是北美、大部分中南美国家、日本和部分其他地区所使用的电视标准的名称，帧速率为每秒 30 帧。
- PAL：PAL 制式也被称为“相位交替线”制式，是大部分欧洲国家使用的视频标准，中国和新加坡等国家也使用这种制式。PAL 制式的帧速率为每秒 25 帧。
- 电影：是电影胶片的计数标准，它的帧速率为每秒 24 帧。
- 自定义：选中此选项，可以在其下的 FPS 输入框中输入自定义的帧速率，它的单位为“帧 / 秒”。例如，在计算机上播放动画，帧速率最低可以设置为每秒 12 帧。自定义制式可以由用户自己定义帧速率，以适应一些特殊场合的播放需求。

4. ［重缩放时间］按钮

对目前的动画区段进行时间缩放，以加快或减慢动画的节奏，这会同时改变所有的关键帧设置。例如，原动画为一个皮球在第 50 帧内弹跳了一次，经过重缩放，将时间变为第 100 帧，则皮球会在第 100 帧内弹跳一次，因此它的运动变得缓慢了。单击此按钮，会弹出［重缩放时间］对话框，通过［长度］值可以设置新的动画长度，如图 8.003 所示。

5. ［层次］面板

［层次］面板主要用于调节相互链接对象之间的层次关系，如图 8.004 所示。通过链接的方式，可以在对象之间建立父子关系，如果对父对象进行变换操作，则同时也会影响到它的子对象。父子关系并非单纯的，许多子对象可以分别链接到相同或不同的父对象上，建立各种复杂的复合父子链接。

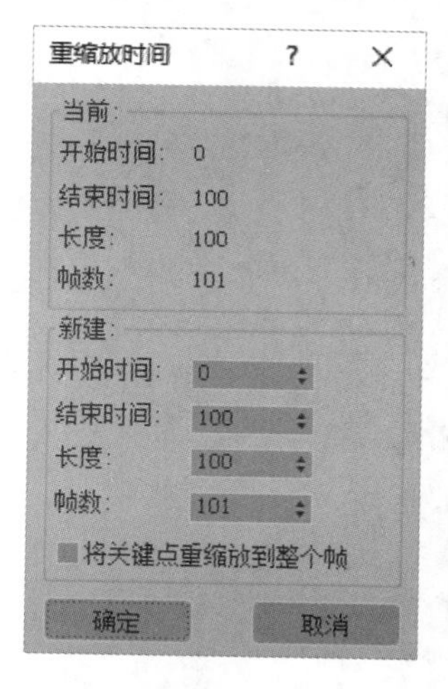

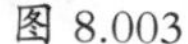

图 8.003

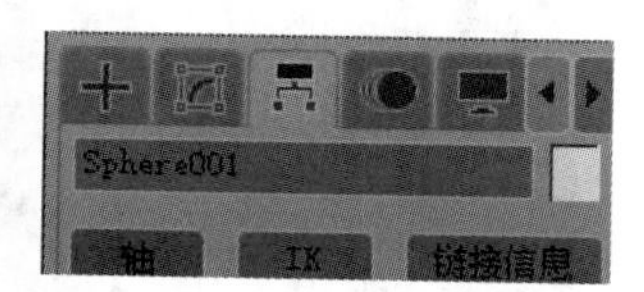

图 8.004

6. ［轴］面板

在 3ds Max 中所有对象都有一个轴心点，可以把它想象为一个对象自身的中心和自身的坐标系统，它主要用于旋转和缩放变换依据的中心点。在旋转时围绕它进行角度变换，缩放时相对于它放大或缩小；可以随时通过调节轴心点命令变换轴心点的位置与方向，它的调节不会对任何与之相连的子对象产生影响。

> **提示**
>
> 轴心点的调节不能记录为动画，在某一帧对轴心点的调节会影响到整段动画，因此在对有动画设定的对象调节轴心点时一定要格外小心，可能会产生意想不到的效果。

［轴］面板中的常用命令如下。

- 仅影响轴：仅对当前选择对象的轴心点产生变换影响，这时使用［移动］和［旋转］工具可以调节轴心点的位置和方向。

提示
缩放操作不会对轴心点相对于对象的位置产生影响。

● 仅影响对象：仅对当前选择的对象产生变换影响，其轴心点保持不变，这时使用 [移动] 和 [旋转] 工具可以调节对象的位置和方向。

● 居中到对象：移动轴到对象的中心处。

7. [链接信息] 选项卡

[链接信息] 选项卡中的项目用于控制对象移动、旋转、缩放时在 3 个轴向上的锁定和继承情况。

[继承] 用于设置当前选择对象对于其父对象各项变换的继承情况。默认为全部开启状态，即父对象的任何变换都会影响其子对象；如果关闭了某项，则相应的变换不会向下传递给其子对象。例如，关闭 [移动] 参数组下的 [X] 选项，则此对象的父对象在 x 轴向上移动时，将不会影响其子对象，这样就提供了更有力的父子继承关系的控制能力。

8. [运动] 面板

[运动] 面板如图 8.005 所示。

[运动] 面板提供了对选择对象的运动控制能力，可以控制它的运动轨迹，以及为它指定各种动画控制器，并且对各个关键帧的信息进行编辑操作。它主要配合 [轨迹视图] 共同完成动作的控制，分为 [参数] 和 [运动路径] 两部分。下面就来介绍 [运动路径] 部分，如图 8.006 所示。

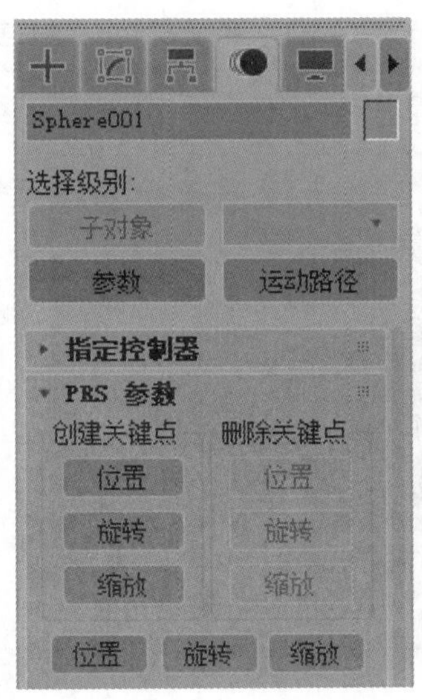

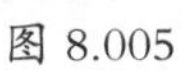
图 8.005

图 8.006

进入 [运动路径] 面板，可以在视图中显示出对象的运动轨迹。运动轨迹以红色曲线表示，曲线上白色方框点代表一个关键帧，小白点代表过渡帧的位置点。在 [运动路径] 面板中可以对轨迹进行自由控制，可以使用变换工具在视图中对关键帧进行移动、旋转和缩放，从而改变运动轨迹的形状，还可以使用任意曲线替换运动轨迹。

如果进入关键帧子对象级别，可以使用变换工具在视图中对一个或多个关键帧进行移动、旋转等轨迹形态的编辑。与此同时下面的[删除关键点]和[创建关键点]按钮变为可用状态，它们可以将已有的关键帧删除，或在轨迹上增加新的关键帧。

提示

在［对象属性］对话框和［显示］面板的［显示属性］卷展栏中可以控制对象运动轨迹的显示。

[运动路径] 面板中除了对对象运动轨迹的各项控制外，还可以将对象的运动轨迹转化为样条线。

8.2.3 修改器动画

[修改] 面板中提供的各种修改器不仅在建模的时候要经常用到，在动画的制作中也比较重要。其中有一些修改器在制作动画的时候会经常用到，如 [变换]、[融化]、[柔体]、[路径变形]、[链接变换] 及 [曲面变形] 等。

1. [变换] 修改器

[变换] 修改器可以记录基本变换的修改信息。为场景中某一对象添加 [变换] 修改器后，进入其 [线框] 子对象级别进行变换（包括移动、旋转和缩放）修改，这些修改信息会被记录到 [变换] 修改器中。如果对动画的效果不满意，可以将此修改器删除，再加入一个新的 [变换] 修改器并重新调节，如图 8.007 所示。

图 8.007

2. [融化] 修改器

[融化] 修改器常用来模拟软体变形、塌陷的效果，如融化的雪糕、太阳下的雪人。该修改器支持任何对象类型，如面片对象和 NURBS 对象，包括边界的下垂、面积的扩散等控制参数，可用来表现塑料、蜡烛等不同类型物质的融化效果，如图 8.008 所示。

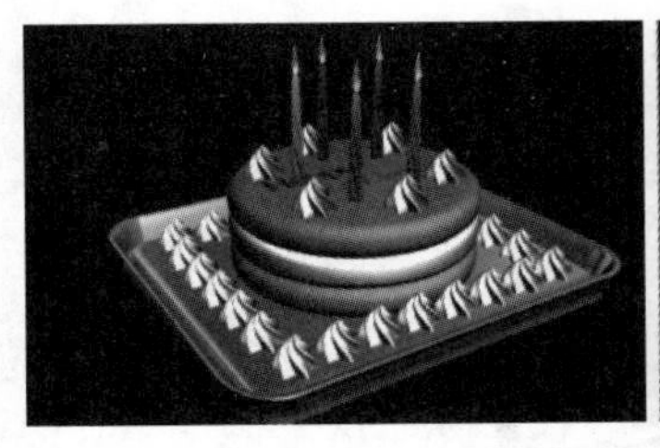
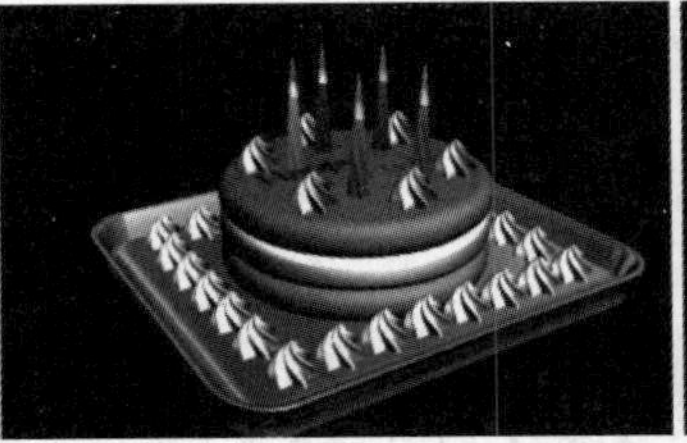
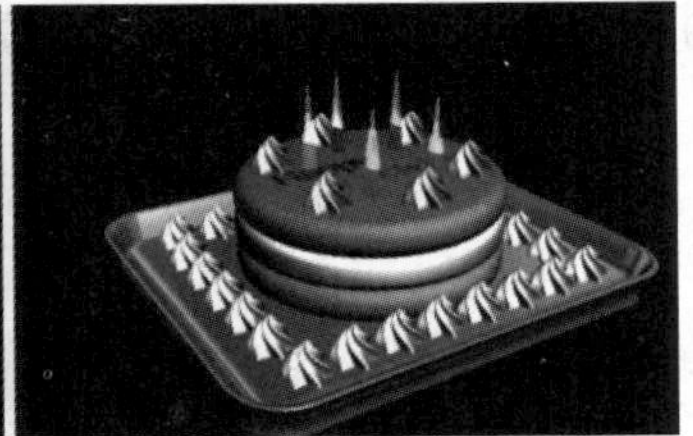

图 8.008

3. ［柔体］修改器

［柔体］修改器的原理是在模型的顶点之间加入虚拟的弹力线来模拟柔体动力学。由于顶点之间建立了虚拟的弹力线，可以通过设置弹力线的柔韧程度来调节顶点彼此之间距离的远近。更高级的是，还可以控制晃动或者弹力线角度变化的程度。最简单的是，可以在对象移动时让顶点产生滞后运动。

在一些生物角色动画中，使用柔体变形可以去除肌体生硬的弊病。柔体动力学在实现柔体变形的同时还能加入一些力学属性，如弹力、张力等，使动作更加逼真。例如，制作脸部或腹部的赘肉、动物的触须等，小机器人头部触须跟随头部运动的效果如图 8.009 所示。

4. ［路径变形］修改器

［路径变形］修改器用于控制对象沿着路径曲线变形。这是一个非常有用的动画工具，对象在指定的路径上不仅沿路径移动，还会发生形变，这个功能常用来表现文字在空间滑行的动画效果，或蛇蜿蜒向前爬行的效果，如图 8.010 所示。

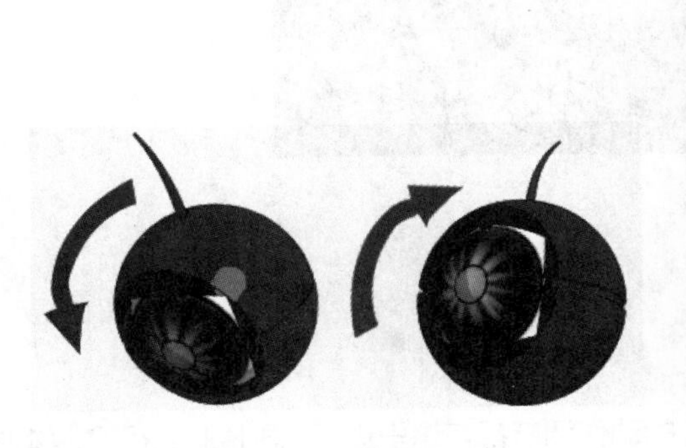

图 8.009

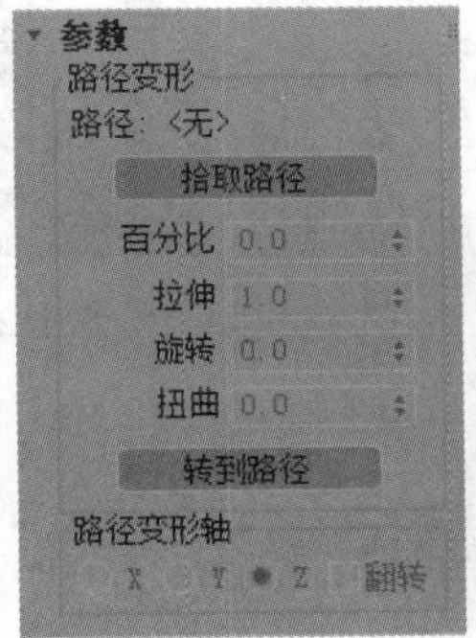

图 8.010

5. ［链接变换］修改器

［链接变换］修改器用于将对象或对象的一部分（次对象选择集）与另一个对象链接起来，保持相对位置恒定，如果变换目标对象的位置或方向，也会带动变换被链接的对象（或部分），该修改器常用于动画的制作。如果选择集合启用了［软选择］，可以在影响的同时产生圆滑的形变，常用于角色动画的变形制作。例如，用一个放在胸腔的球体，链接变换胸部的点，通过球体的缩放动画，实现胸部膨胀变形的动画，可用来表现

心跳的动画效果。如果胸前再有一个像章，效果就更加生动了，如图 8.011 所示。

图 8.011

6. ［曲面变形］修改器

［曲面变形］修改器可以控制对象沿着 NURBS 曲面变形，如图 8.012 所示。该修改器与［面片变形］的使用方法完全相同，区别在于前者是指定 NURBS 曲面类型，后者是指定［面片］。

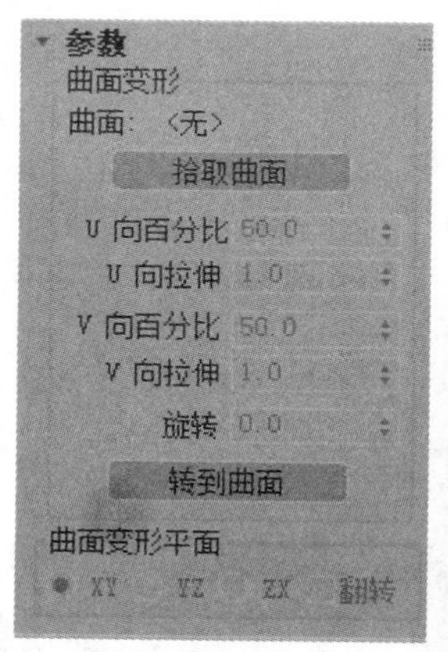

图 8.012

8.2.4 ［轨迹视图］窗口

［轨迹视图］窗口是动画创作的重要工作窗口，大部分的动作调节都在这里进行。3ds Max5.0 版本中，［轨迹视图］已经分为［曲线编辑器］和［摄影表］两种不同的窗口编辑模式。［曲线编辑器］以函数曲线方式显示和编辑动画；［摄影表］以动画关键帧和时间范围方式显示和编辑动画，关键帧有不同的颜色分类，并且可以移动和缩放，以及更改动画时间。

由于 3ds Max 内部几乎所有可调节的参数都可以记录为动画，所以［轨迹视图］窗口中的设置相对比较复杂，所有可以进行动画调节的项目都会一一对应在这里，用分支树的形式显示在左侧的项目列表中。使用［轨迹视图］控制动画的感觉好比使用遥控器控制动作，它可以完成手工无法完成的工作，所以提供的操作工具更加多样化。

[曲线编辑器] 和 [摄影表] 之所以统称为 [轨迹视图]，是因为 [轨迹视图] 可以作为一个视图类型存在，可通过按下时间滑块左侧的 按钮打开。但大多数情况下我们习惯使用浮动框形式的 [轨迹视图]，这样很方便进行移动，而且可以同时打开多个 [轨迹视图] 进行编辑，如图 8.013 所示。

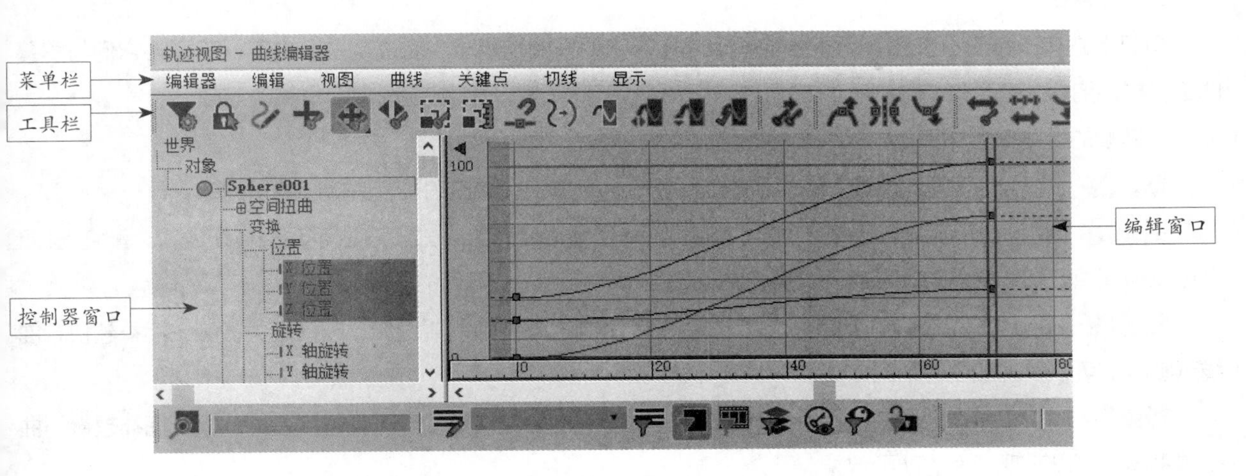

图 8.013

[轨迹视图] 可以完成以下多种任务。

- 对场景中的所有事物（模型、修改器、灯光、材质、贴图、环境及声音等所有内容），以及它们的参数进行列表显示，且可以通过它进行选择操作。
- 改变关键帧的数值设置。
- 改变关键帧的时间设置。
- 改变关键帧之间的插值。
- 编辑多个关键帧的时间范围。
- 编辑时间块。
- 为场景配音。
- 建立场景的管理笔记。
- 设置参数曲线的越界循环类型。
- 改变参数的动画控制器类型。
- 选择对象以及其下的各个层级。
- 对 [修改] 面板中的修改命令进行导航。
- 对材质层级树进行导航。

从整体上看，[轨迹视图] 可以分为以下四大部分。

1. 菜单栏

菜单栏位于窗口的上方，对各种命令项目进行了归类，既可以方便地浏览一些工具，也可对当前操作模式下可用的命令项目进行辨识。在 [曲线编辑器] 模式与 [摄影表] 模式之间进行切换时，菜单栏和工具栏的参数也会相应地发生改变。工具栏和菜单栏中存在一些相同的命令项目，绝大多数工具栏中的项目都在菜单栏中。

2. 工具栏

窗口上方有一行工具按钮，用于各种编辑操作，它们只能作用于［轨迹视图］内部，不要将它们与屏幕的工具栏混淆。

关键帧的切线类型如下。

［将切线设置为自动］：选择关键帧并单击此按钮，将自动设置关键帧的切线率。

［将切线设置为样条线］：设置关键帧的切线为自定义方式，可以手动调节切线率，配合 Shift 键可以将该点的切线打断，使左右两侧的控制柄不连续，各自调节一侧的曲率。

［将切线设置为快速］：插补值改变的速度围绕关键帧逐渐增加，越接近关键帧，插补越快，曲线越陡峭。可以表现加速的动画效果。

［将切线设置为慢速］：插补值改变的速度围绕关键帧缓慢下降，越接近关键帧，插补越慢，曲线越平缓。可以表现减速的动画效果。

［将切线设置为阶梯式］：将曲线以水平线控制，在接触关键帧处垂直切下。动画对象在两个关键帧之间会出现跳动，没有中间的过渡过程。

［将切线设置为线性］：设置关键帧的切线率为线性模式，与［线性控制器］一样，它只影响靠近此关键帧的曲线，可用于表现匀速运动。

［将切线设置为平滑］：设置关键帧的切线率为自动平滑模式，系统会自动进行平滑处理。

［断开切线］：将关键点切线处的两个手柄断开，使它们能够独立调节。

［统一切线］：将两个断开的切线手柄重新统一，在移动其中一个手柄时，另一个会以相反的方向移动。

3. 控制器窗口

控制器窗口位于窗口左侧的白色区域，以目录树的形式列出了场景中所有可制作动画的项目，分为 11 种类别，每一类别中又按不同的层级关系进行排列。每一个项目都对应右侧的编辑窗口。通过控制器窗口，可以指定要进行轨迹编辑的项目，还可以为指定项目加入不同的动画控制器和越界参数曲线。

4. 编辑窗口

编辑窗口位于窗口右侧的灰色区域，可以显示出动画关键帧、函数曲线或动画区段，以便对各个项目进行轨迹编辑。根据选择工具的不同，这里的形态也会发生相应的变化，［轨迹视图］中的主要工作就是在编辑窗口中进行的。

8.2.5 ［轨迹视图］编辑操作

在对轨迹进行编辑制作时，应了解编辑的对象是什么，动作发生的区段在哪里，动作的具体情况怎样，这些都需要通过轨迹视图编辑器来控制调节。在左侧的编辑项目列表中它以分支树的形式显示，这样控制轨迹视图动画时会更加方便。

8.2.6 超出范围类型

超出范围类型用于定义对象在已确定的关键帧之外的运动情况，常用于制作循环或周期性动画。在提供的 6 种类型里，4 种用于循环动画，两种用于线性动画，如图 8.014 所示。

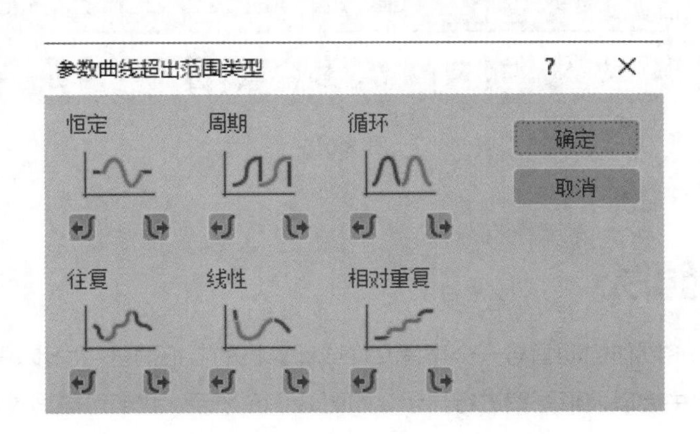

图 8.014

- 恒定：在已确定动画范围的两端保持恒定值，不产生动画效果，这是默认的设置。
- 周期：将已确定的动画按周期重复播放，如果动画的开始与结束不同，会产生跳跃。
- 循环：将动画片段反复循环播放，首尾对称相接，产生平滑的循环效果。
- 往复：将已确定的动画正向播放后连接反向播放，如此反复衔接。
- 线性：在已确定的动画两端插入线性的动画曲线，使动画在进入和离开设定的区段时保持平稳。
- 相对重复：在每一次重复播放动画时都在前一次末帧的基础上进行，产生新的动画。

其中比较常用的类型是 [周期] 、 [循环] 和 [相对重复] 。

8.2.7 可见性轨迹

进入 [曲线编辑器] 模式，在左侧对象列表中选择要设置可见性轨迹对象的根名称，然后执行 [编辑 > 可见性轨迹 > 添加] 命令，可以为该对象指定可见性轨迹，如图 8.015 所示。当为一个对象指定了可见性轨迹后，默认的控制器为 Bezier 控制器，利用函数曲线调节渐显的可见性，可以使对象逐渐显现在场景中，或逐渐从场景中消失。

设置对象可见性也可以在视图中从对象的右键四元菜单中选择 [对象属性] 选项，在弹出的 [对象属性] 对话框中单击 [常规] 选项卡，选择 [渲染控制 > 可见性] 选项进行动画设置。

两种设置方法的作用是相同的，只是在 [轨迹视图] 中设置可见性时更加方便和直观。

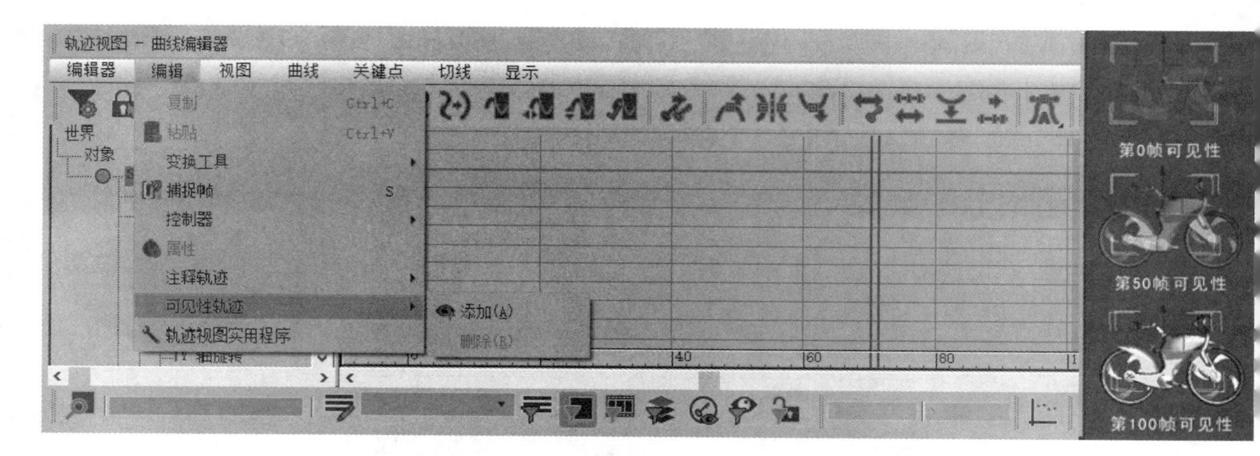

图 8.015

8.2.8 声音的引入

在轨迹视图中，可以将制作的动画与一个声音文件或计算机的节拍器进行同步，以完成动画的配音工作。对于声音项目，编辑窗口中会以波形图案进行显示，如图 8.016 所示。我们可以通过执行 [自定义 > 首选项] 命令打开 [首选项设置] 对话框，在 [动画] 选项卡的 [声音插件] 选项组中指定声音引入的方式。

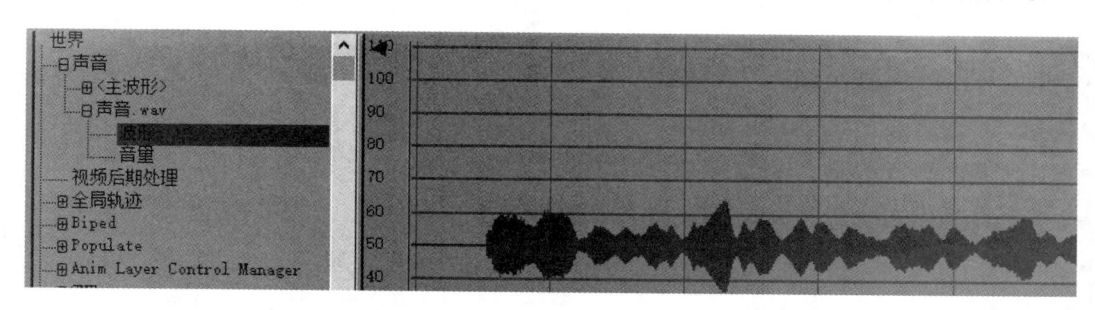

图 8.016

8.2.9 指定控制器

在[轨迹视图]的左侧对象列表中选择某一选项，然后执行[编辑 > 控制器 > 指定]命令，如图 8.017 所示，可以打开指定动画控制器的浮动窗口，选择动画控制器指定给[轨迹视图]中当前选择的参数项目。这与[运动] 面板中的 [指定控制器] 按钮的功能相同，但是两者也有不同的地方，在 [运动] 面板中一般都是为位移、旋转和缩放等与变换有关的项目指定控制器，而在[轨迹视图]中可以为对象的任何参数指定控制器。例如，要模拟电闪雷鸣的效果，就要给场景中灯光的倍增值指定一个噪波控制器。由于灯光的倍增值不是与变换有关的项目，所以这个操作在 [运动] 面板中是不能完成的，而只能在 [轨迹视图] 中完成。

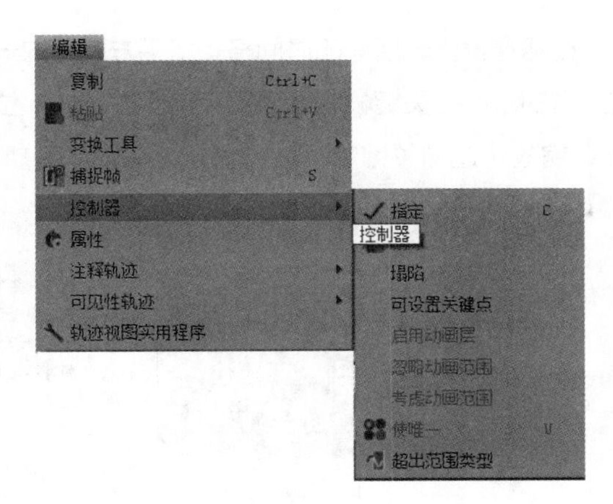

图 8.017

8.2.10 [摄影表] 简介

在 [摄影表] 模式中，可以自由地操作所有的关键帧，选择并将其移动到其他的时间上，或对同时选择的一组关键帧进行时间上的缩放；可以将设置好的一段动画进行倒放，也可以对选择的关键帧进行复制粘贴，并且能够同时影响具有父子关系的关键帧，如图 8.018 所示。例如，对一个角色人物的四肢动作进行节奏和重复方面的调节，对一群角色动物的动画的调节，可以在 [摄影表] 里调整各自的出现时间，错开一致的步调。

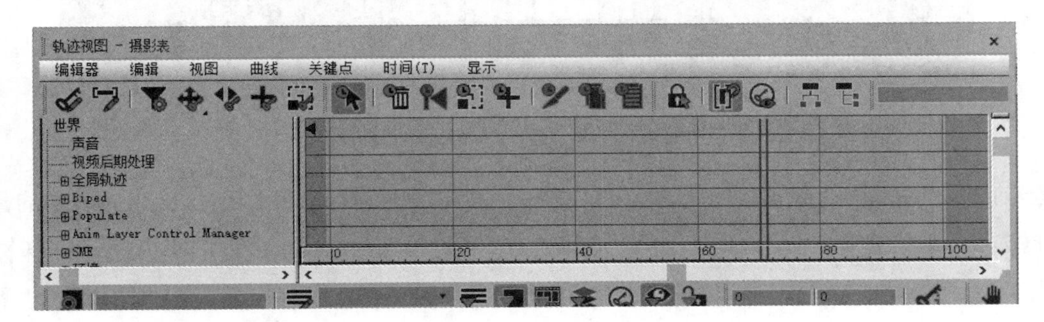

图 8.018

8.2.11 [摄影表] 中关键帧和范围的操作

[摄影表] 有 [编辑关键点] 和 [编辑范围] 两种模式，如图 8.019 所示。

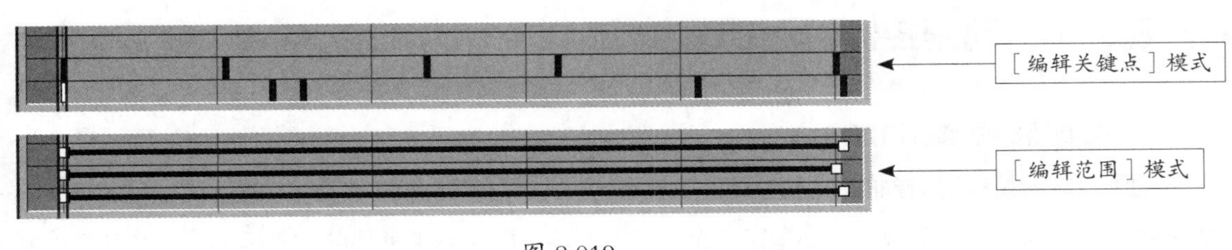

图 8.019

在［编辑关键点］模式下，栅格背景代表所有的时间格，水平方向上的一格代表一帧，有关键帧指定的格显示彩色的方块。根据轨迹类型的不同，关键帧的颜色也会不同。例如，位置轨迹的关键帧以红色显示，旋转轨迹的关键帧以绿色显示，缩放轨迹的关键帧以蓝色显示，其他类型轨迹的关键帧以黄色显示，如图 8.020 所示。

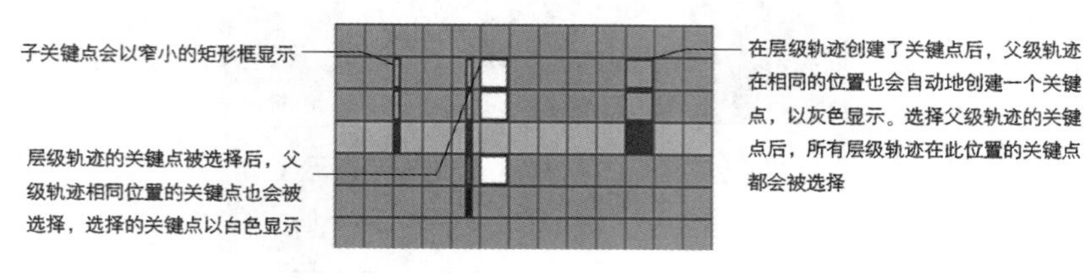

图 8.020

在摄影表［编辑关键点］模式下，也可以使用［软选择］处理关键帧，尤其适合于处理大量的关键帧。例如，对于运动捕捉的数据文件，使用［缩放关键帧］工具结合［软选择］，可以非常便捷地处理运动数据。在启用［软选择］后，关键帧会以渐变色的方式显示出影响的范围，如图 8.021 所示。

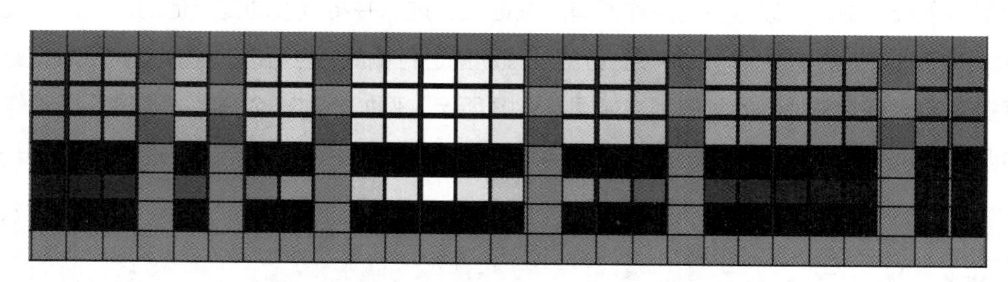

图 8.021

在当前选择的关键帧上单击鼠标右键，可以打开对应的动画控制器设置面板，进行相应参数的调节。如果同时框选了一组关键帧，也可以用单击鼠标右键的方式打开控制器的设置面板，同时对所有的关键帧进行编辑操作。

在［编辑范围］模式下，编辑窗口显示的是有效的动画时间段。将鼠标光标放置在时间段的中央时，显示左右向的箭头符号，这时可以进行整个时间段的水平移动，不改变动画的节奏和时间长度，只调节动画的发生和结束时间；将鼠标指针放置在时间段的两侧时，显示单向箭头符号，这时可以进行起始点或结束点的单向定位，对整个动画长度进行调节。

8.2.12 动画控制器和动画约束

1. 控制器的概念及指定方法

动画控制器是针对对象的动画进行加工的操作控制，它存储并管理了所有动画关键帧的值，当一个对象的参数指定了动画后，系统会自动指定一个动画控制器，以控制该项目的动画情况。一个动画控制器包含了多种信息。

- 存储动画关键帧的数值信息。
- 存储程序动画的设置信息。
- 存储动画关键帧之间的插值计算信息。

系统针对不同类别的项目内定了不同的默认动画控制器，在指定关键帧时自动指定，可以对它进行修改，或将其转换为其他类型的动画控制器。动画控制器也可以在 [运动] 面板和 [动画] 菜单中指定。这里需要注意动画控制器和动画约束的概念，在 3ds Max 的旧版本中，[约束] 也是一种动画控制器，目前已经独立出来使用。[约束] 处理的是对象与对象之间的动画关系，而动画控制器是对对象的所有动画进行控制，所以动画控制器包含了 [约束]。

习惯了 3ds Max 旧版本的用户会使用 [运动] 面板或 [轨迹视图] 来指定动画控制器，可以说这是一种更高级的指定方式，需要选择具体的项目进行指定，而且新指定的控制器会取代旧的控制器。而在 [动画] 菜单中，将动画控制器按类别放置在菜单中使用。使用菜单指定控制器不需要先选择对应的具体项目，只要选择对象即可，而且指定后也不是对原来的控制器进行替换，只是增加新的控制器类型，形成复合控制的结果。

控制器的指定方法大同小异，下面来介绍在 [运动] 面板和 [动画] 菜单中如何指定控制器。在 [轨迹视图] 中指定控制器的方法会在后面的范例中提到。

在 [运动] 面板中指定控制器的方法：首先选择要指定控制器的对象，单击按钮进入 [运动] 面板。在 [指定控制器] 卷展栏中单击列表中需要指定控制器的对象项目，单击 [指定控制器] 按钮，在弹出的指定控制器面板中单击相应项目，然后单击 确定 按钮。这样就为对象指定了某一种类的控制器。

在 [动画] 菜单中指定控制器的方法：首先选择要指定控制器的对象，执行 [动画] 菜单中的相应控制器项目即可。

3ds Max 中有以下几种常用的控制器。

（1）位置 / 旋转 / 缩放控制器

这是在 3ds Max 中创建对象后默认的控制器，它可以分别调节对象的位置、旋转和缩放 3 个选项。其中 [位置] 选项默认的控制器是 [位置 XYZ]，[旋转] 选项默认的控制器是 [Euler XYZ]，而 [缩放] 选项默认的控制器是 [Bezier 缩放]，如图 8.022 所示。

（2）噪波控制器

[噪波控制器] 可以使对象产生随机的动作变化，它没有关键帧的设置，而是使用一些参数来控制噪波曲线，从而影响动作，如图 8.023 所示。[噪波控制器] 用途很广，例如，制作太空中飞行的飞船，表现其颠簸的效果，可以为它的旋转控制项目加入 [噪波控制器]。[噪波控制器] 也可以和其他控制器（如 [位置列表] 控制器）组合运用，例如，制作在移动过程中发生

图 8.022

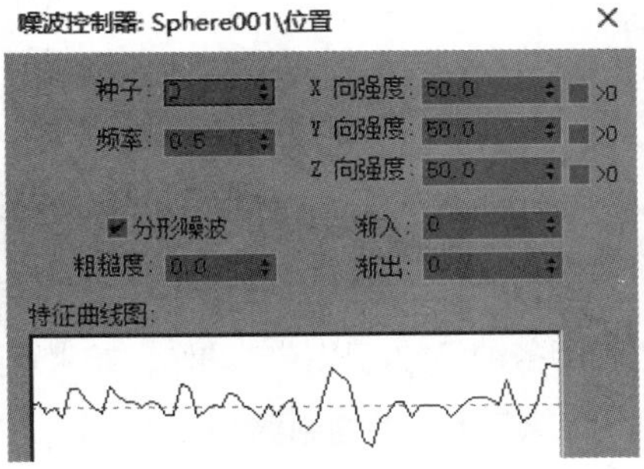

图 8.023

上下震动，模拟在石子路面上行进的马车。

（3）位置列表控制器

[位置列表控制器] 是一个组合其他控制器的合成控制器，与多维子对象材质的性质相同，它将其他种类的控制器组合在一起，按从上到下的排列顺序进行计算，产生组合的控制效果。例如，为位置项目指定一个由 [线性控制器] 和 [噪波控制器] 组合的列表控制器，将在线性运动上叠加一个噪波位置运动。当加入列表控制器时，原来的控制器将变为其下第一个子控制器，另一个 [可用] 选项用于加入新的子控制器，如图 8.024 所示。

（4）Euler XYZ 控制器

这是一种合成控制器，通过它可以将旋转控制分离为 X、Y、Z3 个项目，分别控制 3 个轴向上的旋转，每个轴向上默认都是 Bezier 控制器，可以对每个轴向指定其他的动画控制器，如图 8.025 所示。这样就可以实现对旋转轨迹的精细控制。

（5）音频控制器

[音频控制器] 通过一个声音的频率和振幅来控制动画的节奏，如图 8.026 所示。它可以作用的类型包括 [变换]、[浮点] 和 [三点的数值（颜色）通道]。这是一个非常有用的控制器，它可以使用 WAV、AVI 和 MPEG-4 格式文件的声音来控制对象的运动。

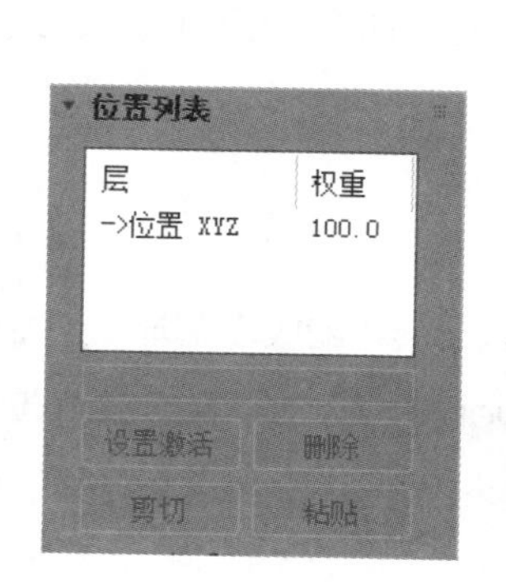

图 8.024

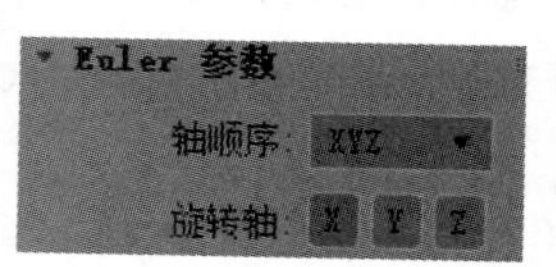

图 8.025

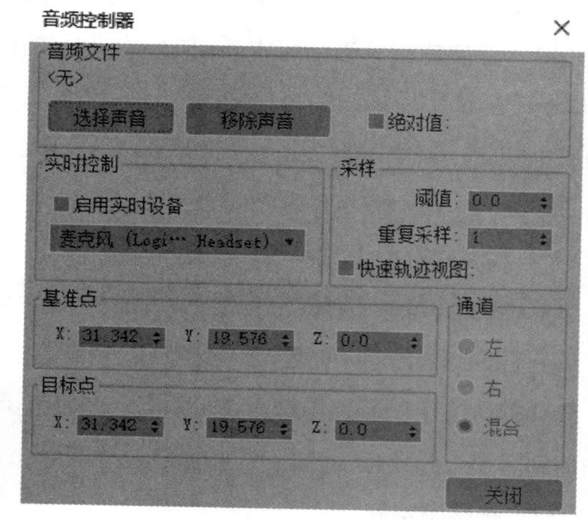

图 8.026

（6）表达式控制器

[表达式控制器] 是通过数学表达式来实现对动作的控制，如图 8.027 所示。它可以控制对象的基本建立参数（如长度、半径等）、变换（如移动、缩放等）和修改。数学表达式是指数学函数计算后返回的值。利用各种函数可以控制动作，如 [正弦]、[余弦] 等。

（7）线性控制器

[线性控制器]用于在两个关键帧之间平衡地进行动画插补计算，得到标准的[线性]动画。[线性控制器] 不显示属性对话框，但保存了关键帧所在的帧数和动画值。利用 [线性控制器] 可以创建两个颜色之间均匀

变化的动画效果，或一些规则的动画效果，如机器人关节的运动，如图 8.028 所示。

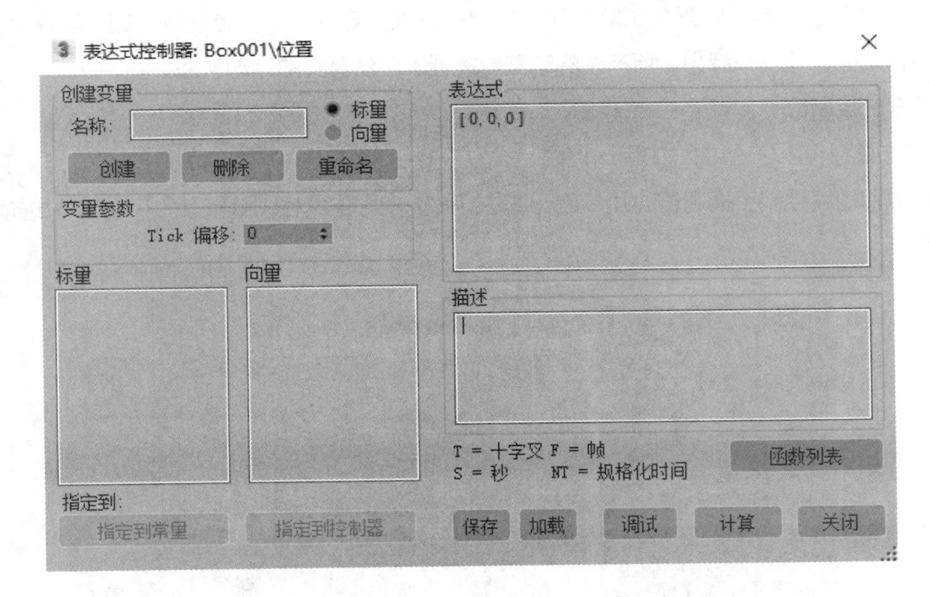

图 8.027

（8）位置 XYZ 控制器

［位置 XYZ 控制器］将［位置］控制项目分离为 X、Y、Z3 个独立的控制项目，可以单独为每一项指定其他的控制器。在 3ds Max 中，这是［位置］项目的默认控制器，与［Euler XYZ 控制器］相似，如图 8.029 所示。

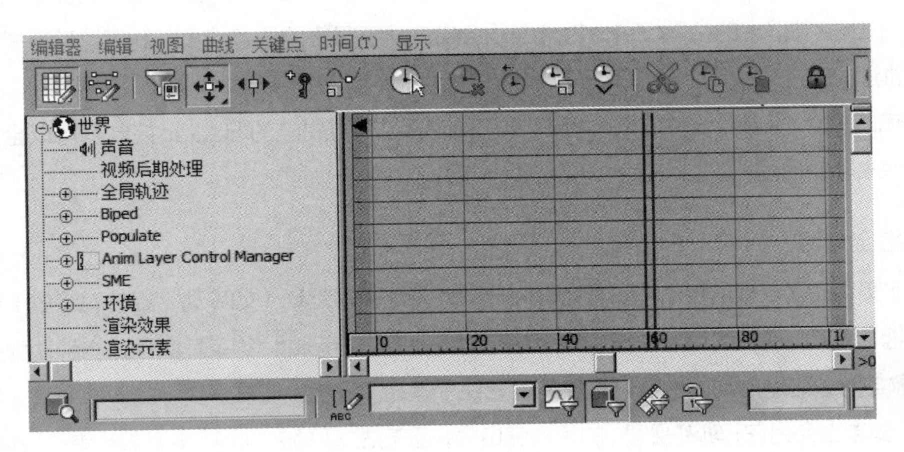

图 8.028

图 8.029

（9）弹簧控制器

［弹簧控制器］用于为点或对象的位移附加动力学效果，类似于［柔体］命令，在动画的末端产生缓冲效果。当一个对象在指定了［弹簧控制器］后，原有的动画会作为二级运动，运动的速度由指定的动力学属性决定。

在[弹簧控制器]中，可以控制对象的质量和拉力，以及张力和阻尼的数值，还可以指定外力，如重力、风力等，对当前对象的运动产生影响，如图 8.030 所示。如果是首次指定这个动画控制器，则可以在对象运动的初始位置和结束位置之间创建虚拟弹力，所产生的动画更接近于自然真实的运动状态。

（10）TCB 控制器

[TCB 控制器] 可以产生曲线的运动控制，类似于 Bezier 控制器产生的动画效果。但 [TCB 控制器] 不使用切线类型和切线控制手柄调整动画，而是通过[张力]、[连续性]和[偏移]3 个参数选项来调节动画，如图 8.031 所示。

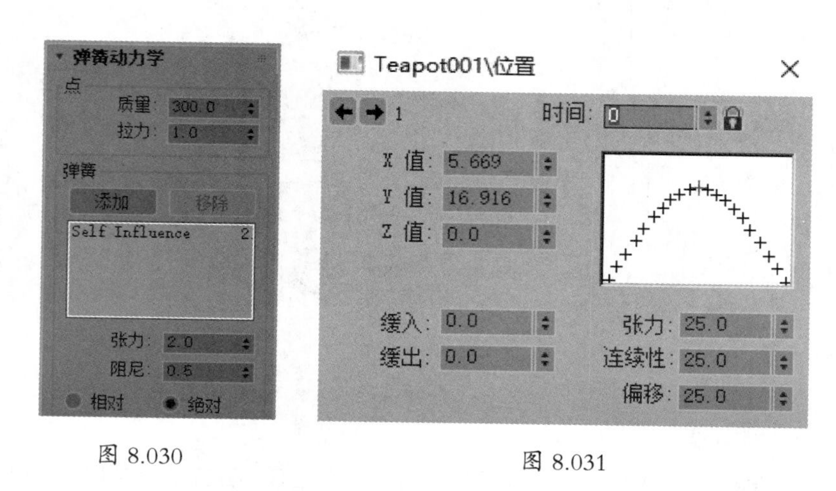

图 8.030　　图 8.031

[TCB 控制器] 作为一个位置控制器，可以与 [运动] 面板中的 [显示轨迹] 很好地结合使用。在为对象的位置项指定了 [TCB 控制器] 后，在 [运动] 面板中单击 [运动路径] 按钮，对象的运动轨迹会在视图中显示出来。这时调节 [TCB 控制器] 的参数设置，轨迹曲线会自动显示最终的调整结果，利用这种方式可以精确地控制对象的动画轨迹。

这是起源于 DOS 时代的 3D Studio 软件的动画控制器，现在已经有更先进的 Bezier 控制器可以全面控制对象的移动、旋转和缩放等变换项目。

2. 约束器的概念及指定方法

动画约束功能能够帮助实现动画过程的自动化，它可以将一个对象的变换运动（如移动、旋转和缩放）通过建立绑定关系约束到其他对象上，使被约束对象按照约束的方式或范围进行运动。约束其实也是一种动画控制器，不过它控制的是对象与对象之间的动画关系，具体的设置在 [运动] 面板上调节。其中的调节参数又属于可制作动画的项目，所以参数也会列在[轨迹视图]的管理窗口中，但无法在[轨迹视图]中调节约束的属性。

创建一个约束关系需要一个对象和至少一个目标对象，目标对象能够对被约束对象施加特殊的限制。当目标对象进行运动变换时，被约束对象也会依据指定的约束方式一同运动。例如，要制作飞机沿着特定轨迹飞行的动画，可以通过 [路径约束] 将飞机的运动约束到样条线上。约束与其目标对象的绑定关系在一段时间内可以开启或关闭动画设置。

以下是约束常用的地方。

- 在一段时间内将一个对象链接到另一个对象上，如角色的手拾起一根棒球棍。
- 将一个对象的位置或旋转链接到另一个或几个对象上。
- 将对象约束到一条或多条路径上。
- 将对象约束到表面。
- 使某个对象朝向另一对象的轴心点。
- 控制角色眼睛的注视方向。
- 保持某对象与另外对象的相对方向。

3ds Max 一共提供了 7 种类型的约束控制，如图 8.032 所示。接下来按照重要程度逐一介绍。

（1）链接约束

［链接约束］是将一个对象链接到另外的对象上制作动画，对象会继承目标对象的位移、旋转和缩放属性。常见的例子就是把一只手上的球放到另一只手上，如图 8.033（左）所示。左侧的机械臂将地上的球拾起，交给右侧的机械臂，球体在不同的时间段链接给了不同的对象。在 3ds Max 2010 之后，还可以通过轨迹栏或曲线编辑器来调节链接约束的关键点，如图 8.033（右）所示。

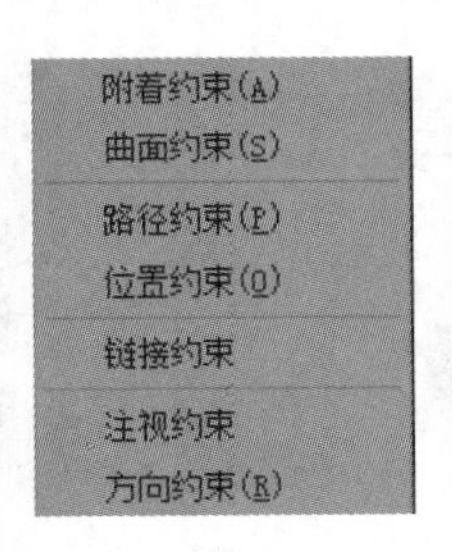

图 8.032

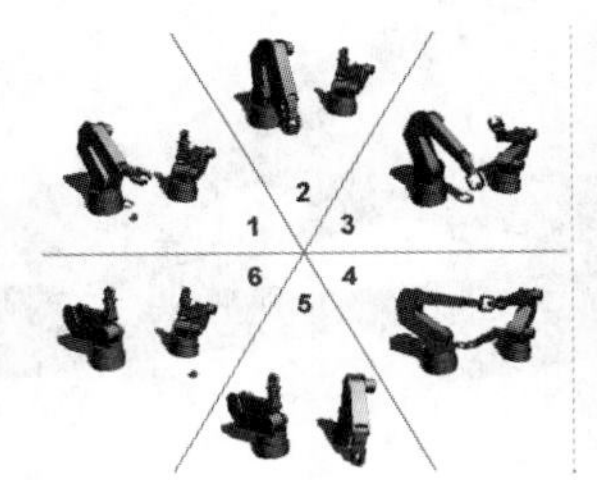

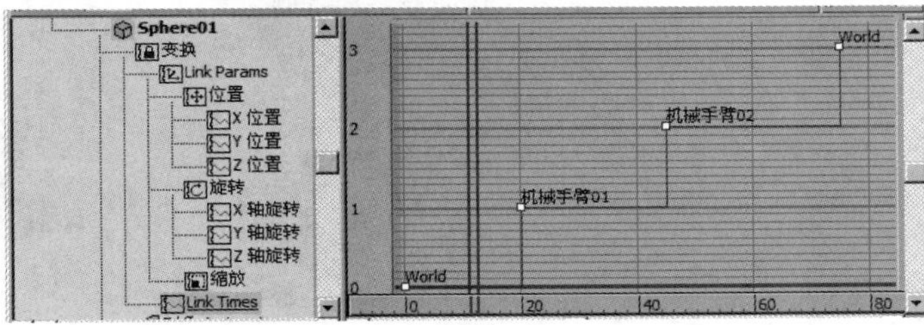

图 8.033

（2）路径约束

［路径约束］使对象沿一条样条线或沿多条样条线之间的平均距离运动，如图 8.034 所示。路径目标可以是各种类型的样条线，可以对其设置任何标准位移、旋转、缩放动画，还可以在约束对象的同时，对路径的子对象级别（如顶点或片段）设置动画。

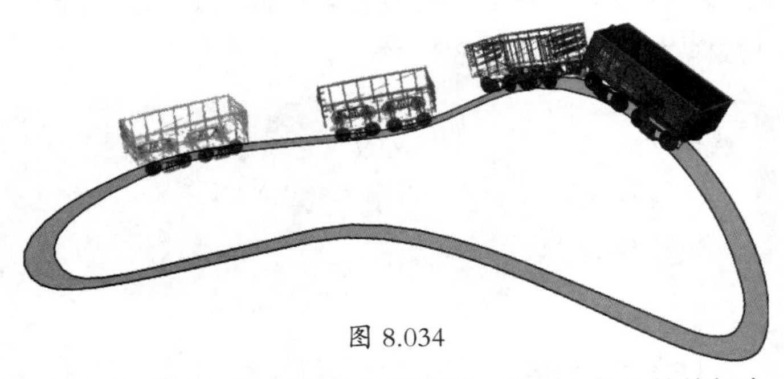

图 8.034

约束对象可以受多个目标对象的影响。通过调节权重值的大小，可以控制当前目标对象相对于其他目标对象对被约束对象产生的影响程度。权重值只在多个目标对象时有效，值为 0 时表示对被约束对象不产生任何影响。任何大于 0 的值都会相对于其他目标对象的权重值对被约束对象产生影响。例如，一个目标对象的权重值为 80 时，它对被约束对象的影响力会是权重值为 20 的目标对象影响力的 4 倍。

这是一个用途非常广泛的动画控制器，在需要对象沿轨迹运动且不发生形变时使用。如果还需要产生形变效果，应使用［路径变形］修改器或［空间扭曲］。

（3）附着约束

［附着约束］是一种位置约束，只能指定给［位置］项目。它的作用是能够将一个对象的位置结合到另一个对象的表面，目标对象不一定非要为网格对象，但必须能够转化为网格对象。

通过在不同关键帧指定不同的［附着约束］，可以制作出对象在另一对象不规则表面运动的动画效果。如果目标对象表面是变化的，它也可以产生相应的变化，如图 8.035 所示。

（4）位置约束

［位置约束］是指以一个对象的运动来牵动另一对象的运动，如图 8.036 所示。主动对象被称为目标对象，被动对象被称为约束对象。在指定了目标对象后，约束对象不能单独进行运动，只有在目标对象移动时，才跟随运动。目标对象可以是多个对象，通过分配不同的权重值控制对约束对象影响的大小。权重值为 0 时，对约束对象不产生任何影响，对权重值的变化也可记录为动画。例如，将一个球体约束到桌子表面，对权重值设置动画可以创建球体在桌面上弹跳的效果。

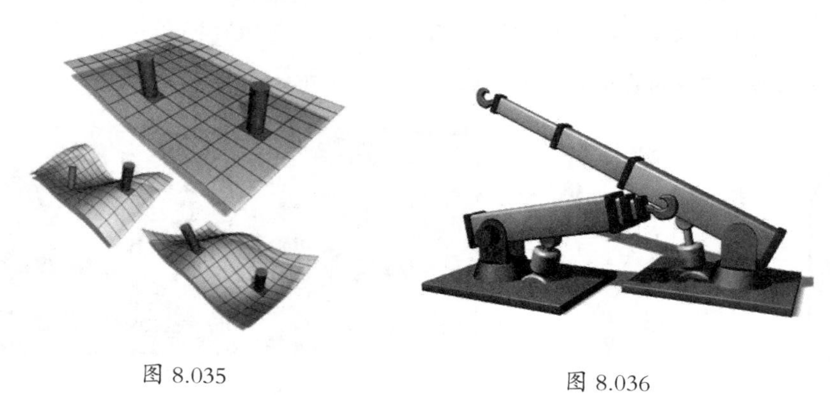

图 8.035　　图 8.036

（5）曲面约束

［曲面约束］是指约束一个对象沿另一个对象曲面进行变换，如图 8.037 所示。只有具有参数化曲面的对象才能作为目标曲面对象，这些类型包括［球体］、［锥体］、［圆柱体］、［圆环］、单个［四边形面片］、［放样对象］和［NURBS 对象］。

提示

由于［曲面约束］只作用于参数化曲面，所以任何能够将对象转化为网格的修改器都将造成约束失效，使用时一定要注意。

（6）注视约束

［注视约束］用于约束一个对象的方向，使该对象总是注视着目标对象，如图 8.038 所示。［注视约束］能够锁定对象的旋转角度，使它的一个轴心点始终指向目标对象。约束控制可以同时受多个目标对象的影响，通过调节每个目标对象的权重值决定它对被约束对象的影响情况。带有目标点的聚光灯和摄影机使用的控制器就是［注视］控制器。

在角色动画制作中，通常使用这种约束来制作眼球的转动动画，将眼球模型约束到正前方的辅助对象上，用辅助对象的移动来制作眼球的转动动画，如图 8.039 所示。将摄影机注视约束到运动的对象上，可以实现追踪拍摄的动画效果；将聚光灯的目标点注视约束到运动的对象上，可以制作舞台追光灯的照明效果。

图 8.037

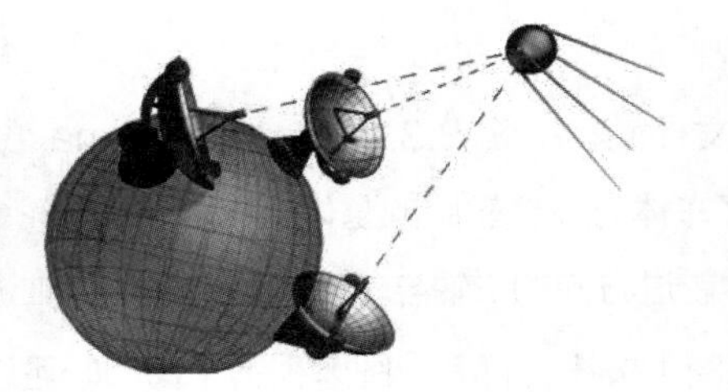
图 8.038

图 8.039

（7）方向约束

[方向约束] 将约束对象的旋转方向约束在一个对象或几个对象的平均方向。约束对象可以是任何可旋转的对象，一旦进行了方向约束，该对象将继承目标对象的方向，不能再进行手动旋转变换操作，但可以指定移动或缩放变换。目标对象可以是任何类型的对象，旋转目标对象能够带动被约束对象一起旋转，目标对象可以使用任何标准的移动、旋转及缩放变换工具，并且可以设置动画，如图 8.040 所示。被约束对象可以指定多个目标对象，通过对目标对象分配不同的权重值来控制它们对被约束对象影响的大小。权重值为 0 时，对被约束对象不产生任何影响，对权重值的变化也可记录为动画，如图 8.041 所示。

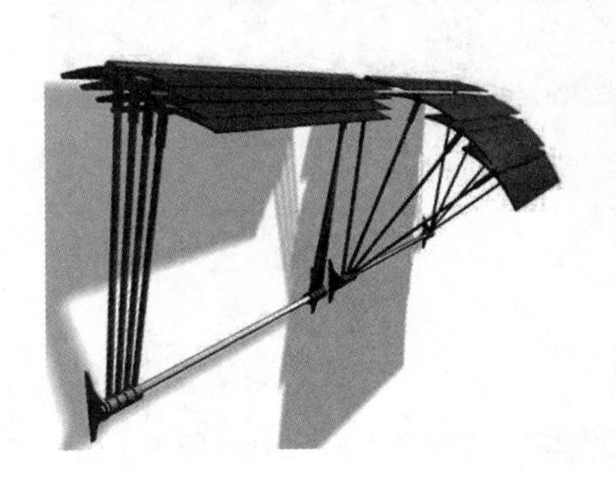
图 8.040

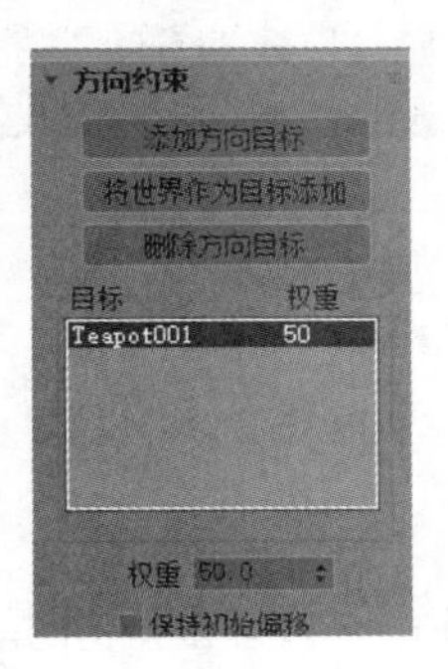

图 8.041

8.3 应用案例

8.3.1 综合案例——汽车动画

范例分析

在本案例中，我们将通过一个车体的各种运动效果学习 3ds Max 中制作动画的整个流程，使用到的知识点非常丰富，包括基础动画的设置方法、手调关键帧、动画的预览、关键帧模式的切换，以及时间配置面板和帧速率的设置。另外，还包括时间的缩放、[层次] 面板的应用、[运动] 面板的轨迹、[轨迹视图] 中关键帧的设置、曲线的调节、轨迹范围中的循环、指定控制器，以及声音控制器的设置，制作预览动画等。

场景分析

打开配套学习资源中的“场景文件 \ 第 8 章 \8.3.1\video_start.max”文件，在场景中有一个非常漂亮的越野车模型。该模型已经设置好了车体与 4 个轮胎的整体结构，并且车轮会跟随车体的移动进行自动旋转，这是因为在 3ds Max 中已经将车体前进方向的 y 轴与车轮旋转方向的 x 轴进行了表达式设置。

单击主工具栏中的 [图解视图] 按钮，打开 [图解视图] 窗口，可以观察到场景中的灯光、摄影机、目标点、车身和 4 个轮胎，并且已经分别进行了命名，车身为主物体，4 个轮胎为子物体。场景中已经将灯光与摄影机隐藏，只可观察到越野车与 4 个轮胎的效果，如图 8.042 所示。

图 8.042

制作步骤

1. 制作基础动画

步骤 01： 选择场景中的车体模型，将时间滑块放置在第 100 帧处，单击 [自动关键点] 按钮。使用 [选择并移动] 工具，选择车身，使其在 y 轴方向上向右移动一段距离，此时在时间轴上的第 0 帧和第 100 帧均出现了红色的关键点，也就是说在这段时间内车体沿 y 轴方向移动了一段距离。

步骤 02： 在时间轴上框选第 100 帧的关键点，将其变成可选择的关键点，并将其移动到第 50 帧的位置上。再次播放动画，可见车体在 50 帧的时间完成了运动（但是运动的距离与在 100 帧内运动的距离是相同的）。此时车体完成了运动的加速效果，如图 8.043 所示。

图 8.043

提示

①做好动画后需要及时关闭［自动关键点］按钮，否则极有可能将其他按钮也制作成动画效果。在 3ds Max 中，只要有微调框的选项，基本上都可以进行动画制作。

②红色为位移关键点，绿色为旋转关键点，蓝色为缩放关键点。

步骤 03：框选时间轴上第 0 帧的关键点，在拖曳鼠标的同时按住 Shift 键，将其移动到第 100 帧处，如图 8.044 所示。此时产生了车体先前进再后退的效果。

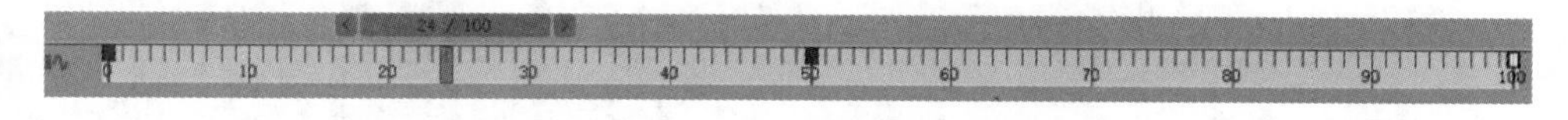

图 8.044

步骤 04：单击界面右下角的［时间配置］按钮，打开［时间配置］对话框，单击［动画］参数组中的［重缩放时间］按钮，在弹出的［重缩放时间］对话框中设置［长度］为 100。确定后发现，由在第 0 帧、第 50 帧和第 100 帧处分别有一个关键点变成了在第 0 帧、第 100 帧和第 200 帧处分别有一个关键点，这样就完成了关键帧的缩放，如图 8.045 所示。

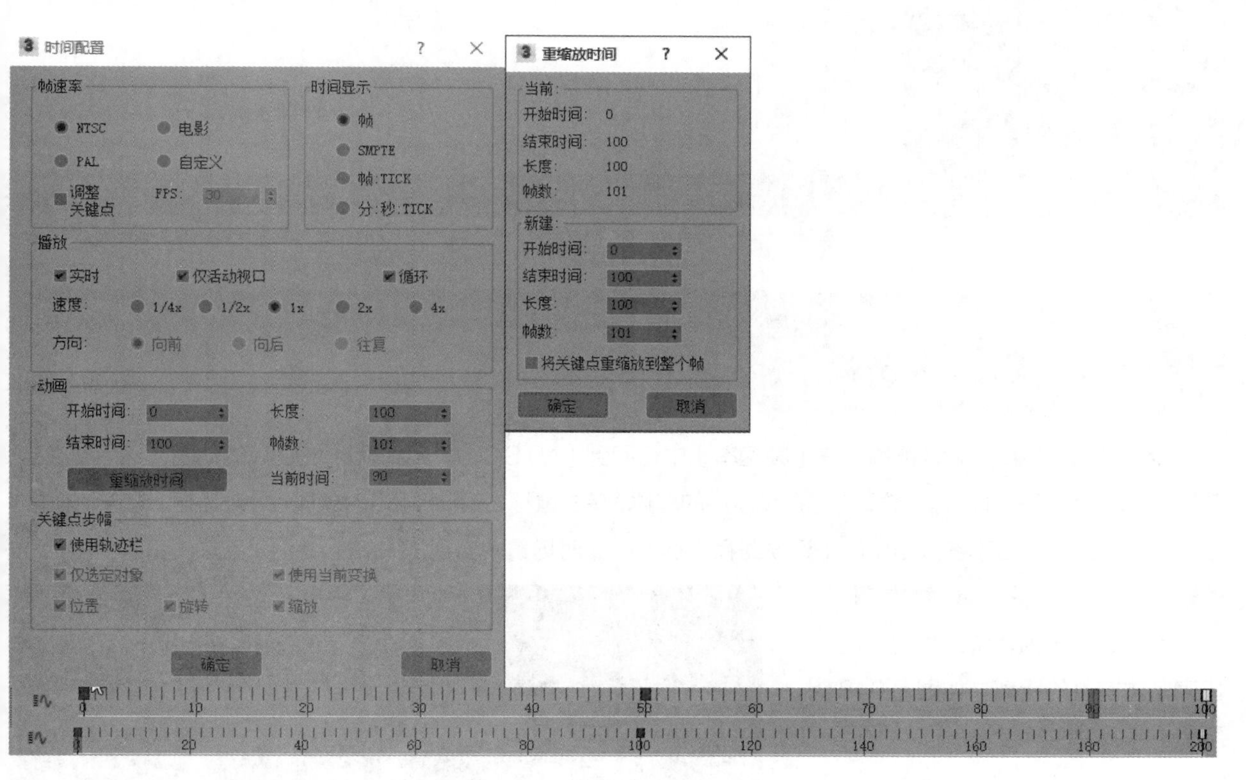

图 8.045

步骤 05：对于缩放关键帧的方法不止一种，另一种方法为手调复制关键点。先按 Ctrl+Z 组合键，返回到第 0 帧至第 100 帧，然后按住 Ctrl+Alt 组合键，同时用鼠标右键向左拖曳时间轴，直到时间轴上出现第 200 帧，松开鼠标。接着将第 0 帧关键点、第 50 帧关键点与第 100 帧关键点框选，用鼠标右键单击时间栏上的数字显示区，在弹出的菜单中执行 [配置 > 显示选择范围] 命令，用鼠标右键拖曳第 100 帧的关键点（此时指针呈单向箭头），将其拖曳到第 200 帧处，完成关键点的缩放，如图 8.046 所示。

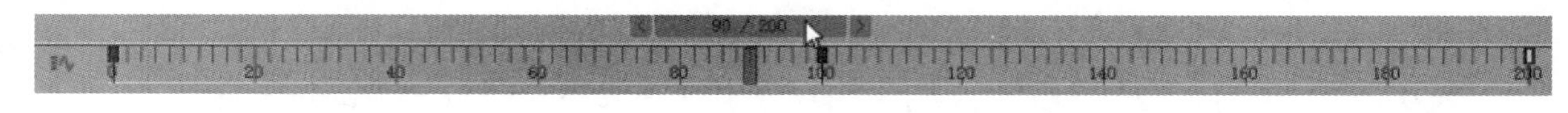

图 8.046

提示

此时时间轴上出现了黑色条显示整个选择范围，将鼠标指针移至黑条中间位置，可以平移关键帧，将鼠标放在黑条右侧可以缩放右侧关键帧，将鼠标放在黑条左侧可以缩放左侧关键帧。

步骤 06： 打开 [时间配置] 对话框，选择 [帧速率] 参数组中的 [PAL]，此时动画变成了 167 帧，之前的关键点自动产生缩放来适应 167 帧的整体长度，如图 8.047 所示。

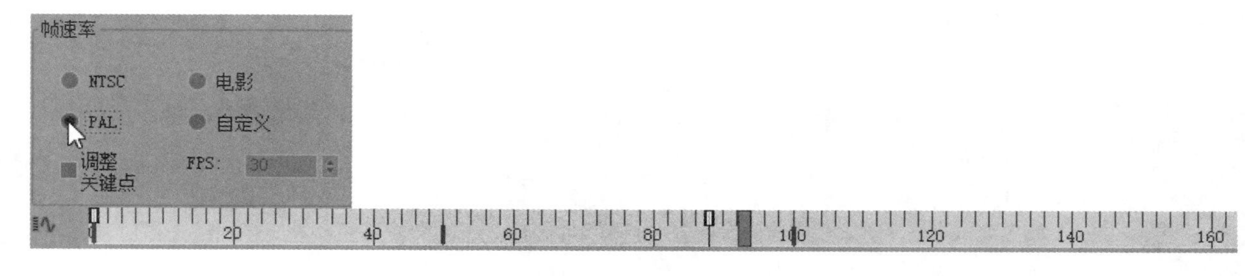

图 8.047

提示

NTSC 是北美制式，每秒 30 帧；国内常用 PAL 制式，每秒 25 帧。

步骤 07： 将第 200 帧删除，在 [帧速率] 中切回到 [NTSC]，回到默认 100 帧的动画，然后暂存当前效果。为了观察车体的运动轨迹，选择场景中的车体，单击鼠标右键，打开 [对象属性] 对话框，勾选 [常规] 选项卡下 [显示属性] 参数组中的 [运动路径] 选项。此时场景中出现了由红色线、红色方块和白色点组成的轨迹线，方块即是关键帧的位置，白色点代表每一帧，整条线的长度代表车体前进的距离，如图 8.048 所示。

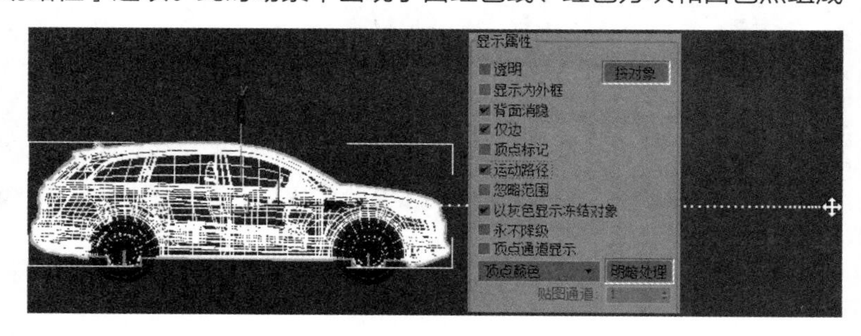

图 8.048

提示

通过轨迹线可以对物体运动的距离有明显的感官认识。

步骤 08： 选择做好轨迹的车体，进入［运动］面板，单击［运动路径］按钮，再单击［子对象］按钮。将场景中的轨迹点框选，在场景中直接拖曳结束点位置的关键点，此时车体在第 100 帧关键点的位置发生了改变，但第 0 帧关键点的位置没有受到影响。如果框选第 0 帧的轨迹点，则车体在第 0 帧关键点的位置会发生改变，在第 100 帧关键点处不受影响；另外，也可将关键点抬高，使车体在移动时产生下滑。将该帧轨迹点缩短，则车体运动速度变慢，距离变短；将轨迹点拉长，则车体运动速度加快，距离变长，如图 8.049 所示。

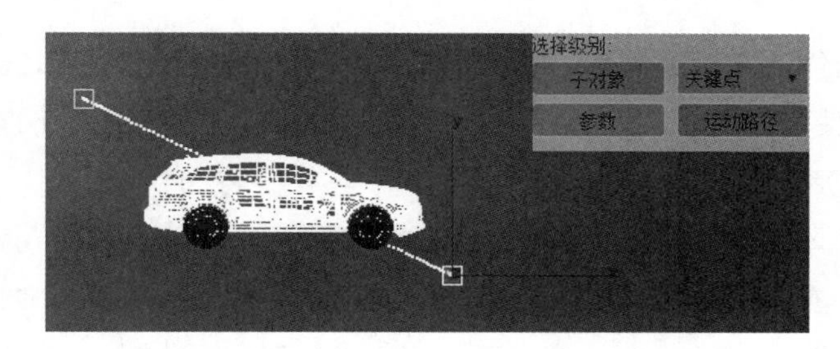

图 8.049

提示

在调节轨迹点时，如果需要选择其他物体，则需退出［子对象］级别，切换回［参数］面板，使用［移动］或［选择］工具对物体进行操作。

步骤 09： 打开［曲线编辑器］，在窗口左侧找到车体的 Y 位置，此时窗口右侧出现一条 y 轴的位置线。选择第一个关键点，设置上方工具栏中的［帧］为 10，则从第 10 帧开始；设置［值］为 30，则位置线对应的值变小，如图 8.050 所示。

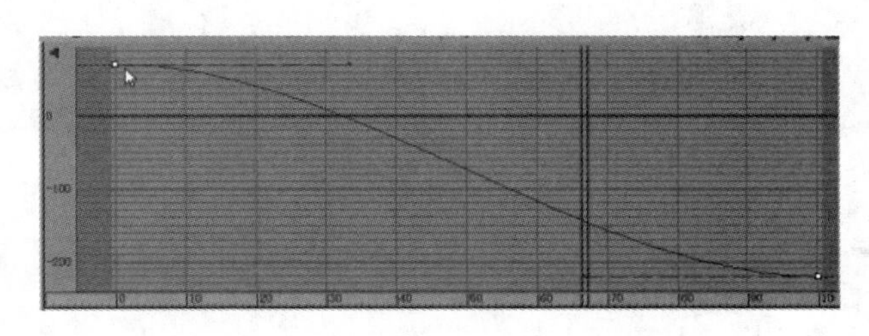

图 8.050

提示

［曲线编辑器］是调节物体运动时最常用的动画调节窗口，它涉及非常多的重要命令，包括加减速设置、循环设置以及加减关键点设置等。

位置线两端的灰色点对应时间栏两端红色的关键点，曲线两端较平缓，中间较陡峭，根据“缓慢、陡快”原理，所以车体运动为先加速再减速的变速运动。

步骤 10： 如果要使车体产生匀速运动，那么可以框选曲线两端的关键点，单击上方的 [将切线设置为线性] 按钮，如图 8.051 所示。

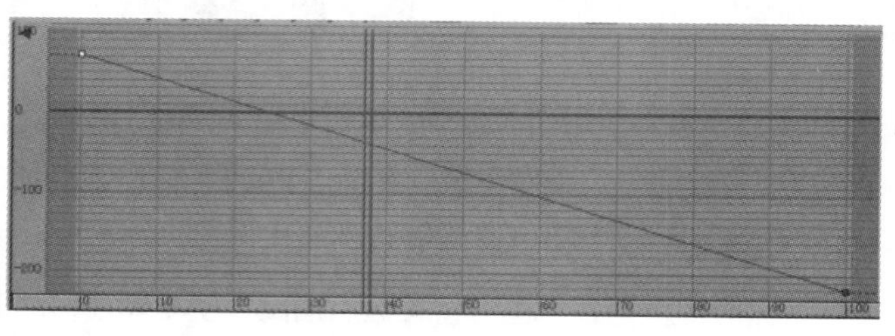

图 8.051

步骤 11： 如果要使车体产生加速运动，需要框选底部的关键点，将控制柄向上拖曳，调节位置线为先平缓后陡峭的拱形；如果要使车体产生减速运动，框选顶部的关键点，将控制柄向下拖曳，调节位置线为先陡峭后平缓的拱形，如图 8.052 所示。

步骤 12： 模拟制作车体遇红灯时的速度变化。将曲线调节成默认效果，选择 [添加关键点] 工具，分别在曲线的第 20 帧、第 40 帧、第 60 帧、第 80 帧及第 100 帧的位置添加关键点，依次选择第 40 帧与第 60 帧的关键点，设置 [值] 均为 -107，此时从第 40 帧到第 60 帧时间段中曲线为直线，车体为静止状态，如图 8.053 所示。

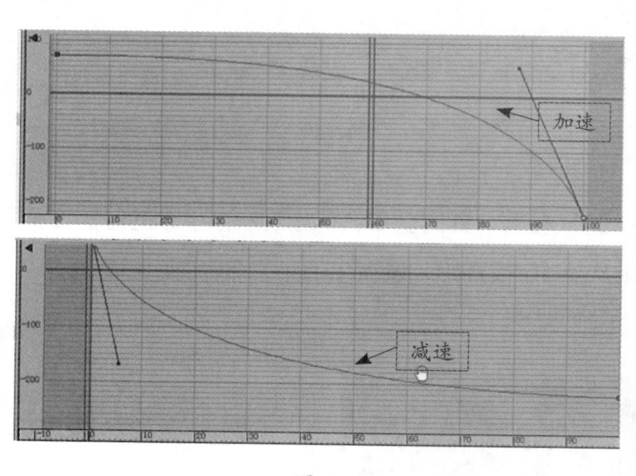

图 8.052

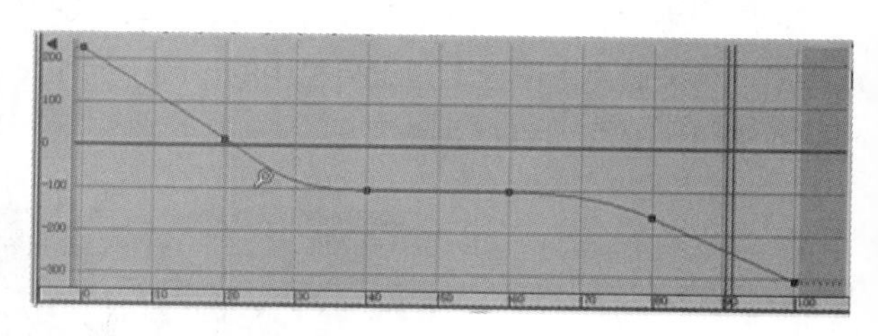

图 8.053

提示

车体遇到红灯时的速度变化为：首先车体在第 0 帧 ~ 第 20 帧为匀速运动，接着在第 20 帧 ~ 第 40 帧为减速运动，在第 40 帧 ~ 第 60 帧遇到红灯时静止，在第 60 帧 ~ 第 80 帧变灯时，再进行加速运动，在第 80 帧 ~ 第 100 帧保持匀速。

为了方便观察，可以打开 [时间配置] 对话框，在 [播放] 参数组中选择 [1/2x] 的速度。此时 [播放] 参数组中的速度仅影响播放速度，与渲染速度无关。

步骤 13： 为了设置第 20 帧到第 40 帧的减速曲线，选择第 20 帧上的控制柄，调节其为减速曲线；然后选择第 0 帧的关键点的控制柄，将其调节为近似匀速的曲线；用相同的方法将第 60 帧到第 80 帧之间调节为加速的效果，在第 80 帧到第 100 帧之间将曲线调整为匀速曲线，如图 8.054 所示。

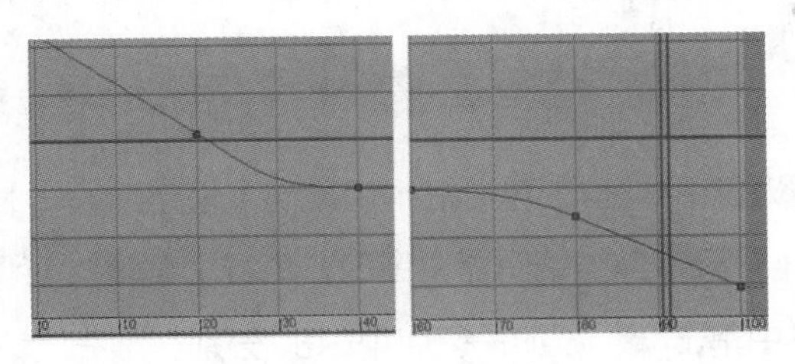

图 8.054

步骤 14： 将动画还原，并使用之前学习的方法将时间轴设置到 200 帧，此时车体在第 100 帧之后处于静止状态。为了使车体循环运动，选择车体，打开［曲线编辑器］，选择左栏中的［Y 位置］，用鼠标右键单击［轨迹视图］的工具栏，在弹出的菜单中执行［加载布局 > 功能曲线布局（经典）］命令，此时工具栏中出现了［参数曲线超出范围类型］按钮，如图 8.055 所示。

提示

在工具栏中单击鼠标右键时，可能会出现两种选项，需要选择具有［加载布局］选项的菜单。

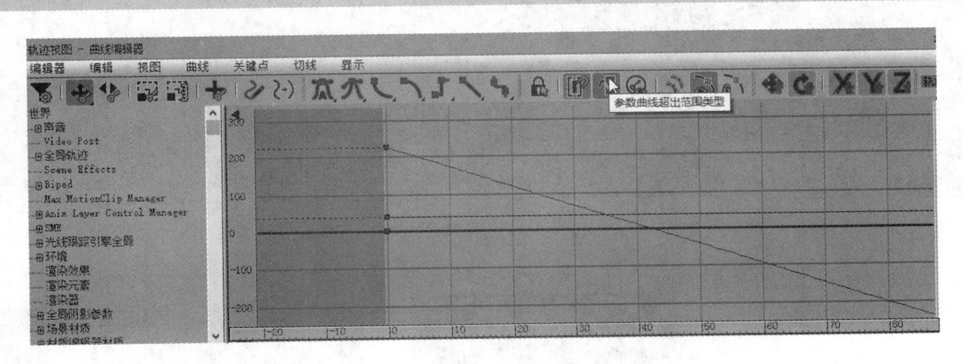

图 8.055

步骤 15： 选择左栏中的［Y 位置］，然后单击［参数曲线超出范围类型］按钮，打开［参数曲线超出范围类型］对话框，此时选择的是［循环］选项，［曲线编辑器］中曲线的位置说明了车体将循环运动下去，如图 8.056 所示。

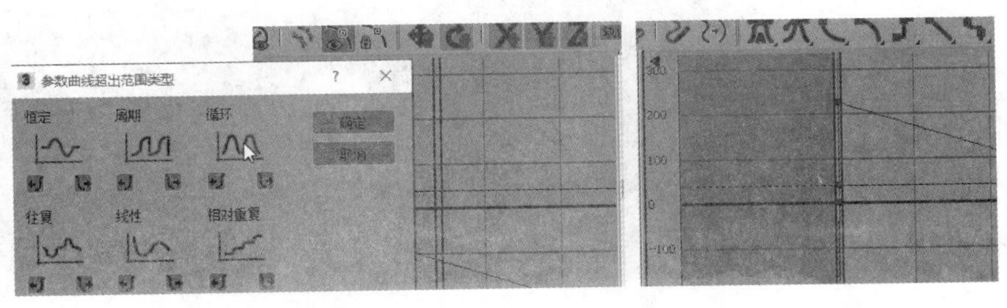

图 8.056

提示

此时选择［循环］选项，车体运动到第 100 帧后又回到第 0 帧，如果选择［相对重复］，则可以得到一直向前运动的动画。

步骤 16： 在［参数曲线超出范围类型］对话框中切换回［恒定］，将时间栏调回 100 帧，使动画回到最初所设定的效果。选择车体，打开［曲线编辑器］窗口，执行［编辑 > 可见性轨迹 > 添加］命令，为车体添加一个可见性轨迹。在工具栏中单击［添加关键点］按钮，分别在虚线上第 0 帧与第 100 帧处添加关键点，并使用［移动关键点］工具框选第 0 帧的关键点，设置工具栏中的［值］为 0，再框选第 100 帧处的关键点，设置［值］为 1，此时车体在运动的过程中将产生从半透明到全透明的效果，如图 8.057 所示。

步骤 17： 选择车体，在［曲线编辑器］的左栏中选择［可见性轨迹］，然后执行［编辑 > 可见性轨迹 > 删除］命令，此时车体完全可见。在左栏中选择［X 位置］，单击鼠标右键，在弹出的菜单中选择［指定控制器］，在［指定浮点控制器］对话框中选择［噪波浮点］选项并单击［确定］按钮，随即弹出［噪波控制器］窗口。单击［曲线编辑器］左栏中的［X 位置］下的［噪波强度］选项，然后设置［强度］为 50，［频率］为 0.1，此时车体产生晃动效果，如图 8.058 所示。

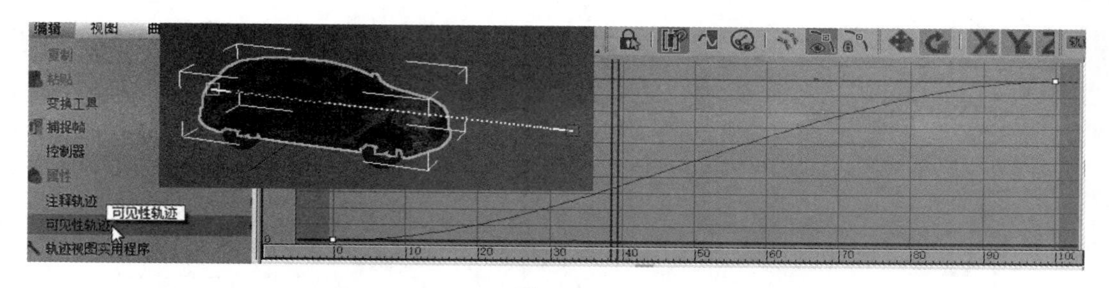

图 8.057

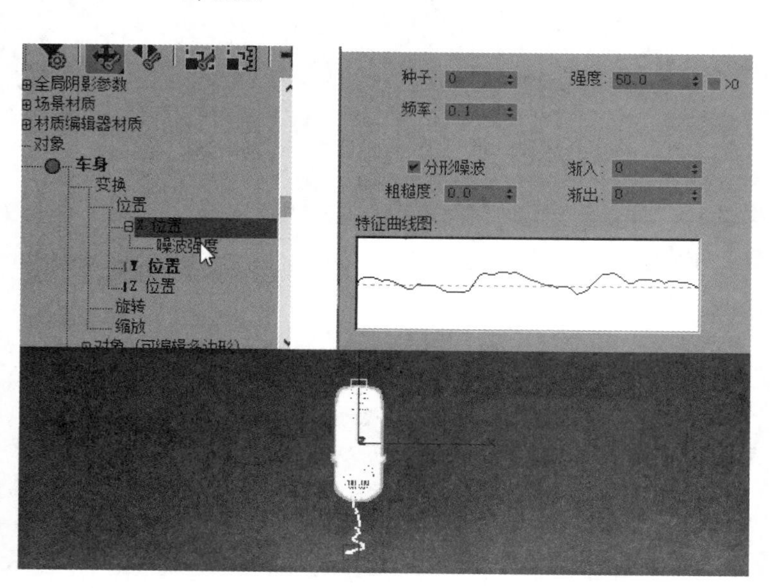

图 8.058

提示

车体晃动过快时可降低［频率］值。

步骤 18：再次选择［X 位置］，打开［指定浮点控制器］对话框，单击［Bezier 浮点］选项，即可取消车体晃动的效果。

步骤 19：打开［指定浮点控制器］对话框，选择［音频浮点］，在弹出的［音频控制器］中单击［选择声音］按钮，打开配套学习资源中的“场景文件\第 8 章\8.3.1\声音 .wav”文件，设置［控制器范围］参数组中的［最大值］为 200，此时出现根据声音产生噪波的效果，如图 8.059 所示。

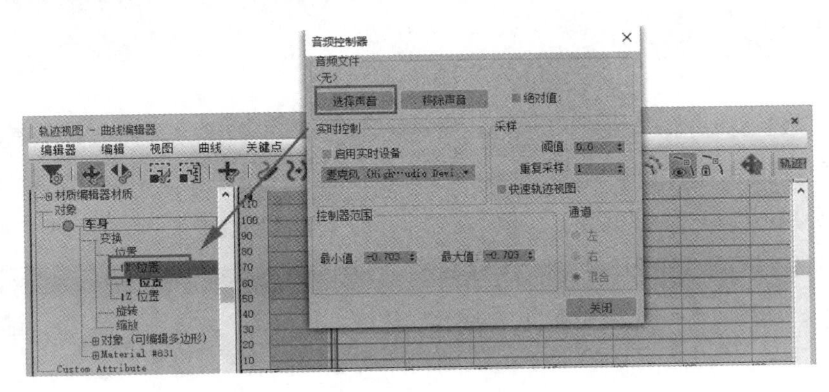

图 8.059

步骤 20：选择［曲线编辑器］左栏中的［声音］选项，单击鼠标右键，在弹出的菜单中选择［属性］选项，打开［声音选项］对话框，单击［选择声音］按钮，打开配套学习资源中的“场景文件\第 8 章\8.3.1\声音 .wav”文件，然后单击［曲线编辑器］左栏中［声音］下方的［波形 – 声音］选项，此时在右侧出现了声音波形。另外，如果在时间轴上单击鼠标右键，在弹出的菜单中选择［配置］中的［显示声音轨迹］选项，那么时间轴中将出现声音轨迹，如图 8.060 所示。

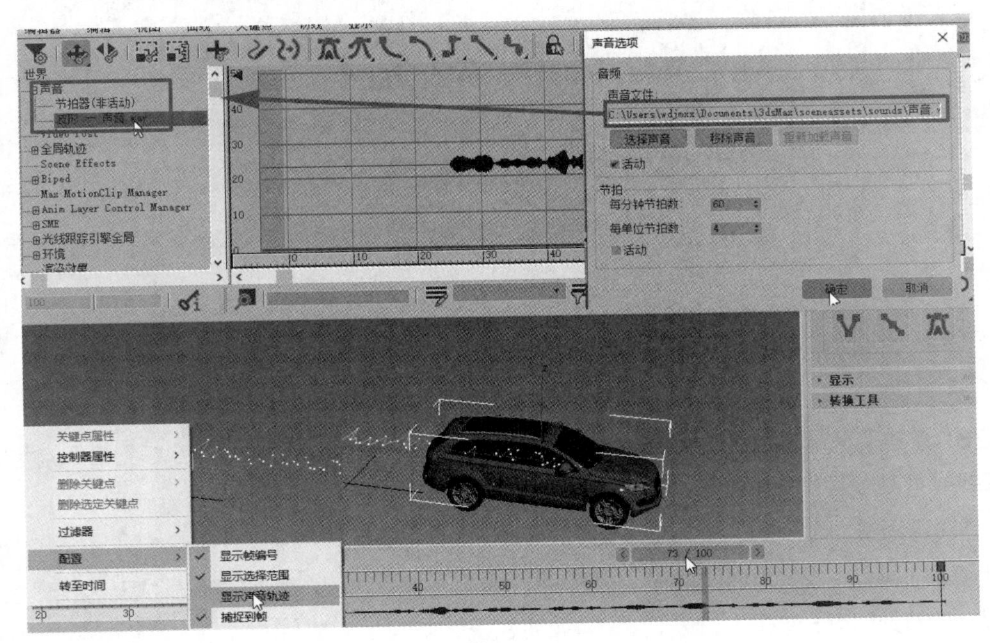

图 8.060

提示

①如果找不到［声音］选项，可重新打开［曲线编辑器］，或者在［轨迹视图］中执行［编辑器＞曲线编辑器］命令。

②如果仍然有问题，也可执行［视图＞过滤器］命令，在打开的［过滤器］窗口中勾选左栏中的［全局轨迹］选项。

③如果有时候播放时没有声音，可先将其存盘，重新打开一次。

步骤 21： 在［曲线编辑器］左栏中选择［声音］，单击鼠标右键，在弹出的菜单中打开［声音选项］。单击［移除声音］按钮，将声音移除，同时选择底部时间轴。单击鼠标右键，在弹出的菜单中取消勾选［声音选项］中的［显示声音轨迹］选项。回到［曲线编辑器］，选择左栏中车身下的［X 位置］，单击鼠标右键，在弹出的菜单中选择［指定控制器］选项，在打开的［指定浮点控制器］中选择［Bezier 浮点］，还原动画设置。

步骤 22： 在［轨迹视图－曲线编辑器］菜单栏中执行［编辑器＞摄影表］命令，选择［轨迹视图］中的另一种即［摄影表］。单击左栏中［车身］前的加号，单击［变换］，选择［位置］中的［Y 位置］。框选右侧 z 轴的关键点并删除，再将 y 轴关键点框选，单击工具栏中的［反转时间］按钮，则车体将进行倒退运动，如图 8.061 所示。

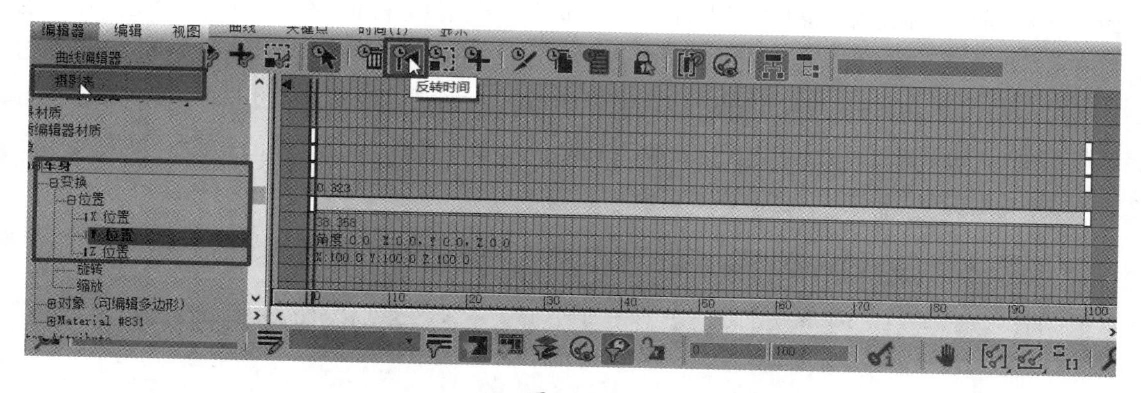

图 8.061

提示

如果［反转时间］不可用，则需要框选 y 轴关键点时的范围大一些，然后单击［选择时间］按钮将其包括即可。

步骤 23： 单击［缩放时间］按钮，将运动时间的一半进行缩放，此时从第 0 帧到第 50 帧车体倒退，从第 50 帧到第 100 帧静止，如图 8.062 所示。

2. 制作动画预览

单击［渲染］菜单，选择［创建预览］中的［创建动画预览］选项，即创建预览动画。使用［生成预览］对话框中默认的参数即可，单击［创建］按钮，如图 8.063 所示。

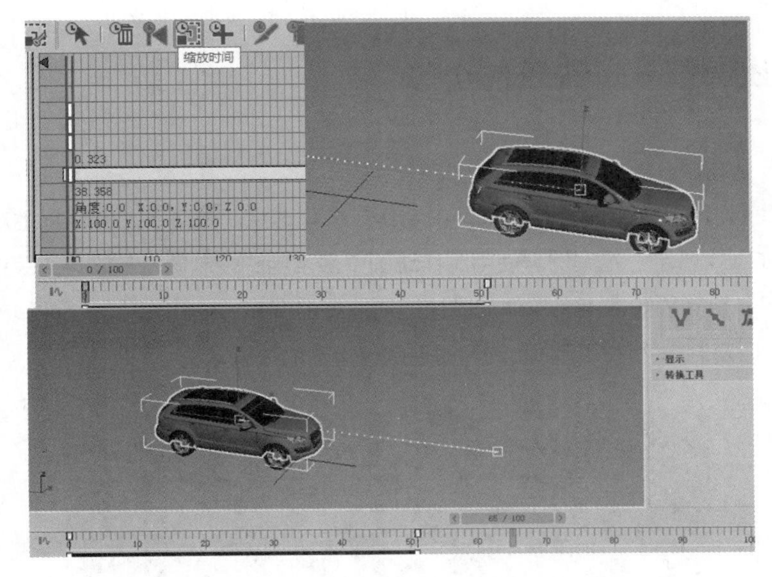

图 8.062

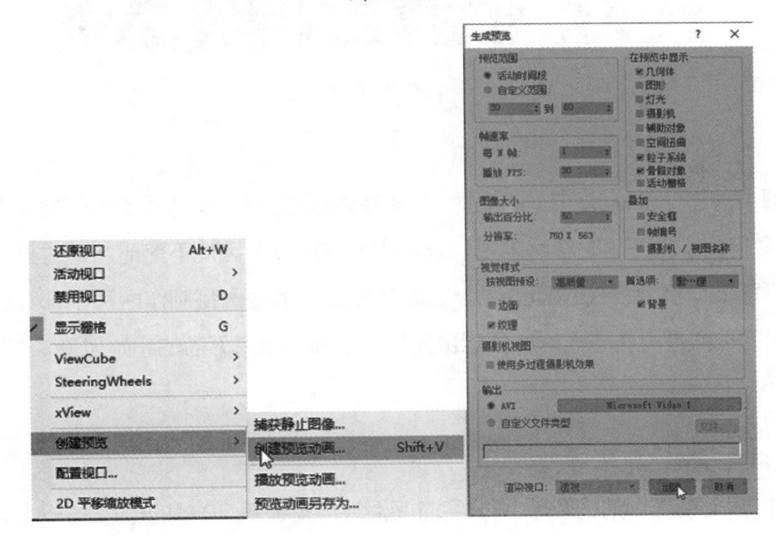

图 8.063

提示

①如果建模时在场景中使用了一些图形，并且给图形可渲染属性，则需勾选［图形］才能使其在预览动画中生成。

②如果此时没有出现效果，则可单击［渲染］菜单，选择［创建预览］中的［预览动画另存为］选项，将保存的预览动画“_scene”复制，然后执行［渲染 > 比较 RAM 播放器中的媒体］命令，打开［RAM 播放器］窗口，单击［打开通道 A］按钮，在［打开文件，通道 A］窗口粘贴“_scene”，此时就可以观察到预览动画了。

③使用内存播放器可以进行前进播放、后退播放以及调整帧速率。

关于汽车动画的具体讲解，请参见本书配套学习资源“视频文件 \ 第 8 章 \8.3.1”文件夹中的视频。

8.3.2 曲线调整——快乐的小球

范例分析

在本案例中，我们将学习如何在 3ds Max 中制作一个小球从高处落下，并且原地产生变形，继而弹跳起来的效果，如图 8.064 所示。本案例需使用制作动画中最常用的控制器——路径约束控制器来制作小球沿路径进行弹跳的效果，用到的知识点有物体加减速运动曲线的调节方法和物体静止曲线的调节方法，制作物体运动循环的方法，以及制作物体保留弹跳的同时沿路径运动的效果。

图 8.064

场景分析

在场景的透视图中创建一个球体，在[前视图]中将球体位置归零，同时移动到网格面上方，并调整其角度，如图 8.065 所示。设定小球在下落时忽略阻力，只受重力的影响，因此下落时将产生加速运动。因为小球是软性球体，所以在碰撞地面后会产生压扁效果，之后将弹起。本案例将制作两种小球弹起的效果，一种是碰撞后弹回原来高度，另一种是再次碰撞后产生能量损失，不弹回原来下落的起始位置。

制作步骤

1. 小球完全非弹性碰撞

步骤 01: 选择小球，切换到[前视图]，同时将时间滑块放置在第 20 帧的位置。进入[层次]面板，单击[调整轴] 卷展栏下的 [仅影响轴] 按钮，使用移动工具将小球的轴心放置在小球的底部，如图 8.066 所示。

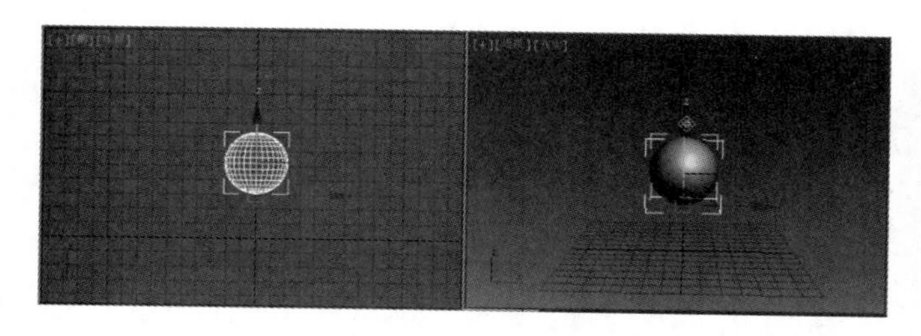

图 8.065

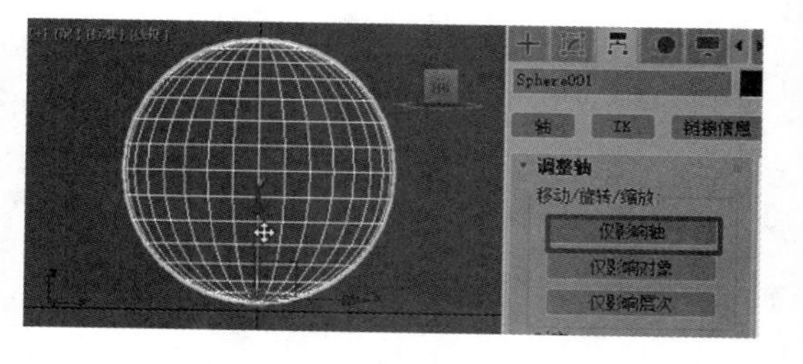

图 8.066

提示

小球落地时以底部轴心点产生压缩，所以在制作动画前需要先将轴心点调整到球体底部。

步骤 02：设置时间轴的范围为第 0 帧～第 40 帧，同时将关键帧放置在第 20 帧处。单击［自动关键点］按钮，将场景中的小球移动到底部，放置在网格上，此时在第 0 帧和第 20 帧处都记录了关键帧。在小球上单击鼠标右键，在弹出的菜单中选择［对象属性］，打开［对象属性］对话框，勾选［运动路径］选项。观察场景中小球运动的轨迹线，可发现分布在轨迹线两端的白色点相对密集，中间的点相对分散，两个白点间的距离越大，说明此时物体运动的速度越快，如图 8.067 所示。

步骤 03：选择球体，打开［曲线编辑器］窗口，选择左栏中的［Z 位置］，在右侧将显示小球运动的曲线，框选曲线下方的点，将曲线调整成拱形的加速曲线效果，如图 8.068 所示。

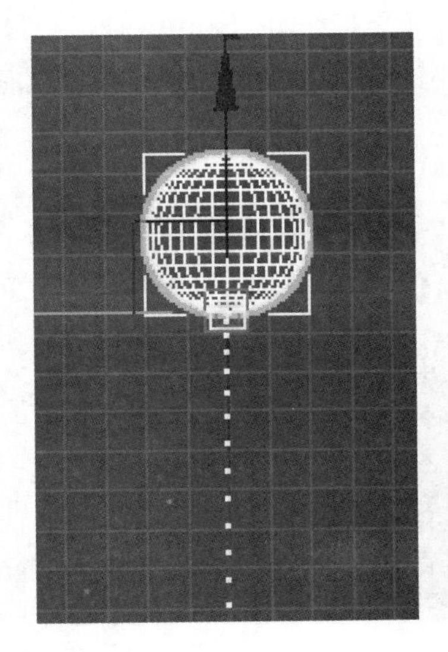

图 8.067

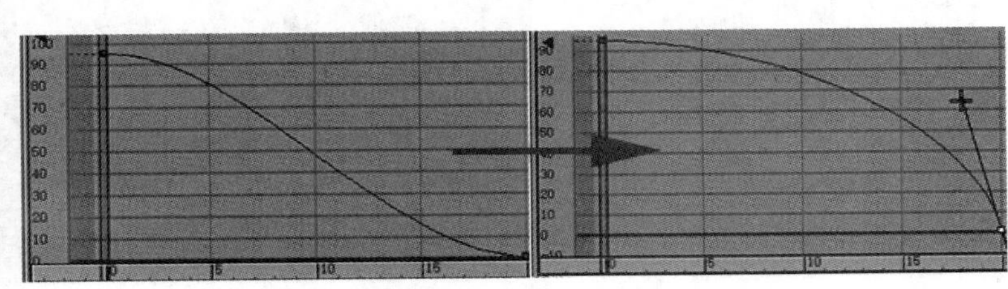

图 8.068

步骤 04：找到时间滑块，选择第 0 帧处的关键帧，按 Shift 键，将其复制到第 40 帧处，如图 8.069 所示。此时场景中出现球体下落后又弹回到原来位置的动画。

步骤 05：为了使球体弹起时产生减速运动的效果，这里选择球体。打开［曲线编辑器］窗口，框选［曲线编辑器］中第 20 帧处的关键帧，将显示出用于调节曲线的控制柄，按住 Shift 键，调节右侧的控制柄，使其呈拱形，如图 8.070 所示。

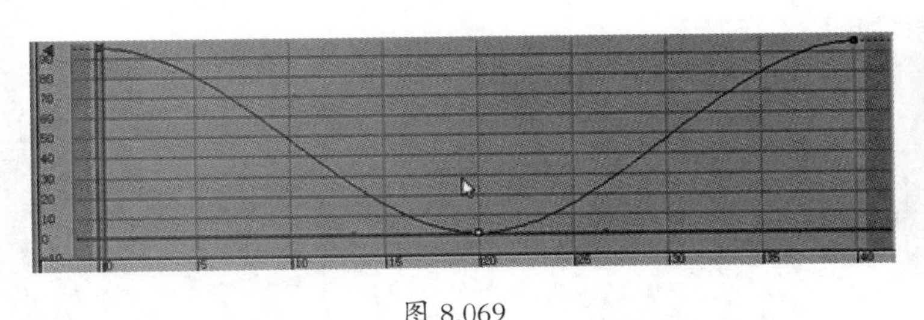

图 8.069

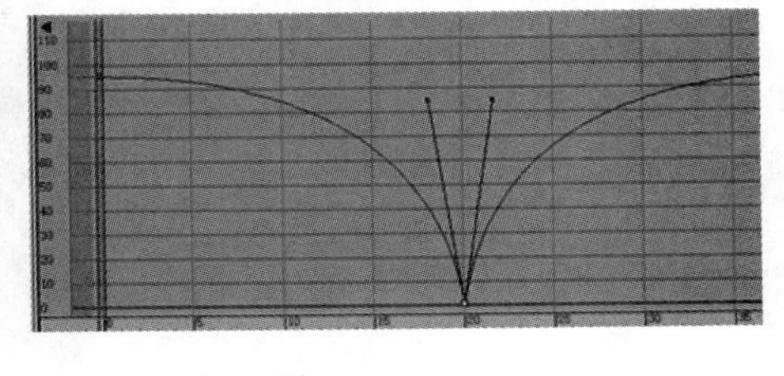

图 8.070

提示

由于直接调节一个控制柄时，另一个控制柄也会随之移动，所以需要先按住 Shift 键，再进行调节。

步骤 06： 播放动画，观察小球的弹跳效果，小球从上方落下时是加速运动（第 0 帧～第 20 帧），而从下方弹起回到上方时是减速运动（第 20 帧～第 40 帧），是符合我们要求的。

2. 小球完全弹性碰撞

步骤 01： 选择球体，单击鼠标右键，在弹出的菜单中选择［克隆选项］，在［克隆选项］对话框中选择［对象］参数组中的［复制］选项，即以［复制］的方式进行克隆，同时将其更名为“Sphere002”，如图 8.071 所示。将原始的“Sphere001”隐藏。

步骤 02： 将时间轴的时间范围调整为第 0 帧～第 120 帧，并将场景切换到［前视图］，然后将时间滑块放置在第 40 帧的位置，按下［自动关键点］按钮。接着使用移动工具将球体“Sphere002”沿 y 轴向下移动一段距离。将第 20 帧处的关键帧复制到第 60 帧处，此时小球的动画曲线为加速曲线，如图 8.072 所示。

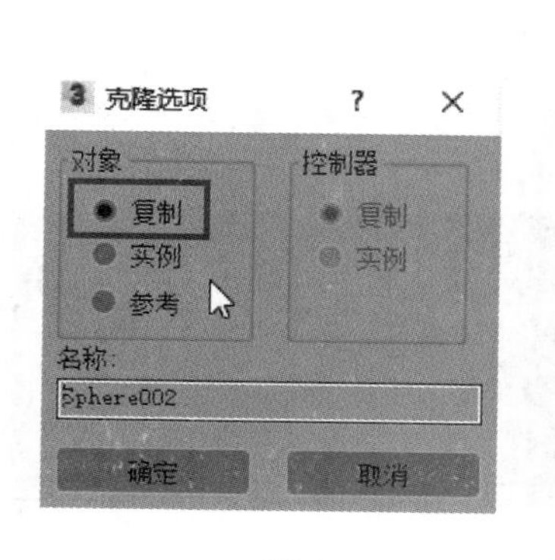

图 8.071

图 8.072

步骤 03： 将时间滑块放置在第 80 帧处，单击［自动关键点］按钮，将其打开，然后使用移动工具将球体向上移动一小段距离。打开［曲线编辑器］，调节第 60 帧到第 80 帧之间的曲线，如图 8.073 所示。

步骤 04： 继续将第 60 帧处的关键帧复制到第 100 帧处，如图 8.074 所示。使用同样的方法创建第 100 帧～第 120 帧的动画，然后调整［曲线编辑器］中对应时间段的曲线形状即可。如果只需要小球弹跳 3 次就不再弹起的效果，可以在［曲线编辑器］中将第 40 帧处的关键帧向下调节，第 80 帧同理，并将第 100 帧～第 120 帧之间的曲线调节成一条直线，如图 8.075 所示。

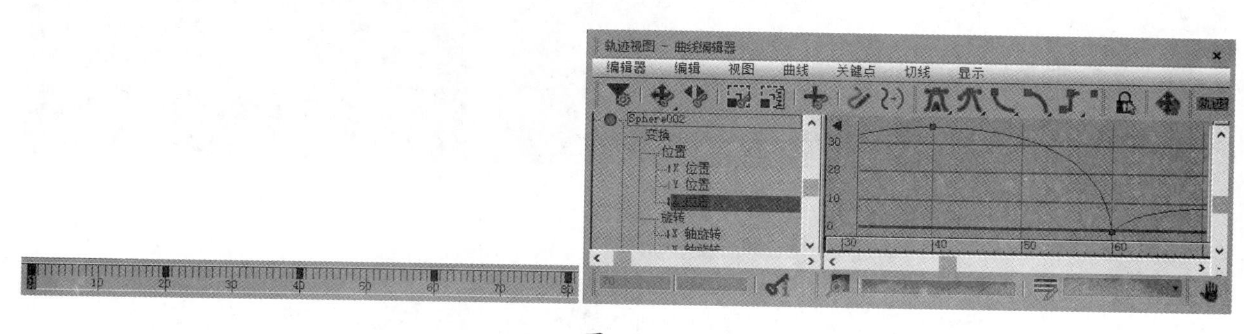

图 8.073

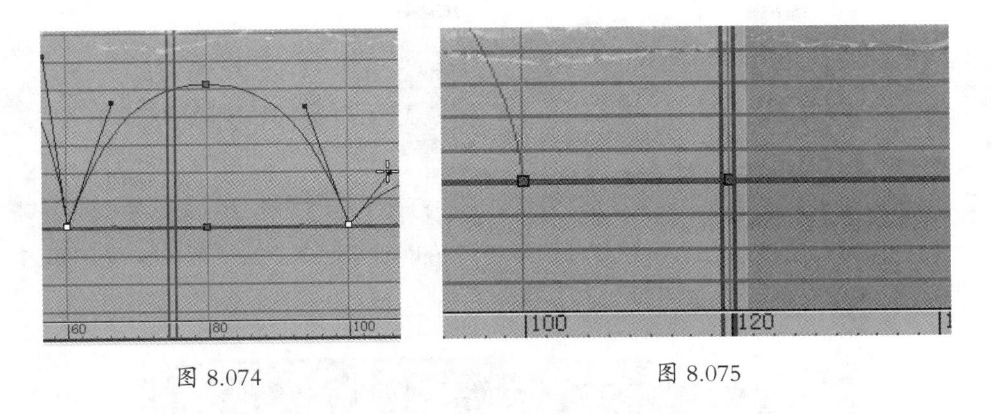

图 8.074　　　　图 8.075

步骤 05：由于小球在第 80 帧～第 100 帧之间在空中停留的时间过长，这并不符合小球真实的弹跳效果，所以将第 80 帧和第 100 帧的关键帧分别调节成第 70 帧和第 80 帧，并将最后一个关键帧（在第 120 帧处）删除，如图 8.076 所示。

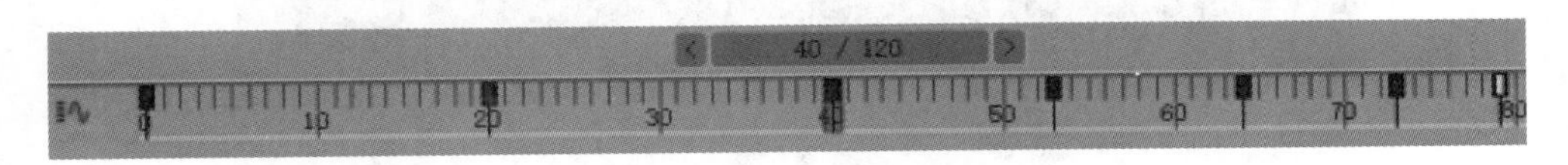

图 8.076

提示

如果仍然对小球的弹跳运动不满意，还可以根据自己的需要手动调节各个关键帧的位置，直到满意。

3. 小球变形效果

步骤 01：隐藏小球“Sphere002”，显示小球“Sphere001”。在时间滑块上，将第 20 帧处的关键帧移动到第 18 帧处，此时球体在第 18 帧时落到地面。将第 18 帧处的关键帧复制到第 22 帧处，这意味着在第 18 帧～第 22 帧之间球体一直停止在地面上。打开［曲线编辑器］，观察曲线，使用缩放工具调整整体曲线，并将曲线中间位置放大，选中第 18 帧和第 22 帧的两个点，分别调节两个控制柄，将第 18 帧到第 22 帧之间的曲线调成一条水平直线，在这个时间段球体完全静止在地面上，如图 8.077 所示。

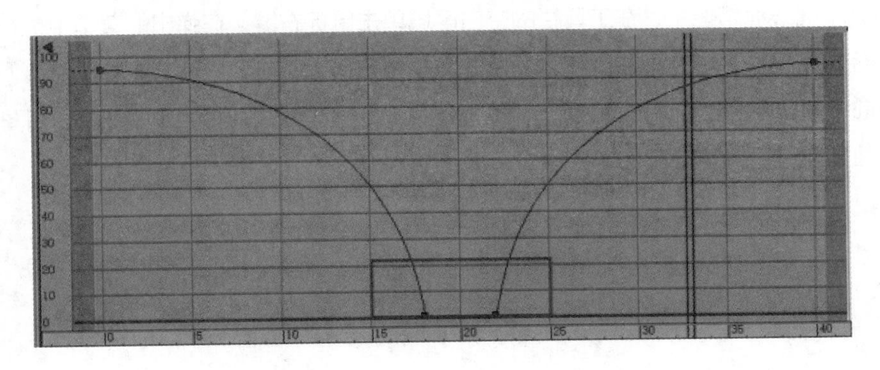

图 8.077

提示

如果打开［曲线编辑器］后观察不到曲线，可使用平移工具将观察范围移动到有曲线的部分。

步骤 02： 在时间轴上将时间滑块放置在第 20 帧处，并打开［自动关键点］。使用［选择并挤压］工具将球体压扁一些，此时在时间轴上出现了第 0 帧和第 20 帧的两个蓝色关键点（蓝色关键点代表执行了缩放动画），如图 8.078 所示。

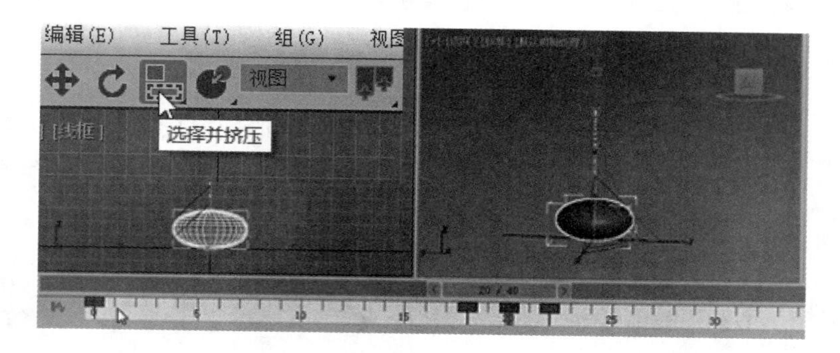

图 8.078

提示

由于球体体积不发生变化，所以在被压扁时，球体将变胖。如果直接使用缩放工具进行缩放，则球体仅仅变扁，但是在 x 轴和 y 轴没有任何放大，所以这里需要使用［选择并挤压］工具。

步骤 03： 小球从下落时开始就出现压扁和变胖效果，这不是我们需要的效果，所以先关闭［自动关键点］。打开［曲线编辑器］，找到球体缩放曲线（选择左栏中的［缩放］），框选第 0 帧的关键点，在工具栏中将［帧］改为 18，如图 8.079 所示。

步骤 04： 在［曲线编辑器］中框选第 18 帧处的关键帧，按住 Shift 键将其拖曳到第 22 帧处，同时在工具栏中设置该关键点的［值］为 100，如图 8.080 所示。此时球体将产生真实的弹跳效果。

步骤 05： 如果需要制作第 40 帧后球体的弹跳运动，可将关键点进行复制，也可让小球动画在规定时间内产生循环。打开［曲线编辑器］，在工具栏的空白区域单击鼠标右键，在弹出的菜单中执行［加载布局 > 功能曲线布局（经典）］命令。在［曲线编辑器］的左栏中选择［Z 轴］，单击工具栏中的［循环］按钮，在打开的［参数曲线超出范围类型］对话框中单击［循环］，将［恒定］切换至［循环］，如图 8.081 所示。这样球体就会一直弹跳，不会停止了。

提示

①［恒定］是指制作关键帧的部分为实线，没有制作的部分为虚线。

②将［恒定］切换至［循环］有两种方式，单击底部按钮和直接单击图形。

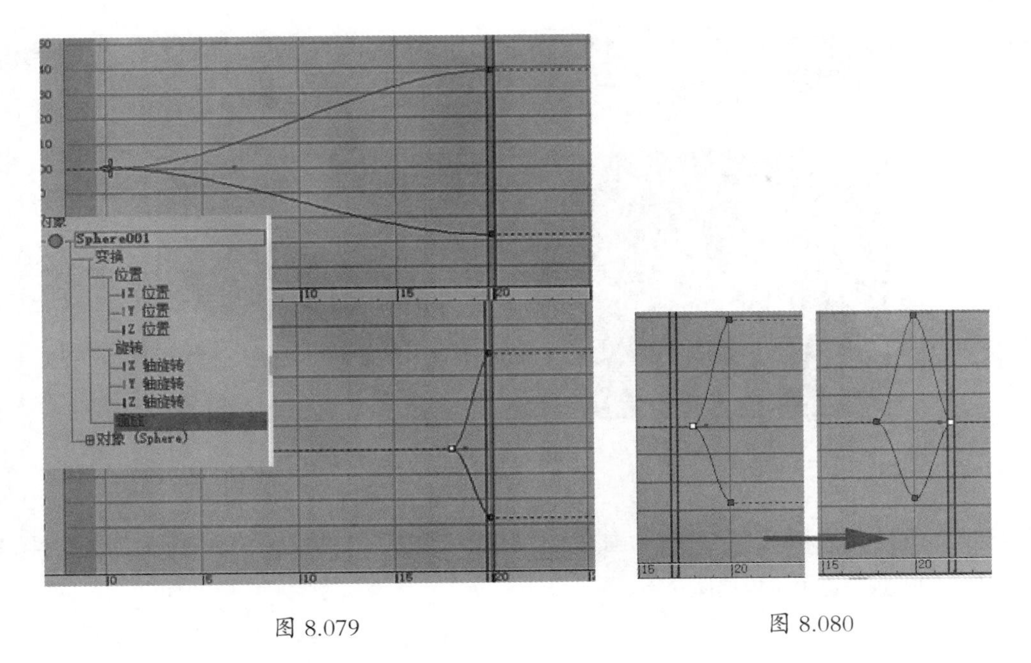

图 8.079　　　　图 8.080

步骤 06：此时小球弹跳的效果并不真实，所以需要将缩放重新进行循环。选择球体，重新打开［参数曲线超出范围类型］对话框，切换回［恒定］选项。回到［曲线编辑器］，框选第 18 帧处的关键点，按 Shift 键将其拖曳到第 0 帧处。框选第 22 帧处的关键点，将其拖曳到第 40 帧处，如图 8.082 所示。

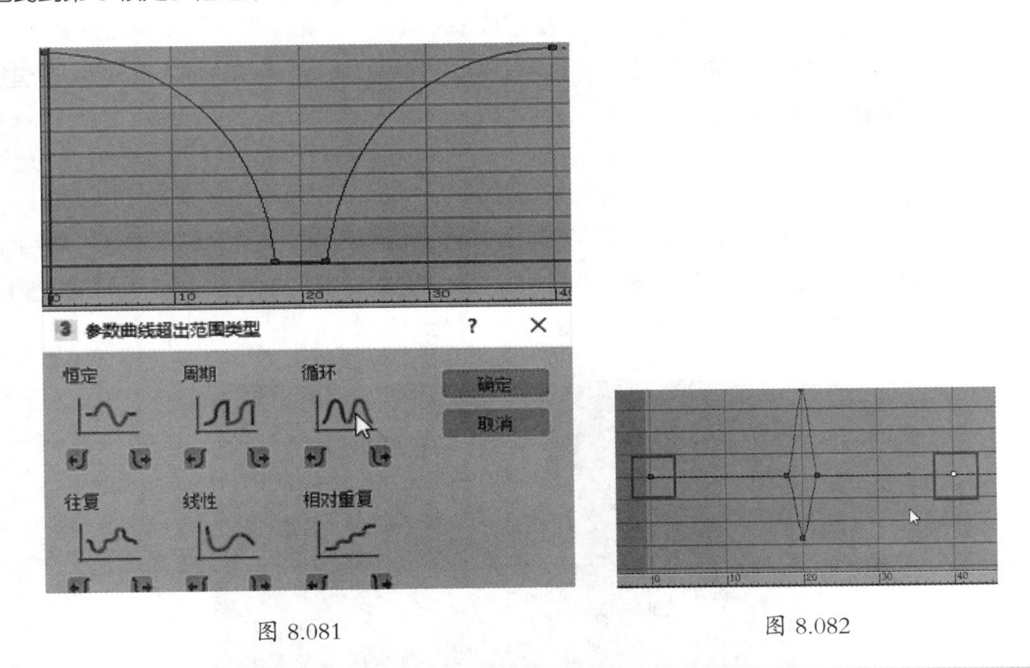

图 8.081　　　　图 8.082

提示

虽然添加的关键点没有任何动画，但是有关键点在，系统将会认为整个动画限定在这个时间段内。

步骤 07: 在[曲线编辑器]的左栏中单击[缩放]，再次打开[参数曲线超出范围类型]对话框，单击[循环]，将[恒定]切换为[循环]，如图 8.083 所示。此时出现了小球正确弹跳的无限循环效果。

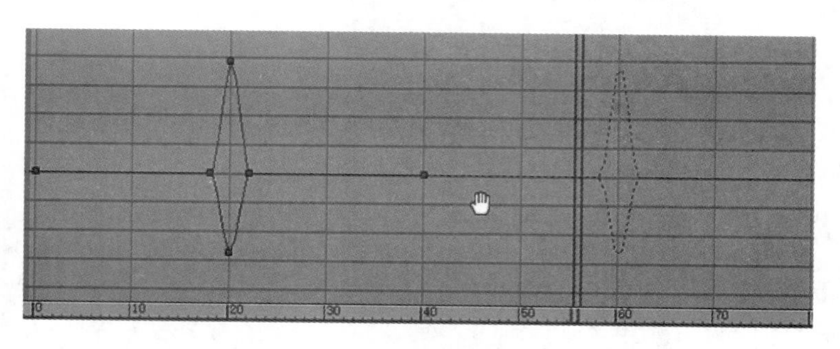

图 8.083

关于小球的材质、灯光和沿路径弹跳动画的具体讲解，请参见本书配套学习资源“视频文件\第 8 章\8.3.2”文件夹中的视频，这里不再具体介绍。

8.3.3 综合案例——开弓射箭

范例分析

在本案例中，我们将使用 3ds Max 制作一个拉弓放箭的效果。本案例涉及的知识点较多，主要包括 3ds Max 中默认的表达式、Bend [弯曲] 修改器、[附着约束] 修改器、[网格选择] 修改器、[链接变换] 修改器，以及手调关键帧和虚拟体的应用等。

场景分析

打开配套学习资源中的“场景文件 \ 第 8 章 \8.3.3\video_start.max”文件，场景中有一个弓的模型。该模型为可编辑多边形，弓上的弦是用一个圆柱体加分段制作而成的，它分别有 3 组顶点，每组都由许多个顶点构成。场景中的箭也是一个可编辑多边形，如图 8.084 所示。

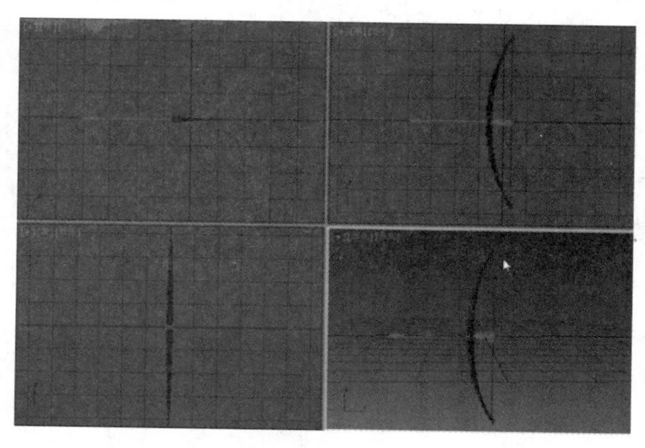

图 8.084

在场景中，通过向后拖曳一个虚拟体，使弓弯曲，弦两边的点跟随弓一起产生变形，弦中间的点跟着虚拟体向后拖曳，同时箭也跟着虚拟体向后，从而完成开弓的动画，如图 8.085 所示。

当虚拟体返回的时候，弓恢复初始弯曲状态，弦恢复到竖直状态，如图 8.086 所示。箭射出去，由于弦是牛筋绳材质，所以会产生颤抖的效果，并且带动弓一起出现颤抖，从而完成射箭的效果。

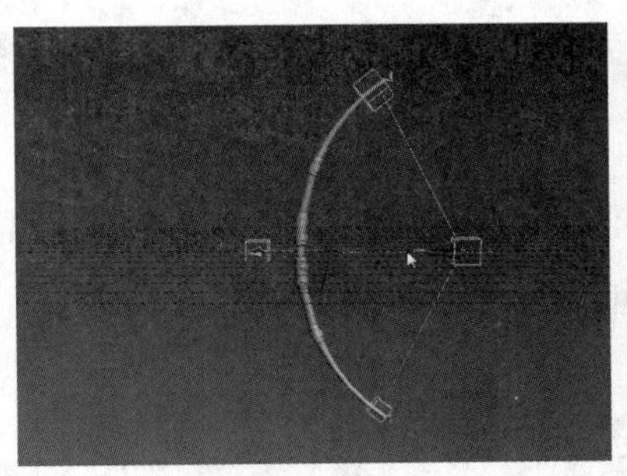

图 8.085

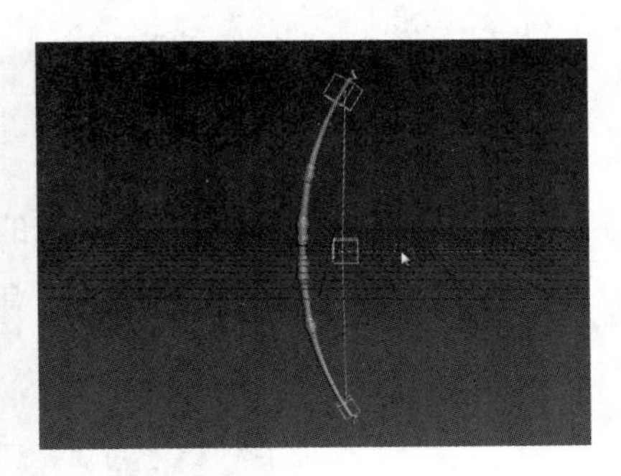

图 8.086

制作步骤

1. 创建虚拟体来制作弓的弯曲效果。

步骤 01： 进入［创建］面板，选择［辅助对象］，在［标准］下单击［虚拟对象］按钮。在［顶视图］中创建一个虚拟对象，使其在沿 x 轴正方向拖曳时可以使弓产生弯曲效果，如图 8.087 所示。

提示

通过虚拟体 x 轴的位置控制弯曲的角度，从而形成拉弓放箭的效果。

步骤 02: 弓弯曲的效果可以用修改器制作。选择弓，进入［修改］面板，在［修改器列表］中选择 Bend［弯曲］修改器，如图 8.088 所示。

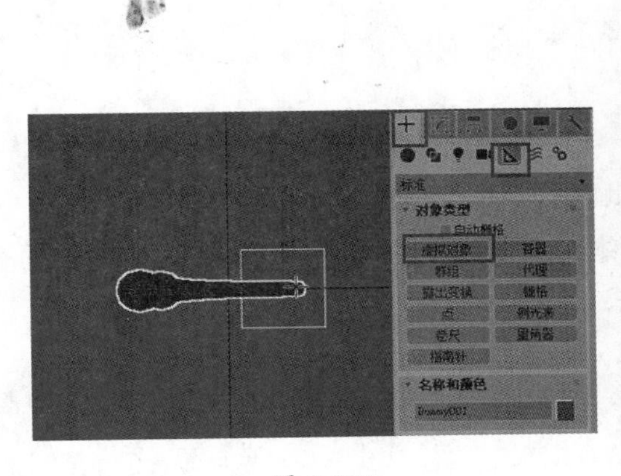

图 8.087

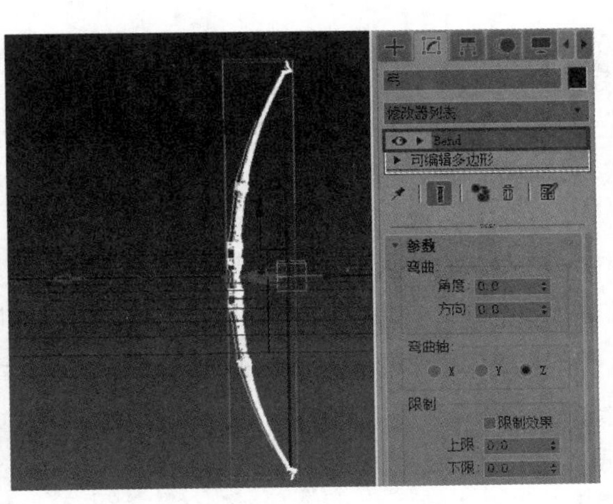

图 8.088

步骤 03： 为了使虚拟体在 x 轴的位置与弓的弯曲效果产生联系，先选择虚拟体。单击鼠标右键，选择［连线参数］，此时会弹出［变换］，选择［变换］中［位置］下的［X 位置］选项，如图 8.089 所示。

提示

进行表达式连接时，要注意选择适合的主动物体和被动物体，主动物体运动时带动被动物体的运动。本案例中虚拟体是主动物体，它带动弓弯曲的旋转角度。

步骤 04： 将虚拟体与弓连接。单击弓，在弹出的菜单中执行［修改对象 >Bend> 角度］命令，如图 8.090 所示。在打开的［参数关联］窗口中单击 ［单向连接：左参数控制右参数］按钮，并单击［连接］按钮。

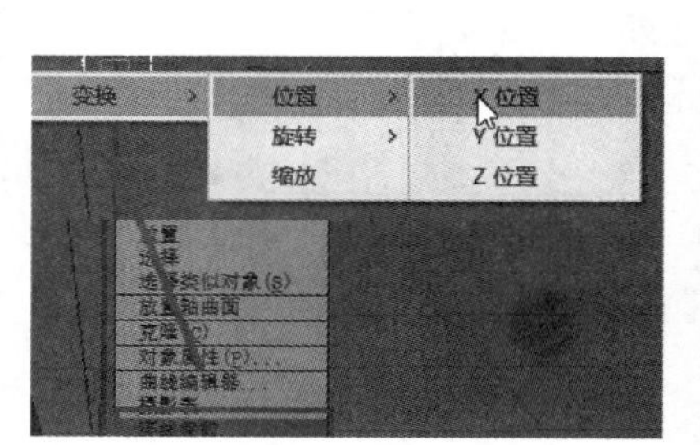

图 8.089

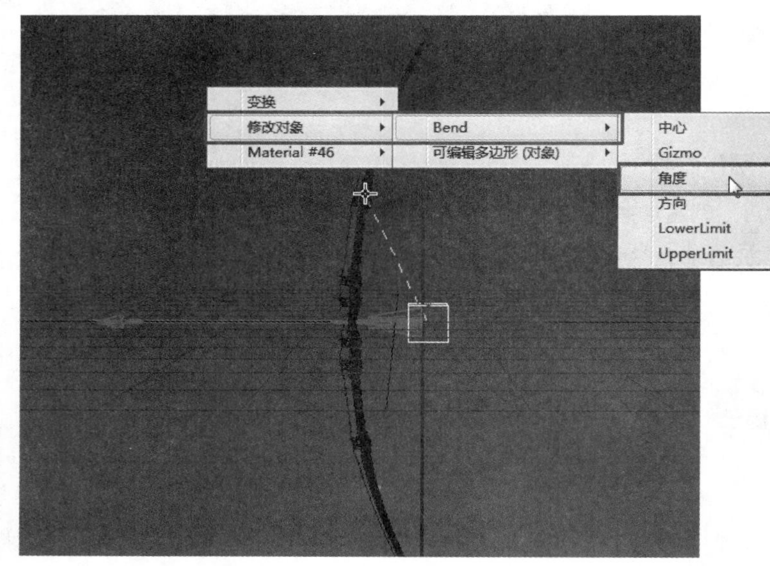

图 8.090

提示

［参数关联］窗口左侧是虚拟体的 x 轴位置，右侧是弓的弯曲角度，表达式需要写在被动物体一侧。表达式窗口在用完之前尽量不要关闭，可以将其最小化。

步骤 05： 使用移动工具移动虚拟体在 x 轴的位置，此时弓产生了弯曲。在［参数关联］窗口中将“X_位置”乘以 2，单击［更新］按钮。再次沿 x 轴移动虚拟体，可以看到，在虚拟体沿相同方向移动相同的距离时，弓的弯曲程度变成了之前的两倍，如图 8.091 所示。

提示

如果表达式中弓的角度是“X_ 位置*2”，那么弓的弯曲角度就是“X_ 位置”移动单位的两倍。

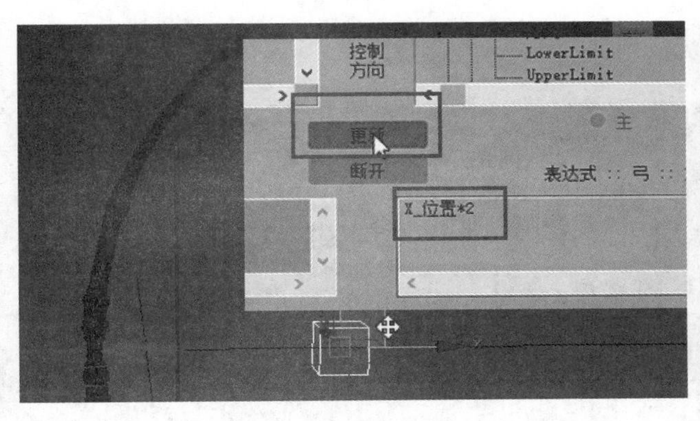

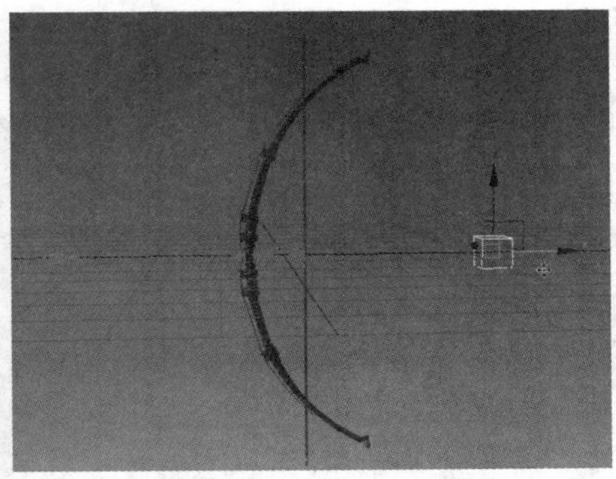

图 8.091

步骤 06： 由于弓有默认的弯曲效果，所以弓上的一部分弦穿到了弓的外面。这里选择弦，单击［修改］面板下［选择］卷展栏中的 ［顶点］按钮，进入顶点级别。选择弦上方顶端的一组顶点，使用移动工具将其沿 y 轴向下移动，将其移动到弓里面，弓下方的顶端执行相同的操作，如图 8.092 所示。

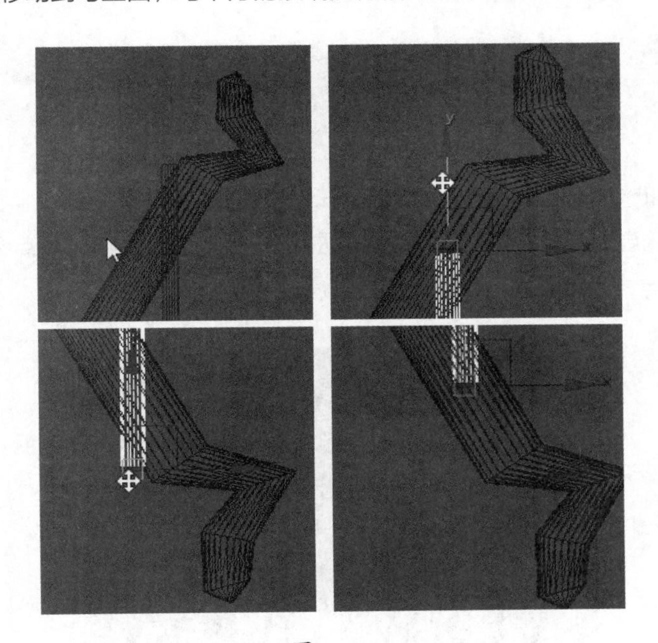

图 8.092

2. 将虚拟体与弓、弦连接，制作弦的弯曲效果

步骤 01： 为了在移动虚拟体时弦也产生变化效果，需要使弦中间的顶点跟随虚拟体的运动而运动，上下两端的顶点跟随弓的弯曲而变化。选择弦，单击工具栏中的 ［断开当前选择链接］按钮，断开虚拟体与弦的关联，此时弦则不跟随虚拟体移动，如图 8.093 所示。

步骤 02： 选择当前弓的弦，单击［修改器列表］下的［网格选择］选项，然后进入［顶点］级别。选择弦中间的一组顶点，认虚拟体作为父物体，跟随它运动，如图 8.094 所示。

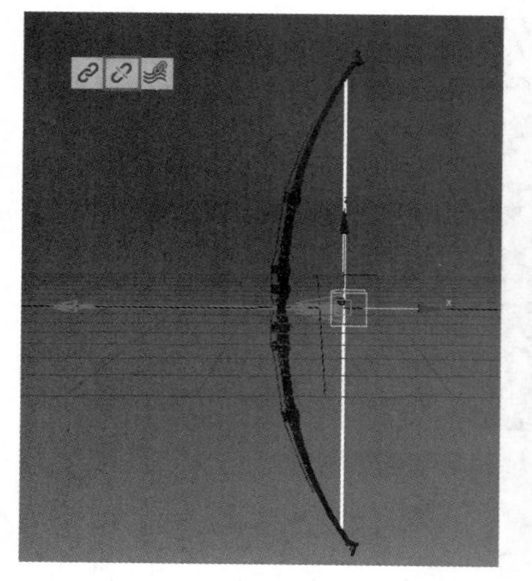

图 8.093

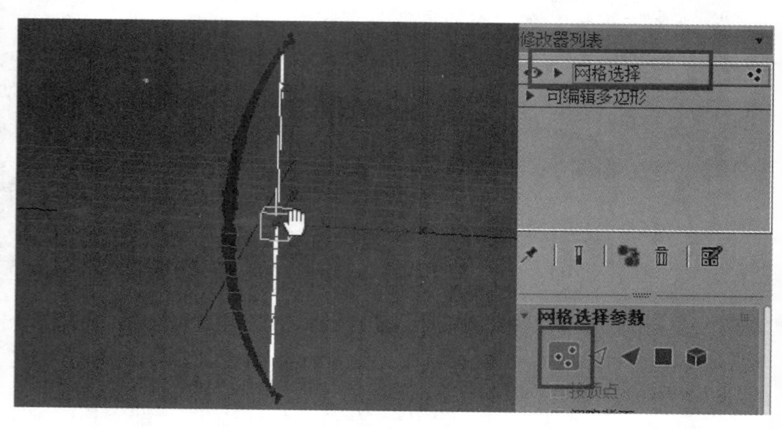

图 8.094

提示

如果将弦作为整个虚拟体的子对象，那么当移动父对象时，整个弦将跟随虚拟体进行运动，所以如果选择弦，则不能使用［选择并连接工具］直接将弦连接给虚拟体。

步骤 03：在弦上添加一个［链接变换］修改器。在［修改］面板中的［参数］卷展栏中单击［拾取控制对象］按钮，拾取场景中的虚拟物体，此时选择虚拟体进行移动，则弦中的部分顶点会跟随虚拟体一起运动，但不是我们设置的中间顶点，如图 8.095 所示。

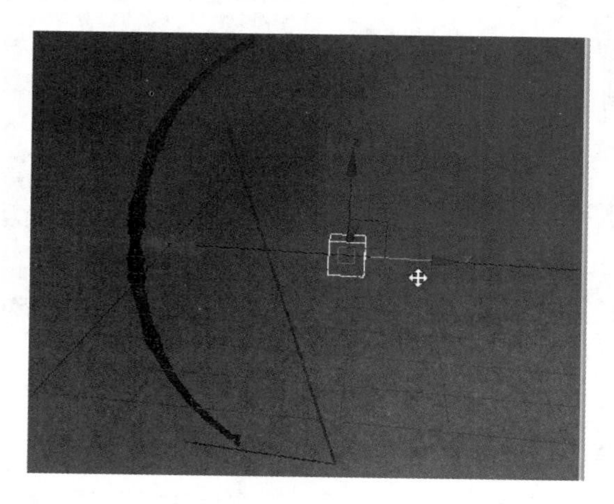

图 8.095

提示

①此时不要在［可编辑多边形］中进行任何选择。

②选择弦中间的顶点后，保证当前选择，不要进行任何操作，直接添加［链接变换］。

步骤 04：选择场景中的弦，取消勾选［参数］卷展栏下的［回退变换］选项，此时弦中间部分完全跟随虚拟体进行运动了，如图 8.096 所示。

提示

勾选［回退变换］会将弦中选择的点自动退到下一个层级里面。

步骤 05：为了使弦两边的顶点也跟随虚拟体进行运动，这里将虚拟体放在弓两侧顶点的位置，使它跟随弓产生变形。进入［创建］面板，选择［辅助对象］，单击［虚拟对象］按钮，在场景中创建一个小虚拟体，如图 8.097 所示。

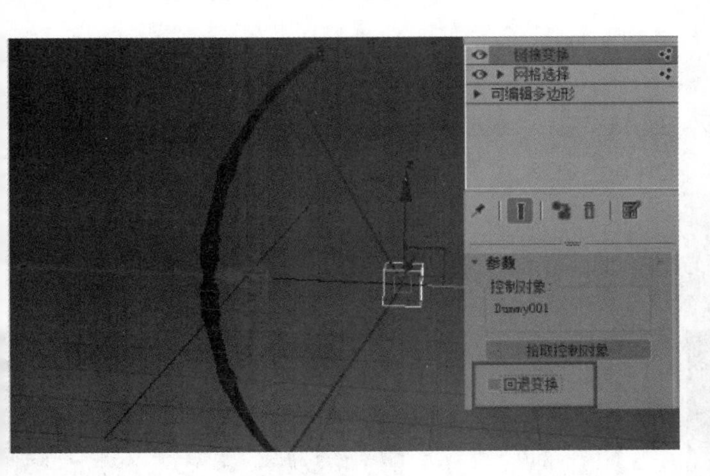

图 8.096

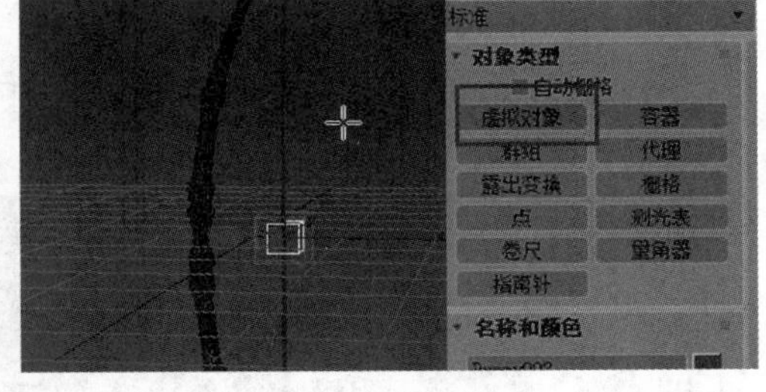

图 8.097

步骤 06：保持小虚拟体的选中状态，在菜单栏中执行［动画 > 约束 > 附着约束］命令，此时小虚拟体与光标之间出现一条虚线。在弓的任意位置上单击鼠标左键，将虚拟体与弓连接起来，如图 8.098 所示。

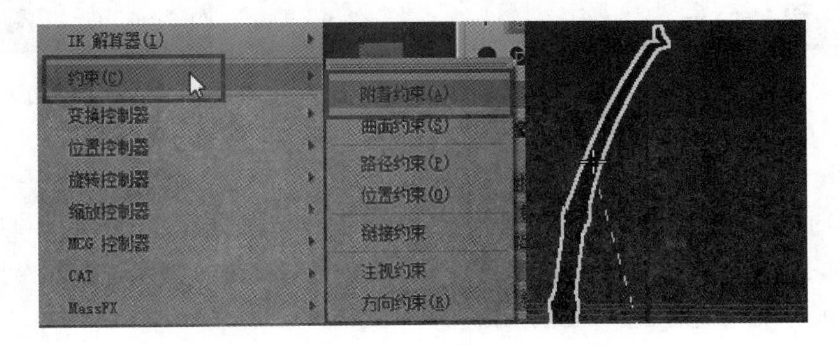

图 8.098

步骤 07：单击［位置］参数组中的［设置位置］按钮，调节［面］为 1551、［A］为 0.18 左右、［B］为 0.09 左右，从而调整［设置位置］上方的红色加号即场景中虚拟体的位置，如图 8.099 所示。这样当移动虚拟体［Dummy001］时，虚拟体［Dummy002］就会跟随着一起移动了。

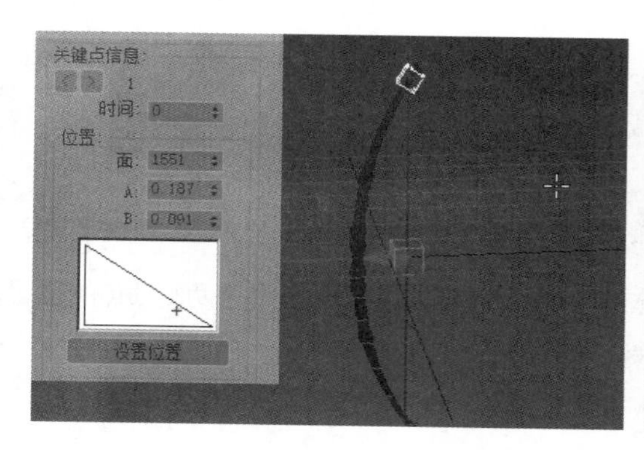

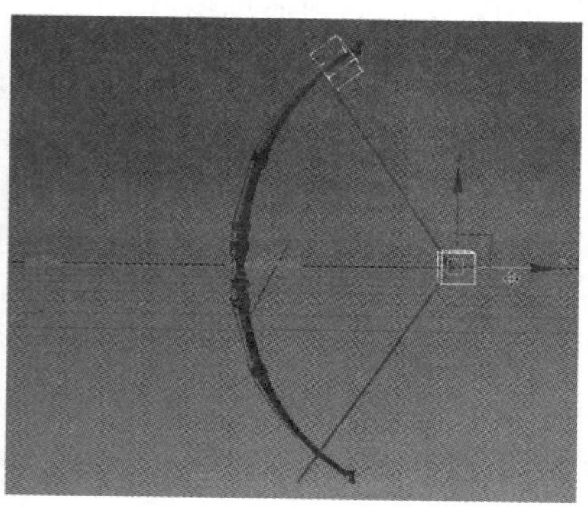

图 8.099

步骤 08： 选择弓的弦，进入［修改］面板，在［链接变换］被选定的情况下，单击［参数］卷展栏中的［拾取控制对象］按钮，然后单击场景中的虚拟体［Dummy002］，将其拾取，这样移动虚拟体［Dummy001］时，弓就会跟着变换了，如图 8.100 所示。

步骤 09： 使用相同的方法，制作弓弦下方的拉动动画，如图 8.101 所示。

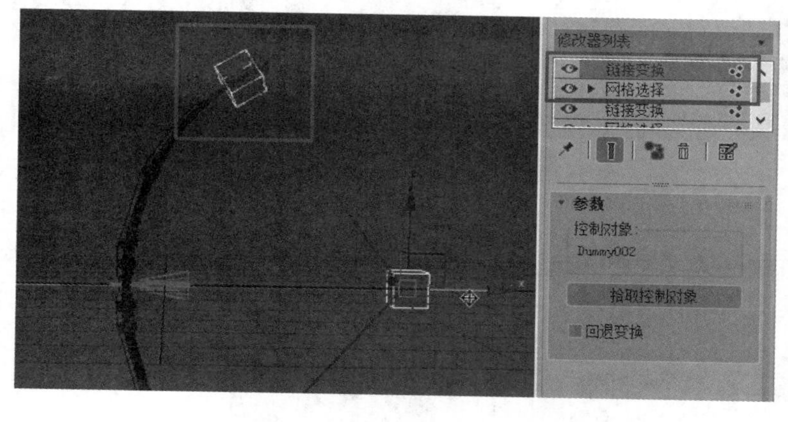

图 8.100

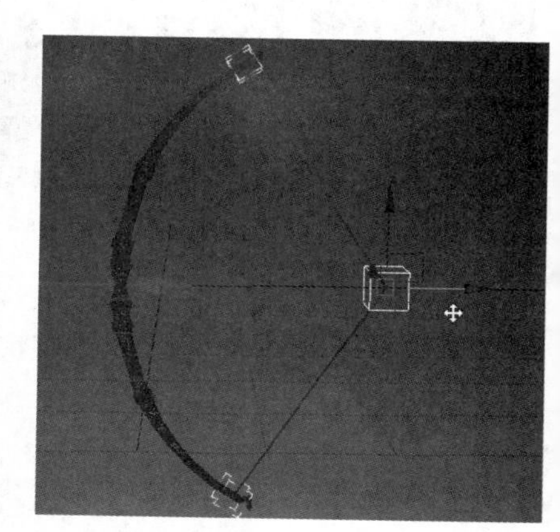

图 8.101

3. 箭的设置

步骤 01： 将时间轴的范围设置为第 0 帧 ~ 第 40 帧，将时间滑块放置在第 30 帧处，单击［自动关键点］按钮，将主虚拟体［Dummy001］向后拖曳。选择第 0 帧处的关键帧，将其复制到第 33 帧处，关闭［自动关键点］，播放动画，拉弓效果如图 8.102 所示。

步骤 02： 进入［创建］面板，再创建一个［虚拟对象］，用于带动弓的运动。将时间滑块放置在第 36 帧的位置，打开［自动关键点］，将新建的虚拟体向左拖曳，然后关闭［自动关键点］。将第 0 帧处的关键点拖曳到第 33 帧处，此时在第 0 帧到第 33 帧之间，箭跟随虚拟体一起运动，第 33 帧后，新的虚拟体将箭带走，如图 8.103 所示。

步骤 03： 将时间滑块放置在第 0 帧处，选择箭，在菜单栏中执行［动画 > 约束 > 链接约束］命令，将箭连接到虚拟体［Dummy001］上。将时间滑块放置在第 33 帧处，选择箭，单击［运动］面板中［链接参数］卷展栏中的［添加链接］按钮，选择新创建的虚拟体［Dummy004］，并设置［开始时间］为 33，如图 8.104 所示。

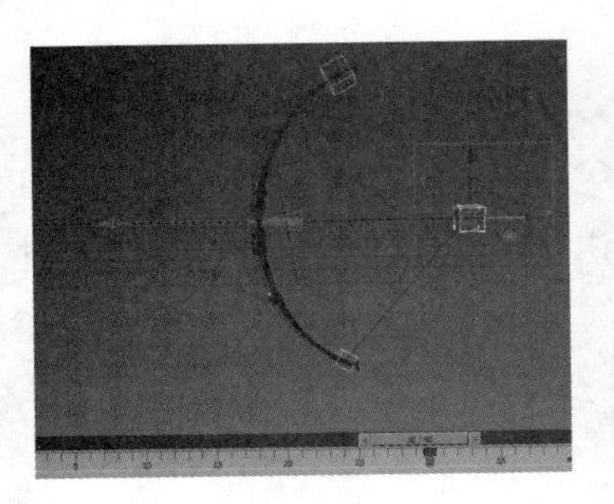

图 8.102

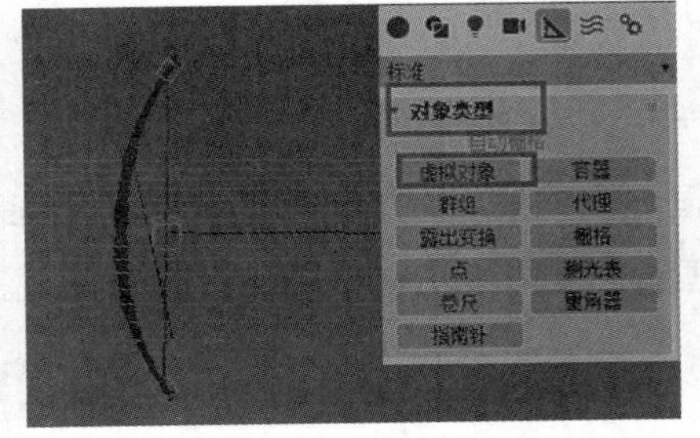

图 8.103

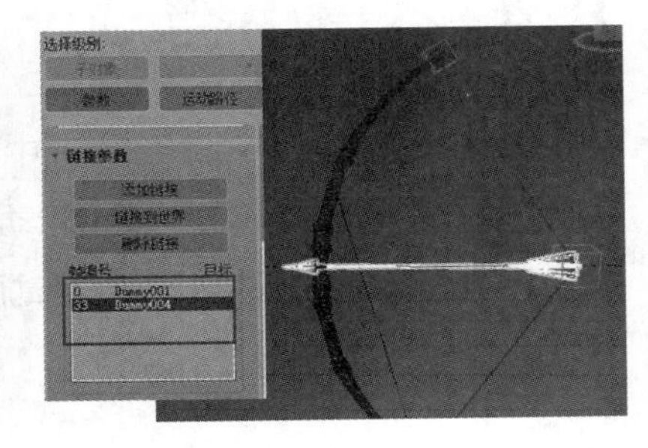

图 8.104

提示

进行下一步骤前，应关闭［添加链接］按钮，否则单击其他物体都将成为箭的父物体。

步骤 04： 由于此时箭被拉得幅度有些大，所以将时间滑块放置在第 30 帧处。选择虚拟体［Dummy001］，打开［自动关键点］，使用移动工具将该虚拟体沿 x 轴负方向将箭头推出弓外，如图 8.105 所示。

步骤 05： 将时间滑块放置在第 35 帧处，打开［自动关键点］，将虚拟体［Dummy001］沿 x 轴负方向稍微移动一小段距离。在该虚拟体上单击鼠标右键，在弹出的菜单中选择［对象属性］，打开［对象属性］对话框，单击［显示属性］中的［按对象］按钮，再单击［按层］按钮，同时勾选［运动路径］选项。在时间轴上将时间滑块移动到第 37 帧处，同时将虚拟体［Dummy001］沿 x 轴正方向稍微移动一小段距离，同理，在第 38 帧处，将虚拟体［Dummy001］沿 x 轴负方向稍微移动一小段距离。依此类推，最后将第 0 帧处的关键帧复制到第 40 帧处，即弦停止运动。这个过程也就是在不同的时间调节主虚拟体［Dummy001］在弦上的位置，从而制作弦抖动的效果，如图 8.106 所示。

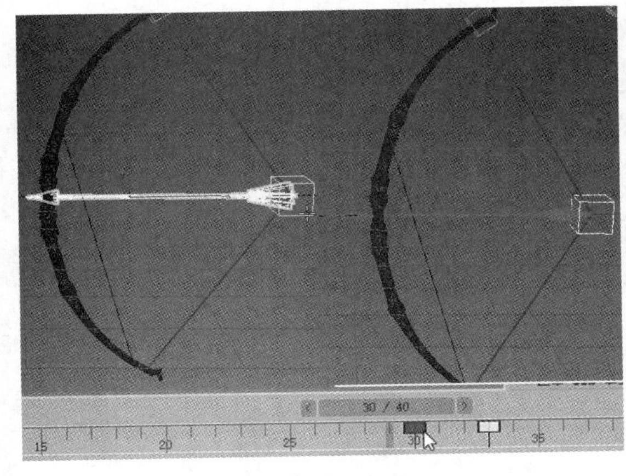

图 8.105

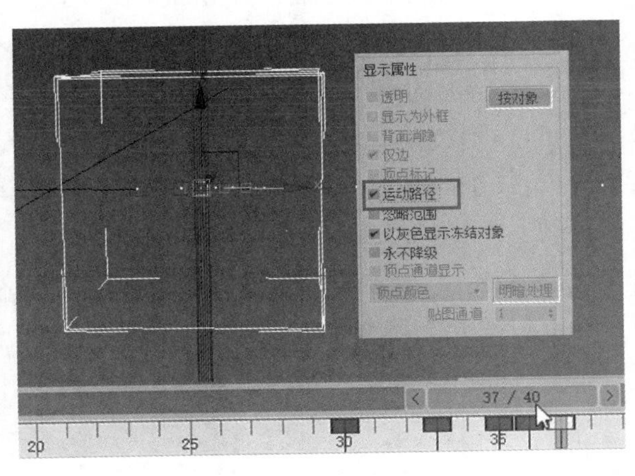

图 8.106

到这里，一个拉弓射箭的动画制作完成。关于该案例的具体视频讲解，请参见本书配套学习资源“视频文件\第8章\8.3.3”文件夹中的视频。

8.4 本章小结

本章详细讲解了在3ds Max中为物体设置动画的方法。其中使用了一个汽车的动画实例讲解了设置动画的基本流程和使用轨迹视图编辑动画的基本技巧，并且通过其他实例详细讲解了如何使用各种修改器为对象设置动画，如何为对象添加各种动画控制器和约束来实现复杂的动画效果。

8.5 参考习题

1. 以下 ________ 功能无法在［时间配置］对话框中完成。
   A. 更改渲染输出时动画的时间长度
   B. 更改时间轴的时间显示范围
   C. 改变播放速度
   D. 更改时间显示类型

2. 在图8.107中，小机器人头部的触须跟随头部的运动而摆动，要制作这种效果，需要通过为触须对象添加以下 ________ 修改器。
   A. 链接变换修改器
   B. 变换修改器
   C. 柔体修改器
   D. 面片变形修改器

图 8.107

3. 以下在摄影表编辑器中不能完成的操作是 ________ 。
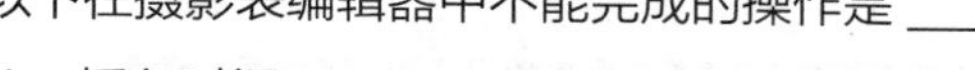

   A. 插入时间
   B. 缩放时间
   C. 更改时间的显示方式
   D. 时间翻转

参考答案

1. A　2. C　3. C

第 9 章 3ds Max 粒子系统

9.1 知识重点

本章介绍了 3ds Max 中［超级喷射］、［暴风雪］、［粒子云］、［粒子阵列］及其他基本粒子系统的使用方法。利用这些基本粒子系统，可以非常方便地制作出诸如雪花飘散、雾气升腾及碎块爆炸等场景，并且还可以将粒子系统和空间扭曲对象进行绑定，以便做出更具有真实感的效果。

- 熟练掌握各种基本粒子的使用方法。
- 掌握为粒子指定材质的方法。
- 熟练掌握将粒子系统和空间扭曲对象进行绑定的制作技巧。

9.2 要点详解

9.2.1 基本粒子系统简介

粒子系统是一个相对独立的造型系统，用来创建雨、雪、灰尘、泡沫、火花及气流等，它还可以将任何造型作为粒子外形，用来表现成群的蚂蚁、热带鱼、吹散的蒲公英等动画效果。粒子系统主要用于表现动态的效果，与时间、速度的关系非常紧密，一般用于动画制作。

在 3ds Max 6.0 版本以后，新加入了［粒子流源］系统，使 3ds Max 在粒子表现方面的能力有了质的提升，能够实现比原来复杂得多的效果。关于［粒子流源］系统的讲解，请参考《Autodesk 3ds Max 2018 标准教材 II》。在本章中，我们主要学习多种基本粒子系统，它们的功能虽然较为简单，但在实现一些常见粒子的效果上非常方便快捷。

在［创建］面板中单击［几何体］按钮，选择下拉列表中的［粒子系统］，展开［对象类型］卷展栏，如图 9.001 所示。

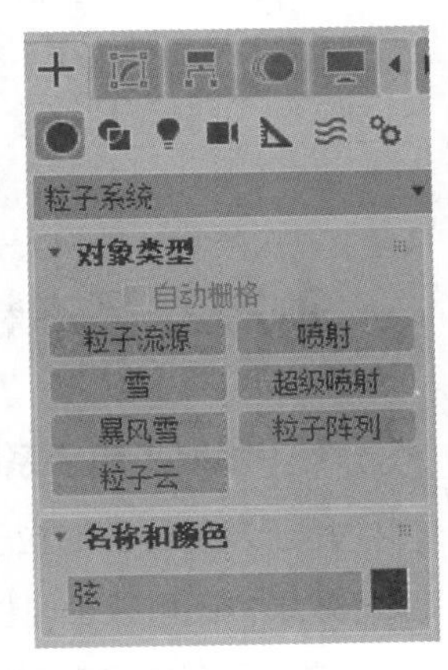

图 9.001

粒子系统在使用时要结合一些其他的工具。对于粒子，一般材质都适用，系统还专门提供了［粒子年龄］和［粒子运动模糊］两种贴图供粒子系统使用。

运动的粒子常常需要进行模糊处理，［对象模糊］和［场景模糊］对粒子都适用，有些粒子系统自身拥有模糊设置参数，还可通过专用的粒子模糊贴图来进行模糊效果处理。

粒子空间扭曲可以对粒子造成［风］、［重力］、［阻力］、［爆炸］及［旋涡］等多种影响。配合［效果］或者 Video Post 合成器，可以为粒子系统加入多种特技处理效果，使粒子发光、模糊、闪烁及燃烧等。

在 3ds Max 中，粒子系统常用来表现下面的效果。

（1）雨雪

使用［超级喷射］和［暴风雪］粒子系统，可以创建各种雨景和雪景。它们优化了粒子的造型和翻转效果，加入［风］的影响可以制作斜风细雨和狂风暴雪的景象。

（2）气泡

利用［气泡运动］参数，可以创建各种气泡、水泡效果。

（3）流水和龙卷风

使用［变形球粒子］设置类型，可以产生密集的粒子群，加入［路径跟随］空间扭曲就可以产生流淌的小溪和旋转的龙卷风等效果。

（4）爆炸和烟花

如果将一个三维造型作为发散器，粒子系统可以模拟将它炸成碎块的效果，加入特殊材质和［效果］（或 Video Post 合成器）还可以制作出美丽的烟花效果。

（5）群体效果

在 3ds Max 中有 4 种粒子系统都可以用［实体几何体］作为粒子，因此可以表现出群体效果，如人群、马队、飞蝗及乱箭等。

粒子系统除自身的特性外，还有一些共同的属性。

- 发射器：用于发射粒子。所有的粒子都由它喷出，它的位置、面积和方向决定了粒子发射时的位置、面积和方向，在视图中显示为黄色，不可以被渲染。
- 计时：控制粒子的时间参数，包括粒子产生和消失的时间、粒子存在的时间（寿命）、粒子的流动速度以及加速度。
- 粒子特定参数：控制粒子的尺寸和速度，不同的系统设置也不同。
- 渲染特性：控制粒子在视图中和渲染时分别表现出的形态。粒子通常以简单的点、线或十字叉来显示，而且只用于操作观察，数目不必设置过多。对于渲染效果，它会按真实指定的粒子类型和粒子数目进行着色计算。

9.2.2 基本粒子系统类型

1.［喷射］粒子系统

用于发射垂直的粒子流。粒子可以是四面体尖锥，也可以是四方形面片，用来表示下雨、水管喷水及喷泉等效果，还可以表现彗星拖尾的效果。

该粒子系统参数较少，易于控制，使用起来很方便，所有数值均可制作动画效果。［喷射］效果如图

9.002 所示。

2.［雪］粒子系统

［雪］粒子系统与［喷射］粒子系统几乎没有什么区别，只是前者的粒子形态可以是六角形面片，用来模拟雪花，而且还增加了翻滚参数，以控制每片雪花在落下的同时可以进行翻滚运动。［雪］粒子系统不仅可以用来模拟下雪，还可以将多维子对象材质指定给粒子，产生五彩缤纷的烟花下落的效果，常用来增添节日的喜庆气氛，如果将雪花向上发射，可以表现从火堆中迸出的火星的效果。

［雪］效果如图 9.003 所示。

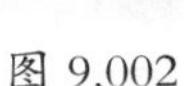

图 9.002

图 9.003

3.［暴风雪］粒子系统

［暴风雪］粒子系统从一个平面向外发射粒子流，与［雪］粒子系统很相似，但其功能更为复杂。它可以从发射平面上产生粒子，粒子在空中落下时不断旋转、翻滚，粒子外形可以是标准基本体、变形球粒子或替代几何体，替代几何体还可以是运动的。暴风雪的名称并非强调它的猛烈，而是指它的功能强大，不仅用于普通雪景的制作，还可以表现火花喷射、气泡上升、开水沸腾、满天飞花及烟雾升腾等特殊效果。

［暴风雪］效果如图 9.004 所示。

4.［粒子阵列］粒子系统

将一个三维对象作为分布对象，从它的表面向外发散出粒子阵列。分布对象对整个粒子宏观的形态起决定性作用，粒子可以是标准基本体，也可以是其他替代物体对象［如图 9.005（左）所示效果图，兔子为分布对象，蘑菇为替代对象］，还可以是分布对象的外表面［如图 9.005（右）所示效果图，兔子为分布对象，周围发散的粒子为它破碎后的表面］。

［粒子阵列］拥有大量的控制参数，根据粒子类型的不同，可以表现出喷发、爆裂等特殊效果。它可以很容易地将一个对象炸成带有厚度的碎块，这是电影特技中经常使用的效果，计算速度非常快。

图 9.004

图 9.005

5. [粒子云] 粒子系统

[粒子云] 规定出一个空间，在空间内部产生粒子效果。通常空间可以是球形、柱体或长方体，也可以是任意指定的对象；空间内的粒子可以是标准基本体、变形球粒子或替代几何体。它常用来制作成群的不规则的对象，如成群的鸟儿、蚂蚁、蜜蜂、士兵、飞机或空中的星星、陨石、棋盒中的棋子等。

[粒子云] 效果如图 9.006 所示。

图 9.006

6. [超级喷射] 粒子系统

[超级喷射] 粒子系统从一个点向外发射粒子流，与 [喷射] 粒子系统相似，但其功能更为复杂。粒子只能由一个点发射，产生线形或锥形的粒子群形态。在其他的参数控制上，与 [粒子阵列] 粒子系统几乎相同，既可以发射标准基本体，也可以发射其他替代对象。通过参数控制，可以实现喷射、拖尾、气泡晃动等多种特殊效果，常用来制作飞机喷火、潜艇喷水、机枪扫射、水管喷水、喷泉及瀑布等效果。

[超级喷射] 效果如图 9.007 所示。

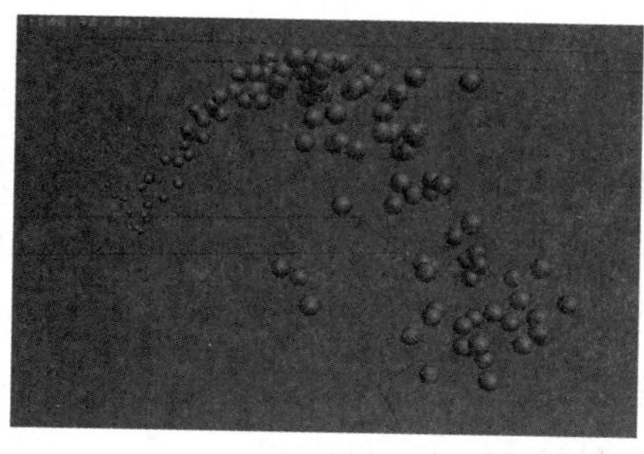

图 9.007

9.2.3 基本粒子系统的重要参数

1. [喷射] 和 [雪] 的重要参数

[喷射] 和 [雪] 的控制参数基本相同，仅有一个 [参数] 卷展栏，如图 9.008 所示。

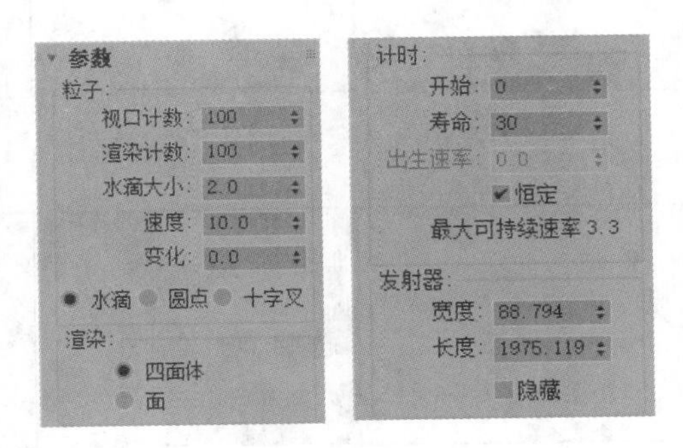

图 9.008

视口计数：设置在视图上显示出的粒子数量，一般在 100 个左右，太少不易观察效果，太多会降低显示速度。在制作数量非常多的粒子时，一般都将此值设置得稍微低一点，这样可以使视图的更新快一些。

水滴大小：设置渲染时每个粒子颗粒的大小。

速度：设置粒子从发射器发出时的初速度，它将保持匀速不变。只有增加了粒子空间扭曲，它才会发生变化。

变化：该选项影响粒子的初速度和方向，值越大，粒子喷射得越猛烈，喷洒的范围也越大。

面：以正方形面片作为粒子外形进行渲染，常用于有贴图设置的粒子。

开始：设置粒子从发射器喷出的帧号，可以是负值，表示在第 0 帧以前已开始。

寿命：设置每个粒子从出现到消失的帧数。

2. [暴风雪] 的重要参数

用来控制 [暴风雪] 效果的参数共分为 7 个卷展栏，其中比较常用的参数如图 9.009 所示。

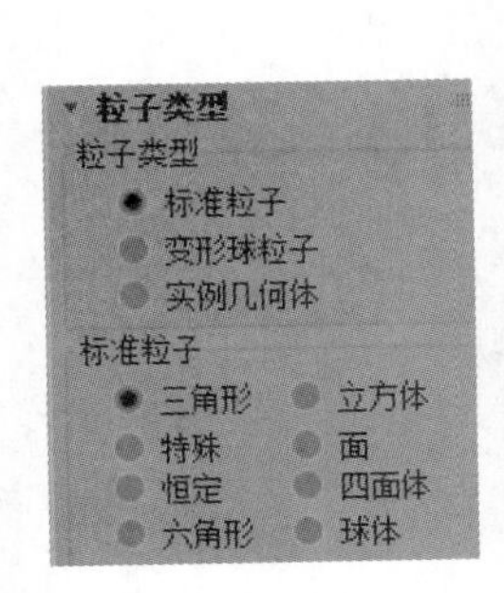

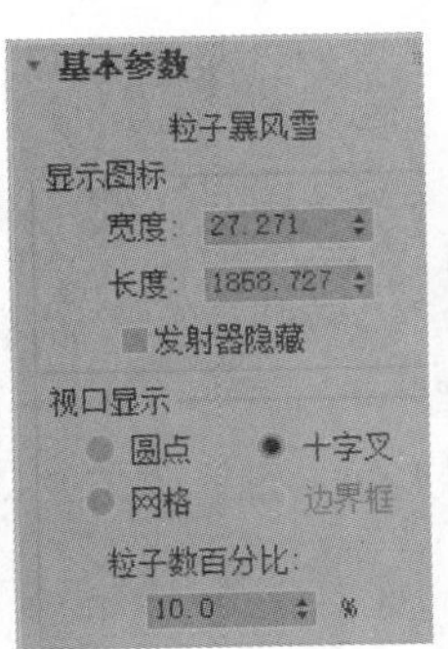

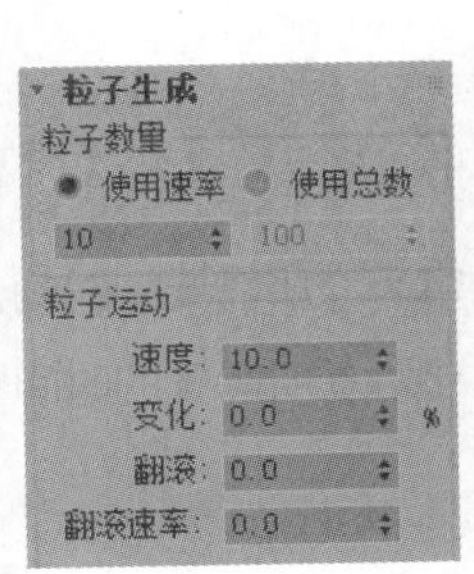

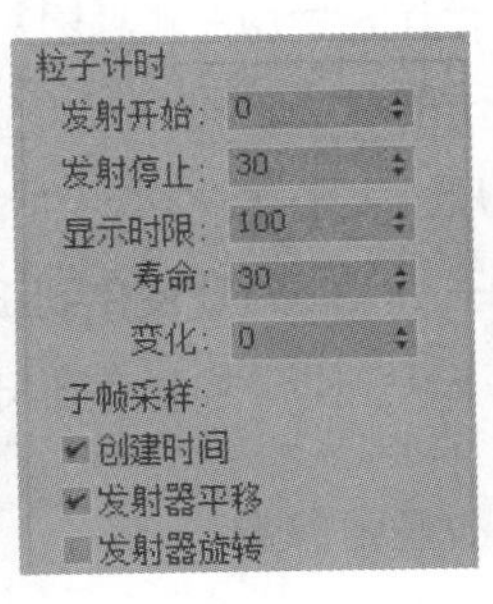

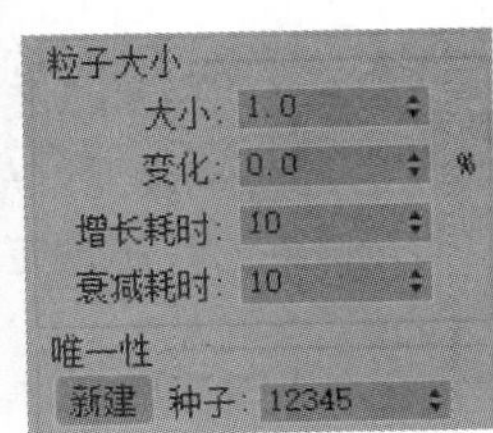

图 9.009

标准粒子：提供 8 种常见的几何体作为粒子的外形，它们分别为［三角形］、［立方体］、［特殊］、［恒定］、［四面体］、［六角形］、［面］和［球体］，如图 9.010 所示。

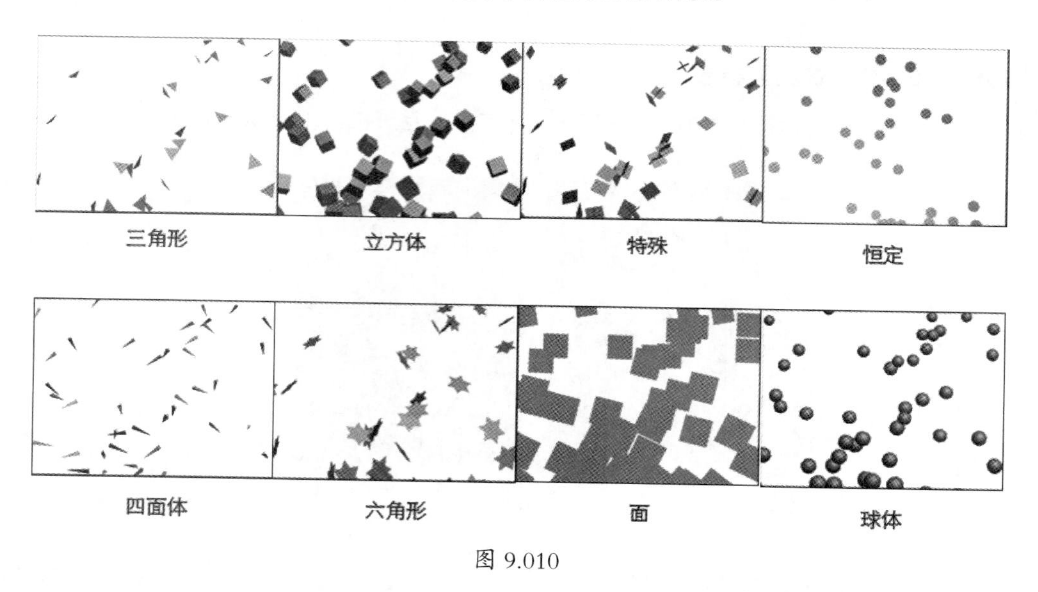

图 9.010

变形球粒子：可以产生一系列的可变形球体，它们在发射过程中，相互碰撞、融合，可用来模拟高速摄影中水滴四溅的镜头，或表现水银在桌面上滚动、分散和融合的特殊效果。对液体的模拟可以称得上是一个非常优秀的功能，但对机器的性能要求也比较高。

自旋时间：控制粒子自身旋转的时间，即一个粒子进行一次自旋所需要的时间。值越大，自旋越慢，当值为 0 时，不发生自旋。

视口显示：设置在视图中粒子以何种方式进行显示，这与最后的渲染效果无关。

使用速率：其下的数值决定了每一帧产生的粒子数目。

使用总数：其下的数值决定了在整个生命系统中产生的粒子总数。

速度：设置在生命周期内粒子每一帧移动的距离。

变化：为每一个粒子发射的速度指定百分比变化量。

发射开始：设置粒子从哪一帧开始出现在场景中。

发射停止：设置粒子在哪一帧停止发射。

寿命：设置每个粒子的存活时间。

大小：确定粒子的尺寸大小。

增长耗时：设置粒子从尺寸为 0 变化到正常尺寸所需要的时间。

衰减耗时：设置粒子从正常尺寸萎缩到尺寸为 0 所需要的时间。

3. ［粒子阵列］的重要参数

用来控制［粒子阵列］效果的参数共有 8 个卷展栏，其中很多内容已经在前面讲解过了，其他比较常用的参数如图 9.011 所示。

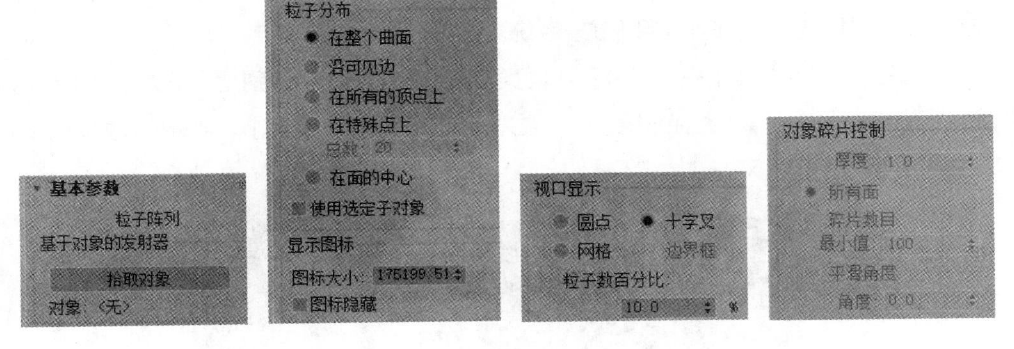

图 9.011

基于对象的发射器：在视图中建立了粒子阵列系统（橙色立方体框，内有三角形）后，其下的［拾取对象］按钮可用，单击该按钮可以在视图中选择需要炸碎的对象。如果在［修改］面板中，这个按钮可以进行更换炸碎对象的操作。

对象碎片控制：此参数组用于将拾取对象的表面炸裂，产生不规则的碎块。

- 厚度：设置碎块的厚度。
- 碎片数目：通过其下的数值框设置碎块的块数，值越小，碎块越少，每个碎块的尺寸越大。当要表现坚固、大的对象碎裂时，如飞机、山崩等，设置的值应偏低；当要表现粉碎性很高的炸裂时，设置的值应偏高。

9.2.4 ［空间扭曲］对象

［空间扭曲］对象是一类在场景中影响其他对象的不可渲染对象，它们能够创建力场，使其他对象发生形变，制作出涟漪、波浪、强风等效果，如图 9.012 所示。［空间扭曲］的功能与修改器有些类似，只不过［空间扭曲］改变的是场景空间，而修改器改变的是对象空间。

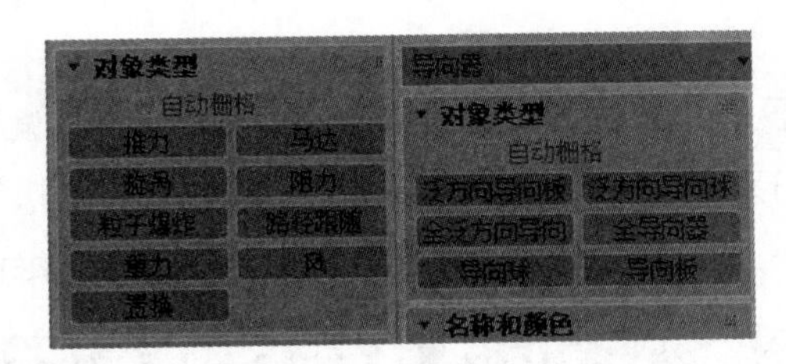

图 9.012

［空间扭曲］适用的对象并不全都相同，有些类型的［空间扭曲］应用于可变形对象，如标准基本体、网格对象、面片对象与样条曲线，另一些［空间扭曲］可作用于喷射、雪景等粒子系统。

［空间扭曲］对象只作用于与其绑定的对象，通过主工具栏中的［绑定到空间扭曲］工具将对象与［空间扭曲］绑定在一起。绑定后的［空间扭曲］名称显示在对象修改堆栈的顶端。

3ds Max 中对［空间扭曲］对象进行了分类。［力］主要用于粒子系统和动力学系统，它集合了各种模拟自然外力作用的工具，全部可用于粒子系统，大部分可以用于动力学系统。［导向器］集合了各种控制粒子流发射方向的导向工具，它们全部可作用于粒子系统。

［力］的［对象类型］卷展栏中提供了 9 种不同类型的作用力，它们分别是［推力］、［马达］、［旋涡］、［阻力］、［粒子爆炸］、［路径跟随］、［重力］、［风］和［置换］，部分效果如图 9.013 所示。其中比较常用的是［重力］和［风］。

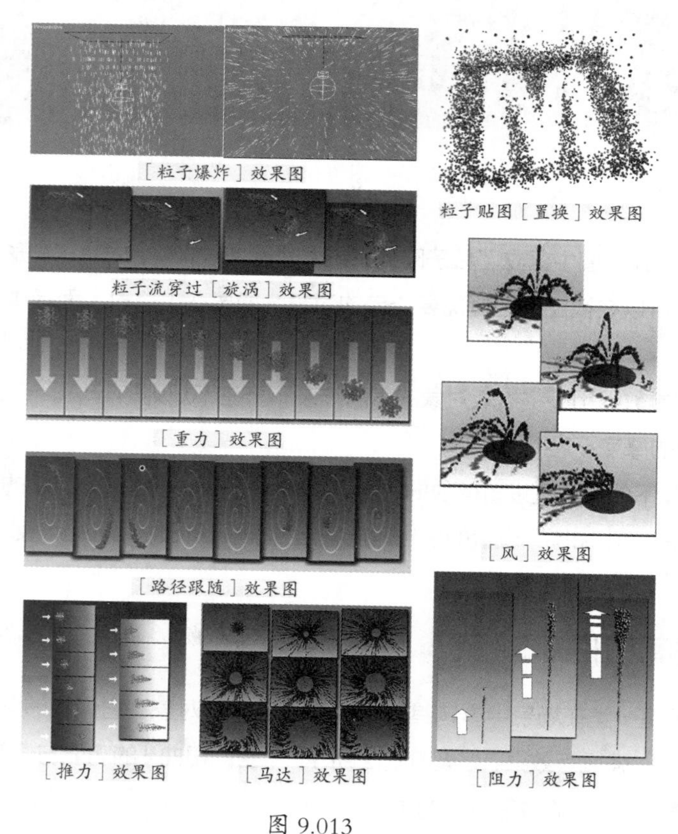
［粒子爆炸］效果图
粒子贴图［置换］效果图
粒子流穿过［旋涡］效果图
［重力］效果图
［风］效果图
［路径跟随］效果图
［推力］效果图　［马达］效果图　［阻力］效果图

图 9.013

［导向器］主要用于使粒子系统或动力学系统受阻挡而产生方向上的偏移。3ds Max 中提供了 6 种不同类型的导向器空间扭曲。它们分别是［泛方向导向板］、［泛方向导向球］、［全泛方向导向］、［导向球］、［全导向器］和［导向板］。图 9.014 所示为比较常用的两种导向器：［导向板］和［全导向器］制作的效果。

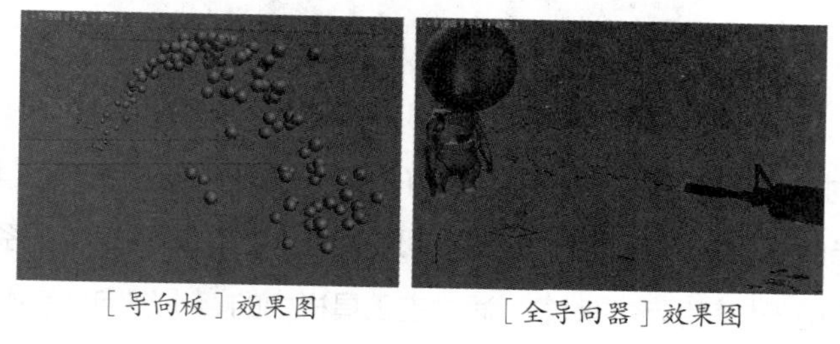
［导向板］效果图　［全导向器］效果图

图 9.014

9.2.5 粒子材质

1. [粒子年龄] 贴图

[粒子年龄] 贴图专用于粒子系统。根据粒子的生命时间，分别为开始、中间和结束处的粒子指定 3 种不同的颜色或贴图，类似于 [渐变] 贴图。粒子在刚出生时具有第 1 种颜色，然后慢慢地变成第 2 种颜色，最后在消亡前变成第 3 种颜色，这样就形成了动态彩色粒子流效果，如图 9.015 所示。粒子系统被指定了一个标准材质，[漫反射颜色] 通道被指定了 [粒子年龄] 贴图，通过对 3 种颜色指定不同的贴图类型，产生色彩和贴图变幻的粒子。

2. [粒子运动模糊] 贴图

根据粒子运动的速度进行模糊处理，常用于不透明贴图通道，如图 9.016 所示。

图 9.015　　图 9.016

大多数粒子系统支持 [粒子运动模糊] 贴图，支持的粒子系统包括 [粒子阵列]、[粒子云]、[喷射] 和 [超级喷射]。

粒子系统中粒子旋转选项中的 [自旋轴控制] 的 [运动方向 / 运动模糊] 选项必须为选取状态，而且 [拉伸] 值要大于 0。必须使用正确的粒子类型，粒子运动模糊不支持 [标准粒子] 类型中的 [三角形]、[六角形]、[面]、[恒定]，以及 [变形球粒子] 和 [粒子阵列] 中的 [对象碎片] 类型。指定给粒子系统的材质不能是 [多维 / 子对象] 材质。

9.2.6 Particle Flow 粒子流简介

Particle Flow [粒子流] 系统是 3ds Max 6.0 版本后新增的一个全新的事件驱动型粒子系统，它在很大程度上弥补了 3ds Max 早期版本中 6 种基本粒子系统功能方面的不足，可用于创建各种复杂的粒子动画。它的操作思路也和早期的基本粒子系统有所不同。它可以自定义粒子的行为，测试粒子的属性，并根据测试

结果将其发送给不同的事件驱动。在［粒子视图］中可以可视化地创建和编辑事件，在每个事件中都可以为粒子指定不同的属性和行为。由于 Particle Flow［粒子流］系统的功能非常强大，基本上原有的各种粒子系统都可以被取代，而且它能与 MAXScript 脚本语言紧密结合，能够实现各种复杂的效果。早期 Particle Flow［粒子流］系统如图 9.017 所示。

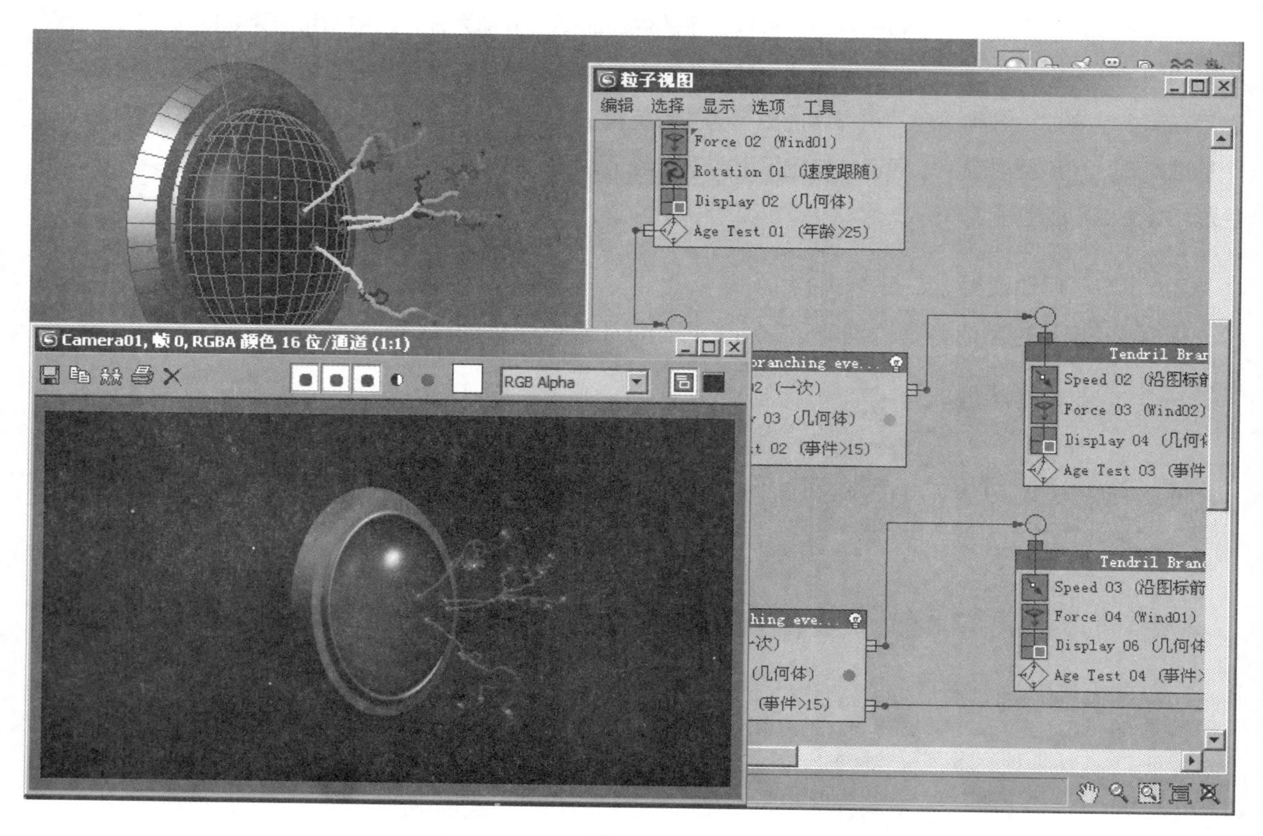

图 9.017

Particle Flow［粒子流］系统采用现在很多软件流行的节点式操作方式，更为方便和直观。电影《功夫》和《后天》中就大量运用了 Particle Flow［粒子流］系统来制作各种特效，如图 9.018 所示。

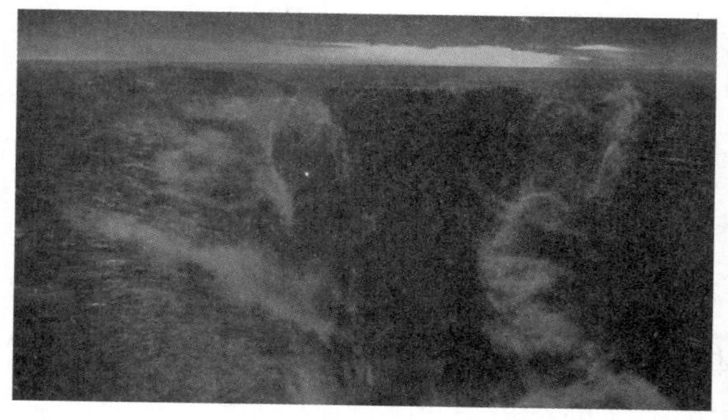

图 9.018

Particle Flow［粒子流］系统还有自己的插件，叫作 Particle Flow Tools Box 系列，共有 3 个版本，分别是 Particle Flow Tools Box#1、Particle Flow Tools Box#2 和 Particle Flow Tools Box#3。它们在原始控制器的基础上增添许多实用的控制器，制作效果如图 9.019 所示。毫无疑问，Particle Flow［粒子流］系统现在是栏目包装、影视广告和电影电视特效人员的首选。

图 9.019

从 Particle Flow［粒子流］推出时的 3ds Max 6.0 版本到 3ds Max 2009 版本，从来没有进行过功能的升级。但在 3ds Max 2018 及之前的几个版本中，Particle Flow［粒子流］逐渐将早期的 Particle Flow Tools Box 系列插件纳入进来，在 Particle Flow［粒子流］系统原有控制器的基础上又增加了很多更实用的控制器。如 Lock/Bond［锁定］控制器和 Mapping Object［物体贴图］坐标控制器，其中 Lock/Bond［锁定］控制器可以实现将粒子锁定在对象表面并跟随表面运动，而后者是专门为粒子系统设置贴图坐标的一个工具，它可以实现一个 PF 很久都没有解决的问题，那就是大量的粒子共同显示出一张贴图的效果，如图 9.020 所示。

图 9.020

在加入 Particle Flow Tools Box#3 后，Particle Flow［粒子流］系统增加了一个功能更加强大的粒子模块，它们并没有像 Particle Flow Tools Box#1 那样提供很多现成的控制器，而是提供了很多底层的工具，这些工具单一使用可能不会有很好的效果，但是经过合理的组合和连接就可以实现非常复杂，并且令人炫目的效果，如图 9.021 所示。

图 9.021

9.3 应用案例

9.3.1 基本粒子——龙卷风

范例分析

本案例将学习使用 3ds Max 中的 [粒子阵列] 系统来制作龙卷风不停旋转的效果，如图 9.022 所示。首先需要使粒子从地面上的一个已经做好运动的小片上发射，然后使粒子在发射时受到旋涡的作用，并且旋涡图标一直跟随粒子发射器的平面，这样粒子会在运动的过程受到旋涡作用。由于旋涡的作用过于规律，所以还需要添加两个风力，一个是主风力，使其有一个主要的飞行方向；另外一个是辅助风力，使其产生紊乱的效果。

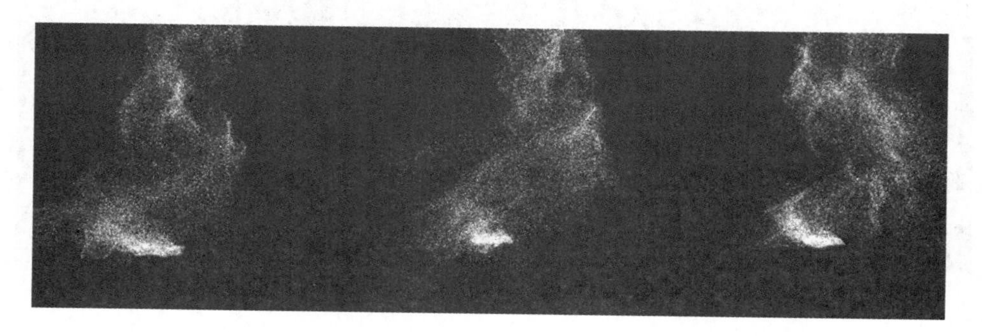

图 9.022

场景分析

打开配套学习资源中的“场景文件 \ 第 9 章 \9.3.1\video_start.max”文件，场景中有一个长宽分段均为 4 的平面，并且已经为该平面制作好了关键帧动画。在时间轴上观察关键帧的分布情况，红色关键点表示位置，如图 9.023 所示。下面就使粒子在这个平面上出生。

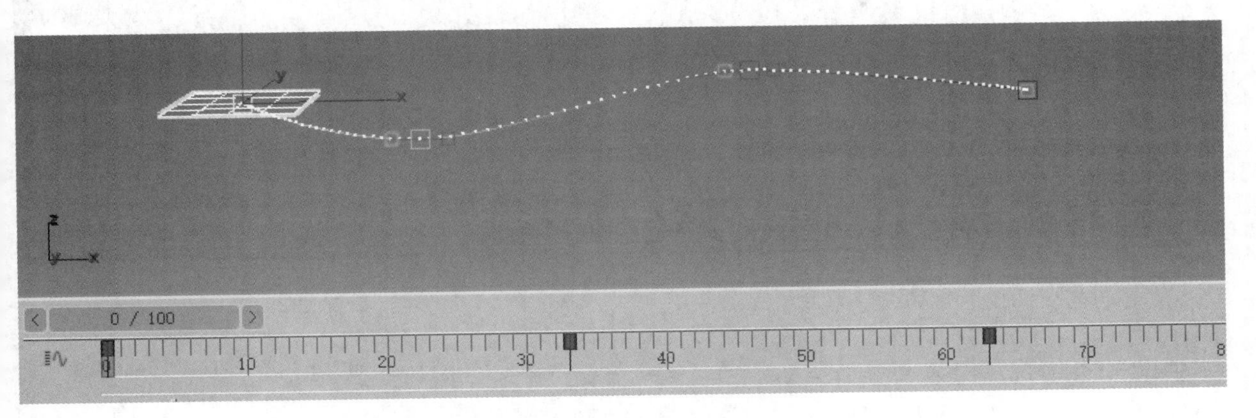

图 9.023

制作步骤

1. 创建粒子与风力

步骤 01： 进入［创建］面板，从［几何体］的下拉列表中选择［粒子系统］，单击［对象类型］卷展栏下的［粒子阵列］按钮，在场景中创建一个粒子阵列标志，如图 9.024 所示。

图 9.024

提示

［粒子阵列］标志放在任何位置都可以，只要使其能够比较好地选择并修改即可。

步骤 02： 保持［粒子阵列］标志的选择状态。进入［修改］面板，单击［基本参数］卷展栏中的［拾取对象］按钮，选择场景中创建好的平面。此时播放动画，可以观察到粒子在平面上发射出来，如图 9.025 所示。

步骤 03： 设置［视口显示］参数组中的［粒子数百分比］为 100。打开［粒子生成］卷展栏，选择［使用总数］选项，并将其值设置为 10000，设置［粒子运动］参数组中的［速度］为 0，［发射开始］为 −55，［发射停止］为 100，［寿命］为 100，如图 9.026 所示。

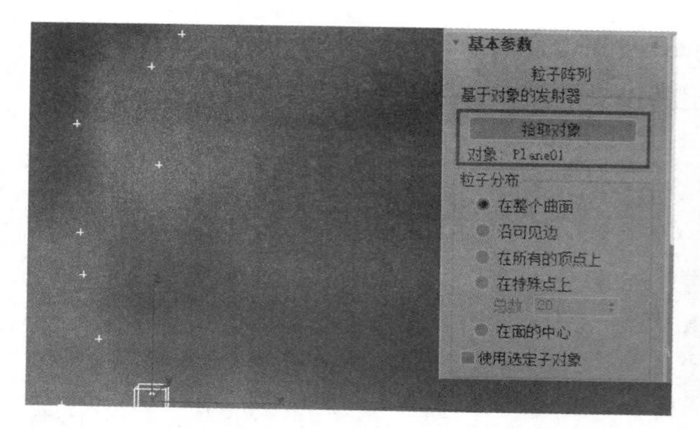

图 9.025

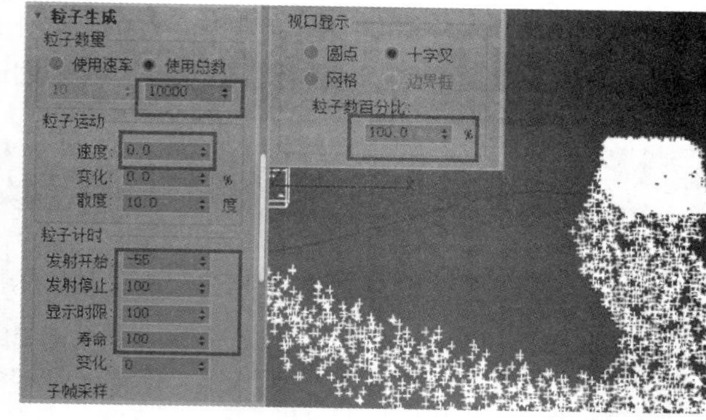

图 9.026

提示

①设置［速度］为 0 是为了使粒子受旋涡与风力的影响，此时粒子出生后就会在原地并且会有跟随发射器移动的效果。

②设置［发射开始］为 −55，表明在开始发射时，在第 0 帧场景中就会有一定的粒子数，否则在第 0 帧时才开始发射，那么龙卷风效果就不真实。

③设置［寿命］为 100 则可以使粒子在整个发射过程中一直存在。

步骤 04： 进入［创建］面板，单击［空间扭曲］按钮，选择［力］，单击［对象类型］卷展栏中的［旋涡］按钮，创建一个旋涡。为了使其方向向上，这里打开［镜像］面板并选择［Z］轴，如图 9.027 所示。

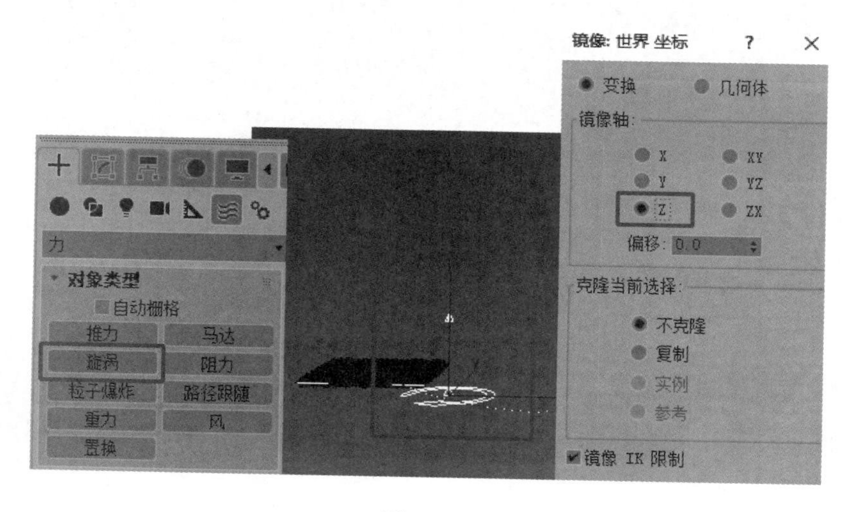

图 9.027

步骤 05： 为了使旋涡对粒子系统产生影响，首先选择所创建的粒子系统，然后使用工具栏中的［绑定到空间扭曲］工具，并按 H 键，在打开的［选择空间扭曲］面板中选择［Vortex001］。再次播放动画，观察效果，此时粒子可以成螺旋状向上生长了，如图 9.028（左）所示。

步骤 06： 此时龙卷风旋涡并没有一直跟随平面的运动而运动，所以需要使用移动工具在［顶视图］中调整粒子与旋涡之间的距离。单击工具栏中的［选择并连接］按钮，同时打开［选择父对象］面板，选择［Plane01］并单击［链接］按钮即可。再次播放动画，可以观察到，旋涡已经可以跟随平面的运动而运动了，如图 9.028（右）所示。

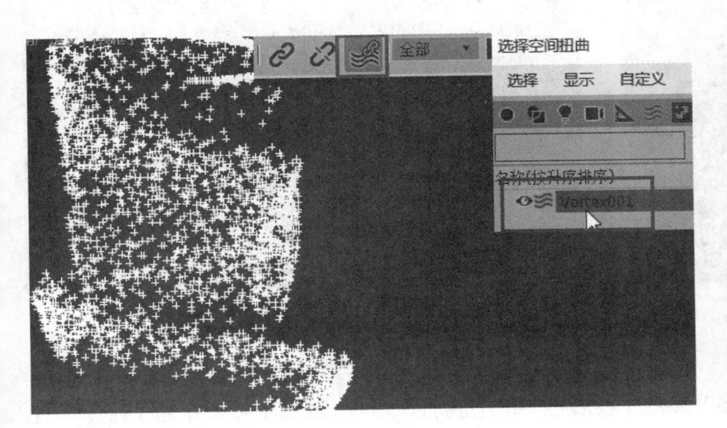

图 9.028

步骤 07： 打开［修改］面板中的［参数］卷展栏，设置［开始时间］为 -60，设置［轨道速度］为 0.2，如图 9.029 所示。

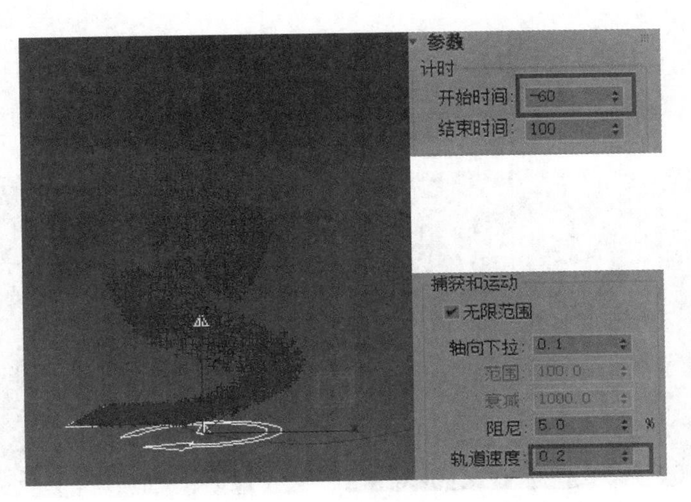

图 9.029

提示

由于粒子在 -55 帧时开始发射，所以将［开始时间］设置为 -60 比较合适。

步骤 08： 切换到［顶视图］，进入［创建］面板，选择［空间扭曲］，并单击［风］按钮，在第 0 帧粒子发射器的位置创建一个风力，使其向上发射，如图 9.030 所示。

步骤 09： 进入［修改］面板，设置［参数］卷展栏下的［强度］为 0，［湍流］为 0.4，［频率］为 2，［比例］为 0.1。选择风力，单击［绑定到空间扭曲］按钮，将其拖曳到粒子系统上，此时粒子运动时出现了紊乱的效果，如图 9.031 所示。

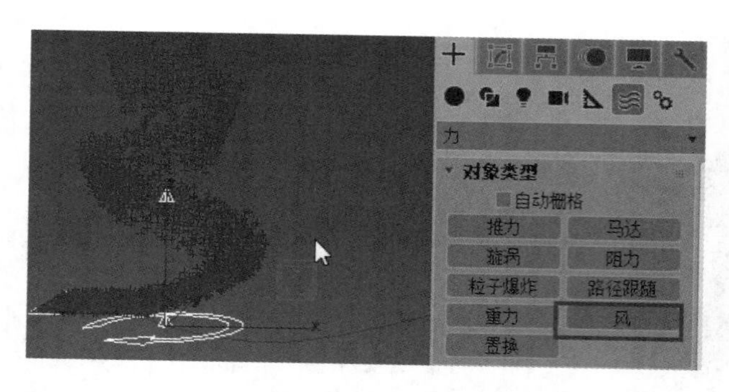

图 9.030

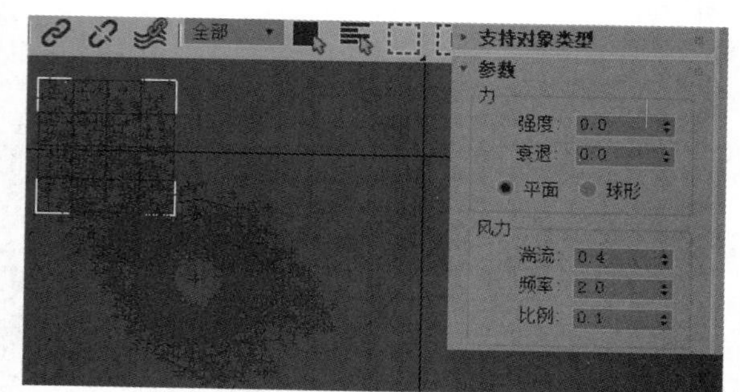

图 9.031

步骤 10： 在场景中复制一个风力，并设置［参数］卷展栏中的［湍流］为 0.125，［频率］为 1.35，［比例］为 0.04，然后单击［绑定到空间扭曲］按钮，将其拖曳到粒子系统上，如图 9.032 所示。

步骤 11： 选择旋涡，设置［修改］面板下［捕获和运动］参数组中的［径向拉力］为 0.1，此时出现了龙卷风以及旋涡的效果，如图 9.033 所示。

提示

如果分辨不出旋涡，可以使用选择工具找到旋涡。

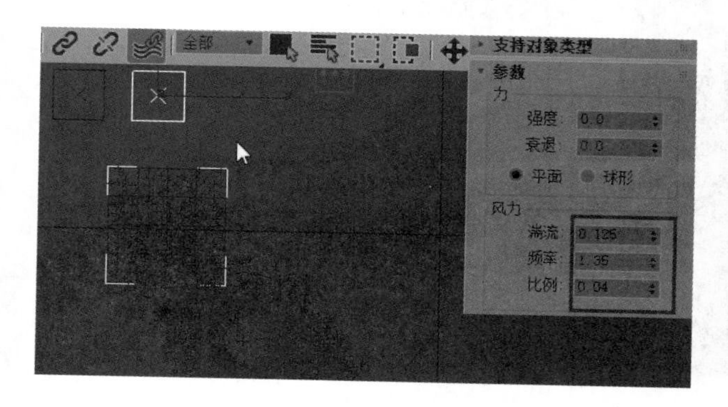

图 9.032

图 9.033

步骤 12： 选择粒子阵列组，进入［修改］面板，选择［基本参数］卷展栏下［视口显示］参数组中的［圆点］选项，并设置［颜色］为白色，如图 9.034 所示。

2．调整与更改参数

步骤 01： 为了使渲染后的效果更加明显，选择［修改］面板下［修改器列表］的［PArray］，在［粒子生成］

卷展栏中设置 [粒子大小] 参数组中的 [大小] 为 2，如图 9.035 所示。

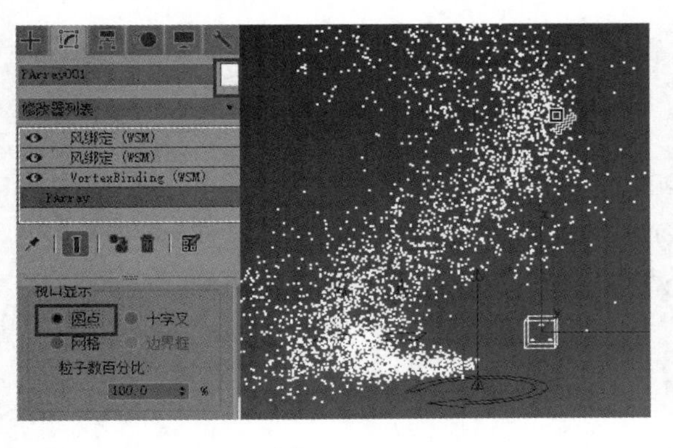

图 9.034

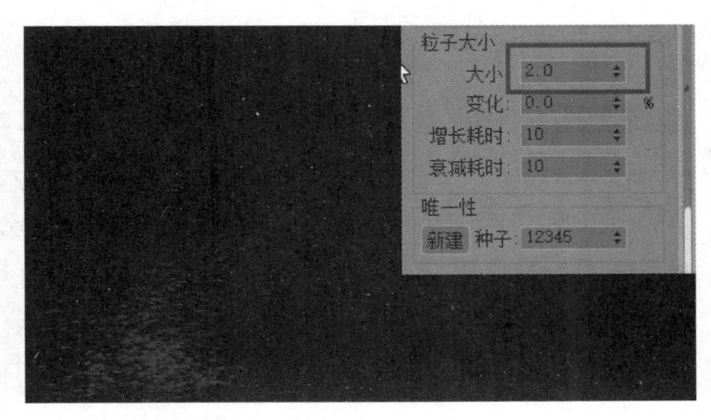

图 9.035

步骤 02： 在场景中选择粒子系统，单击鼠标右键，在弹出的菜单中打开 [对象属性] 对话框，选择 [常规] 选项卡，设置 [运动模糊] 参数组中的 [倍增] 为 2，如图 9.036 所示。

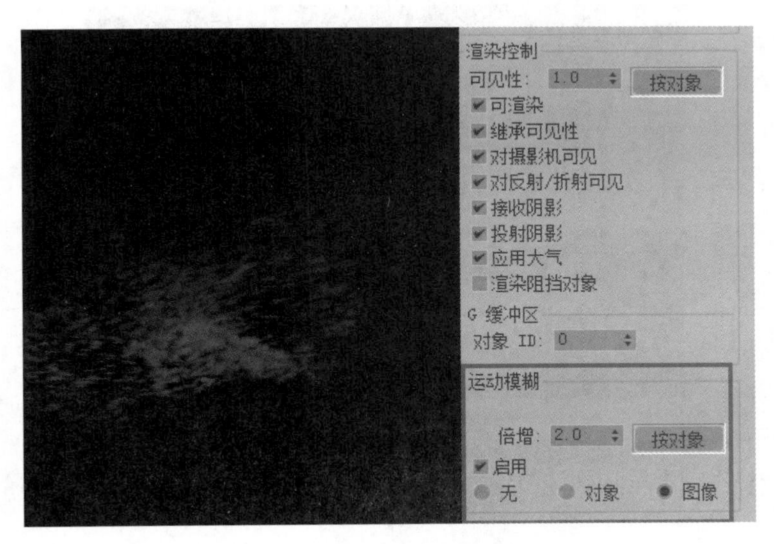

图 9.036

关于本案例的具体视频讲解，请参见本书配套学习资源“视频文件 \ 第 9 章 \9.3.1”文件夹中的视频。

提示

如果读者对 Particle Flow 这个新的粒子系统有所了解，那么使用 Particle Flow [粒子流] 系统制作时，对粒子可控的选项会更多一些。本案例先简单了解基本粒子系统以及基本粒子系统的工作流程，这对之后学习 Particle Flow 会起到很好的借鉴作用。

9.3.2 花瓣飘落

范例分析

在本案例中，我们将学习在 3ds Max 中使用 Blizzard［暴风雪］系统来制作花瓣从上空飘落下来，并且碰到高楼之后弹开的效果。学习到的知识点包括 Blizzard［暴风雪］系统中重要的参数，使用小花瓣并使其变成粒子外形，设置粒子自旋、粒子碰撞、粒子受重力下落，以及粒子受风力紊乱的效果等，同时会简单演示花瓣模型的制作流程。

场景分析

打开配套学习资源中的“场景文件 \ 第 9 章 \9.3.2\video_start.max”文件，场景中有一个高楼模型，一架摄影机，以及摄影机向楼上推进的动画，如图 9.037 所示。由于需要使花瓣在场景中的楼顶部出现，所以需要选择［顶视图］，下面将创建花瓣。

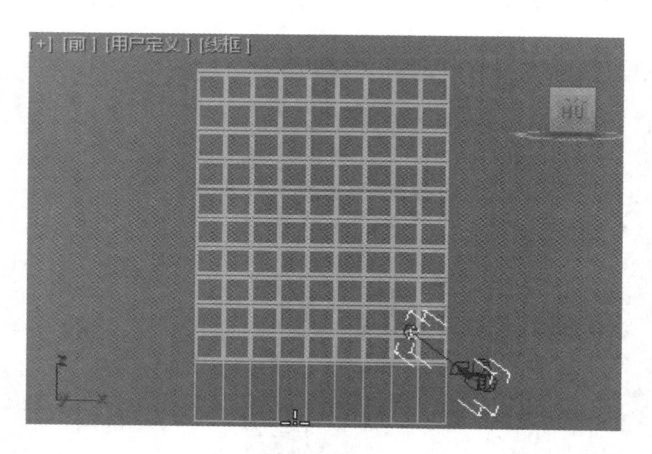

图 9.037

制作步骤

1. 创建粒子

步骤 01： 进入［创建］面板，在［几何体］面板的［粒子系统］中，单击［对象类型］卷展栏下的［暴风雪］按钮，在［顶视图］中楼前方靠近摄影机的位置创建一个暴风雪标志，如图 9.038 所示。播放动画，可以看到已经产生了粒子。

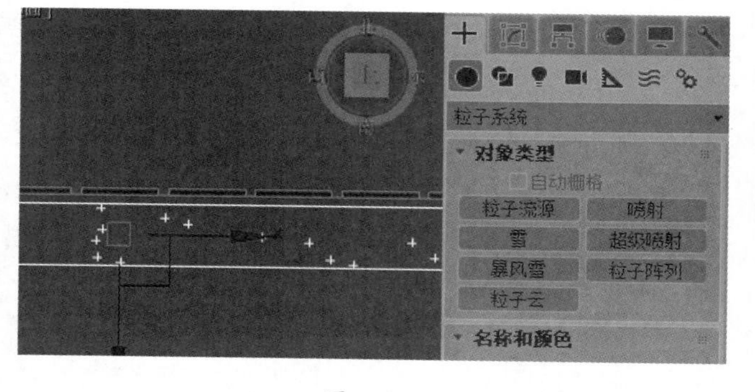

图 9.038

步骤 02： 在［前视图］中，将粒子的位置调整到视图顶部。再次播放动画，即可观察到粒子从楼上飞下的动画效果，如图 9.039 所示。

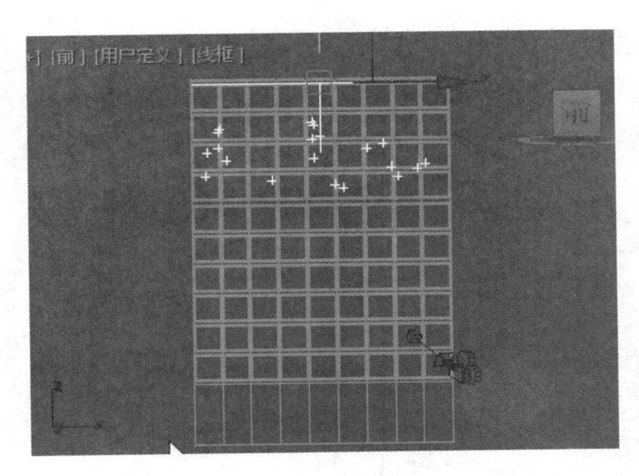

图 9.039

步骤 03： 进入 [修改] 面板，设置 [基本参数] 卷展栏下 [视口显示] 参数组中的 [粒子数百分比] 为 100，并选择 [十字叉] 选项。打开 [粒子生成] 卷展栏，设置 [使用总数] 为 200，[发射停止] 为 100，[寿命] 为 100，此时粒子将持续发射，如图 9.040 所示。

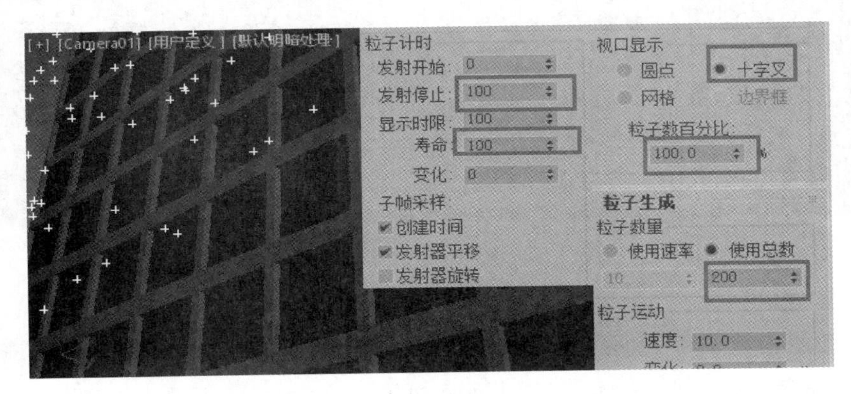

图 9.040

提示

[使用速率] 表示每一帧发射的粒子数，[使用总数] 表示从第 0 帧到第 100 帧的活动时间段内总共发射的粒子数。

2. 为粒子创建重力与风力

步骤 01： 由于粒子下落的速度太快，并不符合花瓣飘落的效果，所以设置 [粒子运动] 参数组中的 [速度] 为 0。进入 [创建] 面板，选择 [空间扭曲]，单击 [重力] 按钮，在 [顶视图] 中创建一个重力，并调整好位置和大小，如图 9.041 所示。

提示

由于粒子的 [速度] 为 0，粒子出生时将不会下落，所以要对粒子添加一个重力，使其产生下落的效果。

步骤 02： 选择场景中的重力，单击主工具栏中的［绑定到空间扭曲］按钮，将重力拖曳到粒子系统上。观察粒子系统发生闪烁，这说明粒子与重力进行了绑定。选择粒子系统，进入［修改］面板，观察到［Blizzard］上方出现了［重力绑定（WSM）］，如图 9.042 所示。

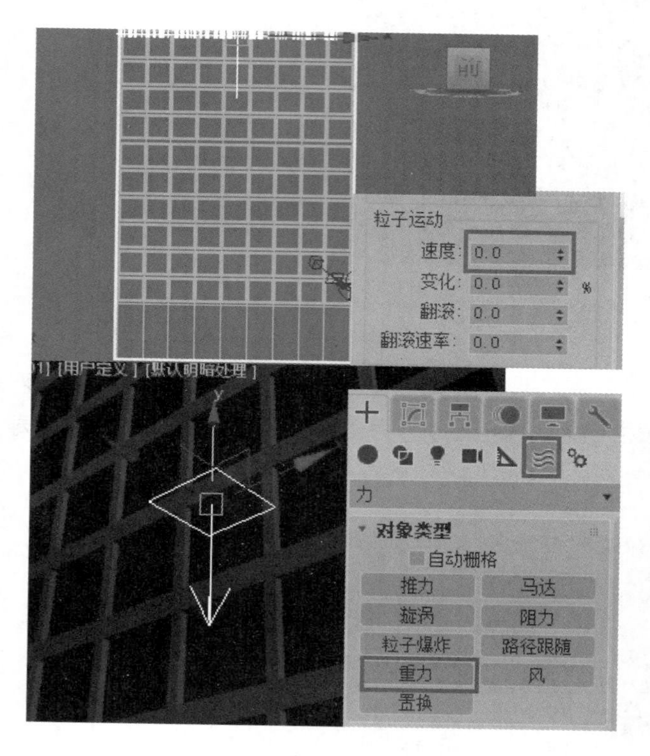

图 9.041

图 9.042

步骤 03： 播放动画，发现粒子下落的速度过快，因此选择重力［Gravity001］，设置［修改］面板中［参数］卷展栏下的［强度］为 0.01。选择［修改］面板中的［Blizzard］，设置［粒子生成］卷展栏中的［发射开始］为 -500，［寿命］为 600，如图 9.043 所示。

提示

①由于粒子速度较慢且在第 0 帧发射，所以在第 0 帧时看不到任何粒子，我们需要使粒子在第 0 帧之前发射。

②因为粒子在 -500 帧出生，如果想要粒子持续到 100 帧，则需将粒子寿命设置为 600。

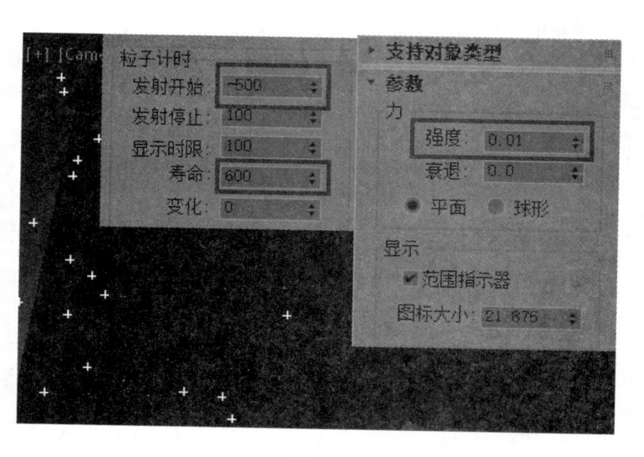

图 9.043

步骤 04： 此时可观察到粒子下落非常规律，所以需要添加一个风力来实现粒子被风吹动并向右运动的效果。进入［创建］面板，选择［空间扭曲］，单击［对象类型］卷展栏下的［风］按钮。在场景中的摄影机位置创建一个风力，如图 9.044 所示。

步骤 05： 进入［修改］面板，切换到［顶视图］，使用［镜像］工具将风力镜像到另外一个方向，如图 9.045 所示。此时进入摄影机视图，观察到风力吹向镜头方向。

图 9.044

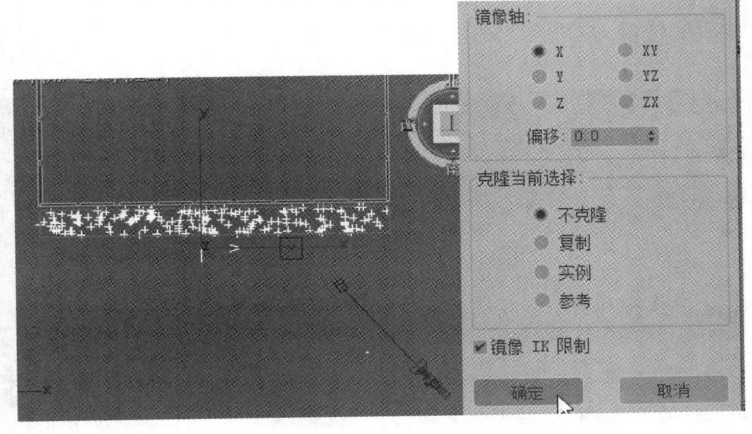

图 9.045

步骤 06： 选择场景中的风力，使用［绑定到空间扭曲］工具将风力拖曳到粒子系统上。观察粒子系统发生闪烁，这说明粒子与风力进行了绑定，如图 9.046 所示。

步骤 07： 由于粒子刚出生就产生被风吹走的效果，所以要对创建的风力进行调整。选择风力［Wind］，进入［修改］面板，设置［参数］卷展栏下的［强度］为 0.004，选择［风绑定（WSM）］，设置颜色为纯白色。播放动画，可见粒子产生了被风吹落的效果，如图 9.047 所示。

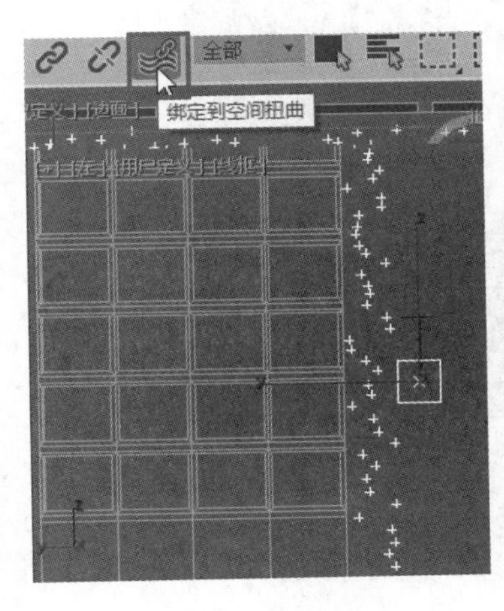

图 9.046

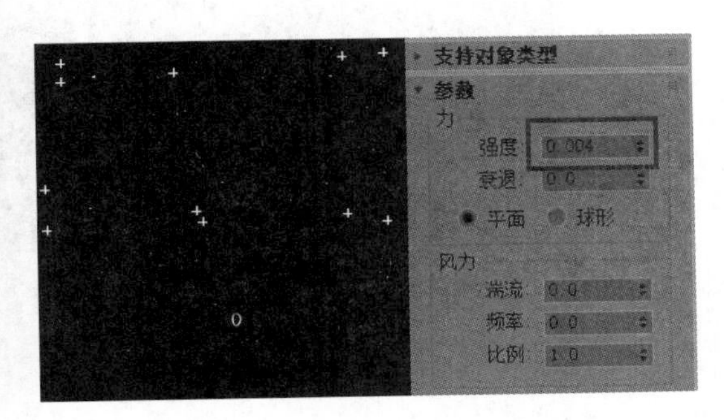

图 9.047

步骤 08: 为了使粒子在飞落的过程中产生紊乱的效果，在［前视图］中选择场景中的风力［Wind］。在［修

改] 面板下的 [参数] 卷展栏中设置 [湍流] 为 0.05，[频率] 为 0.02，[比例] 为 0.2，此时粒子运动产生了紊乱且随机的效果，如图 9.048 所示。

3. 创建导向板

步骤 01： 此时一些粒子在飞落的过程中穿进了楼的里面，因此需要制作在粒子飘落时产生被楼挡住的效果。切换到 [前视图]，进入 [创建] 面板，单击 [空间扭曲] 按钮，在下拉列表中选择 [导向器]，单击 [对象类型] 卷展栏下的 [导向板] 按钮。在 [前视图] 中创建一个大于楼的导向板，并将其调整到楼与发射器中间的位置，如图 9.049 所示。

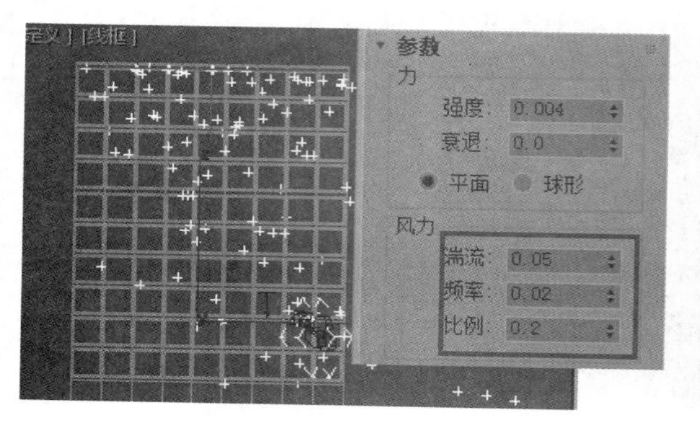

图 9.048

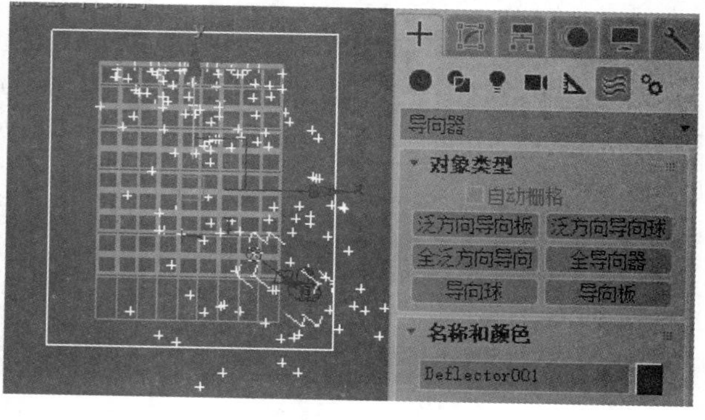

图 9.049

步骤 02： 选择导向板，使用 [绑定到空间扭曲] 工具，将其绑定到粒子系统上。观察粒子系统发生闪烁，这说明粒子与导向板绑定成功，此时粒子飘到导向板上，然后被弹开，移动导向板使其贴近楼，如图 9.050 所示。

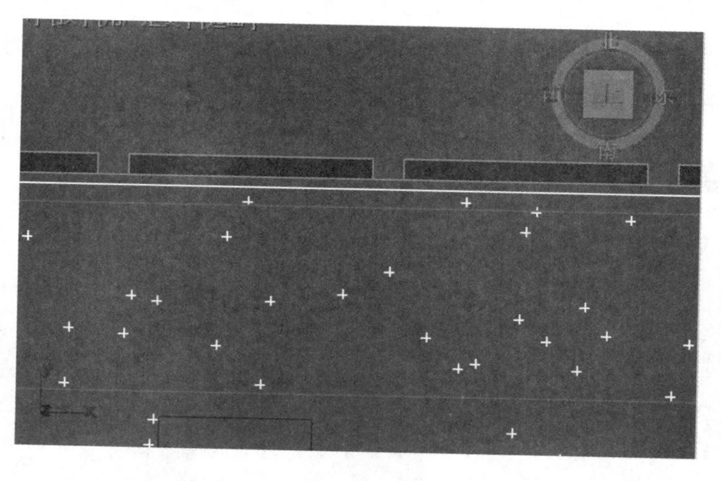

图 9.050

提示

如果将导向板直接贴在楼上，则会产生部分花瓣陷入楼体中的现象，所以导向板与楼体之间需要保持一定的距离。

4. 创建粒子外形为花瓣

步骤 01： 切换到［顶视图］，进入［创建］面板，单击［几何体］按钮，选择［标准基本体］，单击［对象类型］卷展栏下的［平面］按钮，创建一个平面，保留分段数，如图 9.051 所示。

> **提示**
> 由于需要使平面像花瓣一样有两个方向的弯曲，所以要保留其分段数。

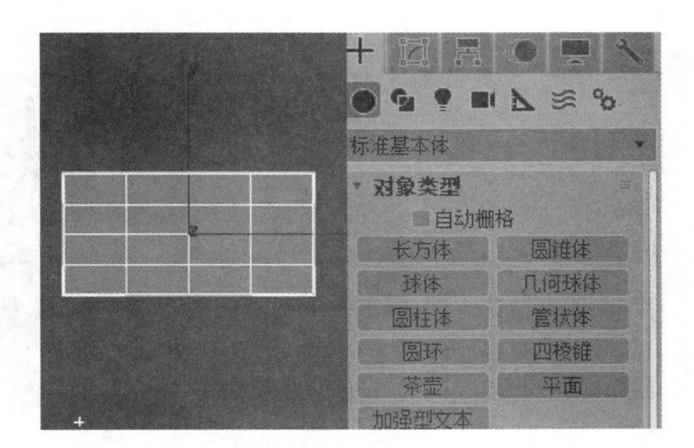

图 9.051

步骤 02： 进入［修改］面板，为当前平面添加一个［弯曲］修改器，设置［参数］卷展栏下［弯曲］参数组中的［角度］为 -35.5，并选择［弯曲轴］中的［X］。复制刚刚创建的 Bend［弯曲］修改器，设置其［角度］为 35，［方向］为 90，并选择［弯曲轴］中的［Y］，此时完成了花瓣模型的制作，如图 9.052 所示。

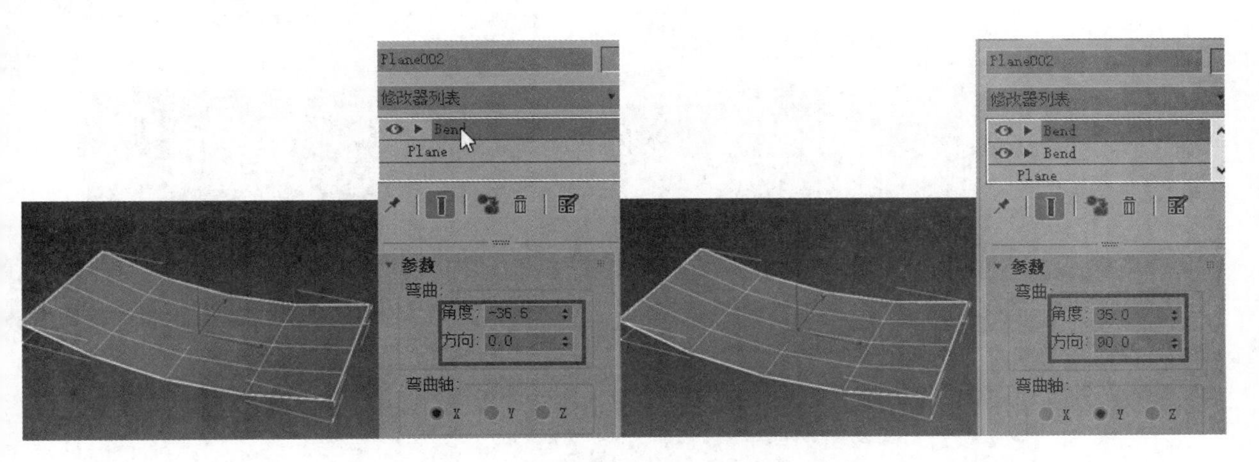

图 9.052

步骤 03： 打开［材质编辑器］，将鼠标移动到任意材质球上。单击鼠标右键，在弹出的菜单中选择［拖动 / 复制］选项，将空材质球复制给场景中作为花瓣的平面，如图 9.053 所示。

> **提示**
> 如果学会了如何将平面变成花瓣，那么在以后的制作中还可以制作将树叶等其他贴图复制到平面上，使其变成所需要的效果。

步骤 04： 单击［材质编辑器］中［Blinn 基本参数］卷展栏下［漫反射］右侧的方块按钮，打开［材质/贴图浏览器］。选择［位图］，打开配套学习资源中的“场景文件\第 9 章\9.3.2\花瓣 .tif”文件，设置［坐标］卷展栏中［角度］参数组下的［W］为 90，此时场景中出现了花瓣的效果，如图 9.054 所示。

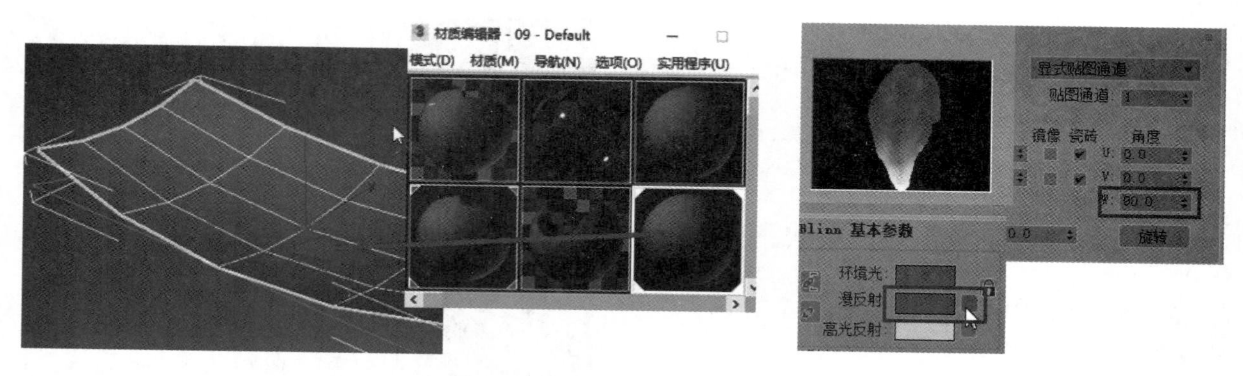

图 9.053　　图 9.054

步骤 05： 为了使场景中黑色的部分透明，需要将［漫反射］贴图拖曳到［不透明度］参数上（选择［复制］方式）。单击进入［不透明度］面板，在［位图参数］卷展栏中单击［位图］按钮，打开配套学习资源中的“场景文件\第 9 章\9.3.2\花瓣 op.jpg”文件，将其贴到场景中的花瓣上，如图 9.055 所示。

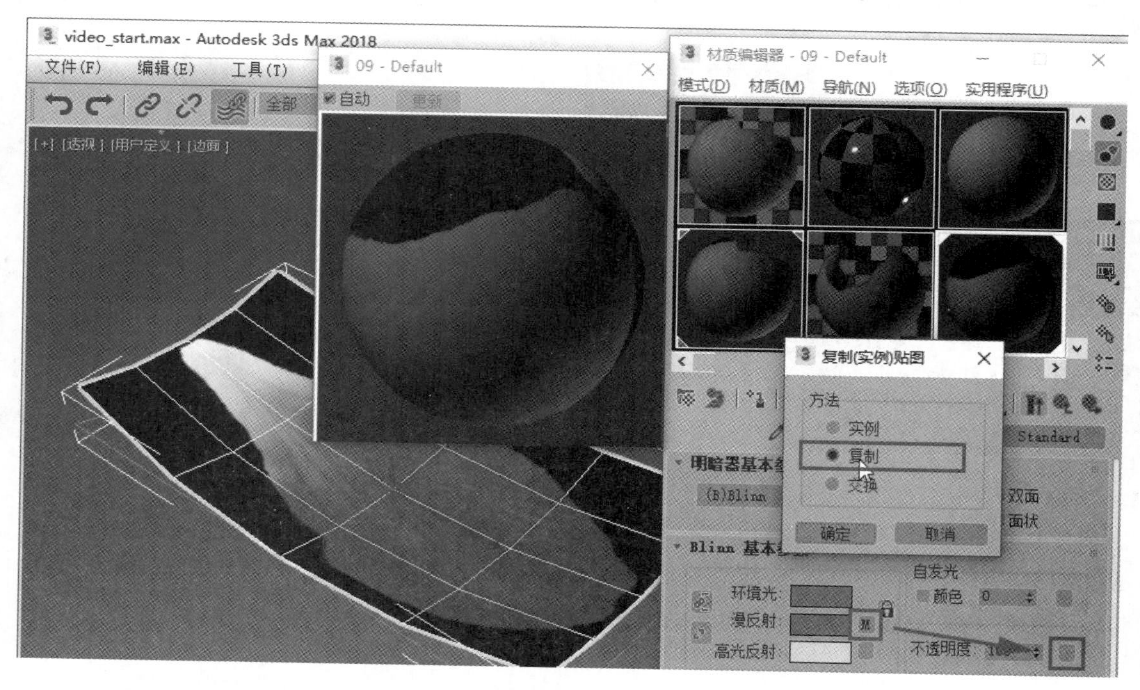

图 9.055

步骤 06： 选择场景中的粒子系统，进入［修改］面板，选择［Blizzard］。打开［粒子类型］卷展栏，选择［粒子类型］参数组中的［实例几何体］，并且单击［实例参数］参数组中的［拾取对象］按钮，选择场景中的花瓣并选中［视口显示］参数组中的［网格］选项，如图 9.056 所示。

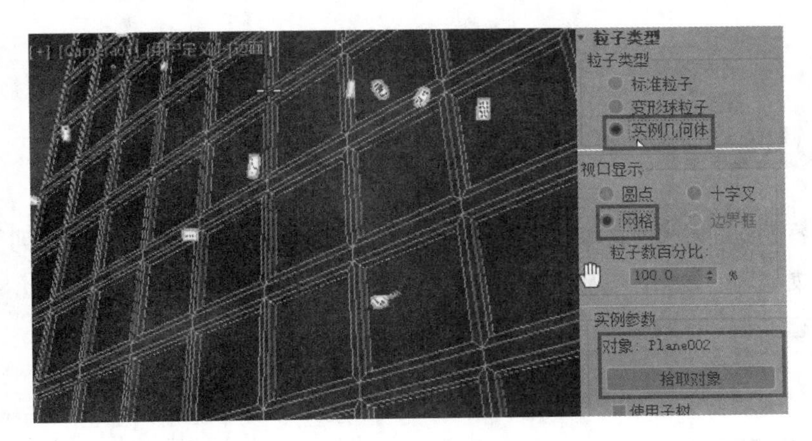

图 9.056

步骤 07：选择［Blizzard］，设置［粒子大小］参数组下的［大小］为 1.5，［变化］为 30，如图 9.057 所示。

提示

增大花瓣模型的方法有两种，选择［修改］面板中［Bend］下的［Plane］，对［参数］卷展栏下的［长度］进行调节；或者直接选择［Blizzard］粒子系统，调节［粒子大小］参数组中的［大小］。

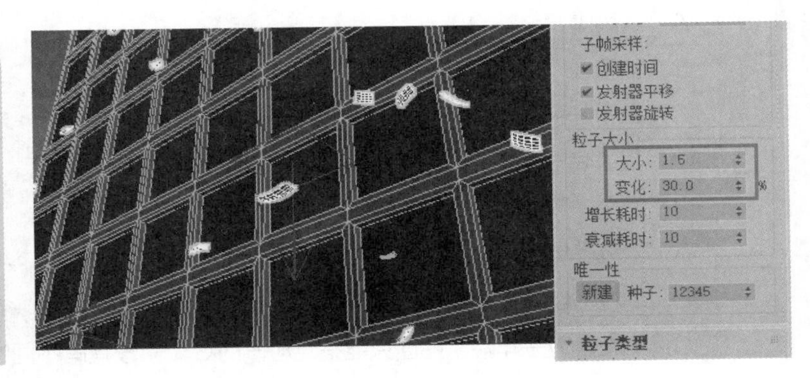

图 9.057

步骤 08：此时花瓣自旋的速度比较快，因此设置［旋转和碰撞］卷展栏中的［自旋时间］为 100，如图 9.058 所示。

提示

操作时，一定要将原始花瓣进行隐藏。

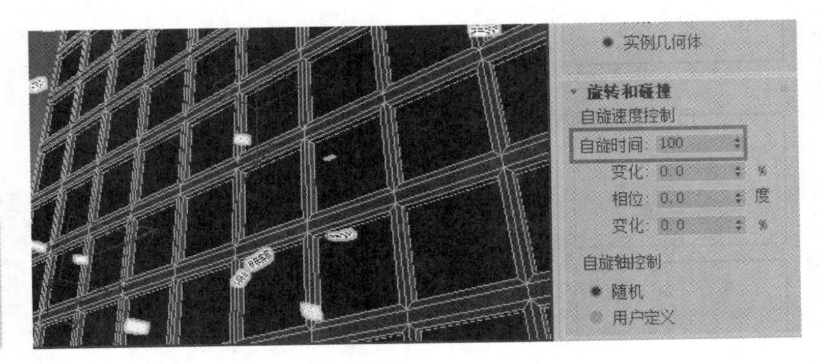

图 9.058

关于花瓣飘落案例更详细的视频讲解，请参见本书配套学习资源“视频文件 \ 第 9 章 \9.3.2”文件夹中的视频。

9.4 本章小结

本章通过两个案例详细讲解了基本粒子系统的使用方法，其中包括如何使用 [粒子阵列] 配合 [空间扭曲] 对象模拟出真实的龙卷风的效果，以及使用 [暴风雪] 制作出飘落的花瓣效果。在这两个案例中，粒子的材质对于最终的效果起了非常重要的作用。

9.5 参考习题

1. 在 3ds Max 的基础粒子系统中（不包括粒子系统），__________ 粒子类型可以方便快捷地制作出图 9.059 所示的效果。

   A. 暴风雪

   B. 粒子云

   C. 粒子阵列

   D. 超级喷射

图 9.059

2. 以下有关 [粒子年龄] 贴图的说法，错误的是 __________ 。

   A. [粒子年龄] 贴图专用于粒子系统

   B. [粒子年龄] 贴图可以让粒子形成动态彩色粒子流效果

   C. 一个 [粒子年龄] 贴图只能指定粒子的 3 个阶段具有不同的颜色或贴图

   D. [粒子年龄] 贴图必须指定在标准材质的漫反射通道中

3. 制作粒子在可乐瓶中反复弹跳，与瓶壁不断碰撞反弹的效果，必须给粒子绑定的 [空间扭曲] 对象是 __________ 。

   A. 导向板

   B. 旋涡

   C. 导向球

   D. 全导向器

参考答案

1. C　2. D　3. D

第 10 章 3ds Max MassFX 动力学系统

10.1 知识重点

本章介绍了 3ds Max 中的动力学系统 MassFX 的基本知识，包括 MassFX 刚体修改器的应用、刚体的属性设置、刚体的物理网格等，此外还有 MassFX 约束和骨骼辅助对象的使用方法，以及 MassFX 的各种增效工具，如 MassFX 资源管理、导出工具、可视化模拟等。

- 熟练掌握 MassFX 的基本界面和工具面板的作用。
- 熟练掌握 MassFX 刚体的类型指定、物理属性设置、物理网格调整和模拟过程。
- 掌握约束辅助对象的建立和参数设置。
- 了解骨骼辅助对象的建立和调整。
- 了解 MassFX 的导出和场景验证功能。

10.2 要点详解

我们可以为 3D 模型指定某些物理属性，如密度、质量、重力、摩擦力、弹力等，使它们像现实世界中的物体一样，在运动过程中产生真实的作用力，与其他对象接触时会相互影响，自动计算出它们的运动状态，这样既节省了手动调节动画的麻烦，又能产生逼真的力学运动效果，这就是三维世界中的动力学模拟。简而言之，动力学系统主要是基于现实世界中的物理参数而进行的动态效果模拟。图 10.001 就是使用 MassFX 刚体动力学制作的草莓翻滚前进的效果。

图 10.001

成熟的三维软件都有各自的动力学系统。在 3ds Max 早期版本时，加入了一个功能全面的 Reactor 反应堆动力学系统，这样 3ds Max 才有了独立而完整的动力学运算模块。Reactor 分为刚体动力学和柔体动力学，不仅可以模拟简单的碰撞和挤压效果，还包括很多力学增效工具，如绳索、弹簧、风力、汽车、马达、水面、布料等，并且能为运动物体设置各种约束，从而完成模拟复杂的动力学效果。图 10.002 是使用 Reactor 柔体制作的电视机撞墙变形的特效。

图 10.002

但是 Reactor 并不完美，作为一个嵌入式独立模块，它的操作过程相对复杂，所有的物体对象必须指定到动力学系统中才能进行计算；而且 Reactor 模拟过程很不稳定，在模拟动画时经常出现抖动现象，需要不断地调试参数才能达到理想的状态；即使参数相同，每次模拟的效果也会有差异，因此很难精确地控制动态效果。因此很多用户认为 Reactor，虽然功能全面，但是问题多多。

为了寻求更加稳定的动力学解算方案，3ds Max 开始引入显卡制造商 NVIDIA（英伟达）公司的 PhysX 技术，在 3ds Max 的 2012 版本中果断地剔除了 Reactor 系统，转而推出了一套全新的动力学模块 MassFX。实际上，这样的做法源于 NVIDIA 的一款专门为 Autodesk 3ds Max、Maya 和 Softimage 量身定做的动力学插件——NVIDIA PhysX Plug-in。MassFX 就是在这款插件的基础上进行了修改，虽然没有将所有的功能照搬过来，但是它们的操作流程和工具界面基本一致。图 10.003 所示是使用 MassFX 的刚体配合物体初始旋转设置，得到的网球自旋并下落碰撞的特效。

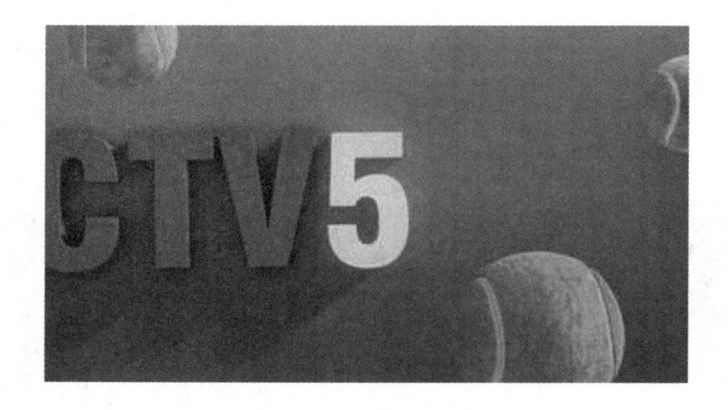

图 10.003

在 NVIDIA PhysX Plug-in 中还包括柔体、布料、流体、力场和导出工具。尽管功能并不全面，MassFX 仍然能够让我们眼前一亮，它的刚体动力学解算直接在视口中进行，如图 10.004 所示。而且它运行稳定，计算精准，运算速度也非常快，这要归功于 3ds Max 的新型图形驱动 Nitrous。

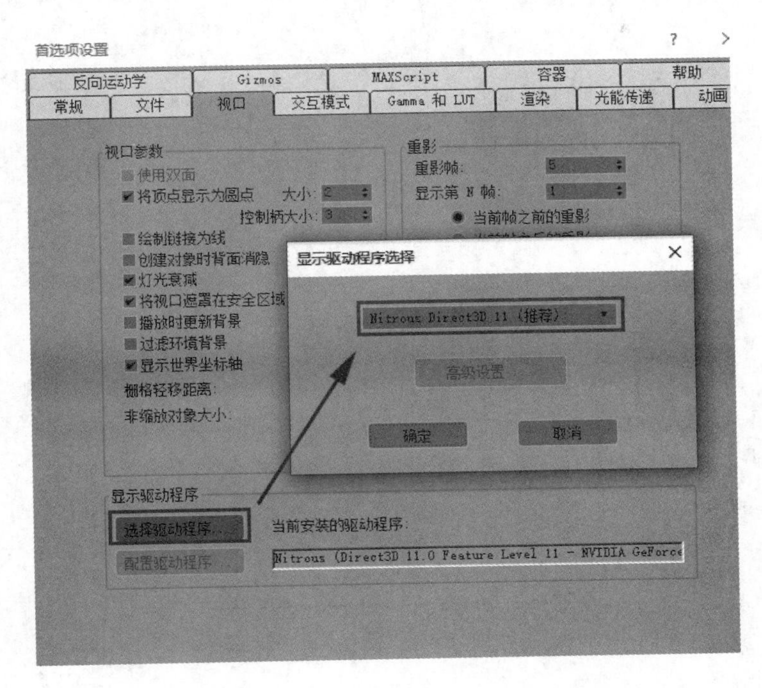

图 10.004

在 3ds Max 2012 中的 MassFX 仅包括了刚体解算和约束功能，图 10.005 就是使用 MassFX 制作的小球掉落并与文字碰撞的效果。

图 10.005

自 3ds Max 2013 开始，MassFX 新增了 mCloth 布料模块和 Ragdoll 碎布玩偶模块。图 10.006（上）是 mCloth 的设置面板参数，图 10.006（下）是初始时 mCloth 布料模块和 Ragdoll 碎布玩偶模块联合使用的案例截图。

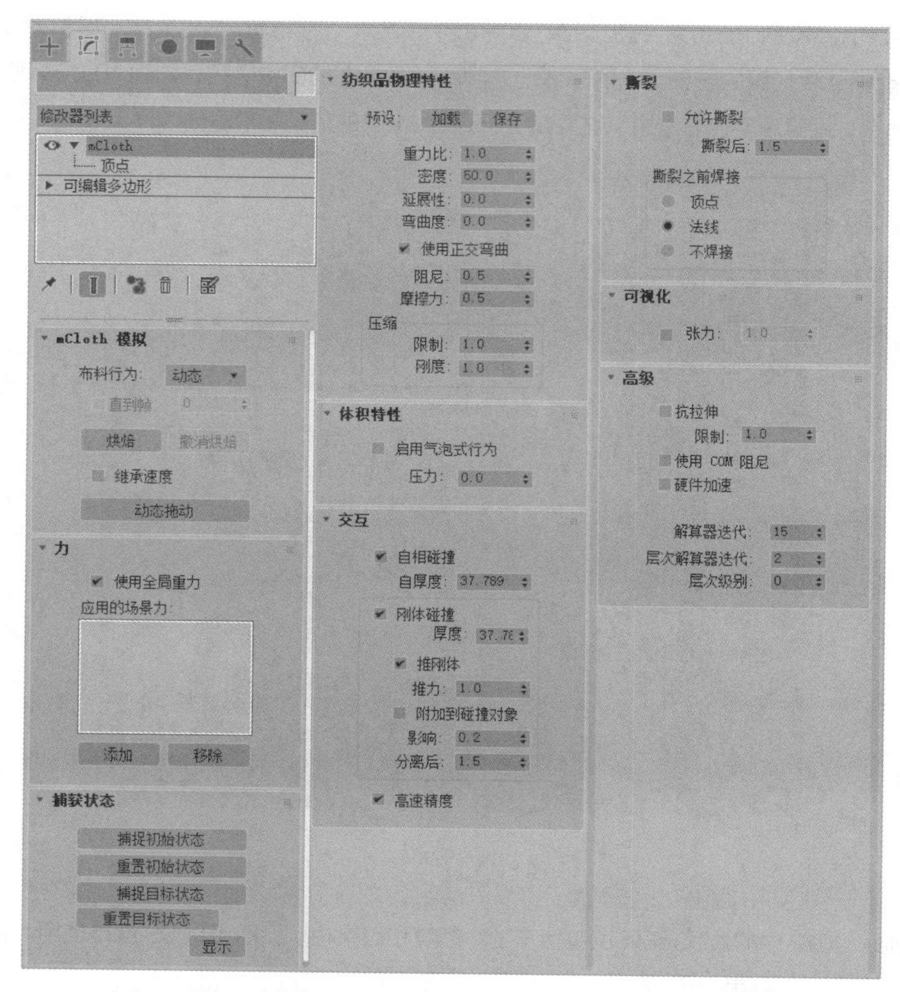
修改器列表
mCloth
顶点
可编辑多边形
mCloth 模拟
布料行为：
动态
直到帧
烘焙
撤消烘焙
继承速度
动态拖动
力
使用全局重力
应用的场景力：
添加
移除
捕获状态
捕捉初始状态
重置初始状态
捕捉目标状态
重置目标状态
显示
纺织品物理特性
预设：
加载
保存
重力比：
密度：
延展性：
弯曲度：
使用正交弯曲
阻尼：
摩擦力：
压缩
限制：
刚度：
体积特性
启用气泡式行为
压力：
交互
自相碰撞
自厚度：
刚体碰撞
厚度：
推刚体
推力：
附加到碰撞对象
影响：
分离后：
高速精度
撕裂
允许撕裂
撕裂后：
撕裂之前焊接
顶点
法线
不焊接
可视化
张力：
高级
抗拉伸
限制：
使用 COM 阻尼
硬件加速
解算器迭代：
层次解算器迭代：
层次级别：

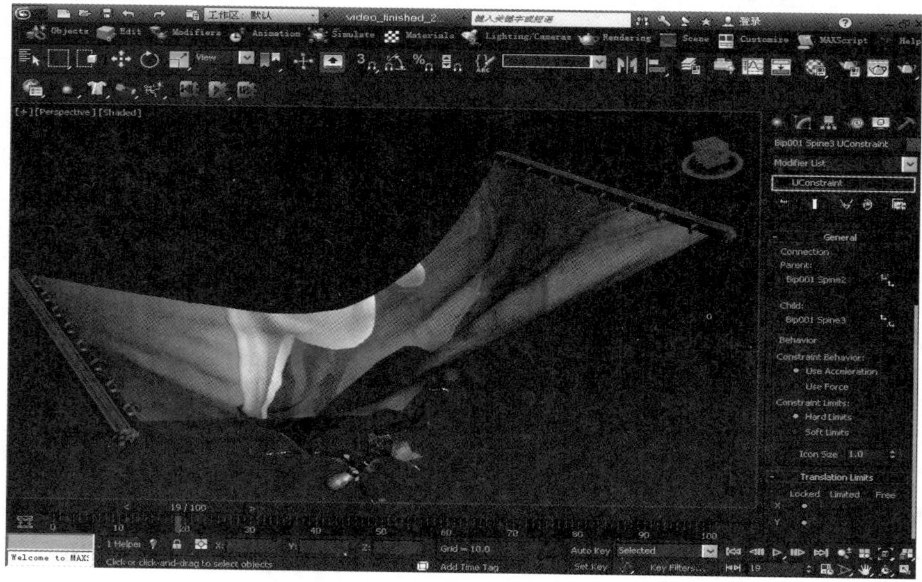

图 10.006

在新版本的 3ds Max 中，MassFX 主要新增了关于 Particle Flow 的控制，而 MassFX 并没有比较大的改动和新增工作。

令人兴奋的是，Autodesk 公司曾宣布未来的 MassFX 将会支持柔体、绳索模拟、变形网格、流体等功能，也就是综合了原有动力学和 NVIDIA PhysX Plug-in 中的所有优势，并且在运算技术和模拟能力上会有一个质的飞跃。

10.2.1 MassFX 工具

1. MassFX 的基本界面

在 3ds Max 中，MassFX 的工具主要位于［动画 > MassFX］菜单和［MassFX 工具栏］中，如图 10.007 所示。它们的命令功能基本相同，可以在主工具栏的空白处单击鼠标右键，然后选择［MassFX 工具栏］选项，这样就能打开［MassFX 工具栏］了。在 MassFX 菜单和工具栏中，可以为物体对象指定刚体类型、设置约束、控制模拟进程，或者打开［MassFX 工具栏］面板进行详细控制。

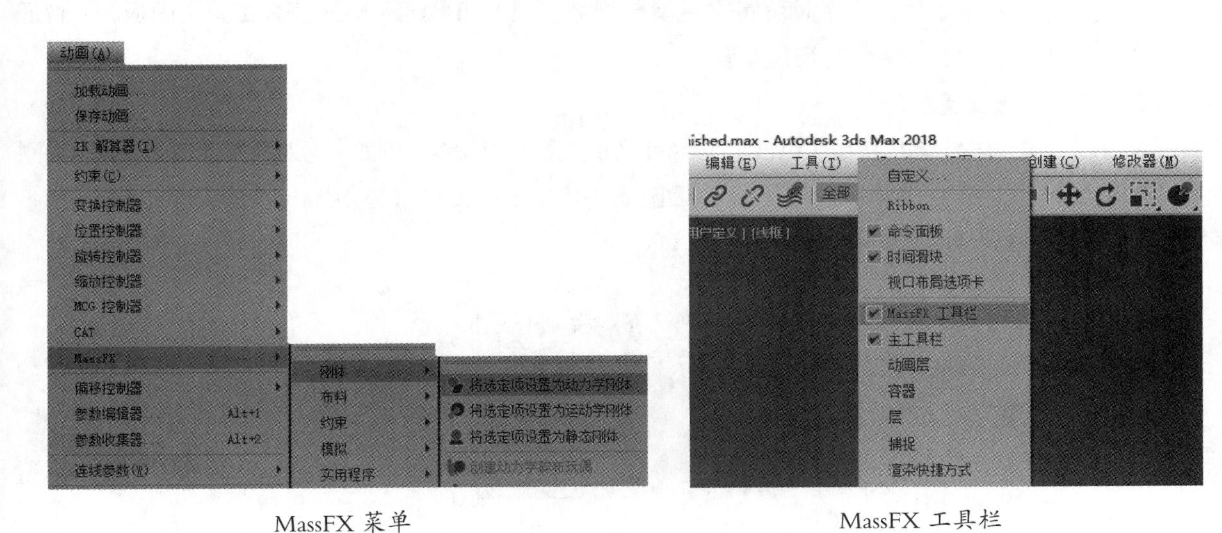

MassFX 菜单　　　　MassFX 工具栏

图 10.007

2. MassFX 菜单和 MassFX 工具栏

（1）［MassFX］菜单

位于［动画］菜单中的［MassFX］子菜单包含了 MassFX 的所有功能，通过它可以访问 MassFX 工具和界面元素，具体包括以下子菜单。

- 刚体：通过［刚体］菜单可以为对象指定刚体类型，包括动力学刚体、运动学刚体和静态刚体。MassFX 是以修改器的形式定义刚体的，被指定刚体的对象修改器堆栈中会自动添加相应的刚体修改器。在刚体修改器中可以设置对象的物理属性，如质量、摩擦力、运动速度和方向等，还可以重新修改刚体的类型。

此外还可以通过该子菜单创建骨骼辅助对象，使设置了动画的角色参与运动学刚体的模拟计算。

● 布料：使用布料中的命令可以将 mCloth 修改器应用到对象或从对象中移除。[应用 mCloth] 将未实例化的 mCloth 修改器应用到每个选定对象，然后切换到 [修改] 面板来调整修改器的参数。如果对象已经应用了 mCloth 修改器，此命令仅切换到 [修改] 面板（如果需要）。[移除 mCloth] 从每个选定对象移除 mCloth 修改器。

● 约束：用于创建各种 MassFX 的约束辅助对象，如刚体约束、滑块约束、转枢约束、扭曲约束等。它们使刚体对象在动力学运算时产生各种关联运动，也就是用一个对象限制另一个对象的运动。在建立约束之前，可以选择一个或两个受约束影响的刚体对象。如果选择一个刚体对象，那么该对象为约束的子对象；如果选择两个刚体对象，那么第一个选择的对象为约束的父对象，第二个选择的对象为约束的子对象。注意在确定约束的父子对象时，对象必须被指定了刚体修改器，父对象不能是静态刚体类型，子对象不能是静态和运动学刚体。

● 模拟：该菜单中包含了所有动力学模拟控制项目，如开始模拟、步阶模拟、重置模拟等，此外还包括各种动画输出设置，也就是把动力学模拟结果烘焙成关键帧动画。

● 实用程序：该菜单中包含了 MassFX 的其他增效工具，如 [显示 MassFX 工具] 面板、[验证 MassFX 场景] 和 [导出 MassFX 场景] 等。

（2）MassFX 工具栏

[MassFX 工具栏] 图标按钮中包含了 MassFX 的主要工具命令。例如，为对象指定刚体类型，为刚体建立约束类型，进行动力学模拟控制等。有的图标右下角有一个三角标记，用鼠标左键按住该图标不放，可以弹出其隐藏的图标类型，如图 10.008 所示。

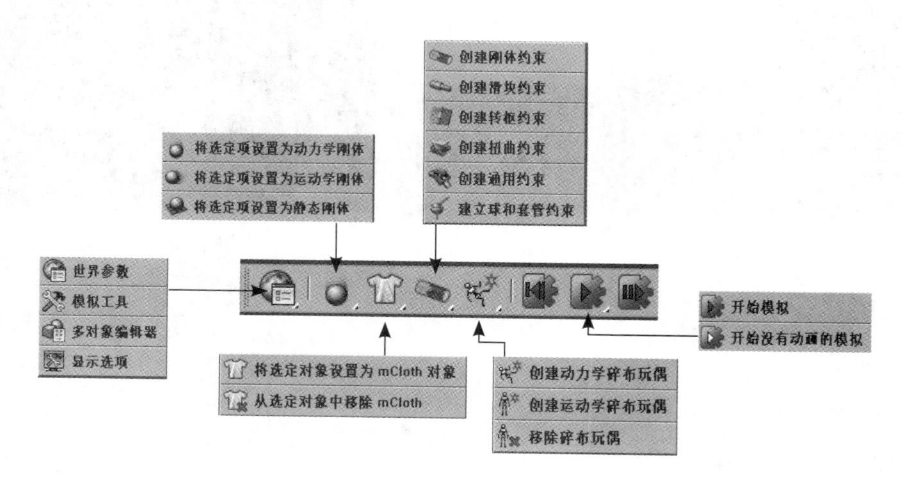

图 10.008

[MassFX 工具栏] 图标按钮设计得非常直观，很容易区别它们的功能和作用。它们的具体含义如下。

[世界参数]：显示 MassFX 工具框，即打开 [MassFX 工具] 面板。

[模拟工具]：打开 [MassFX 工具] 面板并定位到 [模拟工具] 选项卡。

[多对象编辑器]：打开 [MassFX 工具] 面板并定位到 [多对象编辑器] 选项卡。

[显示选项]：打开 [MassFX 工具] 面板并定位到 [显示选项] 选项卡。

[将选定项设置为动力学刚体]：将未实例化的 MassFX 刚体修改器应用到每个选定对象，并将 [刚体类型] 设置为 [动力学]，然后为对象创建单个凸面物理图形。如果选定对象已经具有 MassFX 刚体修改器，则现有修改器将更改为动力学，而不重新应用。此命令与 [动画 > MassFX > 刚体] 菜单中的 [将选定项设置为动力学刚体] 功能相同。

[将选定项设置为运动学刚体]：将未实例化的 MassFX 刚体修改器应用到每个选定对象，并将 [刚体类型] 设置为 [运动学]，然后为每个对象创建一个凸面物理图形。如果选定对象已经具有 MassFX 刚体修改器，则现有修改器将更改为运动学，而不重新应用。此命令与 [动画 > MassFX > 刚体] 菜单中的 [将选定项设置为运动学刚体] 功能相同。

[将选定项设置为静态刚体]：将未实例化的 MassFX 刚体修改器应用到每个选定对象，并将 [刚体类型] 设置为 [静态]，为对象创建单个凸面物理图形。如果选定对象已经具有 MassFX 刚体修改器，则现有修改器将更改为静态，而不重新应用。此命令与 [动画 > MassFX > 刚体] 菜单中的 [将选定项设置为静态刚体] 功能相同。

[将选定对象设置为 mCloth 对象]：将未实例化的 mCloth 修改器应用到每个选定对象，然后切换到 [修改] 面板来调整修改器的参数。如果对象已经应用了 mCloth 修改器，此命令仅切换到 [修改] 面板（如果需要）。

[从选定对象中移除 mCloth]：从每个选定对象移除 mCloth 修改器。

[创建刚体约束]：将新 MassFX 约束辅助对象添加到带有适合于刚体约束的设置的项目中。刚体约束使平移、摆动和扭曲全部锁定，尝试在开始模拟时保持两个刚体在相同的相对变换中。此命令与 [对象]（或 [模拟]）菜单中 [约束 -MassFX] 子菜单上的 [刚体约束] 功能相同。

[创建滑块约束]：将新 MassFX 约束辅助对象添加到带有适合于滑动约束的设置的项目中。滑动约束类似于刚体约束，但是启用受限 Y 变换。此命令与 [对象]（或 [模拟]）菜单中 [约束 -MassFX] 子菜单上的 [滑块约束] 功能相同。

[创建转枢约束]：将新 MassFX 约束辅助对象添加到带有适合于转枢约束的设置的项目中。转枢约束类似于刚体约束，但是 [摆动 1] 限制为 100 度。此命令与在 [MassFX] 菜单（[约束] 子菜单）上的 [创建转枢约束] 命令的功能相同。此命令与 [对象]（或 [模拟]）菜单中 [约束 -MassFX] 子菜单上的 [滑动约束] 功能相同。

[创建扭曲约束]：将新 MassFX 约束辅助对象添加到带有适合于扭曲约束的设置的项目中。扭曲约束类似于刚体约束，但是 [扭曲] 设置为无限制。此命令与 [对象]（或 [模拟]）菜单中 [约束 -MassFX] 子菜单上的 [扭曲约束] 功能相同。

[创建通用约束]：将新 MassFX 约束辅助对象添加到带有适合于通用约束的设置的项目中。通用约束类似于刚体约束，但 [摆动 1] 和 [摆动 2] 限制为 45 度。此命令与 [对象]（或 [模拟]）菜单中 [约束 -MassFX] 子菜单上的 [通用约束] 功能相同。

[创建球和套管约束]：将新 MassFX 约束辅助对象添加到带有适合于球和套管约束的设置的项目中。球和套管约束类似于刚体约束，但[摆动 1]和[摆动 2]限制为 80 度，且[扭曲]设置为无限制。此命令与[对象]（或[模拟]）菜单中[约束 -MassFX]子菜单上的[球和套管约束]功能相同。

[创建动力学碎布玩偶]：设置选定角色作为动力学碎布玩偶。其运动可以影响模拟中的其他对象，同时也受这些对象的影响。

[创建运动学碎布玩偶]：设置选定角色作为运动学碎布玩偶。其运动可以影响模拟中的其他对象，但不会受这些对象的影响。

[移除碎布玩偶]：通过删除刚体修改器、约束和碎布玩偶辅助对象，从模拟中移除选定的角色。

[重置模拟]：停止模拟，将时间滑块移动到第一帧，并将任意动力学刚体的变换设置为其初始变换。此命令与[动画 > MassFX >模拟]菜单上的[重置模拟]功能相同。

[开始模拟]：从当前模拟帧运行模拟。默认情况下，该帧是动画的第一帧，它不一定是当前的动画帧。如果模拟正在运行，会使按钮显示为已按下，单击此按钮将在当前模拟帧处暂停模拟。如果模拟暂停，请再次单击[启动模拟]以从当前模拟帧处恢复模拟。模拟运行时，时间滑块为每个模拟步长前进一帧，从而导致运动学刚体作为模拟的一部分进行移动。此命令与[动画 > MassFX >模拟]菜单上的[播放模拟]（[开始模拟]在 MassFX 工具栏上处于活动状态时）以及[MassFX 工具]面板中[模拟工具]选项卡上的[开始模拟]功能相同。

[开始没有动画的模拟]：与[开始模拟]类似，只是模拟运行时时间滑块不会前进。这可用于使动力学刚体移动到固定点，以准备使用捕捉初始变换。此命令与[动画 > MassFX >模拟]菜单上的[播放模拟]（[开始没有动画的模拟]在[MassFX 工具栏]上处于活动状态时）以及[MassFX 工具]面板中[模拟工具]选项卡上的（开始没有动画的模拟）功能相同。

[将模拟前进一帧]：运行一个帧的模拟并使时间滑块前进相同量。此命令与[动画 > MassFX >模拟]菜单上的[逐帧模拟]以及 MassFX 工具栏上的（将模拟前进一帧）功能相同。

（3）[MassFX 工具]面板

单击[MassFX 工具栏]中的[世界参数]按钮或执行[动画 > MassFX >实用程序>显示 MassFX 工具]菜单命令，即可打开[MassFX 工具]面板，如图 10.009 所示。在该面板中，可以设置创建动力学模拟所需的多数常规参数，并且包含各种模拟控制和视口显示参数，具体包括[世界参数]、[模拟工具]、[多对象编辑器]和[显示选项]4 个选项卡。

[世界参数]选项卡：该选项卡提供用于在 3ds Max 中创建物理模拟的全局设置和控件。这些设置会影响模拟中的所有对象。

[模拟工具]选项卡：该选项卡包含用于控制模拟和访问工具（如 MassFX 资源管理器）的按钮。

[多对象编辑器]选项卡：可以为模拟中的对象（刚体和约束）指定局部动态设置。这些设置与[修改]面板上刚体修改器或约束辅助对象的对应设置之间的主要区别在于：[多对象编辑器]面板可用于同时为所有选定对象设置属性，而[修改]面板设置一次仅能用于一个对象。

[显示选项]选项卡：包含用于切换物理网格视口显示的控件以及用于调试模拟的 MassFX 可视化工具。

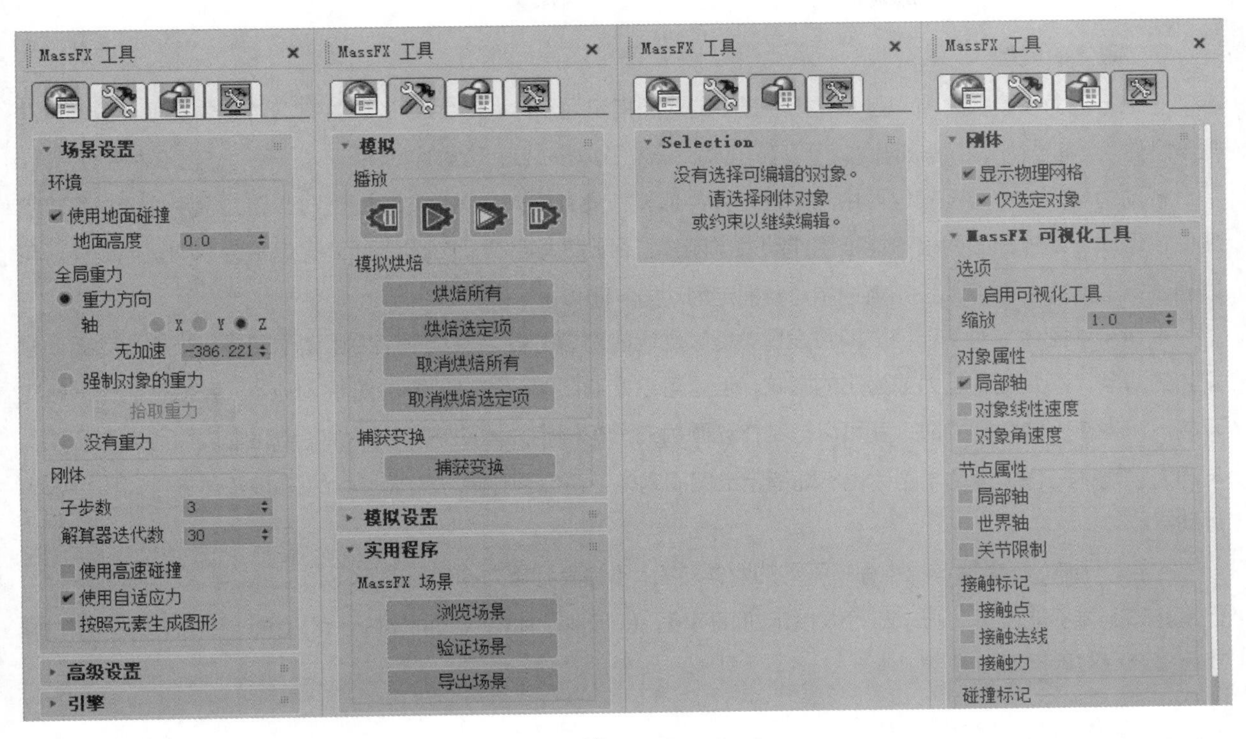

图 10.009

10.2.2 刚体

1. 刚体的简介

刚体是相对于柔体（或软体）而言的动力学概念，被定义为刚体的对象在模拟过程中的形状和大小都不会发生变化。在模拟过程中受到力的作用时，刚体对象会发生反弹、滚动或滑动，但不会弯曲或折断。而柔体在动力学模拟时会发生自身形体的变化，如产生挤压变形、弯曲或扭曲等，如图 10.010 所示。我们还可以把动力学中的绳索、布料和柔体统一称为可变形体。

刚体　　柔体

图 10.010

2. 刚体的类型

在进行动力学模拟之前，首先要把场景中的对象指定为刚体。MassFX 中共有 3 种刚体类型，分别是动力学刚体、运动学刚体和静态刚体。可以在[MassFX 工具栏]或[动画 > MassFX > 刚体]菜单中进行指定。

- 动力学刚体：与现实世界中的刚性物体类似，在受到重力或其他对象撞击时，动力学刚体会发生降落或位移运动。此外凹面网格不能被用作动力学刚体，否则凹陷部分仍然是凸面外壳，不会容纳其他刚体。可以通过单击工具栏中的按钮将选定对象指定为动力学刚体。
- 运动学刚体：对于已经或即将设置关键帧动画的对象，可以将其指定为运动学刚体。被指定为运动学刚体的对象，不会受到重力或撞击的影响，但是可以推动所遇到的其他刚体对象。例如，我们在制作一辆飞奔的汽车撞击一些障碍物时，就可以把制作动画后的汽车指定为运动学刚体，而将障碍物设为动力学刚体。与动力学刚体一样，运动学刚体也不能指定给凹面网格。可以通过单击工具栏中的按钮将选定对象指定为运动学刚体。
- 静态刚体：在模拟过程中保持不动的刚体对象，不会受到重力或碰撞的影响，这一点与运动学刚体一致，但是静态刚体不能设置动画，却可以指定凹面网格，使其他刚体陷入凹面体内。可以通过单击工具栏中的按钮将选定对象指定为静态刚体。

3. 刚体的基本属性

为对象指定刚体后，该对象的修改器列表中会自动添加一个［ MassFX Rigid Body ］修改器，在该修改器中可以更改对象的刚体类型，设置刚体对象的密度、质量、摩擦力、反弹力等物理属性，还可以定义刚体对象的碰撞外壳，以及设置刚体对象的初始运动状态，如图 10.011 所示。

（1）［ 刚体属性 ］卷展栏

在该卷展栏中，可以修改对象的刚体类型，并且还能指定该刚体是否受到重力、碰撞的影响，如图 10.012 所示。

刚体类型：切换不同类型的刚体，包括［ 动力学 ］、［ 运动学 ］和［ 静态 ］选项。

直到帧：该选项仅在［ 刚体类型 ］为［ 运动学 ］时处于激活状态。如果启用该项，那么可以在其后面的文本框中输入一个帧数，当模拟进行到该帧时，该运动学刚体会自动转换为动力学刚体。

烘焙 / 取消烘焙：将刚体模拟的运动效果转换为关键帧动画，该选项在［ 动力学 ］刚体类型中才能处于激活状态。

使用高速碰撞：如果启用此选项以及[世界]面板使用高速碰撞开关，[高速碰撞]设置将应用于选定刚体。

在睡眠模式下启动：刚体对象的睡眠模式开关，启用该选项后，在未受到碰撞之前，该对象会保持静止状态。

与刚体碰撞：碰撞开关，默认为启用状态，只有勾选该项后，该对象与其他刚体发生碰撞时才会产生动力学运动。

（2）［ 物理材质 ］编辑

在 MassFX 刚体修改器的［ 物理材质 ］卷展栏中，可以为刚体对象设置物理属性，如密度、质量、摩擦力和反弹力等，还可以将设置好的属性保存下来，作为物理性质的预设进行加载，如图 10.013 所示。

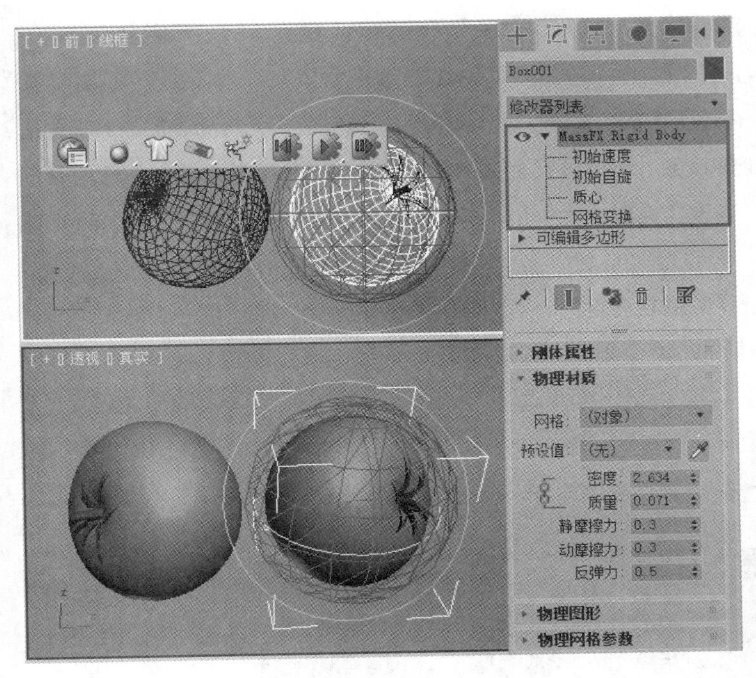

图 10.011

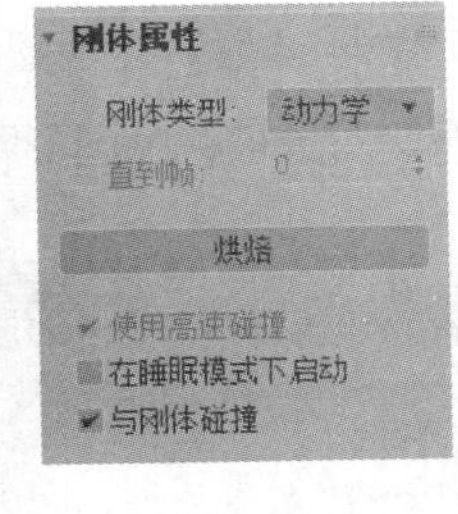

图 10.012

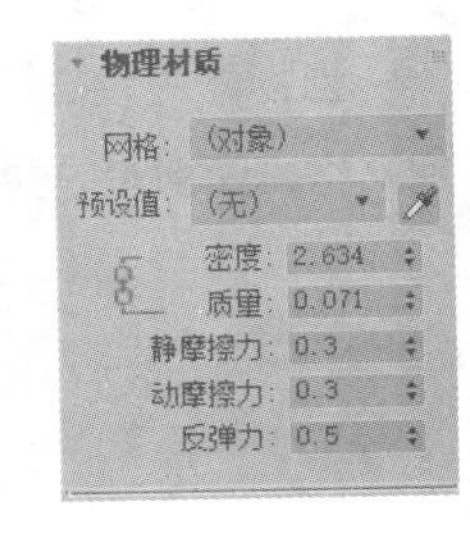

图 10.013

预设值：我们还可以将设置好的物理属性保存下来，以便于应用在其他对象上，这个过程可以在 [预设] 下拉列表中进行。默认状态下，系统还提供了 [纸板]、[混凝土]、[石灰石]、[橡胶] 和 [钢] 等几种物理材质的预设。如果要保存当前设置，那么选择 [创建新的预设] 命令，如果要加载已经保存好的预设，那么就选择 [从磁盘加载预设] 命令。

密度和质量：设置刚体对象的密度和质量，这里的密度单位是 g/cm^3，为国际标准单位 kg/m^3 的千分之一。修改其中一个值时，另一个值会根据对象的体积计算出另外一个值。质量的大小会影响到物体的惯性，当物体的运动速度相同时，质量越大的物体产生的惯性也就越大。如图 10.014 所示，左侧的黑色球体的质量为 50，而右侧的白色球体的质量为 10，它们朝着同一方向以相同的速度前进，撞击前面的墙体时，质量大的黑球明显产生了更大的冲击力。

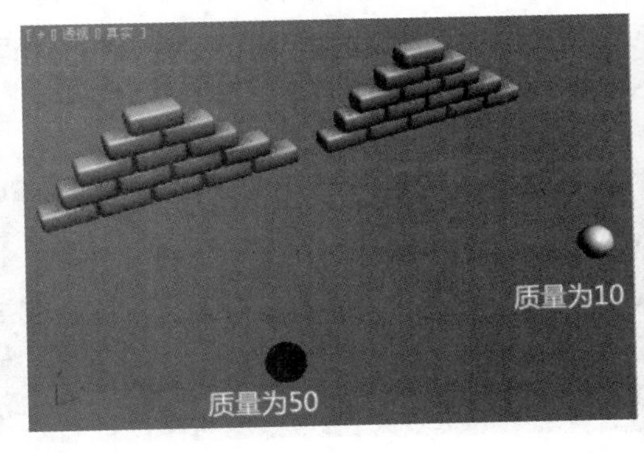

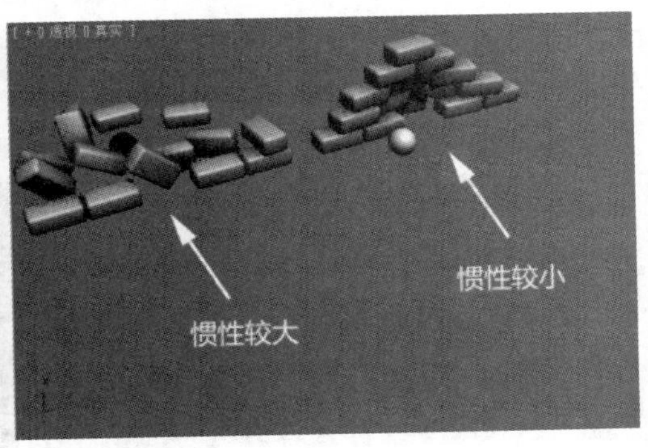

图 10.014

静摩擦力：两个刚体开始互相滑动时的难度系数。值为 0 时表示无摩擦力，值为 1 时表示完全摩擦力。两个刚体间的有效静摩擦力是各自静摩擦力值的乘积。如果一个刚体的静摩擦力值为 0，则另一个刚体的摩擦力值是多少都无关紧要，比如所有的东西在冰面上都会滑动。两个对象开始滑动后，就转而施加动摩擦力。

动摩擦力：两个刚体保持互相滑动的难度系数。严格意义上讲，此参数称为“动摩擦系数”。值为 0 时表示无摩擦力，值为 1 时表示完全摩擦力。在现实世界中此值小于静摩擦系数。它与静摩擦力一样，两个刚体间的有效值是各自摩擦力值的乘积。

反弹力：刚体对象撞击到其他刚体时反弹的难易程度和高度。值为 0 时表示无反弹，值为 1 时表示对象的反弹力度与撞击其他对象的力度几乎是一样的。两个刚体间的有效反弹力是各自反弹值的乘积。

（3）刚体的物理图形

当物体对象被指定为刚体后，在视图中会自动添加一个外壳，这就是刚体的碰撞外形，我们将其称为物理网格，而相对应的原始对象被称为图形网格，如图 10.015 所示。

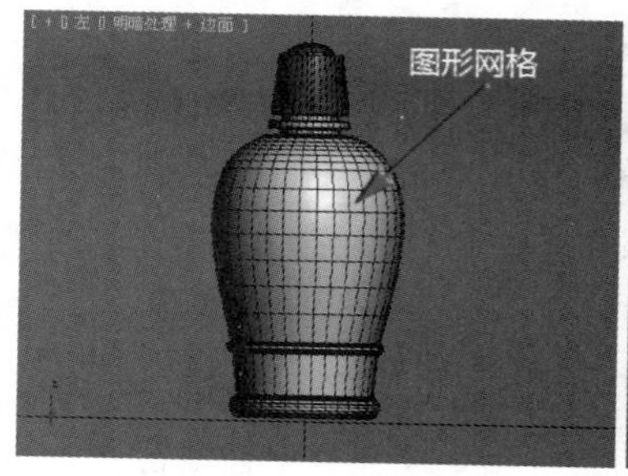

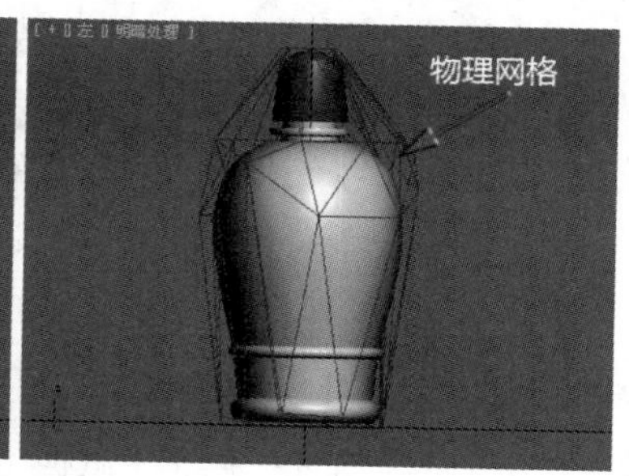

图 10.015

MassFX 中提供了多种物理图形类型，如球体、长方体、胶囊、凸面等简单的碰撞外形。此外还可以使用原始的图形网格作为碰撞外形，也可以添加多个碰撞外形，将简单的几何体组合成一个碰撞外形。除此以外，MassFX 还允许用户自己定义物理图形，拾取自己编辑的几何体作为碰撞外形，还可以把物理网格转换为图形网格进行编辑。

在进行动力学模拟运算时，物理图形越简单，模拟的速度就越快，因此多数情况下使用的物理网格为 [球体]、[长方体]、[胶囊] 和 [凸面] 等类型，如图 10.016 所示。在定义刚体的过程中，动力学刚体和运动学刚体的默认物理网格为 [凸面]，这是一种根据原始图形网格简化而成的物理图形，可以在 [物理图形] 卷展栏的 [图形类型] 中将其修改为其他类型。

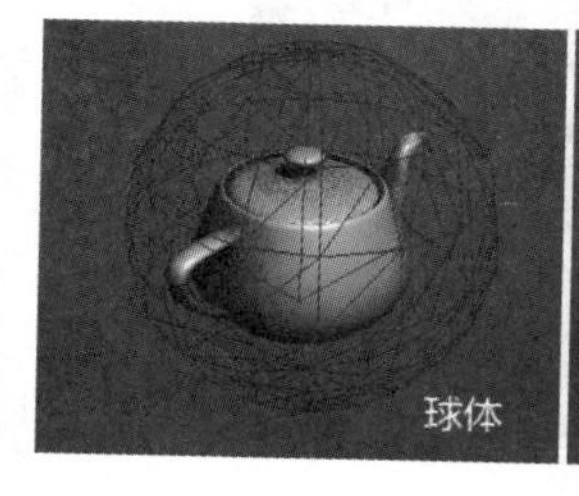

图 10.016

原始类型的物理图形是将原始的图形网格，也就是对象本身的形体作为碰撞外形。一般情况下，原始的物理外形比较复杂，如果场景中有大量刚体采用原始类型，那么模拟速度将会非常慢。通常原始类型用于凹面静态刚体。如图 10.017 所示，瓷碗采用原始类型可以使其他刚体对象顺利地陷入凹面体内，而采用［凸面］类型会导致其他刚体对象落在瓷碗外面。

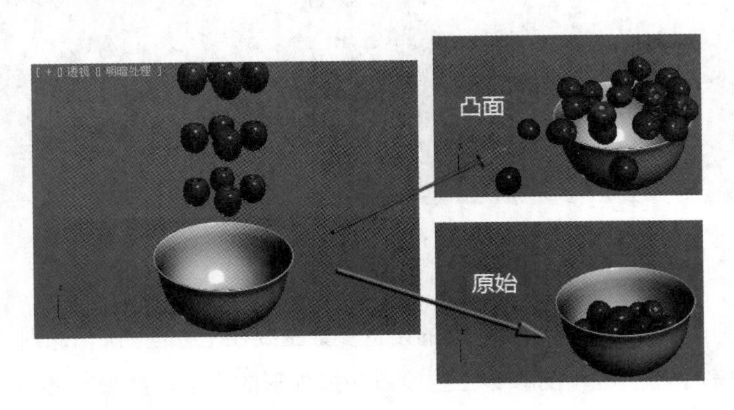

图 10.017

使用［原始］类型的物理网格计算结果精确，但是模拟速度较慢，而使用简单的物理网格模拟速度较快，但计算结果粗略。另外，还有一种取巧的方式，就是组合简单的网格，把几个简单的物理网格组合起来，组成一个类似原始物体的碰撞外形。例如一把椅子，如果采用简单的［长方体］或［凸面］类型，那么解算结果是不精确的，如图 10.018 所示。而采用［原始］网格碰撞又过于复杂，因此我们可以让椅子上的坐垫和靠背采用［长方体］类型，4 个椅子腿采用［胶囊］类型，并且在［网格变换］子层级和［物理网格参数］卷展栏中调整它们的大小和位置。这样就形成了一个椅子的组合物理网格，如图 10.019 所示。

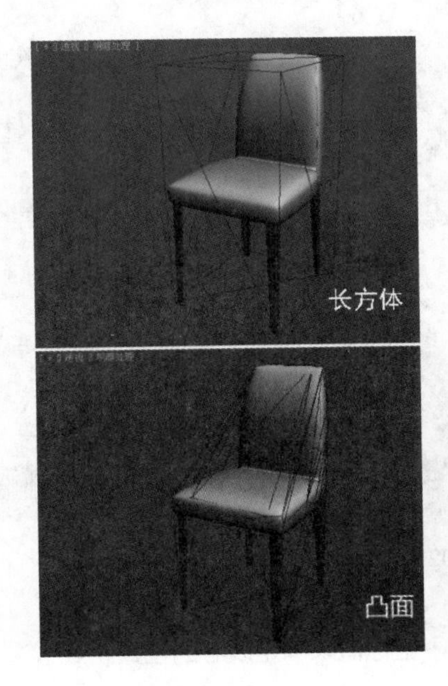

图 10.018

图 10.019

除了使用上述方法外，还可以使用［自定义］类型来简化碰撞外形。例如，在进行一个汽车的碰撞模拟时，可以先建立一个简单的形体，然后将其作为自定义物理网格拾取进来，这样在模拟过程中也是采用简单的网格形态进行计算，从而提高动力学的模拟速度，如图 10.020 所示。

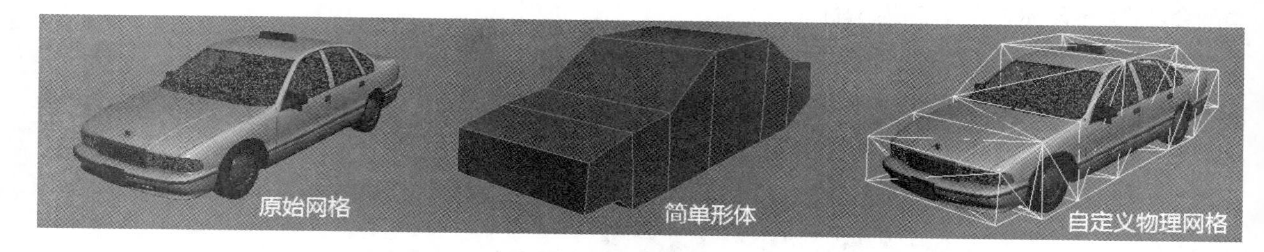

图 10.020

在 MassFX 的刚体修改器中，碰撞外形的设置参数主要在［物理图形］和［物理网格参数］卷展栏中进行。［物理图形］卷展栏中的参数主要设置碰撞外形的类型和数量，还可以把物理网格转换为几何体；而［物理网格参数］卷展栏中的参数要依据网格的类型而发生变化，主要用来控制物理网格的大小。

（4）刚体的初始运动设置

在［MassFX Rigid Body］修改器的［高级］卷展栏中可以设置刚体的初始运动状态，以及调整质心位置。在设置初始运动时，可以通过在参数面板中输入［X］、［Y］和［Z］值确定初始旋转的角度或运动方向，也可以进入修改器的［初始自旋］或［初始速度］子层级，利用旋转工具确定自旋的角度和运动方向，如图 10.021 所示。

图 10.021

同理，可以在参数面板中输入［X］、［Y］和［Z］坐标值来确定质心的位置，或者进入［质心］子层级，使用移动工具改变质心的位置，如图 10.022 所示。

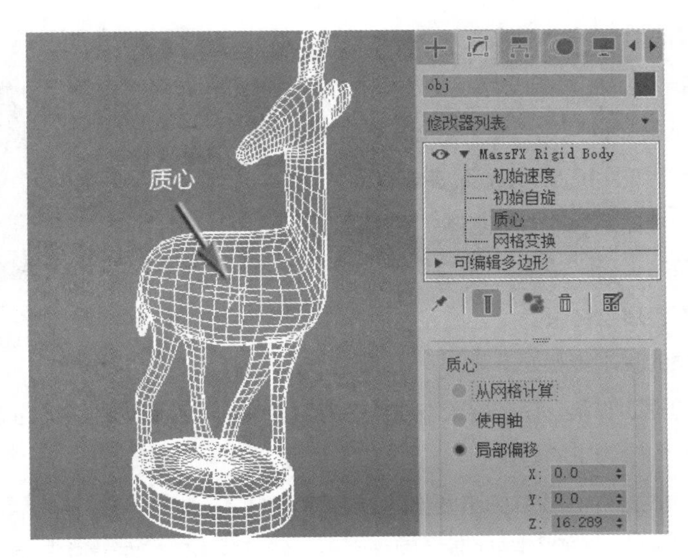

图 10.022

10.2.3 约束

MassFX 中的约束可限制刚体在移动和旋转时的速度与角度。例如，设置攻城动画时，城门在受到圆木的撞击时只会沿着 z 轴转动，如图 10.023 所示。实际上，MassFX 约束都是同一类型的辅助对象，虽然在工具栏中可以为刚体建立不同种类的约束，包括[刚体约束]、[滑块约束]、[转枢约束]、[扭曲约束]、[通用约束]和[球和套管约束]等，但是它们只是为了满足不同的需要而设置了不同的默认值，而所有的参数类型都是一致的，可以相互转换。

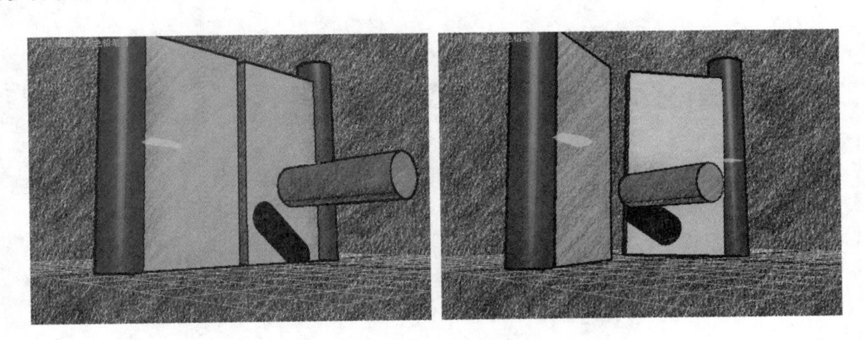

图 10.023

约束辅助对象可以把两个刚体连接在一起，也可以将单个刚体固定在世界空间中的某个位置上，从而形成了一个链接层次，子对象要沿着父对象进行移动和旋转，子对象必须是动力学刚体，而父对象可以是动力学或运动学刚体。父对象也可以为空，当父对象为空时，子对象固定到世界空间的某一位置上。

1. 创建约束

在创建约束时，可以选择一个或两个刚体对象，当选择两个刚体对象时，第一个选择的为父对象，第二个选择的是子对象。如果选择了一个刚体对象，那么该对象为约束的子对象。如果选择的对象没有指定为刚体，那么系统将弹出一个对话框，询问是否将 MassFX 刚体修改器应用在该对象上，如图 10.024 所示。单击[是]按钮后，网格对象会自动被指定为动力学刚体，然后建立约束辅助对象；如果单击 [否] 按钮，那么该对象不会添加刚体修改器，也不会建立约束。

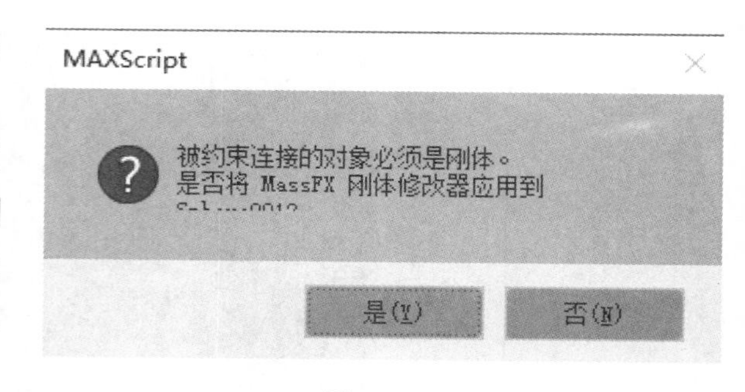

图 10.024

创建和使用约束对象的基本步骤如下。

①选择要创建约束的辅助对象，在 [层次] 面板中将对象的轴心点移动到进行约束的位置。

②选择一个或两个要创建约束的对象。

③在 [MassFX 工具栏] 中选择并单击要创建的约束类型。

④在视口中移动鼠标光标，调整约束对象的图标大小，然后单击鼠标左键进行确认。

⑤进入 [修改] 面板，调整约束对象的各种参数。

⑥进行刚体和约束的模拟。

2. 约束对象的主要参数

在 MassFX 中无论采用何种类型的约束，约束辅助对象的参数都是一样的，主要包括连接对象的设置、运动角度限制、弹簧属性设定及其他高级应用，如图 10.025 所示。这里仅针对其中的常用参数进行讲解。

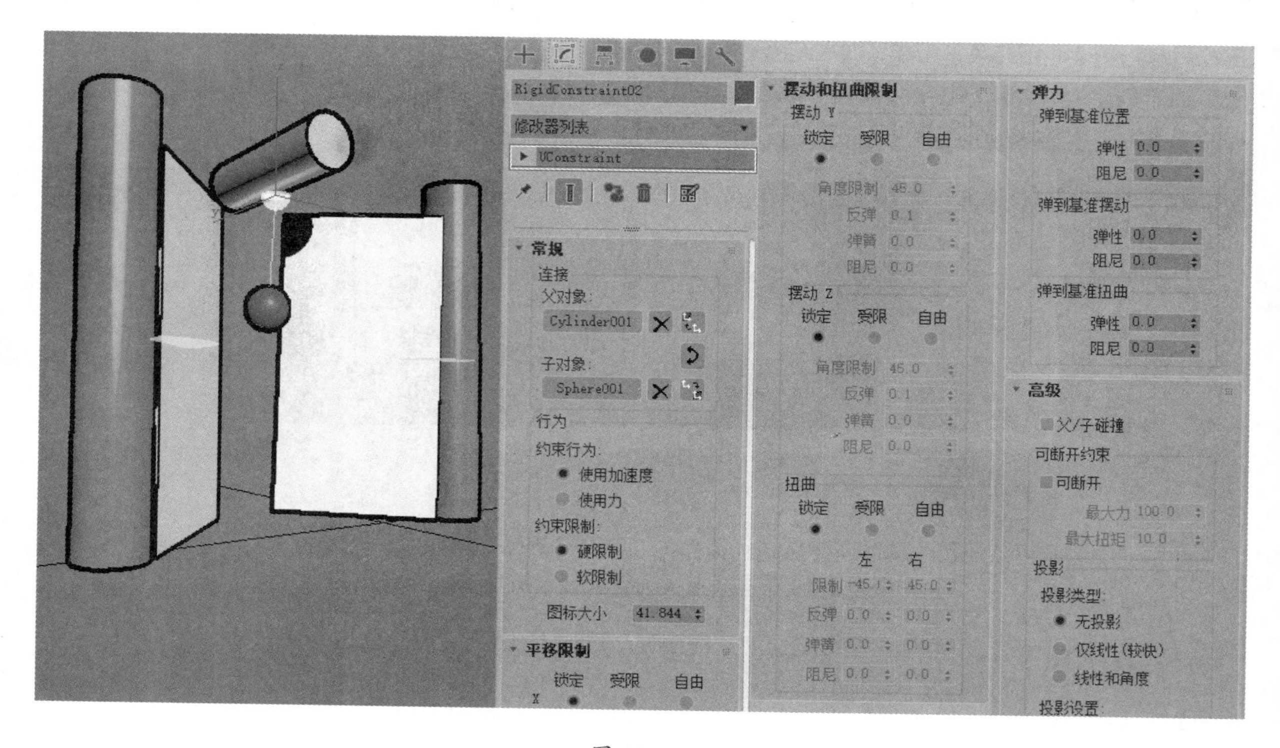

图 10.025

父 / 子对象：单击该按钮后，可以指定约束连接的父对象或子对象刚体，单击后面的 [×] 按钮可以取消设置。父对象可以不指定任何对象，此时约束的子对象连接到世界坐标系的某个固定位置上。

[平移限制] 卷展栏：该卷展栏中的参数用于设置受限刚体对象（子对象）的运动平移状况，在这里可以锁定或限制平移的活动范围。

[摆动和扭曲限制]卷展栏：该卷展栏用于设置子对象的摆动和扭曲状况，可以锁定或限制它的旋转角度。

- 角度限制：设置限制子对象摆动或旋转的角度。
- 反弹：设置偏离限制的反弹力度，取值范围在 0 ~ 1 之间。
- 弹簧：当子对象超出限制时，该值是将对象拉回限制区域内的强度，尝试增大该值可以避免对象超出限制。

[弹力] 卷展栏：与约束限制参数中的 [反弹] 和 [弹簧] 不同，[弹力] 卷展栏是设置子对象返回到初始状态的强度。在运动过程中，该卷展栏中的设置会始终起作用，而约束限制中的 [反弹] 和 [弹簧] 只是在超出限制范围时起作用。

10.2.4 MassFX 碎布玩偶

动画角色可以作为动力学和运动学刚体参与 MassFX 模拟。使用 [动力学] 选项，角色不仅可以影响模拟中的其他对象，也可以受其影响。使用 [运动学] 选项，角色可以影响模拟，但不受其影响。例如，动画角色可以击倒运动路径中遇到的障碍物，但是落到它上面的大型盒子不会更改它在模拟中的行为。

MassFX 中的碎布玩偶基本上是为了便于创建和管理刚体。但是，它具有多个重要的便利功能。例如，当骨骼与蒙皮网格相关联时，碎布玩偶可以根据蒙皮顶点生成自定义刚体网格。

1. 创建碎布玩偶

要创建碎布玩偶，需要先选择一组链接的骨骼（包括 Biped 和骨骼链）中的任何骨骼，或参考骨骼的网格对象（应用了蒙皮修改器），并调用 [创建运动学碎布玩偶] 或 [创建动力学碎布玩偶] 命令。骨骼不一定是人体形状，甚至可以是表示生物。

创建碎布玩偶会产生多个结果，如下所示。

（1）将碎布玩偶辅助对象添加到场景中。使用此对象可为整个碎布玩偶设置参数，添加和删除骨骼和蒙皮网格等。

（2）将 MassFX 刚体修改器应用到碎布玩偶中的每个骨骼。刚体类型设置为 [动力学] 还是 [运动学]，具体取决于创建的碎布玩偶类型。

（3）在骨骼中每对连续骨骼之间添加 MassFX 约束辅助对象，并且将参数自动设置为碎布玩偶角色的合理起始点。

提示

[移除碎布玩偶] 命令非常便于删除碎布玩偶辅助对象、应用到其骨骼的所有 MassFX 刚体修改器以及所有约束。

2. 调整碰撞图形和限制

可以通过选择骨骼并调整修改器设置来单独编辑由碎布玩偶创建的刚体，就像对任何其他刚体或约束进行编辑一样。另外，还可以使用碎布玩偶辅助对象界面的［骨骼属性］卷展栏来对骨骼的公用选项进行批处理设置。

要对碎布玩偶中的一个或多个骨骼应用公用设置，需执行以下操作。

（1）如果不希望将设置应用到整个碎布玩偶，请在［骨骼］组列表中高亮显示一个或多个骨骼。

（2）在［骨骼属性］卷展栏中，设置所需的物理图形类型，并使用［源］设置来设置刚体是包裹在骨骼周围还是包裹在蒙皮网格周围。

（3）要仅将更改应用到［骨骼］组列表中高亮显示的骨骼和组，请单击［更新选定骨骼］按钮；要将更改应用到碎布玩偶中的所有骨骼，请单击［碎布玩偶工具］卷展栏中的［更新所有骨骼］。

10.2.5 MassFX 中的其他功能

1. 烘焙模拟结果

在 MassFX 中，动画模拟过程中虽然可以从视口实时地观察到模拟结果，但是模拟完成后播放时间滑块时并没有出现动画效果，它只是将模拟过程中的数据进行了记录，并没有转换为关键帧动画。因此，在完成模拟后，还要将动力学数据转换为动画，这个过程就是烘焙模拟。在 MassFX 中，可以设置［MassFX 工具］面板中的［模拟烘焙］参数组或执行［动画 > MassFX > 模拟］菜单中的烘焙命令，如图 10.026 所示。我们可以将场景中所有的刚体对象转换成关键帧动画，也可以仅烘焙选定对象。烘焙完成后，如果对动画不满意，还可以取消烘焙结果，将场景恢复到初始状态。

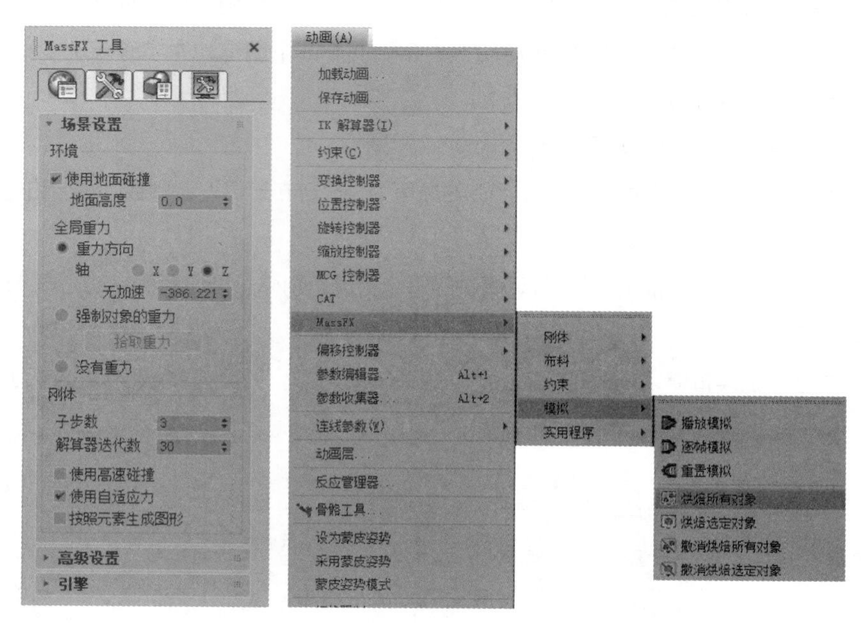

图 10.026

2.MassFX 资源管理器

MassFX 资源管理器是一种特殊的资源管理器，专用于处理 MassFX 中的对象，它可以查看和修改对象属性和参数。可通过［MassFX 工具］面板中的［浏览场景］或执行［动画 > MassFX > 实用程序 > 打开动力学资源管理器］命令打开该窗口，如图 10.027 所示。

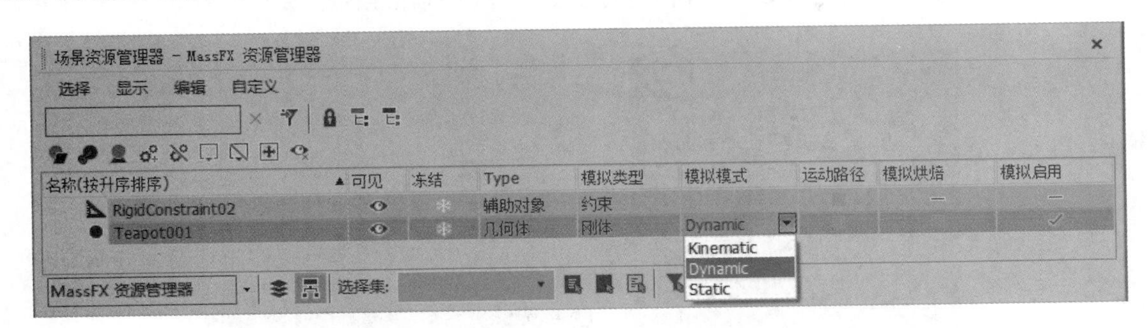

图 10.027

3. 使用地平面和重力

在 MassFX 默认状态下有一个无限大的地平面，它与主栅格共面，相当于一个静态刚体，具备固定的摩擦力和反弹力，可以在［MassFX 工具］面板中启用或关闭［使用地面碰撞］，如图 10.028 所示。

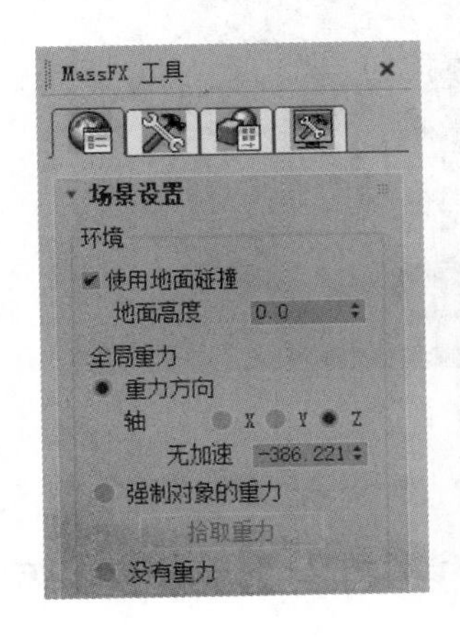

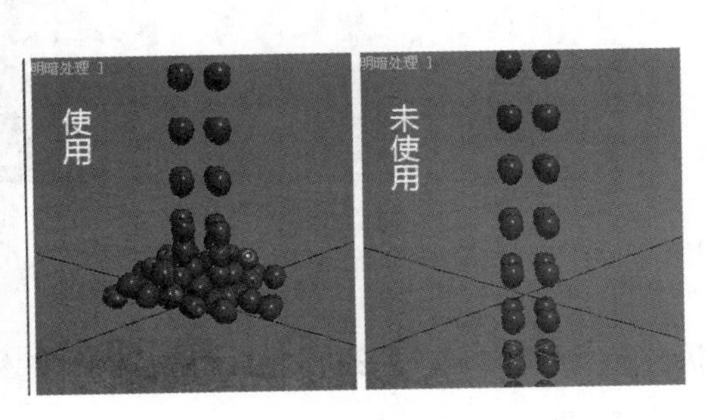

图 10.028

［MassFX 工具］面板已经为场景设置好了重力，重力的方向是 z 轴。当重力加速度为负值时向下运动，为正值时向上运动，默认值为 −386.221。

4. 多个刚体对象的编辑

我们通常在［修改］面板中编辑刚体的属性和物理材质，但是在［修改］面板中一次只能修改一个刚体，如果要同时修改很多刚体，且修改的参数一致，那么可以采用以下 3 种方式。

（1）在［动力学资源管理器］中进行修改。在资源管理器中选择要修改的刚体，然后同时修改列表中的属性即可，只是资源管理器的参数有限，不能修改刚体的所有参数。

（2）在［MassFX 工具］面板的［多对象编辑器］选项卡中进行修改。该选项卡中的参数与［修改］面板中的参数完全一致，当修改大量刚体参数时，同时选择所有要修改的刚体对象，然后在［多对象编辑器］选项卡中进行详细设置即可，这也是我们通常所用的方法，如图 10.029 所示。

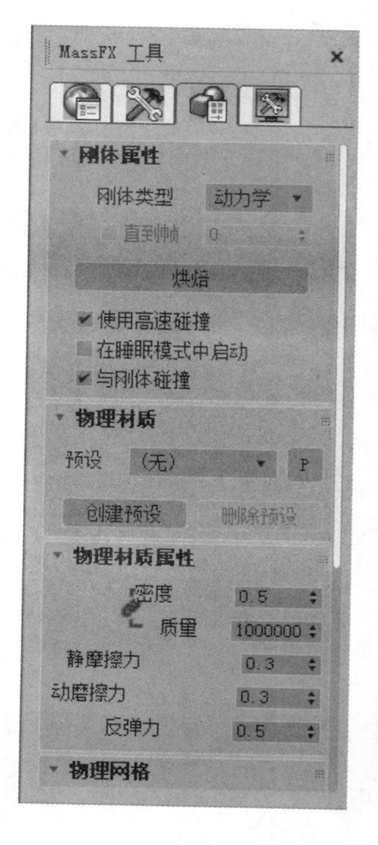

图 10.029

（3）使用 MAXScript 脚本语言修改其中的参数。使用脚本语言也是一种非常快捷的方法，但是使用它需要具备基本的程序语言知识。

5. 初始状态设置

模拟完成后，如果单击［MassFX 工具栏］中的［重置模拟］按钮，那么场景中的所有刚体就会恢复到模拟之前的状态，这就是初始状态。在 MassFX 中，可以修改指定对象的初始状态。例如，在下列模拟过程中，选择第 2 排的水果，当运行到第 10 帧时，单击［MassFX 工具］面板中的［捕获变换］按钮，或者执行［动画 > MassFX > 实用程序 > 捕获当前变换］菜单命令，再次单击［重置模拟］按钮时，可以观察到其余的水果都回到了原始状态，而选定的 4 个水果仍然处于第 10 帧时的状态，这是因为修改了它们的初始状态，如图 10.030 所示。

图 10.030

6. 可视化模拟

在进行 MassFX 模拟测算时，可以在视口中实时地观察到碰撞效果，但是由于参数设置不当，可能会导致动画出错。为了检测 MassFX 刚体对象在运动过程中的状态，可以在［MassFX 工具］面板中勾选［启用可视化工具］。勾选该选项后，对要检查的属性项目进行勾选，再次进行模拟时就能观察到刚体对象的受力碰撞状况了，如图 10.031 所示。

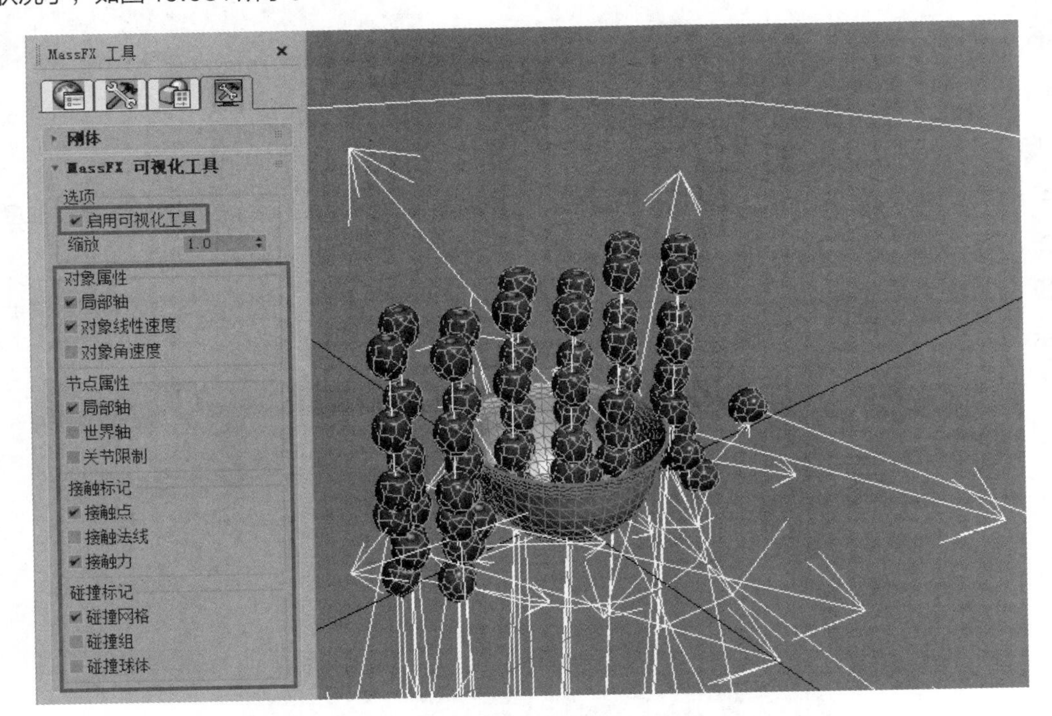

图 10.031

7. 导出刚体、约束和骨骼

MassFX 还可以将模拟完成的动力学数据导出成 NxuStream（XML）或 Collada 格式的文件，这样可以把模拟信息应用在游戏或其他动力学系统中。如果要加载到 PhyX SDK 中，那么建议使用 XML 格式。通过执行［动画 > MassFX > 实用程序 > 导出 MassFX 场景］菜单命令或单击［MassFX 工具］面板中的

［导出场景］按钮，即可对场景数据进行导出，如图 10.032 所示。

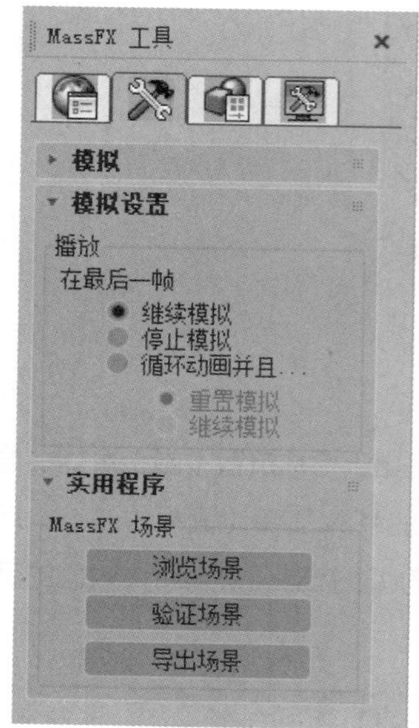

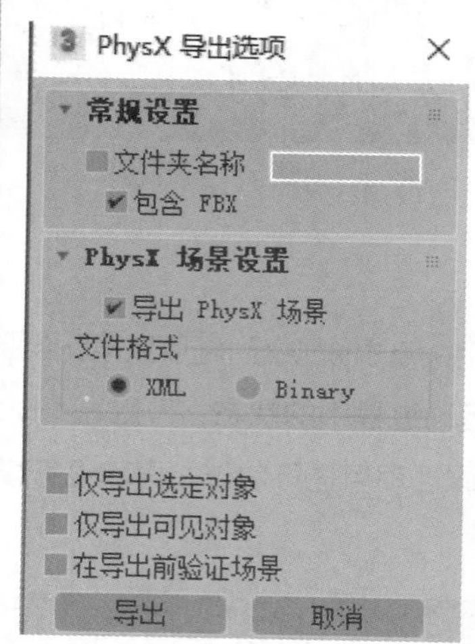

图 10.032

8. 验证 PhysX 场景

在导出数据时，为了确保动力学数据的有效性，建议先使用 PhysX 验证工具检验一下场景信息。如果验证错误，那么导出的数据可能无法应用。默认状态下主要验证［缩放的对象］、［非均匀缩放］、［动画比例］和［扭曲的对象］等性能。如果验证有效，那么对应项目的结尾处就会显示绿色色块；如果验证失败，就会显示红色色块；如果验证中有不确定因素，那么会显示黄色色块，如图 10.033 所示。

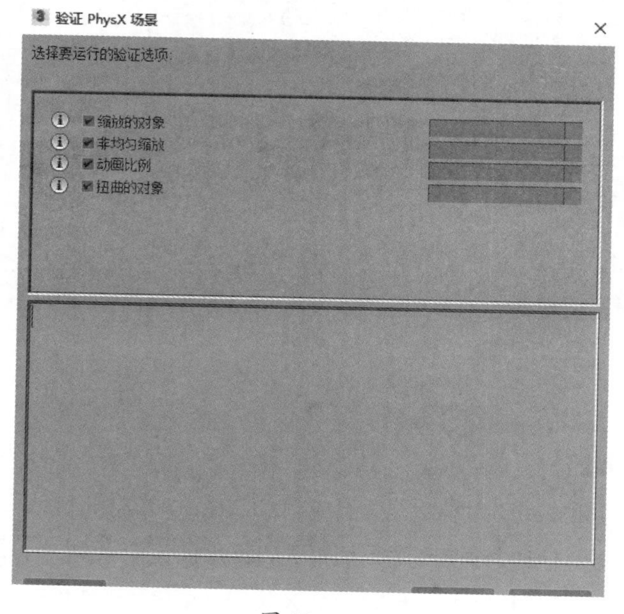

图 10.033

10.3 应用案例

10.3.1 MassFX 动力射门

范例分析

在本案例中，我们将学习使用 3ds Max 中 MassFX 的动力学系统来制作一个老鼠射门的动画。足球射出的动画完全是动力学模拟，并且和老鼠角色的脚、地面以及球门有动力学交互。通过这个案例，我们将学习 MassFX 动力学系统的基本用法。

场景分析

打开配套学习资源中的“场景文件 \ 第 10 章 \10.3.1\ 射门 -video_start.max”文件，场景中有绑定好的老鼠、球门、足球和地面，场景已经完成了基础的设定和动画，播放可以观察到动画效果，如图 10.034 所示。场景中的足球模型有两个，一个是渲染用的足球，另一个是简单的球体模型，可用来进行动力学模拟，以提升模拟速度，二者进行了父子链接。

制作分析

1. 为动力学模拟设置场景

步骤 01： 选择场景中的老鼠，先将模型的细分修改器关闭，以提高播放的速度，如图 10.035 所示。

图 10.034

图 10.035

步骤 02： 选择足球模型，将其隐藏，将足球替代模型显示出来，通过足球替代模型进行动力学模拟，如图 10.036 所示。

2. 模拟射门动力学动画

步骤 01： 打开 [MassFX 工具栏]，选择场景中的地面和球门，单击 [将选定项设置为静态刚体] 选项，将其设定为静态刚体，如图 10.037 所示。

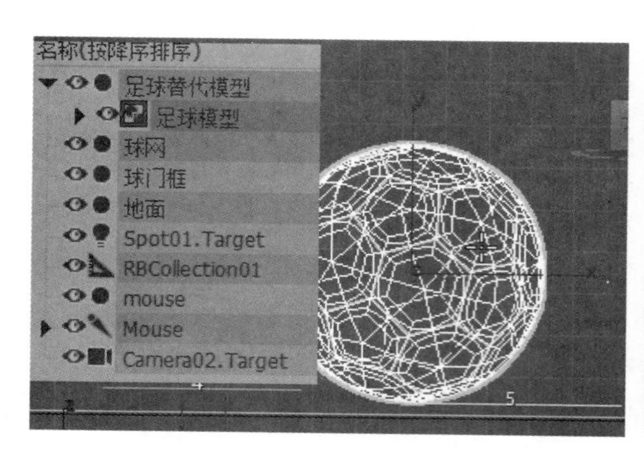

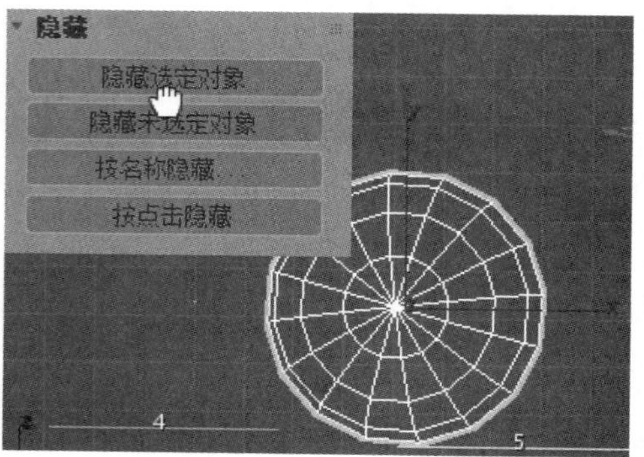

图 10.036

图 10.037

步骤 02： 选择场景中老鼠的右脚替代物体，单击［将选定项设置为运动学刚体］选项，将其设定为运动学刚体，此选项可以保留其原始动画，并作为刚体计算，如图 10.038 所示。

步骤 03： 选择足球替代模型，单击［将选定项设置为动力学刚体］选项，将其设定为动力学刚体，单击［开始模拟］按钮，进行模拟，这样就生成了老鼠射门的动画，如图 10.039 所示。

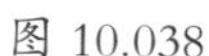
图 10.038

图 10.039

提示

如果足球在开始模拟的时候有移动，角色没有踢到，可以将足球替代模型的初始位置稍作移动即可。

步骤 04： 单击［MassFX 工具栏］上的［世界参数］按钮，打开［MassFX 工具］面板，进入［多对象编辑器］选项卡，设置［物理网格］卷展栏下的［网格类型］为［球体］，如图 10.040 所示。

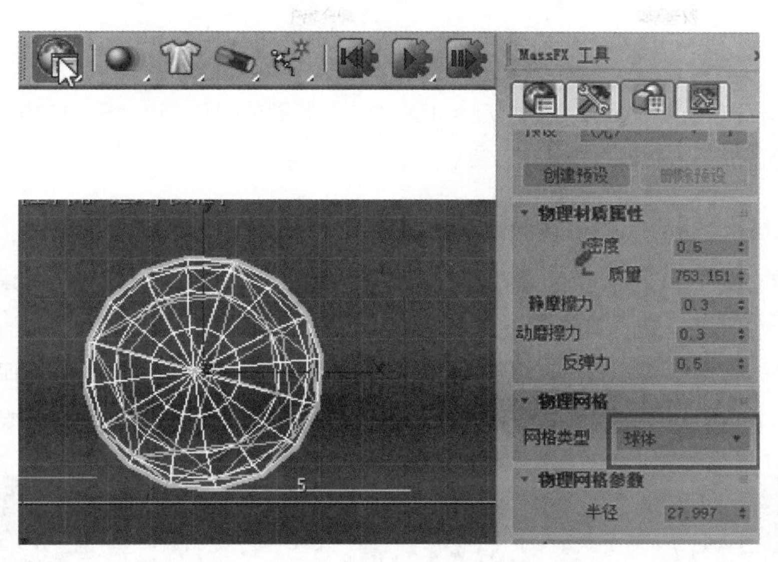

图 10.040

步骤 05： 选择足球替代模型，进入［MassFX 工具］面板的［模拟工具］选项卡，单击［烘焙选定项］，进行动画烘焙，完成整个动画模拟，如图 10.041 所示。

步骤 06： 切换到摄影机视图，选择老鼠模型，为其添加一个［涡轮平滑］修改器。同时选择足球替代模型，将其隐藏，并将足球模型显示，这样老鼠踢球射门的动画就制作完成了，如图 10.042 所示。

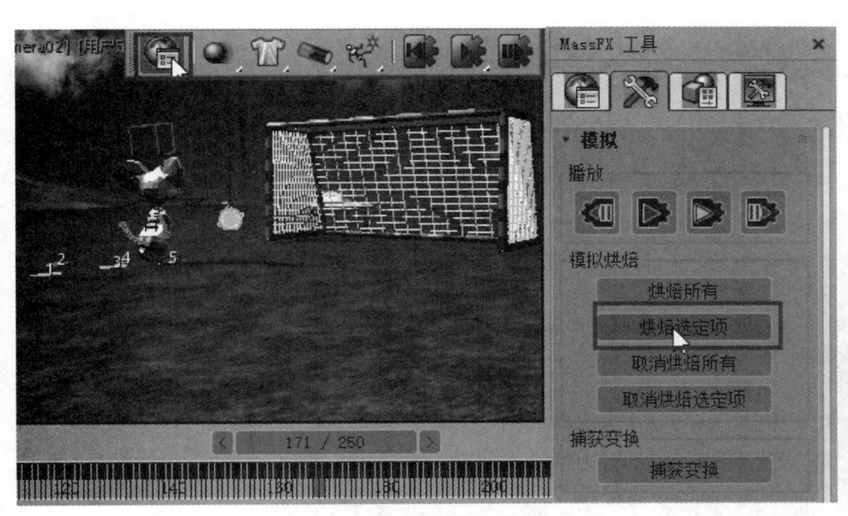

图 10.041

图 10.042

关于本案例详细的视频讲解，请参见本书配套学习资源“视频文件 \ 第 10 章 \10.3.1”文件夹中的视频。

10.3.2 MassFX 布娃娃系统和撕裂效果

范例分析

在本案例中，我们将学习 3ds Max 中 MassFX 的布料撕裂效果和 MassFX 布娃娃系统。本案例的效果是一个小人从高空下落，将布料广告砸穿，最后掉落。

场景分析

打开配套学习资源中的“场景文件 \ 第 10 章 \10.3.2\video_start.max”文件，场景中有一个由矩形组成的布料，通过编辑样条线、服装生成器，以及 UVW 贴图修改器创建而成。布料旁边有两个杆，中间有一些小环。打开［材质编辑器］观察，两边的杆使用的是银色金属材质，材质选择了金属明暗器类型；［高光］与［光泽度］分别是 100 和 80，［反射］为 100，渲染的尺寸为 700×525，渲染后的效果如图 10.043 所示。

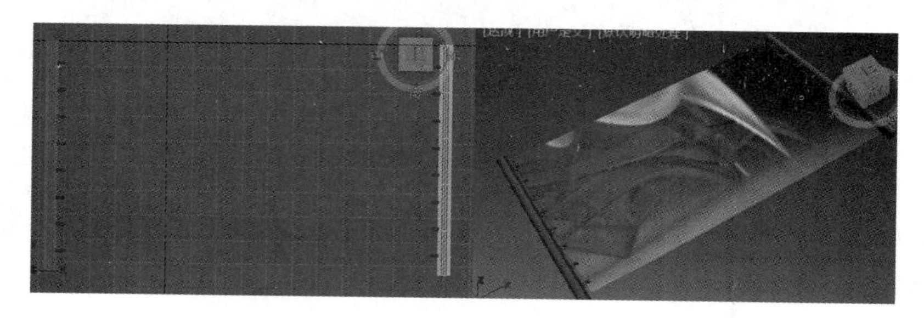

图 10.043

制作步骤

1. 为布料设定组并制作撕裂效果

步骤 01: 选择场景中的布料模型，在［MassFX 工具栏］中单击［将选定对象设置为 mCloth 对象］按钮，将其设置为布料，如图 10.044 所示。

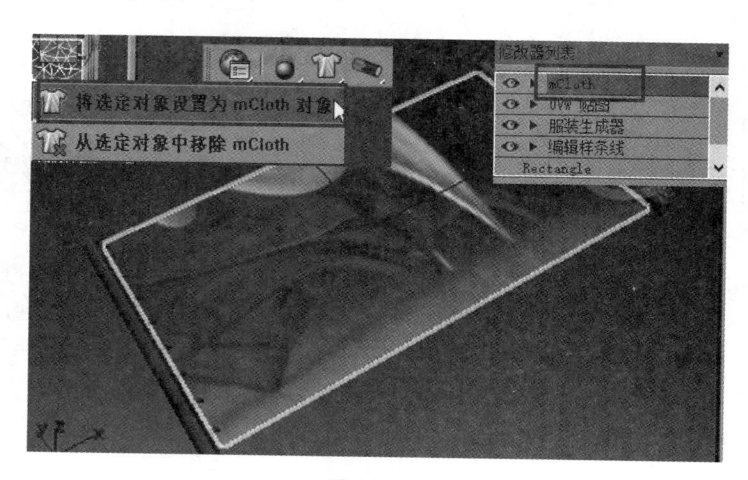

图 10.044

步骤 02： 切换到［顶视图］，选择布料，按 G 键取消栅格。进入［修改］面板，单击［mCloth］下的［顶点］选项，选择场景中布料左侧的一排顶点，并单击［组］卷展栏中的［设定组］按钮。在打开的［设定组］窗口中将［组名称］设置为“left”，接着单击［枢轴］按钮，将其固定在枢轴上；用相同的方法，选择布料右侧的点，单击［设定组］按钮，并更名为“right”，最后单击［枢轴］按钮，将其固定在枢轴上，如图 10.045 所示。

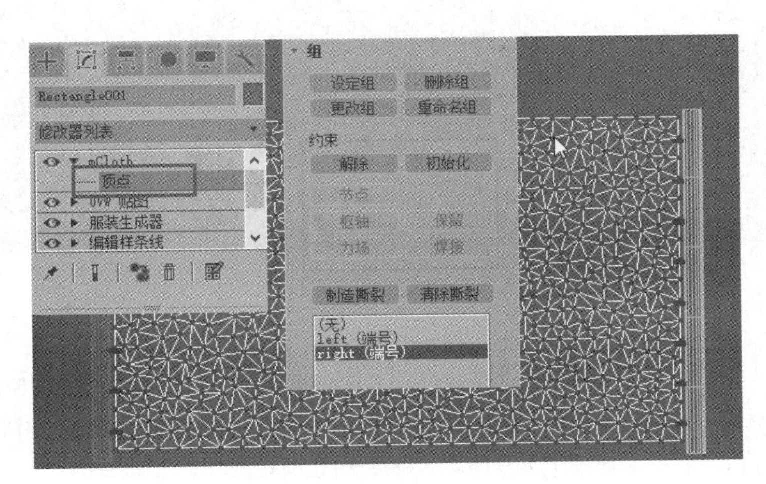

图 10.045

步骤 03： 单击工具栏中［选择工具］按钮中的［涂抹］工具，随机地选择布料中间的一些点，然后单击［组］卷展栏中的［制造撕裂］按钮，并将其更名为“tear”，如图 10.046 所示。

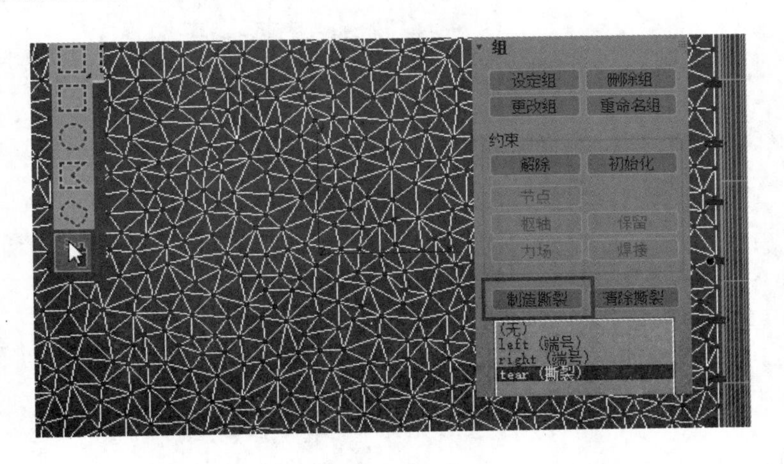

图 10.046

步骤 04： 退出［顶点］子对象级别，设置［修改］面板中［纺织品物理特性］卷展栏下的［弯曲度］为 1，［密度］为 1。打开［MassFX 工具］面板，取消勾选［使用地面碰撞］选项，如图 10.047 所示。

2. 创建 MassFX 布娃娃系统

步骤 01： 打开［MassFX 工具］面板，进入［模拟工具］选项卡，单击［取消烘焙所有］按钮，确保没有其他的模拟干扰，如图 10.048 所示。

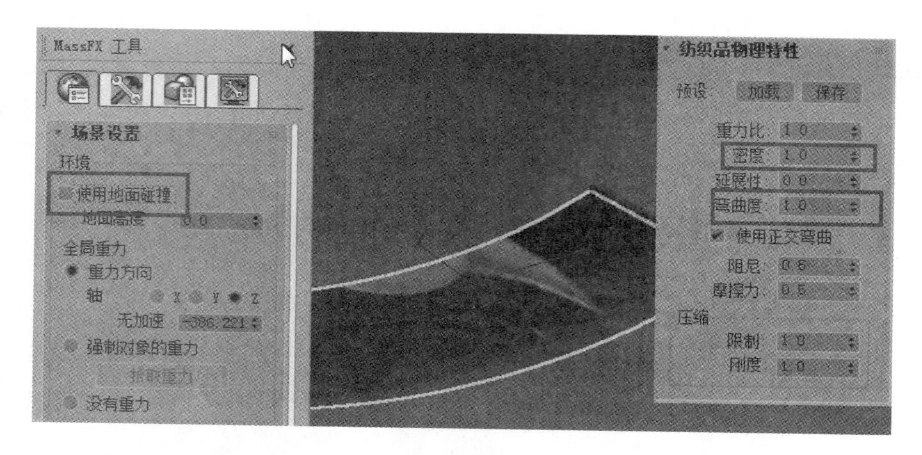

图 10.047

步骤 02： 进入［创建］面板，选择［系统］面板，单击［标准］下的［Biped］按钮，在场景中创建一个骨骼系统。进入［运动］面板，单击［Biped］卷展栏中的［体型模式］按钮，并将创建的骨骼系统移动到画面顶部撕裂位置的上方，如图 10.049 所示，最后关闭［体型模式］。

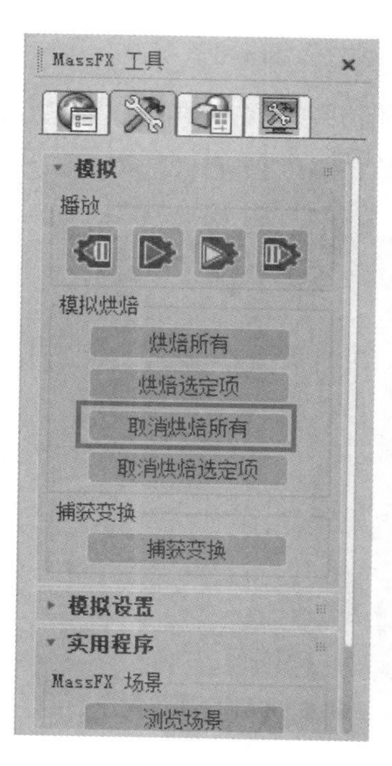

图 10.048

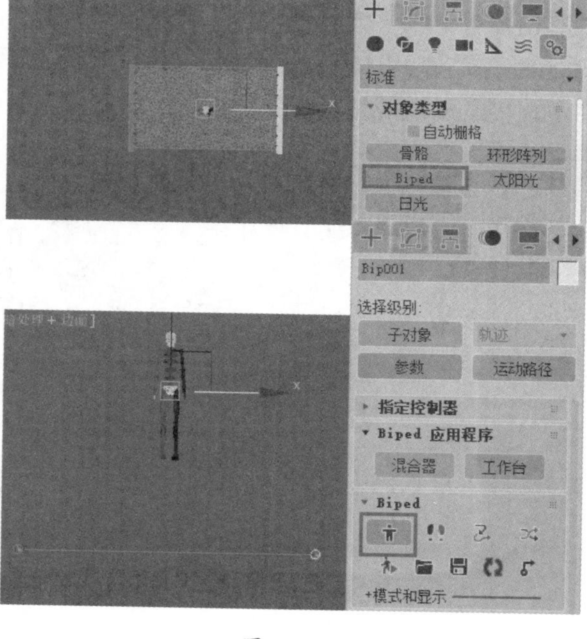

图 10.049

步骤 03： 选择创建的 Biped 骨骼系统［Bip001］，在［MassFX 工具栏］中单击［创建动力学碎布玩偶］按钮，创建一个玩偶，如图 10.050 所示。

步骤 04： 将布娃娃调整至适合的角度，打开［MassFX 工具］，单击［烘焙所有］按钮，观察场景中出现了布娃娃下落并撕穿布料的效果，如图 10.051 所示。

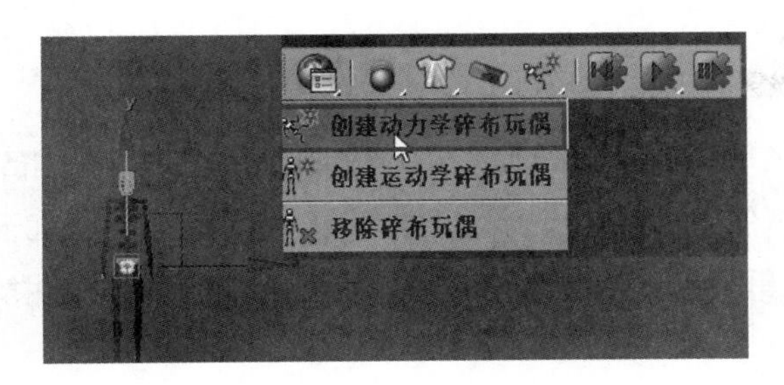

图 10.050

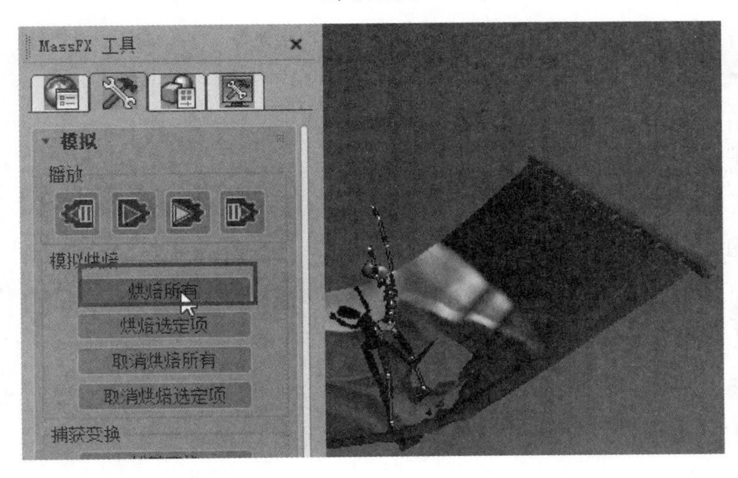

图 10.051

提示

如果撕裂效果不完美，可以打开［MassFX 工具］面板，将［刚体］中的［子步数］值调高。

步骤 05: 在布娃娃下落撕穿布料的瞬间，选择布娃娃系统，打开[从场景中选择]，按名称将所有骨骼选中，然后打开［对象属性］对话框，设置［运动模糊］中的［倍增］为 1，如图 10.052 所示。

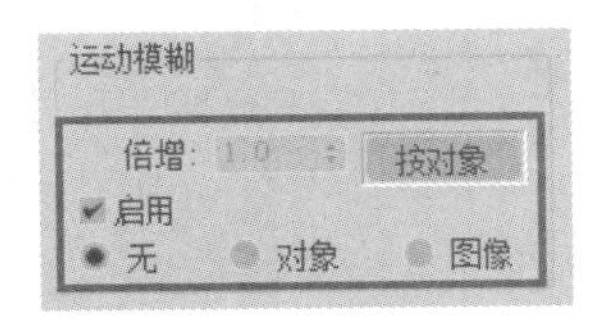

图 10.052

到这里，关于撕裂和布娃娃玩偶系统的制作方法就介绍完了。

关于本案例详细的视频讲解，请参见本书配套学习资源“视频文件 \ 第 10 章 \10.3.2”文件夹中的视频。

10.4 本章小结

3ds Max 中的 MassFX 动力学系统可以让我们方便地模拟现实世界中的各种碰撞效果。虽然 MassFX 的功能尚待完善，但是无论从使用过程上，还是从模拟效果上来看，都远远优于先前的动力学系统。本章详细分析了 MassFX 的各种工具和它的刚体与约束功能，并且通过案例的形式讲解了动力学刚体的自旋和碰撞效果的制作过程。

10.5 参考习题

MassFX 动力学模块中的刚体有 3 种类型：动力学刚体、运动学刚体和静态刚体，下列说法错误的是 ________ 。

A. 动力学刚体的运动完全由模拟控制，它们受重力和其他对象的撞击而产生运动

B. 运动学刚体可以使用标准方法设置动画，它们不可以是静止对象

C. 运动学刚体可以影响模拟中的动力学刚体对象，但不会受动力学对象影响

D. 在模拟过程中，运动学刚体对象可以随时切换为动态刚体

参考答案

B